商务印书馆(成都)有限责任公司出品

研究方法、设计与分析

第 13 版

〔美〕拉里·克里斯滕森　伯克·约翰逊　莉萨·特纳　著

赵迎春　译

商务印书馆
2025年·北京

Larry B. Christensen, R. Burke Johnson, Lisa A. Turner

Research Methods, Design, and Analysis, 13th Edition

Authorized translation from the English language edition, entitled Research Methods, Design, and Analysis 13e by Larry B. Christensen, R. Burke Johnson, Lisa A. Turner, published by Pearson Education, Inc, Copyright © 2020 Pearson Education, Inc.

All rights reserved. No part of this book may be reproduced or transmitted in any form or by any means, electronic or mechanical, including photocopying, recording or by any information storage retrieval system, without permission from Pearson Education, Inc.

CHINESE SIMPLIFIED language edition published by THE COMMERCIAL PRESS LTD. Copyright © 2025.

本书中文简体字版由 Pearson Education（培生教育出版集团）授权商务印书馆在中华人民共和国境内（不包括香港特别行政区、澳门特别行政区及台湾地区）独家出版发行。未经出版者书面许可，不得以任何方式抄袭、复制或节录本书中的任何部分。

本书封底贴有 Pearson Education（培生教育出版集团）激光防伪标签，无标签者不得销售。

版权所有，侵权必究。

作者简介

拉里·克里斯滕森（Larry B. Christensen）

南密西西比大学博士，现任美国南阿拉巴马大学心理学系主任，曾任得克萨斯A&M大学研究生部主任。研究兴趣之一是食物与心境的关系，尤其侧重于食物对抑郁的影响。克里斯滕森博士目前已发表70多篇学术论文。曾独立撰写并合著多本关于研究方法、心理统计以及食物对心境影响的专著。克里斯滕森曾担任美国西南心理学协会主席，获得过2001年Phi Kappa Phi杰出学者奖，还是美国国家科学院研究小组成员和戈登·奥尔波特群体关系奖委员会评委。

伯克·约翰逊（R. Burke Johnson）

佐治亚大学博士，现任美国南阿拉巴马大学咨询与教学科学系教授。约翰逊博士曾获得心理学、社会学和公共政策三个硕士学位，这使他在研究方法上拥有多学科视角。他曾参与撰写或编辑多本研究方法类专著，包括《教育学研究：定量、定性和混合取向》《牛津多方法和混合方法研究手册》《统计学与方法学辞典》《劳特利奇混合方法研究分析评审者指南》。约翰逊是混合方法国际研究协会（MMIRA）的创始成员及前执行董事。

莉萨·特纳（Lisa A. Turner）

阿拉巴马大学博士，现任美国南阿拉巴马大学心理学系教授。特纳对教授研究方法充满热情，并有着30余年的教学经验。她主要是一名定量研究者，在育儿和成年初显期等领域有丰富的研究经验。

推荐序

作为一名多年讲授"心理学研究方法"和"实验心理学"课程的教师,我特别向心理学及相关专业的本科生和心理学爱好者推荐《研究方法、设计与分析》一书。

本书是按照基础入门水平编写的,是目前不多见的适合本科生水平的方法论课程教材。本书还可以作为研究生,尤其是跨专业的应用心理专业硕士的优秀参考书。此外,不同学科的研究方法具有共通性,所以我认为本书适用于所有行为科学,可以作为管理学、经济学、教育学、社会学、政治学等学科师生的参考读物和工具书。

本书的三位作者都是心理学教授和方法学专家,有着数十年讲授研究方法的教学经验和研究实践经历,所以本书能够持续更新,不断改进,成为一本公认的优秀研究方法教科书。我特别欣赏三位作者撰写本书的两个目标:第一,他们致力于编写一本探究人类思想和行为基本研究方法的书籍;第二,一定要以学生能够理解的方式来呈现信息。特别是第二点,是一本好教材的必备条件。更为可贵的是,他们坚持并很好地完成了这两个目标。

《研究方法、设计与分析》译自英文第 13 版。这一最新版本保留了前 10 版(书名是 *Experimental Methodology*)对实验法的详细介绍,以及第 11 版新增的非实验方法、混合方法和数据分析的内容。与以往的版本一样,作者力求保证内容的时效性,因此,在讲解基本原理的同时,还介绍了各种研究方法的最新进展。与本书已出版的中译本第 11 版相比,第 13 版新增了一个介绍非实验定量研究方法的章节。这些变化与心理学的发展趋势相一致。虽然心理学是一门实验性科学,但越来越多的研究将实验法和非实验法结合起来使用,研究者更为强调从多角度、多因素和多水平上探讨心理的现象和机制,因此,实验法和非实验方法的结合也是学生在学习中应该掌握的一项技能。同时,本书所涵盖的质性研究和新增的非实验定量研究方法也可以直接为研究行为的其他学科所用。此外,本书还详细介绍了研究的伦理和论文的写作方法,这些都是青年学生在学习研究方法时必须要掌握的重要原则和技能。

《研究方法、设计与分析》的表述精确而明晰,内容的呈现重点突出,特别是用页边注的形式再次复述重要概念，提请学生注意。看到这种写作方式，我感到很亲切，记得大学时我们就是这么记笔记的，现在每年讲授研究方法课程的时候，还要和同学们回忆我们做学生时的这种记笔记的方式。不论教学方式和手段如何改革，我始终认为，这才是最符合心理学认知规律的学习方式，也是我们在研究方法教学中一直强调的。

本书的每一章都以一张内容概览图解开始，使学生可以一目了然地了解本章的框架，从而快速、清晰地明了本章的内容和要点。每一章的开篇以及一级标题下都设置了学习目标，每一节的后面都配有思考题，每章最后还对本章的内容进行了总结，列出了重要的术语和概念，提供了章节测验和提高练习，并配有相应的答案。本书内容的编排和设计，处处体现了作者的用心和对心理学知识和理论运用的高超水平，也正是这些细节，决定了一本教材的品质，决定了一本教材能够连续修订出版13个高质量的版本。

另外值得一提的是，一本好的译著不仅需要原著的专业水准高，中译本的翻译和编校也必须精而又精，才能保证出精品。令人欣慰的是，《研究方法、设计与分析》从翻译到编校都经过层层把关、反复修改和编辑，真正保证中译本最大限度地忠实于原文，文字表述精练而明晰。译者赵迎春女士是北京大学心理学专业毕业的硕士生，翻译认真负责。参与本书编辑工作的刘冰云和朱公明分别是北京大学和天津师范大学心理学专业毕业的研究生，专业功底扎实，保证了本书在编校上的专业水准。尤为难能可贵的是，本书的三审人之一谢呈秋女士是我大学时的系友，曾获英国曼彻斯特大学心理学博士学位，并在该校从事心理学研究工作多年。她花了半年多的时间，对照原文，对中译本第13版的内容又进行了一遍仔细的审校，使本书在内容质量上又上了一个台阶。而且据我所知，书稿最后还要送出版社终审。新曲线策划和编辑制作的图书能得到读者越来越多的认可，应该是与这么多专业人士"用心雕刻"、一遍一遍地打磨分不开的。

故此，我相信这是一部高质量的心理学研究方法教材。我很喜欢这本书，会将其列为心理学研究方法教学的辅助教材，并诚挚地向大家推荐本书。

吴艳红 教授、博导
北京大学心理与认知科学学院学位委员会主席
中国心理学会神经心理学专业委员会主任
中国心理学会常务理事
全国应用心理专业学位研究生教育指导委员会主任委员

简要目录

前言　　　　　　　　　　　　　　　　　　xvii

第一编　导论
第 1 章　科学研究简介　　　　　　　　　　1
第 2 章　研究取向与数据收集方法　　　　19

第二编　研究设计
第 3 章　确定问题与形成假设　　　　　　46
第 4 章　伦　理　　　　　　　　　　　　66

第三编　研究基础
第 5 章　变量测量与抽样　　　　　　　　95
第 6 章　研究效度　　　　　　　　　　　120
第 7 章　研究中的控制技术　　　　　　　144
第 8 章　开展研究的程序　　　　　　　　164

第四编　实验方法
第 9 章　实验研究设计　　　　　　　　　181
第 10 章　准实验设计　　　　　　　　　　209
第 11 章　单被试研究设计　　　　　　　　226

第五编　非实验、定性和混合方法研究
第 12 章　非实验定量研究方法　　　　　　245
第 13 章　调查研究　　　　　　　　　　　265
第 14 章　定性和混合方法研究　　　　　　291

第六编　分析和解释数据
第 15 章　描述统计　　　　　　　　　　　319
第 16 章　推论统计　　　　　　　　　　　350

第七编　撰写研究报告
第 17 章　采用 APA 格式准备研究报告　　　386

附录　　　　　　　　　　　　　　　　　　414
参考文献　　　　　　　　　　　　　　　　415

目 录

前言 xvii

第一编 导论

第 1 章 科学研究简介 1
获取知识的传统途径 2
 权 威 3
 理性主义 3
 经验主义 4
知识产生的科学途径 4
 归纳和演绎 5
 假设检验 6
 21 世纪的科学 7
科学研究中的基本假定 7
 自然的规律性 7
 自然的真实性 8
 可发现性 8
科学研究的特征 9
 实证性 9
 控 制 9
 构念的操作化 10
 重 复 11
 证据而非证明 11
理论在科学研究中的作用 12
心理学研究的目标 14
 描 述 14
 解 释 15
 预 测 15
 控制或影响 15

伪科学 16
本章小结 17
重要术语和概念 17
章节测验 18
提高练习 18

第 2 章 研究取向与数据收集方法 19
定量研究中的变量 20
实验研究 23
因果性 23
 原 因 24
 效 应 24
 提出因果性主张的必要标准 24
心理学实验 25
 实验及其逻辑的一个示例 26
 实验研究的环境 27
 实验研究的优势 28
 实验研究的缺点 29
非实验定量研究 30
 非实验定量研究的优缺点 32
定性研究 33
混合方法研究 35
数据收集的主要方法 36
 测验法 36
 问卷法 37
 访谈法 37
 小组讨论法 37
 观察法 39
 已有或二手数据法 40

本章小结	42
重要术语和概念	43
章节测验	44
提高练习	45

第二编 研究设计

第3章 确定问题与形成假设 46

研究思路的来源	47
日常生活	47
实际问题	48
过往研究	48
理论	48
研究思路的广度	50
无法进行科学研究的问题	50
文献回顾	51
准备开始	51
确定目标	52
进行检索	52
获取资源	58
其他信息来源	59
研究的可行性	59
研究目的	60
界定研究问题	61
研究问题的具体化	61
形成假设	62
本章小结	63
重要术语和概念	64
章节测验	64
提高练习	65

第4章 伦理 66

研究伦理：它们是什么	67
社会与科学的关系	67
专业问题	68
如何对待研究参与者	70

伦理困境	71
伦理指导原则	73
行善与不伤害	73
忠诚和负责	74
正直	74
公正	75
尊重人们的权利和尊严	75
适用于研究的 APA 伦理标准	75
机构批准	76
知情同意	77
欺骗	79
事后解释	80
强制与拒绝参与的自由	81
保密性、匿名与隐私权的概念	82
电子化研究中的伦理问题	84
知情同意与互联网研究	84
隐私权与互联网研究	85
事后解释与互联网研究	85
准备研究报告时的伦理问题	86
署名权	86
撰写研究报告	87
动物（非人类）研究的伦理	88
动物使用中的保护措施	88
动物研究指导原则	88
本章小结	91
重要术语和概念	93
章节测验	93
提高练习	93

第三编 研究基础

第5章 变量测量与抽样 95

测量的定义	96
测量量尺	96
良好测量的心理测量学属性	98
信度和效度概述	98
信度	98

效　度	100
运用信度和效度信息	103
测验相关信息的来源	103
抽样方法	104
抽样中使用的术语	104
随机抽样法	106
非随机抽样法	113
随机选取与随机分配	114
随机抽样时的样本容量确定	114
定性研究中的抽样	116
本章小结	117
重要术语和概念	118
章节测验	119
提高练习	119

第 6 章　研究效度　　120

四种效度概述	121
统计结论效度	122
建构效度	122
建构效度的威胁	123
内部效度	127
内部效度威胁	128
外部效度	135
总体效度	136
生态学效度	137
时间效度	137
处理效度	138
结果效度	138
内部效度与外部效度的关系	138
本章小结	139
重要术语和概念	140
章节测验	141
提高练习	141

第 7 章　研究中的控制技术　　144

在研究开始时实施的控制技术	146
随机分配	146
匹　配	149
通过保持变量恒定实现匹配	150
通过使参与者相等实现匹配	150
将额外变量纳入设计	152
统计控制	152
研究过程中实施的控制技术	153
平衡法	153
随机化平衡法	155
完全平衡法	155
不完全平衡法	156
盲　法	158
双盲法	158
单盲法	159
部分盲法	159
自动化	159
实现控制的可能性	160
探查参与者的解释	160
本章小结	161
重要术语和概念	162
章节测验	162
提高练习	163

第 8 章　开展研究的程序　　164

机构批准	165
研究参与者	166
获取动物	166
获取人类参与者	167
样本容量	169
效　力	169
仪器和 / 或工具	171
程　序	173
安排参与者参加研究的时间	173
同意参与	174
指导语	174
数据收集	175

事后解释 175
预备研究 177
本章小结 178
重要术语和概念 179
章节测验 179
提高练习 180

第四编 实验方法

第9章 实验研究设计 181

弱实验研究设计 183
  单组后测设计 184
  单组前后测设计 184
  不相等组后测设计 185
强实验研究设计 186
参与者间设计 188
  后测控制组设计 188
参与者内设计 191
  参与者内设计的优点和缺点 191
混合设计（参与者间和参与者内自变量的组合） 192
  前后测控制组设计 193
  设置前测的优点和缺点 194
因素设计 195
  基于参与者内自变量的因素设计 201
  基于混合模型的因素设计 202
  因素设计中自变量的性质 202
  因素设计的优点和缺点 203
如何选择或构建合适的实验设计 204
本章小结 205
重要术语和概念 206
章节测验 207
提高练习 207

第10章 准实验设计 209

准实验设计 210
不相等比较组设计 212

存在竞争性假设的结果 214
排除不相等比较组设计的威胁 217
从不相等比较组设计中进行因果推论 218
时间序列设计 219
  间断时间序列设计 219
  回归间断点设计 221
本章小结 223
重要术语和概念 224
章节测验 224
提高练习 225

第11章 单被试研究设计 226

单被试设计的历史 227
单被试设计 229
  ABA 和 ABAB 设计 230
  组合设计 232
  多基线设计 233
  变动标准设计 235
使用单被试设计时的方法学考虑 237
  基　线 237
  一次改变一个变量 238
  阶段长短 238
评估变化的标准 239
  实验标准 239
  疗效标准 239
竞争性假设 241
本章小结 242
重要术语和概念 243
章节测验 243
提高练习 244

第五编 非实验、定性和混合方法研究

第12章 非实验定量研究方法 245

非实验定量研究中的自变量和因变量 246
布拉德福德·希尔因果关系准则 248

非实验定量研究中的控制技术	249
匹　配	249
保持额外变量恒定	251
统计控制	252
基于时间维度的非实验定量研究设计	253
横向与纵向设计	253
对横向和纵向设计的评价	255
基于研究目的的非实验定量研究设计	256
描述性非实验定量研究	256
预测性非实验定量研究	258
解释性非实验定量研究	259
本章小结	262
重要术语和概念	263
章节测验	263
提高练习	264

第13章　调查研究　265

调查研究的目的	267
调查研究的步骤	269
横向和纵向设计	269
选择调查数据收集方法	271
设计和完善调查工具	273
原则1：编写符合研究目标的条目	274
原则2：编写适合并对调查对象有意义的条目	275
原则3：编写简短的问题	275
原则4：避免带预设观点和有诱导性的问题	275
原则5：避免双重提问	276
原则6：避免双重否定	276
原则7：确定需要开放式问题还是封闭式问题	277
原则8：为封闭式问题设计互斥且穷尽的选项	277
原则9：考虑不同类型的封闭式答案选项	278
原则10：使用多个条目测量复杂或抽象构念	282
原则11：确保问卷从开头到结尾都易于使用	284
原则12：对问卷进行试测，直到它变得完美	286
从总体中选取你的调查样本	286
准备和分析调查数据	288

本章小结	289
重要术语和概念	289
章节测验	290
提高练习	290

第14章　定性和混合方法研究　291

定性研究的主要特征	293
定性研究的研究效度	294
描述效度	294
解释或主位效度	294
理论效度	296
内部（因果关系）效度	296
外部（推广）效度	297
四种主要的定性研究方法	298
现象学	298
人种学	301
个案研究	304
扎根理论	306
混合方法研究	309
混合方法研究的研究效度	311
混合方法设计	312
本章小结	315
重要术语和概念	316
章节测验	317
提高练习	318

第六编　分析和解释数据

第15章　描述统计　319

描述统计	320
频次分布表	323
数据的图形表示	324
条形图	324
直方图	324
线形图	324
散点图	327

集中趋势量度	329
众　数	329
中　数	329
平均数	330
离中趋势量度	330
全　距	331
方差和标准差	331
标准差与正态曲线	333
考察变量之间的关系	335
组平均数之间的非标准化差异和标准化差异	335
相关系数	336
回归分析	342
列联表	345
本章小结	347
重要术语和概念	347
章节测验	348
提高练习	348

第 16 章　推论统计　350

抽样分布	351
估　计	353
假设检验	355
定向备择假设	360
假设检验的逻辑综述	361
假设检验错误	362
假设检验的应用	364
相关系数 t 检验	364
单因素方差分析	365
方差分析的事后检验	367
协方差分析	368
双因素方差分析	370

单因素重复测量方差分析	373
回归系数 t 检验	375
非参数统计	377
卡方独立性检验	378
其他显著性检验	380
假设检验与研究设计	381
本章小结	383
重要术语和概念	384
章节测验	384
提高练习	385

第七编　撰写研究报告

第 17 章　采用 APA 格式准备研究报告　386

APA 格式	389
研究报告的准备	396
写作风格	397
语　言	398
编辑风格	400
提交拟发表的研究报告	408
稿件的接受	409
在专业会议上展示研究结果	409
口头报告	410
海报展示	410
本章小结	412
重要术语和概念	413
章节测验	413
提高练习	413

附录	**414**
参考文献	**415**

前　言

欢迎阅读《研究方法、设计与分析》。你即将踏上学习研究方法之旅，这门课程将帮助你在心理学和其他学科中系统地、批判性地和创造性地思考。我们在撰写这部教科书时始终秉持两个主要目标。第一，我们致力于编写一本让人们对探究人类思想和行为的研究方法有所了解的书。研究方法往往变化缓慢，但它们确实会发生变化。本书涵盖了当今可用研究方法的全部范围。心理学通常更看重实验方法，因此我们花了更长的篇幅介绍实验研究方法。由于非实验研究在心理学的许多领域中也在使用，所以我们也精心介绍了这种方法，包括如何编写一份恰当的问卷。由于定性和混合方法在心理学中的快速发展，我们也对此进行了详细的介绍，以补充更为传统的方法，并丰富每个学生的研究技能库。

贯穿本书所有版本的第二个主要目标是以易于学生理解的方式呈现信息。为了实现这个目标，我们尽可能地用简单、易懂的方式呈现材料内容，同时为复杂内容附上摘自研究文献中的图解。我们相信，这些图解不仅有助于澄清所呈现的内容，而且在将内容置于真实研究的背景之下时，还能使其变得生动有趣。这使学生不仅能够学习这些内容，还能看到它们如何被运用于研究之中。

本书内容概览和结构

《研究方法、设计和分析》是按照大学本科的水平编写的，适合作为本科生的方法论课程教材。本书介绍了研究方法的各个方面，并假设读者先前没有相应的知识基础。所有的章节分为七编，其内容概览如下所示。

第一编：导论（第 1 章和第 2 章）

这部分从对知识和科学的讨论入手，试图让学生理解科学的本质、目标和结果。我们认为，大多数学生对科学的理解是不完整的；为了领会和理解研究过程的本质，他们必须理解其目标和局限性。接着，我们讨论了探究思想和行为的主要研究类型，这是为了保证学生能够将各种研究方法与科学联系起来。我们还讨论了主要的数据收集方法，以帮助学生了解实证数据是如何获得的。

第二编：研究设计（第 3 章和第 4 章）

在这部分，本书的重点转向了所有研究都会涉及的一般性主题。首先，我们解释了要如何提出研究思路、进行文献回顾以及形成研究问题和假设。接着，我们说明了在规划和开展一项研究时，必须考虑的关键伦理问题。我们阐述了美国心理学协会（APA）所认可的伦理准则。

第三编：研究基础（第 5—8 章）

在第三编，我们谈到了在评论或开展一项研究之前研究者必须理解的一些概念。首先，我们对测量进行了讨论。我们定义了测量，并解释了测量信度和效度是如何获得的。接着在同一章，解释了研究者如何从目标总体中获取研究参与者样本。我们阐述了不同的随机抽样法和非随机抽样法，还解释了随机选取和随机分配之间的重要区别。我们也简短地说明了定性研究中的抽样方法。然后，我们解释了研究效度（即有效结果）是如何获得的。这包括对主要的研究效度类型（内部、外部、统计结论、建构）的讨论；在实证研究中，必须使这些效度都实现并达到最大化。这部分还包括两章，一章阐述了获取有效研究结果所需的控制技术，另一章描述了开展研究的程序和细节。

第四编：实验方法（第 9—11 章）

第四编关注的也许是心理学和相关学科中最重要的研究方法（即实验研究）。其中的一章解释了如何选择和/或者构建强实验研究设计，包括因素设计的重要性以及对主效应和交互作用的考察。接下来的一章关注准实验研究设计，包括不相等比较组设计、间断时间序列设计和回归间断点设计。这部分的最后一章讲述了单被试设计，包括 ABA 设计、ABAB 设计、组合设计、多基线设计和变动标准设计。

第五编：非实验、定性和混合方法研究（第 12—14 章）

这一部分包含的章节涉及心理学和相关学科使用的其他主要研究方法。我们首先介绍了非实验定量研究的目标、设计和实施。而且，学生们还将学习如何正确地设计一份问卷和/或访谈提纲。最后，本部分用了整整一章来介绍定性和混合方法研究。我们讨论了定量研究、定性研究和混合方法研究的相对优势和不足，讲解了不同的定性和混合方法及设计，并提供了有关如何开展一项合理而严格的定性或混合方法研究的信息。

第六编：分析和解释数据（第 15 章和第 16 章）

这部分以一种既兼顾严谨性，又能让没有统计知识背景的学生完全理解的方式讲解了描述统计和推论统计。描述统计那一章讲解了数据的图形表示、集中趋势量度、离中趋势量度、变量关系测量以及效应量指标。第 16 章讲解了研究者如何通过样本数据获得总体参数的估计值，以及研究者应如何进行统计假设检验。为了将设计和分析联系起来，我们讨论了适用于先前章节中介绍过的实验和准实验研究设计的统计检验。另外，学生还将学习如何按照 APA 格式呈现显著性检验的结果。

第七编：撰写研究报告（第 17 章）

在第七编中，我们讲解了撰写可提交发表的专业、信息量丰富、准确的研究手稿所需的基础知识。同时还讲解了摘自最新一版《APA 出版手册》的指南。

教学特色

教学特色包括每章开头的概念树状图和学习目标。每章正文部分都以黑体和加注英文的方式突出了重要的术语和概念，并在页面的边缘部分给出了它们的定义。突出这些术语和概念不但能向学生指出它们的重要性，同时也降低了学生学习这些术语和概念的难度。每章都穿插了思考题，帮助学生在完成部分阅读后复习相关的内容；这种反馈系统将有利于学生学习，并评估他们是否理解相关内容。每章的结尾处都有一些学习辅助模块。首先，我们提供了整章内容的总结和重要术语列表。接着，为了帮助学生评估自己对本章知识的掌握情况，我们在每章末都提供了章节测验。这些测验包括多个单选题，学生可以用来检查自己对本章知识的掌握情况。章节测验之后是一组提高练习，这些练习旨在让学生接触并感受开展一项研究所需要的活动。

第 13 版中的新内容

第 13 版做了许多细微的修改，以反映新的研究进展，使内容的阐述更为清晰，帮助学生更好地学习。主要的变化我们将在下面一一列出。

1. 更新了所有章节和参考文献，以反映心理学研究方法的现状。
2. 精心编辑了全部章节，在保证严谨性的前提下让内容的阐述更为清晰。

3. 各章的学习目标现在直接与各章一级标题相对应。
4. 第1章：对科学的历史介绍略有减少。新增"21世纪的科学"小节，强调心理科学的实证性以及提供科学主张的证据（而非证明）的概念。新增两个科学研究的特征：实证性和证据而非证明。新增随机对照试验和构念的操作化定义。新增一个如何评估理论的表格。
5. 第2章：移除了有关路径分析、自然操纵研究、横向研究和纵向研究的内容，因为本书现在有一个完整的章节介绍非实验定量研究。新增混合方法研究的简要介绍。新增"非实验定量研究的优缺点"小节。更新了实验研究、操纵、非实验研究、定性研究、混合方法研究、现场实验、互联网实验、相关研究、定量驱动的混合方法研究、定性驱动的混合方法研究和平等地位或整合性的混合方法研究的定义。
6. 第3章：增加了对研究问题的核心作用的关注。修订了"研究思路中的偏见"一节，并重新命名为"研究思路的广度"，目的是着眼于问题的积极方面，并认识到研究问题和思路多样化的必要性。简短地补充了对研究论文各部分的简要解释。删减了有关网页评估和互联网搜索引擎的讨论。
7. 第4章：删除了"免除知情同意"小节。删除了IRB研究方案样例，取而代之的是经过更新的关于提交IRB方案的讨论。明确了匿名的定义。
8. 第6章：简化了有关实验者期望和参与者效应的内容。新增关于单组和多组设计的简要介绍，以加强对内部效度威胁的讨论。删除了关于可获得总体的讨论。将"实验者效应"改为"研究者效应"，以扩展概念的适用范围。同样地，将"实验者期望"改为"研究者期望"，将"实验者特征"改为"研究者特征"。新增一个题为"单组和多组设计中的内部效度威胁"的表格。
9. 第7章：对本章关于控制技术的内容进行了较为全面的修订，使之适用于实验研究和非实验研究。重新组织了控制技术的阐述方式，并增加了统计控制。删减了对研究者和参与者效应的介绍，关注点转向了降低研究者和参与者效应的技术。新增或修订/澄清了延滞效应、单盲法、部分盲法的定义。双盲安慰剂法现更名为双盲法。
10. 第8章：本章原本是第9章。对本章内容进行了编辑，使之适用于实验研究和非实验研究。在统计效力的影响因素中，新增了"统计检验类型"。
11. 第9章：对"因素设计"一节的内容进行了简短补充，以表明：(a) 至少有一个自变量（但不是所有）是必须被操纵的；(b) 因素设计可能（也可能不）包括前测。这些变化与推论统计那一章的内容相匹配。页面边缘新增对竞争性假设的定义，指出其是替代性解释的同义词。
12. 第10章：新增一个题为"准实验设计小结"的表格。
13. 第11章：新增一个题为"单被试设计小结"的表格。删除了撤除的定义。将交互设计重新命名为组合设计，以使其含义更为清晰。
14. 第12章：本章为新增章节。内容包括非实验定量研究的优缺点。讨论了非实验定量研究设计，包括横向和纵向设计，以及描述性、解释性和预测性非实验定量研究设计。

15. 第 13 章：在专栏 13.1 中新增两种量尺（同意度量尺和评价量尺）。
16. 第 14 章：新增一个题为"定性研究方法小结"的表格。解释效度现在称作解释或主位效度。具体因果关系现在称作具体或局部因果关系。混合方法研究中的内部—外部效度现在称作主位—客位效度。新增两种混合方法效度：实用效度和多方利益相关者效度。
17. 第 16 章：新增对非参数统计的讨论，包括一个题为"常见非参数统计程序以及可替代它们的参数统计程序"的表格。题为"列联表卡方检验"的小节现更名为"卡方独立性检验"。页面边缘新增参数统计和非参数统计的定义。

致　谢

与之前所有的版本一样，我们向我们的学生致以最诚挚的感谢。他们激励并促使我们创作出一本尊重他们智慧，并邀请他们充分参与科研事业的书。我们还感谢本书第 13 版和之前版本的所有外部审稿人。最后，我们感谢培生公司的制作团队。

第一编 导论

第 1 章

科学研究简介

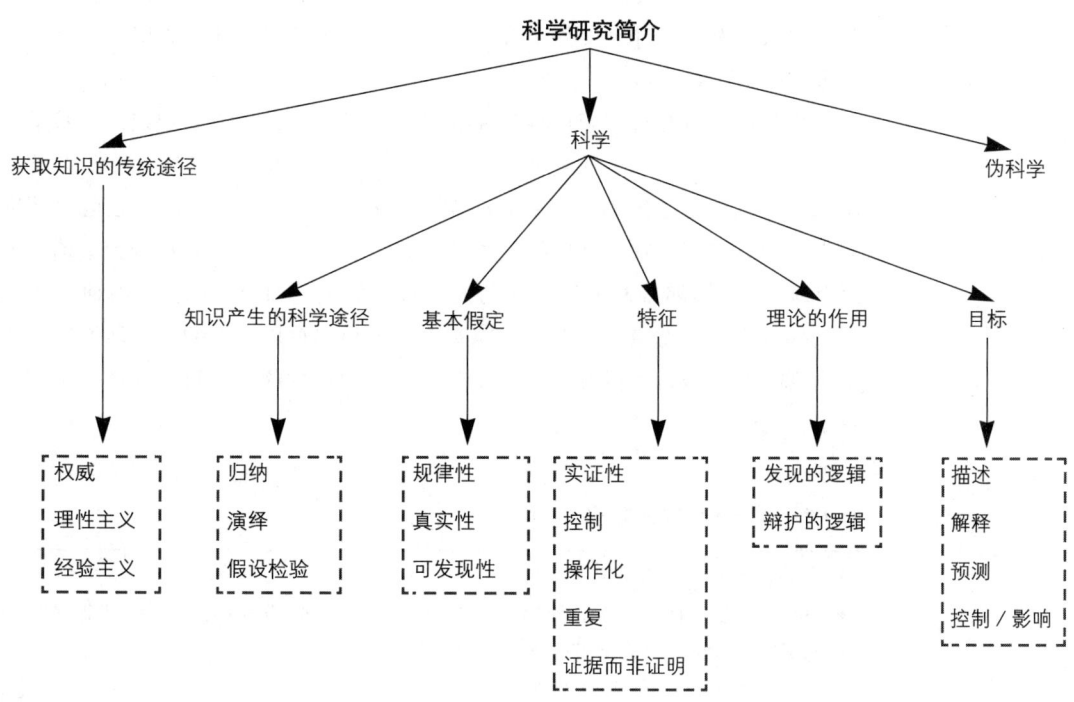

学习目标

1.1 从有效性的角度比较获取知识的各种途径
1.2 总结知识产生的科学途径
1.3 解释驱动科学研究的基本假定的重要性
1.4 描述科学研究的特征,并解释为什么每个特征都很重要
1.5 总结科学研究中实证观察与理论的关系
1.6 总结科学研究的目标
1.7 比较伪科学与合理科学的特征

在我们的日常生活中，我们总是不断地碰到与思想或行为有关的难题。比如，有人对考试深怀恐惧，有人存在着酗酒、药物滥用或婚姻问题。人们在遇到这些问题时，通常都会想办法解决它们，但往往又需要他人的帮助。因此，他们会求助于专业人士（如心理学家）来帮助他们应对这些困难。同样地，商务人士也可以从心理学家那里获得支持，以便能更好地解读员工或顾客的思想和行为。例如，销售人员在理解顾客心理和推销商品的能力上有很大的差异。同为汽车销售员，其中一位卖出汽车的数量可能是另一位的两倍。如果销售经理能够找到这种差异的原因，他就有可能制订出更好的培训计划或更有效的销售人才筛选标准。

为了获得有关心理过程和行为的信息，人们开始将注意力转向心理学领域。正如你现在知道的那样，人们已积累了大量有关思想和行为的知识。我们现在掌握的知识，能够帮助我们应对诸如考试焦虑和抑郁这类问题。同样地，我们也已经确定出哪些变量能够影响说服力和攻击性。虽然我们对心理过程和行为的了解日益深入，但仍有许多奥秘有待探索。为了更多地了解此类心理学现象，我们必须进行科学研究。

你现在学习的这门课程将为你提供有关科学研究的重要知识。有些学生可能会怀疑学习这些知识的必要性。但是，正如表 1.1 提到的那样，有很多理由可以说明为什么学生必须学习研究方法课程。表 1.1 中的一条理由是：可以帮助学生成为一个见多识广和更理性的信息消费者。我们每个人都面对着大量信息的"狂轰乱炸"，我们都需要工具来帮助我们解读报道的内容。例如，有研究指出，糖精会导致实验动物患上癌症，而现实中，有很多食用糖精的人，他们的身体并没有出现癌变。作为消费者，你必须有能力处理这样的不一致，并基于可靠信息来决定自己的行为。

表 1.1　学习研究方法课程的理由

- 学会如何开展心理学研究
- 为学习变态心理学、社会心理学、认知心理学、生物心理学和发展心理学等专业课程奠定基础
- 能够成为见多识广和更理性的信息消费者
- 有助于培养批判性和分析性思维
- 课程提供了批判性地阅读研究论文所需的信息
- 在申请心理学专业研究生时，完成该课程是必要的前提条件

获取知识的传统途径

1.1　从有效性的角度比较获取知识的各种途径

我们通过多种方式获取有关世界的信息。在漫长的一生中，我们能够从自身

所经历的事件中获取大量的信息。专家也可以为我们提供很多信息。我们还会利用自己的认知技能从当前的信息中推理并做出推断。在本章中，我们将简要讨论获取知识的传统途径，然后论述获取知识的科学途径。你会看到，尽管这些传统途径并不完善，但它们仍被用于科学过程中。科学途径是一种非常特殊的途径，它能够发现并验证知识，也能让知识随着时间的推移不断得到积累。

权　威

权威（authority）作为获取知识的一种途径，是指对另一个人所陈述的信息或事实的接受，因为此人是一个备受尊敬的信息源。通过权威获取知识的问题在于，由权威发布的信息或事实也许并不准确，尤其是当权威并非某个特定研究领域的专家的时候。

权威：接受信息的基础，因为信息是从受人尊敬的来源获得的。

如果权威途径明显会出错，那么这种途径怎么能够用于科学研究？在开展研究的初始阶段，也就是在发现问题并形成研究假设的阶段，科学家也许会向某个在此研究领域被视为权威的人请教，寻求关于研究假设或研究问题的建议。几乎每个科学领域都有几位领先的研究者，他们被认为是某一特定主题的权威或专家。

在研究的设计阶段也可以借助权威的帮助。如果你不确定如何设计一项研究，也许你可以与此领域的某位权威人士联系，以获得他的帮助。同样地，如果你已经搜集了某一方面的数据，但是不确定该如何解释这些数据或如何将这些数据与同领域的其他数据融合，你也可以向该领域的权威人士请教。正如你所看到的，在科学研究中可以使用权威这一途径。不过要记住，权威所提供的事实和信息也要经过科学过程的检验。

理性主义

推理是获取知识的一条不可或缺的途径。一个对"推理"一词持相当坚定解释的传统思想流派被称为**理性主义**（rationalism）。这种途径声称形式演绎推理可以用来获取新知识，并且它假设只有当使用正确的推理过程时才能获得有效的知识。在16世纪，利用理性主义来获取知识被认为是发现真理的主要方式。事实上，人们相信由推理得到的知识与观察得到的知识同样有效，甚至前者优于后者。拥护理性主义的领袖人物是哲学家勒奈·笛卡尔（1596—1650）。他最广为人知的言论是"我思故我在"。他认为那些"清晰明确的观点"必定是真实的，而以这些观点为基础，个人必定能推断出所有其他信念。完全依赖理性主义获取知识的一个危险是，两个充满善意且诚实的人通过推理得出不同结论的情况并不少见。

理性主义：通过推理来获取知识。

这并不意味着在科学研究中不使用推理或理性主义。实际上，推理是科学研究过程中至关重要的元素。科学家不仅利用推理来得出假设，还会利用推理来确定假设成立时会出现的结果。数学是理性主义的一种，被广泛运用于许多科学领域，如物理学。数学心理学也得到了很好的发展。简而言之，理性主义对于科学而言非常重要，但仅此还不够。

经验主义

经验主义：通过经验获取知识。

我们每个人都从自身经验中获取知识。**经验主义**（empiricism）是一种以经验为知识来源的知识获取途径。经验主义作为一种系统而完善的哲学可追溯到约翰·洛克（1632—1704）和大卫·休谟（1711—1776）。这两位哲学家认为，几乎所有的知识都建立在经验的基础之上。洛克形象地用白板说来解释这个问题。他认为每个人出生时都是一块白板（即每个人的大脑都是空白的石板或写字板，环境会在上面写写画画），所有知识的起点都是我们的感觉（视觉、听觉、触觉、嗅觉和味觉）。我们的感官接收需要大脑加工的信息。

虽然经验主义途径非常吸引人，也得到了很多人的推崇，但如果单独使用这种途径，则存在着一些风险。我们的知觉会受到许多变量的影响。已有研究证实，在知觉过程中，诸如过往经验和个人动机等因素都会极大地改变我们所看到的现象。研究还发现，我们对事件的记忆并不是保持不变的。目击者证词的易错性表明，我们在报告自己观察到的事件时并不总是准确的。我们不仅常常会忘记事情，而且有时可能会发生记忆的实际扭曲（Loftus, 2017）。

经验主义是科学的一个重要的元素，但在科学研究中，实证观察必须在受控条件下进行，并且必须借助系统性策略以最大限度地降低研究者和参与者偏差，同时最大限度地提高客观性。在本书后面的章节中，我们将详细地阐述如何开展科学的、可靠的、值得信赖的实证研究。

> **思考题 1.1**
> - 阐述获取知识的几种途径是什么，并说明这些途径各自的优缺点。

知识产生的科学途径

1.2 总结知识产生的科学途径

科学：研究者运用科学方法产生知识的一种途径。

科学一词最初起源于拉丁语中的动词 scire，其最古老的含义是"知道、了解"。然而，具有当代含义的英语词汇"science"，直到 19 世纪才由威廉·惠威尔（William Whewell, 1794—1866）创造出来。在那之前，科学家们都被称作"自然哲学家"（Yeo, 2003）。**科学**（science）是研究者运用科学方法产生知识的一种途径。虽然它包含了我们前面讨论过的获取知识的各种途径，但它优于其他途径，因为这种途径可用来系统性地产生关于自然世界的可靠而有效的知识。

也许有人会认为，只有一种方法能让我们获取科学知识。然而，科学事业依靠多种逻辑、策略和方法来产生科学知识。正如本书所讨论的那样，每种途径都有其特定的优势和局限性，并且在特定情境下可用。

归纳和演绎

科学中使用的两种最重要的逻辑是归纳和演绎。按照亚里士多德（公元前384—前322）的经典定义，**归纳**（induction）是指由具体事实概括出一般原理的推理过程。[1] 例如，假设你在参观一家日托中心时看见几个小孩正在踢打另一个小孩，你可能就会推测，该中心有许多孩子有攻击性，甚至推测全国日托中心的小孩都有暴力倾向。这个推理就是一个归纳的例子。因为你把由观察特定事件产生的结论迁移到了更广、更普遍的范围。

归纳：由具体事实概括出一般原理的推理过程。

例如，拉塔纳（Latané, 1981）观察到，人们在与其他群体成员一起完成某项任务时，所付出的努力比独自完成时要少，由此他推断并构建出"社会性懈怠"（social loafing）这一概念。当拉塔纳从这种特定的现象——人们在群体活动时付出的努力更少——推断出存在社会性懈怠这一普遍规律时，他就是在进行归纳推理。在心理学研究的数据分析中，也能看到归纳推理的运用。当研究者把从样本中得到的结论推广到总体时，他们就是在使用归纳推理。

归纳是一种或然性推理形式。它根据当前的观察结果，对什么可能为真和/或未来可能发生什么进行陈述。归纳推理在科学中使用得非常频繁。然而，它并不是唯一在科学研究中运用的推理过程，演绎推理也很重要。

演绎（deduction），按照亚里士多德的经典定义，是指由一般原理推出具体事实的过程。例如，莱文（Levine, 2000）曾推断，一个非常看重团队任务且不指望其他人会对团队成绩有充分贡献的个体，会更加努力地工作。在这里，莱文从社会性懈怠的一般性命题出发，从逻辑上演绎出一种能降低社会性懈怠效应的具体情境。莱文明确地指出，将团队任务看得很重并且不指望其他团队成员会做出足够努力，会让一个人更努力地工作或克服社会性懈怠效应。如今，研究者们在提出假设时，通常会推断出一些可观察的结果。如果他们要声称（在收集完数据之后）他们的假设得到或没有得到支持，则这些结果必须发生。

演绎：从一般到具体的推理过程。

重要的是要记住，科学会运用归纳和演绎这两种思维。一方面，归纳驱动着科学的探索或发现之臂。科学家必须不断发现世上万物运行的特征和模式。他们观察、探索和研究世界，或者科学革命时期的科学家所说的阅读"自然之书"。另一方面，演绎驱动着科学的知识检验之臂。最重要的是，科学家要不断检验他

---

1 在逻辑哲学领域，归纳和演绎的含义与此处陈述的有些不同。在逻辑哲学中，归纳推理涉及得出一个可能正确的结论；而演绎推理则涉及在前提正确的情况下推导出必然真理（Copi, Cohen, & Mcmahon, 2017）。

们的知识主张。事实上，这一特征可能比科学的任何其他特征都更重要。我们检验自己的观点，并让数据告诉自己对或错的程度。科学的这一检验之臂产生了合理或有保证的知识，即科学消费者可以信赖的知识。总而言之，我们很容易看出，科学需要探索/发现和知识检验这两条"臂膀"来更充分地推进和验证科学知识。

假设检验

假设检验：通过观察并将观察到的事实与假设或预测的关系进行比较来检验预测关系或假设的过程。

假设检验（hypothesis testing）是指提出一个假设，然后将该假设与事实进行比较。例如，有研究者（Jeong, Biocca, & Bohil, 2012）考察了电子游戏逼真度对玩家生理唤起的影响。他们假设，游戏逼真度的提升会提高玩家的唤起度。他们进行了一项实验，这一假设得到了证实。正如你所看到的，假设检验依赖于证实这一方式。

经典的假设检验，即研究者希望证实假设为真，受到了科学哲学家卡尔·波普尔（Karl Popper, 1902—1994）的批评。波普尔指出，假设的证实建立在一个逻辑谬误（即肯定后件谬误）之上。为了修正这个"错误"，波普尔认为科学应该依靠有效的演绎推理形式（Popper, 1968）。人们可以用演绎推理得出结论：如果任何数据都不支持所提的假设，那么对应的一般原理就被证伪。这种在演绎上有效的方法正是波普尔所倡导的。他坚持认为科学的重点应该是大胆假设，然后想方设法去证伪它们。波普尔主张的这种方法被称为**证伪主义**（falsificationism）。

证伪主义：一种主张科学的核心标准是对假设进行证伪的演绎法。

波普尔方法的一个主要优势在于，它能帮助研究者排除错误的科学理论。然而，波普尔的方法也受到了批评，因为它仅仅关注证伪，而彻底摒弃了归纳法和证实的逻辑。你可能会说，证伪主义"将婴儿和洗澡水一起倒掉了"。波普尔支持的是一种非常强烈的证伪主义形式——他声称，"（在好的科学中）没有归纳法，除非使用反驳或'证伪'，否则我们无法从事实中得到理论"（Popper, 1974, p. 68）。但不幸的是，他也需要使用归纳法来总结哪些理论获得了最佳支持（即证实），它们所获支持的程度如何，以及哪些理论是我们应该相信的。

迪昂—奎因原则：任何一项研究假设都不可能脱离其他假定条件而单独得到检验。

波普尔的方法遭到批评的另一个原因是，即使数据看起来证伪了某个假设，我们也不能断定这个理论必定虚假。因为在假设检验的过程中，必须设定许多假定条件，有可能是这些假定条件之一为假，而非假设为假。这种认为一项研究假设不能被单独检验（即不设定其他假定条件）的观点被称作**迪昂—奎因原则**（Duhem-Quine principle）。

关键的一点是，当代的心理学家们使用一种混合（即将多种方法结合起来）的假设检验方法，其中包括概率思维，证据优势法则，以及经典假设检验法（即假设的证实为其真实性提供了证据）和波普尔证伪法（即代表科学进步的主张是那些在多次试图证伪后仍然成立的假设）的结合。

21 世纪的科学

科学家的工作仍然是产生关于自然世界的可靠且有效的知识。当今的科学活动依赖于许多已被证明在产生有保证和合理知识方面有用的方法。科学既使用归纳法也使用演绎法。科学试图发现模式，并在不同的地方利用新的人群来检验关于模式的假设。科学也持续寻找有助于促进知识进步的新方法。

科学家必须具备好奇心、怀疑精神、创造力和系统性。他们必须发现问题，质疑当前不起作用的解决方案，创造性和系统性地提出新的解决方案，而且最重要的是，让这些新的解决方案接受实证检验。理想情况下，科学家的个人愿望和态度不应该影响其观察结果。虽然绝对的客观通常无法实现，但我们能够并且应该做到接近客观——**客观性**（objectivity）是科学的规范性的或渴望的目标。当研究者对重要的信念、观察结果、假设和主张进行反复的实证科学检验时，他们将获得尽可能可靠和有效的知识。

客观性：科学的一个目标，旨在消除或最大程度减少想法和偏见对研究过程的影响。

总之，科学被定义为研究者使用科学方法产生知识的途径。此外，科学是获得关于自然世界的可靠、有效和实用知识（即可信赖的知识）的首选途径。然而，为了继续取得成功，科学必须始终以合乎伦理的方式进行研究；必须对其实践与活动进行严格自查，以确定哪些有效，哪些无效；必须持续地学习和改进。如果科学做到了这些，科学知识也将不断进步。

> **思考题 1.2**
> - 归纳和演绎的区别是什么？
> - 比较传统的假设检验与证伪主义。
> - 什么是科学？
> - 科学家需要具备哪些特征？

科学研究中的基本假定

1.3 解释驱动科学研究的基本假定的重要性

科学家们为了让自己对科学研究解决问题的能力有信心，做出了一些工作假定，以便他们能够继续从事日常的科学实践。你可能没考虑过这一点，但你可能也做过这些假定。

自然的规律性

科学致力于寻找自然的规律。如果不存在规律性，那么科学就会成为对无穷无尽的独特和不相关事实的历史性描述。斯金纳（1904—1990）在这一点上有很好的阐述，他认为科学是"对自然事件的秩序、统一性和规律关系的探索"（Skinner, 1953, p. 13）。如果自然不存在规律性，也就不可能存在关于自然的认识、解释和知识。没有规律性，我们也不能创造出理论、定律或是一般原理。

规律性假定中隐含着一种相当强烈形式的**决定论**（determinism），即坚信心理过程和行为必有其原因或决定性因素。在努力揭示心理学规律的过程中，我们试图确定在因果链上相互关联的变量。这些因果链描述了**概率性原因**（probabilistic causes）（使结果更有可能出现的原因）。但心理学研究者指出，大多数结果受到多个原因变量的影响。科学的目标是继续考察和增进对这些复杂模式的理解。

> **决定论**：一种信念，即坚信心理过程和行为完全由之前的自然因素决定。
>
> **概率性原因**：一种较弱形式的决定论，表示通常会发生但并不总是发生的规律性。

自然的真实性

有一个相关的假定：**自然的真实性**（reality in nature）是存在的。比如，在日常生活中，你所看到、听到、感觉到、闻到、品尝到的事物是真实的，而这些经验也是真实的。我们假定其他的人、事物，或者诸如结婚或离婚等社会事件，都不仅仅是我们想象的产物，同时我们假定可以对许许多多不同类型的"事物"进行科学研究。在科学中，光靠我们说说是不能够决定什么东西是真实或实际存在的。研究者会使用多种手段来检验其真实性，并获得客观证据来证实我们所说的是真的。简言之，研究者们与自然世界（包括态度、信念、习俗等社会性事物）互动，并且在科学中，这种真实性必须在我们的科学主张中拥有首要发言权。这是研究者之所以收集和分析数据的原因。

> **自然的真实性**：一种假定，即认为我们看到、听到、感觉到、闻到和品尝到的内容都是真实的。

可发现性

科学家相信，自然不仅具有规律性和真实性，而且具有**可发现性**（discoverability），即我们有可能发现这些规律和真相。这并不意味着发现这些规律的任务会很简单，因为大自然并不情愿透露它的秘密。几十年来，科学家们一直在努力探寻癌症的病因和治疗方法。虽然目前已经取得了显著进展，但人类仍然未能掌握所有癌症的确切病因。同样地，彻底治愈癌症的方法也仍未问世。在确定孤独症的病因方面，科学共同体也付出了大量的努力，然而到目前为止，科学家仍然没有完全揭开大自然在这个领域留下的秘密。

持续、密切地探索癌症等疾病的病因，或者关注心理学领域中精神分裂症和抑郁症等障碍产生的原因，无不显示了科学研究的一个基本过程。研究的过程类似于拼图，即便全部的拼图碎片都已摆在你面前，你还需要努力将它们拼成完整的画面。科学研究包含了很多有难度的任务，你需要先将此次拼图所需的碎片都找出来。关注特定问题的每个研究都有可能发现一块拼图碎片。只有找到所有碎片，人们才有可能将它们拼在一起，让我们看到整幅画面。因此，可发现性包含

> **可发现性**：一种假定，即认为有可能发现自然界中存在的规律性。

两个组成部分：首先是发现拼图碎片，然后就是将碎片组合在一起，或者说是发现这张完整图片的本来面目。

> **思考题 1.3**
> - 列出科学研究中的基本假定，并说明为什么需要这些假定。

科学研究的特征

1.4 描述科学研究的特征，并解释为什么每个特征都很重要

我们已经讨论过，科学是获取关于自然世界的可靠和有效知识的首选方法。为了产生可靠和合理的知识，科学过程依赖于下列几个重要特征。

实证性

科学是**实证性**的（empirical）。这意味着科学依赖于通过诸如实验和系统性观察等科学工具收集而来的数据。科学家不是根据某人的个人直觉或权威口中的真相得出结论，而是细致地收集相关数据，然后"倾听数据说了什么"。可以说，再怎么强调使用经由恰当方法收集和分析的数据来回答研究问题的重要性也不为过。事实上，我们还会说我们的数据是实证性的，就像在"科学基于实证数据"这句话中那样。

实证性：基于数据的研究。

我们还需要说明两点。首先，在英文学术写作中，通常使用 datum（数据；源自拉丁语）一词的复数形式 data。例如，在谈论研究时，你应该注意到，研究者通常会说"the data were"，而不是"the data was"，或者他们会说"the data are"，而不是"the data is"。这种用法可能需要一些练习，但这是科学家最常用的方式。其次，科学有时依赖演绎逻辑如数学来回答一些问题。然而，即使得出了数学结论，这些结论随后也会转化为需用新的实证数据进行检验的预测。总之，在心理学研究中，数据至高无上！

控　制

控制指的是通过消除额外变量的影响或使其保持恒定，来保证对原因和结果的清晰判断。**额外变量**（extraneous variable）是在解释结果时可能与假定的原因变量产生竞争的变量。研究结果究竟是由那个你认为会导致当前结果的变量引起的，还是由某个"额外"变量引起的？对心理学研究者来讲，最重要的一个任务就是确定因果关系。如果没有对额外变量的控制，就不可能完成这个任务。切记

额外变量：在解释结果时可能与假定的原因变量产生竞争的变量。

以下这点：当你需要解答因果问题时，就应当首选实验法。实验的目的是回答重要的研究问题，比如为什么会发生遗忘，是什么缓解了精神分裂症患者的症状，或者什么样的治疗手段对抑郁症最有效。为了对此类问题做出明确的回答，研究者们必须依靠控制。

例如，在测试治疗抑郁症的一种新药的效果时，研究者必须控制好期望效应，否则参与者对该药的期望（认为药品能帮助他们缓解症状）会对真正的新药效果造成干扰。这是因为，在某些情况下，参与者会因为认为自己得到了有效治疗而出现症状减轻的现象，即使治疗手段没有价值（比如安慰剂）。这种现象被称为**安慰剂效应**（placebo effect）。因此，在精心设计的测试新药有效性的实验（有时称作**随机对照试验**，randomized controlled trials, RCTs）中，研究者将参与者随机分为两组：(a) 实验组，此组参与者服用的是真药；(b) 控制组（也称对照组），此组参与者在治疗时吃到的"药"看起来与真药相同，但实际上却不包含新药的活性成分。如果服用真药的参与者与服用安慰剂的参与者相比，其症状改善更多，研究者就可以自信地宣称新药起了作用。如果没有控制条件，研究者就无法知道症状改善到底是因为新药的作用还是因为安慰剂效应。

安慰剂效应：症状的改善是由于参与者产生了期望，而不是由真正的治疗产生。

随机对照试验：参与者被随机分配到不同组的实验。

构念的操作化

在心理学研究中，我们研究构念（即概念）（例如，抑郁症、治疗类型、人格类型、员工满意度、员工生产力）之间的关系。对我们所研究的构念进行准确的实证测量是绝对必要的。没有准确的测量，你就不能信任研究报告中的结果。用研究的语言说就是："我们需要仔细地'操作化'我们的构念。"**构念的操作化**（operationalizing a construct）指的是确定一种特定的工具（或一组工具）来准确地测量感兴趣的构念。想想"优秀的汽车销售员"这个构念。你会如何对优秀的汽车销售员进行操作化？你会用什么实证性指示物来描述这个构念？图 1.1 是我们建议的一些实证性指示物，包括销售了许多汽车、能指出一辆车的优点、能协助顾客进行购车费用规划，以及称赞顾客做出了一个好的选择。这被称为构念的

构念的操作化：确定一种工具（或一组工具）来准确地测量构念。

图 1.1 对优秀的汽车销售员进行操作化的例子

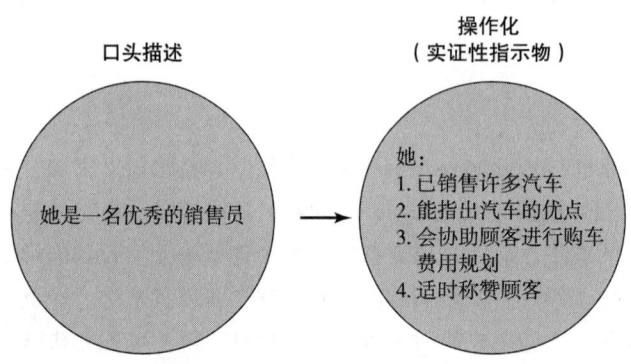

操作化，更传统的称谓则是**操作定义**（operational definition）。一旦对这个构念进行了操作化，就意味着在进行信息沟通时能保证将歧义降到最低，把精确性提到最高。当你阅读已发表的心理学研究时，你总是需要查看研究者是如何对他们的构念进行操作化的，确保你对他们的测量程序完全满意。

操作定义：对构念进行操作化的结果。

重　复

没有重复，科学知识是不完善的。**重复**（replication）是指从一项研究中得到的结果在其他研究（使用不同的人群、在不同的地方和时间）中的再现。在你相信某个单一研究的结果之前，你必须先确定该结果是不是可靠。切记以下这个关键点：在解释某个独立于其他研究的单一研究的结果时，你最好一直保持谨慎。为了得出一个普遍的结论，你必须知道，重复这项研究是否能够得到相同的结果。如果研究结果是不可重复的，那么这个结果要么是随机产生的，要么就是在不同情境或人群中表现不同。如果感兴趣的变量在不同情境下有不同的表现，那么在进一步的研究中就必须系统地考察情境因素的影响。

重复：一项研究的结果在新的研究中的再现。

尽管需要重复是科学研究的一个核心特征，但很少有研究者将他们的时间和精力投入到完整重复中，部分原因是学术和出版系统并不支持和奖励完整重复（Pashler & Wagenmakers, 2012）。不过，几年前，开放科学合作组织召集270位科学家，系统地重复了100项心理学研究。他们强调称，不仅需要重复研究的实证结果，还需要充分调查对这些实证结果的理论解释。他们指出，"创新指出了可能的道路；重复指出了可能性更大的道路；进步取决于两者"（Open Science Collaboration, 2015, p. 950）。显然，我们既需要新的、有创意的研究，也需要重复。

更常见的重复形式是部分重复。当感兴趣的关键变量包含在多个略有不同的研究中时，我们所见到的便是部分重复。例如，其他研究可能会考察略有不同的变量组合，但它们仍然包括你最初感兴趣的变量。当存在多个报告相同变量之间关系的研究时，可以使用元分析将这些研究汇总起来。

元分析（meta-analysis）是一种定量技术，用于整合和描述多项研究中的变量关系。之前我们提过，不要过于相信某项单一研究的结果，但是应该可以充分相信一项元分析研究的结果，因为你所看到的结论使用了大量相关的研究。无论何时，当你对某个话题感兴趣，并想要回顾相关文献时，你都应该查找那些元分析研究的文献！

元分析：描述多项研究中变量之间关系的定量技术。

证据而非证明

尽管科学是获取自然世界知识的最有力的途径，但你可能会惊讶地发现，研究者在谈及他们的科学主张时很少使用"证明"一词。（你会听到广告商声称"证明"。）尽管科学并没有提供心理学原理的完整或最终证明，但它确实提供了或弱或强的证据。在实证研究中，我们不排除这样的可能性，即未来的研究可能会显示，从新的视角或新的数据来看，我们之前犯了一个错误。某些现象随着时间的推移也可能会发生变化。

著名的研究方法学家弗雷德·克林格（Kerlinger, 1986）对证明与证据之间的区别做出了如下解释：

> 对研究数据的解释以"如果 p，则 q"类型的条件概率陈述告终。我们通过用某种方式对其加以限定来丰富这些陈述，例如，在条件 r、s 和 t 下，如果 p，则 q。让我们直言不讳地断言，没有任何事情能够科学地"证明"。我们所能做的就是提供支持某个命题为真的证据。证明是演绎性问题，而实验性的探究方法不是证明的方法。（p. 145）

美国科学促进协会（American Association for the Advancement of Science, 1990）表达了同样的观点：

> 科学是产生知识的过程。这个过程依赖于对现象进行仔细观察，以及创建解释这些观察结果的理论。知识的变化是不可避免的，因为新的观察可能会挑战盛行的理论。无论一种理论能多么好地解释一组观察结果，都有可能存在另一种理论能够同样好甚至更好地解释这些结果，或者能够适用于更广的观察范围。在科学中，对理论（无论是新的还是旧的）的检验、完善和偶尔的废弃，一直在进行之中。（p. 2）

关键是，当你阅读已发表的科学报告时，你不会看到研究者声称已证明某种观点，而是会看到他们提供并讨论支持其概率性主张的证据。当你继续学习实证研究时，请牢记这一点。将来，当你与他人讨论实证研究时，你应该从讨论中删去"证明"这个词，用"证据"取而代之。然后，你应该提供支持某一科学主张的可用证据的细节。在本书中，我们将解释如何确定支持科学主张的证据的强度。

思考题 1.4

- 列出并定义科学研究的特征。然后解释为什么每一个都是研究过程的特征。

理论在科学研究中的作用

1.5 总结科学研究中实证观察与理论的关系

科学研究可以积累大量高度可靠的事实。然而，只是积累这样一堆事实并不足以回答许多关于人性的谜题。例如，许多研究（如 Mercer, Nellis, Martinez, & Kirk, 2011）和元分析（如 Robbins et al., 2004）报告称，对学术拥有更高自我效能感的学生在学术领域也取得了更多成就。班杜拉（Bandura, 2012）在他的自我效能理论中整合了这些发现。**理论**（theory）有助于我们了解某种现象产生的原因及其运行机制。

理论并不只是解释和整合已存在的数据。一个好的理论也会提出新的假设，而这些新假设可被实证检验。因此，一个理论必须能解释先前研究的结果，还应该能引导新的研究。这意味着理论和实证观察之间存在着不断的互动，如图1.2所示。

从图1.2中可以看出，理论最初是基于观察和实证研究，这被称作**发现的逻辑**（logic of discovery），是科学的归纳部分（或"归纳性的科学方法"）。理论一旦产生，它就必须指导未来的研究，这被称作**辩护的逻辑**（logic of justification），是科学的演绎部分（或"演绎性的科学方法"），预测正是从此推导而出，并随后接受实证检验，以确定理论命题的正确性。后续研究的结果会反馈回来，并决定理论的有效性。这个过程会周而复始。如果由理论产生的预测被后续的研究所证实，那么就有证据表明该理论对于解释某个特定现象是有效的。如果该理论的预测被后续研究推翻，那么这个理论就被证明是不准确的，必须要么对其进行修正以解释新的数据，要么摒弃这一理论。总之，图1.2表明，理论的产生和理论的检验都是科学事业的重要组成部分。

表1.2显示了如何开始评估理论的质量。例如，一个好的理论与数据相吻合，符合逻辑且简约，并能提供可检验的主张或命题。一个好的理论是已经多次得到实证数据支持的理论。应用心理学家也希望有可用的理论，即使从业者能够带来期望的结果（例如，改善心理健康、提升工作动力和工作满意度、改善长期记忆、减少偏见和歧视）的理论。美国社会心理学之父库尔特·勒温的名言很好地诠释了这一点，"没有什么比一个好的理论更实用"（Lewin, 1951, p. 169）。

> **理论**：对某些事物如何运行、为什么如此的一种解释。
>
> **发现的逻辑**：科学过程中归纳或发现的部分。
>
> **辩护的逻辑**：科学过程中演绎或理论检验的部分。

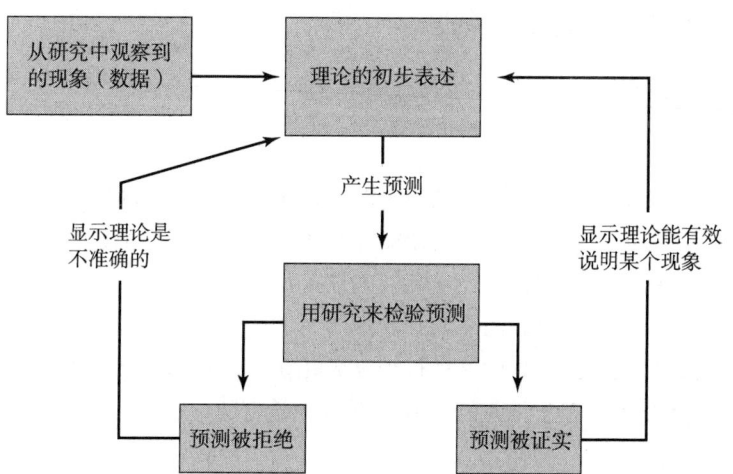

图1.2 理论与研究之间关系的演示

表 1.2　如何评估理论的质量

想要评估一个理论的质量,你需要回答以下问题:
1. 理论/解释是否与实证数据相吻合?
2. 它是否符合逻辑且连贯?
3. 它是否简单、清晰、简约?
4. 它是否提供可检验的主张(即可被检验的命题)?
5. 它是否经过多个研究的检验并得到了支持?
6. 它是否比替代或竞争理论更有效?
7. 它是否足够普遍,可适用于多个地方、情境和不同类型的人?
8. 从业者能否利用该理论在世界上得到期望的结果?

思考题 1.5
- 说明理论在科学研究中的作用。
- 比较发现的逻辑和辩护的逻辑。
- 描述好理论的特征。

心理学研究的目标

1.6　总结科学研究的目标

从根本上看,科学研究的目标是增进我们对所生活世界的理解。科学研究要求对某个现象进行仔细且详尽的考察。只有当一种现象被准确地描述和解释,因此在概率上是可预测的,并且在大多数情况下,能够被控制以产生期望的结果时,科学家才会声称对该现象有了很好的理解。所以,强有力的科学理解需要四个具体的目标:描述、解释、预测和控制。

描　述

描述:对一种情境或现象的描绘。

心理学研究的第一个目标,**描述**(description),要求准确地描绘现象。你必须确定现象的特征,然后确定这些特征存在的程度。任何一个新领域的研究通常都始于探索性的描述过程,因为它可以确定存在的变量。只有当我们对存在哪些变量有了一些了解之后,我们才能开始解释它们为什么以及如何运作。比如,如果我们没有首先发现分离焦虑这种行为(婴儿在照护者离开时出现哭泣和视觉搜索等行为)和孩子出现此行为的年龄,我们就不能对它的存在做出解释。科学知识通常始于描述。

解 释

第二个目标是对现象的**解释**（explanation），这需要了解该现象如何运作以及为何如此，包括其原因以及原因起作用的条件。我们必须能够确定导致现象发生的先决条件是什么。假设外向的学生在社交媒体上发布的内容比内向的学生多。我们会得出这样的结论：社交媒体发帖的先决条件之一是外向性。请注意，外向性只是先决条件之一。科学家们认识到，大多数现象是由多重原因决定的，新的证据可能使我们需要修改或扩展解释，以包括新的信息（包括关于因果过程的信息）。随着研究过程的进行，我们的解释变得愈加准确和完整。随着知识的增加，我们开始有能力预测甚至控制事件的发生。

> **解释**：有关某个现象如何运行以及为何如此的知识，包括它的原因以及原因起作用的条件。

预 测

心理学研究的第三个目标是预测。**预测**（prediction）是指在事件真正发生之前预见事件的能力。比如，我们能非常准确地预测日食发生的时间。要做出这种准确的预测，需要掌握有关此现象先决条件的知识。我们需要知道月亮和地球的运行规律，并知道只有在地球、月亮和太阳满足某个特定条件时，才能发生日食。如果我们了解哪些变量影响学术成就，那我们就能准确地预测谁会在学术上取得成功。如果说我们还无法准确预测某种现象，那一定是因为我们对它的认识还没有到位。

> **预测**：预见某个事件发生的能力。

控制或影响

心理学研究的第四个目标是控制。**控制**（control）是指对引发某个现象的条件进行操纵，以得到期望的结果。从这个意义上讲，控制需要掌握有关某个现象产生的原因或先决条件的知识。当先决条件已知时，就能对其加以操纵，以产生希望看到的现象。一旦心理学家获悉产生某个结果的条件，只要通过创造或者消除这些条件，就可以实现对结果的控制。假设挫折会产生攻击性，然后请思考，如果我们知道这个假设是正确的，那我们就可以通过让人们受挫或不受挫来控制他们是否产生攻击性。因此，控制是指对引发某个现象的条件的操纵。

说到这里，你需要知道术语"控制"的使用方式略有不同。在讨论科学研究的特征时，我们使用控制一词来指在实验中消除额外变量的影响或使其保持恒定，以便研究者能够就原因和结果得出强有力的结论。我们说我们需要控制额外变量。我们将在后面的章节中向你展示如何在实验研究和非实验研究中控制额外变量。

在实验研究中，控制一词还用来指未接受正在测试其功效的活性成分的组（即"控制组"）。这是主要的比较组。研究者会将实验组的结果与控制组的结果

> **控制**：（1）对先决条件的操纵，以产生心理过程和行为上的变化；（2）消除额外变量的影响；（3）未接受被认为会产生效应的活性成分的组。

进行比较，两组间的差异被认为是因果效应。我们基本上是将接受治疗的参与者与我们认为如果他们没有接受治疗会是什么样子进行比较。

> **思考题 1.6**
> - 列举并定义科学研究的目标。然后，请解释为什么每一个都是研究过程的目标。

伪科学

1.7 比较伪科学与合理科学的特征

我们已经在本章中向你介绍了什么是科学。此外我们提到，在心理学领域可以依靠科学方法来获取和确立可靠的知识。在我们的社会中，科学知识有着特殊的地位，因为它的形成建立在高信度和高效度的基础上。现在，我们将从另一个角度，通过检验什么不是科学，来看看科学。科学与伪科学是对立的。

伪科学（pseudoscience）宣称自己是科学，但却建立在违背许多科学原则的方法和实践之上。伪科学的声明通常是为了获得合理性。例如，商业广告常常会宣传其产品的有效性是经过"科学证明"的，而这种宣传实际上并没有可信的证据支持。伪科学的例子还包括占星术、超感觉认知、算命、地平说、迷信等。在表 1.3 中，我们列举了几种伪科学常用的错误策略。

伪科学：本身并不科学、却宣称自己是科学的实践、信念和程序。

表 1.3　伪科学中使用的策略

- 为了解释不一样的结果而杜撰出新的（临时的）假设
- 独树一帜地对否定性结果加以确认或重新解释以支持其主张
- 不对结论进行持续而严格的检验，因此也不会进行自我修正
- 倒置举证责任（如让批评者承担举证责任）
- 过度信赖支持结论的证词和作为证据的逸事
- 使用模棱两可或难以理解的语言让结论听起来像是经过了科学审查
- 与其他学科在相关问题上的研究毫无联系

> **思考题 1.7**
> - 什么是伪科学？
> - 伪科学中使用的错误策略有哪些？

本章小结

本章对心理学研究和科学进行了介绍。人们获取知识的主要途径包括权威（即以权威观点为基础）、理性主义（即以推理过程为基础）和经验主义（即以实证数据为基础）。科学是上述途径的一种非常特殊的混合体，是获取关于自然界的可靠和有效知识的最值得信赖的方法。

例如，知识产生的科学途径使用归纳推理（从具体到一般）和演绎推理（从一般到具体）。科学途径经常使用假设检验（即提出假设并用新的实证数据进行检验）。假设可以被证实，也可以被证伪。

在21世纪的科学界，我们认识到科学没有单一的、简单的定义，因为科学使用多种方法。不过，我们提出了一个工作定义：科学是研究者运用科学方法产生知识的系统化途径。科学的三个主要假定如下：（1）自然存在规律性；（2）自然是真实的，包括我们对它的体验；（3）可发现性（即发现自然界的规律是可能的）。

科学的主要特征包括：实证性（即科学是基于数据的）；控制（即研究者试图提出关于原因和结果的明确主张，他们会"控制"额外的或具有竞争性的变量）；构念的操作化（即确定工具来测量构念）；重复（即结果在多项研究中重现）；证据而非证明（即研究者为科学命题提供证据，而不是对其进行最终的证明）。

理论是科学的重要组成部分。依靠发现的逻辑，可以形成、发现和发展理论。依靠辩护的逻辑，可以用新的实证数据对理论进行系统的检验，以确认其运作情况。如图1.2中展示的那样，科学在理论发现和理论检验之间（或者说在归纳与演绎之间）循环往复。表1.2列出了评估科学理论质量的八种方式。

心理学研究的四个主要目标是描述（即准确描绘我们研究的现象）、解释（即了解现象如何以及为什么运作，包括其原因）、预测（即利用研究数据和源自数据的观点来预测未来事件）和控制。控制至少有三种不同的使用方式：（1）操纵先决条件以产生心理过程和行为的变化（即控制原因变量的使用）；（2）消除额外变量的影响（即控制额外变量）；（3）未接受被认为会产生效应的活性成分的组（即控制组）。

重要术语和概念

权威	假设检验	实证性
理性主义	迪昂—奎因原则	额外变量
经验主义	客观性	安慰剂效应
科学	决定论	随机对照试验
归纳	概率性原因	构念的操作化
演绎	自然的真实性	操作定义
证伪主义	可发现性	重复

元分析	辩护的逻辑	预测
理论	描述	控制
发现的逻辑	解释	伪科学

章节测验

问题答案见附录。

1. 经验主义是科学研究的重要元素。经验主义指的是什么？
   a. 通过经验获取知识
   b. 对世上各种现象的个人观点
   c. 保持某一当前信念的坚定决心
   d. 因为某些信息来自权威而接受它
2. 科学活动包括：
   a. 归纳
   b. 假设检验
   c. 演绎
   d. 上述所有选项
3. 阿尔伯特教授曾做过一个实验来调查个人"地位"对说服力的影响。在这项研究中，他通过呈现不同的穿衣风格来操纵地位这个变量。具体来讲，让地位高的人穿着非常昂贵的商务套装并拎着一个公文包，而让地位低的人穿着褪色的牛仔裤和破烂的衬衫。让地位高和地位低的人在穿衣风格上呈现这种差异是为了：
   a. 控制额外变量的影响
   b. 对地位这个构念进行操作化
   c. 控制参与者的衣着类型
4. 如果你进行了一项研究，想要确定为什么人们没有向那些明显需要帮助的人提供帮助，那下面哪个目标是你进行此项研究的目的？
   a. 描述
   b. 解释
   c. 预测
   d. 控制
5. 为了在科学研究过程中保持信心，科学家常常会设置几个假定。下列哪个不属于这些假定？
   a. 自然本身是真实的，包括我们看到的、听到的、感觉到的、触摸到的和品尝到的
   b. 发现自然的规律是可能的
   c. 自然存在规律性
   d. 心理学只研究在心理上构建的现实

提高练习

除了章节测验以外，每一章的结尾都附有提高练习。这些练习将鼓励你深入思考本章中讨论的概念，并让你有机会运用所学的知识。

1. 心理学在解释心理过程和行为以及开展研究时会使用许多概念。思考下列概念，并确定一组操作来定义每个概念。
   a. 抑郁
   b. 攻击性
   c. 儿童虐待
   d. 态度
   e. 领导力
2. 医学界一再对美国人的平均体重日益飙升这一事实表示关注。这种担忧主要集中在肥胖人群的健康风险上。仔细想想科学的四个主要目标，思考如何将这些目标运用到医学界关心的问题上来。
3. 如果科学的基本假定全都不存在，那心理科学会发生什么？如果这些假定不存在，我们的日常生活又会变成什么样？

第 2 章

研究取向与数据收集方法

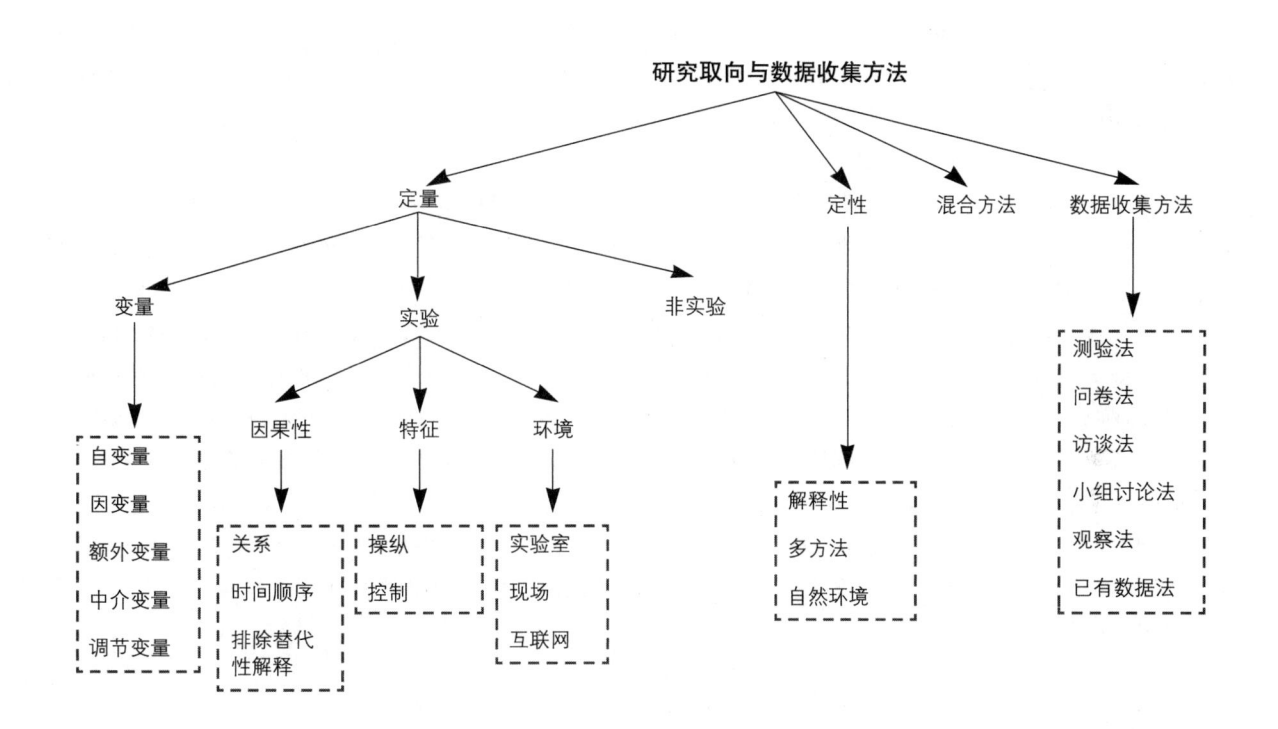

```
                    研究取向与数据收集方法
          ┌──────────┬──────────┬──────────┐
         定量        定性     混合方法   数据收集方法
    ┌─────┼─────┐     │                    │
   变量  实验  非实验   │                    │
    │   ┌─┼─┐           │                    │
    │  因果性 特征 环境   │                    │
    │   │    │    │    │                    │
 ┌──────┐ ┌──────┐┌────┐┌─────┐      ┌─────────┐  ┌─────────┐
 │自变量│ │ 关系 ││操纵││实验室│      │ 解释性  │  │ 测验法  │
 │因变量│ │时间顺序││控制││ 现场 │      │ 多方法  │  │ 问卷法  │
 │额外变量│ │排除替代││    ││互联网│      │自然环境│  │ 访谈法  │
 │中介变量│ │性解释 ││    ││     │      │        │  │小组讨论法│
 │调节变量│ │      ││    ││     │      │        │  │ 观察法  │
 └──────┘ └──────┘└────┘└─────┘      └─────────┘  │已有数据法│
                                                   └─────────┘
```

学习目标

2.1 区分定量研究中使用的变量类型

2.2 概述实验研究方法的特征

2.3 总结确定因果关系的标准

2.4 描述心理学实验的优势与局限性

2.5 总结非实验定量研究如何能够表明变量之间的关系

2.6 描述定性研究的元素、优势及局限性

2.7 解释混合方法研究不同的主要形式

2.8 比较六种主要的数据收集方法

实验研究：基于操纵来揭示因果关系的研究。

操纵：研究者通过引入一个原因条件来主动干预世界。

非实验研究：不进行操纵，探究世界上自然发生的现象的研究。

进行心理学研究的各种方法传统上被分为实验研究和非实验研究两类。**实验研究**（experimental research）通过在受控心理学实验中对假定的原因变量进行操纵来试图确定因果关系。**操纵**（manipulation）是指研究者通过引入一种预期会改变参与者心理或行为的条件来主动"干预"世界。**非实验研究**（nonexperimental research）不存在操纵，探究的是世界上自然发生的现象。请记住重要的一点：实验研究始终聚焦于因果关系，是实现这一目标的最有力的途径。非实验研究的目标则更为广泛，侧重于使用非实验设计来描述、预测和解释关系。实验—非实验研究二分法是呈现心理学所使用的各种研究方法和设计的一种非常有用的方式。

近年来，心理学文献中出现了另一种划分研究取向的方式，即定量—定性研究二分法或维度，它在很大程度上依据的是研究中所收集数据的类型。

定量研究：基于定量数据和方法的实证研究。

数值数据：由数字（数值）组成的数据。

在**定量研究**（quantitative research）中，研究者通过收集某种类型的**数值数据**（numerical data）来解答给定的研究问题。例如，在定量研究中，研究者可能收集诸如个体的吸引力等级评定、一个孩子打另一个孩子的次数、一只老鼠按压杠杆的次数，或者个体在人格测验中获得的分数等数据。定量研究是目前心理学领域中最常用的研究类型。

定性研究：基于非数值数据的研究。

非数值数据：由图片、话语、报告、服装、书面记录或档案、对情境或行为的描述等组成的数据。

在**定性研究**（qualitative research，也译作质性研究）中，研究者收集某种类型的**非数值数据**（nonnumerical data），通常是为了解答探索性的研究问题。非数值数据包括个人在访谈中报告的内容、书面记录、图片、服装或观察到的行为等。许多研究者，例如克雷斯威尔和波斯（Creswell & Poth, 2017）以及巴顿（Patton, 2015），认为只收集定量数据的研究对所关注的现象、事件或情境的分析和描绘通常是不完整的，而增加定性数据可提高人们对研究对象的理解水平。当研究者既收集定量数据又收集定性数据时，所采用的取向被称作**混合方法研究**（mixed methods research）。

混合方法研究：在单个研究或一组相关研究中将定量和定性数据或方法结合在一起的研究类型。

在本章的剩余部分，我们将简单介绍实验和非实验定量研究、定性研究以及混合方法研究。我们还将向你介绍心理学研究中使用的主要数据收集方法。

> **思考题 2.1**
>
> ● 区分实验研究与非实验研究；区分定量研究与定性研究。

定量研究中的变量

2.1 区分定量研究中使用的变量类型

变量：在有机体、情境或环境之间或内部变化的特征或现象。

常量：不会变化的量。

变量是定量研究的基本组成模块。**变量**（variable）是指具有不同值或类别的量。它与**常量**（constant）的含义相反，后者代表某个不会变化的量，如变量的某个单一值或类别。例如，政党身份是一个变量，通常可以取共和党、民主党或无党派等值。变量的任何一个值都被视为常量。例如，对于政党身份这个变量，无党派是一个常量，因为它不会变化。

表 2.1 中列出了定量研究中使用的许多重要的变量类型，并附有实例。一种有效的区分方式是判断变量是类别变量还是量型变量。**类别变量**（categorical variable）是指在类别或种类上变化的变量。**量型变量**（quantitative variable）是指在程度或数量上变化的变量。例如政党身份是类别变量，因为它的不同水平代表不同类别（如共和党、民主党和无党派）；而反应时是量型变量，因为它可能会被操作化为对特定刺激做出反应所需的毫秒数。类别变量的其他例子包括宗教信仰、大学专业、人格类型、性别、记忆策略和治疗方法。量型变量的更多例子包括身高、自尊水平、年龄、焦虑水平和认知加工的速度。虽然我们也会介绍按测量水平来区分变量的四级系统（在第 5 章），但这种二级系统（即类别变量和量型变量）其实足以满足多数研究目的。

类别变量：在不同类别或种类间变化的变量。

量型变量：在程度或数量上变化的变量。

在描述和解释这个世界如何运行以及设计定量研究时，研究者会用到表 2.1 中的另一组变量（在"变量的角色"的标题下）。在一项研究中，变量有着不同的角色。正如你在表 2.1 中看到的，**自变量**（independent variable）（用符号"IV"表示）被假定为是引起另一个变量变化的原因。**因变量**（dependent variable）（用符号"DV"表示）是假定的效应或结果。因变量受一个或多个自变量的影响。在

自变量：假定会导致另一个变量发生变化的变量。

因变量：假定受一个或多个自变量影响的变量。

表 2.1　以测量水平和变量角色划分的变量类型

变量类型	核心特征	实例
测量水平 *		
类别变量	随现象的类型、种类或类别而变化的变量	政党身份这个变量由共和党、民主党和无党派等类别组成
量型变量	在现象的数量或程度上变化的变量	反应时这个变量常在毫秒级别上测量，并在几毫秒到几分钟或更长时间内变化
变量的角色		
自变量（IV）	被假定为引起另一个变量变化的变量，属于原因变量	焦虑的程度（IV）会影响记忆任务的成绩（DV）
因变量（DV）	因另一个变量而产生变化的变量，属于效应或结果变量，是测量自变量效应的变量	记忆任务的成绩（DV）受焦虑程度（IV）的影响
中介变量	在两个其他变量之间起作用的变量，它描述了一个变量影响另一个变量的中间过程	焦虑的程度（IV）会导致认知分散（中介变量），后者影响了记忆任务的成绩（DV）
调节变量	能够详细说明感兴趣的关系是如何在不同条件或情境中变化的变量	焦虑（IV）与记忆（DV）的关系也许会随着疲劳水平（调节变量）的变化而变化
额外变量	在解释结果时，会与自变量发生竞争的变量	我们看到的咖啡饮用（IV）与心脏病发作（DV）之间的关系也许是由吸烟导致的

* 四级测量系统会在第 5 章中介绍。

吸烟与肺癌的关系中，自变量和因变量分别是什么？正如你所知，吸烟是自变量，肺癌是因变量，那是因为吸烟会引起肺癌。在实验研究中，自变量是实验者操纵的变量；例如，被操纵的自变量的一个水平可能是施用新的治疗手段，而另一个水平是"不治疗"的控制条件。

因果关系：一个变量的变化会引起另一个变量变化的关系。

每当你想得出**因果关系**（cause-and-effect relationship）（即自变量的变化引起了因变量的变化）的结论时，都必须非常小心，尤其要警惕非实验研究中的额外变量。**额外变量**（extraneous variable）是指在解释研究结果时可能与自变量发生竞争的变量（额外变量也被称为第三变量和混淆变量）。在尝试确定某个额外变量时，你需要考虑以下问题："因变量的变化有没有可能不是缘于自变量而是缘于某个没有考虑到的额外变量？"例如，研究者已经发现，喝咖啡与心脏病发作之间存在着统计学关系（即咖啡喝得越多，心脏病发作率就越高；而咖啡喝得少，心脏病发作率低）。这是一种因果关系吗？其他研究结果显示，这并不是因果关系，实际起作用的因素是额外变量——吸烟。相比较喝咖啡少的人，喝咖啡多的人更有可能吸烟，因此，是吸烟导致了心脏病而不是大量饮用咖啡导致心脏病。所以吸烟是一个混淆变量，这个变量影响了因变量——心脏病发作。在本书的其他几个地方，你将学习如何"控制"这类额外变量。

额外变量：在解释结果时可能与自变量发生竞争的变量。

有时我们想了解一个变量影响另一个变量的过程。于是我们关注到了另一类变量，即中介变量（也叫干预变量）。**中介变量**（mediating variable）是指在因果链的另两个变量间产生作用的变量。例如"组织损伤"就是吸烟与肺癌这组关系中的干预变量。我们可以用箭头（表示原因）描述这组关系：吸烟→组织损伤→肺癌。

中介变量：在因果链中其他两个变量之间起作用的变量；它是一个干预变量。

有时两个变量之间存在的某种关系并不适用于所有人，所以你需要另一类变量来研究这种可能性。具体来讲，心理学家使用**调节变量**（moderator variable）来确定一组自变量与因变量之间的关系是如何在其他变量（称作调节变量，因为它"调节了关系"）的不同水平上发生变化的。例如，如果行为疗法对男性更有效，而认知疗法对女性更有效，那么性别就是一个调节变量。因为自变量（治疗类型）与因变量（来访者的心理健康）之间的关系在调节变量（性别）的不同水平上发生了变化。在这个例子中，我们可以说疗法与心理健康之间的关系受性别调节。因为这个世界往往相当复杂，所以你可以想象，自然界中的因果世界里一定活跃着许多调节变量。

调节变量：改变或"调节"其他变量之间关系的变量。

你必须牢记刚刚在表 2.1 中定义和总结的所有变量类型，因为变量语言是一门非常强大的语言，并且它也是定量研究中使用的"语言"。当你想要知道自己感兴趣的东西是如何在世界中相互关联的时候，你可以设法将它们翻译成这种新语言，这样你就能为开展某项定量研究做好准备了。你会发现，这种语言也能帮助你让自己的思路变得更加清晰。

> **思考题 2.2**
> - 自变量与因变量的区别是什么?
> - 量型变量与类别变量的区别是什么?
> - 中介变量与调节变量的区别是什么?

实验研究

2.2　概述实验研究方法的特征

实验研究方法是一种定量的方法,其目的是发现和证实因果关系。我们会用大量篇幅来介绍这类研究,因为它可以作为一个基准,用来比较其他研究方法在因果性问题上的表现。实验研究方法的关键特征是:刻意改变某事物(即操纵自变量)再观察其他事物会发生什么变化(即随之而来的因变量的结果)。这也是人们在日常生活中一直都在做的事情。例如,人们会尝试不同的饮食或运动方法以确定它们是否有助于减肥。其他人可能会先接受教育然后观察这能否为他们带来更好的工作。如你所见,科学家和普通人都在用实验方法来试图确定因果性。然而,科学实验不同于日常实验,因为科学家们会有意地尝试在不带偏见,并已对额外变量加以控制的情况下进行观察。因此,我们首先探讨因果性的概念,然后再讨论科学实验以及在实验中被系统检验的因果性的本质。

因果性

2.3　总结确定因果关系的标准

因果性(也称因果关系)属于人们经常使用但很少仔细思考的那类词。人们常问"是什么引起了癌症"或"是什么让一个人杀害了另一个人"这样的问题。但是,这些问题的真正含义是什么?在人们的常识中,因果性是指在某种条件下某个事件(原因)引发了另一个事件(结果)。但实际上,因果性要更为复杂。

人们在讨论因果性时,常常会非常随意地使用原因和结果这两个词。但若仔细思考,你会发现操纵通常隐含在因果性的概念中。如果我们进行操纵或做点事情,我们就会期待有其他事情发生。倘若真的发生了什么,我们就会把操纵的东西或事情称为原因,把发生的事情叫作结果。例如,如果有一个家长因为自己的孩子在墙上乱涂乱画而惩罚了他,然后他发现孩子不再往墙上涂画了,那么他就会认为惩罚让孩子停止了涂画。事件之间的这种时间关系,就像惩罚与某个行为(如在墙上涂画)消失之间的关系一样,让我们直观地感受了原因与结果的含义。

如用变量语言来描述，那么原因变量就是自变量，而效应或结果变量就是因变量。

原　因

原因的直观定义有些简单化了，这是因为绝大多数因果性都依赖于多种因素，包括情境因素。例如，抑郁可能在许多不同的情况下发生。不含中枢神经递质血清素前体的饮食、有了孩子、被解雇、离婚以及许多其他事情，都可能导致抑郁发作。然而，这些事件中的任何一件，其本身并不足以引发抑郁。对一些人来说，失业能导致抑郁；但另一些人则会将它视为开始另一项充满激情的事业的契机。问题的关键在于一个结果的产生通常需要许多因素，而我们很难知晓所有因素以及它们彼此间的关联方式。这意味着任何因果性都在一个包含许多因素的情境下产生，并且如果其中任何一个因素发生了变化，那么先前认定的因果性就可能改变，当然也可能不变。这也是为什么说，因果性不是完全确定性的而是概率性的（Shadish, Cook, & Campbell, 2002）。也就是说，原因事件可能不会完全导致结果出现，但它会增加结果出现的概率。尽管很难确定某一事件发生的单个原因（因为多重原因很常见），但将**原因**（cause）视为"引发其他事件的东西"仍然很有用。我们将在本书中一直强调，实验应该是研究因果性的首选。

原因：使得其他事情存在或改变的因素。

效　应

效应是我们在研究中希望解释的结果。在一个实验中，**效应**（effect）是指某组个体接受某种处理方式以后发生的事情与同一组个体若未接受这种处理方式会发生的事情之间的差异。这里重点强调的是同一组个体。然而，要同一组人同时接受和不接受某种处理是不可能的，因此要完美地认定一个真效应也是不可能的。在实验情境下，我们能尽力做到的就是通过设置两组不同的参与者，使其中一组接受某种处理，另一组不接受处理，然后测量两组表现的差异，获得一个不甚完美的结果。用不接受处理的那组参与者的表现来估计接受了处理的那组参与者在不接受处理的情况下的表现。这里的关键是，永远不可能获得对一个效应的真实、完美的测量，因为这要求参与者既要受某事的影响，又要不受这件事的影响，而这是不可能的。

效应：在接受某种处理方式时实际发生的事情，与如果未接受会发生的事情之间的差异。

提出因果性主张的必要标准

在本书中，每当需要提出一个有正当理由的因果关系（即自变量的变化引起了因变量的变化）主张时，我们都会提到三个必要标准。这些必要标准列在表 2.2 中。首先，研究者必须要证实自变量与因变量是有关联的。第二，研究者必须证实自变量的变化先于因变量的变化而发生。第三，研究者必须证实自变量与因

表 2.2　主张因果关系存在的必要标准

如果研究者要提出变量 A 的变化会引起变量 B 的变化的合理主张，必须保证下列标准成立：

标准 1：	变量 A（假定的原因或自变量）和变量 B（假定的效应或因变量）必须是关联的或是相关的。这被称作关系标准。
标准 2：	变量 A 的变化必须发生在变量 B 的变化之前。这被称作时间顺序标准。
标准 3：	对于变量 A 与变量 B 之间的关系，不存在合理的替代解释。这被称作无替代性解释标准。

变量之间的关系并不是由其他变量的影响引起的。请你务必理解并记住这三个标准！

例如，喝咖啡与心脏病发作率之间存在着相关性，由于这两个变量是相关的，即我们观察到在喝大量咖啡的人群中，有着较高的心脏病发作率，反之亦然，所以满足标准 1；又因为喝咖啡发生在心脏病发作之前，所以也满足标准 2。但要主张饮用咖啡会导致心脏病发作，还要满足标准 3。可这里却出现了大问题，因为对于观察到的这种关系，存在着合理的替代性解释。在推断喝咖啡会导致心脏病发作时，有一个不容忽视的问题——吸烟与这两个变量都相关（即我们在满足标准 3 时出现了问题）。那些平时喝少量咖啡的人通常比那些平时喝大量咖啡的人也更少吸烟。因此，咖啡饮用量与心脏病发作率之间的可见关系可能是由额外变量即吸烟引起的。所以研究者必须要对吸烟这个条件进行"控制"，才能确定这个替代性解释是否是引起原始关系的真正原因。

> **思考题 2.3**
> - 什么是实验研究？
> - 什么是因果性？
> - 对因果关系下结论的三个必要标准是什么？
> - 你为什么不能仅凭两个变量之间的关系得出因果关系结论？

心理学实验

2.4　描述心理学实验的优势与局限性

实验（将参与者随机分配到不同组）是满足因果关系的三个必要标准（如表 2.2 所示）的最强有力和最有效的方式。**心理学实验**（psychological experiment）通过在受控条件下操纵一个自变量，然后测量对一个因变量的影响来确定因果关系存在与否。在进行实验时，心理学家会系统地操纵一个或多个自变量，并客观地观察因变量以查看其对操纵的反应。因此，我们可以看到原因变量与结果是否

心理学实验：对一个或多个自变量进行主动操纵以确定其对一个或多个因变量影响的一种因果关系研究。

相关（标准 1，关系）；我们还知道原因发生在结果之前，因为我们操纵了原因并寻找随之发生的变化（标准 2，时间顺序）。

确立因果关系的第三个必要标准（排除合理的替代性解释）最难满足。研究者必须对实验情境进行控制，以使在实验中唯一能变化的就是实验条件（在本书中，"实验条件"既可指包含控制条件在内的各个条件，也可专指与控制条件相对的接受实验处理的条件——译者注）。除了由研究者操纵的实验条件可以不同之外，各个组必须在其他所有条件上完全相同。实验开始时，构建相等组（即各组在所有变量上都是相同的）的最佳方式是将参与者随机分配到各个实验条件中。接着，你在实验过程中实施各个实验条件，与此同时，还必须保证没有任何可能威胁此研究的额外变量进入。你必须控制情境，保证各组之间除了被给予的实验条件不同之外，再无任何不同。如果做到了这点，那你也就满足了标准 3（排除替代性解释），在实验结束时，你就可以将各组结果的差异归因于实验条件的不同。

实验及其逻辑的一个示例

现在，我们要向你展示什么是基本的实验设计。这个实验描述了如何检测一种新药的药效，研究者预期这种新药可以减轻广泛性焦虑障碍的症状：

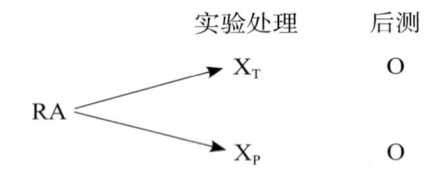

```
              实验处理      后测
           → X_T           O
    RA  
           → X_P           O
```

在上图中：

- O 表示对因变量的观察/测量
- X 表示自变量
- 下标 T 表示自变量的实验处理条件（即实验组，使用了含有活性成分的药物）
- 下标 P 表示自变量的安慰剂条件（即控制组，使用了不含活性成分的药物）
- RA 表示在这个实验设计中，参与者被随机分配到两个组

因为随机分配是一个很好的方法，可以在实验开始时便使得两组在所有可能的变量上都达到相似（即组间不存在系统差异），所以我们在上述研究设计中使用了这种方法。（我们将在第 7 章学习如何进行随机分配。）现在，假设我们有一个由 100 位正在受广泛性焦虑障碍困扰的人组成的方便或立意样本，我们将他们随机分配到两个组中，这样每个组都有 50 名参与者。

下面来看看这个实验的逻辑。首先，在研究开始时，我们使用随机分配法让两个组在所有变量上都几乎一样（即两个组是"等同"的）。如果你将参与者进行了随机分配，则两组在任何变量上都不应该存在系统差异，包括焦虑水平。

第二，通过给实验条件下的参与者使用药物，以及给控制条件下的参与者使用安慰剂来操纵自变量。接下来（在给药物留出发生作用的时间之后），你测量参与者的焦虑水平。假设：实验组参与者在使用新药后，比只使用了安慰剂（即看起来与真药一样但并不含活性成分的药片）的控制组参与者表现出更低的焦虑水平。据此，你能得到什么结论？新药起作用了吗？在这种情况下，你应该能够得出自变量药物类型（活性成分或安慰剂）与因变量（焦虑水平）之间存在因果关系的结论。我们能够得出这样的结论是因为：(1) 我们证实了自变量与因变量之间存在关系；(2) 我们保证了自变量的变化先于因变量的变化而发生；(3) 我们在研究开始时随机分配参与者保证了两组的等同，并在实验中给予两组参与者除使用的药片不同外，在其他方面完全相同的处理，进而排除了替代性解释。再次强调，因为两组之间的唯一区别是药片的成分，所以我们能够得出结论：药物就是实验组参与者焦虑水平下降更多的原因。

现在假设，在上述实验中我们不能使用随机分配法来使实验组和控制组等同。假定其中的一些参与者虽然是自愿同意参加实验的，但他们对药物治疗有一种恐惧感。最后，假定大多数害怕药物治疗的参与者被划分到了实验组。（如果你没有使用随机分配，你就应该假定你的分组在除自变量以外的变量上也存在着差异。）在研究结束时，你可能会发现两组参与者在焦虑水平上不存在差异。由此你能得到什么结论？因为你没有意识到药物治疗带来的恐惧问题，所以你很有可能会推断这种药物是无效的。然而，这种药物实际上可能是有效的，只是实验组参与者对药物治疗的恐惧产生了负面影响，由此增加的焦虑抵消甚至超过了药物对其焦虑的缓解作用。

一定要记住额外变量的定义，因为当一项研究宣称可显示因果关系时，额外变量能够破坏它的真实性。额外变量是指在解释研究结果时，可能会与自变量发生竞争的变量。记住重要的一点：如果你意在揭示因果关系，你必须始终确定研究中是否存在你需要担心的额外变量。如果造成结果的原因确实是额外变量（而不是自变量），那么有时研究者会将其称为**混淆变量**（confounding variable），因为它已经搅乱或混淆了我们感兴趣的关系。在我们之前的例子中，混淆变量就是对药物治疗的恐惧心理，它使得研究结果看起来似乎是药物无效，而实际上这种药物确实有一些积极的效果。

实验研究的环境

实验主要在三种环境中进行。首先，**实验室实验**（laboratory experiment）在研究实验室的受控环境中进行。这是传统的心理学实验类型，可为研究者提供对实验条件和额外变量的最大程度的控制。其次，**现场实验**（field experiment）是在现实生活或自然的环境（例如组织、社区）而不是实验室中进行的。例如，社区心理学家就喜欢现场实验。通常，研究者需要在实验控制和现实生活环境之间

混淆变量：在未受控的情况下，额外变量会影响研究者得出自变量能引起因变量变化的结论的能力，此时额外变量也被称为混淆变量。

实验室实验：在实验室的受控环境中进行的实验。

现场实验：在现实生活或自然的环境中进行的实验。

互联网实验：通过互联网进行的实验。

进行权衡。现实生活环境通常会使研究者更难控制额外变量。第三，**互联网实验**（internet experiment）通过互联网进行。互联网实验的一些优点包括：（1）能够触及在人口统计学和文化上有巨大差异的极大规模的人群；（2）能够触及那些之前无法接触到的群体；（3）能够将实验送到参与者面前，而不是相反；（4）能获得较大的样本，因此具有高统计效力；（5）节约成本，因为实验者无须使用实验室，因而没有相关的花费（Reips, 2000）。瑞珀斯（Reips, 2000, p. 89）归纳的缺点则包括："比如，（1）多次提交；（2）缺乏实验控制；（3）自行选择；（4）中途退出。"请记住，实验室实验、现场实验和互联网实验都包括对自变量的操纵。简而言之，实验始终包括操纵。

实验研究的优势

1. 因果推论　　心理学实验是确定因果关系的最有力且最佳的方法。但是，在考虑这一优势时，区分因果描述和因果解释很重要，因为实验最直接的优势是表明因果描述（Shadish et al., 2002）。**因果描述**（causal description）指的是对由刻意改变实验条件而产生的直接结果的描述。例如，许多研究表明，来士普（Lexapro）一类的药物有助于缓解抑郁症状。这样的研究就是因果描述，因为它描述了药物使用与抑郁症状减轻之间的因果联系。但是，这类研究没有解释药物的作用机制。后者属于因果解释的范畴。

因果描述：对操纵自变量所产生的结果的描述。

因果解释：解释因果关系运行的机制。

　　因果解释（causal explanation）是指阐明一段因果关系的运行机制或过程。因果解释涉及指明因果关系，并确认产生这段因果关系的中介变量和调节变量。（中介变量和调节变量的定义在之前的表 2.1 中已介绍过。）例如，仅仅指出来士普与抑郁症状缓解之间存在因果描述性关系是不够的。在确定这种因果描述性关系之后，我们还想知道这种现象发生的原因。比如，我们想知道来士普是如何对抑郁症状起到缓解作用的。目前我们已经知道来士普会影响神经递质血清素，而后者正好与抑郁有关。但是，血清素与抑郁是何种关系？来士普能很快提高血清素水平，但为何需要一定时间才能缓解抑郁症状？有太多问题我们仍然不知其答案，因此还无法对处理方法（来士普）如何对结果（抑郁症状缓解）产生影响做出全面解释。当某个人服用了来士普，但其抑郁症状并未减轻时，我们就能看出因果解释的现实意义。知道原因并决定下一步该做什么非常重要。这样的例子不仅强调了因果解释的重要性，同时说明了为什么很多科学研究的直接目的是解释事情发生的过程及原因。虽然因果描述相对容易，但科学研究的最终目标往往是追求因果解释。

2. 操纵变量的能力　　实验研究是唯一能够让研究者主动操纵一个或多个自变量并观察结果的研究方法。如果一个研究者对自变量"拥挤"对因变量"社会舒适度"的影响感兴趣，那他可以通过在固定的空间里安排不同数量的人（如：低、中、高拥挤条件）来对"拥挤"进行非常精确和系统的操纵。如果研究者感兴趣的是"拥挤"和"群体同质性"两种因素对"社会舒适度"的影响，那他就可以设置如下的实验条件：拥挤—同质，拥挤—不同质，不拥挤—同质，不拥挤—不同质。按照这种方法，研究者能够精确地操纵两个自变量：拥挤程度与群体同质性水平。

3. 控制额外变量　实验研究不仅包括对自变量的主动操纵，而且也是可以让研究者对额外变量实施最大限度控制的方法。可以通过在实验室中进行实验来实现控制，在实验室，所有参与者都处于相同的情境或环境之中。也可以通过使用随机分配和等组匹配等手段来控制，以保证各组参与者在除自变量之外的所有变量上都等同，而研究者可以操纵自变量，产生不同的实验条件，以便进行比较。

实验研究的缺点

1. 无法检验不可操纵变量的效应　尽管实验方法是我们确定因果关系的最佳方式，但它仅局限于检验可操纵的自变量的效应，比如给药量或用于治疗抑郁症患者的治疗类型。我们所生活的世界包括了许多不能被实验者控制的自变量，因此，这些自变量也不能被刻意地操纵。例如，我们不能人为地操纵人们的年龄、原始遗传物质、性别、天气、过往经历，或者恐怖分子的活动。这并不意味着我们不能或不应该探索不可操纵事件的影响。事实上我们经常考察这些不可操纵的变量，只是，我们必须要使用非实验研究设计。

2. 人为性　在对实验方法的各种批评中，最常被引用或许也是最尖锐的批评指出，实验是在实验室中进行的。在这些实验中，研究结果通常是在人为、贫乏的环境下获得的，这就排除了将结论推广到现实生活中的可能性。实验室研究对于理解因果关系非常重要。但实验室环境并非现实生活环境，有时实验结果可能并不适用于实验室之外的广泛场景。当一个人在没有事先确定实验结论能否推广到实验室之外的情况下就进行了推广时，人为性问题尤为严重。现场实验和非实验研究能够帮助研究者解决人为性问题。

3. 不完整的科学探究方法　尽管实验研究是显示自变量变化导致因变量变化（因果描述）的最强方法，但在提供因果解释（即澄清因果关系的运行机制或过程）方面通常较弱（Shadish et al., 2002）。这就是为什么实验研究有时会与其他方法结合使用，以阐明因果解释（例如，非实验定量研究中的结构方程建模，基于定性观察和访谈的因果过程追踪）。实验研究也难以为人们提供一个了解参与者的窗口，例如参与者用自己的语言和类别表述的主观含义和理解；这是本章后面讨论的一种研究方法（即定性研究）的主要优势。为了克服对实验研究的一些批评，我们建议你有时将实验研究与其他方法结合使用，例如非实验定量方法、定性方法以及混合方法（Camic, Rhodes, & Yardley, 2003; Drabble & O'Cathain, 2015;

Johnson, Russo, & Schoonenboom, 2017; Johnson & Schoonenboom, 2016; Teddlie & Tashakkori, 2009）。

> **思考题 2.4**
> - 什么是心理学实验？
> - 心理学实验的优势和缺点各是什么？

非实验定量研究

2.5 总结非实验定量研究如何能够表明变量之间的关系

非实验定量研究：定量研究的一种类型，在研究中研究者没有对自变量或预测变量进行操纵。

相关研究：非实验定量研究的同义词。

非实验定量研究（nonexperimental quantitative research, NQR）的定义性特征是：没有自变量操纵。在心理学中，非实验定量研究的传统称谓是**相关研究**（correlational research）。你应该把"相关研究"这一术语当作非实验定量研究的同义词。有时，这是一种描述性研究，其目标是对特定的情境或现象进行准确描述或描绘，或者对变量间的关系大小和方向进行描述。在其他时候，非实验定量研究聚焦于预测（例如，谁会在学校遇到问题，以便采取预防措施；谁会在大学入学的标准化考试中表现良好；哪些变量可以预测你感兴趣的结果）。更为高级和复杂的非实验方法聚焦于解释；也就是说，它们试图确定变量之间的因果关系，这是通过建立自变量与因变量之间的时间顺序，并控制研究者已明确的额外变量来实现的。

在探索一个新领域的初期，科学家通常会使用定性研究和非实验定量研究来确定重要变量及它们之间的关系。研究者随后便可利用此类知识形成假设，用在开展如路径分析（在第 12 章中会说明）等更为高级的非实验定量研究中，或者实验研究中。

非实验研究对于考察那些不能被操纵的变量至关重要，因为操纵它们是不切实际、不可能或有违伦理的。显然，心理学研究涉及许多不能被操纵的变量，如年龄、性别、人格、心理健康、教育水平、离婚、虐待等等。通过设计良好的非实验研究，我们能够增进对这些变量的理解。

让我们来看看非实验定量研究／相关研究最基本的形式。在其最基本和简单的形式中，非实验定量研究聚焦于描述；它包括测量变量，然后确定它们之间的相关性或关联程度。贝克尔、阿扎哈比和霍普伍德（Becker, Alzahabi, & Hopwood, 2013）对媒体多任务处理的相关因素感兴趣。媒体多任务处理是指同时使用不止一种形式的媒体（视频、音乐、电话、网络浏览等）。他们报告称，报告更多媒体多任务处理的大学生也报告了更高的抑郁和社交焦虑程度。在控制了人格变量后，这些关系仍然显著。因为根据定义，非实验定量研究／相关研究是一种非实验研究方法，所以它缺少对自变量的操纵。研究者只是测量自然状态下的变量，并确定它们是否相关。

在实现描述和预测这两个研究目标方面，非实验定量研究/相关研究非常有效。如果已知两个变量之间存在着可靠的关系，那么我们不仅能够描述这种关系，还能够用已知变量的信息来预测另一个变量。也就是说，如果知道其中一个变量的数值，那我们就能在一定程度上预测另一个相关变量的数值。研究者们为了提高预测能力，常常在相关研究中使用多个变量。下面是心理学家在进行预测性研究时使用过的一些因变量：青少年饮酒（Litt & Lewis, 2016）、恋爱能力（Tan et al., 2016）、青少年关系型攻击（Lau, Marsee, Lapre, & Halmos, 2016）和自杀（Galynker et al., 2017）。你可以从以上列举的研究中看出，预测性研究在心理学研究中占有重要地位。

当有人仅仅因为两个变量相关，就假定一个变量是另一个变量的原因时，非实验定量研究/相关研究方法的一个主要弱点就体现出来了。但是，正如本章前面所讨论的，要宣称两个变量之间有因果关系，必须满足三个必要标准，而两个变量相关只是其中之一。总之，除非两个变量也满足了表2.2中的另外两个标准，否则你不能得出它们之间存在因果关系的结论，而这在非实验定量研究/相关研究中非常困难。如果你愿意花点时间将表2.2中的三个确定因果关系的必要标准记住，你会更容易理解本书剩余部分的内容。你还应该牢记这句格言："单纯的相关性（基于非实验数据）并不意味着因果关系！"

非常重要的是，你要明白，你不能仅仅因为知道两个变量是相关的，就急于得出因果关系的结论。这里有一个有趣的例子（见图2.1）。你知道吗？出警的消防车数量与火灾造成的损失之间存在着某种关系。这两个变量之间存在相关：随着消防车数量的增加，火灾造成的损失也增大。那我们是否就能推断是消防车数量的增加导致了火灾损失的增加？当然不能。实际上有一个第三变量在起作用：火灾的规模。当火灾规模增大时，消防车的数量也会增加。实际上，是火灾规模决定了火灾的损失程度，而不是消防车的数量。**第三变量问题**（third variable problem）指的是这样一个事实：两个变量（变量A与B）之所以相关，并不是因为它们之间有因果关系（如A→B），而是因为有某个"第三变量"导致了这一关系。一旦你找出了这个第三变量，很明显就可以看出变量A与B之间没有因果关系，它们就只是相关而已（即表2.2中的标准1）。

第三变量问题：当观察到的两个变量之间的关系实际是由另一个混淆额外变量引发时，第三变量问题就会出现。

这里还有一个例子。喝茶与肺癌存在相关，喝茶多的人患肺癌的可能性较小。是因为茶能防癌？不是。喝茶者患肺癌的风险之所以更小，是因为他们吸烟更少。一定要记住：当你只知道两个变量相关时，你不能就此推论出它们存

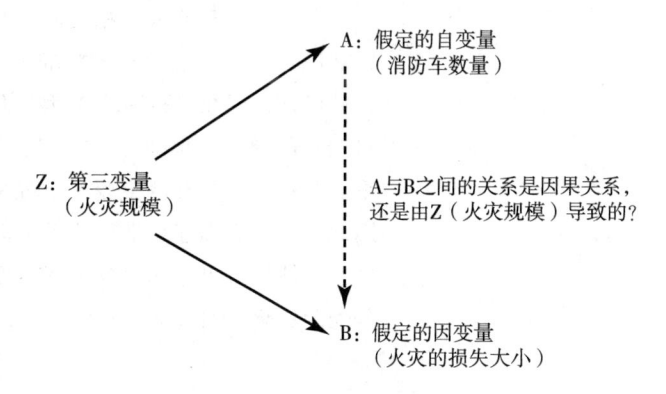

图2.1　相关性中的第三变量问题示例

在因果关系。

每当你对因果关系问题（即"变量 A 的变化是否导致了变量 B 的变化？"）感兴趣时，你都必须考虑到之前列在表 2.2 中的所有三个必要标准。两个变量有关联并不是充分的证据。在第 12 章中，我们会介绍一些更先进的非实验定量研究设计，这些设计可以比此处描述的简单的双变量情况提供更多关于因果关系的证据。尽管如此，这个需要你记住的一般性声明仍然是正确的：如果你想研究因果关系，最好的方法是采用将参与者随机分配到各组的实验。

非实验定量研究的优缺点

我们在前面列举了实验研究的优缺点。非实验定量研究 / 相关研究同样也有一些优点和缺点。其中一个优点是，非实验定量研究可以用来描述世界中的关系并做出预测。第二个优点是，当无法操纵自变量（例如，操纵某人的年龄）或这样做有违伦理（例如，将青少年分配到吸烟条件和不吸烟条件）时，高级的非实验定量研究类型可用来探索因果关系。当我们不能操纵自变量时，研究仍然必须得进行。例如，在发展心理学领域中，最重要的变量之一是年龄，并且发展心理学家想要研究年龄的影响。请参阅第 12 章了解如何做到这一点。

大多数非实验定量研究 / 相关研究的第三个优点是，它不像实验室实验那样是人为的。非实验定量研究 / 相关研究通常是基于世界上自然产生的数据而进行的（例如，你的年龄、性别、智商、自尊水平、对父母的依恋类型、平均绩点等），这就使得研究的结论能更好地推广至现实世界中的情境。第四个优点是，有时非实验定量研究更容易使用从目标总体中随机选择的大规模参与者样本进行（想想全国民意测验）。这使人们能够基于单个研究进行相对精确的概括。相比之下，实验几乎总是基于方便或立意样本（即不能从中直接概括出一般结论的非随机样本）。请注意，我们当然能够有效地从实验研究中概括出结论，但我们那样做是基于"重复的逻辑"，即实验效应已经在不同的人身上、不同的地方、不同的条件下和不同的时间得到了验证。

非实验定量研究 / 相关研究的缺点或弱点是什么？两个主要的缺点是，虽然它在满足因果关系的必要标准 1（显示出某种关系）上表现出色，但如果没有先进的设计，标准 2 和标准 3 就很难实现。这是因为非实验定量研究既缺乏（a）对自变量的操纵，也缺乏（b）基于随机分配的对额外变量的全面控制。二者都是重要的局限性！在两变量的非实验定量研究中，存在许多替代性解释（标准 3），因此你只能宣称存在某种关系（标准 1）。就是这样——没有更多了！请记住下面这个总体性观点：如果你想确定因果关系，如果可能的话，你的首选应该是随机分配的实验。如果这是不可能的，那么请考虑第 12 章中介绍的高级策略。

> **思考题 2.5**
> - 什么是非实验定量研究？
> - 非实验研究如何证实变量之间的关系？
> - 非实验定量研究/相关研究的优点和缺点各是什么？

定性研究

2.6 描述定性研究的元素、优势及局限性

定性研究是一种解释性的研究方法，依赖于多种类型的主观数据，并对处于自然环境中特定情境下的个体进行考察（Denzin & Lincoln, 2017）。这个定义包含了三个主要元素，它们是理解定性研究的关键。第一个元素，定性研究是解释性的。定性数据由言语、图片、服装、文件或其他非数值类信息组成。在数据收集过程中及数据收集完成后，研究者都在不断地努力试图从参与者的主观角度来理解这些数据。定性研究者最重要的任务是理解局内人的观点。然后，研究者还充当起"客观的局外人"角色，将这些解释性的主观数据与研究目的和研究问题联系起来。在定性研究中，研究问题和研究设计在研究进行的过程中是可以进一步深化或改变的，因为定性研究通常专注于探索现象；与之相反，定量研究通常不允许出现这类变动，因为其关注点通常是假设检验。定性研究在理解和描述此时此地的情形以及在形成理论时最有用；相反，定量研究则在进行假设检验时最有用。

让我们从解释性这一元素开始讨论定性研究的一个例子。在这个研究中，研究者斯考滕和麦克亚历山大（Schouten & McAlexander, 1995）成为与哈雷戴维森摩托车有关的消费主义亚文化的参与观察者。用他们的话说，"……带着新手的兴奋和惶恐，我们以天真的非参与观察者的身份，蹑手蹑脚地开始了我们的现场研究。在写下这些文字的时候，我们已经在哈雷戴维森亚文化的生活方式中深深地沉浸了一年的时间，像骑手一样'前进'……"（p. 44）。研究者从局内人视角而不是从带有文化优越感的局外人视角来理解亚文化这一点至关重要。研究者注意到哈雷戴维森骑手们普遍的外观和穿着。许多骑手都有巨大的肚子和强壮的肱二头肌，喜欢大声说话和带有攻击性的行为。他们用铬合金和皮革装饰他们的车，自己则穿着皮衣、重靴，戴着防护手套，还配有钱包链、海螺壳号角、铬钉和其他类似的硬件。他们的座右铭是"活着就要骑行，骑行便是人生"。所有成员都是彼此的"兄弟"。他们的核心价值观包括完全的个人自由、从禁锢中解脱、爱国主义、美国传统以及男性气概。这意味着什么？这正是解释性元素的用武之地。真正的哈雷戴维森男人的含义似乎在这里弥散开来，并有助于解释车手体验的许

多方面，从他们穿的衣服到他们的日常行为和外表。成员们选择了这种亚文化，并被其社会化，然后通过奖励那些呈现了这种文化价值观和行为的成员，使这种传统得以延续。最有价值的哈雷戴维森摩托车都是最大、最重、最响的那种，因为它们最能代表男性气概，即使它们跑得并不是最快。所有这一切都被解释为在传达一种"强大、令人生畏、不可战胜"的感觉（p. 54）。

第二个元素是，定性研究是多方法的。这意味着收集数据的方法多种多样。定性研究专门使用多种定性方法。这些多样化的数据收集方法或数据来源包括：个体对个人经历的描述，内省分析，个体的生活故事，对个人进行访谈，对一个人或多个人进行观察，以及书面文件、照片和历史信息等。在许多定性研究中，研究者会同时使用几种数据收集方法，以尽力获得关于一个事件以及该事件对个体或群体有何意义的最佳描述。像这样同时使用几种定性方法的手法被称为**三角测定**（triangulation），因为人们相信使用几种定量方法（以及多个调查者、多种理论或观点、多种数据来源）可以更好地理解所研究的现象。例如，前面提到的斯考滕和麦克亚历山大（Schouten & McAlexander, 1995）在收集数据时，就用到了对哈雷戴维森车手进行正式和非正式的访谈、观察、照片分析等方法。

定性研究的第三个元素是，它是在现场或人们生活的自然场所和周边环境中进行的，比如学校教室、操场、董事会议现场或治疗场所。为了满足在参与者的自然生活环境中开展研究这一条件，斯考滕和麦克亚历山大参加了哈雷车友会的多次聚会，以及车手旧货交换会和某些俱乐部会议。最后一步包括购买哈雷戴维森摩托车和合适的服装（牛仔裤、黑皮靴和黑色皮夹克），接着穿上这些衣服，并把哈雷车变成自己主要的交通工具。研究者高度的个人参与增加了他们与其他"车手"接触的机会，并使研究者对这些车手的身份、心理状态以及日常的社会交往活动产生了同理心。

从这种对定性研究的描述中，你应该能够看到这是一种使用多种数据收集方法，并要求对非数值数据进行解释的研究取向。定性研究的优势在于对个体和由具有共同身份的个体所组成的群体的充分描述和理解。它的另一个优势是为研究者提供数据，以形成和发展对某个现象的理论性理解。这对在前一章定义的"发现的逻辑"是非常有用的。

与其他任何一种研究方法一样，定性研究也有其自身的优势和局限性。它主要的优势是能够很好地探索新现象，或以新的方式审视现有现象。这是因为定性研究采用归纳方法，让我们沉浸于世界上的真实情境中，试图描述所发生的事情，深入理解局内人的观点，并搜寻可能为理论和未来定量研究提供信息的模式。定性研究在详细描述特定情境、地点、人物和群体方面表现出色。因此，毫不奇怪的是，在过去的二十年中，我们见证了使用定性数据的研究的增加。例如，在组织管理、社会心理学、医疗保健和教育等领域中，聚焦于收集和分析定性数据的文献急剧增加（Denzin & Lincoln, 2017; Goncalves, Rey-Marti, Roig-Tierno, & Miles, 2016; Shelton, Griffith, & Kegler, 2017）。

三角测定：使用多种数据来源、研究方法、调查者和/或理论（或观点）来交叉核对和证实研究数据和结论。

定性研究的主要缺点是，它的结论难以推广，因为其结果通常（但并非总是）基于一些局部的、特殊的数据。它的另一个缺点是，不同的定性研究者可能会对所研究的现象给出截然不同的解释。此外，定性研究不使用客观的假设检验程序。

> **思考题 2.6**
> - 什么是定性研究？解释此定义所包含的每个元素。
> - 定性研究的优势和缺点各是什么？

混合方法研究

2.7 解释混合方法研究不同的主要形式

在阅读了定量研究和定性研究的局限性后，你可能已经意识到定量和定性数据可以互补；也就是说，每种方法都可以为另一种方法提供其无法获得的有用信息，当这两种方法结合起来时，可以提供对整个问题更好更全面的理解。换句话说，为什么不同时收集定量和定性数据呢？这正是混合方法研究者所推荐的做法。

事实上，混合方法研究（MMR）有三种形式：定量驱动的混合方法研究、定性驱动的混合方法研究以及平等地位或整合性的混合方法研究（Johnson, Onwuegbuzie, & Turner, 2007）。**定量驱动的混合方法研究**（quantitatively driven MMR）主要为定量研究，同时收集一些补充性的定性数据以增添额外的理解。这类研究的主要目标仍然是确定因果关系及其普遍性。研究者经常通过访谈法和观察法获取定性数据，以进一步理解定量数据所反映的定量关系的背景。定性数据还可以指出被忽视的重要变量，并提供对关系复杂性的一些理解。这是心理学中最流行的混合方法研究形式。**定性驱动的混合方法研究**（qualitatively driven MMR）主要为定性研究，同时收集一些补充性的定量数据以增进对特定现象或群体的理解。有些开展定性研究的心理学家会使用这种方法，因为他们理解即使在定性研究中，收集一些定量数据也是有帮助的，例如，能够获得关于研究参与者的额外描述性信息。最新的混合方法研究类型是**平等地位或整合性的混合方法研究**（equal-status or integrative MMR），其目标是充分利用定量研究和定性研究，扬长避短。例如，如果一项研究试图构建一个可以根据局部情况进行调整的一般性理论，从而得到一个一般性但包括实践中的调整原则的理论，就可以使用这种方法。另一个例子是，如果一项研究只是想了解某一现象（例如如何对单个来访者进行心理治疗）的定性（主观的、主体间的）和定量（客观）特征，也可以使用这种方法。我们将在第 14 章更详细地解释混合方法研究。

定量驱动的混合方法研究：在总体上为定量的研究中加入补充性定性数据的研究。

定性驱动的混合方法研究：在总体上为定性的研究中加入补充性定量数据的研究。

平等地位或整合性的混合方法研究：在其中定量和定性数据及方法都很重要的研究。

数据收集的主要方法

2.8 比较六种主要的数据收集方法

数据收集方法：获取研究分析所用数据的实际技术。

在实证研究中，研究者要收集数据、分析数据，然后解释并报告结果。**数据收集方法**（method of data collection）这个术语是指研究者如何获得能用于解答其研究问题的实证数据。我们认为，主要的数据收集方法有六种，并且这些方法包含了更具体的数据收集技术。现在我们要介绍以下这些主要的数据收集方法：测验法、问卷法、访谈法、小组讨论法、观察法和已有或二手数据法。

测验法

测验：标准化的或研究者编制的数据收集工具，其设计目的是测量人格、能力、成就和业绩等。

测验（tests）是常用的数据收集工具或程序，其目的是测量人格、能力、成就和业绩等。许多测验都经过了标准化，并附有信度、效度和用于比较的常模等信息。为了考察研究中的某些特定变量，实验研究者还经常需要编制测验。测验法一些的优点和缺点见表 2.3。

表 2.3 测验法的优点和缺点

测验法的优点（尤其是标准化测验）
• 能够对人的多种特征进行测量
• 通常是标准化的（即向所有参与者提供相同的刺激）
• 能够对不同研究群体的测量结果进行比较
• 心理测量学属性强（高信度和高效度）
• 可得到参照组的数据
• 许多测验可在团体中施测，可省省时间
• 可提供"确凿的"定量数据
• 测验通常是已经设计好的
• 有大量的测验可供选择
• 团体测验的回收率很高
• 方便进行数据分析，因为数据本身就是定量的

测验法的缺点（尤其是标准化测验）
• 如果需要为每位参与者购买一份测验，则成本会很高
• 可能会出现如社会赞许等反应性参与者效应
• 测验可能不适合某些地方或某些特殊的群体
• 不能询问开放性问题和进行探索性讨论
• 测验有时会对某些群体有偏见
• （参与者）选择性地对测验中的某些条目不予回答
• 一些测验缺乏信度和效度的证据

一般情况下，如果已有可用测验，你就不应该再编制新的测验。出于心理学研究的目的，获取测验相关信息的最佳来源是已发表的心理学研究文献。你应该持续关注顶尖的研究，找出它们使用的测量方法。测验和测量的另一个有用信息来源是《未发表的实验心理测量目录》(*The Directory of Unpublished Experimental Mental Measures*, 2008)，这本书由高德曼和米切尔（Goldman & Mitchell）主编，并由美国心理学协会出版。我们将在第 5 章讨论标准化测验，还会解释心理测量学属性信度和效度，并提供其他一些可用于查找测验与测验综述的资源。

然而，除了标准化测验以外，有时研究者也必须编制新的测验来测量要研究的特定知识、技能、行为或认知活动。例如，一个研究者也许需要使用电脑来测量记忆任务中的反应时，或者研发一个测验来测量具体的心理或认知活动（显然这些都是不能被直接观察到的）。同样地，此类信息的最佳来源仍然是心理学研究文献。

问卷法

数据收集的第二种方法是问卷法。**问卷**（questionnaire）是一种由研究参与者填写的自我报告数据收集工具。问卷可测量参与者的观点和感知，并提供自我报告的人口统计学信息。它们可以是纸笔工具（即参与者要进行填写），也可以放到网上供参与者访问并"填写"。问卷条目分为封闭式（填写问卷者必须从研究者所给的备选答案中选择答案）和开放式条目（填写问卷者需要用自己的语言组织答案）。我们将在第 13 章深入地讨论问卷调查在数据收集中的运用，我们还会说明如何设计一份问卷。问卷法的优点和缺点见表 2.4。

> **问卷**：由研究参与者完成的自我报告数据收集工具。

访谈法

数据收集的第三种方法是访谈法。**访谈**（interview）是一种访谈者向被访谈者提出一系列问题的情境。访谈可以面对面进行，也可以通过电话进行。访谈还可能以电子化的方式进行，比如在网络上。这些访谈可能是不同步的（互动发生在一段时间里），也可能是同步的（互动是实时发生的）。表 2.5 列出了访谈作为一种数据收集法的优点和缺点。在第 13 章，你将学习如何拟定一份访谈提纲，它在很多方面与问卷是相同的。我们在第 13 章还会提供有关如何开展访谈的实用信息。

> **访谈**：一种数据收集方法，访谈者向被访谈者提出一系列问题，通常会激发被访谈者给出额外的信息。

小组讨论法

数据收集的第四种方法涉及小组讨论的运用。**小组讨论**（focus group）是指这样一种情境，小组主持人让一小拨同类的人（6—12 人）对研究主题或题目进

> **小组讨论**：在群体情境下收集数据，由主持人带领一个小组开展讨论。

表 2.4　问卷法的优点和缺点

问卷法的优点

- 在态度测量和引导参与者表达出新内容方面非常有用
- 费用低廉（尤其是邮件调查问卷、互联网问卷和团体施测问卷）
- 能够提供关于参与者主观视角和思考方式的信息
- 能使用随机样本
- 团体施测的问卷能快速回收
- 如果经过仔细控制，参与者会有很强的匿名感
- 经合理设计和检验过的问卷具有较高的测量效度（即高信度和高效度）
- 封闭式条目可以为研究者提供需要的确切信息
- 开放式条目可以提供用参与者自己的语言描述的详细信息
- 封闭式条目便于进行数据分析
- 对探索性研究和假设检验研究很有用

问卷法的缺点

- 篇幅通常不能太长
- 可能会出现反应性效应（例如参与者可能会试图只展示出受社会赞许的那一面）
- （参与者）对测验中的某些条目不作答
- 人们在填写问卷时，也许没能回想起重要的信息，或者缺乏自我认识
- 邮件或电子邮件形式的问卷回收率可能很低
- 对开放式条目的回答可能反映了参与者语言能力的差异，干扰研究者感兴趣的问题
- 开放式条目的数据分析会非常费时
- 问卷的效度需要确认

表 2.5　访谈法的优点和缺点

访谈法的优点

- 适合测量态度和研究者感兴趣的大多数其他内容
- 允许访谈者进一步探讨和临时提出增补问题
- 能够提供深度信息
- 能够提供有关参与者主观视角和思考方式的信息
- 封闭式的访谈会提供研究者需要的确切信息
- 电话和电子邮件形式的访谈通常能很快得到回应
- 经合理设计和检验过的访谈提纲具有较高的测量效度（即高信度和高效度）
- 能使用随机样本
- 通常能获得比较高的回收率
- 在探索性研究和假设检验研究中很有用

访谈法的缺点

- 个人访谈的费用通常比较高，也比较费时
- 反应性效应（如被访谈者也许会尽力只表现受社会赞许的那一面）
- 可能出现调查者效应（如未经培训的访谈者可能会因为个人偏差和糟糕的访谈技巧而扭曲数据）
- 被访谈者也许没能回想起重要的信息，或者缺乏自我认识
- 被访谈者的匿名感可能比较弱
- 开放式条目的数据分析会非常费时
- 访谈提纲的效度有待确认

表 2.6　小组讨论法的优点和缺点

小组讨论法的优点
• 对探索观点和概念很有用
• 能够洞察参与者的思维
• 能够获得深度信息
• 可以考察参与者之间的互动
• 允许进一步探究
• 绝大多数内容可用
• 允许快速回应

小组讨论法的缺点
• 有时所需的费用比较高
• 找到一个有良好主持能力和氛围营造技巧的主持人可能比较难
• 如果参与者觉察到自己正在被观察或研究，可能会出现反应性效应和调查者效应
• 可能会被一个或两个参与者所主导
• 如果使用的是小的、不具代表性的参与者样本，则很难得到普适性结果
• 可能包括大量额外的或不需要的信息
• 测量效度可能较低
• 通常不能单独作为一项研究的数据收集方法
• 因为数据是开放性的，所以数据分析会很费时间

行集中讨论。小组讨论通常会持续 1—3 个小时，整个过程用录音或录像记录。小组讨论不能被视为群体访谈，因为其重点在于小组内部的互动，以及参与者对研究主题的深度讨论。小组讨论在探索观念以及获得关于人们如何看待某个问题的深度信息方面特别有用。表 2.6 中列出了小组讨论作为一种数据收集法的优缺点。

观察法

数据收集的第五种方法是**观察法**（observation），即研究者观察人们在做什么。在很多情况下，除态度性数据之外，收集观察数据也很重要，因为人们说的与做的并不总是一致的！研究者可以在真实的或结构化的环境中观察参与者。前者称为**自然观察**（naturalistic observation），因为它是在现实生活环境中发生的。后者称为**实验室观察**（laboratory observation），因为它发生在实验室或由研究者布置的其他受控环境中。

在定量研究中，研究者将流程标准化，并收集定量数据。具体来说，研究者会对观察对象、观察内容、观察时间和地点以及如何观察进行标准化。在定量观察中经常会用到标准化的工具（如核查清单）。有时也会用到采样程序，这样研究者就不必进行不间断的观察。例如，为了得到有代表性的观察样本，研究者可

观察法：研究者观看和记录发生的事件或人们的行为模式。

自然观察：在现实生活环境中进行的观察。

实验室观察：在由研究者布置的实验室环境中进行的观察。

时间间隔采样：记录事先选定的时间间隔内的观察情况。

事件采样：每次特定事件发生时，都对相关情况进行观察记录。

能会采用时间间隔采样法。**时间间隔采样**（time-interval sampling）是指在预先选定的时间间隔内进行观察取样，比如将每半小时的前5分钟设为观察时间。与之相反，在**事件采样**（event sampling）中，研究者会在每次发生特定事件时进行观察（如每当某个参与者向另一个参与者发问时，研究者都要观察）。当你想要观察某个不经常发生的特定事件时，事件采样是一种非常有效率的采样方法。

在定性研究中，观察程序通常是探索性的和开放式的，研究者会进行大量的现场记录。有一个非常实用的观点是将定性观察视为一个连续体，这一观点最早由社会科学家雷蒙德·戈尔德（Gold, 1958）提出。按照观察者参与被观察者活动的程度，定性观察可分为以下几种类型（从最不定性到最定性的观察）：

- 完全的观察者。此时研究者从"外部"进行观察。如果是在公共场合，研究者不会告诉参与者他正在研究他们。
- 作为参与者的观察者。此时研究者只会在情境"内部"花有限的时间，并在告知参与者实情并获得同意后，开始进行观察。
- 作为观察者的参与者。此时研究者会在群体或情境"内部"花大量的时间，并始终告诉参与者他们正在被研究，然后获得知情同意。
- 完全的参与者。此时研究者完全成为被观察群体的一员。在绝大多数情况下，必须让该群体知情并得到许可。

如果你需要收集观察数据，请记住以下几点：(1) 确保每个观察者都训练有素；(2) 对自己的出现以及观察对象对你的反应保持敏感；(3) 建立和谐关系，但不要承诺任何你不能实现的事情；(4) 随时保持自我反思、低调、有同理心和警觉的状态；(5) 找到记录观察情况的有效方法（如笔录、磁带记录）；(6) 尽力去验证和证实你认为你所看到的东西；(7) 在多种环境下进行观察；(8) 花足够多的时间在"现场"，以获得足够的信息。表2.7列出了观察法作为数据收集法的优点和缺点。

已有或二手数据法

已有或二手数据：指那些不是为了当前研究，而是先前被留下或被用于其他目的的数据。

文档：留下的个人和官方文档。

物理数据：任何由人类制作或留下的、也许能为某些事件或现象提供线索的材料。

存档的研究数据：先前用于其他研究计划并以他人能够使用的形式存储的数据（通常是定量数据）。

数据收集的第六种也是最后一种方法是收集**已有或二手数据**（existing or secondary data）。这是指研究者收集或获取那些先前留下的，或原本用于其他目的的数据。最常用的已有数据包括**文档**（document）、物理数据和存档的研究数据。个人文档是出于私人原因而书写或记录的文档，比如信件、日记和家庭照片。官方文档是指由公共或私人组织书写或记录的文档，比如报纸、年度报告、年鉴和会议记录。**物理数据**（physical data）是任何由人类制作或留下的，也许能够为研究者感兴趣的现象提供相关信息的材料，比如某人的垃圾、博物馆瓷砖上的磨损、图书馆书籍的磨损，以及衣物上的泥土和DNA。**存档的研究数据**（archived research data）是其他研究者为了其他研究目的所收集的二手研究数据。当数据被

表 2.7 观察法的优点和缺点

观察法的优点

- 研究者能够直接看到人们在做什么，而不必依赖于他们说自己在做什么
- 提供一手经验，尤其当观察者参与到活动中时
- 能够对行为进行相对客观的测量（尤其是标准化观察）
- 观察者可以确定什么是没有发生的
- 是一种可发现环境中正在发生什么的绝佳方法
- 有助于理解环境因素的重要性
- 可以对不善言谈的参与者使用该法
- 也许可以提供有关那些人们不愿谈及的事情的一些信息
- 观察者也许能够克服身处其中的人们的选择性感知带来的问题
- 有利于描述
- 提供适度的现实性（当观察在实验室以外的地方进行时）

观察法的缺点

- 观察到的行为的原因可能不太明确
- 当人们知道自己正在被观察时，反应性效应可能出现（如被观察的人可能会表现得与平时不一样）
- 调查者效应（如个人偏差和观察者的选择性感知）
- 观察者可能会"入乡随俗"（即对被研究群体过度认同）
- 对被观察的人或环境的采样可能会受到限制
- 不能观察大规模或分散的人群
- 有些环境和感兴趣的内容不能被观察到
- 收集到无关资料的比例可能较高
- 比问卷调查和测验所需的费用更高
- 数据分析会很费时间

保存并存档后，其他研究者以后也能使用这些数据。美国校际社会科学数据共享联盟（ICPSR）位于密歇根州安阿伯市的密歇根大学，是一个大型的存档数据库。表 2.8 列出了已有或二手数据的优点和缺点。

> **思考题 2.7**
> - 数据收集的六种方法分别是什么？
> - 每种数据收集方法的优点和缺点是什么？请各列举两种优缺点。

表 2.8　已有或二手数据的优点和缺点

文档和物理数据的优点
• 可以洞察人们的想法和做法
• 不引人注目，很少出现反应性效应和调查者效应
• 可按照时间周期收集过去产生的数据（如历史性数据）
• 提供关于人类、群体和组织的有用背景和历史数据
• 对确认事实很有用
• 贴近当地环境
• 对问题探索很有用

存档的研究数据的优点
• 各种各样的主题都可以查找到存档的研究数据
• 费用成本低廉
• 通常是可靠并有效的（高测量效度）
• 能够研究趋势
• 便于数据分析
• 通常基于高质量或大的随机样本

文档和物理数据的缺点
• 可能会不完整
• 可能只代表一种视角
• 因权限问题，某些内容可能无法获取
• 依靠物理数据可能无法洞察到参与者的思想
• （获得的结果）可能无法应用到更普遍的群体中

存档的研究数据的缺点
• 可能无法获得你所关注的群体的数据
• 可能无法获得你所关注的研究问题的数据
• 数据可能是过时的
• 开放性数据或定性数据通常不可获得
• 数据中所隐藏的大多数重要发现已经被挖掘出来了

本章小结

本章介绍了定量和定性两种主要研究取向。定量研究（如实验研究和非实验研究）依靠数值数据，而定性研究依靠非数值数据。实验研究是证实因果关系的最佳研究类型。在实验研究中，研究者主动操纵自变量（IV），并让其他所有变量保持恒定，因此操纵后实验组和控制组在因变量（DV）上的差异可以归因于自变量。例如，研究者可以随机将一些患有普通感冒的参与者分为两个组，以便在实验开始时形成两个在概率上等同的组。研究者通过给一个组服用含活性成分的药片（预期其可治愈感冒），并给另一个组服用安慰剂（不含活性成分的药片）的方式来"操纵自变量"。两个组之间唯一的区别在于其中一组服用了真正的药，而另一组服用的是安慰剂。如果服用了含活性成分药片的那组参与者的病情好转了，而服用安慰剂的那组没有好转，那么研究者就能够推断出该药是有效的（即它使得实验组参与者的病情好转了）。换句话说，研究者推断出自变量（IV）的变化引起了因变量（DV）的变化。得出因果关系的结论需要三个必要标准，它们是：(1) IV 和 DV 之间必须存在关系；(2) IV 的变化必须发生在 DV 变化之前；(3) IV 和 DV 之间的关系必须不能是由任何额外或第三变量导致的（即不存在能说明 IV 和 DV 之间可见关系的替代性解释）。当你想研究因果关系时，应该首选实验研究法，因为它是能实现这个目标的最强有力的研究类型。实验可以在现场环境、实验室或者互联网上进行。

非实验定量研究用于考察不能被操纵的变量之间的关系，以及探究真实世界中自然发生的关系。非实验定量研究的主要目标是描述和预测。高级方法有时可用于解释这一目标，并在一定程度上揭示因果关系。在非实验定量研究中，研究者不能操纵自变量，所以在推导因果关系时总要担心能否满足第三个因果标准（排除替代性解释）。

定性研究是一种解释性的研究方法，依靠多种类型的主观数据，常被用于现实环境中某个特定情境下的调查。它是解释性的（即它需要努力理解局内人的主观视角）、多方法的（即它会使用多种数据收集方法，如生活故事、观察、深度访谈、开放性问卷调查），并且是在自然的真实环境中进行的（即它研究那些自然发生的行为，而不是操纵自变量所产生的行为）。

最后，本章描述了六种主要的数据收集方法（即获得实证数据的方式）。它们分别是：(1) 测验法（用于测量人格、成就、业绩和其他更具体的实验结果变量的工具或程序）；(2) 问卷法（即由参与者自行填写的自我报告式的数据收集工具）；(3) 访谈法（即这样一种情境：访谈者向被访谈者提出一系列问题让其回答，并在需要时进一步发问以了解细节或让被访谈者进行澄清）；(4) 小组讨论法（即一种小群体情境，主持人让参与者对感兴趣的主题进行集中讨论）；(5) 观察法（即研究者观察人们在做什么，而不是询问他们在做什么）；(6) 已有或二手数据法（即收集那些因其他目的而留下的数据，如文档、物理数据和存档的数据）。

重要术语和概念

实验研究	数值数据	变量
操纵	定性研究	常量
非实验研究	非数值数据	类别变量
定量研究	混合方法研究	量型变量

自变量	互联网实验	问卷
因变量	因果描述	访谈
因果关系	因果解释	小组讨论
额外变量	非实验定量研究	观察法
中介变量	相关研究	自然观察
调节变量	第三变量问题	实验室观察
原因	三角测定	时间间隔采样
效应	定量驱动的混合方法研究	事件采样
心理学实验	定性驱动的混合方法研究	已有或二手数据
混淆变量	平等地位或整合性的混合方法研究	文档
实验室实验	数据收集方法	物理数据
现场实验	测验	存档的研究数据

章节测验

问题答案见附录。

1. 一个在类型或种类上变化的变量被称为：
   a. 类别变量
   b. 因变量
   c. 自变量
   d. 干预变量

2. 假定可引起另一个变量变化的变量被称为：
   a. 类别变量
   b. 因变量
   c. 自变量
   d. 干预变量

3. 中介变量是指：
   a. 干预变量
   b. 调节一种关系的变量
   c. 额外变量
   d. 互动变量

4. 为什么（尽可能地）控制额外变量很重要？
   a. 一个未被控制的额外变量（变量X）可能会使人对一个变量（变量A）的变化是否引起了另一个变量（变量B）的变化产生疑问
   b. 当人们宣称一个变量（变量A）的变化引起了另一个变量（变量B）的变化时，未被控制的额外变量（变量X）能够提供一种替代性解释
   c. 未被控制的额外变量对实证研究几乎没有影响，因此在绝大多数情况下不认真进行控制也无所谓
   d. A和B都对

5. 支持因果关系的最强有力的证据来源于以下哪种研究方法？
   a. 实验研究
   b. 自然操纵研究
   c. 相关研究
   d. 所有上述研究都能为因果关系结论提供强有力的证据

6. "文字和图片"是哪类研究中的常见数据形式？
   a. 定量研究
   b. 定性研究

提高练习

1. 当我们进行实验时,我们试图确定因果关系。对于我们所发现的任何关系,说它是决定性的还是概率性的更准确?换句话说,更准确的说法是假定的原因决定了结果,还是假定的原因增加了结果出现的概率?请解释并捍卫你的答案。

2. 思考下面的每一种情境,指出各种情境下的假定原因和假定结果。接着讨论一下假定原因能真正产生可见结果的可能性。解释一下为什么有些人会认为两个变量之间有着因果联系,然后思考一下在现实中有哪些其他的变量也会产生同样的结果。

   a. 共和党人通过了一项减税法令,这对美国富人有利。在这项减税政策生效后不久,股市开始低迷,同时经济进入了衰退期。民主党人宣称,这项减税政策导致了经济的衰退,因此想废除这项减税法令。

   b. 比利为他的电脑购买了一款新软件,并立刻把它装在了电脑上。在他下次启动电脑时,电脑死机了,于是他推断是这款软件导致了电脑死机。

3. 关于世界上发生的事情,不同的人持有不同的观点,比如以下一些:

   - 当骨头开始疼痛时,雨就要来了
   - 上大学减少了人们的常识
   - 居住在农村的人比居住在城市里的人行动要缓慢得多
   - 生活在南部的人不太聪明

   仔细想想上面的各种观点和各种定量研究设计。指出哪种或哪几种(对于这些观点中的某些观点,可以有不止一种设计来检验)定量研究设计可用于检验这些观点。然后解释一下为什么你选择的设计能够检验这些观点。同时也解释一下为什么你没选择的设计不能用于检验这些观点。

4. 我们讨论了六种主要的数据收集方法。比较和对照访谈法和观察法,并回答访谈法和观察法各自的优点和缺点是什么,以及收集多种类型的数据的好处是什么。

第二编　研究设计

第 3 章

确定问题与形成假设

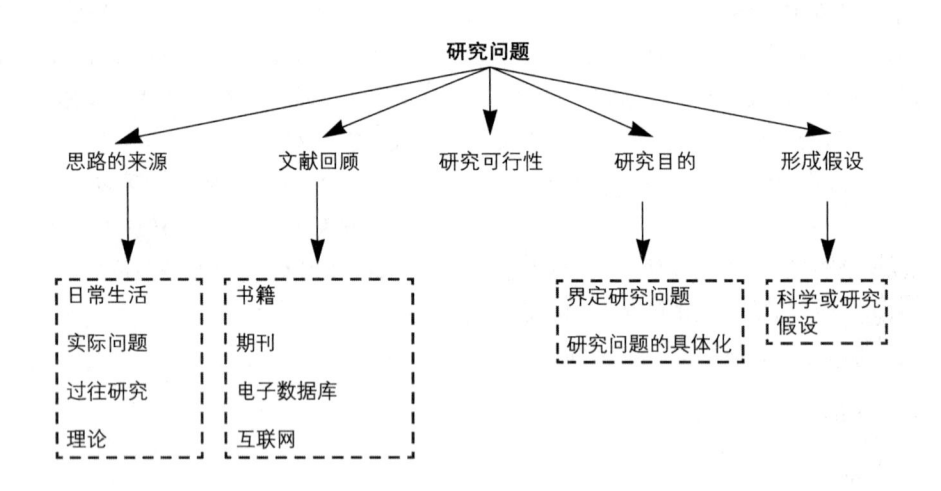

```
                          研究问题
        ┌──────────┬──────────┼──────────┬──────────┐
     思路的来源    文献回顾   研究可行性   研究目的    形成假设
        ↓          ↓                      ↓          ↓
   ┌─────────┐ ┌─────────┐            ┌──────────┐ ┌─────────┐
   │日常生活 │ │书籍     │            │界定研究问题│ │科学或研究│
   │实际问题 │ │期刊     │            │研究问题的具│ │假设     │
   │过往研究 │ │电子数据库│           │体化       │ │         │
   │理论     │ │互联网   │            │           │ │         │
   └─────────┘ └─────────┘            └──────────┘ └─────────┘
```

学习目标

- 3.1　从所讨论的每个来源提出研究问题
- 3.2　解释在心理学研究中科学共同体内部多元化的必要性
- 3.3　解释利用多种来源的文献综述的价值
- 3.4　说一项提议的研究有可行性是什么意思
- 3.5　提出一个研究问题
- 3.6　提出一个与你的研究问题相关的假设

研究思路的来源

3.1 从所讨论的每个来源提出研究问题

到目前为止，我们已经讨论了科学研究的一般特征。然而，科学方法只有在我们有问题要回答、有难题要解决、有知识要获取时才有用。这种对信息的需求让我们产生了各种研究思路。在心理学领域，确定一个研究思路应该相对简单，因为人类本身令人着迷，我们可能想要理解我们是谁、我们在想什么以及我们为何会如此行动，这带来了几乎无穷无尽的问题。为了将这些转化为合理的研究问题，你应该充满好奇心，思考为什么某类行为会发生。例如，假设你观察到某人经常在社交媒体上发布关于投票在民主社会中的重要性的评论。然后，令人惊讶的是，你发现这个人在最近的政治选举中并没有投票。你看到了这个人的态度与行为之间的矛盾。由此产生了两个很好的研究问题："为什么态度和行为缺乏一致性？""态度在什么情况下不能预测行为？"现在就让我们来看看研究问题的主要来源。

研究的思路、问题和主题从何而来？在所有领域，都有一些共同的来源，如已有的理论和过往的研究。在心理学领域我们则更幸运，因为我们还可以借鉴自己的个人经历和日常事件来形成问题。我们所看到的、读到的或听到的事情都能成为思路，进而转化成研究课题。但是，要将这些思路确定为研究课题则需要我们既警醒又好奇。我们必须主动地质疑某个事件或行为发生的原因，而不只是被动地观察行为或阅读与心理学有关的资料。如果你问"为什么"，你就会找到许多可研究的课题。通常来讲，研究思路产生于以下四种来源之一或其组合：日常生活、实际问题、过往研究和理论。

日常生活

在日常生活中，我们会碰到许多需要解决的问题。家长想知道怎么对待他们的孩子，学生想知道如何更快地学会知识。在我们与他人交往或观察他人的反应时，我们会注意到许多个体差异。若我们观察操场上的孩子，就能发现这些差异非常明显。比如某个孩子或许非常有攻击性，而另一个孩子则保守得多，需要他人的鼓励才会加入互动之中。个体的反应也会随着环境而变化。在某个环境中非常有攻击性的人也许在另一个环境中就变得很被动。为什么会出现这些差异？是什么导致这些不同反应的产生？为什么有些人是领导者，而其他人是跟随者？为什么我们喜欢某些人，却不喜欢另一些人？许多这样的可研究的问题可以从每个人的日常互动和个人经历中提取出来。

实际问题

许多研究思路来源于需要解决的实际问题。私企面临着诸如员工士气低、旷工、人员流动、人员甄选和配置等问题。在这些领域，相关研究一直在进行并将继续下去。临床心理学需要大量的研究来制定更为有效的方案，以用于治疗心理障碍。联邦和州政府支持旨在解决实际问题的实验，比如找到治愈癌症的新方法。大量经费也被用于改善教学质量。

过往研究

以前进行的研究是研究思路的极佳来源。我们可以重复过往研究以确定研究结果是否与之相同。此外，研究有一个有趣的特征，它们产生的问题往往比其回答的问题还要多！虽然每个设计良好的研究确实都能增加知识量，但现象通常是由多重原因决定的。任何一个实验都只能研究有限的变量。对这些变量的研究会产生有关其他变量效应的假设。现象的多维度本质也常常是研究结果之间缺乏一致性的原因。一个未确定的变量可能是关于某个特定问题的不同研究之间冲突的根源，所以必须进行新的研究来找出这个变量，以消除明显的矛盾。例如，一项研究可能报告称一项新的霸凌预防计划是有效的，而另一项研究则可能报告称同样的计划无效。这一相互矛盾的发现或许可以用另一项研究来解释，该研究表明，这一预防计划对初中生有效，但对高中生无效。在科学研究中，每项研究都会引发后续的研究，因此人们可以穷其一生来探究和扩展某个特定领域的知识。研究正是这样一个不断发展的过程。

理　论

理论：解释世界的某一部分"如何"和"为什么"运作的一条或一组陈述，能提供有待实证检验的关于世界的预测。

理论（theory）是解释世界的某一部分"如何"和"为什么"运作的一条或一组陈述，并且理论可以帮助研究者做出关于世界的新的理论性预测。这些理论性预测会成为有待实证检验的假设。研究者必须不断使用不同的人群在不同的情境下对理论进行检验，以确定其准确性和适用条件。一些理论性预测具有广泛的适用性。比如，正强化这一操作性条件作用原理（即行为在受到强化后发生频率增加）的适用条件非常广泛。其他预测则受个体、地点、情境和其他变量的约束。例如，罗思和福纳吉（Roth & Fonagy, 2005）解释说，心理治疗研究必须聚焦于"何种疗法对谁有效"。因此，正如你可能猜到的，理论是可研究的思路的极佳来源。

利昂·费斯廷格（Festinger, 1957）的认知失调理论就是一个例子，该理论在其发表后的十年里激发了大量的研究。按照这个理论，费斯廷格和卡尔史密斯（Festinger & Carlsmith, 1959）对一个不那么显而易见的预测进行了假设检验：在完成一项很枯燥的任务之后，参与者要告诉另一个人这项任务很有趣并且他们很享受；研究者预测，获得1美元报酬的参与者要比完成同样任务却获得20美元报酬的参与者更喜欢实验任务。他们的实验最终证实了这一预测。随着人们对认知因素与其他变量的交互作用的理解，认知失调理论依旧在影响着近年的研究（Hinojosa, Gardner, Walker, Cogliser, & Gullifor, 2017）。

研究思路的四个来源——日常生活、实际问题、过往研究和理论——仅仅触及了能够激发创造性想法的情境的表面。而且，重要的问题不是确定想法的来源，而是这些想法的形成，如专栏3.1中所说的那样。事实上，最好的研究思路往往来自理论、过往研究和实际问题的整合。看待这种整合的一个方法是将实际问题视为研究某一课题的动力，研究文献为你提供了与这一实际问题有关的知识基础，

专栏 3.1

找到消化性溃疡的原因和治疗方法

在20世纪早期，人们认为消化性溃疡是由压力和饮食不当造成的。当时对这种疾病的治疗手段有住院治疗、卧床休息和食疗（吃些清淡的食物）。在20世纪后期，胃酸被认为是这种疾病的元凶。服用抗酸剂和阻止胃酸产生的药物成为标准疗法。然而，消化性溃疡的患病率仍然很高，即使接受了这种治疗，患者也仍受疾病的折磨。

人们一直没有找到消化性溃疡的真正病因和有效的治疗方法，直到1982年，澳大利亚医生巴里·马歇尔（例如，见 Marshall, 2008）才首次确认了幽门螺杆菌与溃疡之间的联系。马歇尔由此得出结论，是细菌而不是压力或饮食导致了溃疡。然而，医学界对这个新发现的接纳进程非常缓慢，大概又花了十年以上的时间，美国国立卫生研究院共识发展联盟才承认幽门螺杆菌与消化性溃疡之间有着密切的联系。也是在这个时候，联盟才推荐使用抗生素来治疗因幽门螺杆菌而患消化性溃疡的病人。1996年，美国食品药品监督管理局审批通过了第一种治疗消化性溃疡的抗生素（Centers for Disease Control, 2001）。

尽管现在我们知道了消化性溃疡的一种病因和有效的治疗方法，但在开始时几乎所有人都固执地认为马歇尔错了，只有他自己坚信自己是正确的。这一知识正是在这样的情况下产生的。马歇尔对这种疾病的研究始于他在皇家珀斯医院当住院医生时。他查阅了文献，发现早在19世纪末期就有关于胃中存在螺形细菌的报道，他开始相信这种细菌就是找到胃炎和溃疡的发病原因和治疗方法的关键。基于这种信念，他与罗宾·沃伦（Robin Warren）——皇家珀斯医院的病理学医生开始了合作。他俩都知道螺形细菌存在于超过一半的患者中，但尚未被识别为人类胃黏膜的常见寄生菌。这进一步激发了他们去研究该种细菌与消化性溃疡之间的关系。在某个时期，马歇尔甚至用致病菌让自己感染，以创造出一个实验模型来证实他的假设，并向那些已被人们接受的观念——消化性溃疡是由心理（或情绪）失调或饮食问题造成的——发起挑战。

在同行普遍的质疑声中，马歇尔坚持不懈地进行研究，他的研究最终证实了幽门螺杆菌在消化性溃疡中的重要性。最后，美国食品药品监督管理局在1996年批准了首种针对这种疾病的药物治疗方案，结合使用铋和抗生素类药物替硝唑。马歇尔则继续研究这种细菌的作用，并开始专注于它与胃癌的关系研究上，这一观点在业内也已被接受。

而理论则有助于整合知识，并以单靠研究文献无法实现的方式洞察实际问题。要形成可研究的思路，需要培养一种思维方式。你必须培养一种对生活充满质疑和好奇的态度，看看哪些答案可能已经存在，并在已有知识的基础上创造出更好的东西。

研究思路的广度

3.2 解释在心理学研究中科学共同体内部多元化的必要性

尽管心理学中研究思路的来源很多，但我们仍要强调，不要忽略了一些意义重大的课题，因为那样做会导致我们形成一个不完整的知识库。也许所有科学家都承认，我们需要对所有重要的问题进行研究。但科学家也是人，他们对问题和特定课题重要性的认识会受到个人和人口统计学特征的影响，如性别、所属社会阶层、种族、性取向、宗教信仰和年龄等。例如，在过去若干年中，有很多研究关注母亲外出工作对孩子心理健康的影响。很少有研究关注父亲对工作的投入是否会损害孩子的心理健康，或母亲外出工作是否可能对孩子更有利（Hare-Mustin & Marecek, 1990）。个人偏向似乎会影响研究问题的选择，从而使科学家忽略了人类行为中的某些重要方面。为了矫正这种潜在的偏向，确保所有重要的问题都得到关注，科学共同体中必须纳入许多具有不同个人特征和人口统计学特征的科学家。

无法进行科学研究的问题

正如你刚刚看到的，可研究的问题的来源有多种。然而，重要的是要认识到，并非所有问题都能直接作为科学研究的对象。科学研究必须符合一个标准，即被研究的问题必须能够被科学检验。有一些问题非常重要，它们引发了激烈的讨论，也消耗了大家大量的时间和精力，但却不能对其进行科学检验。这些问题通常都是围绕道德和宗教展开的。例如，考虑一下堕胎问题。这是一个争论了数十年并引起两极化的问题。有一大批人赞成堕胎，而另一大批人则反对。科学可以调查这些立场的起源和改变它们的机制，并为双方提供他们可能会决定使用的实证数据，但它不能解决哪种立场最好或正确这一问题。

思考题 3.1

- 你能够从哪里获得研究思路？
- 为什么我们需要科学家的多元化？
- 请解释为什么无法对有些问题进行科学研究。

文献回顾

3.3 解释利用多种来源的文献综述的价值

当你确定了一个研究课题之后，下一步就是熟悉与该课题相关的各种可找到的信息。例如，假设你想开展一项关于环境压力对艾滋病患者的影响的研究。在正式开始设计这一研究项目之前，首先你应该熟悉关于环境压力和艾滋病这两个主题的现有信息。对于所有的心理学问题，可以说之前都有人进行过研究，艾滋病和环境压力这两个主题自然也不例外。

这时候，你也许会问自己："为什么我要对与所选课题有关的文献进行回顾？为什么不直接去实验室找这个问题的答案？"有几个很好的理由可以解释为什么在开展任何实证研究之前，你都应该以文献回顾的形式先做足功课。查找资料的一般目的是了解所选课题的现有知识状态。具体来讲，文献回顾有如下作用：

1. 可以让你知道自己所确定的问题被他人研究的程度。如果已经有了大量的研究，那你应该基于他人的结果来调整思路和研究问题，以使你的研究建立在现有文献之上，或者换一个研究问题。
2. 可能会为你下一步如何设计自己的研究提供灵感，以便你获得你所研究的问题的答案。
3. 可以指出你要研究的问题所特有的方法论问题。
4. 能够确定是否需要特定的群体或特殊的设备，同时为如何找到这些设备或如何确定特定参与者群体提供线索。
5. 为撰写研究报告提供所需的信息，因为研究报告不但要求你将自己的研究置于过往研究的背景下，还要求你将自己的结果与其他研究联系起来讨论。

这些只是你应该进行文献回顾的几个较为突出的原因。

假设你已经深信文献回顾的必要性，那么现在你需要知道如何进行这项工作。学生们往往不知道应该进行什么样的文献检索、从哪里入手、如何从检索中得到最好的结果、有哪些资源可用，或者何时停止检索。我们现在提供一些指南来指导你的检索过程。

准备开始

在谷歌上搜索一下你的研究主题就开始写综述可能很诱人，但你真的需要停下来，你应该充分利用你们的图书馆！想要进行有效的检索，你应该懂得如何利用图书馆及其诸多的资源。如果你对如何有效使用图书馆资源不熟悉，那你应该请求图书管理员来指导你，向你说明在哪里以及如何找到与心理学相关的文献。在开始检索之前，你还需要界定你的课题领域。为了进行适当的文献检索，这个界定应该相对狭窄和具体。例如，你可能对抑郁症感兴趣。然而，这个主题非常宽泛，它包括了与抑郁相关的任何内容，从原因到治疗方法，因此可能很难驾驭。例如，2019 年在心理学文摘索引数据库（PsycINFO）检索抑郁一词时就得到了超过 306 000 篇摘要！如果你将范围缩小到如抑郁症复发这样的话题，你的任务就更容易处理。

在进行文献检索时，要做好花费大量时间和精力的准备。有效的检索常常会占用很多时间。在检索期刊论文时，你能看到这些论文的摘要。不要只依赖摘要的信息。摘要只提供有关这篇论文内容的有限信息，以便于你判断是否需要选择这篇论文做深入阅读。当你得到了某篇期刊论文之后，请在阅读时对其内容做详细的笔记。这包括关于这篇参考文献的完整信息（如作者、出版年限等），详细的研究方法、重要的发现、优势和不足，以及你在阅读这篇论文时产生的其他任何想法或评论。你可以使用像 Mendeley 或 Zotero 这样的软件来帮助你管理文献，追踪你的笔记，并轻松地起草论文的参考文献部分。

确定目标

在开始文献检索之前，有必要界定你的文献检索目标。例如，你进行文献检索的目的是熟悉想要研究的课题领域，还是希望它能够帮助你找到在研究中需要使用的方法？确定目标会让你明白进行文献检索有不同的目的，并为你阅读文献提供了一个侧重点。

进行检索

当你对图书馆的资源有了一定的了解，并确定了检索目标之后，你就应该为进行文献检索做好了准备。有许多可支配的资源可以为你提供超乎想象的信息。这些资源包括书籍、期刊论文、计算机数据库和互联网。

书籍　书籍的内容涉及心理学的绝大多数领域。这是你开始文献检索的绝佳切入点，因为它能提供相关研究课题的介绍，以及截至此书编写时已发表文献的总结。《心理学年鉴》通常是一本相当实用的书。它自 1950 年开始每年刊印，提供各领域专家对过去一年中所做主要工作的深度讨论。也许其中某个课题就与你的研究相关，所以这个资源值得你去查阅。其他的相关书籍或章节可以通过搜索《心理学摘要》或者心理学文摘索引数据库（将在后面讨论）来确定。当你确定了书籍后，你应该进入图书馆的在线目录，看看图书馆是否有你感兴趣的书。你可以通过互联网连接到图书馆的在线目录。如果上面没有你感兴趣的书籍，那么你可以通过馆际互借的方式申请借阅。

但是，大多数书籍都不会对关于某个课题的所有研究进行全面回顾。图书的作者必须有选择性，只呈现相关文献当中的一小部分。为了确保作者没有呈现某种带有偏见的取向，你应该同时选择和阅读数本与研究课题相关的书籍。

心理学期刊　我们通常能在心理学期刊中找到与研究课题相关的大多数信息。很多时候，从书籍开始的文献回顾会指向期刊。因为书籍常常引用期刊上的论文，所以从书籍回归到期刊也是很自然的。

那应该如何查阅在期刊上发表的文献？由于心理学期刊实在太多了，所以不可能通过查看所有期刊来寻找相关信息。

计算机或电子数据库　心理学文摘索引数据库（PsycINFO）是一个电子书目数据库，它提供行为科学和心理健康领域的学术文献摘要及其参考文献。它是美国心理学协会的一个部门，担负的使命是查找和总结来自不同学科的心理学相关文献，并以一种易于访问和检索的形式传播这些总结。

PsycINFO 收纳了自 1887 年至今超过 400 万篇的心理学文献。数据库包含了大约 50 个国家的出版物，文献使用的语言超过 29 种。因其覆盖面的深度及广度，PsycINFO 是检索心理学相关资料的首选数据库。你可以登录网站 http://www.apa.org/psycinfo/ 了解 PsycINFO 的最新信息。这个网站还提供了其他电子产品（如表 3.1 所示）的信息。

在用 PsycINFO 进行检索时，基本程序是确定一个检索词列表，输入这些词，然后让计算机自动检索与这些关键词相关的论文。例如，如果你对食物影响情绪的相关文献感兴趣，那你也许可以选择诸如"食物与情绪""碳水化合物与情绪""对碳水化合物的冲动"等检索词。有时候，你可能不知道应该为自己的检索选择怎样的词汇，或者你可能认为应当使用的检索词要比你能想到的多。这个时候《心理学词汇索引辞典》(*Thesaurus of Psychological Index Terms*) 就可以发挥作用了。它是关于心理学术语和描述相互关系及相关类别的词汇的索引。例如，假如你对儿童福利感兴趣，《心理学词汇索引辞典》就能提供与儿童福利相关的附加词汇列表（如倡导领养、儿童虐待、幼儿日托、儿童忽视、儿童自我照护、家庭寄养、社会个案工作和社会服务）。这些附加词汇也可用于检索其他一些与儿童福利相关的期刊论文和书籍。可以从 PsycINFO 的主菜单中访问该辞典，所以，如果你已经进入了 PsycINFO，首先应该从这本辞典上确定一个合适的检索词列表，然后在数据库中检索这些词。

一旦你确定了检索时想使用的词汇，你就为检索做好了准备。PsycINFO 可

> **心理学文摘索引数据库：**
> 一个收纳了心理学学术论文摘要及其参考文献的电子书目数据库。

表 3.1　PsycINFO 中的其他电子产品

产品名称	产品描述
心理学全文期刊数据库（PsycARTICLES）	包含了由美国心理学协会及其同盟组织出版发行的 80 余种期刊上的论文全文的数据库
心理学全文书籍数据库（PsycBOOKS）	由美国心理学协会出版的学术书籍的全文数据库

让你选择检索关键词包含在标题、主题或是全文任何地方的论文。如果你知道某篇你感兴趣的期刊论文的作者，你也可以直接进行作者检索。除了可以使用相关检索词进行检索以外，你还能按照许多方式对你的检索条件进行限制，比如只检索期刊论文而不要书籍，或者只检索动物类文献而不要人类文献。这些都是确保你能找到相关文献的具体事项。随着你使用 PsycINFO 进行文献检索经验的增加，你在这些选项的使用上也会更为熟练。

假设你对路怒症产生了兴趣，想找一些这方面的文献。你进到 PsycINFO，检索 2000 年至 2019 年间的相关文献，并最终检索到 89 篇期刊论文。接下来你开始阅读这些论文的摘要，并确定哪些是你真正想要的。专栏 3.2 给出了由 PsycINFO 提供的这些论文中的某篇论文的信息。如果该摘要显示文中包含着你觉得重要的信息，那么接下来你就需要找到这篇论文。给出的信息中标明了作者、标题、论文发表的期刊，这使你能查到并获得全文。在你阅读论文时，要做笔记以获得尽可能多的信息。学术论文是为专业人士写的，所以你可能难以理解其中的某些部分。表 3.2 给出了几条阅读期刊论文的指导意见。

专栏 3.2

PsycINFO 论文检索结果实例

记录：	1
标题：	路怒（症）在增加吗？一项重复调查的结果
作者：	Smart, Reginald G., Social, Prevention and Health Policy Research Department, Centre for Addiction and Mental Health, Toronto, ON, Canada, reg_smart@camh.net
	Mann, Robert E., Social, Prevention and Health Policy Research Department, Centre for Addiction and Mental Health, Toronto, ON, Canada
	Zhao, Jinhui, Social, Prevention and Health Policy Research Department, Centre for Addiction and Mental Health, Toronto, ON, Canada
	Stoduto Gina, Social, Prevention and Health Policy Research Department, Centre for Addiction and Mental Health, Toronto, ON, Canada
地址：	Smart, Reginald G., Social, Prevention and Health Policy Research Department, Centre for Addiction and Mental Health, 33 Russell St., Toronto, ON, Canada, M5S 2S1, reg_smart@camh.net
资料来源：	*Journal of Safety Research*, Vol. 36(2), 2005, pp. 195–201.
出版商：	荷兰：Elsevier Science
	出版商网址：http://elsevier.com
国际标准连续出版物号：	0022-4375（印刷）
数字对象识别符：	10.1016/j.jsr.2005.03.005

专栏 3.2
PsycINFO 论文检索结果实例（续）

语言：	英语
关键词：	路怒症；受害；发作（犯路怒症）；人口统计学资料
摘要：	问题：我们根据人口调查数据报告路怒症受害和发作情况的发展趋势。方法：2001年7月至2003年12月间，对安大略省的成年人进行了重复横向电话调查，使用逻辑回归（控制了人口统计学特征）分析了上一年路怒症受害和发作情况以及不同年份间的差异。结果：上一年路怒症受害率显著降低，从2001年的47.5%降到了2003年的40.6%；而路怒症发作率则保持稳定（31.0%—33.6%）。逻辑回归分析显示，2001年和2002年，作为受害一方遭遇路怒症的概率比2003年分别高出33%和30%。讨论：调查数据为揭示路怒症的发展趋势提供了有价值的参考信息，但是仍需努力追踪由路怒症引发的相关事件。总结：从2001年到2003年，安大略省成年人报告路怒症受害的比例在下降；而报告犯路怒症的比例则保持稳定。对产业的影响：无。(PsycINFO Database Record © 2005 APA, all rights reserved)（期刊摘要）
主题：	攻击性驾驶行为；人口统计学特征；骚扰；公路安全；受害
分类：	交通系统（4090）
总体：	人类（10）
	男性（30）
	女性（40）
地点：	加拿大
年龄组：	成年人（18岁及以上）（300）
	青年人（18—29岁）（320）
	三十多岁的人（30—39岁）（340）
	中年人（40—64岁）（360）
	年长者（65岁及以上）（380）
	非常年长者（85岁及以上）（390）
测验与测量：	计算机辅助电话访谈
形式/内容类型：	实证研究（0800）
	研究（0890）
	文章（2400）
出版物类型：	同行评审期刊（270）；有效的印刷格式：打印版；电子版
发布日期：	20050718
检索号：	2005-06225-010
参考文献数量：	20
数据库：	PsycINFO

表 3.2　期刊论文阅读指南

当你阅读学术论文时,你可能难以理解材料中的某些内容。如果你遵循下述几个简单的步骤,你就能充分地理解和利用一篇论文:

1. 阅读并记住论文标题,因为它指出了论文的研究内容。
2. 非常仔细地阅读摘要,因为它总结了研究内容和研究发现。
3. 当你在阅读论文引言部分时,要特别注意第一段,因为通常这里会对研究领域和研究问题进行综述。
4. 在引言部分的结尾,一般是最后一段,作者通常会陈述研究目的,或许还有需要检验的假设。在阅读论文的其余部分时,请记住这两点,看看作者如何检验这些假设或实现研究目的,以及研究结果是否验证了最初的假设或达到了本研究的目的。
5. 当你阅读方法部分时,记下研究中使用的参与者类型,然后要特别关注程序部分,因为这部分会告诉你作者如何设计研究来检验假设并实现其研究目的。注意研究者对参与者做了什么,参与者被要求做了什么,然后问问你自己,这样是否能够检验该研究所提出的假设。
6. 对你来说,结果部分也许是最难阅读和理解的内容,因为作者也许会用到你并不熟悉的统计方法。与其花费时间去弄懂那些统计方法,不如看看作者对统计分析的结果说了什么。阅读文中所呈现的所有图表,尽力将它们呈现的信息与研究假设和目的联系起来。
7. 如果你难以理解结果部分,那么请阅读讨论部分的第一段。这里通常会以一种更容易理解的形式对研究结果进行总结。除了有助于理解结果,讨论部分也是作者说明研究执行情况的环节:它是否支持了假设?当你阅读这部分的时候,要仔细思考研究目的和假设,并留意为什么这项研究支持或不支持假设,以及它是否实现了研究目的。

除 PsycINFO 之外,你还应当考虑检索其他的数据库(参见表 3.3),因为你可能从中找到重要且相关的研究。如果你的研究课题与其他领域交叉(比如医学、社会学或教育学),那这些数据库会尤其有价值。

在找到想要阅读的论文后,你需要考虑如何阅读它们。期刊上发表的大多数定量的实证性心理学论文都会有几个不同的部分。第一部分是摘要,它对整篇论文进行了简要概述。接下来是引言部分,该部分是对现有文献的综述,解释为什么需要开展当前的研究。通常情况下,引言部分以开展当前研究的简要理由和当

表 3.3　包含心理学出版物的数据库

数据库	覆盖学科	网址
PsycINFO	心理学、心理健康、生物医学	通过你们的大学图书馆连接
ERIC	教育学	通过你们的大学图书馆连接
MEDLINE	医学、生物医学、卫生保健	http://www.ncbi.nlm.nih.gov
CINAHL	医学和护理学	通过你们的大学图书馆连接
Social Work Abstracts	社会工作和人类服务	通过你们的大学图书馆连接
SocINDEX	社会学和相关学科	通过你们的大学图书馆连接

前研究的目的结尾。接下来是方法部分，它描述了研究的参与者以及研究所使用的方法。这部分包括对如何测量变量的描述。接下来是结果部分。如果你对统计学还不够熟悉，这部分可能会让你感到有些畏惧。结果部分描述所做的分析和研究发现。该部分还包括对统计结果的含义的清晰说明，即使你对统计学不太熟悉也能基本看懂。期刊论文中的再下一部分是讨论。讨论部分通常以对研究结果的总结开始。然后讨论这些结果，并将之与研究假设和以前的研究文献进行比较。讨论部分通常以告知当前研究的不足和对未来研究的设想结尾。

互联网资源 互联网是可用于获取心理学信息的额外资源。最恰当的描述就是将互联网形容为"网络的网络"，它由全世界范围内数以亿计的电脑和使用者组成，所有的电脑和使用者加入同一个网络以促进交流。将互联网引发的革命性交流方式类比于多年前的电话革命的说法似乎有些保守。现在，我们可以连上互联网跟某个远在异国他乡的人交流，方便得就像跟隔壁邻居交流一样。互联网上有许多对学生和心理学家来说很有价值的工具。除了下面讨论的各种资源，互联网上还有会议、辩论、期刊、参考文献列表，以及完整的研究。

电子邮件 电邮或电子邮件，可能是互联网最常见的用途之一。电子邮件通过互联网以电子形式将信息、文件和文档发送给另一个人。它提供了一种前所未有的交流方式，能够避免在需要联系他人时出现的"互打电话找对方"现象。大多数（如果不是全部的话）大学和学院都已经联网，并使学生能用自己的电脑或学校提供的电脑上网。通过电子邮件，你可以很容易地联系到世界各地的研究者。

群发应用 当研究者、学生和其他人对某个专题（如焦虑）感兴趣时，也会使用讨论组来进行交流。在心理学中，有许多专题会吸引特定的一群人。这些专题兴趣组会使用电子邮件的一个衍生程序——群发应用（Listserv）来实现所有小组成员之间的交流。群发应用是一个能自动将消息发送给列表中所有成员的程序，所以它可被视作围绕专题组织起来的讨论组。

你可以访问由美国心理学协会维护的"面向学生的电子邮件列表"（http://www.apa.org/apags/resources/listservs/），那里有一些你可能考虑加入的优秀列表。要成为群发应用中的一员，首先你必须加入或订阅列表。一旦你加入到列表中，群发应用就会将其他订阅者发布的所有消息都发送给你。一些用户将其群发应用的首选项设置为"摘要模式"，这告诉系统每天只向他们发送一封包含了当天所有消息的电子邮件。你可以只是阅读这些消息，回复它们进行讨论，或者就自己感兴趣的想法发送消息。例如，如果你找不到与某个感兴趣的专题相关的信息，或许你可以在群发应用上发布一条消息，询问与此专题相关的信息或他人的观点。在很短的时间内，你应该会收到许多试图帮助你的其他订阅者的回复。

万维网 互联网中最流行的部分或许就是万维网了。万维网包含了数以亿计的电

脑，每台都包含着信息，其中一些可能有用，但大部分都没用。万维网上有大量信息，学生和教员都喜欢网上冲浪。但是在滚滚的信息浪潮中，既有相关的信息，也有无关的信息。这也是为什么在网上查找信息既让人沮丧又耗费时间。因此你必须非常清楚自己要搜索的内容，这样才能有效地在网络上挖到宝。

在万维网上进行搜索时，搜索不到 PsycINFO、SocINDEX 等需订阅或专有数据库里的内容。虽然有些数据库（如 MEDLINE）是免费的，允许任何人进入，但其他数据库（如 PsycINFO）是收费的，必须通过你们的学校图书馆才能进入，因为图书馆已经为你的使用付费。但是记住你可以通过网络进入你们的图书馆。如你所知，你只需使用诸如谷歌、必应等**搜索引擎**（search engine）即可访问万维网上的资料。万维网是一个有潜在价值的资源，能为你提供丰富的信息。它的巨大优势在于一天 24 小时均可接入，你可以在自己的家里、公寓、办公室或宿舍房间里舒舒服服地上网。但是进行网络搜索有一些明显的缺点：因为很多信息都是混乱的，所以搜索过程可能会很耗时间；你得到的大量信息都是无关的；另外网络没有有效的监管来保证信息的准确性和可靠性，所以必须对每个网站进行判断，确定它所包含的信息是否可靠和准确。你必须批判性地评估在网上找到的信息。一个秘诀是留意网址的后缀：.gov（政府）、.edu（教育）或 .org（组织）等后缀会在一定程度上告诉你信息来源的可靠性。但是，你还需要了解更多的信息。例如，信息的作者是谁？他们有何资质？动机是什么？他们是否是该主题的专家？他们是否有试图说服你购买的产品或支持的议题？接下来，信息发布的日期是哪天？它有没有过时？考虑信息的广度——它是否全面地讲述了整个故事，还是似乎带有偏见或较为片面？你有责任进行批判性思考，并评估你在网络上找到的信息的可靠性。请不要仅仅因为信息出现在了网络上，就假定它是可靠的！

搜索引擎：一种软件程序，用于搜索存贮于万维网服务器上的网页。

获取资源

我们已经讨论了去哪里寻找信息，并且你搜索的地方通常也会提供完整的论文和文档。然而，有时搜索引擎返回的结果并不包含完整文档的访问链接。在这种情况下，你的首选应该是依靠你们的图书馆。图书馆购买了许多书籍，并订购了许多期刊和其他文档，所以你所需要的书籍和期刊论文很可能就在图书馆里，或者在图书馆订购的在线数据库中。但是，几乎没有一个图书馆能够提供你挑出的所有资源，在这种情况下，你必须用其他办法来获取文档。

要想获取你们图书馆及其在线数据库中没有的文档，首选应该是通过馆际互借部门。图书馆设置这个部门是为了从其他地方，比如其他图书馆得到文档。在多数情况下，他们很有效率，能较快得到文档。期刊论文常常以 PDF 文件的形式发送给你，所以你不必去图书馆领取。除了使用馆际互借，你也可以与论文作者联系，请求获得这篇论文的单行本。作者在期刊上发表论文后，通常会收到若干单行本，他们可以将其分发给前来索要的人。

其他信息来源

地区或国家心理学协会的会议是获取最新信息的绝佳来源。我们强调"最新"是因为期刊和书籍的出版存在着时间上的滞后。出现在某本书中的研究也许是几年前的，而在专业会议上报告的研究则通常更为新近。从专业会议中获取信息的另一个好处是，可以与研究者进行互动。与研究者交流想法可能会激发你的热情并让你产生更多的研究思路。建议心理学专业的学生要尽量参加一次这种国家级或地方性的会议。表 3.4 中列出了美国不同地区的心理学协会，以及许多其他更细化的心理学协会。

还可以通过与研究者的直接交流来获得信息。研究者常常会通过电话、书信或者电子邮件互相询问最新的研究或技术方法。

表 3.4　美国各类心理学协会

国家级	地区级	其他（选择性的）
美国心理学协会	新英格兰心理学协会	心理环境协会
美国心理科学协会	西南心理学协会	行为和认知疗法协会
	东部心理学协会	国家神经心理学学会
	东南心理学协会	国际神经心理学学会
	西部心理学协会	
	中西部心理学协会	
	落基山心理学协会	

> **思考题 3.2**
> - 文献回顾的目的是什么？
> - 你将如何进行文献回顾？
> - 有哪些资源可用于进行文献回顾？

研究的可行性

3.4　说一项提议的研究有可行性是什么意思

完成文献回顾后，你就可以判断开展此项研究是否可行了。每项研究在时间、研究参与者类型、费用、实验者的专业技能以及伦理敏感性等方面的要求都不相同。

例如，也许你想研究儿童遭遇性虐待对其未来婚姻关系稳定性的影响。虽然这是一个很好的研究问题，也是一个被研究过且需要进一步研究的问题，但它是一个难以开展的研究，对大多数学生来说是不可行的。这项研究要求找到那些遭受过性虐待的儿童，即使在最理想的情况下，这项任务也很困难。另外还要长期追踪那些受虐儿童直到他们结婚，这需要太长的时间。接下来你要对夫妻婚姻稳定性进行评估，而这里要求的专业水平或许是你根本没有达到的。还有，这是一个在伦理上非常敏感的课题，因为仅仅是揭开一个人曾被性虐待的事实就可能产生许多后果。

与此形成对比的是霍曼等人（Homan, McHugh, Wells, Watson, & King, 2012）开展的研究。该研究探讨了观看非常瘦的女性照片的影响。女大学生被随机分配到以下三种条件中的一种：观看瘦女性照片、正常体重女性照片或中性物体照片。在观看照片后，对参与者的身体不满意度进行了测量。与预测相符，观看瘦女性照片的参与者表现出了更高的身体不满意度。这项研究相对容易开展，不需要实验者或研究参与者具备特殊技能，花费相对较少，而且只需要适度的时间。

上述两个研究代表了在时间、金钱、参与者样本获取、专业技能和伦理问题上的两个极端。虽然绝大多数的研究都处于这两个极端之间，但这两个例子强调了我们在选择研究课题时必须考虑的一些问题。如果你选择的研究课题需要耗费过多的时间，要求的资金是你没有或不能获得的，需要你目前还不具备的专业水准，或者会引发敏感的伦理问题，那你应该考虑调整项目或另选课题。如果你已经考虑了这些因素，认为它们都不成问题，那么你就应该推进你的研究课题。下一步是陈述研究的具体目的。

> **思考题 3.3**
> - 说一项研究可行是什么意思？

研究目的

3.5 提出一个研究问题

现在你应该准备好对你的研究目的进行清晰而确切的陈述。文献回顾不但揭示了有关你的研究主题的已有知识，也指出了过往研究所使用的方法。这类信息能为你决定需要研究的内容以及如何研究提供巨大的帮助。我们建议你补全下面的句子，以阐明你的研究目的：

（提议的）研究的目的是＿＿＿＿＿＿＿＿＿＿＿＿＿。

界定研究问题

一般来说，**研究问题**（research question）是一个确定待研究的变量及变量间关系的问题。例如，米尔格拉姆（Milgram, 1964a）曾问："团队能否诱导个体对另一个表达抗议的人施行越来越严厉的惩罚？"这个表述就符合研究问题的定义，因为它包含了团队压力和所施行惩罚的严厉程度这两个变量，并提出了一个关于这两个变量之间关系的问题。

是否所有的研究问题都同样有用？假设你问道："太空生物是否影响大学生的行为？"这个问题也许能满足研究问题的定义，但它显然是不能被检验的。克林格（Kerlinger, 1973）提出了好的研究问题必须满足的三个标准。首先，研究问题应该表达了变量之间的某种关系。第二，这种关系应该以问题的形式表述。研究问题的表述应该包含诸如"……的作用是什么""在何种条件下……""……的作用会……""……之间的关系是什么"之类的内容。有时一项研究只陈述了其目的，而研究目的不一定能表达清楚研究问题。提问题有利于直接展示研究，从而最大限度地减少误解。第三个标准，也是最能区分可研究问题与不可研究问题的标准，是指"陈述的问题应该有接受实证检验的可能性"（p. 18）。许多有趣且重要的问题不能满足这个标准，因此不能接受实证检验。不少哲学和神学问题都属于这个类型。而米尔格拉姆的研究问题却能满足所有标准。它表达了两个变量之间的关系，并以提问形式表述了这个关系，且关系有可能被实证检验。惩罚的严厉程度通过测量向抗议者施予的电压水平来实现，而团队压力则由两名同伙建议增加电击的电压水平来实现。

研究问题：询问至少两个变量之间关系的问题。

研究问题的具体化

研究问题的具体化（specificity of the research question）是阐述研究问题时需要着重考虑的一个方面。想一想提出"环境对学习能力会有什么影响"的实验者会遇到哪些困难。这个问题满足了研究问题的所有标准，但是它表述得如此含糊，以至于研究者搞不清楚到底要研究什么。环境和学习能力这两个概念是模糊的（环境特征是什么以及学习什么）。在这种情况下，实验者必须先将环境和学习能力的含义具体化，才能开展这项实验。现在对比一下上述问题与下面的这个问题："单词的曝光量对学习单词的速度会有什么样的影响？"这个问题就明确地指出了要研究的是什么。

研究问题的具体化：陈述研究问题时的精确性。

这两个例子说明了构思一个非常具体的研究问题的好处。一个具体的问题有助于保证研究者理解和准确传达他们计划研究的是什么。如果研究问题表述得很含糊，研究者可能都不知道他们到底想要研究什么，因此也就可能设计出一个不足以解答问题的研究。一个具体的研究问题还有利于研究者做出有关参与者、设备、工具和测量方法等方面的必要决策。而一个含糊的研究问题对做出此类决策毫无帮助。为了深刻理解这一点，请重读前一段中给出的两个问题，并问问你自己："我应该使用什么样的研究参与者？我应该使用哪种测量方法？我应该使用哪种设备或工具？"

在构思一个研究问题时要具体到什么程度？构思一个具体的研究问题的主要目的是确保研究者能很好地领会要研究的变量，并帮助研究者设计和开展研究。如果问题表述的具体程度已经足以为这些目的服务，那就不需要进一步的具体化。如果这些目的没有得到满足，就需要对研究问题进行进一步的具体化并缩小其范围。因此，所需具体化的程度可能因研究问题而异。

> **思考题 3.4**
> - 什么是研究问题？一个好的研究问题有何特征？
> - 为什么一个研究问题应该用非常具体和精确的措辞来陈述？

形成假设

3.6 提出一个与你的研究问题相关的假设

假设：研究者对研究问题的预测或暂定性答案。

回顾完文献，并陈述了研究问题之后，你就应该开始形成你的**假设**（hypothesis）了。假设检验是定量研究（与更侧重于探索的定性研究相对）的重要组成部分。例如，如果你正在调查旁观者数量对紧急情况下干预速度的影响，那你也许就可以假设，当旁观者数量增加时干预速度会降低。从这个例子中你可以看到，假设代表了对存在于变量之间关系的预测或对研究问题的暂定性答案。从逻辑上来说，假设的形成在研究问题陈述之后，因为没有人能在没有明确问题的情况下形成假设。

需要检验的假设常常是文献回顾的结果，不过人们也常常根据理论形成假设。正如之前提到的那样，理论指导研究，而其中一个方式就是对变量之间可能的关系进行预测。假设也（但少得多）来自对事件进行观察后的推理。在某些情况下，提出假设似乎是徒劳的。当一个人在一个相对较新的领域从事探索性工作时，由于该领域中的重要变量及它们之间的关系尚属未知，所以假设是没有什么用处的。

有时可能需要不止一个假设，这取决于研究问题的复杂程度。这时文献回顾又再次起作用了，因为对先前研究的回顾能够揭示变量之间最有可能存在的关系。

不管假设的来源是什么，它必须符合一个标准：假设的陈述方式必须要确保它能被证伪或证实。在一个实验中，接受检验的是假设而不是问题。没有人对问题进行检验，如米尔格拉姆提出的那个问题，但人们可以检验一个或多个从该问题中引出的假设，比如"团队压力增加了参与者施行惩罚的严厉程度"。一个无法满足可检验性这一标准的假设，或者说一个不可检验的假设，会让研究偏离科学的轨道。任何来自不可检验假设的结论，都不能代表科学知识。

为什么首先要设立研究假设？为什么不忘掉研究假设，继续努力寻找问题的答案？假设起着重要作用。记住，假设来源于知识，而知识是通过对其他研究、理论等的回顾获得的。此类前期知识构成了假设的基础。如果某项实验证实了假设，那么除了为所提的问题找到答案之外，它还对那些暗示存在这一假设的文献提供了额外的支持。但如果假设没有被实验证实，又会怎样呢？这是否会让先前的文献失效？如果假设没有被证实，那么这个假设或者假设中的某些概念就是错的，或者其他一些假定是错误的。例如，如果变量没有被准确测量，那么假设检验将毫无意义。同样地，如果研究中没有足够的参与者，那假设检验将是不充分的。如果假设的概念化出现了错误，这可能是由多种问题中的任何一个造成的。有可能是从先前研究中获得了某些错误信息，或是在查阅文献时忽略了某些相关信息。也有可能是研究者曲解了某些文献的内容。还有可能是出现了一些更明显的错误。在任何情况下，当假设不能得到支持时都可能意味着有什么地方出错了，这就看研究者是否能把它找出来。一旦研究者发现了他或她认为错误的地方，就会提出一个可以被检验的新假设。研究者现在又有了一项研究要进行。这就是科学不断发展的过程。即使假设是错误的，知识也在进步，因为在这种情况下，一个不正确的假设就被排除了。为了解决问题，必须形成并检验一个新假设。

> **思考题 3.5**
> - 什么是假设？假设必须满足什么样的具体标准？

本章小结

为了开展研究，首先必须确定一个需要解答的研究问题。心理学研究问题的产生有几个传统来源：理论、实际问题和过往研究。此外，在心理学中，我们还可以利用自己的个人经历来确定研究课题，这是因为心理学研究关注行为。一旦确定了某个可研究的课题，就应该回顾与这个主题相关的文献。文献回顾能够揭示与所选课题相关的知识现状。它能够指明研究此课题的方法并指出相关的方法论问题。文献回顾或许可以从与此课题相关的书籍开始，然后再回到期刊上发表的实际研究上来。科学家在调查与课题相关的过往研究时，可以使用电子数据库，其中一个是由美国心理学协会支持运行的。除了使用这些资源，研究者还能通过上网检索和参加专业会议来获取信息，或是通过给研究特定课题的其他研究者打电话、写信、发电子邮件等方式来获取信息。

回顾完文献后，研究者必须确定开展这样一项研究是否可行。这意味着必须对研究的时间、研究参与者群体、专业技能、费用以及涉及的伦理敏感问题进行评估。如果评估结果表明开展这项研究是可行的，那么研究者必须对所要研究的问题做出一个清晰而确切的陈述。这意味着研究者必须提出一个问询两个或多个变量之间关系的研究问题。这个研究问题必须表达出一种可以被实证检验的关系。提出的问题也必须足够具体，以便于研究者能做出与参与者、设备、研究的总体设计等相关的决策。

在陈述完问题之后，研究者需要形成假设。这些假设必须规范，因为它们代表着关于研究变量之间关系的预测。假设通常以过往研究为基础。如果假设得到证实，那这一结果不仅回答了本研究提出的问题，也为从其中推断出这些假设的文献提供了额外支持。任何假设都必须符合一个标准：假设的陈述方式必须要确保它能被证伪或证实。

重要术语和概念

理论　　　　　　　　　　搜索引擎　　　　　　　　　研究问题的具体化
心理学文摘索引数据库　　研究问题　　　　　　　　　假设

章节测验

问题答案见附录。

1. 假设你刚刚观看了通灵大师尤里·盖勒的表演，看着他用超能力做一些诸如将勺子弄弯之类的事情。再进一步假设你是个怀疑论者，对这些现象是否的确由超能力引起提出质疑。你想进行一项研究，以确定盖勒是否真的能够用他的超能力将勺子弄弯。这个研究想法产生于：
   a. 日常生活
   b. 实际问题
   c. 过往研究
   d. 理论

2. 斯凯普提克博士对下列问题产生了兴趣：
   ● 用动物做实验道德吗？
   ● 真的有来世吗？
   上述两个问题的共同元素是，它们都
   a. 产生自日常生活经验
   b. 产生自实际问题
   c. 产生自过往研究
   d. 不能被科学研究

3. 如果你正要进行文献检索，你可以上网用某个搜索引擎进行检索。使用这种方法进行文献检索的缺点是：
   a. 不能提供任何相关信息
   b. 太慢了
   c. 不能提供足够多的信息
   d. 提供太多在可信度上有问题的信息

4. 请思考这个研究问题："酗酒会出现在除老鼠之外的其他动物身上吗？"这被认为是一个好的研究问题，因为它：
   a. 提出了一个问题
   b. 关注两个变量之间的关系
   c. 可实证检验
   d. 陈述得足够具体，足以明确被检验的变量，并有助于研究的设计

e. 以上原因都对
5. 一种减少研究问题偏向的方法是：
   a. 与多元化的科学家团队合作
   b. 与每个人都持相同观点的科学家团队合作
   c. 与每个人年龄都相同的科学家团队合作
   d. 避免阅读其他学科的研究

提高练习

1. 构想一个能被实验检验的研究问题，然后为该问题提供下述信息：
   a. 我的研究问题是_____
   b. 我的研究问题所表达的关系是_____
   c. 这个研究问题可以通过实证检验，因为_____
   d. 我想检验的假设是_____
2. 现在你有了一个研究问题，你应该做一个文献回顾。请用这里指定的方法进行。你应该会得到非常不同的结果，这可以说明每种方法的优势和局限性。
   a. 使用 PsycINFO 数据库，对与你的研究课题相关的信息进行一次小型的文献回顾。请使用下面的方法：
      （1）列出你在 PsycINFO 上检索时想使用的检索词。
      （2）确定五篇与你的研究问题相关的论文。对每篇论文，都需要提供下列信息：
         （a）作者
         （b）标题
         （c）期刊名
         （d）研究假设或目的
         （e）研究结果或研究发现
   b. 使用万维网进行一次小型的文献回顾。请使用下面的方法进行检索：
      （1）确定使用的搜索引擎。
      （2）确定两个你认为可用于本次文献回顾的网页，然后就每个网页回答下列问题：
         （a）信息的来源是什么？
         （b）这一网页的制作目的是什么？
         （c）这些信息是否准确，你又是如何判断它是准确的？
         （d）网页是否报告了某项研究的结果或几项研究的总结？它是否承认这些信息存在一些局限性？
         （e）所提供的信息是什么类型的（学术、流行、商业等）？

第 4 章

伦 理

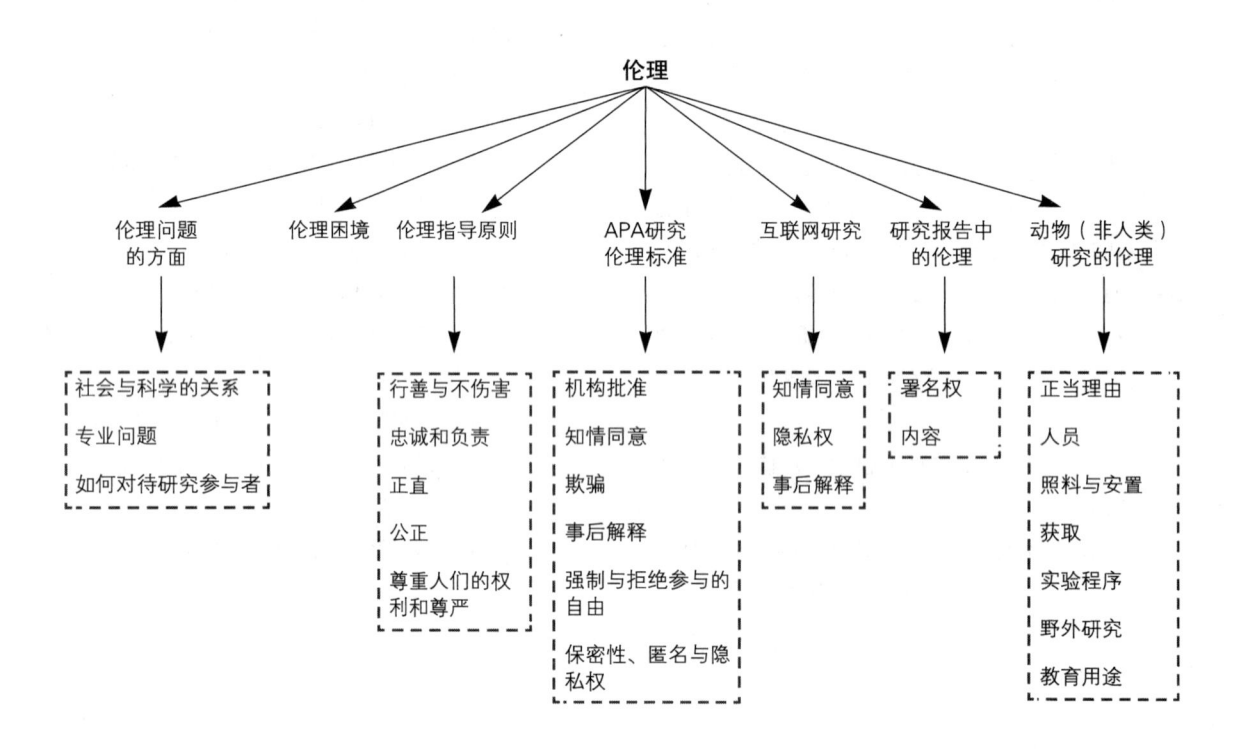

```
                              伦理
        ┌──────┬──────┬───────┼───────┬──────┬──────┐
     伦理问题   伦理困境  伦理指导  APA研究   互联网研究  研究报告中  动物(非人类)
     的方面            原则    伦理标准            的伦理    研究的伦理
```

伦理问题的方面	伦理指导原则	APA研究伦理标准	互联网研究	研究报告中的伦理	动物(非人类)研究的伦理
社会与科学的关系	行善与不伤害	机构批准	知情同意	署名权	正当理由
专业问题	忠诚和负责	知情同意	隐私权	内容	人员
如何对待研究参与者	正直	欺骗	事后解释		照料与安置
	公正	事后解释			获取
	尊重人们的权利和尊严	强制与拒绝参与的自由			实验程序
		保密性、匿名与隐私权			野外研究
					教育用途

学习目标

4.1 总结研究伦理的三个方面

4.2 解释机构伦理审查委员会（IRB）如何判断研究方案的伦理合理性

4.3 阐述 APA 伦理准则中的道德原则

4.4 描述在开展研究时必须考虑的伦理问题和程序

4.5 描述在开展电子化研究时必须考虑的具体伦理问题和程序

4.6 总结涉及署名权和撰写研究报告时应遵循的伦理原则

4.7 解释在用动物进行研究时必须遵循的指导原则

一旦你构建了研究问题并形成了假设，你就可以开始进行研究设计了。你在设计中需要明确你将如何收集用以检验假设的数据。但是在你进行研究设计的同时，你必须注意研究中涉及的伦理问题。

在探索知识时，心理学家会开展调查，操纵个体获得不同的经验，或者呈现给个体不同的刺激，然后观察参与者对这些刺激的反应。为了确定各种经验或刺激的影响，必须进行这样的操纵和观察。与此同时，科学家意识到，个体有隐私权和自我决定权。科学共同体面临着难题，它必须要在不侵犯公民权利的前提下尽力满足公众对解决问题的需求，这些问题包括癌症、关节炎、酗酒、儿童虐待和刑罚改革。对一个训练有素的心理学家来说，决定不做研究也涉及伦理问题，因为我们需要用研究来解决众多的社会问题。伦理问题是制订研究计划和进行研究时必须要考虑的问题。伦理原则对科研事业至关重要，因为它们能帮助科学家避免可能出现的伤害，同时也指出了研究者的职责。

研究伦理：它们是什么

4.1 总结研究伦理的三个方面

研究伦理（research ethics）指的是一组原则，它们能帮助研究团体确定如何开展符合伦理的研究。在社会和行为科学中，伦理问题可分为三个方面（Diener & Crandall, 1978）：（1）社会与科学的关系；（2）专业问题；（3）如何对待研究参与者。

研究伦理：帮助研究者开展符合伦理的研究的一组指导原则。

社会与科学的关系

涉及社会与科学的关系的伦理问题主要集中在：社会关切和文化价值观应当在何种程度上指导科学研究。美国联邦政府每年在研究上投入巨额资金，并对如何使用这些钱规定了优先顺序。为了增加获得研究基金的可能性，研究者会将其研究计划调整到与优先项目相同的方向上来，这意味着联邦政府至少在一定程度上掌控着研究。艾滋病（获得性免疫缺陷综合征）的研究是一个很好的例子。在1980年以前，人们几乎没有听说过艾滋病，联邦政府也基本上没有投入资金去研究这种疾病。但是当艾滋病出现在美国人群中，并被确定为具有致命性之后，它迅速受到了全民关注。立刻有大量资金被指定用于研究艾滋病的病因和可能的治愈方法上。许多研究者将兴趣和研究方向转到与艾滋病相关的问题上，只因为这样做更可能获得研究经费。

企业也投入了大量的科研资金，但这常常伴随着一系列潜在的偏向和约束。例如，制药公司资助的绝大多数研究，都专注于研发已有药物的变异体，其目的是增加销量而不是研发新药。在比较新药和传统疗法时，相比于资助来源于其他地方的研究，由生产新药的公司资助的研究更可能发现新药更有效（Lexchin, Bero, Djulbegovic, & Clark, 2003）。制药公司显然希望它们的新专利药品更有效，因为这样有利于新药的销售从而增加公司利润。

虽然企业对研究的支持可能是研究者推进其研究项目的一种好方法，但当研究者的活动和决策受企业利益的过度影响时，企业资助可能会引发利益冲突。这种实际或潜在的利益冲突有可能影响研究的一个或多个方面，并可能会威胁公众对科学的信任。这就是为什么美国心理学协会（APA）伦理准则包含这样一个标准（标准 3.06，利益冲突，APA, 2010），即规定心理学家应当避免参与存在此类利益冲突的专业活动。

专业问题

专业类问题包括学术不端问题。2000 年 12 月，美国科学技术政策办公室（U.S. Office of Science and Technology Policy; OSTP）将**学术不端**（research misconduct）定义为，"在申请课题、开展研究、审查或报告研究结果的过程中发生捏造、篡改或剽窃（fabrication, falsification, plagiarism; FFP）行为"（OSTP, 2005）。由于科学家所接受的训练就是提出问题、保持怀疑态度以及利用研究程序来寻求知识，所以要求他们注意捏造、篡改、剽窃等问题是可以理解的。寻求知识与任何类型的欺骗都是完全对立的。在科学事业里，最严重的伦理犯罪就是欺骗或呈现不实的结果。虽然欺诈行为在各方面都会受到谴责，但正如专栏 4.1 所描述的，在过去的数十年间，有关科学家中出现伪造或篡改数据、操纵结果以支持某个理论或者选择性地报告数据等行为的报道却有所增加。法内利（Fanelli, 2009）对有关学术欺诈的自我报告调查进行了元分析，发现大约 2% 的科学家报告了严重的欺诈行为，约 30% 的科学家报告了有问题的做法。当被要求报告其他科学家（而不是自己）的行为时，参与者报告的严重欺诈的估计值约为 14%。需要注意的是，这些是自我报告数据，因而可能低估了问题的严重程度。

欺诈行为会造成巨大损失，不管是对公众还是对科学家个人都是如此。它不仅使整个科学事业声誉受损，个人的职业生涯也将毁于一旦。布鲁宁（见专栏 4.1）在一场诉讼中承认自己犯下了学术不端的罪行，被判在某家教习所服刑 60 天，附带 250 小时的社区服务，缓刑 5 年。伪造或篡改科学数据是完全不正当的行为。

虽然欺诈活动显然是最严重的学术不端行为，但还有更多严重性稍低但仍然难以接受的做法正在受到关注。这些做法包括未能发现他人使用有问题的数据，不提供与自己的研究相冲突的数据，出于经费来源的压力而改变研究的设计、方法或结果，或回避人类参与者的细微要求。虽然这些行为的严重性没有达到捏造、篡改或剽窃那种程度，但它们也关系到整个行业的声誉，尤其是当情况已变得如马丁森、安德森和德弗里斯（Martinson, Anderson, & deVries, 2005）所发现的那

学术不端：在申请课题、开展研究、审查或报告研究结果的过程中发生捏造、篡改或剽窃行为。

> **专栏 4.1**
>
> ### 两起涉嫌欺诈的研究案例
>
> 尽管最知名的欺诈性研究案例都发生在医学界，但心理学领域近年来也出现了几个非常重大的案例。在这个专栏，我们讲述其中两个最声名狼藉的案例。
>
> 西里尔·伯特是第一位被封爵的英国心理学家，其在智力及智力的遗传基础方面的研究使之在英国和美国广受称赞。他去世的时候，人们在其生平简介中将其描绘成一个对科学研究、分析和批判拥有无限热情的人。但在他死后不久，就出现了对其研究真实性的质疑。人们在他的研究论文中发现了许多模棱两可和奇怪的内容。通过仔细地检查他的数据，人们发现相关系数并没有随着样本或样本容量的改变而变化，这说明他可能捏造了数据。人们也未能找到伯特的某位重要合作者。多尔夫曼（Dorfman, 1978）对伯特的数据进行了深度分析，结果无可辩驳地显示，伯特在智力与社会阶层关系的数据上造了假。
>
> 最近，美国国家心理卫生研究所（National Institute of Mental Health; NIMH）对它的一个资助对象布鲁宁的涉嫌研究欺诈案进行了调查。布鲁宁于 1977 年在伊利诺伊理工大学获得了博士学位，几年以后开始在密歇根州科德沃特地区中心工作。在科德沃特，布鲁宁受邀参与了一项由 NIMH 资助的研究，此项目是关于神经松弛剂对住院精神障碍患者的作用。1981 年 1 月，他被任命为匹兹堡西部精神病研究所和诊所（Pittsburgh's Western Psychiatric Institute and Clinic; WPIC）的约翰·默克项目的负责人。在那里他继续报告科德沃特研究的结果，甚至获得了自己的 NIMH 研究经费，用以研究兴奋性药物对有精神障碍的参与者的治疗效果。在此期间，布鲁宁赢得了相当大的声望，被认为是该领域的领军人物之一。但是，到了 1983 年，布鲁宁的研究工作的效度受到了质疑。起初聘请布鲁宁作为研究人员的那位人士开始质疑其某篇论文，该论文的结果有着异常高的信度。这促使人们对布鲁宁已发表的研究进行了进一步的审查，并与科德沃特——据说是开展了这些研究的地方——的相关人员进行了接触。结果，科德沃特的心理学部负责人表示，他从未听过这项研究，也不知道布鲁宁在科德沃特期间开展过什么研究。NIMH 于 1983 年 12 月接到了对布鲁宁的指控。经过 3 年的调查，NIMH 调查小组判定，布鲁宁"在报告研究时，知情地、故意地、反复地出现误导和欺骗行为"。据报道，他从未开展过他所描述的那些研究，并且只有少数几个参与者曾经参与过实验。毫无疑问，布鲁宁的行为构成了非常严重的学术不端（Holden, 1987）。

样——在参与其调查的科学家中，有超过三分之一的人承认自己在过去 3 年中有过一种或多种上述行为。这并不必然意味着研究过程的结构受到了侵蚀，但这些问题值得密切注意。

学术不端行为的频率以及人们对此现象关注程度的增加，自然激发了人们对其成因以及为减少这类行为所需采取的措施的讨论（DuBois et al., 2013; Hilgartner, 1990）。也许最佳的威慑方法之一是建立一种机构文化，让其中的关键人物示范符合伦理的行为，强调研究诚信的重要性，并做到言行一致（Adams & Pimple, 2005）。减少学术不端行为的预防策略包括与机构伦理审查委员会（Institutional

表 4.1　在提交给机构伦理审查委员会（IRB）的研究方案中必须呈现的信息

- 研究目的
- 研究的相关背景和基本理由
- 参与者样本
- 实验设计和研究方法
- 提供的奖励（如果有的话）
- 参与者面临的风险和收益，以及对此采取的预防措施
- 数据收集的私密性和保密性

Review Board；IRB）合作，参照表 4.1 中所列，解释自己的伦理程序，遵循这些程序，并让 IRB 参与对研究实践的审查。

另外，美国国立卫生研究院（National Institutes of Health；NIH）要求所有从 NIH 获取基金的研究者，以及其他关键人员（如合作研究者和研究协调员），都必须完成一个保护人类参与者的学习模块。美国国家科学基金会（National Science Foundation；NSF）近期要求，任何由 NSF 基金支持的研究项目，都要为本科生、研究生以及博士后研究员提供关于负责任且合乎伦理地开展研究方面的适当培训与监管。从 2010 年 1 月 25 日开始，NIH 也要求它所支持的职业发展奖励、教育研究拨款以及学位论文研究补助金获得者接受类似的"负责任的研究行为"培训。大多数大学将上述要求扩展到所有研究人员，包括其他关键人员，比如那些研究项目涉及人类参与者但并没有接受 NIH 资助的研究生和本科生。

如何对待研究参与者

如何对待研究参与者是科学家面临的最根本的问题。开展以人类为对象的研究很可能会产生大量生理和心理的伤害。例如，1995 年 9 月，《美国新闻与世界报道》（Pasternak & Cary, 1995）发表了一篇文章，内容涉及一些曾是机密的记录，关乎 1944 年至 1974 年间由政府资助或拨款进行的辐射实验。在此期间，研究者在数以万计的美国人身上进行了 4 000 多项辐射实验，其目的有两个，一是更多地了解辐射对人类的影响，二是寻找辐射对癌症的潜在医疗价值。

在一个最具争议的实验中，癌症患者被告知辐射也许能治愈癌症，于是他们接受了辐射治疗。但是，有文件显示，很多治疗都只是为了收集关于辐射对人类影响的数据。其余研究则在耐辐射的癌症患者身上进行。这些实验的主导研究人员甚至公然宣称，他只是在做实验，并不是在治疗患者的疾病。实验中患者的死亡率是 25%。显然这些实验是不合伦理的，也不应该进行。

旨在研究重要心理学问题的实验，也许会让参与者感到受辱、身体疼痛和难堪。在计划一个实验时，科学家有责任考虑进行这个研究可能涉及的伦理问题。不幸的是，有些研究无论怎样设计都不能消除参与者遭遇生理和心理伤害的可能

性。因此，研究者经常面临着两难的困境，不得不决定是否应该进行这项研究。因为这个问题如此重要，所以我们会更详细地探讨它。

> **思考题 4.1**
> - 研究伦理这个术语是什么意思？
> - 在社会和行为科学中，伦理问题关注的主要方面有哪些？
> - 每个方面的伦理问题具体是指什么？哪个方面最受关注？

伦理困境

4.2 解释机构伦理审查委员会（IRB）如何判断研究方案的伦理合理性

开展心理学研究会产生一组特殊的两难困境。一方面，研究型心理学家接受了科研训练，觉得自己有义务开展有益于社会的研究；另一方面，这样做可能会使参与者承受压力、失败、痛苦、攻击或欺骗。由此产生了一个**伦理困境**（ethical dilemma），即必须判断可能从研究中获得的知识能否超过参与者所付出的代价。在权衡此类问题的利与弊时，研究者必须优先考虑参与者的福祉。不幸的是，关于这一点并没有公式或规则可供研究者参考。这个决定只能基于主观判断，而这一判断不能由研究者团队来做。因为他们可能卷入得太深，以至会夸大研究的科学价值及潜在贡献。研究者必须寻求他人的建议，比如相关领域的科学家、学生或者外行人。

目前，关于研究中成本—收益关系的建议来自IRB。这个委员会既有科学家，也有非科学家，它存在于所有接受了政府研究基金的机构中，负责对提交的涉及人类参与者的研究方案进行审查。

在审查研究计划时，IRB成员必须判断所提研究的伦理合理性，确保研究者充分地向参与者说明研究内容，并保证参与者受伤害的风险与预期的收益之间的比率处在合理范围内。为了做出这种判断，IRB成员必须拥有关于研究方案细节的充足信息。这意味着研究者必须提交一份可供IRB审查的研究方案。这份研究方案必须提供表4.1中列出的各类信息。

根据研究方案中包含的相关信息，IRB成员必须判断该研究在伦理上是否可接受。在进行判断时，IRB首先要考虑的是研究参与者的福祉。具体来讲，IRB会对方案进行审查，以确保向研究参与者提供了知情同意书（示例见专栏4.2），并保证研究中使用的程序不会对参与者造成伤害。当程序涉及潜在风险时，委员会将特别难以决策。某些程序——比如给予实验药物——有伤害参与者的可能性。在这种情况下，IRB必须慎重权衡从研究中得到的可能收益与参与者面临的风险。图4.1呈现了一个决策模型，从概念角度解释了成本—收益分析应该如何进

伦理困境：研究者在权衡参与者可能付出的代价与可能从研究获得的收益时所面临的冲突。

专栏 4.2
知情同意书样例

同意参与研究

主要研究者：简·多伊
系别：心理学
电话号码：123-4567

本研究的目的是确定关于成功和失败以及自尊的信念在认知任务中的作用。如果你同意参加这项研究，那么你需要完成两份关于态度和信念的问卷。

在完成这两份问卷后，你需要阅读一组指导语，然后尽可能在规定时间内完成更多的易位构词题。易位构词是指将一些乱七八糟的字母重新排序，组成一个单词（比如，rlyibar = library）。

你参与这项研究完全是自愿的。你可以随时改变主意并退出，你不会因此受到任何处罚。

我们会仔细保护你的个人隐私。我们会使用编号来记录所有的测试结果和问卷答案。我们不会使用你的姓名。不管这项研究的结果以何种形式发表或呈现，都不会透露你的姓名或其他身份信息。

本研究已获得美国大学机构伦理审查委员会的批准。如果你有任何疑问，都可以联系多伊博士，她的电话号码是 123-4567。如果你对自己作为参与者的权利仍有疑问，可以联系机构伦理审查委员会，电话号码是 246-8910。

我已经阅读或有人向我读过并理解了上述研究内容，我有机会提出疑问且已经获得了满意的答复。我自愿同意参与上述研究。

日期 ＿＿＿＿＿＿＿＿＿＿＿＿＿＿＿＿
参与者姓名（印刷体）＿＿＿＿＿＿＿＿＿
参与者签名 ＿＿＿＿＿＿＿＿＿＿＿＿＿
研究者签名 ＿＿＿＿＿＿＿＿＿＿＿＿＿

行。我们总是希望收益大于成本。低收益但高成本的研究不会被批准。高收益且低成本的研究则会被批准。当收益与成本平衡时，决策较为困难。涉及低收益和低成本的研究之所以会让人难以抉择，是因为虽然它们需要参与者付出的潜在代价很小，但产生的收益也可能较少。高收益且高成本的研究之所以令人难以抉择，是因为尽管从研究中获得的收益很高，但参与者需要付出的代价也很高。例如，一种新的化疗药物有可能治愈某种癌症，但也会对参与者造成潜在的生命威胁。有时候，IRB 的决定是，研究参与者面临的风险太大，不允许进行研究；在其他情况下，IRB 的决定是，潜在收益大于风险，研究可以继续进行。即使 IRB 批准了研究，研究者也必须时时刻刻牢记，无论多少建议或忠告都不能改变这样一个事实：最终的伦理责任仍然落在开展研究的研究者身上。

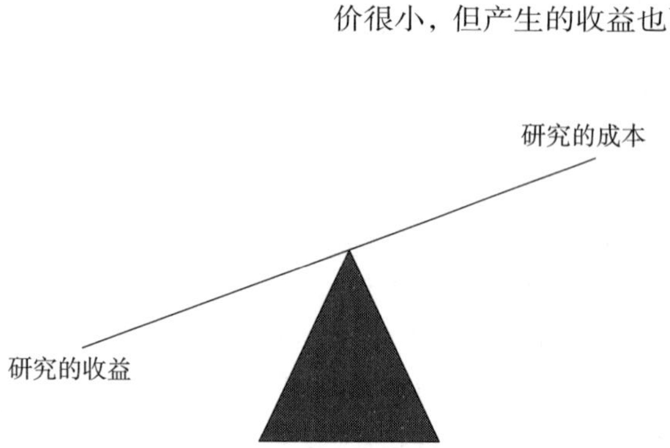

图 4.1　成本—收益分析的决策模型

> **思考题 4.2**
> - 在心理学领域，研究者会面临的伦理困境是什么？如何解决这个困境？

伦理指导原则

4.3 阐述 APA 伦理准则中的道德原则

第二次世界大战期间，纳粹科学家进行了一些惨无人道的实验，这些有违伦理的实验遭到了全世界的谴责。例如：把人浸入冰水中，以确定人被冻死所需的时间；施行残害人体的手术；故意让许多人感染致命的病原体。1946 年，23 名医生因过去对战俘犯下的罪行而在纽伦堡接受了审判。在这场审判中，人们规定了开展研究所必须满足的基本伦理标准，即著名的"纽伦堡原则"（Nuremberg Code）。该原则规定，涉及人类参与者的研究必须满足 10 项条件。其中最重要的两项是：自愿的知情同意和可能产生有价值结果的有效实验设计。

仅从逻辑上看，很可能会有人认为，纽伦堡审判和由此产生的伦理标准足以引导研究者在以人类为参与者的研究中遵循伦理要求，但事实并非总是如此。在医学领域，帕皮沃斯（Pappworth, 1967）列举了大量侵犯人类参与者伦理权利的研究实例。专栏 4.3 描述的塔斯基吉梅毒实验（Jones, 1981），可以作为医学领域进行的各种有违伦理的实验的一个缩影。

对违反伦理的研究的广泛关注促成了一系列准则的问世，比如《贝尔蒙特报告》（*Belmont Report*）（Office for Protection from Research Risks; OPRR, 1979）以及 APA 的《心理学家的伦理准则和行为规范》（*Ethical Principles of Psychologists and Code of Conduct*）（APA, 2010），后者中专门有一节供研究者在进行研究时使用。

上述 APA 准则包括五个一般性愿望或道德原则：（1）行善与不伤害；（2）忠诚和负责；（3）正直；（4）公正；（5）尊重人们的权利和尊严。APA 的期望和意图是，这些原则将激励所有心理学家践行可能的最高伦理标准。

行善与不伤害

行善（beneficence）意味着做有利于他人的事，**不伤害**（nonmaleficence）意味着做无害于他人的事。作为心理学家，我们应该努力帮助我们的来访者、我们的领域、我们的研究机构和我们的社会，我们应该努力不以任何方式伤害他人。心理学家拥有一定的控制力和影响力，应该用它来帮助他人。当我们的关注点或职责之间发生冲突时，心理学家应该尽力将好的一面最大化，将坏的一面最小化

行善：为他人的利益而行动。

不伤害：不伤害他人。

> **专栏 4.3**
>
> **塔斯基吉梅毒实验**
>
> 1972年7月，美联社发表了一篇报道，披露了美国公共卫生署（Public Health Service; PHS）40年来一直在亚拉巴马州梅肯县研究未经治疗的梅毒对黑人男性的影响。这项研究包括对399名梅毒晚期的黑人男性参与者和200名控制组参与者进行各种医学测试（包括一项检查）。虽然无法找到对该实验的正式描述（显然从未存在过），但受聘于PHS的医生执行了一套程序，他们进行了各种血液检查和常规尸检，以更多地了解梅毒最后阶段导致的严重并发症。
>
> 这项研究没有对梅毒进行任何治疗，也没有进行任何药物试验或替代性治疗试验。研究目的严格限定在仅收集有关该疾病影响的数据。除了想要更多地了解梅毒这个意图以外，从这项研究的各个方面看，它都是一个严重违背伦理的实验。研究中的绝大多数参与者都很贫困，也没有接受过教育，PHS就给他们提供一些奖励，包括免费的身体检查，免费乘车往返诊所，热腾腾的食物，免费治疗其他小病，以及50美元的安葬费用。参与者没有被告知此项研究的目的，也没有被告知自己的病并未得到治疗。更令人发指的是，这些参与者被一位PHS的护士监控，她通知当地的医生，这些参与者正在参加研究，不能接受梅毒治疗。那些能从其他医生那里获得治疗的参与者会被告知，如果他们接受了治疗，那么他们将被要求退出这项研究。
>
> 正如你所看到的，参与者们并不知道这项研究的目的，也不知道它对他们构成的危险，也从来没有人试图向他们说明这种情况。事实上，他们是被许多条件诱惑而来的，他们还被跟踪，以保证不会接受其他医生的任何治疗。作为一项以人为参与者的研究，这项研究似乎包含了几乎所有违背我们当前伦理标准的因素。
>
> 资料来源：Jones, 1981.

或者不造成伤害。

在研究中，这条一般原则是说，我们在设计和进行研究时，应该将对参与者造成伤害的可能性最小化，同时将参与者和社会获得某种收益的可能性最大化。

忠诚和负责

忠诚和负责是指心理学家与他人互动的方式。心理学家渴望与他人建立信任关系。他们了解自己所拥有的影响力，并且关心他人的需求。在开展研究时，心理学家应当理解研究者与参与者之间关系的本质，并负责地对待这种关系。

正　直

正直原则是指心理学家在教学、研究和所有其他专业活动中都应努力做到诚实、准确和真实。心理学家进行研究以揭开行为的奥秘——获得能增进我们对行为的理解的知识。为了实现这个目标，科学家必须开展高质量的研究，还必须诚实地报告他所开展的研究。这两者对于发现和公布真相缺一不可。正直原则直接针对我们在本章前面讨论的呈现欺骗性结果的问题。正如我们前面说过的那样，伪造或篡改科研结果会使其在科学界无立足之地。

公　正

根据公正原则，每个人都应该有机会并能够获得心理学的收益和贡献。每个人都应该被公平对待，应该有机会享受同等质量的服务。在研究中实现这一原则可能是较难达成的目标之一，而且在我们这个不完美的世界中不太可能完全实现（Sales & Folkman, 2000）。在研究领域，公正涉及的问题是：谁应该获得研究的收益，谁又应该承担其负担？收益和负担必须平等分配。让一个群体承担研究的负担，而让另一个群体获得收益是不合伦理的。

尊重人们的权利和尊严

这一原则指出，心理学家应尊重每个人的价值和尊严，每个人都有隐私权、保密权和自我决定权。心理学家还认识到某些个体的决策能力不足，因此必须对这些弱势群体的权利给予特别关注。在研究的背景下，尊重研究参与者的权利和尊严意味着潜在参与者有权选择是否参与研究。这一原则通过获取潜在参与者的知情同意来实现。这意味着潜在参与者将获得所有可能影响其参与意愿的研究信息。一旦获得了这些信息，他们就可以在知情的情况下做出是否参与研究的决策。

思考题 4.3
- 心理学家在开展研究时应该遵守的五项基本道德原则是什么？
- 解释每一项原则的含义。

适用于研究的 APA 伦理标准

4.4 描述在开展研究时必须考虑的伦理问题和程序

任何从事研究工作的心理学家都必须确保维护参与者的尊严和福祉，并确保根据联邦政府和州政府的法规以及 APA 制定的标准进行调查研究。APA 伦理准则首次发布于 1953 年（APA, 1953），是 APA 内部讨论了 15 年的成果。从那时起，该准则已先后经过了几次修订。新近的修订于 2002 年 10 月获得批准，并分别于 2010 年和 2016 年经过了进一步修改。适用于研究与出版的伦理标准可以在 http://

www.apa.org/ethics/code/ 找到。其中包括对重要话题的讨论，如机构批准、知情同意、欺骗、事后解释、对动物的人道关怀和使用、学术剽窃以及与出版相关的问题。我们强烈建议你访问这个网址并研究该伦理准则。

机构批准

绝大多数拥有有效研究项目的机构都面临着一个要求，其所有人类研究都要经过机构伦理审查委员会（IRB）的审查。IRB 的主要职责是保护人类参与者。该要求可以追溯到 1966 年。那时人们比较关注该以何种方式设计和实施医学研究。因此，美国卫生部部长在健康、教育和福利部（Department of Health, Education, and Welfare; DHEW）启动了一项机构审查要求。这项政策的适用范围延伸到所有由美国公共卫生署（PHS）资助的人类研究，也包括了社会和行为科学方面的研究。

伦理准则的标准 8.01 明确要求，当研究须经机构批准时，心理学家必须提供有关研究方案的准确信息，获得 IRB 的批准，然后按照之前批准的研究方案开展研究。

IRB 会对研究方案进行三种类别的审查。这些类别与研究对参与者的潜在风险直接相关。一项研究可能被豁免审查、快速审查，或需要接受 IRB 全员审查（Code of Federal Regulations 45 CFR 46）。被豁免的研究是那些不会给参与者带来任何已知的情绪、生理及经济风险的研究。关于正常教育活动的研究、匿名调查和某些形式的二手数据分析可能会被豁免。IRB 成员会根据《美国联邦法规》（Code of Federal Regulation）中规定的豁免类别标准来决定是否将一项研究归为豁免审查类别。这一决策是由 IRB 而非研究者做出的。因此，即使一位研究者认为研究属于豁免审查类别，仍必须将研究方案提交给 IRB。

第二种审查类别是快速审查，代表一项研究需要由 IRB 的部分成员进行快速的审查。接受快速审查的研究通常是那些涉及的风险不超过最小风险的研究，这里最小风险是指，参与研究的预期不适或伤害不超过日常生活或身体和心理测试的预期伤害和不适。快速审查的研究通常包括以下这些：

1. 涉及已收集或仅将出于非研究目的而收集的数据、文档、记录或标本的研究。
2. 从出于研究目的而录制的语音、视频、数码、图像记录中收集数据的研究。
3. 关注个人或群体特征或行为（比如知觉、认知、动机和社会行为）的研究，或使用调查、访谈、口述历史、小组讨论、项目评估、人类因素评估或其他有质量保证方法的研究，且给参与者带来的风险不超过最小风险。

由学生和心理学工作者开展的许多研究都属于最小风险类别，所以应该接受快速审查。

第三种审查类别是全员审查。这是所有 IRB 成员都要参与的审查。任何涉及超过最小风险的研究方案（比如，实验性药物、高压的心理测验和易受伤害的参与者群体）都会引起警觉，必须接受全员审查。

知情同意

知情同意（informed consent）是指充分告知研究参与者可能影响其参与决定的关于研究的所有方面。伦理准则的标准 8.02 至 8.04（http://www.apa.org/ethics/code/）指出，充分告知研究参与者意味着你要将研究的所有方面都告诉他们，从研究目的和程序到任何风险和收益，包括参与研究能得到的奖励和选择退出研究的自由。这些信息必须以参与者易于理解的形式呈现给他们。有了这些信息，研究参与者可以在知情的情况下决定拒绝参与研究还是签署知情同意书。

获得参与者的知情同意极其重要，因为个体决定他人可对自己的身心做什么的权利神圣不可侵犯。一旦个体获得了所有可利用的信息，我们就假设他能够自由决定是否参与研究，而且按照这种方式，参与者能够避开那些他们认为讨厌的实验程序。这样，我们就实现了本章前面讨论的"尊重人们的权利和尊严"这条基本原则。

联邦政府发布的指导原则和 APA 伦理准则的标准 8.05 承认，有时可能会免除对知情同意的要求。但是，伦理准则明确规定，只有在特定、有限的条件下，才能免除对知情同意的要求。这些条件是研究可以被合理地假定为不会给参与者造成痛苦或伤害，以及研究涉及（a）正常的教育活动,（b）匿名信息或非敏感观察,（c）在没有风险且遵守保密性的情况下与工作效率相关的因素，或者（d）法律或联邦政府（或机构）法规允许免除知情同意的情况。

知情同意与未成年人　知情同意的原则是指，个体一旦获得了相关信息，就拥有了法律自由，能够自行决定是否参加特定研究。但是，未成年人被推定为无行为能力，不能给予知情同意。在这种情况下，标准 3.10（b）（4）规定，如果法律允许或要求替代同意的话，就必须从一个合法授权人那里获得这一许可。在绝大多数情况下，替代同意由未成年人的父母或法定监护人给出，在此之前会告知他们所有与研究相关的信息，这些信息可能会影响他们允许孩子参与研究的意愿。除了从未成年人的父母或法定监护人那里获取知情同意以外,伦理准则的标准 3.10（b）（1 和 2）明确指出，要以恰当的方式向未成年人解释研究内容，然后由他自己给出允许书。允许书（assent）意味着未成年人在接受了恰当的解释之后，同意参与研究。恰当是指，要用一种未成年人能够理解的语言进行解释。

联邦政府的法规（OPRR, 2001）中提到，应当规定，当 IRB 判定未成年人有能力提供允许书时，应从未成年人那里获取允许书。然而，能够提供允许书的年龄在孩子中可能因人而异。要提供允许书，孩子必须能够理解别人问的是什么，能够意识到别人在征求他的同意，并能够在不受外界制约的情况下做出选择。这取决于孩子的认知能力。不幸的是，孩子认知能力的发展速度不同，因此很难确

知情同意：告知研究参与者可能影响其自愿参与意愿的研究的所有方面。

允许书：在接受了与年龄相符的恰当解释之后，未成年人表示同意参与研究的证明。

定哪个年龄的孩子能够提供允许书。儿童发展研究学会（Society for Research in Child Development, 2003）指出，研究者应该尊重儿童的权利，并理解儿童有权选择是否想要参与研究。获取未成年人的允许书不仅在伦理上很重要，也可能会提高研究的效度。在未成年人不想参与时坚持让他们参与，可能会影响他们的行为反应，进而对收集到的数据产生混淆影响。

被动同意与主动同意　到目前为止，对同意的讨论都集中在主动同意。专栏 4.2 提供了一个主动同意书样例。**主动同意**（active consent）涉及通过同意并签署知情同意书来表示同意参与某项研究。当未成年人成为研究参与者时，同意书通常由未成年人的父母或法定监护人签署。如果想要获得学龄儿童的同意，通常是用某种方式给儿童的父母或法定监护人送一份同意书，如将同意书邮寄到家里或让未成年人带回家里。理想的情况是，父母阅读完同意书之后，选择拒绝或者同意，然后将同意书返还给研究者。但是，研究显示（如 Ellickson, 1989），即使进行了后续跟进，仍然只有 50%—60% 的父母会返还同意书。对此现象的一种解释是，那些没有返还同意书的父母实际上已经表示了拒绝。但是，父母不返还同意书可能还有其他原因。他们也许没有收到同意书，也许忘记了签字和返还，再或者也许没有花足够的时间来阅读同意书的内容并考虑这个请求。上述任何可能性都会减少样本，并可能使结果出现偏差，因为那些花时间阅读并返还同意书的父母可能与没有返还同意书的父母存在差异。

为了提高研究的参与率，埃里克森（Ellickson, 1989）建议采用被动同意。**被动同意**（passive consent）是指父母或法定监护人以不返还同意书的方式来表达同意。只有当他们不想让孩子参加某项研究时，才需要将同意书返还给研究者。一些研究者提倡将被动同意作为取得父母同意的合理手段。有人质疑被动同意程序使用的伦理问题，因为这些研究中或许会包括一些儿童，其父母实际上并不同意他们参加研究，但却没有返还同意书或者根本没有收到同意书。然而，有研究显示（如 Ellickson & Hawes, 1989; Severson & Ary, 1983），当主动同意程序进行了大量的后续跟进工作时，其与被动同意程序获得的参与率相当。与之相反，在近年一项关于主动同意（没有进行大量的后续跟进）与被动同意的比较研究中，被动同意下的参与率要比主动同意高得多（Doumas, Esp, & Hausheer, 2015）。被动同意的支持者认为，被动同意带来了更大的样本和更广泛的参与者范围，同时也给予了父母阻止其子女参与研究的选择权。

尽管有这些支持使用被动同意的令人信服的理由，但这种做法仍然存在争议。有人（如 Hicks, 2005）认为，被动同意违背了知情同意的意图和精神。此外，除非在特殊情况下（例如，当研究符合免除知情同意的 APA 伦理标准时），被动同意与 APA 伦理准则（APA, 2010）或联邦法规都不一致。出于这些原因，我们建议你使用主动同意。这是最佳的同意形式。只有当研究的完整性会因主动同意而大打折扣时，才应该考虑使用被动同意。APA 伦理准则没有直接讨论被动同意，

主动同意：口头同意并签署同意参与研究的同意书。

被动同意：如果未返还同意书，则推定已获得父母或监护人的同意。

所以当你想要使用被动同意时，必须告知 IRB，并且要在获得他们的批准之后使用。

> **思考题 4.4**
> - 知情同意指什么？为什么这被视作研究方案的一个重要组成部分？
> - 允许书是指什么？什么情况下应该获取允许书？
> - 主动同意与被动同意之间的区别是什么？
> - 与被动同意有关的伦理问题是什么？

欺　骗

欺骗是指使用骗术。在心理学研究中使用欺骗技术违背了这样一项要求：要将研究的本质完全告诉参与此研究的参与者。欺骗也与心理学家在开展人类研究时应该遵守的基本道德原则——信任原则相违背。但是，心理学家在开展研究时，又必须维护前面提到的忠诚和科学正直这两项原则。这意味着，为了深化人们对行为的理解，我们必须进行精心设计和执行的研究。在某些情况下，进行这样的研究需要使用欺骗技术。这一要求得到了伦理准则的认可。但是，伦理准则并不允许毫无限制地使用欺骗技术。相反，欺骗技术的使用仅限于那些找不到替代程序且有可能产生重要知识的研究。欺骗技术不得用于那些预期会造成伤害或严重情绪痛苦的研究。如果使用了欺骗技术，也要尽早将情况告知参与者，并且参与者有权选择从研究中撤出他们的数据。

在社会和行为研究中，欺骗可以是主动的和被动的（Rosnow & Rosenthal, 1998）。**主动欺骗**（active deception）指的是主动使用欺骗技术，此时研究者会故意误导参与者，比如告诉他们有关实验目的的错误信息，或者有意让他们把实验同伙误认为研究参与者。（实验同伙是指扮作参与者的研究团队成员。）**被动欺骗**（passive deception）指的是通过不作为来实施欺骗，此时研究者向参与者隐瞒了特定信息，比如没有将实验的所有细节告知参与者。

鉴于欺骗技术有可能会用在心理学研究中，所以我们有必要看一下欺骗对研究参与者的影响。五十多年以前，凯尔曼（Kelman, 1967）预测，持续使用欺骗技术会让研究参与者不再相信心理学家，从而破坏心理学家与他们之间的关系。幸运的是，这个预测并没有成为现实。夏普、阿代尔和罗斯（Sharpe, Adair, & Roese, 1992）发现，研究参与者与 20 年前一样接受对研究中使用的欺骗技术的合理解释。索里迪和斯塔顿（Soliday & Stanton, 1995）发现，轻微的欺骗不会影响研究参与者对研究者、科学或心理学的态度。费歇尔和法伊伯格（Fisher & Fyrberg, 1994）甚至发现，参与其研究的绝大多数学生参与者都相信，他们所评估的欺骗研究是科学有效的，也是有价值的。他们还认为，即使存在其他能用的

主动欺骗：通过给予研究参与者虚假的信息而故意误导他们。

被动欺骗：通过不告诉研究参与者关于实验的所有细节而对他们隐瞒某些信息。

替代方法，如角色扮演或问卷调查，欺骗技术依然是一种重要的且值得保留的方法。

尽管大多数研究参与者一致报告说，他们不介意曾被误导，也没有受到欺骗实验的伤害，但可以有理由认为，欺骗的有害影响取决于研究的类型。克里斯滕森（Christensen, 1988）及其他研究者（Sieber, Iannuzzo, & Rodriguez, 1995）指出，如果研究调查的是私密行为，或者实验程序非常可能伤害研究参与者，那么欺骗在伦理上是不可接受的。这与伦理准则是一致的，准则明确指出，不应在预期会产生伤痛或严重情绪痛苦的研究中使用欺骗技术。

事后解释

事后解释：关于研究细节的实验后讨论或访谈，包括对使用任何欺骗技术的解释。

事后解释（debriefing）是指在实验后，与参与者就研究的目的和细节进行的访谈或讨论，包括对在实验中使用欺骗技术的解释。APA 伦理准则标准 8.08 规定，在一项研究完成后，心理学家必须尽快向参与者进行事后解释，如果必须推迟向参与者提供这些信息，则应采取措施以减少任何伤害风险。另外，如果研究程序可能已经伤害到了参与者，则必须采取措施将这种伤害最小化。向参与者进行事后解释不仅是伦理准则的要求，而且还会在许多方面对研究者有益。我们会在第 8 章细谈事后解释的益处。这里我们关注的是欺骗技术与事后解释的使用，因为这个问题关乎研究伦理。

证据显示，欺骗并不像很多人想的那样必定会造成伤害。但是，这并不意味着可以忽视欺骗潜在的有害作用。事后解释是消除欺骗带来的有害作用的主要手段之一。本章引用的所有探究欺骗影响的研究都包含事后解释程序，如果这个程序确实消除了欺骗的任何有害影响，这也许可以解释这些研究的积极结果。

米尔格拉姆（Milgram, 1964b）报告称，在进行了全面的事后解释之后，他的参与者中只有 1.3% 的人报告对实验中的经历有消极感受。这类证据表明，事后解释能够有效地消除参与者显然经历过的极端痛苦。林、沃尔斯顿和科里（Ring, Wallston, & Corey, 1970）开展了一项与米尔格拉姆（Milgram, 1964a）的经典实验类似的重复性实验，他们发现，在接受了事后解释的参与者之中，只有 4% 的参与者表示后悔参加这个实验，同时，只有 4% 的参与者认为不应该允许这项实验继续下去。另一方面，约 50% 未接受事后解释的参与者做出了上述回应。另有研究者（Berscheid, Baron, Dermer, & Libman, 1973）发现，事后解释对知情同意相关的反应有类似的改善作用。霍姆斯和贝内特（Holmes, 1973; Holmes & Bennett, 1974）采取了一种更有说服力的方法，证实事后解释可以将压力生成实验（预期会受到电击）中产生的唤醒降低到唤醒前的水平，不论是通过生理还是自我报告的指标，结果都是如此。

这说明，事后解释能非常有效地消除实验处理条件所引发的压力。APA 伦理准则指出，事后解释应该纠正参与者的误解，并将伤害降到最低。类似地，霍姆斯（Holmes, 1976a, 1976b）曾指出，事后解释有两个目标：去欺骗化和去敏感化。**去欺骗化**（dehoaxing）是指事后向参与者说明研究者使用的任何欺骗技术。在去欺骗化的过程中，重点在于要说服参与者，使他们相信之前所接受的虚假信息事实上是欺骗性的。**去敏感化**（desensitizing）是指对参与者的行为进行事后解释。如果实验让参与者意识到自己有不受欢迎的特征（例如他们可能并且会对别人造成伤害），那么事后解释程序就应该尽力帮助参与者处理这种新信息。通常，研究者会告诉参与者，这种行为是由一些环境变量引起的，而不是由他们本身固有的特征引起的。研究者的另一个策略是，指出研究参与者的行为并非不正常或极端。问题的关键在于此类策略是否能有效地对参与者进行去欺骗化和去敏感化。在霍姆斯（Holmes, 1976a, 1976b）对与这两种技术相关的文献的回顾中，他得出结论，这两种技术是有效的。费歇尔和法伊伯格（Fisher & Fyrberg, 1994）支持这个结论。在他们的研究中，超过90%的学生参与者认为去欺骗化是可信的。

这只是意味着有效的事后解释是可能的。只有当研究者进行适当的事后解释时，这些结论才能站得住脚。草率或不合适的事后解释，很有可能会产生不同的作用。此外，只有当实验程序中包含了事后解释环节时，其积极作用才能体现出来。

> **思考题 4.5**
> - 什么是欺骗？在心理学研究中使用欺骗技术会涉及什么伦理问题？在回答第二个问题时，请考虑欺骗对参与者的影响以及事后解释的使用。

去欺骗化：事后向参与者说明实验中使用的任何欺骗技术。

去敏感化：消除实验可能带给参与者的任何不良影响。

强制与拒绝参与的自由

伦理准则的标准3.08明确规定，心理学家不应该用自己的权威来逼迫任何人，包括学生和来访者或患者。对强制的担忧可能最常表现在研究参与者池的广泛使用以及教授与学生之间关系的性质上。教授们也许会制造某些情境，让学生感到有强制参与的压力，比如为参与研究的学生提供加分。利克（Leak, 1981）发现，对于使用加分的方式诱惑学生参加研究的做法是否具有强制性，学生们有着不同的认知。但是他们并不讨厌或反对通过参与研究而获得加分，总的来说，他们认为这样的研究经历是值得的。

除了强制问题，个人必须有拒绝参与研究或随时退出的自由。有趣的是，拒绝参与研究和退出研究的自由可能会影响研究的结果。加德纳（Gardner, 1978）十分意外地发现，如果告诉研究参与者他们有退出研究的自由，会对结果造成微妙的影响。当时，加德纳正在研究环境噪声的不利影响。他发现，在他还没有向潜在参与者声明可以随时退出研究且不会受任何惩罚时，实验结果总是显示环境噪声会产生负面影响。但是在他做此声明后，就不再出现这个现象了。为了验证自由退出的声明是导致环境噪声负面影响消失的因素，加德纳重复了这项实验，

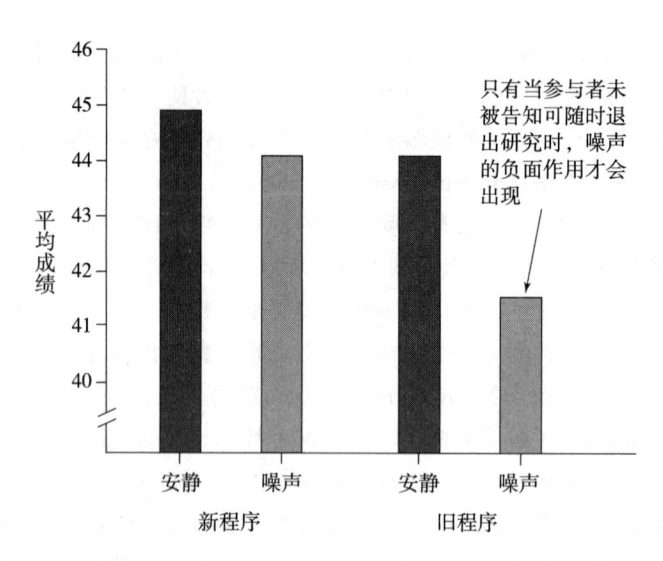

图 4.2 在被告知或未被告知"可随时退出研究"的指导语后，参与者在安静或噪声环境中的成绩

资料来源：Gardner, G. T. (1978). Effects of federal human subjects regulations on data obtained in environmental stressor research. *Journal of Personality and Social Psychology*, 36, 628–634.

他对一组参与者声明，他们可以随时退出，且不用受任何惩罚；而对另一组参与者则没有做此声明。如图 4.2 所示，在旧程序（无声明）中，环境噪声会导致参与者的成绩下降，而在新程序（有声明）中，则没有这种影响。这项研究表明了伦理原则可能产生的非常微妙的影响；同时还表明，当先前的研究结果无法被重复，且两项研究之间的唯一区别是伦理原则的纳入时，就应该考虑这种影响。

保密性、匿名与隐私权的概念

隐私权：对他人获取个人信息的控制权。

匿名：参与者的身份不为人所知，因而不会被透露。

隐私权（privacy）是指控制他人获取个人信息的权限。对于隐私权，必须考虑两个方面（Folkman, 2000）。第一方面是指，个人有确定在什么时间和何种情况下与他人分享或隐瞒信息的自由。例如，也许有人并不希望与他人分享私密信息。第二点是指，个人有权拒绝他不希望得到的信息。比如，也许有人不想知道他在某项任务上的表现是否比一般人差。

虽然尊重研究参与者的隐私权是开展符合伦理的研究的核心，但并没有现行的宪法和联邦法律保护在社会和行为研究背景下收集的信息的隐私。那我们该如何保护研究信息的隐私？研究者试图通过收集匿名信息或确保收到的信息的保密性来保护研究参与者的隐私权。匿名是保护隐私权的一个好办法，因为**匿名**（anonymity）意味着参与者的身份不为人所知。在研究情境中，如果研究者不能将收集到的数据与任何具体的参与者联系起来，就表示他实现了匿名。例如，如果你正在开展一项有关大学生学习习惯的调查，你可以要求每一位在秋季学期中选择了心理学课程的学生来完成这份调查。如果研究参与者没有在调查中填入任何个人身份信息，那么这个调查就属于匿名调查了。然而，即使参与者是匿名的，研究者也不得透露任何可能让他人识别出参与者身份的信息。

保密性是研究者使用的另一种保护研究参与者隐私权的方法。在研究情境中，**保密性**（confidentiality）是指参与者与研究者就如何处理所获得的信息达成的一个协议。通常情况下，这意味着虽然研究团队知道所获取的个人信息，但却不会透露给除研究者及其工作人员之外的任何人。APA 伦理准则明确规定，必须对获得的有关研究参与者的信息保密，否则就侵犯了参与者的隐私权。

对信息保密的承诺是在知情同意环节提供的。然而，出于几个原因，研究者必须谨慎对待他们的承诺。APA 伦理准则允许研究者在未经同意的情况下披露机密信息，以保护他人免受伤害；各个州也有相关的法律，规定心理治疗师应报告哪些信息，以保护潜在受害者免遭伤害。同时，所有的州都强制要求上报儿童虐待或忽视事件，并有许多州强制要求上报虐待或忽视老人的情况。这意味着研究者应该熟悉州法律和联邦法律，以确定哪些是可以保密的，哪些是不能保密的，并且此信息应当在知情同意书中向参与者说明。

因为研究者收集的信息不受法律保护，所以保密性有时很难保持。研究记录可能会被法庭要求当庭出示，交给想要它们的一方。不过，研究数据很少被要求当庭出示，因为它们通常不能为诉讼中的问题提供核心信息。如果你认为你的数据可能会被牵扯进诉讼并被要求当庭出示，你可以从美国卫生与公众服务部（HHS）获取一份"保密证书"。获得这种证书可以豁免在法律诉讼中披露姓名或识别信息的要求。

如上所述，确保研究参与者的隐私权有时会受到各种阻碍，有些并不在研究者的控制之下。这意味着研究者应该仔细考虑其研究的性质，以及所收集的数据成为某种诉讼的主题的可能性，并谨慎地纳入尽可能多的控制措施，以确保研究参与者的隐私权。同时，研究者也有责任告知研究参与者，他们在维护所收集信息隐私方面的能力具有局限性。

保密性：不向研究团队以外的任何人透露从研究参与者那里获取的身份信息。

思考题 4.6

- "大多数心理学研究中的参与者是被迫参与的"，对这一观点进行解释或反驳。
- 解释什么是隐私权，并说明保密性和匿名与隐私权之间的联系。

电子化研究中的伦理问题

4.5 描述在开展电子化研究时必须考虑的具体伦理问题和程序

在过去的十年间，研究者越来越多地将互联网作为开展研究的媒介，调查重要的心理问题。考虑到互联网的优势，在心理学研究中越来越多地使用互联网是合乎逻辑的。互联网研究不仅可以在短时间内接触到大量的人，同时还能接触到不同背景的参与者。与此形成对比的是，大量非互联网心理学研究的参与者都局限在主要由心理学学生组成的"被试或参与者池"。在互联网上开展心理学实验也更经济，并能延伸到世界任何地方。

许多研究可以在互联网上展开，人们在享受这种便捷的同时，也会面临一些伦理问题。这些问题主要集中在知情同意、隐私权和事后解释等方面，APA 和互联网研究者协会（Association of Internet Researchers; AoIR）等机构已经认识到了这些问题并就此进行了讨论。在进入棘手和困难的问题之前，我们确实想指出，互联网研究中实验者不在场降低了强制参与成为一个问题的可能性（Nosek, Banaji, & Greenwald, 2002），这是一个优势。因为互联网研究不是在面对面的环境中进行的，研究者对潜在的参与者没有明显的影响力，因此参与者几乎不可能感到是被迫参与。事实上，如果潜在参与者不想参与研究，只需要点击电脑上的"退出"按钮就可以了，非常方便。

知情同意与互联网研究

获取参与者的知情同意是开展符合伦理的研究的关键因素，因为它能体现研究参与者是自愿参加研究的。在绝大多数实验中，获取知情同意并回答参与者提出的有关问题是一个相对简单的过程。然而，在互联网上进行研究时，需要面对各种各样的问题，如什么时候需要获得知情同意，如何获得知情同意，以及如何确保参与者确实提供了知情同意。

何时应该获得知情同意这一问题很复杂，因为它涉及判定什么是公共行为，什么是私人行为。当在公共领域收集数据时，也许不需要知情同意。例如，从电视或广播节目，或者从书籍或会议中收集的数据，肯定属于公共领域范畴。但是，可以从新闻组、群发应用和聊天室中获得的数据属于公共领域还是私人领域？有人把这些网络空间视作公共领域，因为它们可以供任何人阅读。但也有人不同意，因为虽然交流是公开的，但网络空间的参与者可能感觉到并希望他们的交流有一定程度的私密性。这就是一个我们尚未解决的问题。

如果已确定一项研究需要知情同意，那问题就变成应该如何获得知情同意。知情同意有三个组成部分：为参与者提供信息，确保他们理解了这些信息，然后获得他们自愿参加的同意书。显然，我们可以将同意书放到网上，然后要求参与者阅读，并在"我认可上述同意书"之类声明的旁边方框内勾选。但是，与此相伴而生的问题是，如何确保参与者理解了知情同意书中的信息，以及如何回答他们可能产生的疑问。如果研究是在线的，那么一天 24 小时都可能有参与者点击进入，但研究者不可能全天在线。为了解决这个问题，诺赛克等人（Nosek et al., 2002）建议，在提供知情同意书的同时提供常见问题（frequently asked questions; FAQs）解答，预先回答一些可能的问题和担忧。

隐私权与互联网研究

维护数据的隐私是开展符合伦理的研究的基本要求。这是因为当参与者的隐私被侵犯或保密信息被泄露时，他们可能会受到伤害。隐私权对互联网研究来说是个重要问题，因为在网上，研究者维护隐私权和信息保密性的能力是有限的。在数据传输和存储过程中，能侵犯到隐私权和保密性的方式有很多——从黑客侵入到将邮件发到错误的地址。但是，在互联网中传输的数据可以加密，并且如果不收集个人身份信息，那唯一可能与参与者联系在一起的就是 IP 地址了。而 IP 地址对应的是机器而非个人，所以通过 IP 地址关联到某个参与者的方式只有一种，即该参与者是这台设备或电脑的唯一用户。如果收集了个人身份数据，而存储信息的文件夹又放在联网的服务器上，那么就很难保证隐私权和保密性了。不过，黑客对绝大多数心理学研究数据没兴趣，所以我们估计这些数据几乎没有被盗取的风险。尽管如此，开展互联网研究的研究者还是必须考虑这种可能性，并有必要采取预防措施以避免参与者隐私权被侵犯。

事后解释与互联网研究

要开展一项符合伦理的研究，在研究结束后对参与者进行事后解释是有帮助的。为了达到最佳效果，最好进行互动式的事后解释，研究者向参与者说明研究内容，包括研究目的和研究方法。研究者还要能够回答参与者可能提出的任何问题。更重要的是，如果研究中使用了欺骗技术，研究者必须确保参与者已被充分地去欺骗化；如果研究让参与者感到不舒服，研究者还要使用去敏感化程序。然而，由于各种原因，互联网研究很难向参与者进行有效的事后解释。研究可能会因为电脑或服务器崩溃、网络连接中断或停电而提早终止。同时，参与者可能会被研究内容激怒或者因为无聊或沮丧等原因而自行终止参与研究。所有这些现实因素都可能使事后解释无法进行。诺赛克等人（Nosek et al., 2002）预见了此类困难，并为研究者提供了几种解决方案，这些方案有助于在研究提前终止时，尽可能地进行事后解释。

- 要求参与者提供一个电子邮件地址，以便向他们发送事后解释。

- 在每页都设置一个"退出研究"的单选按钮，点击此按钮则会进入事后解释页面。
- 在驱动实验的程序中编入一个事后解释页面，如果研究在完成之前终止，程序就会引导参与者进入该页面。

如你所见，研究者在互联网上开展研究时，会遇到许多还未得到妥善解决的伦理问题。如果你打算在互联网上开展研究，你必须考虑刚刚讨论的隐私权、知情同意和事后解释等问题，并确定出各问题的最佳解决方案。与此同时，你要将伦理准则上规定的一般原则放在心上。另外请记住，通过互联网收集的数据如果没有加密，任何人都可以得到。

> **思考题 4.7**
> - 开展互联网研究时涉及的伦理问题是什么？

准备研究报告时的伦理问题

4.6 总结涉及署名权和撰写研究报告时应遵循的伦理原则

在整个这一章中，我们集中讨论了在设计和开展符合伦理的研究时必须考虑的各种伦理问题。在你完成研究后，就到了研究过程的最后阶段：与其他人交流你的研究成果。交流最常通过专业期刊进行。这意味着你必须撰写一份研究报告，陈述你的研究过程和结果。撰写研究报告会涉及公正、真实性和科学正直等伦理原则。公正原则主要涉及署名权的确定，或者说研究荣誉的归属。在准备研究报告时，真实性和科学正直是指准确而诚实地报告研究的所有方面。

署名权

署名权很重要，因为我们用它来确认研究负责人，也因为它提供了个人学术工作的记录。对于专业人士来说，它直接关系到一些与个人职位聘用、薪酬、升职、任期等有关的决定。对于学生来说，它直接影响到个人的升学问题，或完成博士学习后的求职问题。因此，署名权对所有相关的人都有重要的意义。但是，并不是每一个对研究有贡献的人都拥有署名权。拥有署名权的某个人或几个人应当是那些在研究构想、设计、实施、分析或解释方面有重大贡献的人。这些人的署名顺序通常是，做出最大贡献的人被列为第一作者。如果只是做出了技术性贡献，比如收集数据、编码数据、将数据输入电脑文件，或者在其他人的指导下运行一个标准化的统计分析程序，并不能保证署名权。这些人的贡献通常会在脚注中予以说明。

撰写研究报告

在撰写研究报告的过程中，必须遵循的主要伦理原则是真实性/诚实和正直。你绝对不能伪造或篡改任何信息，你应该准确地报告用于收集和分析数据的方法，并以一种能让其他人重复你的研究的方式进行报告，同时对研究的效度进行合理的总结。在撰写研究报告时，有必要在引言部分（描述研究的基本理由）和讨论部分（讨论你的研究发现及其与其他研究的联系）引用他人的工作。（引用主要有两种形式，分别为转述他人观点或研究结果的间接引用，以及复制他人原话的直接引用。——译者注）

在引用他人的成果时，必须注明资料的作者。如未提及作者而引用其成果就构成了学术剽窃。**学术剽窃**（plagiarism）是指你引用了他人的工作而没有给予适当的说明。当你没有注明资料的作者时，读者会误以为相关的信息和观点源自你。这是一种学术剽窃行为，是有违伦理的。

如果你引用了某一文献中的信息或观点，但并没有直接引用，你仍然必须注明来源！你应该用自己的语言转述信息，然后在正文中用作者姓氏和出版年份注明来源。完整的来源信息则放在研究报告的参考文献部分。这也是本书通常使用的方法。

如果你直接引用了某位作者连续 4 个单词及以上的表述，你必须注明资料的作者。为了尊重你所引的作者及其工作，你应该要么使用引号（少于 40 个单词），要么对相关内容（40 个单词及以上）使用整段缩排，并注明你所引用资料的出处（还需要注明所引资料在原始来源中的页码，详见第 17 章——译者注）。比如诺赛克等人（Nosek et al., 2002）在文章中讨论了互联网研究涉及的很多问题，而你直接引用了该篇文章中的某些材料，此时你可以将你直接引用的材料放在引号中，并按下面的方式指出作者：诺赛克等人（Nosek et al., 2002）指出，"信息高速通道在促进对心理科学的理解方面的潜力是巨大的……"（p. 161）。如果你想直接引用更多的内容，你可以在格式上按如下方式缩进引用的材料。诺赛克等人（Nosek et al., 2002）指出：

> 信息高速通道在促进对心理科学的理解方面的潜力是巨大的，而且互联网有可能会成为塑造心理学研究本质的决定性因素。然而，任何试图利用网络获取数据的研究者都会发现，他们需要考虑大量的方法学问题，因为基于互联网的研究与标准的实验室研究在研究方法上存在着差异。（pp. 161–162）

虽然我们只谈到了文字作品的剽窃问题，但同样重要的是，如果你使用从别人的文章中获取的表格或图表，包括你在互联网上找到的内容，你都应该恰当地指出这些表格或图表的作者或出处。你必须遵循的基本原则是，如果你引用了他人的工作，你就必须注明其作者。

学术剽窃：使用他人的工作成果称其为自己的成果。

> **思考题 4.8**
> - 总结撰写研究报告时涉及的伦理原则。

动物（非人类）研究的伦理

4.7 解释在用动物进行研究时必须遵循的指导原则

有关人类研究的伦理问题已经获得了大量的关注。然而，心理学家也会在适合研究问题的情况下，使用动物（非人类）作为他们的研究参与者。在心理学家使用的动物中，90%是啮齿动物和鸟类。只有大约5%是猴子和其他灵长类动物。狗和猫则很少使用。

动物使用中的保护措施

人们制定了很多保护措施以确保实验室动物能受到人道且合乎伦理的对待。由美国农业部强制执行的《动物福利法案》监管多种研究动物的照料和使用，并要求对公共和私人动物研究设施进行突击检查。除此之外，开展动物研究并被该法案覆盖的机构，都必须有一个机构动物照料和使用委员会（Institutional Animal Care and Use Committee; IACUC）来审查每个研究方案。委员会的审查内容有：研究者所提实验方案的理由、实验过程中动物的照料条件、实验中动物使用数量的合理性、研究者对实验中动物可能遭受的疼痛和痛苦的预估，以及研究者准备用来缓解这些疼痛和痛苦的方法。（在中国，开展动物研究时，还请参阅《实验动物管理条例》《实验动物福利伦理审查指南》等法规和标准。——译者注）

其成员开展动物研究的专业协会也有自己的一套伦理标准和指导原则，所有成员必须遵守。APA伦理准则就包括了要人道且合乎伦理地对待研究动物的原则。所有APA成员都必须承诺遵守这些原则。

动物研究指导原则

动物福利：改善动物生活的实验室条件，减少用于研究的动物数量。

动物权利：认为动物拥有与人类类似的权利、不应该被用于研究的一种信念。

APA伦理准则主要关注的是动物福利而不是动物权利。**动物福利**（animal welfare）涉及改善实验室条件，减少研究的动物需求量（Baldwin, 1993）。**动物权利**（animal rights）则侧重于动物的权利。其立场是，动物拥有与人类相同的权利，不应该被用于研究中。因为动物研究通常是不可替代的，所以我们在此就将注意力放到动物福利上，关注如何人道地对待动物。

动物的获取、照料、安置、使用以及处置都应该符合联邦、州、地方和机构相应的法律法规，以及美国加入的国际公约。APA成员在向期刊投稿时都必须书面声明自己已经遵守了伦理标准。如果有 APA 成员违反了相关规定，应该将其上报至 APA 伦理委员会。与指导原则有关的任何问题都应该提交到 APA 动物研究与伦理委员会（Committee on Animal Research and Ethics; CARE）。

I. 正当的研究理由　　只有当研究有明确的科学目的、合理的结果预期，即研究能加深我们对行为背后潜在过程的理解，增加我们对被研究物种的了解，或者有益于人类或其他动物的健康幸福时，研究者才能开展动物研究。任何动物研究都应该有足够的重要性，能证明其使用动物是合理的，而且我们应当假定，任何会给人类带来痛苦的程序也会给动物带来痛苦。

　　被某项研究选中的物种应该是最适合用来解答该研究问题的物种。但是，在启动研究项目之前，应该考虑能将动物使用数量降到最低的替代方案或程序。不论使用的是哪个物种的动物，也不论需要使用的动物的数量，在研究方案通过 IACUC 的审批之前，都不能开始研究。研究启动后，心理学家必须持续监控研究进展和动物的福利。

II. 人员　　所有参与动物研究的人员都应该熟悉相关指导原则。研究人员使用的任何程序都必须符合联邦法规中有关人员、监管、记录保存和动物保健等内容的规定。心理学家和他们的实验助手都必须知道所研究动物的行为特征，以便能够识别那些可能预示动物健康问题的不寻常行为。心理学家应该确保在进行动物研究时，每个为他们工作的人都能得到相关方面的指导，包括所研究物种的照料、饲养以及如何与之打交道。不管是在实验室还是野外环境中，任何人在对待动物时所应承担的责任和被分配的任务内容，都应该与他的能力、所接受的训练以及经验相匹配。

III. 动物的照料与安置　　动物的心理健康是目前饱受争议的一个话题。这个问题很复杂，因为有利于某个物种心理健康的程序也许根本不适合另一个物种。因此，APA 没有规定任何具体的指导原则，而是指出熟悉某个特定物种的心理学家应采取措施，例如丰富环境，以提高该物种的心理健康。

　　除了为动物的心理健康提供条件之外，安置动物的设施还应符合美国农业部的现行规定和指导原则（https://www.aphis.usda.gov/aphis/ourfocus/animalwelfare）。在动物身上使用的任何研究程序都必须接受 IACUC 的审查，以确保它们是适当和人道的。这个委员会的基本职责就是监管心理学家，确保他们在开展动物实验期间，为动物提供人道的照料和健康的条件。

IV. 动物的获取　　用于实验室实验的动物应从有资质的供应商处合法购买，或者在心理学家的设施里饲养。如果动物是从有资质的供应商那里购买的，那么在运输过程中，应该给它们提供充足的食物、水、通风和足够大的空间，并且不给动物造成不必要的压力。如果必须从野外获得动物，那么必须以人道的方式捕获它们。只有在所需的许可条件和伦理问题都得到充分重视的情况下，才可以使用濒危物种。

V. 实验程序　　研究的设计和实施都应该包括对动物福祉的人道考虑。除了指导方针 I "正当的研究理由"所规定的程序外，研究者还应遵守以下几点：

1. 可以进行不涉及厌恶性刺激且不会给动物造成明显痛苦的研究，如使用观察法或其他非侵害性程序的研究。
2. 如果有替代程序可将动物的不舒适度降到最低，那就应该启用该程序。当研究目的要求使用厌恶性条件时，应该使用最低水平的厌恶性刺激。鼓励开展此类研究的心理学家先在自己身上测试这些痛苦的刺激。
3. 在一个痛苦的程序之前对动物进行麻醉，并在动物恢复意识之前对动物实施安乐死，通常是可以接受的。
4. 只有当研究目标不能以任何其他方式实现时，才可以对动物施加非暂时或轻微且无法通过药物或其他方法缓解的疼痛。
5. 任何需要动物长时间暴露于厌恶性条件下的实验程序，如组织损伤、暴露于极端环境或实验诱导的猎物捕杀，都必须有更正当的理由和更全面的监管。那些正在经历无法缓解的严重痛苦且不再为研究所必需的动物应该被安乐死。
6. 涉及束缚的程序必须符合联邦政府的指导原则和规定。
7. 不可以在没有全身麻醉的情况下在手术中使用麻痹药物或肌肉松弛剂。
8. 手术程序应该在某个精于此道的人的密切监督下进行；对恒温动物进行手术时，必须使用无菌技术以最大限度地降低感染风险。在程序结束之前，动物都应该处于麻醉状态，除非有合理的理由可以不这样做。应对动物进行术后监测和护理，以最大限度地减少不适并防止感染或其他手术后果。除非是研究需要或者是为了动物的健康，否则不能执行手术程序。当一项研究不再需要这些动物时，应该考虑它们是否还有别的用处。在同一只动物身上进行多次手术必须获得 IACUC 的特别批准。
9. 当一项研究不再需要某只动物时，应该考虑除安乐死之外的替代处理方案。任何替代方案都应该与研究目标和动物福利相兼容。这一方案不应让动物经历多次手术。
10. 不能将实验室饲养的动物放归野外，因为在大多数情况下它们无法生存，或者其生存会破坏自然生态的平衡。将野外捕获的动物放回去也存在着风险，不管是对动物自身还是对生态系统。
11. 如果必须执行安乐死，那就应该以最人道且能保证立即死亡的方式完成，并且符合美国兽医协会安乐死小组（American Veterinary Medical Association panel on euthanasia）的相关规定。对动物的处置应符合所有相关法规的要求，符合健康、环境和美学方面的考虑，并应得到 IACUC 的审批。

VI. **野外研究**　由于野外研究有可能破坏敏感的生态系统和群落，所以必须得到 IACUC 的批准，尽管观察研究可能被豁免。开展野外研究的心理学家应尽可能少地打扰动物群落，并尽一切努力将对被调查种群的潜在有害影响降到最低。在有人类居住的地方开展研究，必须尊重每一位人类居民的隐私权和财产安全。对濒危物种的研究需要特别的理由，并需要得到 IACUC 的批准。

VII. **动物的教育用途**　鼓励在所有的课程中讨论动物研究的价值和伦理问题。虽然在适当的机构委员会审查了计划的用途之后，动物可以用于教育目的，但一些可能适用于研究目的的程序可能并不适合用于教育目的。使用活体动物进行课堂演示可以是一种很有价值的教学辅助手段——录像带、电影和其他替代品也是如此。演示的类型应由预期的教学收益决定。

思考题 4.9
- 动物福利与动物权利之间的区别是什么？
- APA 在照料和使用研究动物方面采用了哪些基本指导原则？

本章小结

开展心理学研究所涉及的伦理问题有三个方面：社会与科学的关系、专业问题以及如何对待研究参与者。社会与科学的关系所涉及的伦理问题主要集中在：社会关切和文化价值观应该在何种程度上指导科学研究。研究是一项耗资巨大的工程，所以大部分研究靠政府和公司基金支持，进而受它们的指导。

专业问题包括许多方面，比如未能注意到他人使用有缺陷的数据。然而，最严重的专业问题是学术不端——科学家绝对不能伪造或篡改数据。科学家面临的最重要和最基本的伦理问题则是如何对待研究参与者。研究涉及成本和收益，对两者都必须慎重考虑。为了应对研究者所面临的伦理问题，APA 制定了一套伦理准则，其中包括心理学家在开展研究时必须遵守的一组标准。伦理准则中列出的在开展以人类为参与者的研究时应当遵守的五项理想或道德原则是：行善与不伤害、忠诚和负责、正直、公正以及尊重人们的权利和尊严。伦理准则第 8 节所探讨的具体问题包括获得机构的批准、知情同意、欺骗和事后解释等。

在进行任何涉及人类参与者的研究之前，都必须获得 IRB 的审批。即使研究属于豁免类别，研究方案仍然必须提交给 IRB，因为其豁免地位必须由这个委员会批准。

伦理准则要求研究者将研究的各个方面完全告知研究参与者，以便参与者可以在知情的情况下做出参与或拒绝的决定。但是，伦理准则也承认在某些情况下可以适当免除知情同意。只有在法律、政府或机构法规允许的特定和有限条件下，才可以免除知情同意。如果研究参与者是未成年人，则必须从未成年人的父母或法定监护人处获取知情同意。得到同意后，还应当获得未成年人的允许书。为了保证研究的完整性和真实性，一些研究需要运用欺骗技术。虽然欺骗与知情同意的要求背道而驰，但伦理准则承认，欺骗在某些研究中是必要的。

许多人建议用其他方法来代替欺骗，如角色扮演，但研究表明，这些方法是糟糕的替代品。因此，许多心理学研究仍然使用欺骗策略，所以必须考虑欺骗的潜在后果。人们普遍认为，欺骗会造成压力，这种压力或对隐私的侵犯在伦理上是令人反感的，并且可能对研究参与者有害。然而研究表明，大多数参与者并不认为欺骗是有害的，那些参与过欺骗性实验的人比那些没有参与过的人认为自己的研究经历更有价值。这种现象的产生可能是由于研究者在欺骗性研究中越来越重视事后解释，这似乎在很大程度上有效地消除了欺骗的负面影响以及可能产生的任何压力。

研究者也非常关注强迫学生成为研究参与者的问题。对从一个研究参与者池中抽取的参与者的调查表明，他们普遍对自己的研究经历有相当积极的看法。

如何确保从研究参与者处获取的信息的私密性是一个重要的伦理问题，因为尊重参与者的隐私权是开展符合伦理的研究的核心。匿名是确保隐私权的一种绝佳手段，因为此时研究参与者的个人身份是未知的。如果不能实现匿名，那么就必须对获取的信息保密。然而，研究者收集到的信息不受法律保护，所以如果研究者被法庭传唤，信息的私密性就难以继续保持。如果有这种可能性，那么研究者可以申请一份"保密证书"，使其免于透露姓名或身份信息。

近年来，在互联网上开展的心理学研究越来越多。使用互联网有许多好处，比如降低成本，获得大量参与者，减少参与者的被强迫感。但是，互联网的使用也伴随着许多伦理问题，比如：如何从参与者处获取知情同意，如何确保所收集数据的私密性，以及如何在研究结束后向参与者进行事后解释等。

我们在研究结束后准备研究报告时，从伦理上讲，只有那些对研究做出了重大贡献的人才应该得到署名权。另外，在撰写研究报告时要遵循诚实和正直的原则。这意味着你不能抄袭，因为抄袭属于学术剽窃。

动物研究中也有需要考虑的伦理问题。近期的成果体现在 IACUC 的发展和 APA 所制定的一系列指导原则上，后者可供使用动物的心理学家参照。这些指导原则涉及各种问题，从如何获取动物到动物的安置。不管是基于研究目的还是教育目的，心理学家在使用动物时都应该熟悉这些指导原则，并按照其要求执行。

重要术语和概念

研究伦理	主动同意	隐私权
学术不端	被动同意	匿名
伦理困境	主动欺骗	保密性
行善	被动欺骗	学术剽窃
不伤害	事后解释	动物福利
知情同意	去欺骗化	动物权利
允许书	去敏感化	

章节测验

问题答案见附录。

1. NIMH 资助了杜姆博士的一项研究，考察某家生物技术公司生产的新药对强迫症的治疗效果。杜姆博士报告称，他的研究发现：新药的疗效比以往任何一种治疗手段都好。然而，对其研究的详细调查显示，杜姆博士篡改和操纵了某些数据，以得到这样的结果。这一伦理问题属于以下哪个领域：

   a. 社会与科学的关系
   b. 专业问题
   c. 如何对待研究参与者
   d. 匿名

2. 接受 IRB 快速审查的研究：

   a. 仅涉及最小风险
   b. 仅采用易受伤害的样本
   c. 所涉风险超过了最小风险

3. 欺骗：

   a. 在心理学研究中从未被允许
   b. 在有限的条件下，有时会用于心理学研究
   c. 只要参与者永远不知道他们曾被欺骗，就可以在心理学研究中使用

4. 当你在策划一项以 13 岁儿童为参与者的研究时，你必须：

   a. 从他们的父母或监护人那里获得知情同意
   b. 获得儿童同意参加研究的允许书
   c. a 和 b

5. 监管非人类研究中的动物照料与使用情况的委员会是：

   a. IRB
   b. IACUC
   c. PETA
   d. AEA

提高练习

1. 这项提高练习是为了让你实践一下如何识别和处理学术造假。在这个练习中，我们要关注的是布鲁宁案例。请阅读下述文章：

   Holden, C. (1987). NIMH finds a case of "serious misconduct." *Science, 235*, 1566–1567.

   从上述文章的参考文献部分找出一些文章并阅

读，然后回答下列问题：
a. 导致布鲁宁的学术不端行为暴露的证据是什么？
b. 布鲁宁的行为违反了什么伦理原则？
c. 布鲁宁为自己的行为承受了什么样的后果？
d. 布鲁宁的学术不端行为可能给他的同事、他所工作的机构、其他科学家和普通大众带来什么样的影响？

2. 这项提高练习是为了让你实践一下如何像 IRB 成员那样审查研究方案，你需要仔细审查方案，然后决定研究是否应该得到批准。假设你收到的方案有以下特征：

史密斯博士对某些受不良环境影响的人身上所具有的心理韧性很感兴趣。她提出的基本研究问题是：为什么有些人能够抵御不利环境条件的负面影响，而另一些人却不能？史密斯博士计划中的研究对象是那些生活在充满暴力与压力的家庭和社区环境中的 6、7、8 年级的学生。

在接下来的 3 年里，研究者会每隔 6 个月对这些参与者进行一次评估，主要方式是调查和个人访谈。从中得出的结果指标能够评估参与者在家庭和社区中接触暴力和压力的程度和频率。史密斯博士还计划用其他结果指标评估参与者的心理稳定性（焦虑、抑郁、自杀想法和社会支持）、学业成绩以及心理和行为上的应对反应。

史密斯博士已经得到了当地学校系统和研究所选定的学校校长的批准。她计划采用被动同意程序获得学生父母的同意，并向学校系统递交一份研究结果总结。

作为一位 IRB 成员，从以下角度评估这项研究：
a. 研究者——需要考虑的重要事项有哪些？
b. 研究的本质——必须考虑研究设计的哪些重要方面？
c. 研究参与者——关于他们是谁以及如何招募他们，有哪些重要的考虑因素？
d. 保密性——什么信息应该保密，什么信息可以披露？
e. 事后解释——关于这项研究，应该告诉孩子们哪些内容？

3. 这项提高练习与互联网研究有关。请思考某个通过互联网进行的研究，不管是调查还是实验研究都可以。
a. 在开展这样一项研究时，必须考虑哪些伦理问题，其中比较难操作的是哪些？在回答这个问题时，请联系本章讨论过的五个道德原则和 APA 伦理准则。
b. 目前的伦理准则是否足以覆盖互联网研究的各个方面？

4. 这项提高练习不像是具体的练习，而像一场辩论。对于在研究中使用动物的话题，人们已投入了大量的情感。其基本问题是：应该使用动物吗？研究获得的收益值得让动物承受那些伤害和痛苦吗？主张动物权利的人们对两者都说不，但研究者对两个问题的回答都是肯定的。在进行这项练习时，需要将同学分成两组，并分别以动物权利支持者的立场和研究者的立场进行辩论。请用 10 分钟左右的时间形成你的立场，然后再用 10 分钟左右的时间进行辩论。辩论结束后，请思考这样一个问题：我们在研究中使用动物时，应该对我们的学术好奇心设定怎样的限制呢？

5. 这项提高练习提供了一组问题，以引导你们进行有关伦理问题的讨论，进而阐明你们的观点：
a. 在社会中，应该由谁来决定一个研究课题在道德/伦理上是否站得住脚？
b. 应该由谁来决定你计划开展的研究在道德/伦理上是否站得住脚？
c. 研究的"科学有效性"与"伦理合理性"在什么时候可能存在紧张关系？
d. 进行将参与者随机分配的实验室实验是否有必要？何时有必要？
e. 是否应该要求在大学里进行的研究产生实际效益？
f. 目前，社会上是否存在大学中的研究应该关注的群体？请详细说明。
g. 研究型心理学家应该在哪些课题上开展他们的研究？
h. 研究型心理学家应该回避哪些课题？

第三编 研究基础

第 5 章

变量测量与抽样

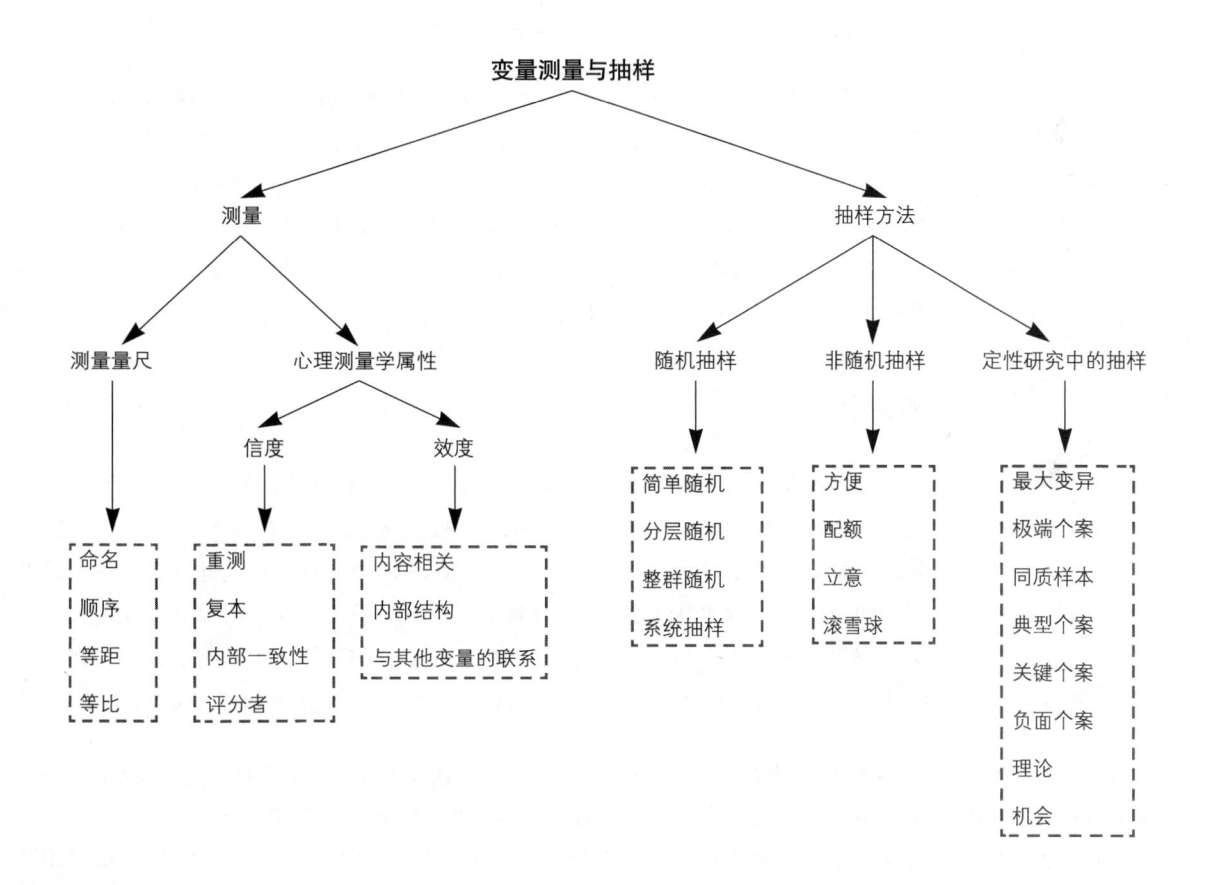

```
                        变量测量与抽样
                       /              \
                    测量              抽样方法
                   /    \           /    |    \
           测量量尺  心理测量学属性  随机抽样  非随机抽样  定性研究中的抽样
                      /    \
                   信度    效度
```

测量量尺：
- 命名
- 顺序
- 等距
- 等比

信度：
- 重测
- 复本
- 内部一致性
- 评分者

效度：
- 内容相关
- 内部结构
- 与其他变量的联系

随机抽样：
- 简单随机
- 分层随机
- 整群随机
- 系统抽样

非随机抽样：
- 方便
- 配额
- 立意
- 滚雪球

定性研究中的抽样：
- 最大变异
- 极端个案
- 同质样本
- 典型个案
- 关键个案
- 负面个案
- 理论
- 机会

学习目标

5.1 解释测量的概念，并描述四种测量量尺的特征
5.2 区分不同类型的信度和效度证据
5.3 分析每种抽样方法的优缺点
5.4 区分随机选取与随机分配
5.5 阐述如何确定推荐的样本容量
5.6 总结定性研究中使用的抽样方法

你可能已经意识到，心理学使用的语言是变量。你已经了解了有关自变量、因变量、中介变量、调节变量和额外变量的知识。正如你从前面的章节中了解到的那样，**变量**（variable）是一种可以取不同的值或类别的条件或特征。关键问题是：许多变量很难被准确测量，如果心理学家不能准确地测量变量，那么他们的研究就存在缺陷。这就像 GIGO 原则（garbage in, garbage out）：输入的是垃圾，输出的也会是垃圾。如果你不能准确测量变量，那么你得到的就是无用的数据，从而得到无用的结果。

变量：可以取不同值或不同类别的条件或特征。

测量的定义

5.1 解释测量的概念，并描述四种测量量尺的特征

测量是指确认并描述某物的维度、数量、容量或程度。更正式的说法是，**测量**（measurement）指的是测量行为，即按照一组特定的规则用符号或数值来表示某物。这个定义是基于著名的哈佛大学心理学家斯坦利·史密斯·史蒂文斯（Stanley Smith Stevens, 1906—1973）的工作。举个测量的例子，你可以用尺子测量一本教科书的长度。你会用尺子的刻度值来代表书的长度。这里，"书的长度"就是一个变量，因为不同的书会有不同的数值（即它们是可以变化的）。

测量：按照一组规则用符号或数值来表示某物。

测量量尺

除了帮助定义测量以外，史蒂文斯（Stevens, 1946）还指出，变量的测量方式会传达出不同的信息类型，可以据此给测量分类。以他的工作为基础，我们通常将测量分为四个等级，用以表示不同的信息类型和信息量。史蒂文斯将测量的下列四个等级称为"测量量尺"：命名量尺、顺序量尺、等距量尺和等比量尺。你也可以用其来指代变量：命名变量、顺序变量、等距变量和等比变量。现在，我们要逐一对史蒂文斯的四种测量量尺进行解释。表 5.1 中列出了各量尺的要点。

命名量尺：使用文字或数字等符号将测量对象分类或归类到不同组别或类型中。

命名量尺 史蒂文斯所说的命名量尺是最简单和最基本的测量等级。这是一种非定量量尺，因为它只能确定某物的种类而非数量。**命名量尺**（nominal scale）使用符号（如文字或数字）对变量（即命名变量）的值进行分类或归类。可以用数字来标记某个命名变量的类别，不过这些数字只能作为标识，不能用来指代数量或数目。例如，可以将"大学专业"变量的类别标记为：1 = 心理学，2 = 工程学，3 = 哲学。此外，属于命名变量的例子还有人格类型、出生的国家、性别以及研究组别（如实验组或控制组）等。

顺序量尺：一种用于排序的测量量尺。

顺序量尺 **顺序量尺**（ordinal scale）是一种用于排序的测量量尺。如果可以对一

表 5.1　史蒂文斯的四种测量量尺

量尺名称 *	特征	实例
命名量尺	用于命名、分类或归类	性别、婚姻状况、记忆策略、人格类型、治疗类型、实验条件（实验组或控制组）
顺序量尺	用于对物体或个体进行排序	比赛名次、社会阶层（如高、中、低）、治疗需求排序、字母等级（A、B、C、D、F）
等距量尺	用于排序，且相邻的数字之间等间隔或等间距	摄氏温度、华氏温度、IQ 分数、年份
等比量尺	完全量化，包括排序、等间隔，还有一个绝对零点	开氏温度、反应时、高度、重量、年收入、团队大小

* 四种量尺的英文首字母拼在一起是 NOIR（这在法语中代表黑色）。你可以使用这个首字母缩略词来帮助自己记住这四种测量量尺的顺序，从量化程度最低到量化程度最高。

个变量的不同水平进行排序（不过你不知道水平之间的差距是否相同），这个变量就是顺序变量。你可以由它知道某个变量上哪个人的水平更高或更低，但却无法知道与别人相比那个人到底高出多少或低了多少。属于顺序变量的例子有马拉松排名、社会阶层（如高、中、低）、求职者的排名以及人们对特定服务需求的排序等。比如，在一场马拉松比赛中，第一名与第二名的差距和第二名与第三名的差距可能不相同。也就是说，顺序变量的分数并不能告诉你不同分数间的距离，但却能告诉你排序情况。

等距量尺　测量的第三个等级是**等距量尺**（interval scale），其相邻数值的差距相等（因此被称为等距），同时等距量尺还具有低等级量尺（即标记/命名量尺和顺序量尺）的所有特征。例如，1°F 与 2°F 之间的温度差和 50°F 与 51°F 之间的温度差相等。属于等距变量的例子还有：摄氏温度、年份以及 IQ 分数等。

等距量尺：相邻数值间隔相等的一种测量量尺。

虽然等距量尺中相邻点的间隔是相同的，但它没有绝对零点。其零点的确定是任意的。例如，0°C 或 0°F 并不意味着没有温度。0°C 是指水的凝固点温度，而 0°F 则指比水的凝固点低 32°F 的温度。

等比量尺　测量的第四个等级是**等比量尺**（ratio scale），这是最高等级（即量化程度最高）的测量；其测量分数传达了最多的数字信息。等比量尺有绝对零点，并包含低等级量尺的全部特征。它可以标记/命名变量的值（就像命名量尺），对变量的值进行排序（就像顺序量尺），其变量的相邻数值之间的间隔也是相同的（就像等距量尺）。除此之外，只有等比量尺有一个真实的或绝对的零点（这里的 0 代表着没有）。

等比量尺：能够排序、等距和具有绝对零点的测量量尺。

属于等比变量的例子有重量、高度、开氏温度和年收入等。如果你的年收入为 0 美元，说明你一年内没有挣到一分钱。0 美元让你买不到任何东西。在开氏温度量尺上，0K 是指可能存在的最低温度，意味着没有分子运动或任何热量。（如果你有兴趣：0K = –459 °F = –273℃。）

> **思考题 5.1**
> ● 这四种测量等级的区别性特征是什么？

良好测量的心理测量学属性

5.2 区分不同类型的信度和效度证据

良好的测量是研究的基础。如果没能很好地测量变量，那么结果就不可信任。所以，良好的测量要具备哪些属性？其中最主要的两个是信度和效度。

信度和效度概述

信度指的是测量工具测出来的分数的一致性或稳定性。效度指的是测量程序能够在多大程度上准确测出所需测量的事物（而不是其他什么东西），以及你是否正确地使用和解释了测量分数。如果你想得到效度，就必须拥有一定的信度，但是信度并不足以确保效度。

想想这个例子：假设你的确切体重是 125 磅（约 57 千克）。如果测了五次体重得到的数值分别为 135、135、135、135 和 135，那么你的秤是十分可信的，但却不是有效的。这几个分数虽具有一致性，但却是错的！如果你测了五次体重得到的数值分别为 125、125、125、125 和 125，那么这个秤便是完全可信又有效的。研究者希望他们的测量程序既可信又有效。

信　度

信度：分数的一致性或稳定性。

信度系数：一种作为信度指标的相关系数。

重测信度：用同一项测验对同一群体在不同时间施测，两次所得结果的一致性。

信度（reliability）是指分数的一致性或稳定性。在心理测验中，它指的是从测验或评估程序中获得的分数的一致性或稳定性。在心理学研究中，它指的是从用于测量变量的研究设备和工具中得到的分数的一致性或稳定性。信度主要有四种类型：重测信度、复本信度、内部一致性信度和评分者信度。通常情况下，我们获取的是作为信度的量化指标的信度系数。**信度系数**（reliability coefficient）是一种相关系数，当关系的一致性较强时，它应该为正且数值较高（即大于等于 0.70）。

重测信度　信度的第一种类型是**重测信度**（test-retest reliability），指的是不同时间获得的分数的一致性。为了确定某项测验或研究工具的重测信度，要在第一次测试后一星期左右再次施测。两组分数（第一次的分数和第二次的分数）的相关程度代表了关系的强度。强相关表示不同时间获取的分数具有一致性，即在第一次测试中得到高（或低）分的人常常也是那些在第二次测试中得到高（或低）分的人。关键问题是确定两次测试之间恰当的时间间隔，因为一般来讲，两次测试的时间间隔越长，信度系数就会越低。

复本信度　信度的第二种类型是**复本信度**（equivalent-forms reliability），指的是用某个测验或研究工具的两个等值复本施测时所得到的两组分数的一致性，这两个复本是用于测量相同事物的。例如，很多大学入学考试（SAT、GRE 和 ACT）采用的是有若干等值复本的试卷。复本信度的测量方法是：用同一测验的两个不同复本对同一群人施测，然后求两组分数的相关系数。强正相关系数表明，在某个复本中得到高（低）分的人也会在对应的另一个复本中得到高（低）分。这种方法成功的关键在于测验的两个复本之间的等值性。

复本信度：同一群体在同一测验的两个版本中得到的分数的一致性。

内部一致性信度　信度的第三种类型是**内部一致性信度**（internal consistency reliability），指的是测验或研究工具中用于测量同一构念的项目之间的一致性。例如，心理学研究不同的构念，如学习、害羞、爱或某个人格维度（如支配性或外向性）。为了测量这些构念，我们通常会设计一个多项目测验或量表。任何单一项目都不能充分测量某个构念，所以我们会构建多个项目——每个项目都有助于构念的测量。内部一致性信度受测验长度的影响——测验越长越可信。我们希望每个构念都可以用较少的项目来获得高信度。

内部一致性信度：测验中用于测量同一构念的项目之间的一致性。

估计内部一致性信度只需要施测一次，这可能是期刊论文通常报告该信度的一个原因。最常被报告的内部一致性信度指标是 **α 系数**（coefficient alpha），也称**克隆巴赫系数**（Cronbach's alpha）。α 系数应该不小于 0.70，该值越高越能说明测验项目在测量同一内容方面具有一致性。研究者在估计某个同质测验或量表的信度时会使用 α 系数。如果某个测验或量表是多维度的（即测量的构念或特质多于一个），则应该分别报告每个维度的 α 系数。例如，如果你的工具中包含了 5 组项目，分别测量 5 个不同的构念，那么你在写研究报告时就应该报告 5 个 α 系数。

α 系数：最常使用的内部一致性指标。

克隆巴赫系数：α 系数的另一个名称。

评分者信度　第四种主要的信度是**评分者信度**（interrater reliability），指的是两个或两个以上的记分员、评判者、观察员或评分者在评定时的一致性程度。例如，你可以让两位评分者给 35 位学生的论文打分。你只要对两位评分者打的分进行相关分析，便可得到评分者信度系数，这是两位评分者在评定一致性方面的一项指标。这一信度系数应该为正数且数值较高，表明评分者之间有很强的一致性。评分者信度还可以用**观察者间一致性**（interobserver agreement）来测量，即不同评分者给出一致意见的次数占总次数的百分比。例如，有两个人同时对儿童进行观察，并记录儿童出现暴力行为的次数。每位观察者都把儿童的行为记为暴力或非暴力。此时信度测量值就是指两位观察者给出一致评定的次数所占的百分比。

评分者信度：两个或多个记分员、评判者、观察员或评分者在评定时的一致性程度。

观察者间一致性：不同观察者给出一致意见的次数占总次数的百分比。

> **思考题 5.2**
> - 如何获得测量信度的证据?

效 度

效度:根据测验分数所做推论、解释或行动的准确程度。

根据测量专家目前的观点,**效度**(validity)是指根据测验分数做出的推论、解释或行动的准确程度(Messick, 1989)。我们使用的是广义的"测验",包括了所有的测量程序或设备(标准化测验、调查工具、多项目量表、实验设备、观察编码)。有时,研究者声称某个特定测验或工具是有效的,但严格说来,这并不完全正确。效度其实指的是根据测验分数做出的解释和采取的行动是有效的还是无效的。以下是阿纳斯塔西和厄毕那(Anastasi & Urbina, 1997, p. 113)的表述:"测验的效度涉及测量的内容以及测量的效果。它告诉我们从测验分数中可以推断出什么……(测验)效度的建立必须以测验原本计划的特定用途为依据。"克隆巴赫(Cronbach, 1990, p. 145)指出:"效度检验是对测验分数解释的合理性的探究。"

因为测验和研究工具总是涉及对构念(如智力、性别、年龄、抑郁、自我效能、人格、进食障碍、病理学和认知类型)的测量,所以测量专家(称作心理测量师)普遍认为所有类型的效度都是构念效度的一部分(Anastasi & Urbina, 1997; Messick, 1995)。例如,当我们谈论那些被诊断患有精神分裂症、强迫症或进食障碍的人时,我们也是在谈论这些障碍的构念。构念还能描述现场实验环境的特征,比如贫困环境、富裕环境或贫困社区。例如,如果你正在调查抑郁对生活在贫困社区的已婚成年人的婚姻不和现象的影响,那么你就有一个分别代表研究参与者(已婚成年人)、自变量(抑郁程度)、因变量(婚姻不和程度)和实验环境(贫困社区)的构念。对于上述每个构念,你都必须确定出一组可以代表该构念的操作。难点在于如何确定这组能够让你以最佳和最有效的方式从收集到的数据中准确地推断出每一个构念的操作。

操作化:在特定的研究中,用以代表和测量某个构念的方式。

操作化(operationalization)(也称为操作定义)是研究中用于表示研究者感兴趣的构念的特定测量程序。例如,已婚成年人可以被定义为年满 18 周岁且婚姻合法的个体。抑郁这一自变量可以被操作为在贝克抑郁量表第 2 版上得分超过 20 的个体(Beck, Steer, & Brown, 1996)。因变量婚姻不和可以通过计算夫妻上个月每天吵架的次数来操作,而贫困社区这个环境构念则可以根据参与者所在社区的住宅和其他建筑物的类型和条件来确定。

与效度相关的重要问题是,操作能否产生目标构念准确或恰当的代表物。那些年满 18 周岁且婚姻合法的人真的能代表已婚成年人吗?那些在贝克抑郁量表第 2 版上得分高于 20 的个体就真的抑郁吗?为了确定是否达到了所宣称的效度,就必须提出这些问题。

效度建立在表明我们可以从特定的测量操作中准确地推断出目标构念的证据之上。**校验**（validation）就是收集那些支持根据分数所做推论的证据，而分数是通过对测量的操作获得的。我们可以建立一个关于测验或工具在正常工作的情况下应如何运作的理论，然后检验该理论，以获得有关效度的证据。校验是一个连续的或者说没有终点的过程。研究者们应当不停地问自己，他们的测量方法是否对特定的研究参与者有效。研究者提供的效度证据越多，你就可以对基于测量分数的解释越有信心。接下来我们要讲述收集效度证据的三种主要方法。

校验：收集有关从测验分数中得出的推论合理性的证据。

基于内容的效度证据 这种效度被称为**内容相关证据或内容效度**（content-related evidence or content validity）。它基于一种判断，即测验或工具中的项目、任务或问题在多大程度上能代表该构念。为了做出这些判断，需要在相关构念领域成为专家。因此，为了获取内容效度的证据，通常会采用多位专家的判断。在做关于内容相关证据的决策时，专家们会收集必要的数据以回答下列问题：

内容相关证据或内容效度：专家对一项测验中的项目、任务或问题在多大程度上能代表构念所做的判断。

1. 这些项目看上去是否代表了研究者试图测量的东西？（这种初步判断有时也被称为**表面效度**［face validity］。）
2. 这组项目是否不能充分代表构念内容？（即研究者是否忽略了什么重要内容或主题？）
3. 是否有项目代表了研究者试图测量的内容之外的其他东西？（即是否包含了不相关的项目？）

表面效度：对项目是否看起来代表了构念以及测验或工具是否看起来有效的初步判断。

如果在专家的判断中，该测验所选取的项目充分代表了内容领域，并且满足上面建议的三个标准（即测验具有表面效度、能充分代表构念并且不包括无关项目），那么就可以说这项测验具有内容效度。

基于内部结构的效度证据 有些测验/工具旨在测量一个一般构念，有些则旨在测量**多维度构念**（multidimensional construct）的各个维度。罗森伯格自尊量表（Rosenberg, 1989）是一个十项目量表，用于测量整体自尊这一构念。相反，哈特自我知觉量表（Harter, 2012）测量的是整体自尊及其五个维度，包括儿童和青少年的社会接纳、学术能力、身体外貌、运动能力和行为举止。

多维度构念：包含两个或更多维度的构念；与单维度构念相反。

有时，研究者会使用**因素分析**（factor analysis）这一统计技术来确定某组项目所包含的维度数量。他们将收集的项目数据输入到某个统计程序中，接着运行因素分析程序。结果就会显示是否所有项目都彼此相关因而反映了一个单维度构念；或者是否存在一些子集，只有子集内的项目才彼此密切相关，因而反映了一个多维度构念。项目的子集数量代表了维度（也叫"因素"）数量。关键是，因素分析的结果能够表明某项测验是单维度（即它只测量了一个因素）还是多维度的（即它测量了两个或两个以上的因素）。研究者必须知道项目中包含了多少个维度或因素，因为若非如此，就会产生错误的解释。

因素分析：一个统计分析程序，用于确定一组项目中所隐含的维度数量。

同质性：一组项目在多大程度上测量的是单一构念。

也可以用一些指标来说明各维度或因素的同质性程度。**同质性**（homogeneity）指的是一组项目在多大程度上测量的是同一构念或特质。同质性有两个主要指标，分项对总项的相关系数（也就是每个项目的分数与总测验分数的相关）和 α 系数（在上述的"内部一致性信度"部分讨论过）。这两个指标的数值越大，说明项目之间的相关性越强，这也表明这些项目测量的是单维度构念或多维度构念的某个维度。正如你所看到的，以测验或工具内部结构为基础的证据是基于项目之间的相关。效度证据的下一个来源是将项目与其他标准联系起来。

效度系数：效度研究中使用的相关系数类型。

效标关联效度：（测验）分数预测某个已知效标（如某种未来表现或某个已成熟的测验）分数或与之相关的程度。

预测效度：在某个时间获得的分数正确预测以后在某效标上的得分的程度。

同时效度：在某个时间获得的测验分数与大约同一时间获得的某个已知效标分数正确相关的程度。

聚合效度证据：以焦点测验分数与测量相同构念的独立测验分数之间相关程度为基础的效度证据。

区别效度证据：以焦点测验分数与测量不同构念的测验分数之间的不相关程度为基础的效度证据。

已知群效度证据：已知在某个构念上存在差异的群体在测量该构念的测验中实际表现出来的差异程度。

基于与其他变量的联系的效度证据 这种形式的效度证据是通过将测验分数与一个或多个相关的已知效标联系起来获得的。效标指的是你想将你得到的分数与之关联或想基于测验分数准确预测的标准或基准。如果用相关系数作为效度证据，就称为**效度系数**（validity coefficient）。关键是测验分数应该在预测的方向和幅度上与效标相关。

基于与其他变量联系的效度证据有几种不同的类型。第一种是**效标关联效度**（criterion-related validity）证据，这种效度证据的基础是测验分数能够预测或推断个体在某个已知或标准效标（如某种未来表现）上表现的程度。效标关联效度有两种：预测效度和同时效度。两者的唯一区别就是时间。**预测效度**（predictive validity）指运用研究程序或行为测量来预测未来的效标表现；**同时效度**（concurrent validity）指运用研究程序或行为测量来预测同时发生的效标表现。例如，假设你要检验某个新抑郁量表的同时效度，你就可以向一组研究参与者（预计某些参与者正处于抑郁状态）同时施测新量表和悲伤与绝望（已知效标）量表。如果你的新量表是有效的，那么从新量表中得出的分数与从另一个量表中得到的分数应该有强正相关。假设你正在检验某个新量表对大学成就的预测效度，你可以先施测量表，以后再测量参与者在大学中的表现。（如果你的新量表是有效的）两组分数应该有强正相关。

基于与其他变量联系的效度证据也可以通过收集聚合证据和区别证据来获取。与刚刚讨论过的同时效度类似，**聚合效度证据**（convergent validity evidence）建立在焦点测验分数（即你开发的并要检验其效度的测验）与其他测量相同构念的独立测验分数的关系之上。**区别效度证据**（discriminant validity evidence）是指焦点测验分数与其他测量不同理论构念的测验分数不相关的证据。聚合和区别效度证据一起被用来检验某个新量表或测验的效果。重要的是聚合和区别证据都能令人满意。

这里要讨论的最后一种效度证据是**已知群效度证据**（known groups validity evidence）。这种证据是指，已知在某个构念上存在差异的群体，能够被测验结果准确地划分到不同群体中（按照假设的方向）。例如，假如你开发了一个心理学知识测验，你就会假设心理学专业的大四学生要比大一新生在心理学知识上的得分更高。接下来你可以让大四学生和大一新生参加这个测验，通过检验这个假设

表 5.2　获取效度证据的方法

证据类型	获取程序
基于内容的证据	由构念专家审查测验或量表的内容，并确定这些内容是否能够充分地代表被测量的构念。
基于内部结构的证据	使用因素分析来揭示某组项目中所包含的构念数。同时通过计算分项对总项的相关系数和 α 系数来考察每组单维度项目的同质性。
基于与其他变量联系的证据	通过收集同时效度和预测效度证据来确定（测验）分数是否与已知效标的分数相关。还要确定参与者的测验或量表分数是否与其他测量相同构念的测验分数有强相关（聚合效度证据），而与测量不同构念的测验分数不相关（区别效度证据）。最后，要确定接受检验的量表是否能准确区分已知在构念上存在差异的群体（已知群效度证据）。

来证明你的测验是否具有效度。

至此，我们已经罗列了数种效度证据，但是必须再次强调，效度证据越多越好。你必须建立一个关于一个量表或测验应该如何运作的理论，并用多种方式检验该理论。为方便起见，我们在表 5.2 中总结了获得效度证据的三种主要方法。

> **思考题 5.3**
> - 在测量中如何获取效度证据？

运用信度和效度信息

在解读标准化测验提供的信度和效度证据时，以及在评判期刊上的实证论文时，你必须小心谨慎。标准化测验所报告的效度和信度数据通常是以**常模群体**（norm group; 同义词为 norming group）（是真实存在的一群人）为基础的。如果你想要施测的群体与常模群体相比差异很大，那么测验所提供的效度和信度证据就未必准确了。这是因为你需要知道该测验或量表是否对你的研究群体有效。

常模群体：在报告信度和效度证据时所参考的群体。

在阅读期刊论文时，你对一篇文章的评判，应该基于研究者所提供的用于研究参与者的测量工具的信度和效度证据的翔实程度。在阅读和评估一篇实证研究论文时，通常需要问以下两个问题："研究者是否使用了恰当的测量方法"和"研究者提供了多少信度和效度证据"。如果这两个问题的答案都是肯定的，那么该文章在测量方面就可以得到高分。如果答案是否定的，那么你对这项研究的评价就应该大大降低。

测验相关信息的来源

有关标准化测验的信息有两个最重要的来源：《心理测量年鉴》（*Mental*

Measurements Yearbook; MMY) 和《测验汇编》(*Tests in Print*; TIP)。你可以在大学图书馆内找到它们。另一个非常重要的来源是从数据库（如 PsycINFO、PsycARTICLES、SocINDEX、MEDLINE 和 ERIC 等）中查找到的实证研究文献。当你试图确定如何测量某一构念时，你应该仔细研究相关领域中的那些顶级研究者正在使用的测量方法。然后，你需要想办法得到许可，以使用最好的测量方法来测量你想要研究的构念。其他资源包括：米勒和萨尔金德的《研究设计与社会测量手册》(*Handbook of Research Design and Social Measurement*, Miller & Salkind, 2002)，马多克斯的《测验：心理学、教育和商业评估测试综合参考手册》(*Tests: A Comprehensive Reference for Assessment in Psychology, Education, and Business*, Maddox, 2002)，菲尔茨的《工作评价：组织研究与诊断实用量表》(*Taking the Measure of Work: A Guide to Validated Scales for Organizational Research and Diagnose*, Field, 2002)，以及罗宾逊、谢弗和赖茨曼的《人格与社会心理态度测量》(*Measures of Personality and Social Psychological Attitudes*, Robinson, Shaver, & Wrightsman, 1991)。

抽样方法

5.3 分析每种抽样方法的优缺点

无论何时，当你回顾那些已发表的研究时，你都必须批判性地审查研究所使用的抽样方法（即研究者是如何获取研究参与者的），以便判断研究的质量。此外，如果你打算开展一项自己的实证研究，那么你就需要选取研究参与者，并根据自己的研究情境使用最佳的抽样方法。实验研究通常不使用随机样本，这是因为研究的焦点主要是因果关系问题；在实验中，目标是考察因果关系，因而将参与者随机分配到各组比随机抽样要重要得多。与此相反，我们经常在调查研究中使用随机样本，当研究者想将单一研究中的研究结论直接推广到总体中时，随机样本的重要性就更为凸显。一个常见的例子是政治民意测验，此时研究者需要将基于单一样本的结论推广到总体。本章第二部分的目的就是向你们介绍研究者可以使用哪些不同类型的抽样方法。

样本：总体的一个子集；从一个总体中抽取出的一组个案或元素。

元素：抽样的基本单位。

总体：研究者感兴趣，希望将结论推广至并从中抽取样本的整个群体。

抽样：从一个总体中抽取一个样本的过程。

抽样中使用的术语

在讨论抽样的具体方法之前，你需要知道抽样中所使用的某些关键术语的定义。**样本**（sample）是从一个大的总体中抽取出的一组元素，它是总体的一个子集。**元素**（element）是抽样的基本单位。**总体**（population）是指你正在从中抽样的所有元素或人的集合。**抽样**（sampling，也译作取样）指的是从总体中抽取元素以获得一个样本。通常情况下，抽样的目标都是获取一个**代表性样本**（representative sample），即此样本在所有特征上都与总体相似（只是样本中包含的人数更少，因为它只是一个样本而非完整的总体）。一个完美的代表性样本应该是它所来自的总体的"精准画像"（除了样本中包含的人数较少之外）。

代表性样本：一个与总体相似的样本。

当你想让自己的样本代表总体时，最好的方式是使用**等概率抽样法**（equal probability of selection method; EPSEM）。EPSEM 是指任何一种能让总体中的每个个体都有同等机会入选样本的抽样方法。如果每个人都有同等的机会，那么大群体中的人员类型会比小群体中的人员类型更频繁地被选中，但每一个独立的个体都有着相同的入选机会。例如，如果在某个总体中，女性占 55%，年龄在 18—28 岁之间的年轻人占 75%，完成了心理学导论课程的人占 80%，那么一个代表性样本在这些特征上也应该是差不多的比例。在参与者样本中，也会大约有 55% 的女性，75% 的年轻人，80% 的人已经完成了心理学导论课程。你将要学习若干种等概率抽样法，但其中最常见的也许是简单随机抽样（Peters & Eachus, 2008）。

等概率抽样法：可让总体中的每个个体都有同等机会入选样本的抽样方法。

从你的研究参与者样本那里收集到数据之后，你必须要分析这些数据。在分析时，你需要确定样本的特征（比如变量的平均数和方差）以及变量之间的关系，这些从样本数据中计算得出的结果就是统计量。**统计量**（statistic）是样本数据的数值特征。例如，也许某个特定样本的平均年收入（即统计量）是 56 000 美元。通常，研究者也希望以样本结果为基础做出有关总体特征的声明，例如，根据样本平均数估计总体平均数。用统计学术语来讲，研究者想要声明的是总体参数。**参数**（parameter）是指总体的数值特征。例如，也许整个总体的平均年收入（即参数）是 51 323 美元。

统计量：样本数据的数值特征。

参数：总体的数值特征。

请注意，我们的样本平均收入水平与总体平均收入水平是不同的（样本是 56 000 美元，而总体是 51 323 美元）。这是抽样的典型情况，即使我们使用的是最佳的抽样方法。人们用**抽样误差**（sampling error）这一术语来表示样本统计量与总体参数之间的数值差异。在年收入的例子中，抽样误差等于 4 677 美元（即 56 000 − 51 323 = 4 677）。关键是，抽样中总是存在着某些误差。就随机抽样法来说，误差是随机的（即根据样本统计量可能会高估或低估总体参数），而不是系统性的。在使用随机抽样法时，如果抽取的是大样本，误差就可能相对较小——这就是为什么相较于小样本，研究者更偏好大样本。当误差是随机的（如在随机抽样中那样），所有可能样本的平均值就等于真实的总体参数，而且样本的值围绕着真实的参数随机变化。误差随机是我们在抽样中所能期望的最好结果。如果你需要消除抽样误差，那你就必须避免使用抽样并且实施**普查**（census）——你必须从总体中的每一个个体那里收集数据。然而，很少有人会选择进行普查，因为绝大多数的总体都是非常庞大的，进行普查的费用太高，并且也基本不可能让每个人都参与你的研究。

抽样误差：样本值与真实的总体参数值之间的差异。

普查：从总体中的每个个体那里收集数据。

大多数抽样方法都要求你有一个包含总体中所有人员的名册。这个名册被称作**抽样框**（sampling frame）。图 5.1 展示了抽样框的一个示例。这个抽样框包含了

抽样框：总体中所有元素的名册。

APA1892 年成立到 2019 年的历任主席。这里的总体是"APA 主席"。这个抽样框中还包含了每位总体成员的识别编号，从 1（代表第一位主席）开始，到 128（代表最后一位主席）结束。这个抽样框中的多数人已经去世了。因此，这个总体只适用于非实验研究或历史性研究。例如，你也许想要开展一项描述性研究，探究历任主席的就职年龄、性别和研究专长如何随时间而变化（如 Hogan, 1994）。

现在让我们想一想另一项研究。假定你任职于 APA，而执行理事想让你开展一项电话研究，调查一下现任 APA 成员对在心理学研究中使用和处理动物的态度。2019 年，APA 有大约 117 500 名成员，因此，整个抽样框要包括 117 500 个条目。这个抽样框很有可能是一个电脑文件。接下来，你需要随机抽取出样本。也许你拥有的资金足以对 400 名 APA 成员进行调查。当你试图对这 400 名样本成员进行电话调查时，你会发现并不是每个人都同意参与这项研究。为了表明样本参与研究的程度，研究者会报告回复率。**回复率**（response rate）是指抽取出的样本中实际参与研究的个体所占的比例。这个比例应该尽可能地高。如果在 APA 的这项描述性研究中，被选出的 400 位成员中有 300 位最终参与了调查，那么该研究的回复率就是 75%（即 300 除以 400）。

回复率：实际参与研究的个体数量占抽取出的样本中个体数量的比例。

随机抽样法

心理学研究中使用的两类主要抽样方法是随机抽样和非随机抽样。当我们的目标是将从特定样本得到的结论推广到总体时，我们喜欢使用随机抽样法，因为它可以产生代表性样本。非随机抽样法通常会产生**有偏样本**（biased sample）（即不能代表某个已知总体的样本）。任何特定的研究样本都可能（或者可能不）具有代表性，但如果你使用了某种随机抽样法（尤其是你采用了等概率抽样法的话），获得代表性样本的机会将大得多。特别重要的是，当样本是非随机样本时，要在研究报告中详细描述其人口统计学特征，以便读者能够了解研究参与者的确切特征。这样，研究者和报告的读者就能够利用著名的研究方法学家（第 84 届 APA 主席）唐纳德·坎贝尔（Donald Campbell, 1916—1996）所说的**近端相似**（proximal similarity）原则，将结果进行推广。坎贝尔的观点是，当现实情境中的人群与研究中所描述的具有一定的相似度时，你可以将研究结果推广到不同的人群、地域、环境和情境。

有偏样本：非代表性样本。

近端相似：将结果推广到与研究中描述的情况相似的人群、地域、环境以及情境。

简单随机抽样：一种常用的、基本的等概率抽样法。

简单随机抽样 随机抽样最基本的类型是**简单随机抽样**（simple random sampling）。简单随机抽样是最名副其实的一种等概率抽样法。请记住，在等概率抽样中，总体中的每个个体都必须有同等机会入选最终样本。也正是等概率这一特征使得简单随机抽样能够产生代表性样本。如果你的样本具有代表性，那你便能够将样本结果推广到总体。

将简单随机抽样形象化的一种方式是想想我们所说的"帽子模型"。具体方

图 5.1　APA 主席的抽样框 *

1. 格兰维尔·斯坦利·霍尔（1892）
2. 乔治·特兰伯尔·莱德（1893）
3. 威廉·詹姆斯（1894）
4. 詹姆斯·麦基恩·卡特尔（1895）
5. 乔治·斯图尔特·富尔顿（1896）
6. 詹姆斯·马克·鲍德温（1897）
7. 胡戈·穆恩斯滕伯格（1898）
8. 约翰·杜威（1899）
9. 约瑟夫·查斯特罗（1900）
10. 约西亚·罗伊斯（1901）
11. 埃德蒙·克拉克·桑福德（1902）
12. 威廉姆斯·洛维·布莱恩（1903）
13. 威廉·詹姆斯（1904）
14. 玛丽·卡尔金斯（1905）
15. 詹姆斯·罗兰·安吉尔（1906）
16. 亨利·罗格斯·马歇尔（1907）
17. 乔治·马尔科姆·斯特拉顿（1908）
18. 查理·哈伯德·贾德（1909）
19. 沃尔特·鲍尔斯·皮尔斯伯里（1910）
20. 卡尔·艾米尔·西肖尔（1911）
21. 爱德华·李·桑代克（1912）
22. 霍华德·克罗斯比·沃伦（1913）
23. 罗伯特·赛森斯·伍德沃斯（1914）
24. 约翰·布罗德斯·华生（1915）
25. 雷蒙德·道奇（1916）
26. 罗伯特·莫恩斯·耶克斯（1917）
27. 约翰·沃勒斯·贝尔德（1918）
28. 沃尔特·迪尔·斯科特（1919）
29. 谢帕德·艾沃利·弗朗兹（1920）
30. 玛格丽特·弗洛伊·沃什博恩（1921）
31. 奈特·邓莱普（1922）
32. 路易斯·麦迪森·特曼（1923）
33. 格兰维尔·斯坦利·霍尔（1924）
34. 麦迪森·本特利（1925）
35. 哈维·卡特（1926）
36. 哈利·李维·霍林斯沃斯（1927）
37. 爱德温·嘉里盖斯·博林（1928）
38. 卡尔·拉施里（1929）
39. 赫伯特·西德尼·朗菲尔德（1930）
40. 沃尔特·塞缪尔·亨特（1931）
41. 沃尔特·理查德·迈尔斯（1932）
42. 路易斯·里昂·赛斯顿（1933）
43. 约瑟夫·彼得森（1934）
44. 艾尔伯特·西奥多·蒲分白（1935）
45. 克拉克·西奥多·胡尔（1936）
46. 爱德华·蔡斯·托尔曼（1937）
47. 约翰·弗雷德里克·达希尔（1938）
48. 戈登·威拉德·阿尔伯特（1939）
49. 西奥多·卡迈尔（1940）
50. 赫伯特·伍德罗（1941）
51. 卡尔文·佩里·斯托内（1942）
52. 约翰·爱德华·安德森（1943）
53. 加德纳·墨菲（1944）
54. 爱德温·格思里（1945）
55. 亨利·加勒特（1946）
56. 卡尔·罗杰斯（1947）
57. 唐纳德·马奎斯（1948）
58. 欧尼斯特·尔加德（1949）
59. 乔伊·保罗·吉尔福德（1950）
60. 罗伯特·希斯（1951）
61. 约瑟夫·麦克维科尔·亨特（1952）
62. 劳伦斯·弗雷德里克·谢弗（1953）
63. O. H. 莫瑞（1954）
64. E. 罗威尔·凯利（1955）
65. 西欧多尔·纽科姆（1956）
66. 李·克伦巴赫（1957）
67. H. F. 哈洛（1958）
68. W. 科勒（1959）
69. 唐纳德·赫本（1960）
70. 尼尔·米勒（1961）
71. 保罗·米尔（1962）
72. 查理斯·奥斯古德（1963）
73. 奎恩·麦克尼玛尔（1964）
74. 杰罗姆·布鲁纳（1965）
75. 尼古拉斯·霍博斯（1966）
76. 加德纳·林德赛（1967）
77. A. H. 马斯洛（1968）
78. 乔治·米勒（1969）
79. 乔治·艾碧（1970）
80. 肯尼思·克拉克（1971）
81. 安妮·安纳斯塔斯（1972）
82. 李奥纳·泰勒（1973）
83. 艾尔伯特·班杜拉（1974）
84. 唐纳德·坎贝尔（1975）
85. 威尔伯特·麦基奇（1976）
86. 西欧多尔·布劳（1977）
87. M. 布鲁斯特·史密斯（1978）
88. 尼古拉斯·卡明斯（1979）
89. 弗洛伦斯·丹马克（1980）
90. 约翰·康格（1981）
91. 威廉姆·贝文（1982）
92. 马克思·西格尔（1983）
93. 珍妮特·斯彭斯（1984）
94. 罗伯特·佩罗夫（1985）
95. 罗根·莱特（1986）
96. 邦妮·斯特里克兰（1987）
97. 雷蒙德·福勒（1988）
98. 约瑟夫·玛塔拉佐（1989）
99. 斯坦利·格拉哈姆（1990）
100. 查理斯·斯皮尔伯格（1991）
101. 小杰克·威金斯（1992）
102. 弗兰克·法利（1993）
103. 罗纳德·福克斯（1994）
104. 罗伯特·雷斯尼克（1995）
105. 桃乐西·康托（1996）
106. 诺曼·艾伯利（1997）
107. 马丁·塞利格曼（1998）
108. 理查德·苏恩（1999）
109. 派翠克·德莱翁（2000）
110. 诺拉·约翰森（2001）
111. 菲利普·津巴多（2002）
112. 罗伯特·斯滕伯格（2003）
113. 黛安·赫本（2004）
114. 罗纳德·勒旺（2005）
115. 杰拉尔德·库克（2006）
116. 莎伦·斯蒂芬斯·布雷姆（2007）
117. 艾伦·凯兹丁（2008）
118. 詹姆斯·布雷（2009）
119. 卡萝尔·古德哈特（2010）
120. 梅尔巴·瓦斯克斯（2011）
121. 苏珊娜·本内特·约翰逊（2012）
122. 唐纳德·伯索夫（2013）
123. 娜丁·卡斯洛（2014）
124. 巴里·安东（2015）
125. 苏珊·麦克唐纳（2016）
126. 安东尼奥·普恩特（2017）
127. 杰茜卡·丹尼尔（2018）
128. 罗茜·戴维斯（2019）

* 每位主席任职的年份在括号中显示。

法是：将每个人的名字写在相同大小的纸片上，然后把纸片放进一顶帽子里，盖住并摇晃帽子，让纸片在帽子中随机分散。接下来，抽取一张纸片将它放在一边。重复这个过程，直到抽取出的纸片数量等于你所需要的样本大小。

在进行简单随机抽样时，抽样专家们建议采用"不放回"抽样（就像我们在"帽子模型"例子中演示的那样），而不是"放回"抽样（即我们将抽取出的纸片再放回帽子中，这样它就有可能被再次抽取）。这是因为不放回抽样在产生代表性样本上会更有效率一些。在不放回抽样中，任何人都不可能被选中一次以上；一旦某人被选中，你就不会再将他放回抽样库（库中的人员都可能被选上）。因此，每个被选中的参与者在样本中都是唯一的，没有人会出现一次以上。

在实际中，你不会使用"帽子模型"来进行随机抽样。在电脑被广泛使用之前，有一种传统方式可以获取简单随机样本，那就是利用随机数字表，研究者可以从中获得被选入样本中的人员编号。如今，随机数字生成器的使用已经越来越普遍。这里列了两个既流行又好操作的随机数字生成器的链接，你可以在网上找到它们：

http://www.randomizer.org

http://www.random.org

想找到其他的随机数字生成器，只需要在网上搜索"随机数字生成器"即可。

如果你正在使用某种随机数字生成器（就像上面列出的那两个一样），那么，其实你是在随机选取一组数字。因此，你必须确保你的抽样框中的每个人都对应着一个数字。看图 5.1，你会发现每位 APA 主席都分配到了一个识别编号。我们将使用这些编号来标识那些入选样本的人。

在 randomizer.org 程序的帮助下，我们从图 5.1 的抽样框中选出了一个 10 人的样本，具体步骤如下所述。因为我们的抽样框中有 128 位 APA 主席，所以我们需要从 1—128 这些数字中随机选出 10 个数字。进入网站并回答以下问题：

1. 你想生成几组数字？
   - 我们输入 1，表示我们想要一组数字。
2. 每组包括几个数字？
   - 我们输入 10，表示我们想要的组中包含 10 个数字。
3. 数字范围？
   - 我们输入 1 和 128 来表示抽样框中的数字范围。
4. 你希望每一组中的每个数字都是唯一的吗？
   - 我们点击"是"，表示我们想要进行不放回抽样。
5. 你希望对生成的数字进行排序吗？
   - 选择是或不是都可以。我们点击"是"。
6. 你希望如何浏览你的随机数字？

- 我们让程序保持默认值（"关闭位置标签"），因为我们不想知道所选数字的顺序。
7. 接下来，我们点击"现在开始随机化"按钮，以获取我们的随机数字组。

从随机数字生成器中得到的最终数字组是 1、4、22、29、46、60、63、76、100 和 117。最后一步，回到图 5.1 的抽样框中，确定从总体中选入样本的人是谁。我们将随机产生的识别编号与抽样框中的人——对应，以此来定位被选入样本的人员。以下就是随机抽取的 10 位 APA 主席：1. 格兰维尔·斯坦利·霍尔，4. 詹姆斯·麦基恩·卡特尔，22. 霍华德·克罗斯比·沃伦，29. 谢帕德·艾沃利·弗朗兹，46. 爱德华·蔡斯·托尔曼，60. 罗伯特·希尔斯，63. O. H. 莫瑞，76. 加德纳·林德赛，100. 查理斯·斯皮尔伯格和 117. 艾伦·凯兹丁。

分层随机抽样 随机抽样的第二种类型是**分层随机抽样**（stratified random sampling）（或分层抽样）。在分层抽样中，总体被分为若干互斥的组群（层），然后在每个组群中抽取随机样本。这些组群构成了**分层变量**（stratification variable）的各个水平。例如，如果性别是分层变量，那么总体的抽样框就会被分成分别由所有女性和所有男性组成的两个组群。图 5.2 展示了以性别进行分层的抽样框。分层变量可以是类别变量（如性别、族裔、人格类型）或量型变量（如智力、身高、年龄），并且可以使用多个分层变量。

这里讲的是如何只使用一个分层变量获得分层样本：

1. 对你的抽样框进行分层（比如，如果性别是分层变量，那么就将名册按女性和男性分组），并给各组的元素标上识别编号。
2. 从各组中抽取一个随机样本（比如，从女性组中抽取一个随机样本，并从男性组中抽取一个随机样本）。
3. 将从各组中随机抽取的人混合在一起（比如，男性和女性），这样你就得到了最终的样本。

分层抽样实际上有两种类型：等比例分层抽样和不等比例分层抽样。在**等比例分层抽样**（proportional stratified sampling）中，从各组（如男性和女性）选择的人数在样本中所占的比例与各组在总体中所占的比例是对等的。例如，总体的 60% 是女性，那么你的样本中女性的比例也需要占到 60%。在**不等比例分层抽样**（disproportional stratified sampling）中，选自各组的人数所占样本的比例与各组在总体中所占的比例并不对等。例如，假若总体的 60% 是女性，但你想让研究中的女性和男性数量相等，那么样本中的女性比例可能只占 50%。

假设你想根据性别这一变量进行分层，并且总体包含 75% 的女性和 25% 的男性。同时假设你想获得一个容量为 100 的样本。如果采用等比例分层抽样，你会从分层抽样框中随机选择 75 名女性和 25 名男性，最终的样本与总体在性别比

> **分层随机抽样**：将总体中的元素分成若干互斥的组群，然后从每个组群中抽取一个随机样本。
>
> **分层变量**：为了进行分层抽样而据此对总体中的元素进行划分的变量。
>
> **等比例分层抽样**：样本和总体在分层变量上的比例相同的分层抽样。
>
> **不等比例分层抽样**：样本在分层变量上的比例与总体比例不同的分层抽样。

图 5.2　以性别分层的抽样框 *

女性 APA 主席

1. 玛丽·卡尔金斯（1905）
2. 玛格丽特·弗洛伊·沃什博恩（1921）
3. 安妮·安纳斯塔斯（1972）
4. 李奥纳·泰勒（1973）
5. 弗洛伦斯·丹马克（1980）
6. 珍妮特·斯彭斯（1984）
7. 邦妮·斯特里克兰（1987）
8. 桃乐西·康托（1996）
9. 诺拉·约翰森（2001）
10. 黛安·赫本（2004）
11. 莎伦·斯蒂芬斯·布雷姆（2007）
12. 卡萝尔·古德哈特（2010）
13. 梅尔巴·瓦斯克斯（2011）
14. 苏珊娜·本内特·约翰逊（2012）
15. 娜丁·卡斯洛（2014）
16. 苏珊·麦克唐纳（2016）
17. 杰茜卡·丹尼（2018）
18. 罗茜·戴维斯（2019）

男性 APA 主席

1. 格兰维尔·斯坦利·霍尔（1892）
2. 乔治·特兰伯尔·莱德（1893）
3. 威廉·詹姆斯（1894）
4. 詹姆斯·麦基恩·卡特尔（1895）
5. 乔治·斯图尔特·富尔顿（1896）
6. 詹姆斯·马克·鲍德温（1897）
7. 胡戈·穆恩斯滕伯格（1898）
8. 约翰·杜威（1899）
9. 约瑟夫·查斯特罗（1900）
10. 约西亚·罗伊斯（1901）
11. 埃德蒙·克拉克·桑福德（1902）
12. 威廉姆斯·洛维·布莱恩（1903）
13. 威廉·詹姆斯（1904）
14. 詹姆斯·罗兰·安吉尔（1906）
15. 亨利·罗格斯·马歇尔（1907）
16. 乔治·马尔科姆·斯特拉顿（1908）
17. 查理·哈伯德·贾德（1909）
18. 沃尔特·鲍尔斯·皮斯伯里（1910）
19. 卡尔·艾米尔·西肖尔（1911）
20. 爱德华·李·桑代克（1912）
21. 霍华德·克罗斯比·沃伦（1913）
22. 罗伯特·赛森斯·伍德沃斯（1914）
23. 约翰·布罗德斯·华生（1915）
24. 雷蒙德·道奇（1916）
25. 罗伯特·莫恩斯·耶基斯（1917）
26. 约翰·沃勒斯·贝尔德（1918）
27. 沃尔特·迪尔·斯科特（1919）
28. 谢帕德·艾沃利·弗朗兹（1920）
29. 奈特·邓莱普（1922）
30. 路易斯·麦迪森·特曼（1923）
31. 格兰维尔·斯坦利·霍尔（1924）
32. 麦迪森·本特利（1925）
33. 哈维·卡特（1926）
34. 哈利·李维·霍林斯沃斯（1927）
35. 爱德温·嘉里盖斯·博林（1928）
36. 卡尔·拉施里（1929）
37. 赫伯特·西奥尼·朗菲尔德（1930）
38. 沃尔特·塞缪尔·亨特（1931）
39. 沃尔特·理查德·迈尔斯（1932）
40. 路易斯·里昂·赛斯顿（1933）
41. 约瑟夫·彼得森（1934）
42. 艾尔伯特·西奥多·蒲分白（1935）
43. 克拉克·西奥多·胡尔（1936）
44. 爱德华·蔡斯·托尔曼（1937）
45. 约翰·弗雷德里克·达希尔（1938）
46. 戈登·威拉德·阿尔伯特（1939）
47. 西奥多·卡迈克尔（1940）
48. 赫伯特·伍德罗（1941）
49. 卡尔文·佩里·斯托内（1942）
50. 约翰·爱德华·安德森（1943）
51. 加德纳·墨菲（1944）
52. 爱德温·格思里（1945）
53. 亨利·加勒特（1946）
54. 卡尔·罗杰斯（1947）
55. 唐纳德·马奎斯（1948）
56. 欧尼斯特·希尔加德（1949）
57. 乔伊·保罗·吉尔福德（1950）
58. 罗伯特·希尔斯（1951）
59. 约瑟夫·麦克维尔·亨特（1952）
60. 劳伦斯·弗雷德里克·谢弗（1953）
61. O. H. 莫瑞（1954）
62. E. 罗威尔·凯利（1955）
63. 西欧多·纽科姆（1956）
64. 李·克伦巴赫（1957）
65. H. F. 哈洛（1958）
66. W. 科勒（1959）
67. 唐纳德·赫本（1960）
68. 尼尔·米勒（1961）
69. 保罗·米尔（1962）
70. 查理斯·奥斯古德（1963）
71. 奎恩·麦克尼玛尔（1964）
72. 杰罗姆·布鲁纳（1965）
73. 尼古拉斯·霍博特（1966）
74. 加德纳·林德赛（1967）
75. A. H. 马斯洛（1968）
76. 乔治·米勒（1969）
77. 乔治·艾碧（1970）
78. 肯尼思·克拉克（1971）
79. 艾尔伯特·班杜拉（1974）
80. 唐纳德·坎贝尔（1975）
81. 威尔伯特·麦基奇（1976）
82. 西欧多·布劳（1977）
83. M. 布鲁斯特·史密斯（1978）
84. 尼古拉斯·卡明斯（1979）
85. 约翰·康格（1981）
86. 威廉姆·贝文（1982）
87. 马克思·西格尔（1983）
88. 罗伯特·佩罗夫（1985）
89. 罗根·莱特（1986）
90. 雷蒙德·福勒（1988）
91. 约瑟夫·玛塔拉佐（1989）
92. 斯坦利·格拉哈姆（1990）
93. 查理斯·斯皮尔伯格（1991）
94. 小杰克·威金斯（1992）
95. 弗兰克·法利（1993）
96. 罗纳德·福克斯（1994）
97. 罗伯特·雷斯尼克（1995）
98. 诺曼·艾伯利（1997）
99. 马丁·塞利格曼（1998）
100. 理查德·苏恩（1999）
101. 派翠克·德莱翁（2000）
102. 菲利普·津巴多（2002）
103. 罗伯特·斯滕伯格（2003）
104. 罗纳德·勒旺（2005）
105. 杰拉尔德·库克（2006）
106. 艾伦·凯兹丁（2008）
107. 詹姆斯·布雷（2009）
108. 唐纳德·伯索夫（2013）
109. 巴里·安东（2015）
110. 安东尼奥·普恩特（2017）

* 18 位女性主席列在前面，110 位男性主席列在后面。

例上完全吻合（75%，25%）。等比例分层抽样是一种等概率抽样法（每个个体都有同等机会入选最终样本），你可以直接将从样本中得到的结论推广到总体。

如果采用不等比例分层抽样，你可以从两个性别总体中随机选择 50 名男性和 50 名女性。不等比例分层抽样不是一种等概率抽样法，因为每个人入选最终样本的机会不同。在这个例子中，总体中包含 75% 的女性和 25% 的男性，而样本中的男性和女性各占 50%。你对女性抽样不足，而对男性则抽样过度。当出现这种抽样不足或过度的情况时，你的抽样方法就不再是一种等概率抽样法。你不能将这 50 名女性和 50 名男性混合在一起并直接将从样本中得到的结论推广到总体。[1] 虽然不等比例分层抽样不是一种等概率抽样法，但研究者有时仍然会选用这种方法，因为如果不采用过度抽样，一些小组群可能就会被遗漏。

等比例分层抽样是一种特别强大的抽样方法。就像简单随机抽样一样，等比例分层随机抽样是一种等概率抽样法，这意味你能够直接从最终获得的样本推论到总体（Kalton, 1983; Kish, 1995）。但是，等比例分层抽样比简单随机抽样的效率要略高一些。等比例分层样本比简单随机样本要稍微进步了一些（即它必须代表分层变量，否则它就是一个随机样本）。那些在抽样上需花费大量金钱的公司通常更愿意选择分层抽样，因为它能减少费用支出。

整群随机抽样 第三种主要的随机抽样方法是**整群随机抽样**（cluster random sampling）（或整群抽样）。在抽样的第一阶段，研究者随机地选取群而非单个单元（比如单独的人）。**整群**（cluster）是包含了多个元素的集合型单元，其中不止一个元素。整群的例子包括：社区、家庭、学校、班级和工作团队。注意所有这些集合型单元都包含多个单独的元素。

整群随机抽样：随机选择群的抽样方法。

整群：一种包含了多个元素的集合型单元。

我们简要地说明一下两种类型的整群抽样：单级和二级。整群抽样的第一种类型是**单级整群抽样**（one-stage cluster sampling）。为了选取单级整群样本，你要随机地选择群样本。最终的样本包括随机选择的群当中的所有单个元素。例如，如果你随机选择了 15 个心理学班级，你的样本中就包括了这 15 个班级中的所有学生。

单级整群抽样：群是随机选取的，入选群中的所有元素构成样本。

整群抽样的第二种类型是**二级整群抽样**（two-stage cluster sampling）。第一步，你随机选择一个群样本（即像你在单级整群抽样时做的那样）；但是到了第二步，你需要从第一步选取的每个群的元素中随机抽取一个样本。例如，在第一步时你随机选择了 30 个心理学班级，那么在第二步，你就需要从这 30 个班级中的每个班级里随机抽取 10 名学生。

二级整群抽样：群是随机选取的，然后从每个入选群的元素中各抽取出一个随机样本。

如果所有群的大小都大致相同，那么整群抽样法就是一种等概率抽样法。记住，等概率抽样是非常重要的，因为只有这样，抽样才能产生代表性样本。如果

---

1 在这个例子中，如果抽样专家想将从样本中得到的结论推广到总体，他们会将女性和男性的数据进行加权计算，以使其回到恰当的比例。

系统抽样：先确定抽样间隔（*k*），然后从 1 至 *k* 之间随机选取一个数字，并以此为起点选择每个间隔 *k* 位的元素的抽样方法。

抽样间隔：总体大小除以样本容量所得到的值；它可以用字母 *k* 表示。

群的大小有异，那么还有一些高级方法可帮助你将整群抽样变为一种等概率抽样法，本书暂不涉及这些方法。[2]

系统抽样 系统抽样（systematic sampling）是另一种通常会生成随机样本的抽样方法。系统抽样的效率与简单随机抽样的效率差不多，而且也是一种等概率抽样法（Kalton, 1983）。如果你决定使用系统抽样来抽取样本，你必须遵循三个步骤。第一步，确定**抽样间隔**（sampling interval），即总体大小除以样本容量得出的值。抽样间隔可以用符号"*k*"表示。第二步，随机选择 1 至 *k* 之间的某个数字，然后将与这个数字对应的人纳入你的样本。第三步，将该数以后每间隔 *k* 个数所对应的元素都纳入你的样本。例如，假设你的总体大小是 100，你想要获取一个容量为 10 的样本。那么你的抽样间隔 *k* 就等于 10（即 100/10 = 10）。接着，假设你在 1 到 10 之间随机抽取的数字是 5。最后，将 5 以及 5 之后每隔 10 个数所对应的人都纳入样本（比如，第二个人是 15 号，因为 5 + 10 = 15；第三个人是 25 号，因为 15 + 10 = 25；以此方式继续抽取）。最终的样本包括的人员编号分别为：5、15、25、35、45、55、65、75、85、95。如果你是按照这三个步骤操作的，那么当你到达抽样框的末尾时，你也正好抽取到了样本需要的所有人。在系统抽样中，你实质上是选取了一个随机的起点，然后按照名册从头到尾进行操作。

现在让我们从图 5.1 的抽样框中选取一个容量为 10 的系统样本。总体大小为 128，我们想要的样本容量为 10；因此 *k* 就是 128 除以 10，大约等于 13（12.8 ≈ 13）。第二步，我们使用随机数字生成器在 1 至 13 之间选取一个数字，结果我们得到了数字 6，将 6 号选入样本中。第三步，我们自此选取间隔为 13 的所有人进入我们的样本。最终样本包括的人员编号为：6、19、32、45、58、71、84、97、110、123。你可以使用这些编号确定进入样本的 10 位 APA 主席。[3]

周期性：如果抽样框中存在着循环模式，进行系统抽样时就可能会出现的问题。

在系统抽样中有一个潜在（但并不常见）的问题。这个问题被称为**周期性**（periodicity）。如果抽样框中存在循环模式，就可能会出现周期性问题。如果你把几个排好序的名册拼接在一起（比如，假设你从多个班级获得了名册，而每一个班级名册都是按照诸如成绩这样的变量排序的），而且每个单独的名册的长度正好等于 *k*，那么就很有可能发生周期性问题。只要你不把多个名册拼接在一起，就不会发生周期性问题。如果你有多个名册，一定要将它们作为一个整体进行编排（即按照随机的方式，或者按字母顺序，抑或依据分层变量重新排成一个新名册）。

---

[2] 你可以使用一种叫作"概率比例规模抽样"（probability proportional to size; PPS）的方法来解决这个问题。

[3] 你也可以利用一个如图 5.2 展示的那种分层抽样框来进行系统抽样。事实上，因为分层本身所具有的优势，这样的效果会更好一些。

> **思考题 5.4**
> - 几种主要的随机抽样方法的优点和缺点各是什么？

非随机抽样法

心理学研究中使用的另一类主要的抽样方法是非随机抽样法。这些往往是相对较弱的抽样方法，但是有时出于一些现实的考虑，我们需要选用这些方法。我们将简要地介绍四种主要的非随机抽样法：方便抽样、配额抽样、立意抽样和滚雪球抽样。非随机抽样法在心理学中经常被采用（尤其是方便抽样和立意抽样）。

在进行**方便抽样**（convenience sampling）时，你只需要请求最容易获得，或最容易选择的人来参与你的研究。例如，心理学家经常会从选修心理学导论课程的大学生中选取样本（即参与研究项目的学生是为了获得大学学分或想知道做研究参与者是怎么回事）。

在进行**配额抽样**（quota sampling）时，研究者会设置配额（即样本所需的各种类型的人的数量），然后（使用方便抽样）找到满足这些配额数量的人。例如，研究可能需要这样一组配额：25 名心理学专业学生、25 名生物学专业学生、25 名教育学专业学生以及 25 名工程学专业学生。你可以使用方便抽样来找到这些人。关键在于要为每组配额找到正确数量的人。

当使用**立意抽样**（purposive sampling）时，研究者会明确其感兴趣的总体的特征，然后找到符合所需特征的个体。例如，你想要开展一项研究，并以"14—17 岁之间、患有强迫症的青春期男孩和女孩"为对象。如果你想要的样本容量为 100，那么你就需要努力地找到满足这个准入要求并且愿意参与研究的男孩、女孩各 50 人，然后将他们纳入你的研究之中。

最后，在进行**滚雪球抽样**（snowball sampling）时，恳请每个研究参与者推荐其他具有某个特定准入特征（或一组特征）的潜在参与者。开始的时候你只能找到一个或几个参与者；你请求他们加入研究并询问他们是否知道其他一些满足准入特征的潜在参与者。接着你就可以顺藤摸瓜找到这些外加的参与者，请求他们加入，并请他们推荐其他潜在参与者。你要持续这个过程，直到拥有了足够数量的研究参与者。在你需要从一个没有抽样框且很难找的总体中抽取样本时，滚雪球抽样尤其有效。例如，如果你想在你的城市里开展一项与拥有巨大政治权力（包括官方或非官方的权力）的人有关的研究，你就可以使用滚雪球的抽样方法，因为这里没有现成的抽样框。你可以确定一组有权力的人，并从那儿入手，然后使用上面描述的滚雪球的方式进行抽样。

> **方便抽样**：将容易获得的人、志愿者，或容易招募的人选入样本。

> **配额抽样**：研究者先确定样本中所包含的各个组群的样本容量或配额，然后在各个组群中进行方便抽样。

> **立意抽样**：研究者明确感兴趣的总体有何特征，然后找到那些具有这些特征的个体。

> **滚雪球抽样**：每一个被选入样本中的人都被要求找出其他的具有准入特征的潜在参与者。

> **思考题 5.5**
> - 不同种类的非随机抽样法的关键特征是什么？

随机选取与随机分配

5.4 区分随机选取与随机分配

本章主要介绍测量和抽样方法,而不是将参与者分配到自变量的各个水平的分配方法。但是,我们需要确保你能够理解随机选取与随机分配之间的重要区别。随机选取是一种抽样技术,而随机分配不是。在随机选取时,你会使用某种我们已经讨论过的随机抽样方法从总体中选取出一个样本。**随机选取**(random selection)的目的是获得一个能够代表总体的样本。如果你使用的是一种等概率抽样法,那么得到的随机样本就会与总体相似(即它具有代表性)。例如,如果你从密歇根州安阿伯市的成年人口中随机地选取(如使用简单随机抽样)出 1 000 个人,那你获得的样本的情况就会与安阿伯市成年人口的情况相似。对调查研究来说,随机选取非常重要,因为调查研究需要从单个样本直接推论到总体。

随机分配(random assignment)不用于获取样本。随机分配是在实验研究中使用的一种程序,用于形成在所有可能特征上都相似的实验组和控制组(或对照组)。在进行随机分配时,你首先要从一组人入手(通常你使用的是一个方便样本),然后将这组人随机地分成两个或多个组。接下来给其中一组施行实验处理,另一组可以作为控制组(随机确定)。这样你就可以开展实验了。探究因果关系需要强实验设计,而随机分配过程是产生最强实验设计的关键要素。在第 9 章我们将解释什么是随机化设计。必须要记住,随机选取与随机分配的区别在于两者目的不同。**随机选取的目的**(purpose of random selection)是获取代表性样本,而**随机分配的目的**(purpose of random assignment)是产生两个或多个在概率上等同从而可用于实验的组。

> **思考题 5.6**
>
> - 对比随机选取与随机分配。

随机选取:使用某种随机抽样法选取参与者。

随机分配:按照随机概率将参与者安置到不同实验条件下。

随机选取的目的:获取代表性样本。

随机分配的目的:产生两个或更多用于实验的相等组。

随机抽样时的样本容量确定

5.5 阐述如何确定推荐的样本容量

你在设计一项研究时,不可避免地会遇到这样一个关键问题:"我的样本中应该包含多少人?"虽然这是一个非常现实的问题,但是却很难回答,因为样本容量受到诸多因素的影响。现在我们将提供一些建议和对你有用的信息。

以下是关于样本容量这一重要问题的五个相对"简单"的答案。第一,如果你的总体人数低于或等于 100 人,那么将整个总体都纳入你的研究,而不是从中抽取一个样本。在这种情况下，我们建议你不要抽取样本，而是让每个人都加入。第二，如果有可能，尽量为你的研究获取一个相对大些的样本。样本容量越大，你就越不可能错过存在于总体中的效应或关系。有时候，增加样本容量所换来的收益很少，而且可能使成本效益降低，但你应该不会经常遇到这种情况。第三，我们建议你仔细地检查同类课题的其他研究文献，并找出其他研究者在研究中选择了多少参与者。第四，为了得到样本人数的确切数字，请查看表 5.3，其中给出了建议的样本容量。但是，因为在确定所建议的样本容量时，我们做了几个前提假设，所以该表也只是提供了一个大致的参考起点。第五，我们强烈建议你使用**样本容量计算器**（sample size calculator）。为了使用这类计算器，你必须学习一些推论统计的知识，但是我们要在第 16 章才会详细地讨论推论统计。最受欢迎的样本容量计算程序或许是 G*Power（Erdfelder, Faul, & Buchner, 1996）。下面是这个免费程序的链接：http://www.gpower.hhu.de/en.html。

样本容量计算器：一个用于生成推荐的样本容量的统计程序。

在结束本节之前，我们再补充几点与样本容量有关的内容。第一，如果你的总体同质性较差（即组成总体的人差异性很大），那么你需要大一点的样本容量。第二，当你想要将自己的数据拆分到多个子类别中时，你需要大一些的样本容量。例如，如果你想对女性和男性单独进行分析（而不是仅仅对整个样本进行分析），或者根据种族对数据进行分析，那么你的每个亚组都需要足够的样本容量。第三，当你想要得到一个相对窄（即精确）的置信区间时，你需要大一点的样本容量。例如，在预估有多少临床心理学家会支持一项新的处方授权法案时，一个 75% ±

表 5.3　总体容量在 10—50 000 000 时所需样本容量

N 代表总体大小，n 代表建议的样本容量。样本容量建立在 95% 的置信水平上。									
N	n	N	n	N	n	N	n	N	n
10	10	130	97	250	152	950	274	10 000	370
20	19	140	103	260	155	1 000	278	20 000	377
30	28	150	108	270	159	1 100	285	30 000	379
40	36	160	113	280	162	1 200	291	40 000	380
50	44	170	118	290	165	1 300	297	50 000	381
60	52	180	123	300	169	1 400	302	75 000	382
70	59	190	127	400	196	1 500	306	100 000	384
80	66	200	132	500	217	2 000	322	250 000	384
90	73	210	136	600	234	3 000	341	500 000	384
100	80	220	140	700	248	3 500	346	1 000 000	384
110	86	230	144	800	260	4 000	351	10 000 000	384
120	92	240	148	900	269	5 000	357	50 000 000	384

资料来源：表中数字由本书作者计算得出。

4% 的置信区间比 75% ± 8% 的置信区间更窄（即更精确）。不幸的是，精确度的增加伴随着成本的增加：如果你想要增加精确度，就必须有一个更大的样本。第四，当你预期关系微弱或效应很小时，你需要一个更大的样本容量。检测微弱的关系需要更大的样本。小样本的数据更容易出现大量的随机误差或"噪声"，这让我们很难从中提取出由微弱关系给出的"微弱信号"。第五，当你使用的随机抽样方法效率较低时（例如，整群抽样的效率就比等比例分层抽样的效率低），你需要更大的样本容量。第六，不同的统计方法要求不同的样本容量。我们在第 8 章提供了一张表格，针对几种不同的统计检验给出了建议的样本容量（表 8.1）。当你上统计学课程时，你会学到更多关于这个问题的知识。最后，前面你已经了解到，回复率是指样本中同意参加研究的参与者所占比例。所以，当你预期研究的回复率较低时，你需要一个更大的样本容量。

> **思考题 5.7**
> - 说明如何为一项研究确定合适的样本容量。

定性研究中的抽样

5.6 总结定性研究中使用的抽样方法

心理学的定性研究通常是想了解特定人群、团体、地区和环境中人们的思想。它也可用于加深对定量研究的理解。定性研究往往侧重于对一个或几个个案的深度理解，而不是对很多个案的宽泛研究。因此，定性研究的一个主要目标就是找到信息丰富的个案。"选取"了个案后，我们就可以使用各种数据收集方法来获取开放性数据，如深度访谈法和现场观察法。

因为关注的是特定个案，所以定性研究的抽样通常带有目的性。其思想是：为了了解某种特定的现象而确定出想要进行深度研究的特定群体或某种特定类型的人。很多时候，定性研究中的抽样是**理论抽样**（theoretical sampling）。其思想是在开展研究的过程中选取个案（而不仅仅在研究开始时）。你要不断地选取那些你认为属于信息丰富并可能有助于理论（关于有些过程如何运行以及为什么运行）发展的人。你要不断地找到那些潜在的个案并在征得同意后让其加入你的研究。定性研究中的抽样通常并不随机，其目的也不是代表总体。在表 5.4 中，我们列出了定性研究中经常使用的几种具体的抽样方法（Miles & Huberman, 1994）。你也可以使用被称为**混合抽样**（mixed sampling）的方法。混合抽样就是将定性抽样法（表 5.4）和定量抽样法（之前在随机和非随机抽样法部分讨论过）结合起来使用。混合抽样的主要意图是为特定的研究问题、目的和需要量身定制出更复杂的抽样方法。

理论抽样：在研究过程中，根据谁可能与发展一个好的理论解释最相关，不断选择新的参与者。

混合抽样：使用定量和定性抽样相结合的方法。

表 5.4　定性研究中使用的抽样方法

最大变异抽样（maximum variation sampling）——识别并选取大范围的个案进行数据收集和分析（如，在大学诊所找到自尊水平分别为高、中、低的心理咨询来访者）。

极端个案抽样（extreme case sampling）——识别并选取在某一维度上处于极端或极限位置的个案（如，在大学诊所找到自尊水平特别高和特别低的心理咨询来访者）。

同质样本选取（homogeneous sample selection）——识别并选取一个同质小群体或一组同质个案进行深入研究（如，从未成年少女中选出关注节食和理想体型的人组成焦点小组）。

典型个案抽样（typical-case sampling）——识别并选取典型或普遍的个案（如，选取并深入访谈几个没有医疗保险的大学生）。

关键个案抽样（critical-case sampling）——识别并选取特别重要的个案（即选择那些大家都认为非常重要的个案）。

反面个案抽样（negative-case sampling）——识别并选取那些你觉得可能不支持你的一般性结论的个案，以便确保自己并不只是选择性地选取那些支持你个人理论的个案。

理论抽样——在研究过程中，不断识别并选取那些可能与发展好的理论解释最相关的参与者。

机会抽样（opportunistic sampling）——在开展研究的过程中，当机会到来的时候，识别并选取一些有用的个案。

> **思考题 5.8**
> ● 总结定性研究中使用的抽样方法。

本章小结

　　测量是指按照一组特定的规则，用符号或数字来表示某物的测量行为。史蒂文斯的四种"测量量尺"是：命名量尺（"种类"测量）、顺序量尺（等级测量）、等距量尺（相邻数之间有相等的间距）和等比量尺（具有绝对零点）。具体的例子有：政党身份（命名）、完成比赛的排名（顺序）、华氏温度（等距）和收入（等比）。测验或工具的两个主要心理测量学特征是：信度（分数的一致性或稳定性）和效度（基于分数对构念所做解释的准确性）。主要的信度类型包括：重测信度（跨时间的一致性）、复本信度（复本之间的一致性）、内部一致性信度（项目间的相关性或在测量单一构念上的一致性）和评分者信度（评分者之间意见的一致性）。效度证据的主要类型包括：内容相关证据、内部结构证据和基于与其他变量联系的证据（如预测效度、同时效度、聚合效度、区别效度和已知群效度）。

　　第二个主题是抽样（即从总体中选取出一组人）。重要的学术术语包括：样本与总体、统计量与参数、代表性样本、等概率抽样法（EPSEM）、抽样误差、抽样框和回复率。随机抽样法包括：简单随机抽样、等比例分层抽样、不等比例分层抽样、整群抽样和系统抽样。以下这些属于等概率抽样法：简单随机抽样、等比例分层抽样、系统抽样（只要你随机选择起点，并且不存在周期性问题）以及整群抽样（当群的大小相等时）。主要的非随机抽样法包括方便抽样、配额抽样、立意抽样和滚雪球抽样。理解随机选取与随机分配之间的区别至关重要；本章主要介绍选取（抽样），但仍然仔细解释了二者之间的区别。本章还讨论了在确定合适的样本容量时需要考虑的多个因素。最后，本章简要地讨论了定性研究中使用的几种抽样方法。

重要术语和概念

变量	效度系数	分层随机抽样
测量	效标关联效度	分层变量
命名量尺	预测效度	等比例分层抽样
顺序量尺	同时效度	不等比例分层抽样
等距量尺	聚合效度证据	整群随机抽样
等比量尺	区别效度证据	整群
信度	已知群效度证据	单级整群抽样
信度系数	常模群体	二级整群抽样
重测信度	样本	系统抽样
复本信度	普查	抽样间隔
内部一致性信度	元素	周期性
α系数	总体	方便抽样
克隆巴赫系数	抽样	配额抽样
评分者信度	代表性样本	立意抽样
观察者间一致性	等概率抽样法	滚雪球抽样
效度	统计量	混合抽样
操作化	参数	随机分配的目的
校验	抽样误差	随机选取的目的
内容相关证据或内容效度	抽样框	随机分配
表面效度	回复率	随机选取
多维度构念	有偏样本	样本容量计算器
因素分析	近端相似	理论抽样
同质性	简单随机抽样	

章节测验

问题答案见附录。

1. 几种测量量尺的正确顺序是：
   a. 命名、顺序、等距、等比
   b. 顺序、等距、等比、命名
   c. 等距、顺序、等比、命名
   d. 等比、命名、顺序、等距
2. 测验的信度指的是以下哪项内容？
   a. 测验分数的一致性或稳定性
   b. 测验是否测量了它计划测量的内容
   c. 一项测验是否有效
   d. 它的内容抽样
3. 下面哪一种抽样方法是等概率抽样法，即它能保证总体中的每个个体都有同等的入选机会？
   a. 简单随机抽样
   b. 等比例分层抽样
   c. 群大小相同的整群抽样
   d. 上述所有方法都是 EPSEM
4. 确定抽样间距（用 k 表示），然后从 1 至 k 之间随机选取一个数字，再将该数字以及此后每间隔 k 个数所对应的元素都纳入样本中。这是哪种抽样方法所使用的步骤？
   a. 简单随机抽样
   b. 三级整群抽样
   c. 分层抽样
   d. 系统抽样
5. 以下哪个的目的是在实验开始的时候，生成两个或更多在所有可能的因素上都相似的组？
   a. 随机选取
   b. 随机分配

提高练习

1. 使用 randomizer.org 的随机数字生成器抽取一个 APA 主席的等比例分层样本。假设你想要的最终样本中包括 20 位 APA 主席。如图 5.2 所示，APA 主席中有 18 位是女性（编号为 1—18），110 位是男性（编号为 1—110），总体中大约 14% 为女性，86% 为男性。对你的样本来说，20 的 14% 大约等于 3，86% 大约为 17，所以你需要 3 位女性主席和 17 位男性主席。因此，你想要使用随机数字生成器选择 3 位女性 APA 主席，然后再用它选取 17 位男性 APA 主席。将这两个亚样本合在一起，你就有了 APA 主席的分层随机样本（性别是分层变量）。
2. 克里斯滕森教授设计了一项测量情绪智力的测验。下面哪个选项代表了聚合和区别效度证据？

   a. 这项测验与另一项情绪智力测验高度相关，但是与自我效能测验不相关。
   b. 这项测验与另一项情绪智力测验高度相关，并且与自我效能测验高度相关。
   c. 这项测验与另一项情绪智力测验不相关，但是与自我效能测验相关。
   d. 这项测验既与其他的情绪智力测验不相关，也与自我效能测验不相关。

   接着，请说明自己的答案为什么是正确的。最后，请搜索已发表的研究文献，并决定在这个校验过程中你将使用哪些特定的测验。

第 6 章

研究效度

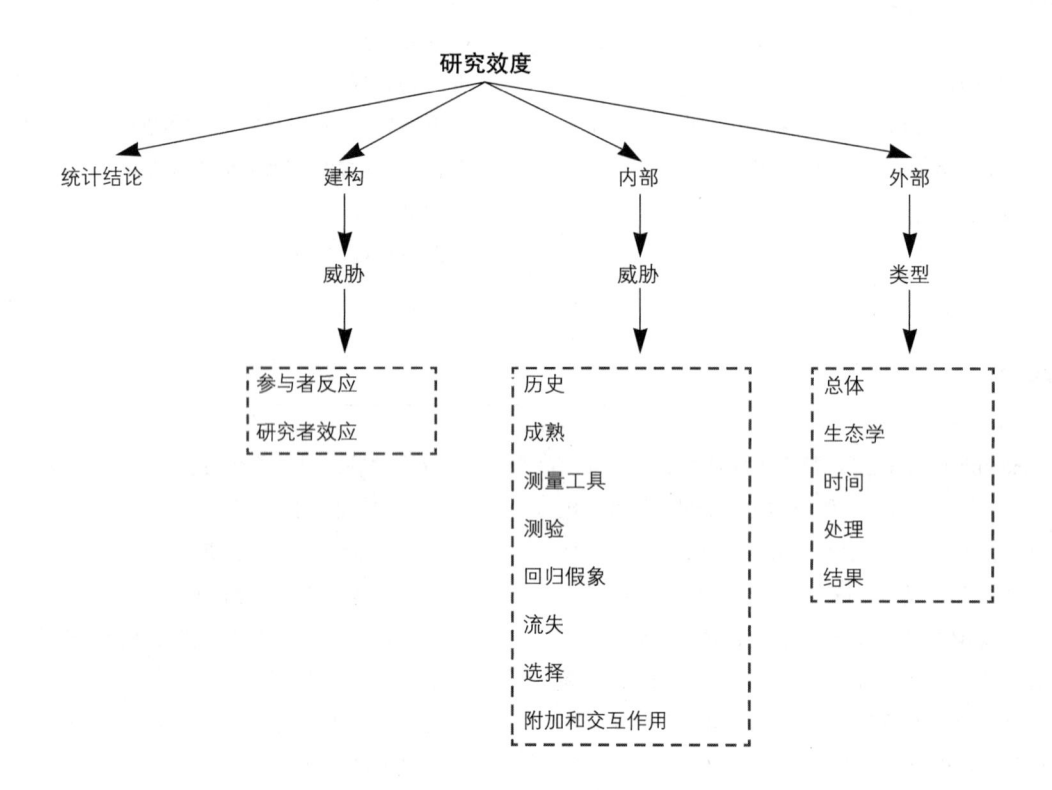

```
                          研究效度
         ┌──────────┬──────────┼──────────┬──────────┐
         ↓          ↓                     ↓          ↓
      统计结论      建构                  内部        外部
                    ↓                     ↓          ↓
                   威胁                   威胁        类型
                    ↓                     ↓          ↓
```

┌─────────────┐   ┌─────────────┐   ┌─────────────┐
│ 参与者反应   │   │ 历史   │   │ 总体   │
│ 研究者效应   │   │ 成熟   │   │ 生态学   │
└─────────────┘   │ 测量工具   │   │ 时间   │
                     │ 测验   │   │ 处理   │
                     │ 回归假象   │   │ 结果   │
                     │ 流失   │   └─────────────┘
                     │ 选择   │
                     │ 附加和交互作用│
                     └─────────────┘

学习目标

6.1 总结定量研究中的效度类型

6.2 阐述研究中统计结论效度的重要性

6.3 分析建构效度威胁对研究结果的影响

6.4 解释内部效度的含义,并描述单组和多组设计中的内部效度威胁

6.5 分析外部效度的类型

6.6 解释内部效度与外部效度的关系

研究效度（research validity）是指由一项研究结果得出的某个推论的正确性或真实性。它在所有类型的研究中都很重要。为了进行有效的研究，你必须制订计划并严格执行。这个计划必须包括使用策略来获得有效的结果。在本章中，我们将关注各种类型的效度，以及在定量研究尤其是实验研究中效度所面临的主要威胁。我们将在第14章讨论定性研究的效度。

研究效度：从一项研究中得出的推论的真实性。

四种效度概述

6.1 总结定量研究中的效度类型

要想确保能够从定量研究的实证发现中得出准确的推论，就要尽力确保该研究具有表6.1中列出的四种类型的效度（Shadish, Cook, & Campbell, 2002）：统计结论效度、建构效度、内部效度和外部效度。但是，最好将效度视作一个连续变化的量，而不是二分变量，即只有100%有效和0%有效两类。我们的目标是尽可能让四种效度都达到最大化。这很难做到，因为我们不能融合所有的方法和程序来帮助我们同时获得这四种效度。有时，提高某种类型的效度将对其他类型的效度产生积极影响。例如，更高的统计结论效度和建构效度也会使内部效度和外部效度变高。然而，在有些时候，为了获得某种效度而结合某种方法可能会降低我们获取另一种效度的几率。你将了解到，当涉及内部效度和外部效度时，尤其如此。有时，用于提高内部效度的方法会降低外部效度。在本章，我们会介绍研究中主要的效度类型，并说明当一项研究的设计和实际操作不完善时，常常会潜入研究的主要威胁。后面的章节将进一步深入地讲解设计和执行研究的具体内容。

表6.1 定量研究中的效度

效度类型	描述
统计结论效度	关于自变量和因变量是否共变的推断的效度
建构效度	从用于表示构念的操作中做出的关于构念的推断的效度
内部效度	关于自变量和因变量因果关系推断的效度
外部效度	关于研究结论能否推广到其他人、环境、处理变量、测量变量和时间的推断的效度

> **思考题 6.1**
> - 总结四种类型的效度。它们是如何彼此关联的？

统计结论效度

6.2 阐述研究中统计结论效度的重要性

统计结论效度：关于自变量和因变量之间共变的推论的效度。

统计结论效度（statistical conclusion validity）是指关于自变量和因变量之间共变的推论的效度。这里的共变，意味着自变量（IV）的每一个变化都会引起因变量（DV）的相应变化，也就是 IV 和 DV 是统计相关的。提醒一下，IV 和 DV 之间的共变关系是因果关系成立的三个必要标准中的第一个标准（参见第 2 章表 2.2）。我们通过计算研究收集的数据，得到统计分析的结果，并由此得出有关 IV 和 DV 之间共变关系的推论。在第 16 章，你将了解到我们不但想看自己收集到的数据是否显示了某种关系，同时我们还必须确定观察到的这种关系是否具有统计显著性。当第 16 章中描述的分析程序（称作显著性检验）显示我们观察到的关系很可能不是随机产生的时，就可以说这种关系具有**统计显著性**（statistically significant）。如果关系很可能不是随机产生的，那我们就推断这是一种真实存在的关系。

统计显著性：指观察到的关系很可能不是随机产生的。

如果研究者推断的变量之间的共变关系是正确的，那么这项研究就具备研究结论效度。但有些时候，研究者从他们的统计分析中得到的有关总体的推论是错误的。例如，如果一项研究没有足够的研究参与者，那么它所使用的统计检验就可能没有足够的效力以探测到真正存在于总体中的自变量和因变量之间的共变关系，从而导致了错误的结论（即当变量之间确实有关系存在时却认为这种关系不存在）。当某种关系很弱时，研究者也有可能错误地认为它很强，反之亦然。缺少足够的参与者是威胁统计结论效度的众多因素之一。然而，理解这些威胁需要一定的统计学背景知识，我们将不在这里论述。如果你对此感兴趣，可以查阅沙迪什等人的书籍（Shadish et al., 2002, p. 45）。

> **思考题 6.2**
> - 什么是统计结论效度？
> - 为什么统计结论效度很重要？

建构效度

6.3 分析建构效度威胁对研究结果的影响

建构效度：研究中使用的测量方法充分表示构念的程度。

建构效度（construct validity，也译作构念效度、构想效度）是指我们能够从用来表示构念的操作中推断出这些构念的程度。正如前一章所讨论的那样，准确地测量构念是非常重要的，因为从很多层面来讲，科学心理学就是对构念的研究。

例如，当我们谈到被诊断为精神分裂症、强迫症或进食障碍的患者时，实际上我们正在与这些障碍的构念打交道。构念还能指代实验或非实验研究环境，如贫困环境、富裕环境或贫民区。如果你正在调查抑郁对生活在贫民区的已婚成年人婚姻不和现象的影响，那么你就使用了构念来表示：研究参与者（已婚成年人）、自变量（抑郁程度）、因变量（婚姻不和程度）以及研究环境（贫民区）。针对上述每一个构念，你都必须确定一组能够充分表示该构念的操作。

正如我们在前一章中所解释的那样，建构效度与测量效度是统一的，在那一章我们还专门设置了一节有关效度的内容，说明如何获得建构效度。在本章中，我们重点关注影响建构效度的主要威胁。当一个构念没有被很好地测量时，就说明这些威胁在起作用。

建构效度的威胁

建构效度关注的是研究者所进行的操作化准确地表示构念的程度，即该操作化可用于推断其所表示的构念的程度。例如，一周内的争吵次数是否能很好地表示婚姻不和这个构念？换句话说，构念与研究中用于测量该构念的操作是否匹配？有时我们的操作化有很强的代表性，有时则不然。为什么我们从研究操作得出的关于构念的推断可能是错误的？沙迪什等人（Shadish et al., 2002）确定了多种原因。这些原因如表 6.2 所示，被认为是对建构效度的威胁。例如，表中的第一种威胁是说，如果你对构念的理解不足，那么就很难充分地测量它。而按照第二种威胁的内容，你应该使用那些只测量某个特定构念的操作，而不是那些测量多个构念的操作。你应该阅读一下这张表格，了解可能威胁建构效度的其他一些方式。

我们接下来将对表 6.2 中列出的两个威胁——参与者对实验情境的反应和实验者效应——进行更详细的讨论，因为已经有相当多的研究表明，它们会使实验研究的结果产生偏差。

参与者对研究情境的反应（participant reactivity to the research situation） 这种威胁属于参与者效应的范畴。参与者反应是指参与者对研究情境的解释可能会有所不同，而这些不同的解释可能会影响他们在因变量指标上的反应。虽然我们在这里关注的是实验中的参与者效应，但本小节中的概念适用于任何以人类为参与者的研究。

个体在同意参加一项实验时，我们会假定所有的参与者都会按照我们想要的方式充分地理解实验任务。实际上，这种理想情况是不存在的，因为参与者不是实验指导语和操纵的被动反应者。凯尔斯特龙（Kihlstrom, 1995）说得好，他认为参与者是"有意识的好奇生物，不断地思考发生在自己身上的事情，评估正在进行的过程，弄清楚自己应该做什么，并计划着自己的反应"（p. 10）。这些认知

参与者对研究情境的反应： 研究参与者的动机和倾向性会影响到他们对研究情境的认知以及他们在因变量上的反应。

表 6.2　建构效度的威胁

- **对构念的解释不充分**——如果构念没有被充分地解释和分析，就会形成一组并不能充分表示这个构念的操作。
- **构念混淆**——研究中使用的操作表示了多个构念。
- **单一操作偏差**——某项研究使用单一操作来表示某个构念。这通常会导致对概念的表示不足，并降低建构效度。
- **单一方法偏差**——某项研究使用单一方法（如生理记录）来操作化某个构念。当这种情况发生时，使用的方法可能会影响到结果。
- **混淆构念与构念水平**——研究只是考察了构念的几个水平（如某种药的三种剂量），但却做出了有关整个构念（如这种药的整体效果）的推论。
- **因子结构的处理敏感性**——由于实验处理导致测量工具发生变化。
- **反应性自我报告变化**——在加入实验研究后，参与者动机的变化可能会导致他们对自我报告的测量工具反应的变化。
- **参与者对实验情境的反应**——研究参与者的认知和动机会影响他们在因变量上的反应，而这些反应会被解释为正在接受检验的处理构念的一部分。
- **实验者效应**——实验者的特征和期望能够影响研究参与者的反应，而这些反应会被解释为正在接受检验的处理构念的一部分。
- **新奇效应及干扰效应**——研究参与者通常对新奇的情境反应更好，而对打破他们日常习惯的情境则反应较差。这些效应属于整体处理效应的一部分。
- **补偿性的平等化**——人们会尽量让控制组参与者得到与实验组相同的福利或服务。
- **补偿性的对抗**——人们会因为被安排到控制组而有怨气，因而表现得比预期要消极。
- **处理的扩散**——某个处理组的个体接受了另一个组的一些或所有处理方法。

要求特征：实验中会影响参与者反应的任何可用线索，如指导语、传言或环境特征。

积极的自我表现：参与者在做出反应时，希望以最积极的方式表现自己的动机。

活动会与实验程序相混淆，从而威胁到实验处理的建构效度，因为这时的实验处理不再是研究者所追求的纯科学产物。

在参与者加入一项研究（如实验）时，他们对研究目的和自己需要完成的任务通常并不了解。当他们到达研究地点后，就开始从各个渠道获取信息：研究者的问候方式、有关实验的指导语、要求他们完成的任务、实验室环境（包括可见的设备）以及他们可能听过的任何关于研究的传言。这些信息称为实验的**要求特征**（demand characteristics），从参与者的角度定义了实验"要求"（Orne, 1962; Rosnow, 2002）。要求特征为参与者提供了信息，从中他们建构出自己对实验目的和将要完成的任务的认知。这些认知会影响参与者在实验任务上的表现，因而会影响实验结果。

参与者通常按照自己的认知对实验或研究任务做出反应（Carlopia, Adair, Lindsay, & Spinner, 1983; Carlston & Cohen, 1980），但其反应也可能受到他们想要留下好印象的愿望的影响。例如，如果研究包含一项学习任务，那么参与者可能会认为，如果他们能快速地学会这些材料，那就代表着他们很聪明。绝大多数的人都有表现出聪明的愿望，所以他们会试图尽可能快地学会那些材料。与此类似，如果一项任务暗示着与情绪稳定性相关的内容，参与者就会以一种最能展现情绪稳定性的方式回应（Rosenberg, 1989）。因此，尽管参与者看起来是以完成所要求的任务这样一种动机在参与实验，但附加其中的愿望却是做出**积极的自我表现**

(positive self-presentation)(Christensen, 1981)。这意味着参与者利用自己对研究的认知来决定以何种方式做出反应，以使他们看起来最积极。

对研究的启示 参与者效应的关键启示是，研究者必须努力了解参与者效应对研究结果的影响。在实验中，实验者必须尽力确保各组参与者在所有实验阶段和实验条件下的认知都保持恒定。当这种恒定性不能保持时，就可以预期存在研究结果的替代性解释，这是因为参与者效应与实验处理条件之间发生了混淆。我们将在下一章讨论控制技术，以帮助消除这些参与者效应。

研究者效应 你刚才看到，参与者的动机会影响研究结果，并威胁到你从研究中得出的推论的效度。同样，实验者或研究者也不只是一个被动的不相干的观察者，而是一个能够影响研究结果的主动的行为主体。这些影响被称为**研究者或实验者效应**（researcher or experimenter effects）。这些效应可能是无意的，也可能是有意的。虽然我们不打算在这里进行深入的文献探讨，但证据表明，研究者期望效应能够对研究结果产生巨大的影响，应该采取预防措施。

研究者或实验者效应：影响参与者反应的研究者行为和特征。

思考一下研究者可能带入研究中的动机。首先，研究者有进行这项研究的特定动机，比如理解、控制和预测行为。研究者还对研究结果抱有期望（预期），希望研究假设能够得到证实。另外，按照学术期刊的政策，支持假设的研究更有可能被接受和发表。那么，研究者的愿望和期望是否会使实验结果产生偏差，并使自己更可能获得理想的结果？来看看聪明汉斯的神奇故事。聪明的汉斯（如图6.1所示）是一匹不同寻常的马，它似乎能解答数学题。冯·奥斯顿是汉斯的主人，当他向汉斯提问，汉斯就会以踢踏马蹄的方式给出正确答案。芬斯特（Pfungst, 1911/1965）对这种不可思议的行为进行了观察和研究。经过仔细调查，他发现当汉斯踢踏马蹄的次数快接近正确答案时，奥斯顿会抬头看向汉斯。对汉斯来说，这个抬头看的反应就成为让它停止踢踏蹄子的线索。这个线索是无意间产生的，也没有被旁观者注意到，因此人们认为汉斯拥有数学技能。

反复的观察（可以追溯到芬斯特当年的观察）表明，研究者的愿望和期望能够在一定程度上传递给参与者，而参与者会对此做出回应。正如我们之前讨论的，研究参与者通常有以最积极的方式展现自我的动机。如果这是事实，那研究者在研究中所呈现的微妙线索会被参与者注意到，从而可能会把后者的表现向前者希望的方向引导。因此，研究者制造了一种要求特征。

研究者效应有多种形式。尤其是，研究者效应会因研究者期望和研究者特征而产生。**研究者期望**（researcher expectancies）是指因研究者对研究结果的期望而产生的偏差效应。这些期望会导致研究者在无意中表现出某种行为，令研究参与者做出支持研究假设的反应，从而使研究结果出现偏差，比如聪明的汉斯。**研究者特征**（researcher attributes）是研究者的生理和心理特征，这些特征可以使研究参与者的表现发生改变。罗森塔尔（Rosenthal, 1966）将研究者特征分为三类。

研究者期望：因研究者对研究结果的期望而产生的偏差性的研究者效应。

研究者特征：因研究者的生理和心理特征而产生的偏差性的研究者效应。

图 6.1 聪明的汉斯和主人威廉·冯·奥斯顿的照片

资料来源：(Archives of the History of American Psychology—The University of Akron.) Mary Evans Picture Library/Alamy.

第一类是生物社会特征，包括研究者的年龄、性别、种族和宗教信仰等因素。第二类是心理社会特征，包括研究者的心理和社会特征，比如焦虑水平、对社会赞许的需要、敌意、权威性、智力、支配性和热情度。第三类是情境因素，包括研究者与参与者是否有过前期接触，研究者是新手还是有经验的研究者，以及参与者是友好的还是充满敌意的。

虽然研究者期望和研究者特征能够影响构念效度和内部效度，但这并不意味着这些情况一定会发生。然而，因为我们知道它们在某些时候确实会产生影响，所以我们应该在研究中加上对这些效应的控制。在下一章，我们将对其中的一些控制程序进行说明。

> **思考题 6.3**
> - 什么是建构效度，为什么它很重要？
> - 建构效度的威胁有哪些？
> - 参与者对研究情境的反应的含义是什么？它是如何使心理学研究的结果产生偏差的？
> - 研究者效应的含义是什么？它是如何使心理学研究的结果产生偏差的？

内部效度

6.4 解释内部效度的含义，并描述单组和多组设计中的内部效度威胁

确认因果关系或许是最常见的心理学研究目的，而内部效度涉及且只涉及因果关系这一个问题。**内部效度**（internal validity）是指你能够正确地得出自变量与因变量之间是因果关系这一结论的程度。换句话说，它是指你能够合理地宣称在你的实证研究中自变量的变化导致了因变量的变化的程度。因为内部效度只涉及因果关系，所以该术语的同义词为**因果关系效度**（causation validity）。

内部效度：研究者关于因果关系所做推论的正确性。

因果关系效度：内部效度的同义词。

我们在第 2 章中曾指出，如果你要声明一段因果关系，必须要满足三个"必要标准"。只有当满足以下标准时，你才可以主张存在某种因果关系：(1) 你已经获取了强有力的证据，可以证实假定的原因和结果变量是互相联系的；(2) 原因发生在结果之前；(3) 不存在对这种关系的合理的替代性解释。表 2.2（见第 2 章）总结了提出因果关系主张的这三个"必要标准"。请花点时间再回顾一下这张表格。因为你有必要理解这三个标准，并在提出因果主张时加以运用。

内部效度归根到底是为了确保你所观察到的结果，即因变量的测量结果只是因为自变量的变化而产生的。这是必要标准 3（对于观察到的关系不存在替代性解释）的另一种表述方式。这个要求是最难达成的，因为因变量能够被自变量以外的其他变量所影响。例如，你想调查课外辅导（自变量）对成绩（因变量）的影响。假设你没有使用最强的实验设计（即在实验开始时将参与者随机分配到各组，以保证各组在所有额外变量上是等同的），然后你给一个班的学生提供了课外辅导，而没有为另一班的学生提供课外辅导。如果接受了辅导的学生在成绩上的进步大于没有接受辅导的学生，你也许就想得出结论，这种差异来自课外辅导。但是，这里有一个替代性解释。如果在实验开始时，接受辅导的学生恰好比那些没接受辅导的学生有更强的学习动机怎么办？或许，接受了课外辅导的学生表现优异是因为他们的动机更强。在这种情况下，学习动机就可以作为你观察到的自变量（课外辅导）与因变量（成绩）之间关系的一种替代性解释。这个替代性解释是由于一个混淆额外变量的存在。如果混淆额外变量存在，那么就会出现替代性解释，因此研究者就不能宣称自变量与因变量之间存在着因果关系。替代性解释就是混淆额外变量导致了结果。

因此，当研究中包含了某个额外变量，该变量随自变量系统性地变化，并且还会影响因变量时，就会产生**混淆**（confunding）。这是一个重要的观点，因为额外变量不一定会引入混淆。只有那些 (a) 随着自变量发生系统性变化，并且 (b) 会导致因变量变化的额外变量才会引入混淆。在我们的例子中，接受课外辅导的学生也可能比没接受辅导的学生学习动机更强。这是一种系统性差异——接受课外辅导的学生动机较强，而没接受课外辅导的学生则动机较弱。这个额外变量（动机）可能会导致因变量（成绩）的变化。因此，任何因变量（成绩）差异都能够

混淆：当一个额外变量与自变量同步出现，并且会影响因变量时发生的现象。

归因为课外辅导，或两班学生在动机水平上的差异，抑或这两个变量的共同作用。关键是，你不可能分辨清楚到底是什么导致了成绩差异，因为动机这个额外变量的影响与课外辅导的影响混淆在了一起。

如果动机这个额外变量不随着课外辅导这个自变量而系统地变化，那么它就不是一个混淆额外变量。如果接受和不接受课外辅导的学生在动机方面处于同一水平，那么任何有关成绩的差异都不能归因为动机。在这种情况下，动机水平是一种额外变量，但却不是**混淆额外变量**（confounding extraneous variable），因为它没有随着自变量而系统地变化。你必须尽量地控制所有你认为可能会随着自变量系统地变化并影响因变量的额外变量。记住关键的一点：好的研究者总是在留意着混淆额外变量。

混淆额外变量：与自变量同步出现，并且会影响因变量的额外变量。

内部效度威胁

许多研究的目的都是获取证据以证实一段因果关系的存在。但是，额外变量会影响研究结果，所以为了确保研究的内部效度，必须控制额外变量。因为内部效度的概念是在实验研究的背景下提出的，同时因为实验提供了研究因果关系的最佳方法，所以本节剩下的部分将重点讨论实验研究中的内部效度威胁。但是，如果你要开展非实验研究，那么在确立因果关系时，也必须满足同样的三个必要标准！在非实验研究中确立因果关系的关键是，开展一项尽可能接近强实验设计的非实验研究。这可能包括使用一些策略，如理论建模、假设检验、可用的控制策略（比如路径分析、统计控制、匹配、纵向数据）。

控制额外变量的效应并不意味着完全消除它们的影响，因为许多额外变量的影响是不可能被消除的，如智力、过往经验或动机。关键的策略是消除这些变量在自变量的不同水平上产生的任何差别性影响。这意味着你必须让这些变量在自变量不同水平上的影响保持**恒定**（constant）。换言之，你的目标就是**等组化**（equate the groups）（该术语中的"组"为构成自变量各水平的参与者组），让各组在所有能够影响结果的额外变量上等同。例如，在上述课外辅导的例子中，你需要确保两个组（接受课外辅导的组和不接受课外辅导的组）在动机（以及任何你所担心的额外变量，如智力和先前知识）方面是等同的。如果你让这两个组在所有这些变量上都等同，那么任何因变量的差异都不再会源于这些额外变量（因为这些额外变量并没有随着自变量的水平而系统地变化）。记住：关键在于"等组化"。

恒定：额外变量对所有自变量组的影响都是相同的。

等组化：使用控制策略使额外变量的影响在各自变量组间保持恒定，以便组之间唯一的系统性差别是由于自变量的影响。

这种恒定是如何获得的？也就是说，我们该如何安排各种因素，以使额外变量在各组间相等，从而不会对结果产生差别性影响？唯一的方法就是通过某些形式的控制。控制意味着施加恒定的影响。因此，如果我们想让"支配性"这个特质保持恒定，我们就要尽量地确保这个特质对各组参与者都有相同的影响。

如果你能够确认那些潜在的混淆额外变量，那么就比较容易实现控制或者保持恒定。困难通常在于如何确认那些有问题的额外变量。沙迪什等人（Shadish et al., 2002）确定了大量已被证实会对研究产生影响的额外变量。我们将在随后的内容中讨论。如果研究者试图推论出自变量和因变量之间存在因果关系，那么就必须控制这些额外变量，因为它们会威胁研究的内部效度。威胁因研究设计的类型而异，因此我们将讨论两大类实验研究设计：单组和多组设计。表6.3总结了这些威胁。

回忆一下，实验会操纵一个自变量，并测量其对一个因变量的影响。当实验中没有控制组或对照组时，它就是一个单组设计。那个单组即为实验组。最常见的单组设计是单组前后测设计，在此设计中，参与者先接受前测，再经历自变量，然后接受后测。该设计如图6.2（a）所示。这是一个相对较弱的设计，存在许多影响内部效度的威胁。

多组实验设计相较于单组设计是一种改进，因为多组设计包括一个独立的控制组。控制组的目的是提供证据，表明若不引入自变量的处理水平可能会发生什么情况。（这里的自变量有两个水平，处理水平和控制／非处理水平。）控制组的存在解决了内部效度的部分威胁。然而，多组设计的一个关键元素是参与者如何被分配到不同的组中。如果参与者被随机分配到各组中，你就可以假定在研究开始时各组是相等的。因此，各组之间唯一的差异将是它们被分配到的自变量水平（例如，处理水平或控制水平）。这解决了几乎所有的内部效度威胁！现在，我们来探讨可能出现在单组和多组设计中的常见内部效度威胁。

历史　内部效度的第一个威胁是历史。**历史**（history）是指在研究开始之后但在对因变量的后测之前发生的除实验处理之外的任何可导致研究结果的事件。基本的历史威胁在单组实验设计中是一个问题，如图6.2（a）所描述的设计。看看图

历史： 发生在研究过程中、后测之前的任何能导致结果出现的非实验处理事件。

表6.3　单组和多组设计中的内部效度威胁

I. 单组设计中的常见威胁
历史：在后测之前的研究期间发生的除实验处理之外的任何能够影响参与者因变量分数的事件。
成熟：任何随着时间的推移而产生的、能够影响因变量分数的生理或心理变化。
测量工具：从前测到后测，对因变量的评估或测量上的变化。
测验：参与者在后续测验中的分数变化是由于之前参加过该测验而产生的。
回归假象：看似源于实验处理，而实际上却是源于向均值回归的那些效应，原因是使用了因变量分数非常高或非常低的参与者组。
II. 没有使用随机分配的多组设计中的常见威胁
选择：由于在各组间使用了差异性的选择或分配程序而产生了不相等组。这会导致各组在因变量上产生差异。
差别历史：在多组设计中，各组经历了会导致因变量差异的不同历史事件。
差别流失：在多组设计中，由于各组的参与者流失率不同，各组在某一额外变量上出现差异。这个问题会使各组在因变量上产生差异。
附加和交互：两个或多个内部效度威胁的共同效应导致各组之间出现差异。这些效应会导致各组在因变量上产生差异。

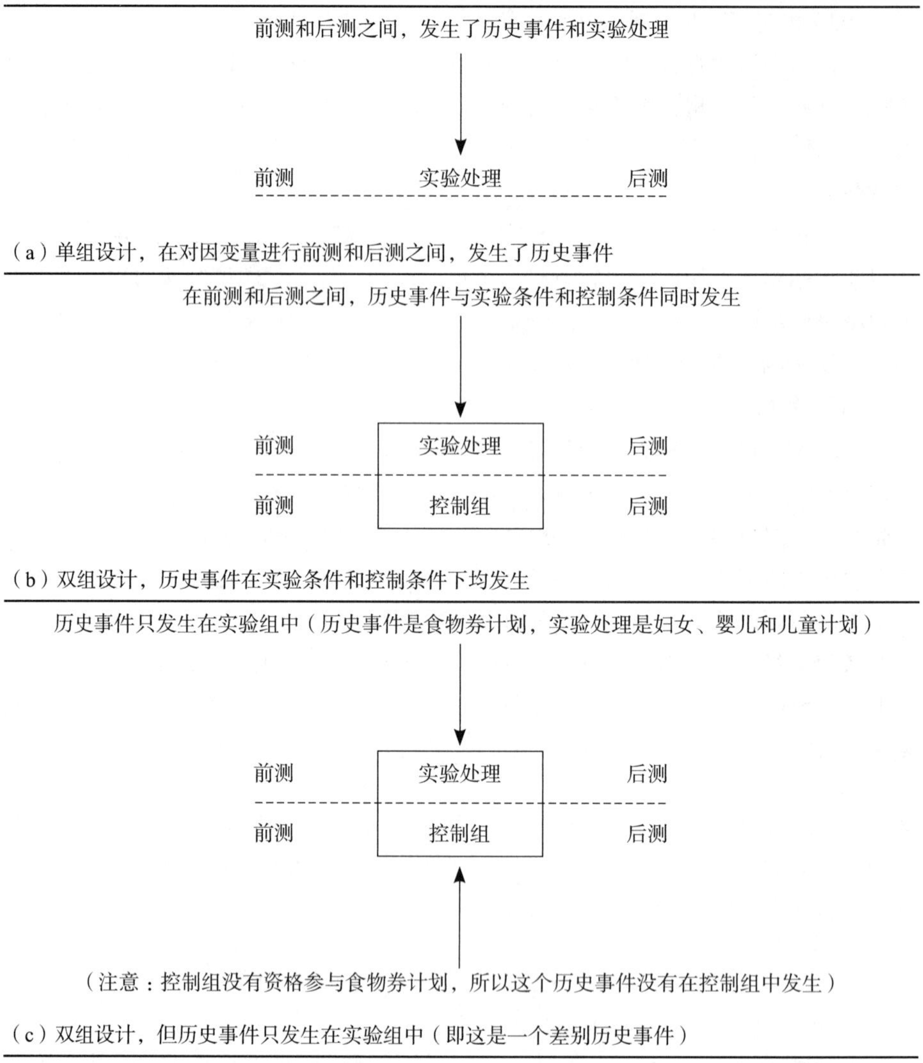

```
                        前测和后测之间，发生了历史事件和实验处理
                                        │
                                        ▼
            前测              实验处理              后测
            ----------------------------------------------
```
（a）单组设计，在对因变量进行前测和后测之间，发生了历史事件

```
            在前测和后测之间，历史事件与实验条件和控制条件同时发生
                                        │
                                        ▼
            前测           ┌──实验处理──┐           后测
            ---------------│------------│---------------
            前测           │   控制组   │           后测
                           └────────────┘
```
（b）双组设计，历史事件在实验条件和控制条件下均发生

```
     历史事件只发生在实验组中（历史事件是食物券计划，实验处理是妇女、婴儿和儿童计划）
                                        │
                                        ▼
            前测           ┌──实验处理──┐           后测
            ---------------│------------│---------------
            前测           │   控制组   │           后测
                           └────────────┘
                                        ▲
                                        │
     （注意：控制组没有资格参与食物券计划，所以这个历史事件没有在控制组中发生）
```
（c）双组设计，但历史事件只发生在实验组中（即这是一个差别历史事件）

图 6.2　演示：基本历史威胁在（a）中是一个问题，因为它与实验处理混合或混淆在了一起；在（b）中不是问题，因为它没有使各组变得不相等；在（c）中，问题被称为差别历史，因为某个历史事件使各组变得不相等

中的设计，你可以注意到参与者在因变量上接受了前测和后测，并在这两个测验之间接受了实验处理。如果此时发生了一个能够影响因变量的事件（非实验处理），那么这个单组设计中就存在着历史威胁。如果发生了这种情况，那么在前测和后测之间就同时出现了实验处理和历史事件（它们混淆在了一起），于是你就无法知道从前测到后测的变化是由实验处理导致的，还是由历史事件导致的，因为你不能分离这二者的影响。

例如，约翰逊和兹洛特尼克（Johnson & Zlotnick，2008）考察了心理治疗对曾有物质滥用史且抑郁的女性囚犯的影响。结果表明，在干预后，她们的抑郁症状有所缓解。研究者假设治疗是导致症状减轻的原因。尽管这可能是真的，但重要的是要意识到，前测和后测之间过了数周的时间，在此期间监狱内发生了许多其他事件，比如参加教育课程和咨询小组或结交新朋友，这些事件可能导致了症状的改善。如果约翰逊和兹洛特尼克在研究中设置一个控制组，就可以控制单组设计中历史事件的影响了。看看图 6.2（b）中的设计。这是一个包含了实验组和控制组的双组设计。如果约翰逊和兹洛特尼克设置了一个控制组，使控制组的参与者与实验组的相似，同时两组参与者都处于被管制状态，则两组在抑郁症状减轻方面的任何差异都不能归因为管制本身，因为两组都处于管制中。这里的重点是，在单组设计中基本历史威胁确实是一个问题，如图 6.2（a）所示；但是当我们添加了控制组，并且只要两组都发生了历史事件，它就不再是一个问题，就像图 6.2（b）所描述的那样。总之，图 6.2（b）中增加的控制组解决了图 6.2（a）中展示的基本历史问题。

不幸的是，我们仍然没有摆脱威胁。在图 6.2（c）中，出现了差别历史问题。当一组经历了历史事件，而另一组没有经历历史事件时，就会出现**差别历史**（differential history）。当出现差别历史时，各组在历史变量上就出现了不同，这是有问题的，因为各组只应该在自变量的各个水平上存在差异，它们不应该在任何额外变量上出现不同。我们举个例子。沙迪什和赖斯（Shadish & Reis, 1984）发现，联邦政府的妇女、婴儿和儿童（WIC）计划（此计划通过改善妇女的营养摄入来改善她们的妊娠结局）中的实验组妇女，同时符合食物券计划的申请条件并很可能参与了该计划。由于食物券计划也能够让她们摄入更好的营养并改善妊娠结局，所以对于试图展示 WIC 计划效果的研究来说，这就是一个历史事件威胁。

我们在图 6.2（c）中展示了这种在双组设计中历史事件只影响了其中一组的情况（即差别历史）。在 WIC 计划实验组中的妇女接受了 WIC 的实验处理，但她们同时也经历了历史事件（即参加了食物券计划）；而控制组的妇女既没有接受 WIC 的实验处理，也没有经历历史事件。这意味着，如果在实验的最后，实验组和控制组出现了差异，那么研究者就无法知道这种结果应该归因于新的处理还是食物券计划。因此，研究者不能合理地宣称新的处理是妊娠结局改善的"原因"。

研究者必须时刻留意历史效应，并且应该利用实验设计来帮助消除历史威胁。其中一个关键点是：为单组设计增加一个控制组能够有效地消除基本历史威胁，就像将 6.2（a）中的设计改进为 6.2（b）中的设计一样；但是，加入控制组并不能解决差别历史的问题，就像 6.2（c）中的设计一样。

成熟（maturation） 这个威胁指的是因时间的推移个体的内部条件的变化。这些变化既涉及生理过程，也涉及心理过程，例如年龄、学习、疲倦、厌烦和饥饿，它们与特定的外部事件无关，而是发生在个体内部。如果这些自然的变化影响个

差别历史：多组设计中的各组经历了会导致因变量差异的不同历史事件。

成熟：任何随着时间的推移而产生的、能够影响因变量分数的生理或心理变化。

体在因变量上的表现，它们就会对内部效度构成威胁。

请思考一项试图评估启智计划效益的研究。假设调查者在学年开始时对参与者进行了成绩测试（即前测），然后在该学年结束时又让参与者测了一次（后测）。这是一个如图 6.2（a）所示的单组设计。在比较前测和后测的成绩时，研究者发现参与者的成绩有显著的提高，并由此推断启智计划是有益的。不幸的是，这项研究没有内部效度，因为它没有对成熟因素的影响加以控制。成绩的提高可能是由于时间的推移而发生的自然变化。没有参与启智计划的儿童也可能有同样的进步。为了确定诸如启智计划这种项目的效果，应该设置一个没有接受实验处理（且在所有其他方面都与实验组参与者非常相似）的控制组，以控制成熟因素的影响。

测量工具：从前测到后测，对因变量的评估或测量上的变化。

测量工具（instrumentation） 这种威胁是指因变量的测量结果随时间（即在研究过程中）的变化。这种类型的混淆额外变量不是指参与者的变化，而是指测量过程中发生的变化。例如，在单组设计中，如果前测的测量过程与后测的测量过程不同，就会出现上述问题。

需要人工观察的测量程序最可能出现测量工具误差。人类观察者会受疲倦、厌烦和学习过程等因素的影响。在施测智力测验时，新手测试者通常会随着时间的推移而掌握施测技巧，并且随着施测次数的增加，收集到的数据也更可信和更有效。在研究中常常依靠观察者和访谈者来评估各种实验处理的效果。当这些观察者和访谈者评估了越来越多的参与者后，他们就掌握了技巧。例如，访谈者可能会在后测时比在之前的前测时更有技巧。这导致了一种从前测到后测的变化，而这种变化既不源于参与者也不源于实验处理。这也是为什么使用人类观察者的研究通常会使用不止一位观察者，并对每位观察者进行大量的专门训练。通常，由多位观察者收集的数据必须一致，然后才能被认为有效。

测验 这种威胁指的是参与者在后来的测验中由于之前参加过这个测验而产生的分数变化。换言之，在前测中参加过一次测验的经验，能够改变在后测中再测一次相同测验的结果。参加一次测验会在很多方面改变个体在后续参加相同测验时的表现。前测会让参与者对测验主题或与主题相关的问题变得更敏感。同时，前测为参与者提供了练习机会并使参与者熟悉测验内容。测验后，参与者也许会思考自己犯下的错误，以及如果再次参加测验该如何改正。当这个测验第二次进行时，参与者已经对它熟悉了，也许还能回忆起自己之前的某些反应。这可能导致成绩的提高，而这种提高完全是因为最初或之前的测验。**测验效应**（testing effect）

测验效应：因之前参加过测验而导致的第二次测验分数的变化。

所导致的成绩的任何改变都会威胁研究的内部效度，因为它可以成为一种替代性解释，让研究者无法声称第二次测验的成绩是实验处理导致的。与之前提到的威胁一样，这种威胁的基本形式对图 6.2（a）中的单组设计是个问题，但增加一个如图 6.2（b）所示的控制组通常就能消除这种威胁。

回归假象 许多心理学研究涉及选取某项测量上的高（或低）分研究参与者。

例如，在研究焦虑时，你可能会选择焦虑分数高的参与者；而在研究功能性文盲时，你可能会选择阅读分数非常低的参与者。这是很有道理的，因为这类研究的目的就是要找到方法，改善参与者在这些因变量上的状况。不幸的是，当基于极端（高或低）分数选择参与者时，就会产生威胁内部效度的回归假象。从前测到后测，不需要进行任何处理，分数极高的参与者就有分数降低的趋势，而分数极低的参与者则有分数提高的趋势。以下是这种威胁的提出者给出的正式定义：

回归假象（regression artifacts）是"伪效应，这种效应似乎是由于某种假定的原因变量（如一种干预）而产生的，但其实只不过是向平均值回归"（Campbell & Kenny, 1999, p. 37）。这种现象也被称为**向均值回归**（regression toward the mean），因为从前测到后测，非常高和非常低的分数往往显示出向平均值最大幅度的移动。更简单一点讲，回归假象可以被视作"你只能从这儿往上（或往下）现象"（Trochim, 2001）。

回归假象：看起来是源于实验处理，实际上却是源于向均值回归的效应。

向均值回归：回归假象的同义词。

如果你根据极高或极低分选取参与者，并且使用前面图 6.2（a）中所示的单组前后测设计，那么从前测到后测的部分或全部变化可能是由于回归假象问题。你将无法知道这些变化是由于实验处理还是由于回归假象的作用。不过，有一个方法通常能够解决这个问题。如果你使用图 6.2（b）中所示的双组设计，并选用两个类似的组，那么就不存在回归假象问题了，因为即使发生了回归现象，两组间的差异也不是由回归假象造成的。如果你需要根据极端分数选择参与者，那么你就应该注意回归假象问题，而且在这种情况下，你始终都应该加入一个分数相似的控制组。

流失 总有一些个体会因为各种原因没能完成研究，比如未能在约定的时间和地点出现，或是没有参加完研究的所有环节。这种从研究中退出的现象被称为**流失**（attrition）。以人类为参与者的实验必须处理这样一种情况：参与者没有在规定的时间和地点出现或没有完成研究所要求的所有实验环节。在单组设计中，流失不是一个影响内部效度的问题，虽然它会使你推广结论的能力打一些折扣，因为你只能将结论推广到完成了研究的那类人身上。在图 6.2（b）所示的双组设计中，流失会产生内部效度问题，因为参与者的流失可能导致各组之间产生差异，而这些差异并不能归结到实验处理上，即它是内部效度的一种威胁，被称作**差别流失**（differential attrition）（有时被称作"选择—流失效应"）。

流失：因参与者未出现或从研究中退出而造成的参与者人数减少。

差别流失：在多组设计中，因为各组参与者流失情况的差异而使各组在额外变量上产生了差异。

想一想下面这个例子。假设你想检验某种处理（用于提升参与者的同理心水平）的效果。同时假设，之前的研究已经发现女性的同理心测量分数高于男性，所以你通过在两组中安排同样数目的男性和女性来对这个因素进行控制。然而，在你真正开始开展这项实验时，接受实验处理条件组（也就是实验组）的男性参与者中有一半没有出现，而不接受实验处理条件组（即控制组）的女性参与者中也有一半没有出现。因为差别流失，现在你的实验组主要由女性组成，而你的控制组则主要由男性组成。统计分析显示，实验组所报告的平均同理心水平显著高于控制组。你能总结说实验组的同理心水平明显更高是因为自变量操纵而产生的吗？这种推论是不正确的，因为实验组中女性参与者的比例更高，而以前的研究已经表明女性的同理心水平更高。可能是额外变量（即性别），而不是自变量（接受处理与不接受处理）造成了两组之间的显著差异。当有参与者从你的研究中退出时，你应该尽力去确定各组间是否在某个可能混淆结果的额外变量上出现了差异。你必须始终谨记实验的基本原则：你需要确保各组的差异是源于自变量，而不是某个额外变量。

选择：因在各组间使用了差异性选择程序而产生了不相等组。

选择 当某种选择或分配程序产生了不相等组时，就存在**选择**（selection）威胁。在理想情况下，应该将参与者随机分配到实验的各个组（如分配到实验组和控制组）。随机分配是产生相等组（即构建在任何额外变量上都不大可能有差异的组）的最佳程序！当不能进行随机分配时，就很可能会产生替代性解释（见"必要标准3"）。假设你要开展上面提到的同理心研究，并且你没有将参与者随机分配到实验组和控制组中。因为两个组的参与者不是随机分配的，所以两组可能在许多额外变量上都不同，包括性别。在实施完处理之后，你发现，平均来看实验组表现出比控制组更高的同理心水平。那是否能够宣称两组之间的差异是由实验处理导致的？你不能下此结论。这两组有可能在额外变量上存在差异，而这可能是观察到组间差异的原因。在这种情况下，如果实验组的参与者中女性比例更高，那么很有可能是性别（而不是处理）导致了两组在因变量上出现了差异。

附加和交互作用：因为两个或多个内部效度威胁共同产生作用而导致的组间差异。

选择—历史效应：发生在前测与后测之间的某个额外事件对某组参与者的影响不同于另一组参与者。

选择—成熟效应：某组参与者的成熟速度不同于另一组参与者。

选择—测量工具效应：测量过程的变化对某组参与者分数的影响不同于另一组参与者。

选择—测验效应：先前的测验经验对各组的影响不同。

选择—回归假象效应：某组参与者表现出的向均值回归的幅度不同于另一组参与者。

附加和交互作用 各种效度威胁不一定只是独自发挥作用。**附加和交互作用**（additive and interactive effects）是指内部效度的各种威胁可以结合起来产生复杂的问题。尤其重要的是，选择能够与历史、成熟、测量工具、测验和回归假象这些威胁结合在一起。当各组由不同类型的人组成时，选择就是一个问题；因此，不同组对各种威胁的反应可能会有所不同。当各个组暴露于相同的历史事件，反应却不同时，就发生了**选择—历史效应**（selection-history effect）。该现象可发生于各组由不同类型的人组成的情况。如果各组成熟的速度不同，就会产生**选择—成熟效应**（selection-maturation effect）。该现象可发生在各组由不同类型的人组成的情况。如果各组因为组成人员类型不同而对测量工具效应的反应不同，就会发生**选择—测量工具效应**（selection-instrumentation effect）。如果因为各组由不同类型的人组成，而使得测验对各组的影响不同，那么就会发生**选择—测验效应**（selection-testing effect）。如果因为各组由不同类型的人组成，而使回归假象对各组的影响不同，那么也就会发生**选择—回归假象效应**（selection-regression artifact effect）。

这里要说明的重点是：当效度的各种威胁共同发生作用时（就如上面提到的那些），多组设计中的各组就不只是在自变量水平（如处理与控制）上存在差异了，而这不是我们所希望看到的；不幸的是，各组也会因为额外变量的作用而产生差异，在实验的最后，你将无法知道各组在因变量分数上的差异是由自变量造成的，还是由某个混淆额外变量造成的。还有一个重点（这将在后面的章节中详细说明）是：在实验开始时使用随机分配来构建各个组，是解决本章讨论的内部效度威胁问题的最佳办法，这个过程有助于确保各组在任何额外变量上都不存在系统性差异。当某项实验研究在分组上是随机分配时，你应该对这项研究提供强有力的因果关系证据的能力抱有更大的信心。

> **思考题 6.4**
> - 内部效度指什么？它为什么重要？
> - 什么是恒定原则？它为什么重要？
> - 内部效度的威胁有哪些？它们各自是如何威胁内部效度的？

外部效度

6.5 分析外部效度的类型

内部效度关注的是，你是否能够宣称你某项研究中的参与者表现出了某种因果关系。效度的第四种主要类型，称作**外部效度**（external validity），关注的是研究者是否能将研究发现推广到其他人、环境、处理方法、结果和时间上去。因为外部效度始终涉及推广，所以也可称作**推广效度**（generalizing validity）。外部效度是一个推广过程，因为它涉及从有限的信息出发，得出适用范围更广的结论。如果说在心理学实验室对 100 名大学生进行的某项特定研究有充分的外部效度，那就意味着从这项实验中得到的结果对所有大学生均适用，尽管他们在所处的实验环境、接受的处理方法、结果的测量方式以及接受处理的时间段方面存在差异。研究者希望能做出这样的推论，因为心理学研究最重要的目标之一就是确定人类思维和行为中的规律。普遍性/可推广性是科学研究的一个主要目标。

为了推广一项研究的结果，你必须确定出目标总体、环境、处理变化、结果的测量和时间，并尽量使用在这些方面具有代表性的样本。在理想的研究世界中，你可以从总体中随机选择个体，这样就能形成定义总体的代表性样本。但由于各种各样的原因（比如费用、时间、可接近性），绝大多数的实验研究并非建立在从研究者所定义的总体中随机抽取的样本之上。没有随机选择参与者意味着一项研究很可能包含着会威胁外部效度的特征。总之，很多研究结果缺乏普遍性的一个原因就是没有进行随机选取。单一研究的结果缺乏普遍性的另一个原因是偶然性。如果仅仅是偶然性在起作用，那么各个研究发现之间的差异通常都比较微小，但有时这种仅由偶然性导致的差异也会很大。这也是重复在科学研究中如此重要的原因。研究结果缺乏普遍性的另一个主要原因是，有时自变量和因变量之间的

外部效度：研究结果可以推广到其他人、环境、处理方法、结果和时间上的程度。

推广效度：外部效度的同义词。

关系会在另一个自变量的不同水平上变化。例如，某种态度改变程序对女性最有效，而另一种对男性最有效，那么这样的结果就是具体针对每种性别的。在这种情况下，研究发现就不能广泛地推广到每一个人（即推广到女性和男性），而你的任务就是要正确地说明研究发现可以推广到谁以及不能推广到谁。

现在我们来看看几类主要的外部效度以及与其相关的一些威胁。各种外部效度可以归为五大类：总体效度、生态学效度、处理效度、结果效度以及时间效度（Bracht & Glass, 1968; Shadish et al., 2002; Wilson, 1981）。这里的关键点是，你的结果或许不能推广到其他人（总体效度）、其他环境（生态学效度）、其他处理方法（处理效度）、其他结果（结果效度），或是其他时间（时间效度）。研究者必须知道如何推广研究发现，以及哪些因素会对研究发现的普遍性造成威胁。

总体效度

> **总体效度**：研究结果可以推广到目标总体以及目标总体内部不同类型人群的程度。
>
> **目标总体**：研究者想将结果运用其中的广泛人群。

总体效度（population validity）是指将从你的研究样本中得出的结论推广到你感兴趣的更广泛的人群（总体）的能力。**目标总体**（target population）是你希望将研究结果推广到其中的总体（比如美国所有的大学生）。你希望能够说自己的研究结果可适用于美国所有的大学生。然而，为了做出这样的声明，你必须从目标总体——全美的大学生——中随机选取样本，而这几乎是不可能的！因为许多研究都基于非随机样本，所以结果的推广常常是借助于重复来实现的，而不是直接从一个单一非随机样本中推广到目标总体。

到目前为止，有关总体的绝大多数讨论都是关于将研究样本的特征（如样本平均数、样本中的平均值差异、基于样本数据得到的变量相关性）推广到目标总体的特征（如总体平均数、总体中的平均值差异、总体中的变量相关性）。有时候，这个过程被称为"推广到总体"（generalizing *to* a population）。随机抽样在把样本特征推广到总体特征方面特别具有优势。然而，推广过程的另一个重要问题是，我们在多大程度上能将样本结论推广到样本和总体内不同类型的人群。这被称为"横跨总体推广"（generalizing *across* a population）（Cook & Campbell, 1979），指的是某项研究结果应用的广泛程度。例如，你样本中的参与者在一个自尊量表上的平均分数是80。那么这是否意味着所有男性和女性的得分都是80？是否意味着样本中每一个人的得分都是80？是否意味着总体中的每个人在填写这份量表时的得分都是80？这里的重点在于，在跨人群（跨人员类型）推广时，有些研究结果的普遍性优于其他研究结果。

这里有一些关于研究结果缺少跨人群普遍性的例子。研究显示男性和女性对药物有着非常不同的反应（Neergaard, 1999）。首先，女性排斥心脏移植的概率高于男性。其次，阿司匹林在预防中风方面对男性和女性有不同的效果。这些性别差异使得美国食品药品监督管理局规定：药物生产厂家要分析不同性别对实验性治疗手段的反应。随机抽样无法解决研究结果不能跨人群推广的问题。它只是这个世界的一个经验性事实，即有些发现只能适用于特定类型的人群。在研究中对此进行检查的方法通常是收集个人特征数据，然后确定研究发现的适用人群，并进一步开展其他研究以确定其发生的原因。

生态学效度

生态学效度（ecological validity）是指某项研究结果在不同情境之间或从一组环境条件到另一组环境条件的可推广程度。实验室实验有时会因缺乏生态学效度而受到批评。如果一项实验室实验的结果能够推广到非实验室环境中（如治疗环境或劳资关系情境），那么这项实验就具有生态学效度。生态学效度的存在与处理效果独立于实验环境的程度相关。如果一种处理方法的效果依赖于实验环境，并且不能推广到实验环境之外的环境，那么就不存在生态学效度。

生态学效度：一项研究的结果可以在不同情境或环境条件之间推广的程度。

时间效度

时间效度（temporal validity）是指某项实验或其他类型研究的结果能够跨时间推广的程度。例如，1974 年，鲁宾、普罗文扎诺和卢里亚（Rubin, Provenzano, & Luria, 1974）报告称，当被要求对新生儿进行评价时，这些新生儿的父母表现出了性别刻板印象。父母认为女婴比男婴弱小且五官更清秀，不过物理数据表明女婴并不比男婴小。卡雷克、沃格尔和莱克（Karraker, Vogel, & Lake, 1995）重复了这项研究，他们发现父母对婴儿的性别刻板印象有所减少（尽管一些刻板印象仍然存在）。你认为如果今年再重复这项研究，会得到怎样的结果？在一个迅速变化的社会中，跨时间推广尤为困难。

时间效度：研究结果可以跨时间推广的程度。

研究者还确认了研究结果存在一些可预见的时间模式。当某个因变量的值有随着季节变化的倾向时，就产生了**季节性波动**（seasonal variation）。例如，青少年罪错率在夏天往往会上升。这是因为在夏季这几个月里，青少年都不用上学，也就有更多的时间去闯祸。因此，相比在其他季节开展的研究，在夏天开展的研究可能会显露出整体上更高的青少年罪错率。同样地，如果你正在研究某个广告宣传活动对零售的影响，你就需要考虑到圣诞期间销售量上涨这种可预见的季节性波动。季节性波动是**周期性变化**（cyclical variation）的一种类型，后者是一般性的概念，指任何随时间发生的上下波动。这个时间周期可以短，也可以很长。生理节律（约 24 个小时）就是一个相对短的周期性变化，我们的脉搏、体温、激素水平和肾脏功能均按照这个节律运行。研究结果在这些变量上可能会有所不同，具体取决于研究在一天当中进行的时间点。经济周期则是一个时间较长而可预见性较弱的周期性变化，经济形势往往在数年内经历扩张和增长期与紧缩和衰退期的交替变化。

季节性波动：因变量的值随季节而变化。

周期性变化：因变量随时间而发生的任何类型的系统性上下波动。

处理效度

处理效度：一项研究结果可在有变化的处理方法间推广的程度。

处理效度（treatment variation validity）是指研究结果在有变动的处理方法之间的推广程度。因为同一种处理每次的实施过程会有所不同，所以会产生处理效度问题。例如，许多研究都表明，认知行为疗法对治疗抑郁有效。但是，这些研究的执行方式通常都最大限度地保证了治疗师是称职的，并按照规定的方式实施了治疗。然而，向普通大众提供认知行为治疗的治疗师，无论是在能力上，还是在按规定治疗的程度上，都存在相当大的差异。这意味着在治疗的实施上存在着相当大的差异。如果不管具体的实施方式存在何种差异，认知行为疗法在抑郁治疗方面都能产生有益的效果，那么这种治疗方法就具有处理效度。如果认知行为疗法仅仅在精确地按照规定的方式实施时才会产生益处，而在方式稍微变化时就无效了，那么这种疗法就没有处理效度。

结果效度

结果效度：研究结果在不同但相关的因变量之间的推广程度。

结果效度（outcome validity）是指研究结果在不同但相关的因变量之间的推广程度。许多研究调查的是同一个自变量对多个因变量的影响。结果效度指的就是由所有相关的结果测量方法所测效果的相似程度。例如，我们预期某个职业培训项目能提高人们毕业后的就业率。这也许是研究者所关注的主要的结果测量指标。但是，还有一个同样重要的问题：保住工作。这意味着参与者必须准时上班、不旷工、与他人合作良好，并且在工作中表现不错。这个职业培训项目可能有提高求职成功率的效果，但是却对保住工作没有效果，因为它对这些基本的工作适应技能几乎没有作用。如果情况是这样，那么这项职业培训项目就没有结果效度。但是，如果该项目不但能提高求职成功率，还能提高保住工作的概率，那么这个项目就具有结果效度。

> **思考题 6.5**
> - 外部效度的含义是什么，为什么它很重要？
> - 哪些因素可以威胁外部效度？
> - 各种外部效度所指的特定推广类型是什么？

内部效度与外部效度的关系

6.6 解释内部效度与外部效度的关系

从我们的讨论中可以明显看出，获得内部效度和外部效度都是心理学研究的重要目标。不幸的是，内部效度和外部效度之间往往存在着相反的关系。当增加外部效度时，可能会牺牲内部效度；当增加内部效度时，外部效度往往会受影响（Kazdin, 2017）。

　　实验研究倾向于拥有高内部效度（即它们能为因果关系提供强有力的证据）。研究者常常在受控的实验室环境中开展实验，这是为了呈现一种特定的处理方法并消除额外变量的影响，如环境噪声或其他干扰。在实验室环境中，研究参与者要接受一组由某个实验者或某种自动设备发出的标准指导语，并在某个明确的时间点完成结果测量。但是，同样是这些能最大限度获取内部效度的特征——使用受限的研究参与者样本以及在特定的时间和人为的实验室环境中对其实施测验——却会限制外部效度，因为这样做会将不同的人、处理变化、环境和时间点排除在外（Kazdin, 2017）。但是，如果某位实验者试图通过使用具有不同特征的参与者、用不一致的处理方法、在不同的环境和不同的时间点进行实验来将外部效度最大化，那么实验的控制可能就会降低，而实验的内部效度也会降低。因此，因果关系的外部效度通常是通过观察该种因果关系在由不同的研究者在不同的环境中、使用不同类型的参与者、略有不同的处理方法和结果变量进行的研究中的表现获得的。哪种类型的效度最重要取决于研究目的。如果你的主要目的是确定两个变量之间是否有因果关系，那么就要优先考虑内部效度。但是，如果先前的研究已经确认了两个变量之间的因果关系，那么研究目的可能就是评估这个因果关系的外部效度。在某些研究中（比如在调查研究中），你的主要研究目的也许是基于某个单一的参与者样本得出有关目标总体特征的结论。在这种情况下，外部效度最重要。

思考题 6.6

- 如何最大化内部效度？
- 如何最大化外部效度？
- 为什么内部效度和外部效度之间往往存在着相反的关系？

本章小结

　　研究效度是指从某项研究得出的推论的真实性。定量研究主要涉及四种类型的研究效度：（1）统计结论效度（关于所报告的关系的存在及强度的声明的正确程度）；（2）建构效度（研究中使用的操作表示某个构念的充分程度）；（3）内部效度（有关因果关系的声明的正确性）；（4）外部效度（研究结果能推广到其他人、环境、处理方法、结果和时间的程度）。

　　内部效度（或因果关系效度）的威胁（即对一个人得出因果关系结论的能力的威胁）有历史、成熟、测量工具、测验、回归假象、流失、选择及附加和交互作用。当这些威胁导致自变量各组在混淆额外变量上出现差异时，就出现了内部效度问题。实验研究的一条基本原则是，你要让各组只在自变量条件上存在差异。使各组在额外变量上相同（称为等组化）的最佳方式是将参与者随机分配到各组中。一旦你有了相似的组，就可以实施自变量的各个水平并确定这些组是否在因变量上出现了差异。如果出现了差异，你就能推断自变量是引起差异的原因。

外部效度（或推广效度）是指研究者是否能将结果推广。总体效度代表的是你能将结果推广到目标总体以及目标总体内部不同类型人群的程度。生态学效度代表的是你能将结果推广到其他环境的程度。处理效度代表的是你能将结果推广到有些许变化的处理方法或具体实施方法中的程度。结果效度代表的是你能将结果推广到不同但相关的因变量上的程度。最后，时间效度代表的是结果可推广到不同时间的程度。

重要术语和概念

研究效度	恒定	选择—成熟效应
统计结论效度	等组化	选择—测量工具效应
统计显著性	历史	选择—测验效应
建构效度	差别历史	选择—回归假象效应
参与者对研究情境的反应	成熟	外部效度
要求特征	测量工具	推广效度
积极的自我表现	测验效应	总体效度
研究者或实验者效应	回归假象	目标总体
研究者期望	向均值回归	生态学效度
研究者特征	流失	时间效度
内部效度	差别流失	季节性波动
因果关系效度	选择	周期性变化
混淆	附加和交互作用	处理效度
混淆额外变量	选择—历史效应	结果效度

章节测验

问题答案见附录。

1. 当我们提到心理学研究的效度时，我们是指：
   a. 统计结论效度
   b. 内部效度
   c. 建构效度
   d. 外部效度
   e. 以上都是

2. 如果一项研究使你能准确地推断出自变量是导致因变量发生了变化的原因，那么你的研究：
   a. 具有内部效度
   b. 参与者太少
   c. 有许多内部效度威胁
   d. 具有外部效度

3. "知道"博士开展了一项有关青少年暴力的实验，他发现他的处理方法在斯特里克兰青少年中心是有效的，他还想在男孩俱乐部试试该方法，他是在检验以下哪一项外部效度威胁？
   a. 处理效度威胁
   b. 生态学效度威胁
   c. 时间效度威胁
   d. 结果效度威胁

4. 约翰逊博士正在检验一项旨在提高平均学分绩点（GPA）的新型学习技巧干预措施的有效性。参与者是目前GPA低于1的学生。他对这些学生实施了干预，并在期末测量了GPA。结果表明GPA有所提高。约翰逊博士将这种改善归因于干预措施。尽管干预可能是有效的，但选择成绩最低的学生使研究面临以下哪种风险？
   a. 历史威胁
   b. 流失威胁
   c. 回归假象威胁
   d. 测量工具威胁

5. 为了提高内部效度，兹洛姆卡博士在实验室环境中开展了她的同理心研究。她将学龄前儿童随机分配到两个组中，其中一组看到的是一个快乐的儿童，而另一组看到的是一个悲伤的儿童。她记录了参与者对看到的儿童的反应。如果我们关心这项研究的结果是否适用于幼儿园教室中的同理心现象，那么我们关心的是：
   a. 建构效度
   b. 外部效度
   c. 成熟威胁
   d. 历史威胁

提高练习

1. 阅读下面每个研究案例，找出也能解释数学成绩提高的内部效度威胁。因为其中的多项研究采用的是前后测设计，并在前测和后测中使用了同样的测验，所以自然会产生一种潜在的测验威胁。但是，每个案例中还存在着另一种可能的威胁，你应当找出的正是这种威胁。

   a. 格林博士正在调查某补救教育计划对一年级学生数学成绩的作用。这项研究对所有一年级学生进行了一次标准化数学成就测验；然后根据这次测验的结果，找出了分数处于最低四分位区间的一年级学生。接着，他将这些学生纳入补救教育计划，并对他们进行了6个月的补救教育。在为期6个月的干预结束时，他再次对这些学生实施了这项标准化数学成就测验，并发现他们的数学成绩有了显著的提高，所以他推断这项补救教育计划对改善数学成绩是有效的。

b. 格林博士正在调查某补救教育计划对一年级学生数学成绩的作用。这项研究对所有一年级学生进行了一次标准化数学成就测验；然后在接下来的6个月中对其中一半的学生实施了这项教育计划，另一半学生则被安排在控制组。在这6个月的时间里，许多家庭搬走了，这些家庭的孩子也从这个学校退学了。结果发现，绝大多数退学的孩子都在控制组。同时也发现，绝大多数从学校退学的孩子都是数学成绩比较差的学生。在6个月结束时，格林博士再次对仍然留在研究中的实验组和控制组学生实施了这项标准化数学成就测验，结果发现实验组学生数学分数的提高显著多于控制组学生。格林博士因此推断这项补救教育计划对改善数学成绩是有效的。

c. 格林博士正在调查某补救教育计划对一年级学生数学成绩的作用。这项研究对所有一年级学生进行了一次标准化数学成就测验；然后将这些学生纳入这项教育计划并在接下来的6周内实施该计划。在6周结束时，格林博士再次对这些学生实施了这项标准化数学成就测验。但是，他购买标准化数学成就测验的公司已经设计出了升级和修订版本，应该比以前的版本更好，所以他在后测时使用的是新的版本，并发现学生在后测时的数学分数有显著的提高。因此，格林博士推断这项补救教育计划对改善数学成绩是有效的。

d. 格林博士正在调查某补救教育计划对一年级学生数学成绩的作用。这项研究对所有一年级学生进行了一次标准化数学成就测验，并在接下来的一整年间对这些学生实施了这项计划。在年末，他再次对这些学生实施了这项标准化数学成就测验，并发现他们的数学成绩有显著的提高。因此，他推断这项补救教育计划对改善数学成绩是有效的。

e. 格林博士正在调查某补救教育计划对一年级学生数学成绩的作用。这项研究对所有一年级学生进行了一次标准化数学成就测验，然后将这些学生纳入这项教育计划并在接下来的6周内实施该计划。在这6周的时间里，《芝麻街》播出了一档关于数学概念的特别节目，许多学生都观看了这档节目。格林博士鼓励学生观看节目，甚至在教学时，为了强调他在补救教育计划中使用的一些概念，他还使用了节目中的一些例子。在6周结束时，格林博士再次对这些学生实施了这项标准化数学成就测验，并发现学生的数学分数有显著的提高。因此，格林博士推断这项补救教育计划对改善数学成绩是有效的。

2. 阅读以下每个研究案例，请确定：
   a. 自变量
   b. 因变量
   c. 正在被研究的构念
   d. 用于代表这些构念的操作
   e. 你会如何收集支持这些操作的建构效度的证据

   A. 罗格和安德森（Logue & Anderson, 2001）很想知道，相比那些被训练成管理者的人来说，实践经验丰富的管理者是否更有可能考虑到行为的长期后果。经验丰富的管理者组由44名大学和学院的教务长（首席学术官）组成，而受训者组则包含了14名参加过美国理事会教育伙伴计划（一项使受训人成为大学和学院管理者的计划）的人员。在对长期后果的测量中，有一项是要求所有的参与者在两个假设的财政方案中进行选择，这样的方案组共有59组。所有选项都采取这样的形式："你向其汇报的上级管理者将立刻拨给你X美元，或者你向其汇报的上级管理者将在Y时间后拨给你20 000美元。"X美元在20美元到20 000美元之间变化，且各金额差距为666美元。Y时间则包括1周、10周、5个月、10个月、1年半、3年、6年和12年。参与者必须从这两个选项中选取一个。有趣的是，当参与者需要在一笔金额较小但能立刻兑现的资金和一笔会在将来某个时候得到的金额较大的资金之间选择时，经验丰富的管理者更可能选择立刻兑现的资金，而受训者则更可能选择将来兑现的大额资金。

   B. 布拉施克维奇、斯宾塞和奎恩等人（Blascovich,

Spencer, Quinn, & Steele, 2001）想对如下假设进行检验：刻板印象威胁会使非裔美国人的血压升高，却对欧裔美国人的血压没有影响。为了检验这个假设，非裔美国人和欧裔美国人被随机分配到了高刻板印象威胁或低刻板印象威胁的条件中。在高刻板印象条件下，实验者是一个被假定为来自斯坦福大学的欧裔美国人，他告知参与者有关标准化测验的争论——它们是否偏向于特定的亚文化群体。他还告诉参与者，科学家开发了一个新的智力测验，并要求参与者参加这个测验以获取一个具有全国代表性的样本。在低刻板印象条件下，实验者是一个被假定为来自斯坦福大学的非裔美国人。他提到了关于使用标准化测验的争论，并表示他希望参与者参加一个新的无文化偏差的测验。他进一步指出，之前的研究已表明这项测验是无偏差的。然后，所有的参与者都要完成远距离联想测验，这项测验会提供三个单词并要求参与者想出与这三个单词都相关的第四个词。在参与者听到指导语之前，以及在他们进行远距离联想测验的过程中，研究人员对他们的动脉血压值进行监控和记录。

第 7 章

研究中的控制技术

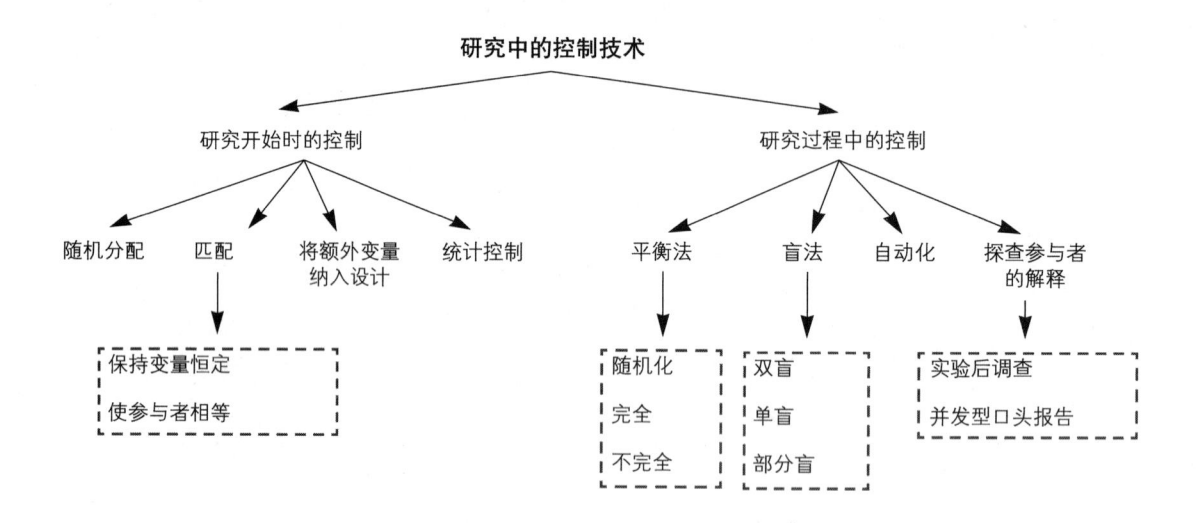

```
                        研究中的控制技术
                   ┌─────────┴─────────┐
              研究开始时的控制          研究过程中的控制
         ┌──────┬────┴──┬──────┐     ┌────┬──┴──┬──────┐
       随机分配 匹配 将额外变量 统计控制  平衡法 盲法 自动化 探查参与者
                    纳入设计                              的解释
                ↓                     ↓     ↓          ↓
           ┌────────┐             ┌──────┐┌─────┐  ┌────────┐
           │保持变量恒定│             │随机化 ││双盲  │  │实验后调查│
           │使参与者相等│             │完全  ││单盲  │  │并发型口头报告│
           └────────┘             │不完全 ││部分盲│  └────────┘
                                  └──────┘└─────┘
```

学习目标

7.1 描述在研究开始时实施的控制技术

7.2 描述随机分配，并说明它如何控制额外变量

7.3 描述两种匹配技术，并说明它们如何控制额外变量

7.4 总结将额外变量纳入设计的优势

7.5 指出统计控制的目的

7.6 描述在研究过程中实施的主要控制技术

7.7 描述何时使用平衡法，解释不同类型的平衡法，并能够构建平衡序列

7.8 解释如何使用不同的盲法来降低研究者效应和参与者效应

7.9 解释自动化，以及如何用它来降低研究者效应

7.10 总结确定控制技术有效性的方法

在第 5 章，我们讲述了研究者如何获取样本。我们讨论了几种随机抽样法（如简单随机抽样、分层抽样、系统抽样和整群抽样）和非随机抽样法（如方便抽样、立意抽样、配额抽样和滚雪球抽样）。在这一章，我们假设你已经有了参与者样本。在实验研究中，理想的情况是随机选取样本，然后将参与者随机分配到实验中的各组（如图 7.1 所示）。但是，在实验研究中很少用到随机抽样，因为研究的关注点更多地在于获取支持因果关系（即内部效度）的强有力证据，而不是将来自某个单一样本的研究结果直接推广到某个总体（这是一种外部效度）。实验研究通常会使用立意样本和方便样本，而实验者常常通过在不同人群、不同地方、不同环境和不同条件中重复研究发现来对结论进行推广。也就是说，实验者要在多项研究的基础上才能对结果进行推广。

在本章接下来的部分，我们希望你能假设自己已经有了研究参与者样本，这样我们就能全力关注哪些控制技术能使内部效度最大化。尽管我们的关注点主要是内部效度（即因果关系效度），但本章依然会偶尔讨论外部效度（即推广效度），因为有些控制程序对内部/因果关系效度和外部/推广效度都有影响。

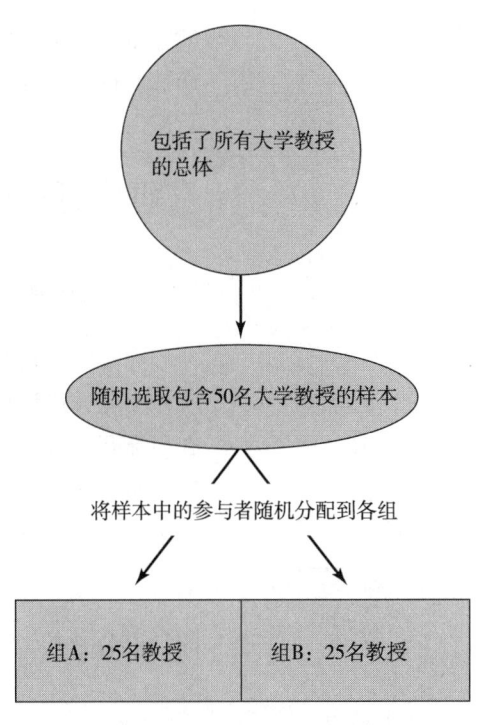

图 7.1 获取实验参与者的理想流程演示

回忆一下，支持因果关系的证据必须满足以下三个标准：(1) 关系（自变量与因变量之间是否存在关系？）；(2) 时间顺序（自变量的变化是否先于因变量的变化？）；(3) 没有合理的替代性解释（自变量与因变量之间的关系是否存在合理的替代性解释？）。本章主要讨论用于确保额外变量受到控制的技术，以便我们能够排除自变量与因变量之间关系的替代性解释。如果我们能控制额外变量的影响，那么就能实现内部效度。不幸的是，有许多不同的额外变量会威胁内部效度，就像第 6 章所指出的那些。

消除作为因果关系主张的替代性或竞争性解释的额外变量的关键策略是创造一种情境，让额外变量在自变量的不同水平上保持恒定。在实验中，各组（如实验组和控制组）在每个额外变量上应该具有同等水平，以避免任何**差别影响**（differential influence）。各组之间的唯一差异只能是自变量的水平。19 世纪的哲学家约翰·斯图尔特·米尔（John Stuart Mill, 1806—1873）将这个过程称作**差异法**（method of difference）。当各组之间的唯一差异是由于自变量时，研究者就能自信地做出推断，研究的结果是由自变量而不是额外变量引起的。

这些年来我们发展出了许多技术，使得研究者能够控制混淆额外变量的影响。在这一章中，我们将对常用的控制技术进行讨论。我们必须记住，强实验研究是获取因果关系证据的最佳研究方法。强实验设计包括将参与者随机分配到构成自变量各水平的组中，这是我们将要讨论的第一种控制技术。当不能使用随机分配

差别影响：某个额外变量对不同组的影响不同。

差异法：如果各组在除某个变量之外的每个变量上都保持一致，那么这个变量就是各组出现差异的原因。

时，重要的是要采用其他的控制技术，例如匹配。在讨论完运用于研究开始阶段的控制技术之后，我们要讨论几种在研究过程中运用的技术。

在研究开始时实施的控制技术

7.1 描述在研究开始时实施的控制技术

在实验研究中，主要的目标是确保各组（如实验组和控制组）之间没有差异。唯一的差异应该出现在实验期间，此时我们根据自变量对各组施行不同的条件。在研究开始时，这意味着你应该尽量使各组在所有令人担忧的额外变量上相等。在实验开始时使用的四种主要技术是：（1）随机分配；（2）匹配；（3）将额外变量纳入设计；（4）统计控制。

随机分配

7.2 描述随机分配，并说明它如何控制额外变量

随机分配：通过确保每位成员都有同等机会被分配到任何组，从而使各参与者组相等的控制技术。

随机化：随机分配的同义词，指的是使事物随机出现的过程。

随机分配（random assignment）（也称作**随机化**［randomization］）在所有控制方法中最为重要。只有随机实验研究设计包含随机分配的使用。它是一种概率控制技术，其目的是在实验开始时让各组在所有额外变量上相等，不管是已知的还是未知的。因为它"使各组相等"，所以在额外变量上不会出现系统性的组间差异，因而不会使研究结果产生偏差。随机分配是唯一能够对已知和未知的额外变量都加以控制的技术。正如科克伦和考克斯（Cochran & Cox, 1957）在一部出版时间有些久远却很经典的著作中所说的那样：

> 随机化（随机分配）有些类似于保险，因为它是对干扰的一种预防措施，这些干扰可能发生也可能不发生，如果确实发生了的话可能严重也可能不严重。我们一般建议大家不要怕麻烦，应该采用随机化，即使是在我们预期不随机化也不会产生任何严重偏差的时候。实验者可以借此避免异常事件干扰其预期。(p.8)

随机分配如何消除实验中的系统性偏差？关键词是随机。术语随机指的是事件等概率（即在概率上相等）的统计学特征。将参与者随机分配到实验的各个组保证了每位参与者都有同等机会被分到各组。在将参与者随机分配到不同处理条件时，为了实现事件的等概率，有必要使用一种随机过程，比如下面描述的随机数字生成器。使用随机过程能最大限度地保证消除组间的系统性差异。随机分配的控制作用通过下述事实来实现：某个参与者组中出现的所有变量在所有参与者

组中分布都大致相同。当额外变量的分布在所有组中都几乎相同时，那额外变量的影响就能保持恒定，因为它们无法对因变量产生任何差别影响。例如，如果实验组中58%的参与者是女性，控制组中也有58%的参与者是女性，那么性别就不是两组出现差异的原因。同样地，如果实验组中女性参与者占30%，控制组中女性参与者也占30%，那么性别就不是造成两组差异的原因。但如果一组中女性占到68%，而另一组的女性只占30%（同时如果性别也会影响到因变量的话），那么性别就可能是一个问题。关键的不是额外变量在各组中处于什么水平，而是额外变量在各组的水平没有差异。实验研究中的一条基本原则是，你要让各组在所有额外变量上都相等！

随机分配是否总能让需要控制的变量实现等分布？只要使用的样本容量够大，研究者就能有足够的理由假设随机分配可以产生大致相等的组。尽管在任何特定的研究中，随机分配都有可能失败，但这毕竟是一个相对罕见的事件。因此，如果研究者在实验开始时用随机分配的方法形成了各个组，那么就能够合理地假设：无论是否已知，额外变量的分布与影响在所有参与者组中几乎都是相同的。因为随机分配产生相等组的概率要比用其他控制技术产生相等组的概率高很多，所以随机分配被认为是实验研究中最重要和最有力的控制方法。同时，因为它确实是控制未知额外变量的唯一方法，所以无论何时何地，只要有可能，都要进行随机化。

思考下面这个随机分配参与者的例子。某教授正在开展一项关于学习的研究。额外变量智力与学习相关，所以必须控制这个因素，或者说必须使之在各组间相等。让我们考虑两种可能性：一种通过使用随机分配提供所需的控制，而另一种则不使用随机分配。首先假设没有对参与者进行随机分配，而是将最先到达实验场地的10个人分到了控制组，将晚来的10个人分到了实验组。进一步假设这项实验的结果发现，实验组的参与者学习速度显著快于控制组的参与者。这种差异是由实验处理导致的，还是由于实验组参与者可能比控制组参与者更聪明？假设研究者也考虑到智力可能是混淆变量，所以对所有参与者进行了智力测验。表7.1中左侧的内容描述了这20位参与者的智商（IQ）分数的假设分布。从这张表中，你能看到实验组参与者的IQ分数比控制组参与者要高10.6分。因此，智力是一个潜在的混淆额外变量，且是一种替代性假设，可用来解释两组之间的表现差异。实验组参与者之所以比控制组参与者表现更好，可能是因为他们的智力水平更高（而不是因为实验处理）。要想得到实验处理产生了所见效应这一结论，研究者就必须控制可能的混淆额外变量，如IQ。

消除这种偏差的一种方法是将这20位参与者随机分配到实验组和控制组中。表7.1中右侧的内容描述了20位参与者的随机分布以及他们相应的假设IQ分数。请注意，现在两组的平均IQ分数基本相同。与先前的10.6分相比，现在两组的IQ差异只有0.2分。两组参与者除了要有相似的平均IQ分数之外，还必须有相似的IQ分布，这是为了控制IQ的潜在偏差效应。在表7.1中，这两组参与者是

表 7.1　20 名研究参与者 IQ 分数的假设分布

按到达顺序分配的组				随机分配参与者形成的组			
控制组		实验组		控制组		实验组	
参与者	IQ 分数	参与者	IQ 分数	参与者	IQ 分数	参与者	IQ 分数
1	97	11	100	1	97	3	100
2	97	12	108	2	97	4	103
3	100	13	110	11	100	6	108
4	103	14	113	5	105	12	108
5	105	15	117	13	110	7	109
6	108	16	119	9	113	8	111
7	109	17	120	15	117	14	113
8	111	18	122	10	118	16	119
9	113	19	128	19	128	17	120
10	118	20	130	20	130	18	122
平均 IQ 分数	106.1		116.7		111.5		111.3
控制组与实验组的平均数差异：10.6				控制组与实验组的平均数差异：0.2			

按 IQ 分数从低到高的顺序排列的，以显示这种相似的分布。

　　回忆一下，在第 5 章，我们曾经讲解过在随机抽样时如何使用随机数字生成器。同样的随机数字生成器（http://randomizer.org）也能用于随机分配。让我们假设你有 60 位参与者，你想将他们随机分配到 3 个组中，每个组包含 20 个人。以下是使用 randomizer.org 程序来进行随机分配的步骤。打开网页并回答下列问题：

1. 你想生成几组数字？
   - 输入 20（也就是参与者总数除以参与者组数，在我们的例子中是：60/3 = 20）。
2. 每组包括几个数字？
   - 输入 3（我们想要的参与者组数）。
3. 数字范围？
   - 输入 1 和 3（程序将以区组的形式呈现包含了 1、2 和 3 的数字列表）。
4. 你希望每一组中的每个数字都是唯一的吗？
   - 点击"是"，这样每一个包含三个数字的区组都将包括数字 1、2 和 3。
5. 你希望对生成的数字进行排序吗？
   - 点击"否"。
6. 你希望如何浏览你的随机数字？

- 保持程序的默认值（"关闭位置标签"）
7. 为了获取由包含了 1、2、3 的区组组成的随机数字列表，请点击"现在开始随机化"！

以下是我们使用这个程序所得到的随机数字区组列表：3—2—1、1—3—2、3—2—1、2—1—3、2—3—1、2—1—3、1—3—2、3—1—2、3—2—1、3—1—2、1—3—2、2—1—3、2—1—3、3—2—1、3—1—2、2—1—3、2—1—3、1—3—2（为了区分，我们用下划线标注了每个区组）。在使用这些数字时，从第一个区组开始，将你的第一位参与者分配到组 3，第二位参与者分配到组 2，第三位分配到组 1；接着是第二个区组，将第 4 位参与者分到组 1，第 5 位参与者分到组 3，第 6 位分到组 2；然后持续这个过程直到你将列表中的所有 60 个数字用完。这 60 个参与者就将被随机分配到三个组中，每组包含 20 个人。现在你知道如何将参与者随机分配到各个组了！这是使各组在额外变量上相等的最佳方法，也是消除研究发现的替代性解释的最佳方法。

> **思考题 7.1**
> - 为什么随机分配是最重要的控制技术？
> - 随机分配如何控制额外变量的混淆作用？
> - 该如何将参与者样本随机分配到实验的各组中？

匹　配

7.3 描述两种匹配技术，并说明它们如何控制额外变量

尽管随机分配是实验研究中可使用的最佳控制技术，但我们不一定总能进行或方便进行随机分配。在无法进行随机分配时，研究者可以使用**匹配**（matching）技术，只要掌握了所需的信息，它也是一种形成相等组的有效技术。例如，如果你希望将参与者在智力水平上进行匹配，那么你就需要知道他们的智商分数。匹配的优势在于，它能确保不同组的参与者在**匹配变量**（matching variable）上相等。因为用于匹配参与者的变量在各组间相等，所以这些变量就得到了控制。如果不同条件下的参与者的智力水平经过了匹配，那么各组参与者的智力水平就应该是相同的，因此得到了控制。匹配的主要缺陷在于各组只在匹配变量上实现了相等，它们可能在没有用于匹配的其他变量上存在差异。如果你能将匹配与随机分配结合起来使用（例如，将参与者进行配对，然后将他们随机分配到实验组和控制组中），那么这个问题就不存在了，因为随机分配会使各组在所有已知和未知的额外变量上相等。在接下来的内容里，我们将阐述实现匹配的两种方式。

匹配：使用一些可行技术中的任一种使参与者在一个或多个变量上相等。

匹配变量：用于匹配的额外变量。

通过保持变量恒定实现匹配

控制某个额外变量的一种方法是让它在所有研究参与者中保持恒定。这意味着所有参与者在这个额外变量上都处于同等水平或同一类别。如果我们正在研究身体攻击现象，那么就需要控制参与者的性别，因为已有研究表明攻击会因参与者的性别而异。如图 7.2 所示，可以通过只让女性（或只让男性）参与者参与实验而实现对性别变量的控制。这个匹配流程建立了一个更同质的参与者样本，并且确保了各组不会在该额外变量上存在差异。

虽然有时我们会使用保持变量恒定的技术，但该技术有一些严重的缺陷。其中有两个很容易识别。第一个缺陷是这项技术限制了参与者总体的大小。所以，在某些情况下，我们可能很难找到足够的参与者来参与研究。第二个缺陷更为严重，即研究的结果只能推广到与参加研究的参与者同类型的人群中。例如，如果研究中只使用了女性参与者，那么它的结果就不适用于男性。要想知道某项研究的结果能否推广到另一个总体中的个体，唯一的方法就是使用第二个总体的代表性样本作为参与者进行一个完全相同的研究。

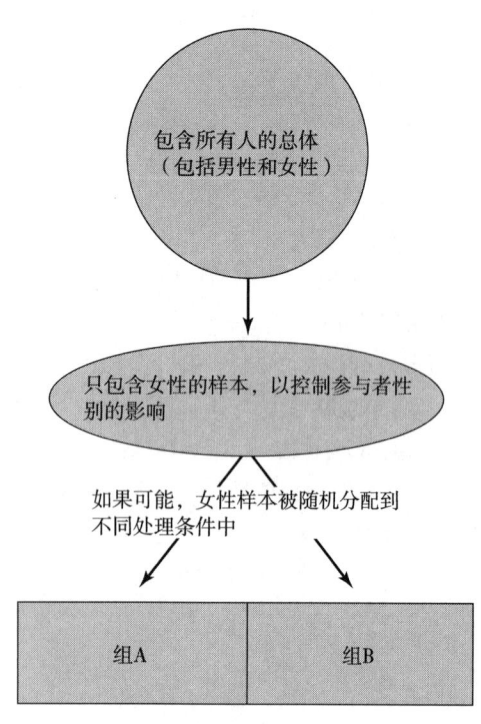

图 7.2　通过保持变量恒定实现匹配的演示

通过使参与者相等实现匹配

这种匹配方法通过确保不同的组在匹配变量上相等来控制额外变量。这种匹配称作**个体匹配**（individual matching）或**被试匹配**（subject matching）。

个体匹配如图 7.3 所示。这种技术要求研究者就每个匹配变量（即用于匹配的额外变量）逐个匹配参与者。图中显示，你从一个将要参与研究的参与者样本开始。然后，你根据匹配变量对他们进行排序。例如，你可以将所有参与者按 IQ 分数从低到高排列。接下来，你开始匹配参与者。如果你的实验有两个组，那么 IQ 分数最低的两个参与者将成为第一对匹配好的参与者。然后你将这两个人随机分配到实验的两个组中。继续这个过程，直到你将 IQ 分数最高的两个参与者随机分配到两个组中。（注意，如果你的实验有三个组而不是两个，你将按 IQ 分数从低到高的顺序以三人而不是两人一拨进行，并将之随机分配到三个组中。）

我们刚才描述的技术可用于强实验研究中，在这种研究中你可以将每一拨匹配好的参与者随机分配到实验的各个组中。这是使最佳的控制技术（即随机分配）锦上添花的一个极好的策略。个体匹配也可用于准实验研究（没有随机分配）和非实验研究（既没有随机分配，也没有对自变量进行主动操纵）。常用于准实验研究和非实验研究的一个技术是，从具有你感兴趣的条件的一组参与者开始，然

个体匹配：一种使每位参与者都与另一位参与者在选定的变量上相匹配的匹配技术。

被试匹配：个体匹配的同义词。

后寻找（在匹配变量上）相似的人，直到构建一个令人满意的控制组或对照组。

阿费尔贝克等人（Averbeck, Bobin, Evans, & Shergill, 2012）在一项非实验研究中使用了匹配。他们考察了患有精神分裂症的个体与未患精神分裂症的个体的情绪识别能力。研究者无法操纵精神分裂症，因此无法将参与者随机分配到各组。对照组由未患精神分裂症的参与者组成，他们在性别、年龄和IQ上与患有精神分裂症的参与者相匹配。

阿费尔贝克等人的研究展示了个体匹配的优点和缺点。主要优点是各组的参与者在匹配变量上是相等的，也就是说，研究者使各组在匹配变量上相等，这就排除了这些额外变量作为自变量与因变量之间关系的竞争性解释的可能性。对于阿费尔贝克等人的研究，任何一个吹毛求疵的人都不能说，研究所发现的精神分裂症与情绪识别之间的关系是由那些用于匹配的额外变量（即年龄、性别和IQ）引起的，因为所有组在这些变量上都是相同的。

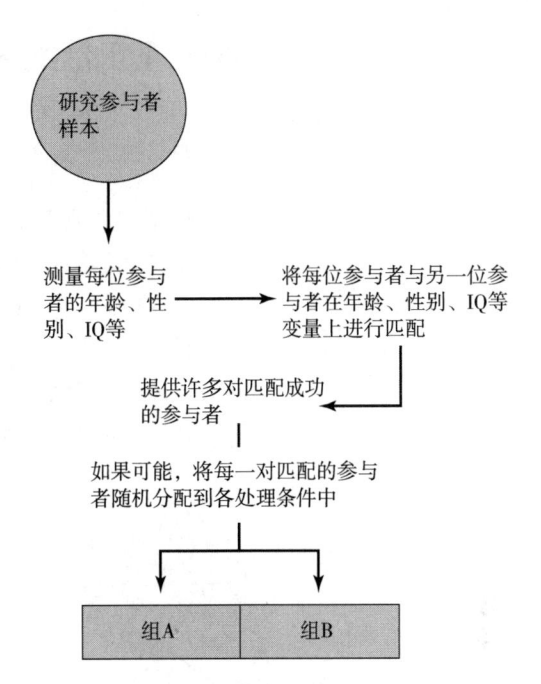

图 7.3 个体匹配技术的演示

如果在最后一步不使用随机分配，个体匹配有四个主要的缺点。首先，研究者很难知道应该使用哪些匹配变量，以及潜在匹配变量中的哪些最为关键。匹配的逻辑是识别出可能会影响因变量并且在各组中可能存在差异的变量，然后在这些变量上进行匹配。在很多情况下，研究者并不知道各组在哪些额外变量上不同，并且通常还有许多可能有关的变量。阿费尔贝克等人选择了年龄、性别和IQ，但是还有许多其他的变量没有被选到。（从统计学的角度看，被选择的变量应该是那些彼此之间相关性最低，却与因变量有着最高相关性的变量。）

其次，当匹配变量的数目增加时，找到可匹配参与者的难度会不成比例地增加。为了让个体在许多变量上相匹配，研究者必须有一个很大的并且可使用的参与者池，以便从中找出一些在有关变量上匹配的参与者。

第三，这种匹配会限制研究结果的推广程度。如果你不得不排除找不到合适匹配者的参与者，就会出现这种情况。当你开始排除某些类型的人时，你会制造出不具代表性的样本。你只能将研究结果推广到与留在研究中的参与者同类型的人群中。

第四，有些变量非常难以用于匹配。如果将曾接受心理治疗视作一个相关的变量，那么就必须将接受过心理治疗的人与另一个也接受过心理治疗的人进行匹配。一个与此相关的困难是不能对这些匹配变量进行适当的测量。如果我们想要参与者在心理治疗效果方面相等，那我们就必须测量这种效果。只有实现了对匹配变量的测量，才能准确地匹配。

将额外变量纳入设计

7.4 总结将额外变量纳入设计的优势

控制一个或多个额外变量影响的另一种有效方法是将额外变量纳入研究设计，这样你就能系统地研究其影响。当研究者在理论上对额外变量也有兴趣时，通常会这样做。（在心理学文献中，这种技术有时被称作"区组化"。）图 7.4 展示了这种理念。假设我们正在开展一项关于攻击的研究，并希望控制性别的影响。同时还假设我们考虑过通过仅选择男性来使变量保持恒定的技术，但认为这样做不明智且不恰当。因此，我们决定把性别当作研究中要考察的自变量。这使我们能够控制并检测性别变量的影响。因此，性别并没有与自变量相混淆，因为我们可以分别考察自变量在男性和女性条件下的影响。

将额外变量纳入研究设计是实现对额外变量的控制的一种好办法。如果研究者对额外变量的不同水平所导致的差异感兴趣，或者对额外变量与其他自变量之间的交互作用感兴趣，那我们就会推荐这种技术。在假设的攻击研究中，我们可能对男性和女性之间的差异，以及性别与实验条件的交互作用感兴趣。也许处理条件能减少男性的攻击行为，但对女性没有影响。通过将性别作为另一个变量纳入研究设计，你就可以发现这种微妙的效应。这种控制技术将一个可能作为混淆额外变量的因素纳入研究设计并进行考察，使得你能够增进对这两个变量及其交互作用的了解。

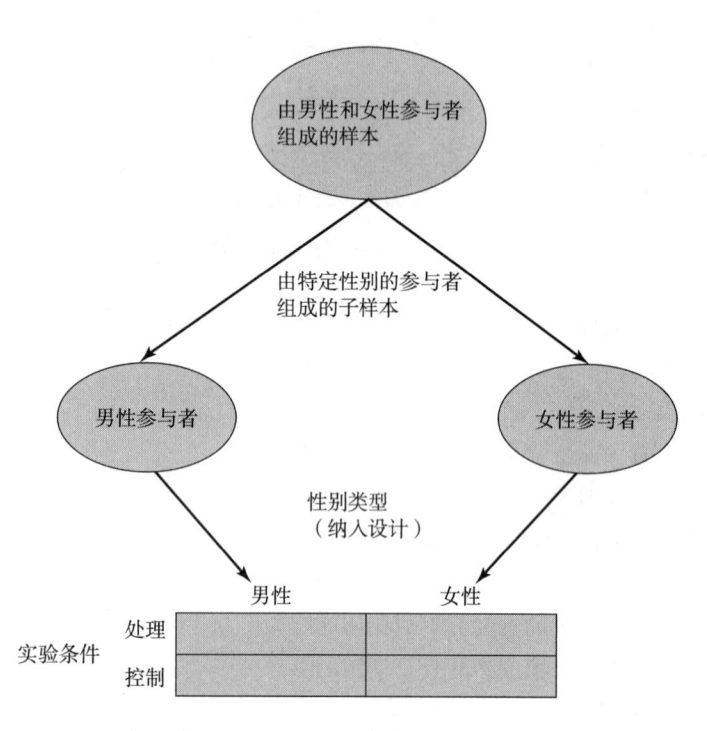

图 7.4 将额外变量纳入研究设计的演示

统计控制

7.5 指出统计控制的目的

统计控制：在数据分析阶段对已测量的额外变量进行控制。

控制还可以通过在研究设计中纳入相关的额外变量，然后在数据分析阶段使用统计控制来实现。记住，你只能对已经测量的变量进行统计控制。这种形式的控制之所以被称作**统计控制**（statistical control），是因为它是在数据分析阶段实现的。统计控制在准实验设计和非实验设计中的作用比在随机化实验设计中要重要得多。对研究者来说，明智的做法就是确定所有相关的额外变量，然后测量这些变量，并在数据分析阶段对这些变量进行控制。有多种统计分析程序可用于统计控制。我们将在论述推论统计的那一章（即第 16 章）中说明如何进行这种类型的统计分析。

> **思考题 7.2**
> - 匹配的优点和缺点是什么？
> - 将额外变量纳入设计的优点和缺点是什么？
> - 描述统计控制。

研究过程中实施的控制技术

7.6 描述在研究过程中实施的主要控制技术

到目前为止，我们已经说明了如何在研究开始时控制额外变量。不幸的是，额外变量也可以在研究进行的过程中进入研究。此处的关键点在于，在实验过程中，除了在不同组实施不同水平的自变量外，你必须以同样的方式对待不同的组。现在我们来说明在研究过程中使用的最重要的控制技术。

平衡法

7.7 描述何时使用平衡法，解释不同类型的平衡法，并能够构建平衡序列

平衡法：一种用于控制序列效应的技术。

在大多数实验中，不同的组由不同的参与者组成，而我们的目标就是确保这些不同组的参与者是相似的（即各组是相等的）。在另一种实验设计，即重复测量设计（或者说参与者内设计）中，所有参与者都要接受所有的处理。这种实验的设计理念展示在图 7.5 中（并将在第 9 章进行深度讨论）。此处的关键点是，**平衡法**（counterbalancing）这种控制方法只适用于重复测量设计（即所有参与者都接受至少一个自变量的所有水平的处理）。

当所有参与者都接受所有处理条件，但在不同时间接受时（如在参与者内设计中），以相同的序列对所有参与者实施处理条件并不是一个好主意。假设你有三个处理条件，让所有人先接受条件 1、然后接受条件 2、再然后接受条件 3 并不明智。更好的做法是使用平衡法来

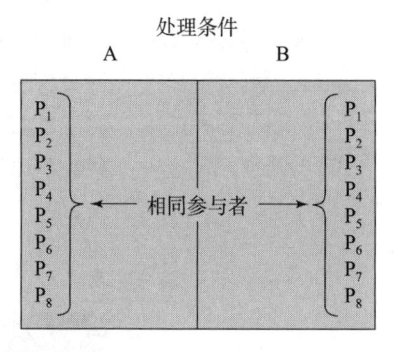

图 7.5　可能包含序列效应的设计类型演示

控制所谓的序列效应。当你使用平衡法时，你仍然会让所有参与者接受所有的处理条件，但你会对不同的参与者以不同的序列实施这些条件（例如，对于三个处理条件，一些不同序列是 1—2—3、2—3—1 和 3—1—2）。例如，第一个参与者可能先接受条件 1，然后是条件 2，再然后是条件 3；第二个参与者可能先接受条件 2，然后是条件 3，再然后是条件 1；第三个参与者可能先接受条件 3，然后是条件 1，再然后是条件 2。

当参与者接受多种处理条件时，就会产生序列效应。序列效应有两种类型。第一种是**顺序效应**（order effect，也译作顺序位置效应），它产生于参与者接受处理条件的顺序（位置）。在一项重复测量实验中，伴随时间产生的变化会导致顺序效应，因为不管参与者接受的处理是什么，从第一个条件到最后一个条件，他们都发生了一些变化。假设你正在开展一项学习实验，自变量是呈现单词的速度。参与者必须依次学习单词列表 S（慢速列表，其中的单词每隔 6 秒呈现一次），然后是单词列表 M（中速列表，其中的单词每隔 4 秒呈现一次），最后是单词列表 F（快速列表，其中的单词每隔 2 秒呈现一次）。在这个实验中，有些额外变量，例如在设备上练习、学习如何完成记忆任务，或者对实验环境变得越来越熟悉，都有可能提高成绩。

顺序效应：顺序效应的产生源于参与者接受处理条件的顺序（位置）。

让我们假设其中某个或某几个额外变量的确会提高参与者的成绩，且因为顺序效应产生的增量分别为：从列表 1 到列表 2（S 到 M），参与者的成绩提高了 4 个单位；从列表 2 到列表 3（M 到 F），参与者的成绩提高了 2 个单位。表 7.2 左侧的内容描述了这些顺序效应。正如你所见，顺序效应可以影响到研究结论，因为成绩的增量是由列表的顺序（位置）引起的。当成绩的增量是由顺序效应引起的时候，关于列表类型效应的结论就会带有误导性。如果颠倒这些列表的呈现序列，由顺序位置导致的成绩增量仍然会在同样的顺序位置上出现，就像表 7.2 右侧所显示的那样。关键在于，参与者对整个实验环境的熟悉和练习能够产生表格中所显示的顺序效应。其他实验因素，比如测验的时间（早晨、中午或是晚上）也能产生顺序效应。必须控制此类效应以避免得出错误的结论。

第二种可能产生的序列效应类型是延滞效应。当参与者在某种处理条件下的表现受先前处理条件的影响时，就发生了**延滞效应**（carryover effect）。思考一下，某个实验旨在研究三种治疗方法（如来访者中心疗法、理性情绪疗法和格式塔疗法）的相对效果。或许，参与者在经过来访者中心疗法治疗之后常常会感到放松，而在经过理性情绪疗法治疗后则有点紧张，他们会将这些效应带到后续的任何一

延滞效应：当某种处理条件下的表现受到先前处理条件的影响时发生的一种序列效应。

表 7.2 假设的顺序效应

	学习列表			颠倒后的学习列表		
	S	M	F	F	M	S
成绩增量	0	4	2	0	4	2

种条件中，从而改变了后续处理条件的直观效果。平衡法可以控制这些延滞效应。使延滞效应最小化的另一种策略是在两种条件之间设置足够长的间隔时间，以便让之前的处理条件所产生的作用逐渐消失。这段时间有时被称为"清洗"期。在某些研究中，处理条件所产生的效应会持续一段时间，例如药物研究和学习研究等，在这类研究中清洗期的使用尤为重要。

在任何需要参与者接受几种处理条件的研究中，顺序效应和延滞效应都是潜在偏差的来源。在这样的情况下，就需要对序列效应加以控制，而研究者常常会使用平衡法。现在我们来讨论几种处理序列效应的平衡技术。

随机化平衡法

在个体层面进行平衡时，控制序列效应的首选方法是使不同参与者接受的处理条件序列随机化。实际上，**随机化平衡法**（randomized counterbalancing）是研究者使用不同的平衡序列在每个参与者身上进行重复实验。这可以通过随机地生成并给每位参与者分配一种序列来实现。如果一项研究中有足够数量的参与者，那么将处理条件序列随机化可确保每个处理条件在每个顺序位置上出现的次数基本相同，且每个条件出现在其他条件之前和之后的次数也大致相同。因此，序列效应在各种条件中的分布是相同的，也就不会再成为内部效度的威胁。

> **随机化平衡法**：每位参与者接受的处理条件序列是随机决定的。

例如，某个自变量具有三个水平（如来访者中心疗法、理性情绪疗法和格式塔疗法）。在这种情况下，你有三个处理条件。当你有三种处理条件时，呈现给参与者的条件序列就有六种可能性：1—2—3、1—3—2、2—3—1、2—1—3、3—1—2 和 3—2—1。你可以使用之前提到的随机数字生成器完成这个过程：为每位参与者安排一个包含数字 1、2、3 的随机序列。这样在你的研究中，参与者 1 可能会接受序列为 2—3—1 的处理；参与者 2 接受的则是序列为 2—1—3 的处理；参与者 3 接受的是序列为 3—1—2 的处理，如此等等。使用这个随机化程序，直到你确定好最后一位参与者的序列。你必须记住一点：你不能自己决定这些序列，你必须使用类似随机数字生成器这样的随机过程。

完全平衡法

在**完全平衡法**（complete counterbalancing）中，所有可能的处理条件序列都要用于实验中，并且我们会将相等比例的研究参与者随机分配到每种序列中。当处理条件有两个时，则可能的序列只有两种，如下所示：

1—2
2—1

如果处理条件有三个，则可能的序列有六种：

> **完全平衡法**：罗列出所有可能的序列，并要求不同的参与者组接受不同的序列。（此处的参与者组是指随机分配到某种序列的多名参与者。——译者注）

1—2—3
1—3—2
2—3—1
2—1—3
3—1—2
3—2—1

在使用完全平衡法时，重要的是将同样数量的研究参与者随机分配到各序列中。

完全平衡法的不足是：当处理条件数很大时，可能序列的数目就会变得难以处理。你可以通过计算 $N!$（称作"N 的阶乘"）来确定可能序列的数目。[1] 处理条件的数目用"N"表示，而符号"!"表示你要用 N 乘以 N 以下的所有数字：N 乘（$N-1$），再乘（$N-2$），依次类推，直到最后乘以 1。例如，如果你有三个条件，那么 N 就是 3，$N!$ 就是 3 乘 2 再乘 1（等于 6；即 $3 \times 2 = 6$，$6 \times 1 = 6$）。对四个条件来说，$N!$ 就是 4 乘 3，再乘 2，再乘 1（等于 24；即 $4 \times 3 = 12$，$12 \times 2 = 24$，$24 \times 1 = 24$）。而五个条件时，$N!$ 就是 5 乘 4，再乘 3，再乘 2，再乘 1（等于 120）。正如你能看到的那样，只是 5 个条件，就有整整 120 个可能的序列！因为这个问题的存在，所以研究者在面对三个或三个以上的处理条件时，很少使用完全平衡法。

不完全平衡法

不完全平衡法：系统性地列举出少于所有可能性的序列，并要求不同的参与者组接受不同的序列。

最常用的组平衡技术是**不完全平衡法**（incomplete counterbalancing）。使用这种技术时，我们并不采用所有可能的处理条件序列，该技术也由此得名。不完全平衡法必须满足的第一个标准是，就采用的序列而言，每个处理条件都必须在每个顺序位置上出现相同的次数。同时，每个处理条件出现在其他各条件之前和之后的次数也都必须相同。

假设你正在进行一项实验以确定咖啡因是否会影响反应时。你想让参与者分别服用 100mg、200mg、300mg 和 400mg 的咖啡因（各条件分别为 A、B、C、D），然后看看他们的反应时是否会随着咖啡因摄入量的增加而增加。你知道，如果每位参与者都以相同序列服用四种剂量的咖啡因，那么序列效应就有可能改变你的实验结果，所以你希望平衡给予参与者不同剂量咖啡因的序列。每当处理条件的数量是偶数时，就像这里咖啡因的剂量是四种，平衡序列的数量就与处理条件数相等。各序列按如下方法建立。第一个序列的形式是 1、2、n、3、（$n-1$）、4、（$n-2$）、5……，直到列出所有的处理条件。在有四种处理条件的咖啡因研究中，

---

[1] 你很容易在网上找到一个阶乘计算器。这里就有一个：https://goodcalculators.com/factorial-calculator/。

第一个序列应该是 ABDC，或者 1—2—4—3。如果一项实验包含了六种处理条件，那么第一个序列就应该是 ABFCED，或者 1—2—6—3—5—4。然后，通过在前一个序列的每个值上加 1 来建立不完全平衡法中其余的序列。例如，在咖啡因研究这个例子中，第一个序列是 ABDC，那么第二个序列就是 BCAD。当然，在对最后一种处理条件 D 加 1 时，不要前进到 E 而是要回到 A。这种程序为咖啡因研究生成了以下一组序列：

参与者	序列			
1	A	B	D	C
2	B	C	A	D
3	C	D	B	A
4	D	A	C	B

如果处理条件数是奇数，比如五种处理条件，要是我们还按照之前的程序生成序列，则每个值出现在其他各值之前和之后的次数必须相同的标准就不能实现了。例如，按照之前程序，五个处理条件时将产生下列一组序列：

序列				
A	B	E	C	D
B	C	A	D	E
C	D	B	E	A
D	E	C	A	B
E	A	D	B	C

在这种情况下，每个处理条件都在每个可能位置上出现了；然而，如 D 紧随 A 之后出现的情况有两次，但是没有一次直接出现在 B 之后。为了对这种情况进行补救，我们必须另外列举出五个正好与之前的五个序列相反的序列。在五个处理条件的实验中，这五个额外的序列如下所示：

序列				
D	C	E	B	A
E	D	A	C	B
A	E	B	D	C
B	A	C	E	D
C	B	D	A	E

当这 10 个序列结合起来时，不完全平衡法的两个标准就都满足了。因此，不完全平衡法对绝大多数序列效应进行了控制。

那么不完全平衡法对序列效应的控制效果如何呢？由于每种处理条件出现在

了序列中的每一个可能位置，所以序列效应的影响被控制住了。换句话说，每种条件（A、B、C和D）出现在其他各条件之前和之后的次数是相等的。然而，序列效应只有在对所有序列来说都是线性的情况下，才能被控制住。如果它们不是线性的，那所有类型的平衡法都不足以控制序列效应。更具体地说，没有一种平衡法能够控制**差别延滞效应**（differential carryover effect）。如果之前实施的某种处理以某种方式影响了参与者在后一种处理条件中的表现，但当其后跟随的处理条件改变时，它的影响方式也随之改变，就会产生这个问题。例如，当处理A后紧跟着处理B时，产生的延滞效应是4个单位，而当处理A后紧跟着处理C时，产生的延滞效应却是2个单位。如果你想了解更多有关确认与处理差别延滞效应的内容，请查阅凯佩尔和泽德克（Keppel & Zedeck, 1989）以及麦克斯韦尔、德莱尼和凯利（Maxwell, Delaney, & Kelley, 2018）的相关著作。

差别延滞效应：某种处理条件以一种方式影响参与者在后来的处理条件中的表现；而当其后紧跟着另一种处理条件时，它又以不同的方式影响参与者的表现。

> **思考题 7.3**
> - 正文所讨论的各种平衡法的优点是什么？

盲　法

7.8　解释如何使用不同的盲法来降低研究者效应和参与者效应

你在第6章中了解到，参与者在某项研究中的行为会受他们的认知和所持动机的影响。我们指出了要求特征（研究中可能会影响参与者行为的线索）和积极的自我表现（参与者以积极的方式表现自己的动机）的影响。你还了解到，在研究中，研究者期望（研究者对结果的期望）和研究者特征（生物—心理—社会特征）能够在无意中影响参与者的行为。为了获得研究的内部效度，必须控制参与者效应和研究者效应。只有那样，研究者才能肯定地宣称是自变量的变化引发了因变量的变化。盲法是控制参与者效应和研究者效应的一种方法。

双盲法

双盲法：无论是研究者还是参与者都不知道参与者所接受的处理条件。

双盲法（double-blind technique）是降低参与者效应和研究者效应的最佳技术之一。这要求研究者"设计出在所有处理条件下的研究参与者看来都相同的操纵"（Aronson & Carlsmith, 1968, p. 62），同时研究者也不知道哪个组接受了安慰剂条件，哪个组接受了实验操纵条件。对于各种条件之间的任何差别，参与者和研究者都"一无所知"。

如果你正在进行一项实验，试图检验甜味剂阿斯巴甜对幼儿破坏性行为的影响，那么你必须要让其中一组幼儿服用这种甜味剂，而让另一组服用安慰剂。为了让该实验成为一个双盲实验，研究者一定不能知道参与者接受的是阿斯巴甜还是安慰剂，以避免传递出任何研究者期望，而且阿斯巴甜和安慰剂条件下的参与者必须对处理条件具有同样的认知。他们不能知道自己处于哪个条件之中。总之，必须让研究者和参与者都对参与者所受的处理条件不知情。一段时间以来，药物研究已经认识到病人和供药者的期望对病人服用药物后的体验的影响。因此，药物研究总是使用双盲法来控制这些认知的影响。

双盲法可消除参与者的差别认知，因为所有参与者都被告知了同样的事情（他们可能接受也可能不接受处理）。同时因为研究者不知道哪些参与者接受了实验处理，所以他不会将这种信息传递给参与者。因此，围绕处理条件实施的要求特征通过使用双盲法得到了控制。

遗憾的是，许多类型的实验都无法采用这种技术，这是因为不能将所有处理条件设置成各方面看起来都相同。在这些情况下，就必须使用其他技术。

单盲法

单盲法（Single-blind technique）实际上相当于双盲法的一半。在单盲法中，参与者对他们所处的处理条件并不知情。如果参与者是不知情的，那么在实验组和控制组中，参与者的解释和积极的自我表现效应应该是一致的。然而，在许多研究中，不可能使参与者对其所处的条件保持不知情状态。

单盲法：研究参与者不知道自己所处的处理条件的一种方法。

部分盲法

在不能运用双盲法的情况下，有时可以使用**部分盲法**（partial blind technique），即研究者和/或参与者在研究的某些阶段会对参与者所处的条件不知情。在刚接触时，以及在自变量真正呈现之前的所有条件下，研究者或参与者都可以处于不知情状态。当开始向参与者施行处理条件时，研究者可以使用随机分配来指定参与者将要接受的处理条件。因此，在操纵自变量之前的所有指导语和条件都将被标准化，而研究者期望效应和参与者效应将被降到最低。

部分盲法：让研究者和/或参与者在尽可能多的实验阶段对研究参与者所处的处理条件不知情的一种方法。

自动化

7.9 解释自动化，以及如何用它来降低研究者效应

在动物和人类研究中，降低研究者效应的最后一种可能是将研究完全**自动化**（automation）。事实上，许多动物研究者现在都在使用自动化数据收集程序。通过书面、磁带录音、录像、电视播放，或者通过电脑来呈现指导语，然后用计时器、

自动化：让实验程序完全自动完成以使研究者与参与者之间不需要发生互动的技术。

计数器、笔式记录器、电脑或类似的设备记录参与者的反应，许多人类研究也能实现完全自动化。从控制和标准化的角度，这些程序很容易向参与者解释，并且它们使参与者与研究者之间的互动降到最低。因此，自动化降低了研究者期望和研究者特征的影响。此外，当自动化用于数据收集时，数据记录错误也会减少。

> **思考题 7.4**
> - 哪些技术可用于控制参与者效应和研究者效应？
> - 各种技术如何实现必要的控制？

实现控制的可能性

7.10 总结确定控制技术有效性的方法

我们已经讨论了几类需要控制的额外变量，以及几种用于控制它们的技术。那么这些方法能让我们实现想要的控制吗？它们有效果吗？这些问题的答案似乎既是肯定的，又是否定的。这些控制技术是有效的，但并不是100%有效。关键是要使用可利用的最强控制方法，并尽最大努力收集额外数据以帮助你确定这些控制技术生效的程度。一种确定控制技术效果的方法是使用一些策略来帮助你了解参与者对研究的解释。如果你了解参与者的认知，也许就能够更好地解释自己的研究发现，并在将来设计研究时解决与参与者认知相关的问题。以下是几种有效揭示参与者解释的方法。

探查参与者的解释

回顾型口头报告：参与者回想实验的各个方面，然后做出口头报告。

实验后调查：在研究结束之后，询问参与者对研究的感想。

并发型口头报告：在实验进行过程中获取的参与者对实验的口头报告。

牺牲组：在实验的不同阶段被叫停并回答问题的参与者组。

克里斯滕森（Christensen, 1981）及阿代尔和斯平纳（Adair & Spinner, 1981）总结了可用于深入了解参与者对研究的认知的各种方法。这些方法可归为两类：回顾型口头报告和并发型口头报告。**回顾型口头报告**（retrospective verbal report）利用诸如**实验后调查**（postexperimental inquiry）等技术获得，顾名思义，实验后调查是指在研究结束之后向参与者提出有关实验的问题。参与者认为实验要研究什么问题？他认为研究者希望发现什么？参与者试图给出哪种类型的反应，原因是什么？参与者认为其他人在这种情境下会做出何种反应？此类信息有助于揭示参与者的认知，以及这些认知可能以何种方式影响行为。回顾型报告的主要不足在于，参与者可能无法回忆起并报告出他们先前在实验中的认知。

并发型口头报告（concurrent verbal report）包含的技术有所罗门的牺牲组（Orne, 1973）、并发探查、出声思维技术（Ericsson & Simon, 1980）等。在所罗门的**牺牲组**（sacrifice groups）中，每组参与者在研究的不同时间点被"牺牲"，即被叫停，并被询问对研究的认知。你无法从这些"牺牲"的参与者身上得到因变量数据，但是你可以获得参与者如何理解研究方面的信息。"牺牲"可以在研究程序中的不同时间点上发生，而不是如回顾型口头报告中那样只发生在研究的结尾。**并发探查**（concurrent probing）要求参与者在研究的每个试次（trial，实验中刺激呈现及反应测量的最小单位——译者注）结束后，报告他们的认知。**出声思维技术**（think-aloud technique）要求参与者在完成研究任务的同时将其产生的任何与研究有关的想法或认知都用言语表达出来。并发探查和出声思维技术的明显缺点是，在研究过程中用言语表达自己的想法通常会影响参与者的行为，从而影响因变量（Wilson, 1994）。

这里提到的技术没有一个是万无一失或没有缺点的。但是，使用这些方法能提供一些关于参与者对研究的认知方面的证据，使你能够更准确地解释当前的研究，并在未来设计研究时，能够将这些参与者效应降到最低。

并发探查：在每个试次后获取参与者对实验的认知。

出声思维技术：要求参与者在进行实验时将他们的想法用言语表达出来的方法。

> **思考题 7.5**
> - 假设你想确定研究参与者对研究目的的认知。为了实现这一目标，你可以使用哪些方法？如何操作？

本章小结

在开展一项试图确定因果关系的研究时，研究者必须完成一项重要的任务：控制额外变量的影响。在包含多于一个组（如实验组和控制组）的实验中，理想的结果是所有组在除自变量（即不同的组接受自变量不同水平的处理）以外的全部额外变量上相等。当各组之间的唯一差别是自变量时，研究者就可以在实验结束时合理地宣称，各组在因变量上的差异是由自变量导致的。大多数控制技术通过形成相等组而发挥作用，其目的是消除额外变量的差别影响。在实验开始时实行的控制技术主要有以下四种：将参与者随机分配到各组（这是最好的控制技术）、匹配、统计控制，以及将额外变量纳入设计。匹配技术包括：保持变量恒定（即只使用额外变量的一个水平，如在研究中只使用女性参与者），以及通过使参与者在匹配变量上相等实现匹配。我们还讨论了在实验过程中采取的控制技术，包括平衡法（随机化平衡法、完全平衡法和不完全平衡法），应对研究者效应和参与者效应的方法（包括双盲法、单盲法、部分盲法和自动化），以及探查参与者解释的方法（包括在实验后调查中获得的回顾型口头报告，以及诸如牺牲组、并发探查和出声思维技术等并发型口头报告）。

重要术语和概念

差别影响	平衡法	部分盲法
差异法	顺序效应	自动化
随机分配	延滞效应	回顾型口头报告
随机化	随机化平衡法	实验后调查
匹配	完全平衡法	并发型口头报告
匹配变量	不完全平衡法	牺牲组
个体匹配	差别延滞效应	并发探查
被试匹配	双盲法	出声思维技术
统计控制	单盲法	

章节测验

问题答案见附录。

1. 如果你只能使用一种控制技术，你应该使用哪一种？
   a. 将参与者随机分配到各组中
   b. 通过保持变量恒定实现匹配
   c. 自动化

2. 假设你想考察咖啡因是否影响一个人从一页随机字母列表中找出字母 q 出现次数的能力。为了控制个人反应时这一额外变量，你将参与者分为长反应时和短反应时两组，然后将反应时的这种差异作为一个自变量纳入你的研究设计中。你在控制反应时的可能影响，所使用的方法属于：
   a. 将参与者随机分配到各反应时组中
   b. 通过让参与者进入各反应时组而进行的平衡法
   c. 将额外变量纳入研究设计
   d. 盲法，因为人们不知道他们的反应时是长还是短

3. 在下列哪种情况下，最适宜使用匹配技术？
   a. 需要控制少量已知的额外变量
   b. 需要控制大量已知的额外变量
   c. 需要控制少量未知的额外变量
   d. 需要控制无法有效测量的额外变量

4. 假设你想知道酒精是否会增加一个人的攻击性。为了检验这个假设，你想测试人们在受到酒精影响和未受酒精影响时的攻击性。但是，你知道如果你要求同一群人先后接受这两种条件，那么已经测试过一次可能会改变他们第二次的表现。为了控制这种效应，你选择：
   a. 从自愿参与研究的一大群人中随机选取参与者
   b. 按照参与者对酒精的敏感度对他们进行匹配
   c. 平衡酒精条件和无酒精条件的操作

5. 如果你想控制研究者可能抱有的对研究结果的期望，你也许应该：
   a. 平衡处理条件，使得任何由期望导致的变化在各参与者组之间均等分布
   b. 将实验程序自动化，以使研究者不会与研究参与者产生互动
   c. 将参与者随机分配到各处理条件中，使得期望在各组之间均等分布
   d. 匹配参与者，使得期望对所有参与者都保持相同

提高练习

1. 你想开展一项实验，测试某种新药在治疗儿童注意缺陷多动障碍上的效果。你决定测试新药在 4 种不同剂量时的效果，选用剂量分别是 5mg、10mg、15mg 和 20mg。40 名患有注意缺陷多动障碍的儿童的父母自愿让他们的孩子参与这项研究。请使用随机数字生成器（randomizer.org），将这 40 名儿童随机分配到 4 种药物剂量条件中。描述这个过程中的各个步骤，并列出四组中每一组的参与者编号：

随机分配到各组的参与者			
组 1	组 2	组 3	组 4

2. 你想测试某种新药在治疗儿童注意缺陷多动障碍上的效果，但这一次你想让所有的儿童在不同的日子里分别服用 5mg、10mg、15mg 和 20mg 的新药。你知道使用这种程序也许会产生延滞效应或顺序效应，所以你想平衡施行这 4 种剂量的序列。使用不完全平衡法，列出处理条件的不同平衡序列。

3. "知道"博士开发出了一种治疗抑郁的新疗法。他想看看自己的这种治疗技术是否有效，能否减轻人们的抑郁症状。假设他希望你能帮助他设计一项研究来测试这种疗法的效果。请确认哪些额外变量可能会混淆这项实验的结果，说明这种混淆将会如何产生，并确定你将如何控制这些额外变量。

第 8 章

开展研究的程序

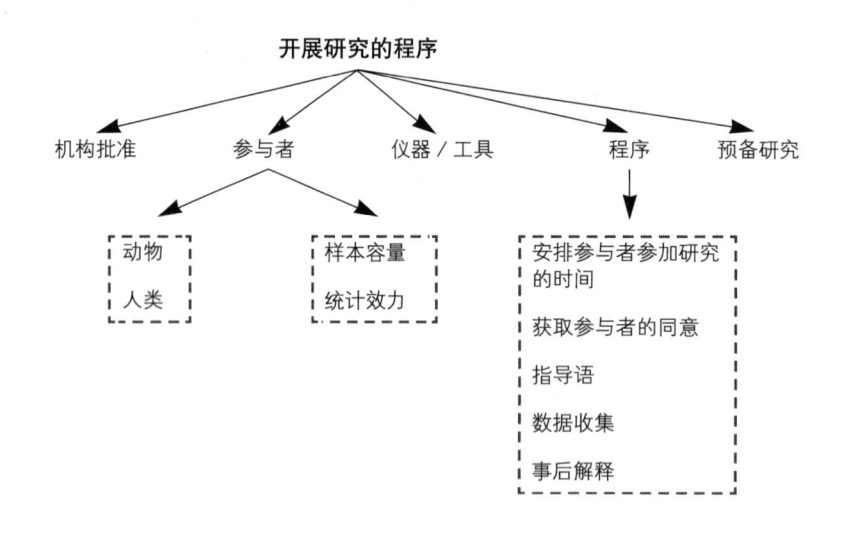

```
                        开展研究的程序
         ┌──────────┬──────────┼──────────┬──────────┐
       机构批准    参与者    仪器/工具   程序     预备研究
                  ┌───┴───┐              │
                 动物   样本容量      安排参与者参加研究
                 人类   统计效力         的时间
                                      获取参与者的同意
                                      指导语
                                      数据收集
                                      事后解释
```

学习目标

8.1 概述 IACUC 和 IRB 的审查过程

8.2 描述如何选择研究参与者

8.3 解释样本容量的重要性以及统计效力的概念

8.4 解释研究仪器/工具的作用

8.5 总结开展研究时要注意的程序性细节

8.6 解释为什么在数据收集之前开展预备研究很重要

研究者通过设计研究来解答问题。这意味着他们要确定相关的自变量和因变量，并想办法对额外变量进行控制。但是，在做完有关设计和控制的决定之后，还有许多与实际开展研究有关的问题需要决策，这是因为设计只能提供研究框架。一旦确立了框架，就必须将其填满并实施。研究者必须确定使用什么类型的参与者、所需的参与者数量以及获取参与者的方式。如果使用人类参与者，研究者必须确定要给予他们的指导语和任务，以及要使用何种测量工具。

在这一章，我们将讨论在开展研究时必须解决的一些问题。因为每个研究都有它自己独特的特征，所以我们将概括性地论述这些问题。但是，我们的讨论应该能为你提供开展自己的研究时所需的信息。本章中的许多原则既适用于实验研究，也适用于非实验研究。这是因为几乎每项研究都涉及一个研究主题，一个或多个研究问题、一个研究计划（如数据收集和数据分析），以及这项计划的实施。这一章的内容与研究计划的实施有关。我们将说明机构批准、参与者和样本容量的选择、合适工具的选择、安排参与者参加研究的时间、获取参与者的知情同意、指导语、数据收集以及事后解释。当你读完这一章时，你将对开展研究的每个细节都一清二楚。

机构批准

8.1 概述 IACUC 和 IRB 的审查过程

如果你要开展一项以动物为参与者的研究，你就必须获得机构动物照料和使用委员会（IACUC）的批准。如果你要开展一项以人类为参与者的研究，你就必须得到机构伦理审查委员会（IRB）的批准。如第 4 章所述，你必须准备一份研究方案，详细说明研究的各个方面，包括你打算使用什么样的参与者和开展研究时要采取的程序。必须准备一份详尽的方案，因为不管是 IACUC 还是 IRB，都必须通过审查研究方案来确定研究在伦理上是否可接受。

IACUC 通过审查研究方案来确定你的研究是否将以适当的方式利用和研究动物。具体来讲，通过审查研究方案，IACUC 要确定研究者是否计划采取措施来帮助避免或尽量减轻动物的痛苦和不适感，如果研究引起的疼痛是长期和剧烈的，是否会使用镇静剂或镇痛药，在需要手术的活动中是否包括适当的术前和术后护理，安乐死的方法是否符合行业认可的既定程序要求。如果研究程序属于可接受的做法，那么 IACUC 就会批准这项研究，然后你就可以开始收集数据了。如果委员会没有批准这项研究，会解释为什么没有批准。

IRB 通过审查研究方案来确定你是否会以恰当的方式来对待人类参与者。IRB 主要关注人类参与者的福祉。他们将审查方案，以确保参与者将提供参与研究的知情同意书，并且研究程序不会伤害参与者。当程序可能带来伤害时，委员会就会特别难以做出决定。有些程序，比如服用某种实验性药物，就有伤害研究参与者的可能性。在这种情况下，IRB 必须仔细权衡研究带来的潜在收益和参与者面临的可能风险。因此，IRB 经常面临第 4 章中讨论的伦理问题。有时委员会认为研究给人类参与者带来的风险太大，于是不允许进行研究；而在其他一些案例中，委员会判定研究会带来巨大的潜在收益，所以它给人类参与者造成的风险就被认为是可以接受的。如果 IRB 不批准某项研究，那么研究者必须重新设计研究以争取得到 IRB 的支持，提供可能推翻 IRB 反对意见的额外信息，或者根本不开展这项研究。

获得 IRB 或 IACUC 的批准是研究者开展研究必须完成的重要步骤之一。进行没有获得批准的研究（实验的和非实验的）是有违伦理的，不仅会让研究者和所属机构受到严重的谴责，而且会危及其将来的科研项目获得美国公共卫生署基金的可能性。为了获得相关审查委员会的批准，你必须能够详细地描述你将如何开展你的研究。在后面的各节中，我们要讨论开展研究时必须做的一些决定。让我们从考虑谁将参与你的研究开始吧。

> **思考题 8.1**
> - IRB 和 IACUC 的目标是什么？

研究参与者

8.2 描述如何选择研究参与者

心理学家研究的是生物体的行为。多种生物体都有可能成为研究参与者。在大多数情况下，研究问题决定了待使用的生物体类型。例如，如果一项研究考察的是印记能力，那么研究者必须选择能展示出这种能力的物种，比如鸭子。许多心理学研究关注的是与人类有关的问题，比如人的态度、情感、认知和行为，所以人类是心理学研究中常见的参与者。除人类以外，还有许多其他物种被用于心理学研究，比如褐家鼠的白化变种（即大白鼠——译者注）。

获取动物

一旦决定了研究所要使用的生物体类型，接下来的问题就是从哪里得到这些参与者以及如何照料它们。伦理程序规定了应该如何获取和照料动物。2013 年最新修订的《动物福利法案》对绝大多数研究用动物的照料、处理、治疗和运输等做出了规定。美国国家科学院实验动物研究所（The National Academy of Sciences Institute of Laboratory Animal Research; ILAR）制定了一部《实验室动物的照料和使用指南》(*Guide for the Care and Use of Laboratory Animals*, 2011)。这份指南的目的是帮助科研机构以专业的方式恰当使用和照料实验室动物。这本出版物中的建议反映了美国国立卫生研究院（NIH）和美国实验动物管理认证协会（American Association for the Accreditation of Laboratory Animal Care; AAALAC）的政策。因此，这部手册中的指导意见是研究者在照料和使用实验室动物时必须遵循的原则。

获取人类参与者

研究者在选择人类作为研究参与者时必须确定其入选和出局的标准。例如，你寻找的参与者是处于特定年龄群体，患有特定障碍，还是拥有特定经历？你的招募策略在一定程度上是由你所需要的参与者类型决定的。例如，如果你想开展一项有关流浪者的研究，你也许就要与流浪者庇护所联系，并寻访那些常常会出现流浪者的地方。另外，你的招募策略还受你所拥有的资源的影响。在许多以人类为参与者的心理学研究中，参与者的招募都是以方便和易获得为前提。

大量的心理学研究是在大学和学院中进行的，在许多这类研究中，参与者都是学生。在大多数的大学中，心理学系都有一个由选修心理学导论课程的学生组成的参与者池。这些学生参与研究的动机很强，因为他们通常以参加这种活动来代替其他一些课程要求，比如撰写一篇简短的论文。参与者池为研究者提供了现成的参与者。可以用不同的方法从参与者池中获得参与者，可以让学生在网站上注册并报名参加研究，也可以在院系的中心区域张贴通告，告知学生有参加研究的机会。心理学系的参与者池提供了一个方便样本，却产生了一个严重的问题：从这些参与者身上得到的结论不能被推广到非大学生群体中。大学生都很聪明，他们都选择了上大学，但还没有从大学毕业。这代表了这个群体的一些独特性。

有些研究需要非大学生群体。例如，一位儿童心理学家想研究幼儿园里的孩子，他通常会尽力争取与当地幼儿园合作。同样地，要调查监狱服刑人员，就必须争取狱政官员及罪犯的合作。当我们必须从院系参与者池以外的资源中抽取研究参与者时，就会产生一系列新的问题。假设研究者打算在幼儿园中开展一项研究。第一个任务就是找到一个同意研究者收集所需数据的幼儿园。在寻求负责人的合作时，研究者必须诚实、开放，并对其表示尊重。在社区开展研究需要与该社区中的人员建立伙伴关系。社区伙伴关系对研究非常重要。如果没有这些伙伴关系，就无法在大学以外的地方开展研究。作为一名研究者，你应该始终对你可能在社区合作伙伴那里遇到的想法和担忧持开放态度。如果负责人同意研究者开展研究，那接下来的任务就是获得家长的允许，同意他们的孩子参与研究。这包括让家长在知情同意书上签字，同意书中说明了研究的性质和要求儿童完成的任务。孩子们也需要提供参与研究的允许书。如果涉及某个机构或学校，比如有关智力障碍者的研究项目，你可能需要向该机构的研究委员会提交一份研究方案以供审核。

互联网是招募参与者的一个强大工具。但是，你必须意识到互联网用户是一个选择性群体。显然，互联网用户不能代表那些无法上网或选择不上网的人。另一方面，互联网可以接触到来自其他文化的人群和那些因时间和费用的限制而不易获得的人群，比如残疾人。如果你想开展一项研究以调查特殊群体的某些方面，比如同卵双胞胎，那么你可以通过万维网或互联网从在线群组中招募，如"双胞胎妈妈俱乐部"。很多特殊群体都有这类线上群组。有了互联网，你可以立刻与大量样本人群接触，而不用受限于地理位置。

在联系和获取研究参与者方面，互联网研究提出了不一样的挑战。例如，如果你的策略是与人们联系并请求他们参与你的研究，你就必须确定联系这些人的具体途径。如果研究参与者属于某个组织或协会，你可以与这个组织或协会联系，并请求得到其成员的电子邮件地址列表。你也可以向选定的电子邮件列表、新闻公告板或公开讨论小组发送请求。也有一些商业性服务可以为你的研究确定和选择特定的个体样本。

如果你的策略是将研究张贴在网上，并要求参与者登录网站完成研究，那么你可以将研究放在几个专门宣传研究机会的网站上。其中一个网站是由社会心理学网络维护的，其网址是：http://www.socialpsychology.org/addstudy.htm，还有一个网站是由美国心理科学协会维护的，网址是：http://psych.hanover.edu/research/exponnet.html。

在确定好目标参与者总体后，你必须从这个总体中选择参与者。理想情况下，这应该是随机的。在一项调查幼儿园儿童的研究中，应该从包含所有幼儿园儿童的总体（比如，在美国或你感兴趣的地区）中随机选择样本。然而，从大的分散总体中随机抽样常常是不现实的。因此，人类参与者的选择通常是以方便、可获得性和个人的参与意愿为基础的。研究中使用的幼儿园儿童很可能是那些住处离大学最近且愿意与研究者合作的孩子。

因为样本通常都不是随机选择的，所以它们可能在多个方面与总体存在差异。例如，获得父母允许来参加研究的儿童也许会与那些被父母禁止参加研究的儿童表现得不一样。自愿参与互联网研究的参与者可能与那些不愿参与的人表现得不一样。因为无法随机选择参与者，除了参与者特征外，研究者还必须报告参与者选择和分配的过程与方法。这些信息能让其他研究者对实验进行重复，并评估结果是否一致。

思考题 8.2

- 什么因素通常会决定研究参与者的选择？
- 可以从哪些来源招募研究参与者？

样本容量

8.3 解释样本容量的重要性以及统计效力的概念

在你确定了研究中使用的参与者类型，也找到了接触该参与者群体的方法之后，你就必须决定需要多少参与者才可以充分检验假设。这个决定是基于研究设计、数据变异性和要使用的统计程序类型等因素做出的。可以通过对比单被试设计和多参与者设计来弄清研究设计与样本容量的关系。显然，因为单被试设计只需要一个人的样本，所以样本容量就不会成为问题。但是样本容量在多参与者设计中很重要，因为从理论上讲，使用的参与者数量可以是两个到无数个。通常我们想要的参与者数量都不止两个，但使用太多的参与者又是不现实且没有必要的。当研究中的参与者数量增加时，统计检验检测到变量间关系的能力也会增加，也就是说，统计检验的效力会增加。因此，效力是决定样本容量的一个重要概念。

效 力

效力（power）（也称作统计效力）是指拒绝错误的虚无假设的概率。在统计分析中（见第 16 章），我们只能检验虚无假设而不是研究假设。虚无假设声称自变量与因变量之间没有关系，你希望自己能在虚无假设错误的时候拒绝它。错误的虚无假设是指虚无假设不正确，因此变量间实际上存在某种关系（例如，自变量对因变量有影响）。任何时候，如果你未能拒绝一个错误的虚无假设，你就错过了正确识别存在于世界的某种关系的机会。在假设检验中，我们希望拒绝虚无假设，并正确得出关系确实存在的结论。这就是我们希望效力高的原因所在。因此，这里的一个关键点是我们希望效力高些，或者更具体地讲，按照惯例，我们希望效力大于等于 0.80（这意味着我们在 80% 的情况下正确地拒绝了错误的虚无假设）。

效力：拒绝错误的虚无假设的概率。

效力（或者说我们发现某种真实存在于世界中的关系的能力）在很大程度上取决于样本容量——当参与者数量增加时，统计效力也会增加！但是在样本容量增加的同时，时间和金钱上的成本也会增加。从经济角度看，我们更喜欢相对小一点的样本。研究者必须在检测到某种效应和节约成本这两个相互冲突的愿望间进行平衡。他们必须选择一个样本容量，既小到不会超出费用预算，又大到可以检测到自变量产生的某种效应。效力分析是解决这种愿望冲突的最佳方法，因为它能告诉你研究所需的最小样本容量。

统计检验的效力受多种因素影响，4 个最重要的因素是样本容量、效应量、α 水平以及你所使用的统计检验类型。**效应量**（effect size）是指在总体中自变量和因变量之间关系的真实强度。你可以通过查阅相关研究领域的文献来确定预期的效应量。如果相关领域中没有多少研究，则可以参考科恩（Cohen, 1992）设定的

效应量：在某个总体中，两个变量之间关系的强度。

几个统计指标的大、中、小效应量所对应的起点标准。例如，他认为在心理学研究中，相关系数 0.10 为小效应，0.30 为中等效应，0.50 为大效应。而对度量均值差异用到的科恩 d 值来说，0.20 为小效应，0.50 为中等效应，0.80 为大效应。现在不用担心这些数字，因为我们会在第 15 章解释相关系数和科恩 d 值。现在，你只需要知道效应可以分为大、中、小三种强度。

我们将在第 16 章解释 α 水平的概念——现在你只需要知道，在绝大多数心理学研究中，我们使用的 α 水平是 0.05。（如果你确实很想知道这是什么意思，α 水平为 0.05 是指当在总体中变量间实际上不存在关系时，你最多有 5% 的可能性会声称变量间存在关系。）效力还受到所使用的统计检验类型的影响，你将在第 16 章中更详细地了解这一点。例如，如果你想要考察两个量型变量之间是否显著相关，你会使用相关系数。如果你想要考察两个平均数是否存在显著性差异（例如，实验组平均数与控制组平均数），你会使用 t 检验。

现在你知道，效力受样本容量、效应量、α 水平和所使用的统计检验类型的影响。在开展研究时，我们基本上不能影响效应量，我们几乎总是将 α 水平设为 0.05，而统计检验类型则由我们所获得数据的类型决定。因此，你可以控制的因素是样本容量。当你计划你的研究时，你必须确定你的研究需要多少参与者。我们提供了一张表来帮助你做这个重要的决定。

表 8.1 显示的是当效力为 0.80（建议使用），α 水平分别为 0.01 和 0.05，统计检验的效应量分别为小、中、大时，研究所需要的参与者数量。我们将以两个检验为例，说明如何使用表 8.1。

首先，假设你想开展一项实验来确定实验组和控制组的平均数差异在统计上是否显著。你阅读了之前的文献，得到的信息是效应量为中等。按照惯例，你将使用的 α 水平是 0.05。为了确定研究所需的样本容量，你要在表格中找到与"两平均数的 t 检验"、效应量为"中"、α 水平是"0.05"相对应的数字。这个数字在第一行，是 64。这是两个组中每组所需的参与者数量。因此，研究样本总共需要 128 名参与者。

接下来，让我们假设你想确定两个变量之间的相关在统计上是否显著。你查阅了文献，得到的信息是效应量为中等。再一次按照惯例，你使用的 α 水平是 0.05。你从表格中找到与"简单相关"、效应量为"中"、α 水平是"0.05"相对应的数字。这个数字在第二行，是 85。这是研究样本所需的参与者总数。

为了更多地了解效力和样本容量，你应该阅读表 8.1 的原始出处文章。文章作者科恩（Cohen, 1992）更加深入地阐释了效力的概念，并解释了他所说的大、中、小效应量的含义。此外，有一款出色的免费软件 G*Power 可以用来帮你确定所需的样本容量，你可以从网上下载（http://www.gpower.hhu.de/en.html）。你将在第 16 章中学习如何进行显著性检验。

表 8.1 在 α = 0.01 和 0.05，效力为 0.80，效应量为小、中、大时，研究所需要的参与者数量

检验	α=0.01 小	α=0.01 中	α=0.01 大	α=0.05 小	α=0.05 中	α=0.05 大
两平均数的 t 检验 [*]	586	95	38	393	64	26
简单相关（r）[**]	1 163	125	41	783	85	28
方差分析 [*]						
两组	586	95	38	393	64	26
三组	464	76	30	322	52	21
四组	388	63	25	274	45	18
五组	336	55	22	240	39	16
多元回归 [**]						
2 个预测因子	698	97	45	481	67	30
3 个预测因子	780	108	50	547	76	34
4 个预测因子	841	118	55	599	84	38
5 个预测因子	901	126	59	645	91	42

[*] 每组的样本容量数。将这个数字与组数相乘，就能确定所需的总样本容量。
[**] 报告的样本容量是所需的总样本容量。
注：效应量是关系的强度。方差分析用于考察两个或两个以上的平均数间的差异是否显著。多元回归用两个或两个以上自变量（在表格中标记为"预测因子"）预测或解释因变量的变异。表中的信息摘自：Cohen, 1992。

思考题 8.3

- 在一个多参与者设计中，研究者应该如何确定样本容量？
- 如果你在一项实验中设置三个组，预期效应量为中等，使用的 α 水平是 0.01，利用表 8.1 计算你所需要的研究参与者数量。

仪器和 / 或工具

8.4　解释研究仪器 / 工具的作用

　　除了获取适当数量的研究参与者，在实验中，研究者还必须确定如何呈现自变量条件，以及如何测量因变量。在某些研究中，自变量的呈现和操纵需要研究

者的积极参与，而因变量的测量则涉及多种心理学评估工具的使用。例如，有研究者（Langhinrichsen-Rohling & Turner, 2012）考察了4节课的健康关系课程对高风险青少年的干预效果。这种处理需要实验者的积极干预，这意味着研究者要积极地参与到自变量的操纵中。为了评估这种处理方法的效果，研究者使用了几种不同的心理学量表。因此，因变量的测量就用到了心理学评估工具。

在另一些研究中，必须使用特殊的仪器来实现自变量的准确呈现和因变量的测量。例如，假设你正在开展一项研究，其中的自变量是单词在屏幕上的呈现时长。你可以尝试手动控制单词呈现的时长，但是由于人不可能自始至终都非常准确地按照一定的时长呈现单词，所以通常都会使用计算机。同样地，如果因变量是记录下来的心率，你可以使用听诊器数出参与者每分钟的心跳数。但是，使用电子设备来测量此类因变量则会准确和简单得多。使用这类自动记录设备还能减少因实验者期望或其他类型的观察者偏差而产生错误记录的可能性。

我们常常在实验中使用微型计算机（即个人电脑），既用来呈现刺激材料，也用来记录因变量的反应。除了使用微型计算机，技术和跨学科研究的发展也让心理学家能够开展那些在几十年前不可能进行的研究。例如，心理学家对脑电波的测量已经有几十年了。但是，直到近年来我们才开始使用脑电波的测量仪或者说脑电图仪（EEG）来研究大脑系统对各种刺激条件的反应，如人们看到单词时大脑的反应。这类研究如今已发展到可从80个或更多个放置在参与者头皮上的电极中获取记录。脑部的电活动会被转化为一系列图片或脑部地图，它们描绘了脑部各个区域的活动程度。非常活跃的脑区会被解释为受到所呈现的自变量刺激的区域，比如看到呈现在电脑屏幕上的某个单词。

为了进一步考察脑功能，研究者让参与者在参与实验并对自变量的呈现（如单词呈现）做出反应的同时，接受正电子发射断层成像（PET）和/或磁共振成像（MRI）扫描。心理学家，尤其是认知神经心理学家，与医生一起，越来越多地结合EEG记录、PET扫描和MRI扫描等脑成像技术来研究涉及各种行为活动和障碍的脑系统。

因为用于给定研究的仪器可用于多种目的，所以研究者必须考虑正在开展的研究的具体情况，并确定最合适的仪器类型。《行为研究方法》（*Behavioral Research Methods*）是一本专注于仪器和测量工具的期刊。如果你不确定该用哪种测量工具，或是可执行某种特定功能的电脑程序，查阅这本期刊和你的研究领域的现有研究会给你带来帮助。

思考题 8.4

- 给出不同类型的研究工具的例子。

程 序

8.5　总结开展研究时要注意的程序性细节

在开展研究之前，你需要明确相关程序的所有细节。必须将实验中要进行的各个事项安排得井井有条，以使其能顺利进行。你必须仔细地计划整个研究并明确各项活动发生的顺序，制定在数据收集过程中要执行的确切程序。对动物研究来说，这不但意味着要明确实验室的环境条件和如何在实验室中对待动物，同时也要明确如何在其养护处对它们进行养护以及如何将它们运送到实验室。这些考虑都很重要，因为这样的变量会影响动物在实验室的行为。

对人类参与者，研究者必须明确参与者要做什么，如何接待他们，实验者使用的非言语行为（看着参与者、微笑、阅读指导语时使用某种特定的嗓音等等）和言语行为。在这一部分，我们将说明开展研究时需注意的一些程序性细节。

安排参与者参加研究的时间

在安排研究参与者参加实验的具体时间时，不但要考虑研究者何时有空，还要考虑到所使用的参与者类型。例如，在使用大鼠时，就有光照周期的问题。正如西道斯奇和洛卡德（Sidowski & Lockard, 1966, p.10）提到的：

> 大鼠和其他夜行动物在光照周期的黑暗期最为活跃，它们的绝大多数进食和饮水活动都发生在这个时期。从这些动物的角度讲，一天中有光照的时间是睡觉和不活动的时间，但也许它们会被某个实验者打扰，因为他要求它们为了食物而跑动或按压杠杆。不幸的是，光照量和周期通常是按看管者的需要安排的，而不是从动物或者实验者的角度。

显然，研究者必须清楚时间安排所带来的影响。

在安排人类参与者的时间时，有许多不同的问题需要考虑。首先，实验必须安排在实验者和参与者都有空的时间里。无疑会有一些参与者不能在约定的时间段出现，所以通常的建议是允许在一定限度的范围内重新安排。没有在约定时间出现的参与者中，会有一些不想被重新安排时间。在这种情况下，研究者需要使用替补参与者，用他们来代替那些退出的人，将其安排在研究日程中。

思考题 8.5

● 在安排人类和动物研究参与者的时间时，需要考虑哪些问题？

同意参与

大多数研究要求研究者获得每位参与者的知情同意。在此过程中，必须将研究中可能影响个体参与决定的所有方面告知每位参与者。包含在同意书中的这些信息通常以书面形式提供。理想情况下，同意书应该用简单、第一人称，并且可以让外行人看懂的语言写成。如果研究参与者是未成年人，则必须让其父母或监护人签署同意书。如果未成年人的年龄超过 7 岁，那么除了获取其父母或监护人的同意外，还应该让他们有机会给出允许书或拒绝参与研究。

必须精心准备知情同意书以确保其内容包含下列元素：

1. 应该详细说明研究内容、研究开展的地点、持续时长和预期参与研究的时间。
2. 陈述中应该列出要遵循的程序，以及哪些属于实验内容。在对程序的描述中，要讲清楚程序可能带来的不适和风险。
3. 要明确参与研究可获得的任何好处，以及可能对参与者有益的任何替代程序。
4. 如果研究参与者将获得任何金钱补偿，要对此加以详细说明，包括付款计划以及若从研究中退出对报酬的影响（如果有的话）。如果要给参与者课程学分，陈述中需要说明参与者能获得多少学分，以及如果参与者从研究中退出，这些学分是否还可兑现。
5. 如果研究涉及填写问卷，应该告知参与者他们可以拒绝回答任何让他们感到不舒服的问题，且不会因此受到惩罚。
6. 调查敏感话题（如抑郁、药物滥用、儿童虐待）的研究应提供相应的求助渠道信息，比如咨询师、治疗中心和医院。
7. 必须告知参与者，他们能够在研究的任何时间退出而不会受到惩罚。
8. 必须告知参与者研究者将如何对获取的记录和数据保密。

正如你所看到的，同意书的内容可以说是包罗万象，其目的是为研究参与者提供有关研究的完整信息，以便他们能在知情的前提下，理智地决定自己是否参与研究。第 4 章的专栏 4.2 给出了一份知情同意书的示例。只有在获得参与者同意之后，你才能继续进行自己的研究。

> **思考题 8.6**
> - 同意书的目的是什么？同意书中包含了什么信息？

指导语

当你以人类为参与者开展研究时，你必须准备一套指导语。这引发了一些问题，比如"指导语中应该包含什么内容"以及"应如何呈现指导语"。指导语必须包含对研究目的或伪装目的以及研究参与者要完成的任务的清晰描述。某些特定类型的指导语也许无法产生想要的结果。那些要求研究参与者"注意""放松"或"不要分心"的指导语很可能是无效的,因为研究参与者受其他因素所限,很难遵从这些命令。

指导语应当清晰、明确、具体,但同时不能太复杂。新手研究者常常认为指示应该非常简明扼要。虽然在撰写研究报告时这种风格可能很好,但如果用来编写指导语却会让参与者理解不了其中的要点。指导语应该非常简单、务实,有时甚至有些啰唆。你也许会发现,在你的指导语中加入"热身"试次是很有用的。这些练习试次与参与者在真正的研究中要完成的任务是相似的。加入这些是为了确保研究参与者理解指导语以及自己需要做什么。

> **思考题 8.7**
> - 给参与者的指导语有什么作用?
> - 在准备这些指导语时要遵循哪些原则?

数据收集

一旦你安排好了参与者的时间并得到了他们的知情同意,你就可以从研究参与者那里收集数据了。在这个环节中,你要遵循的主要原则是,尽可能按照事先制定的程序来执行,并对每一位参与者都这样做。为了形成这个程序计划,你已经做了大量的工作,如果不能忠实地执行,你就面临着引入研究效度威胁的风险。如果确实发生了这样的事情,那么你如此努力想让研究处于控制之中的愿望就会落空,你也可能找不到所研究问题的答案。

事后解释

收集完数据之后,人们容易认为工作已经完成,剩下的(除了数据分析以外)只是感谢参与者的参与并把他们送走。然而,实验并不——或者说不应该——随着数据收集的完成而结束。在大多数研究中,在数据收集之后,还应该对参与者进行**事后解释**(debriefing),包括向参与者提供有关研究的信息,并允许参与者自由地评论研究的任何部分。事后解释还可以提供有关参与者在研究进行期间的思维过程和所使用策略的信息,这有助于研究者解释参与者的行为。理想情况下,这种信息分享是通过访谈完成的,但在某些情况下,研究者会在一份声明中提供事后解释信息。

事后解释的功能 特施(Tesch, 1977)确认了事后解释的三种具体功能:伦理功能、教育功能和方法学功能。第一,事后解释有伦理方面的功能。在一些研

事后解释:在实验结束之后,对研究细节的讨论或访谈,包括对研究中使用过的任何欺骗技术的解释。

究中，研究参与者在研究的真实目的上受到了欺瞒。伦理要求我们必须消除这种欺骗的影响，而事后解释环节正是完成这一任务的地方。一些研究会对参与者产生负面影响，或者以其他方式给参与者带来身体或情绪上的压力。研究者必须想办法消除所有由研究引发的压力，努力让参与者恢复到之前的状态。第二，事后解释有教育功能。要求选修心理学导论课程的学生参与研究的一个常用理由，就是他们能从中学到有关心理学和心理学研究的知识，而事后解释可以大大加强这一学习过程。事后解释的第三个功能是方法学方面。在事后解释环节，研究者可能有机会与参与者交谈，并更好地了解他们对研究的看法。例如，如果使用了欺骗技术，参与者是否对此产生过怀疑，或者发现了研究者在使用欺骗技术？事后解释还可用于收集关于自变量操纵有效性的证据。例如，如果操纵包括被认为有趣的笑话，那么了解参与者对这些笑话的看法就很重要。最后，也可以利用事后解释环节要求参与者不向他人透露实验。西博（Sieber, 1983）补充了第四个功能。她认为参与者应该会从他们参与研究的经历中获得一种满足感，因为他们了解到自己对科学和社会做出了贡献。我们应该利用事后解释程序使参与者坚定这种信念。

如何进行事后解释 知道了事后解释的这些功能后，我们该如何进行呢？有两种方法可以使用。有些研究者用书面的说明向参与者解释所发生的事情。另一些研究者采用面对面的访谈，这似乎是最好的方法，因为它的互动性更强，并且提供了直接回答参与者问题的机会。

如果你想探查参与者对实验的任何质疑，那么这就是第一步。社会心理学家阿伦森和卡尔史密斯（Aronson & Carlsmith, 1968）认为，研究者应该从询问参与者是否有问题开始。如果有，就应该尽量完整并真实地解答问题。如果没有，研究者应该询问参与者是否对研究的所有环节——包括程序和目的——都清楚。接下来，视开展的研究而定，也许应当让参与者描述一下他们在研究中的感受以及他们是否遇到了什么困难。

如果研究中包含了欺骗，并且参与者对此产生了怀疑，他们就很有可能在这个时候提出疑问。如果参与者没有任何怀疑，研究者可以询问参与者他们是否认为研究中有一些比表面上看起来更复杂的东西。这类问题向参与者暗示了肯定有。绝大多数参与者会因此回答有，所以接着就应该问参与者他们指的是什么，以及这对他们的行为可能产生了什么影响。这样的询问让研究者可以更深刻地洞察参与者是否理解了研究，同时也能为实验者提供一个完美的时机来解释研究目的。实验者可以继续"通过类似以下的话进行事后解释：'你是对的，我们确实对某些之前未向你提及的事情感兴趣。这项研究的一个主要关注点是……'"（Aronson & Carlsmith, 1968, p. 71）。

接着，如果研究涉及欺骗，那就应该说明必须使用欺骗手段的原因。然后，应该详细地说明研究目的和调查研究问题所用的具体程序。这意味着解释自变量和因变量以及它们是如何被操纵和测量的。正如你看到的那样，事后解释要求向参与者解释整个研究。

事后解释的最后一部分应该旨在说服参与者不要与其他人讨论研究的任何细节。这一点可以通过以下方式来实现：要求参与者在数据收集完成之前都不要跟别人描述这项研究，并指出与他人交流研究的内容也许会让研究失效。此时，你可能想知道这个事后解释程序是否实现了它应该实现的功能。如果执行了这个程序，其伦理功能将得到很好的实现。事后解释的教育功能则无法如此完美地实现。大多数研究者似乎认为或合理推断，如果参与者参与了实验，并在事后解释过程中被告知了实验目的和程序，那么教育功能就会起到作用。然而，数据表明，参与者认为心理学实验在教育价值上最薄弱，尽管他们认为事后解释总体上是非常有效的（Smith & Richardson, 1983）。当参与者有机会与研究者分享他们的想法和体验时，方法学功能似乎实现得最好。

关于事后解释的所有功能是否能在开展在线研究时实现，还存在着疑问。提供事后解释最常见和直接的方式是将其贴在研究所在的网站上。这种方法使你可以量体裁衣地根据所开展的研究进行事后解释。甚至可以通过设置一个"退出研究"链接按钮，或者一个当参与者退出研究时出现的弹出窗口，将事后解释材料提供给决定在完成之前停止参与的人。虽然借助这些技术可以呈现事后解释材料，但在线研究仍然很难让参与者在事后解释中实现去敏感化，因为我们很难评估参与者的心理状态并确定他们是否因研究产生了压力。同时，任何由研究导致的压力是否已通过事后解释而减少也很难确定，因为很难接收到研究参与者的反馈。

思考题 8.8
- 事后解释的功能是什么？
- 你应该如何进行事后解释？

预备研究

8.6 解释为什么在数据收集之前开展预备研究很重要

在开展研究之前，强烈建议你先进行预备研究。**预备研究**（pilot study）是指在一小部分参与者中将整个研究从头到尾操作一遍。预备研究能够提供大量的信息。如果指导语不清楚，我们便可以在事后解释环节，或者在看到参与者读完指导语后不知道做什么时得知这一点。

在实验研究中，预备研究还能够揭示自变量操纵是否能产生预期效果。例如，如果你试图诱导出惊讶的情绪，事后解释能帮助你确定是否真的产生了害怕、惊讶或其他一些情绪状态。如果预备研究中没有参与者报告产生了你要研究的特定

预备研究：在实际研究之前对少数参与者进行的初步研究。

情绪，那么可以请求他们帮助评估为什么这种情绪没有产生，之后你可以做出调整，直到能可靠地诱导出特定的情绪状态为止。类似地，预备研究还可以检查因变量的敏感性。预测试可能会表明，因变量过于粗糙，无法反映操纵的效果，进行一些变化会更好。

预备研究还使研究者增加了操作研究程序的经验。刚开始，研究者对顺序还不熟悉，因此可能无法顺畅地从研究的一个环节转到另一环节。通过练习，研究者在执行这些步骤时会变得更加熟练，这也是在研究中保持参与者间的恒定性所要求的。在预备研究中，研究者也可以对整个程序进行测试，比如为某个环节留出的时间太多而其他部分则时间不够，欺骗（如果使用的话）不够充分，等等。如果存在这些问题，研究者就可以在数据收集之前确认它们，然后修正相关的程序。

如果你正在开展一项基于网络的研究，那么你应该在找少数参与者来完成预备研究任务的同时，自己也在网上做一遍。亲自做一遍可以使你理解作为一个参与者的感受，而让预备研究参与者完成研究则会让你获得相关的反馈。试运行在线研究还可以显示研究是否能在你的浏览器中正常运行，数据是否以一种可以理解的方式被收回并按理想中的方式排列。

许多微妙的因素会影响一项研究，而预备研究阶段正是识别它们的时候。预备研究包括对研究所有部分进行检查，以确定它们是否正常运行。如果发现了某个问题，就可以将它修正过来，使其不会对接下来的正式研究造成损害。如果在数据收集完成之后才发现这个问题，那么它可能已经对研究结果造成了影响。如果在 IRB 批准之后对研究进行了修改，那么计划中的修改必须得到 IRB 的批准。

思考题 8.9
- 在正式的数据收集开始之前，必须明确哪些程序问题？
- 预备研究的目的是什么？

本章小结

在研究设计完成之后、数据收集开始之前，研究者还必须做出许多决定。他们必须将整个研究计划提交给对口的委员会进行审批。还必须决定研究中所使用的生物体类型。

解决了生物体类型的问题之后，研究者需要确定获得这些生物体的渠道。动物（尤其是大鼠）可以从许多商业渠道获得。心理学实验中使用的大多数人类研究参与者都来自院系里的参与者池，通常由选修心理学导论课程的学生组成。如果研究需要参与者池以外的参与者，那么研究者就必须确定获取渠道并进行必要的安排。互联网是一种越来越常用的渠道。除了要确定获取研究参与者的渠道之外，研究者还需要确定应该使用多少参与者。效力分析可用来确定样本容量。在使用人类参与者的研究中，还必须准备好指导语。指导语应清晰地描述要求参与者完成的实验任务的目的（或伪装目的）。

接着，研究者必须明确数据收集中使用的程序——所有实验环节的确切顺序，从研究者与参与者开始联系算起，直到研究结束为止。当参与者到达研究地点时，实验者的第一项任务就是获取他们对参与这项研究的知情同意。这意味着必须告知参与者所有与研究有关且可能会影响其参与意愿的内容。只有在传达了这些信息且参与者同意参与研究之后，研究者才能继续进行研究。数据收集结束后，研究者应当立即对参与者进行事后解释。在这个环节中，研究者要努力探查参与者可能存在的任何怀疑。此外，研究者要向参与者解释研究中使用欺骗的原因，以及整个程序和研究目的。开展预备研究对消除无法预知的困难很有帮助。

重要术语和概念

效力　　　　　　　　事后解释
效应量　　　　　　　预备研究

章节测验

问题答案见附录。

1. 如果你想开展一项以人类为参与者的研究，你应该获得谁的批准？
   a. IACUC
   b. IRB
   c. 你的导师
2. 样本容量应该由以下哪些因素共同决定？
   a. 效应量、α水平、效力、统计检验类型
   b. 效应量、α水平、显著性水平
   c. 显著性水平、α效力、直接效力
   d. α水平、效力、β水平
3. 下面哪种期刊将有助于确定一个特定的仪器或计算机程序，以协助数据收集？
   a.《心理学方法》
   b.《心理学评估》
   c.《行为研究方法》
4. 如果在正式收集数据之前，你将整个研究程序在少数参与者身上进行了测试，那么你是在：
   a. 对你的程序进行抽样
   b. 开展预备研究
   c. 进行事后解释
   d. 浪费本来会对研究有所贡献的参与者
5. 事后解释的功能是什么？
   a. 伦理功能
   b. 教育功能
   c. 方法学功能
   d. 参与者因对科学有所贡献而产生满足感
   e. 上述所有都是事后解释的功能

提高练习

1. 职业介绍所的业务是为个体找工作。这些介绍所面临的困难之一是如何确定拥有必备技能的个体，使其在被安置后能保住这份工作。假设你意识到这个困难，并且设计了一个为期四周的课程，教授人们保住工作所需的技能。这个为期四周的课程包括培训如何与老板打交道、如何与其他难相处的员工打交道、如何着装以及其他技能，如确保他们准时上班。你想使用的基本设计是简单的后测控制组设计（见第 9 章）。根据你的研究问题和实验设计，回答下列问题：

   a. 你计划使用哪些研究参与者？你打算如何获得这些参与者？

   b. 你应该使用多少位参与者？如果没有足够的信息用于确认具体的数字，那么请确认你会如何决定要使用的参与者数量。

   c. 在呈现实验条件和控制条件时，你必须考虑哪些因素？你将如何实施这些因素？你会如何对结果进行测量以检验实验条件的效果？

   d. 需要哪个部门的批准才能进行研究？

   e. 为这项研究准备一份简短的知情同意书。

   f. 为这项研究准备一份简短的事后解释。

第四编　实验方法

第 9 章

实验研究设计

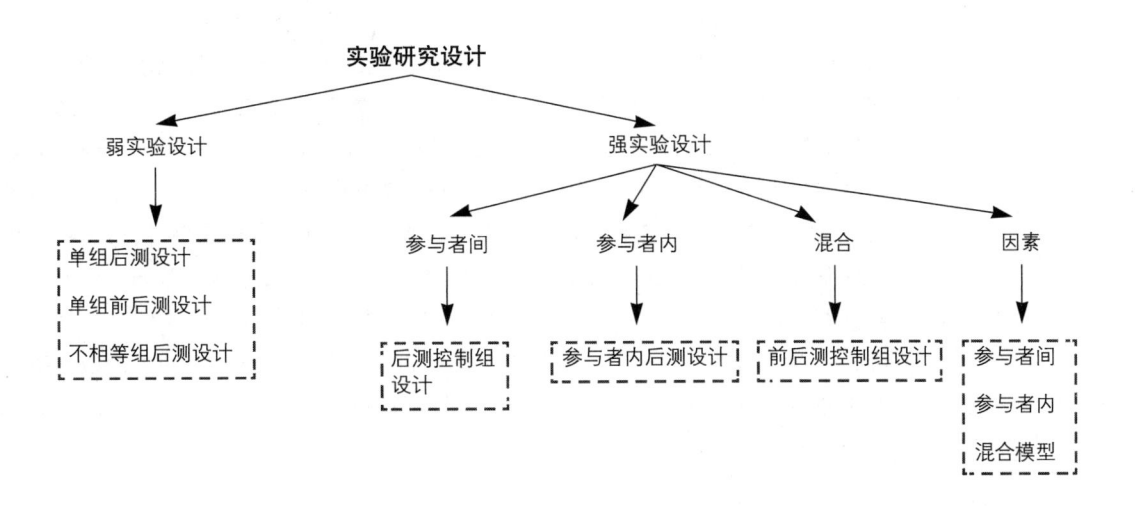

```
                        实验研究设计
                    ┌────────┴────────┐
                弱实验设计          强实验设计
                    │        ┌────┬────┼────┬────┐
                    ↓     参与者间 参与者内 混合  因素
          ┌─────────────┐    ↓      ↓      ↓      ↓
          │ 单组后测设计 │  后测控制组 参与者内后测设计 前后测控制组设计 参与者间
          │ 单组前后测设计│    设计                              参与者内
          │不相等组后测设计│                                    混合模型
          └─────────────┘
```

学习目标

9.1　分析每种弱实验设计中的内部效度威胁

9.2　描述强实验研究设计的必要标准

9.3　描述参与者间设计的结构、优点和缺点

9.4　描述参与者内设计的结构、优点和缺点

9.5　描述混合设计的结构、优点和缺点

9.6　区分因素设计中的主效应和交互作用

9.7　描述在确定合适的实验设计时需要考虑的因素和问题

研究设计：用于调查研究问题的大纲、计划或策略。

当研究课题已经选定，且有关自变量（IV）和因变量（DV）的决策也已经做出，我们就有必要开始制订一份收集数据和检验一个或多个自变量对因变量作用的计划了。这份计划就是实验的研究设计。**研究设计**（research design）这个术语是指明确规定用于探寻研究问题答案的实验程序的大纲、计划或策略。它规定了如何收集和分析数据等内容。构建研究设计通常是一个复杂的过程，因为你可能拿不准哪种类型的设计更适合你以及你的研究问题。

研究的目标是用可能的、符合伦理要求和可行的最强设计来解答研究问题。但是，是什么决定了设计的强或弱？你会发现，强设计通常包含前测（在实验开始前测量因变量水平）、控制组（使研究者能将实验组与未接受实验处理的组进行对比）和随机分配（在实验开始时使实验组和控制组相等）。表 9.1 总结了各种设计以及它们的突出特征。

这一章非常重要，因为能得出因果关系结论的最好的研究类型就是实验研究。实验研究之所以可以提供因果关系的证据，是因为自变量被操纵了（即在实验者的控制之下），并且在强实验设计中，额外变量会受到控制。需要注意的是，自变量的操纵可采取不同的形式。自变量的操纵形式可以是呈现/不呈现、数量或类型。通常，人们会将实验组（也称处理组）与不接受任何处理的控制组进行比较。这被称为自变量操纵的呈现/不呈现形式（即处理要么呈现，要么不呈现）。在自变量操纵的数量形式中，各组在接受的自变量数量上存在差异。例如，研究者可能会比较 20mg 和 40mg 的抗抑郁药在减轻抑郁症状方面的效果。最后，在自变量操纵的类型形式中，各组在接受的自变量类型上有所不同。例如，研究者可能会比较团体治疗和个体治疗在减轻抑郁症状方面的效果。因此，你可以看到，

表 9.1　本章所介绍的实验设计

弱设计	突出特征
单组后测设计	没有前测，也没有比较组或控制组
单组前后测设计	没有比较组或控制组
不相等组后测设计	没有使用随机分配形成比较组或控制组，也没前测
强设计	**突出特征**
后测控制组设计	参与者被随机分配到各组，没有前测
参与者内后测设计	参与者接受自变量的所有水平，该设计还必须使用平衡法
前后测控制组设计	参与者被随机分配到各组
仅含有参与者间自变量的因素设计	多于一个自变量，可研究交互作用，参与者被随机分配到各组
仅含有参与者内自变量的因素设计	多于一个自变量，可研究交互作用，还必须使用平衡法
混合模型因素设计	包含参与者间自变量和参与者内自变量的组合，参与者被随机分配到参与者间自变量的各个水平

我们可以用多种方式操纵自变量。

现在，我们将介绍不同类型的实验设计。我们先讨论几个弱设计，这些设计都没有对威胁内部效度的重要因素进行控制。接着我们会讲到强设计，它们对内部效度的威胁因素进行了很好的控制，因此能为自变量和因变量之间的因果关系提供强有力的证据。然后我们会讨论因素设计，它们也是强设计，而且很重要，因为它们使研究者能够检验两个或多个自变量的主效应及交互作用。最后，我们将对研究设计的选择或构建进行评论。

> **思考题 9.1**
> - 什么是研究设计？它的目的是什么？

弱实验研究设计

9.1 分析每种弱实验设计中的内部效度威胁

科学家通过开展实验来寻求因果关系问题的答案。根据定义，所有的实验都会对至少一个自变量进行操纵。理想情况下，这些实验能控制所有威胁内部效度的因素，并得出一个关于自变量是否影响因变量的结论。但是，有时理想状况无法实现，而且有许多内部效度威胁无法消除。正如沙迪什、库克和坎贝尔（Shadish, Cook, & Campbell, 2002）指出的那样，有时研究者不得不使用无法控制各种内部效度威胁的设计，比如当实验焦点是外部效度时，或者出于伦理方面的考虑而不能纳入可以控制更多内部效度威胁的设计元素。当我们使用了这些较弱的设计时，要推断出自变量和因变量之间的因果关系就困难得多。我们首先讨论的几个设计就被认为是**弱实验设计**（weak experimental designs），因为它们只对极少的内部效度威胁因素进行了控制。如果我们能使用强设计，就应该避免这些弱设计。如果不能使用强设计，那么下一章讨论的准实验设计也要优于弱实验设计。表 9.2 总结了本节讨论的每种弱设计中可能存在的内部效度威胁。

弱实验设计：对许多额外变量都没有进行控制，并且不能为因果关系提供强证据的设计。

表 9.2　弱实验设计的内部效度威胁小结

设计	历史	成熟	测量工具	测验	回归假象	流失	选择	附加/交互作用
单组后测设计	−	−	NA	NA	NA	−	NA	NA
单组前后测设计	−	−	−	−	−	+	NA	NA
不相等组后测设计 *	+	+	NA	NA	−	+	−	−

*如果某个基本威胁因素在各组间的作用存在差异，它就被归入附加/交互作用，并构成威胁。

注：负号（−）表示内部效度的潜在威胁，正号（+）表示威胁因素已得到控制，NA 表示威胁因素不适用于该设计。

单组后测设计

单组后测设计：在向单独的一组参与者施行一种实验处理条件之后，再对他们进行后测。

在**单组后测设计**（one-group posttest-only design）中只有一组参与者，对其进行实验处理之后，再进行因变量测量。例如，某家公司为其员工开设了一个培训项目（实验处理条件）。这家公司想要评估一下这个项目的效果，所以在该项目完成之后，评定了项目参与者在知识水平、态度和行为等方面的结果。如果结果（即因变量）测量是正性的，那么管理者就可能会得出项目有效的结论。

图 9.1 描述了这种设计。在该设计和本章描述的所有设计中，符号"O"表示研究者关注的因变量测量。符号"X"表示实验干预，研究者或专家会与实验者一起，主动地向参与者施行某种他们本不会经历的条件。正如你在图中看到的那样，单组后测设计的结构里包含一项实验操纵（X），以及随后的因变量测量（O）。

处理	后测
X	O

图 9.1　单组后测设计

单组后测设计在获取科学的数据方面帮助不大，因为这种设计无法提供证据说明如果参与者没有接受实验处理，他们的因变量得分将是多少。具体地说，这种设计缺少不接受处理的控制组（控制组使研究者可以将参与者的后测成绩与没有接受处理的相似组的成绩进行对比），同时这种设计没有前测（前测使研究者可以将参与者的后测成绩与处理之前的成绩进行对比）。由于这种设计没有包含这两种对比中的任何一种，所以它是一种非常弱的设计。正如我们在表 9.2 中所看到的，这种设计没有解决任何一种内部效度的常见威胁。我们很难知道某种效应是由处理条件产生的，还是由某种混淆额外变量产生的。沙迪什等人（Shadish et al., 2002）指出，只有在我们掌握了特定的因变量背景信息，并且其他研究已经查明了自变量影响因变量机制这种罕见的情况下，该设计才有价值。但是，因为上述信息很难获取，所以心理学家很少使用这种设计。

单组前后测设计

单组前后测设计：参与者先接受因变量前测，然后接受处理条件，最后接受因变量后测的设计。

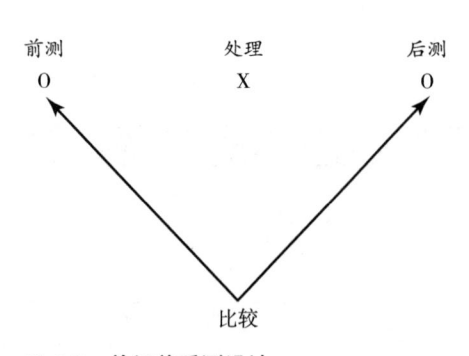

单组前后测设计（one-group pretest–posttest design）对单组后测设计进行了改进，它在引入处理条件之前，增加了对因变量的前测。图 9.2 描绘了一个这样的设计。一组参与者在接受处理条件之前先接受了因变量测量（O）。接着实验者施行自变量（X），然后再次进行测量（O）。我们将前测与后测分数之间的差异视为代表处理效果的一个指标。

前测	处理	后测
O	X	O

比较

图 9.2　单组前后测设计

例如，假设你所在的学区在一年级引入了一门昂贵的新的阅读课程。学年开始时，对学生的阅读水平进行测量（前测 O）。然后在该学年接下来的每天里，老师们都教授这门阅读课程（处理 X）。学年结束时，再次测量学生的阅读水平（后测 O）。结果显示，学生的阅读水平提高了一个等级。这样一项研究具有直觉上的吸引力，它给人的第一感觉是，这似乎是一种实现研究目的的好方法，因为我们能够看到并记录成绩的变化。事实上，这种设计只对单组后测设计进行了一点小改进，因为还有许多未被控制的**竞争性假设**（rival hypothesis）（即替代性解释）可以解释研究得到的结果。

在我们的例子中，后测和前测间隔了一学年的时间。因此，正如表9.2所总结的，历史、测验、回归假象、测量工具和成熟等未受控制的竞争性假设可以解释一些（如果不是全部）观察到的成绩变化。为了确定观察到的变化是由处理效应（实验课程）而不是这些竞争性假设中的任何一种引起的，研究者本应设置一个一年级学生的相等组，在这一年中不让他们接受新课程。可将这个相等组的成绩与那些接受了实验处理的孩子的成绩进行比较。如果两组的分数存在显著性差异，那么这种差异就可以归因于实验课程的影响，因为两组都会同样经历了任何历史、测验、回归假象、测量工具和成熟效应。单组前后测研究是一种弱设计，主要不是因为那些竞争性假设的源头能影响研究结果，而是因为在绝大多数情况下，我们都不知道它们是否对研究结果产生了影响。

虽然单组前后测设计不能使我们自信地宣称自变量导致了因变量的变化，但它并非毫无价值。在无法获得一个相等比较组的情况下，这种设计也可以提供一些信息。但是，研究者得出观测到的效果是由处理条件产生的这一结论的信心，取决于他能否成功地确认在其研究中起作用的可能威胁内部效度的因素。

竞争性假设：替代性解释的另一个名称或同义词，指存在能够解释自变量与因变量之间关系的额外变量的可能性。

不相等组后测设计

上述两种设计的主要缺点是，对于自变量影响了因变量的说法，存在许多严重的威胁（即替代性解释）。**不相等组后测设计**（posttest-only design with nonequivalent groups）（见图9.3）试图通过纳入一个控制组来弥补这个缺点。在这种设计中，一组研究参与者接受处理条件（X），然后与另一组不接受处理条件的参与者比较各自在因变量上的表现（O）。这听上去很完美，通过纳入一个控制组，这种设计确实解决了部分内部效度威胁，具体来说是历史、成熟、回归假象和流失（见表9.2）。问题是，在这个设计中，比较组是一个不相等组。也就是说，比较组的参与者可能与实验组的参与者在某些重要方面存在差异。在第6章，我们把这种内部效度威胁称作选择。要点在于，当参与者没有被随机分配到各组时，就会出现"选择威胁"——由此产生的问题是你最终会得到不相等组（即各组在自变量之外的其他变量上也存在差异）。你希望各组只在自变量上有所不同，这样你就可以自信地宣称自变量是导致因变量变化的原因。

在新阅读课程这个案例中，我们假设某些学校采用了这种新课程，而另一些学校则没有。学年结束时，我们对采用新课程的学校与没有采用新课程学校学生的阅读分数进行比较，发

不相等组后测设计：将实验组的后测成绩与一个不相等控制组的后测成绩进行比较的设计。

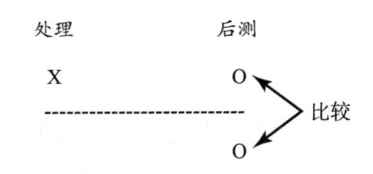

	处理	后测
实验组	X	O
控制组		O

比较

图9.3 不相等组后测设计（虚线表示不相等组）

现前者在阅读测验中的得分要高于后者。问题是，对比的两者之间可能在许多重要的方面存在差异，包括学生最初的阅读水平、家长的参与程度、家长的教育水平等。这样研究者就无法知道两者在后测中表现出的阅读水平差异应归因于处理条件，还是两者之间的初始差异。

将参与者随机分配到两个组中是确保两组相等的唯一方法。图 9.3 中的虚线表示不相等组后测设计中未包括随机分配。在无法随机分配参与者的研究中，次优技术是在相关变量上进行匹配。然而，匹配不能替代随机分配，因为它不能控制其他许多变量。因此，这种设计不能消除选择效应，应将其视为弱设计。

> **思考题 9.2**
> - 每种弱实验设计的元素和结构各是什么？
> - 解释为什么每种弱实验设计中都存在内部效度威胁。

强实验研究设计

9.2 描述强实验研究设计的必要标准

刚刚提到的设计都是弱设计，因为总的来说，它们都无法提供一种方法将处理条件产生的作用分离出来，也不能消除竞争性假设。那么，强研究设计有何不同？强实验研究设计有更高的内部效度。也就是说，它们更能保证自变量对因变量的作用已被分离出来并得到了检验。表 9.3 总结了本章讨论的强实验设计中可能存在的内部效度威胁。你可以在我们讨论每种设计时参考此表，并用于复习。

为了获得内部效度，我们必须排除潜在竞争性假设（即替代性解释）。这主

表 9.3　强实验设计的内部效度威胁小结

设计	历史	成熟	测量工具	测验	回归假象	流失	选择	附加 / 交互作用
后测控制组设计 [*]	＋	＋	NA	NA	＋	＋	＋	＋
参与者内后测设计 [**]	＋	＋	＋	＋	＋	＋	NA	NA
前后测控制组设计 [*]	＋	＋	＋	＋	＋	＋	＋	＋
因素设计：								
均为参与者间自变量 [*]	＋	＋	＋	＋	＋	＋	＋	＋
均为参与者内自变量 [**]	＋	＋	＋	＋	＋	＋	NA	NA

[*] 如果某个基本威胁因素在各组间的作用存在差异，它就被归入附加 / 交互作用，并构成威胁。
[**] 假定参与者内自变量经过了平衡。
注：负号（－）表示内部效度的潜在威胁，正号（＋）表示威胁因素已得到控制，NA 表示威胁因素不适用于该设计。

要通过两种方法来实现：控制技术和控制组。如第 7 章所述，最重要的控制技术是将参与者随机分配到各组（也称作随机化），因为这是控制已知和未知变量的唯一方法。随机化是最好的控制技术，这是因为它是保证各个参与者组只在操纵变量（即自变量）上不同的最佳方法。除自变量之外，各组在所有变量上都应该是相似的。将参与者随机分配到实验组和控制组的设计的一个常见同义词是**随机对照试验**（randomized controlled trial; RCT）。

排除潜在竞争性假设的第二种方法是纳入一个控制组。**控制组**（control group）是不接受活跃水平的自变量处理的参与者组，他们要么不接受自变量处理，要么只接受从某种意义上说属于标准值的自变量处理，如在他们不参与研究时通常接受的量。**实验组**（experimental group）（也称作处理组）是接受了旨在产生某种效果的某种水平的自变量处理的参与者组。在阅读课程的研究中，如果我们随机分配半数的一年级学生接受实验阅读课程，而另一半学生接受所在学区通常采用的标准阅读指导，那么我们就能够确定该阅读课程是否真能提高阅读分数，且提高程度超过了标准训练所能达到的程度。

控制组有两个功能。第一，它作为比较源而存在。只有纳入控制组——假设所有其他变量都已被控制——我们才能清楚地看到，处理条件产生的结果是否与没有处理时可能得到的结果不同。控制组的反应必须能够代表实验组在没有接受处理条件时的反应。从技术上讲，控制组用于估计**反事实**（counterfactual）（即如果参与者没有接受处理，他们的反应会是什么）。两组参与者必须尽可能相似，这样从理论上讲，如果没有自变量的介入，他们应该产生相同的分数。

第二，控制组可以控制竞争性假设。实验者的目标是：除了受实验者操纵的那个变量（即自变量）之外，所有变量对控制组和实验组的作用都相同。这种方式可以使额外变量的影响保持恒定。如果研究中包含了控制组并使用了随机分配，那么额外变量就会对控制组和实验组的表现产生同样的影响，从而有效地保持额外变量影响的恒定。如果一个额外变量同等程度地影响两个组，那么两个组在那个变量上就是相同的，从而使得研究者能够推断两组在后测中产生差异的原因是处理条件。各组之间唯一有差别的变量只能是自变量。

在本章接下来的内容中，我们要讨论几种强实验研究设计。要想获得一个**强实验设计**（strong experimental design），研究者必须能够控制研究参与者的分配，决定谁接受处理条件，参与者接受什么样的处理条件等。换句话说，研究者必须控制实验，才能得出自变量与因变量之间存在因果关系的结论。强研究设计可采取参与者间设计的形式，将参与者随机分配到不同的组中，每组接受一个条件；也可以采取参与者内设计的形式，参与者作为自己的控制组，依次接受所有的处理条件；还可以采取混合设计的形式，即上述两种设计的组合。现在我们来讨论这三种主要的研究设计。

随机对照试验：将参与者随机分配到实验（处理）组和控制组的实验设计。

控制组：不接受活跃水平的处理条件，并作为比较标准，用以确定处理条件是否产生任何因果效应的参与者组。

实验组：接受旨在产生某种效果的处理条件的参与者组。

反事实：如果实验组参与者没有接受处理，他们的反应会是什么。

强实验设计：有效控制了额外变量，并能提供有力的因果关系证据的设计。

> **思考题 9.3**
> - 成为一个强实验研究设计需要满足的标准是什么？
> - 控制组的功能是什么？
> - 将参与者随机分配到各组中的作用是什么？

参与者间设计

9.3 描述参与者间设计的结构、优点和缺点

参与者间设计：实验中的各组通过随机分配产生，并且不同组接受不同水平的自变量处理（使用的是参与者间自变量）。

随机化设计：参与者被随机分配到各组的参与者间设计。

在**参与者间设计**（between-participants designs）（也称被试间设计、组间设计或独立组设计）这种强实验研究设计中，各组由不同的人组成，这些参与者被随机分配到各组中，并且不同组的参与者接受不同的实验条件。将参与者随机分配到各组的做法消除了绝大多数的内部效度威胁。因为这些设计依赖于随机分配，所以它们也被称作**随机化设计**（randomized designs）。现在我们介绍一种基础的参与者间研究设计：后测控制组设计。这种设计之所以被认为是"基础"设计，是因为它只包含一个自变量和一个因变量，并且不包含前测。在因素设计部分，我们会介绍包含了多于一个自变量的设计。

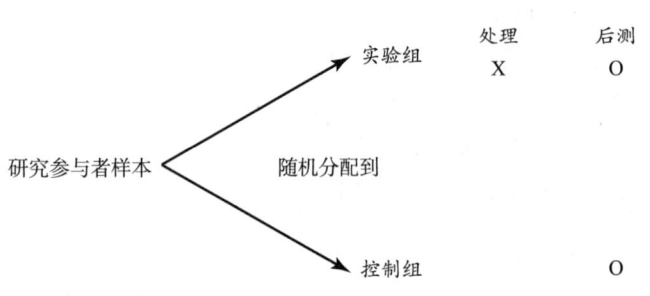

后测控制组设计

后测控制组设计：两个或多个随机分配的参与者组在接受了不同水平的自变量处理后，再接受后测的设计。

在参与者间**后测控制组设计**（posttest-only control-group design）中，研究参与者会被随机分配到与实验条件数一样多的组别中。例如，如果研究者想调查某个自变量（如社会技能训练）的效果，该自变量有呈现和不呈现两个不同的水平（一组接受训练，另一组不接受训练），那么参与者将被随机分配到两个组中，如图 9.4 所示。表面上看来，这种设计与不相等组后测设计相似，除了一个重要的差别，即不相等组后测设计缺少随机分配。记住，不相等组后测设计受批评的主要原因就在于它不能为各个组的相等提供任何保证。

参与者间后测控制组设计通过将参与者随机分配到两个或多个组中，满足了额外变量必须相等这一要求。如果有足够的参与者参与研究，使随机化能够发生作用，那么从理论上讲，所有可能的已知和未知额外变量都得到了控制（除了实验者期望，以及参与者在实验过程中除自变量之外在其他变量上可能接受的差别处理）。在实验进行过程中，除了自变量上

```
                        处理    后测
           → 实验组      X       O
研究参与者样本  随机分配到
           → 控制组              O
```

图 9.4 后测控制组设计

的差异，实验者必须以完全相同的方式对待所有组。

通过设置一个随机化的控制组，我们可以控制在第 6 章中讨论过的所有内部效度威胁，包括历史、成熟、测量工具、测验、回归假象、流失、选择以及附加 / 交互（即差别）作用。表 9.3 对此进行了总结。之所以说控制了这些威胁，是因为这些额外变量的效应对实验组和控制组的影响相同。例如，如果参与者是随机分配的，每个组应该包含相同比例的极端分数，所以向均值回归的程度应该相同。选择偏差也自然而然地被排除了，因为在随机化的时候，随机分配已经保证了实验组和控制组的相等性。虽然如前所述，随机化不能提供 100% 的保证，但它是我们在对抗选择这一竞争性假设时所能采取的最好保护手段。

只要额外变量对两个组的影响是相等的，两组之间的任何观测差异就不能归结于这些额外变量，于是我们就能假设这些差异是由自变量产生的。由此我们可以推断，自变量是各组在因变量上表现不同的原因。记住，我们希望各组在除自变量之外的所有变量上都相同。但是请注意，如果任何内部效度威胁因素对各组所起的作用不同，那么这种威胁就依然存在。当一种威胁因素因为影响了其中一组却不影响其他组而让这些组变得不同时，这种威胁因素的效果就出现了差别化。

例如，如果实验组的参与者在一个实验环节接受了处理，而控制组参与者在一个不同的环节接受了处理，那某些事件就有可能只在一个环节发生而没有在另一个环节发生。如果真的发生了一个差别化事件（如笑声、笑话，或关于实验程序目的的评论），它的影响将无法消除，并且可能会对那一组特定的参与者的因变量产生影响。此类事件必须被视为造成组间显著差异的一个可能原因，并且在解释各组在因变量方面的差异时，它们会与自变量产生竞争。

幸运的是，如果参与者被随机分配到各组，且实验者在实验过程中除了施行不同水平的自变量之外，在其他各方面都以相似的方式对待各组时，内部效度威胁通常不会出现差别化（即不会对各组产生不同的影响）。例如，从各组收集因变量数据的观察者或访谈者应该是相同的。因此，两组必须拥有相同的观察者或访谈者（并且要让其处于"盲测"状态，不让他们知道参与者处于哪个组）。这里的关键点在于，随机分配一般能够确保额外变量的作用在实验开始阶段随机分布到各组，因此不会威胁实验的内部效度。正如表 9.3 所总结的，你可以看到，这种设计控制了内部效度的所有威胁因素。

后测控制组设计的优点和缺点　在后测控制组设计中，我们认为至少有两个困难。首先，虽然随机分配是我们在实现相等性时可使用的最佳控制技术，但它并不能完全保证我们一定能获得必需的相等性。当接受随机分配的参与者数量很少（如少于 30 个参与者）时，这种情况尤为突出。如果对随机化是否生效有任何疑虑，建议将匹配和统计控制与随机化技术结合在一起使用。

其次，因为后测控制组设计缺少前测环节，所以它就缺少了前测可能带来的益处，比如前测可作为一种检查随机化过程是否成功的方法（即各组在前测时是

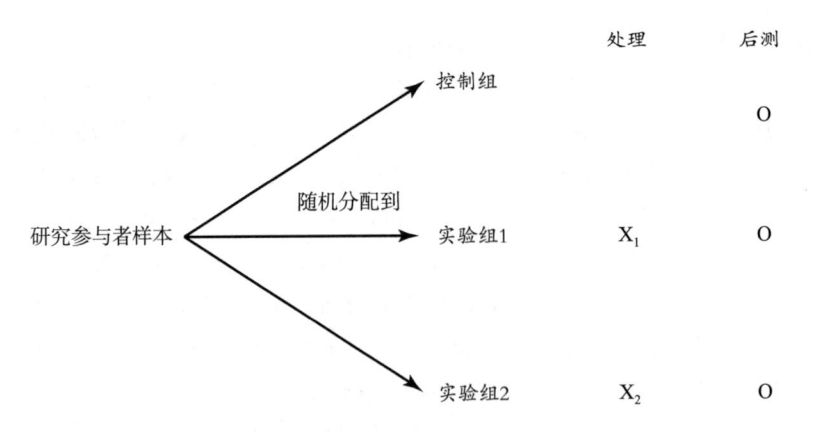

```
                                         处理      后测
                     控制组                         O
                  随机分配到
研究参与者样本  ──────→  实验组1    X₁       O

                     实验组2       X₂       O
```

图 9.5　自变量有三个变化水平的后测控制组设计

否相似？），还会使"统计效力"得到相应的提高。当统计效力提高时，如果各组所属的总体确实存在差异，那么研究者就更可能探查出具有统计显著性的差异。（这个观点将在第 16 章论述，那时我们会讨论一种叫作协方差分析的统计技术）。在实验中设置前测所带来的其他益处将在后面讨论前后测控制组设计时介绍。

最基础的后测控制组设计只包含两个组（即一个实验组和一个控制组），但是它展示了所有强参与者间设计的两个关键特征：包含控制组，以及将参与者随机分配到各组中。这两个特征形成了一种非常强的设计，能够消除内部效度威胁。但是，真实的实验很少局限于一个自变量的两个变化水平。相反地，绝大多数研究的自变量都有多个变化水平，从而产生了两个以上的组。

举个例子，比如说最近的一项研究发现，那些被安排每月都与指导老师会面的大学生更可能完成大学学业。我们可能想知道要想让这一措施成功，每月会面是否有必要。为了知道所需的指导次数，研究者可以将学生随机分配到三个不同的组，这些组接受的会面次数不同。未来一年内，一个实验组的参与者将每月与指导老师见一次面，第二个实验组的参与者将每两个月与指导老师见一次面。而研究所设置的控制组中的参与者则与他们的指导老师没有任何会面。这个扩展的后测控制组设计的结构如图 9.5 所示。该设计所包含的实验组不止一个，因而我们能够解答更具体的研究问题。

> **思考题 9.4**
> - 后测控制组设计的结构是什么？
> - 这种设计消除了哪些内部效度威胁，它如何控制这些威胁？
> - 后测控制组设计的一些优缺点是什么？
> - 参与者间设计的优缺点是什么？

参与者内设计

9.4 描述参与者内设计的结构、优点和缺点

在**参与者内设计**（within-participants design）（也称被试内设计、组内设计）中，所有研究参与者都要接受实验中的所有实验条件。参与者内设计还被称作**重复测量设计**（repeated measures design），因为所有的参与者都接受了"重复的"（即在每种实验条件下）测量。参与者内设计的基础形式是**参与者内后测设计**（within-participants posttest-only design），在这种设计中，每次给参与者施行实验条件后，都要对其进行后测，以测量其在因变量上的表现。图9.6描绘了这种设计。

当同一参与者接受所有实验条件时，有可能会出现序列效应，所以许多研究者会利用第7章讨论过的平衡法进行控制。平衡法的要点是将实验条件以不同的序列呈现给不同组参与者。按照这种方式，研究者能够让基本的（线性的）序列效应达到平衡。图9.7描绘了使用平衡法的参与者内后测设计。请注意，在平衡后的参与者内后测设计版本中，所有的参与者仍然接受了所有的实验处理条件。

我们举一个参与者内后测设计的例子。马奥尼等人（Mahoney, Taylor, Kanarek, & Samuel, 2005）开展了一项研究，检验早餐类型对认知表现的影响。小学生们参与了三个参与者内环节（在三个不同的日子）。每个环节包含三种早餐（麦片、燕麦粥、无早餐）中的一种，随后是一系列认知任务。用平衡法对三个环节中早餐类型进行排序。马奥尼等人发现，学生在无早餐环节中的认知表现最差，在燕麦粥早餐环节中的认知表现最好。因为不同人之间存在着差异性，所以我们通常在使用认知或生理测量的研究中采用参与者内设计（参与者作为他们自己的控制组）。

参与者内设计的优点和缺点

正如我们已经说明的那样，在参与者内设计中，相同的人接受所有的实验条件。正因为如此，参与者充当了自己的控制组，而诸如年龄、性别和以往的经验等变量就会在整个实验中保持不变。换句话说，如果

> **参与者内设计**：所有参与者接受所有的处理条件（使用的是参与者内自变量）。
>
> **重复测量设计**：参与者内设计的另一个常见名称。
>
> **参与者内后测设计**：所有参与者接受所有的处理条件，并且在接受每种条件后接受后测。

X_1 O X_2 O X_3 O

P_1 P_1 P_1
P_2 P_2 P_2
P_3 P_3 P_3
P_4 P_4 P_4
P_5 P_5 P_5
P_6 P_6 P_6
P_7 P_7 P_7
P_8 P_8 P_8
P_9 P_9 P_9
P_{10} P_{10} P_{10}
P_{11} P_{11} P_{11}
P_{12} P_{12} P_{12}
P_{13} P_{13} P_{13}
P_{14} P_{14} P_{14}
P_{15} P_{15} P_{15}

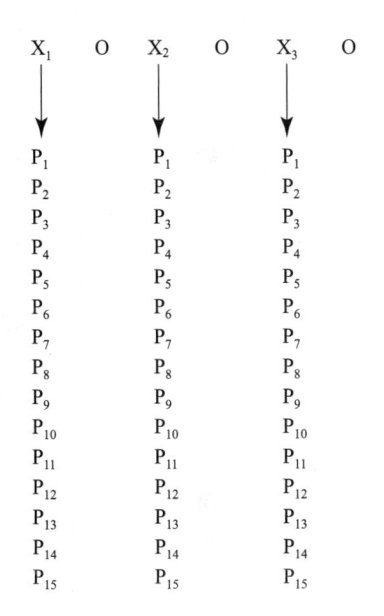

图9.6 包括15名参与者的参与者内后测设计

注：X_1是条件1，X_2是条件2，X_3是条件3，P代表参与者，O代表后测。请注意参与者1—15都会经历三种处理条件。

X_1 O X_2 O X_3 O   ← P_1, P_2, P_3, P_4, P_5

X_2 O X_3 O X_1 O   ← $P_6, P_7, P_8, P_9, P_{10}$

X_3 O X_1 O X_2 O   ← $P_{11}, P_{12}, P_{13}, P_{14}, P_{15}$

图9.7 经平衡法调整后，包括15名参与者的参与者内后测设计

（经与作者确认，上图有误，该设计需要使用6种序列，除上面列出的3种，还有$X_1X_3X_2$、$X_2X_1X_3$、$X_3X_2X_1$；另外，参与者需要随机分配到每种序列中。——译者注）

所有的参与者都接受了所有的条件，那么就不会因为某些类型的人出现在一种条件却不出现在另一种条件而造成条件间的差异。这是一种强大的控制技术。因为参与者充当了自己的控制组，他们就在各种处理条件上形成了完美的匹配，而这增加了实验的敏感度。事实上，如果使用了平衡法，参与者内后测设计就控制了所有常见的内部效度威胁（正如表 9.3 所总结的）。因此，参与者内设计对自变量的作用最为敏感。

另外，与参与者间设计相比，参与者内设计需要的参与者数量少。在参与者内设计中，所有的参与者接受所有的处理条件，整个实验所需要的参与者数量与其中一个实验处理条件所需要的参与者数量相等。在参与者间设计中，所需要的参与者数量等于一个处理条件所需的参与者数量乘以处理条件的数量。如果每个处理条件需要 25 名参与者，有三个处理条件，那么参与者内设计就只需要 25 名参与者，而参与者间设计则需要 75（25 × 3）名参与者。当参与者很难获得时，参与者内设计的这个优势就很重要了。

你也许会认为，有了这些优势，参与者内设计会比参与者间设计更常用。实际情况并非总是如此，因为参与者内设计也存在着缺点。首先，参与者内设计会给参与者造成负担，因为他们必须接受多个处理条件。第二，或许最严重的缺点是序列效应所带来的混淆影响。请记住，如果参与者接受不止一个处理条件，就可能会发生序列效应。由于参与者内设计的主要特征就是所有参与者参与所有的实验处理条件，所以来自序列效应的竞争性假设就成为一种真正的可能。幸运的是，你可以使用平衡法（如图 9.7 所示）这一控制技术来帮助自己排除序列效应对内部效度的威胁。不幸的是，正如第 7 章所讨论的，平衡法只能控制线性的序列效应，如果序列效应是非线性的（称作*差别延滞效应*），那么延滞序列效应将会依然作为一个混淆变量而存在。

正如你所看到的，参与者内设计存在着一些问题，而且解决这些问题通常要比解决参与者间设计存在的问题更难。所以，参与者内设计并不是最常用的设计。

> **思考题 9.5**
> - 用图分别表示采用了平衡法和没有采用平衡法的参与者内后测设计（一个自变量，三种水平）。
> - 参与者内后测设计的优缺点是什么？

混合设计（参与者间和参与者内自变量的组合）

9.5 描述混合设计的结构、优点和缺点

我们在前面解释了参与者间设计，在这种设计中，接受不同自变量水平的是不同的人（例如，实验组和控制组由不同的人组成）。我们没有提到的是，这种类型的自变量被称为**参与者间自变量**（between-participants independent variable）（也称被试间自变量）。我们所讨论的具体参与者间设计是后测控制组设计——研究参与者样本被随机分进不同的组（通过随机分配），每组只接受自变量的一个水平。我们还论述了参与者内设计，在这种设计中，所有的参与者接受自变量的所有水平。这种类型的自变量被称为**参与者内自变量**（within-participants independent variable）（也称被试内自变量）。我们所讨论的具体参与者内设计是参与者内后测设计——样本中的每个人都接受自变量的所有水平（当然，在不同的时间）。

你很可能从本节的标题猜到，混合设计包含了参与者间和参与者内自变量的组合。它必须至少有一个参与者间自变量和至少一个参与者内自变量。前后测控制组设计就是混合设计的一个例子。

> **参与者间自变量**：不同参与者接受自变量不同水平的自变量类型。
>
> **参与者内自变量**：所有参与者接受自变量所有水平的自变量类型。

前后测控制组设计

你可以在图 9.8 中看到，前后测控制组设计与后测控制组设计相似，只是增加了前测。在**前后测控制组设计**（pretest–posttest control-group design）中，研究参与者被随机分配到两个或多个处理条件中，并接受前测；然后接受处理条件；最后接受后测。这是一种混合设计，因为它包含一个参与者间自变量（不同的参与者组成不同的处理组）和一个参与者内因素"时间"（所有参与者在时间 1 接受前测，在时间 2 接受后测）。由于随机分配，这种设计具有很强的内部效度，排除了表 9.3 中总结的所有基本内部效度威胁。

举个例子，你决定开展一项采用前后测控制组设计的实验，以检验一种社交焦虑治疗方法的效果。你将 100 名参与者随机分配到治疗方法变量的两个水平上，其中控制组不接受焦虑缓解治疗，实验组接受焦虑缓解治疗。每组各有 50 名参与者，这两个组构成了你的参与者间自变量。你的参与者内自变量是"时间"，因为你在干预前（前测）和干预后（后测）测量了参与者的焦虑水平。你的因变量是社交焦虑水平。

> **前后测控制组设计**：两个或多个随机分配的参与者组，在经过前测和自变量不同水平的处理之后，再接受后测。

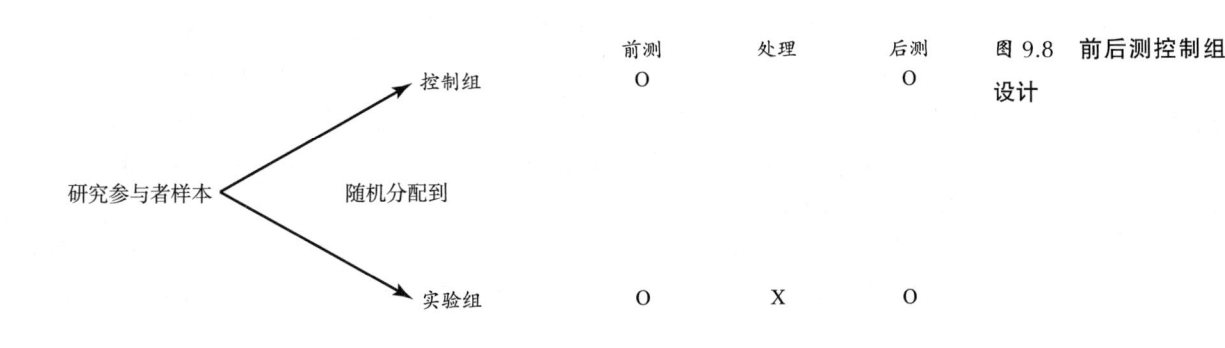

	前测	处理	后测
控制组	O		O
实验组	O	X	O

研究参与者样本 → 随机分配到 → 控制组 / 实验组

图 9.8 前后测控制组设计

我们在图 9.9 中绘制了你的实验结果。你可以看到，在实验开始时，两组的社交焦虑水平都很高（前测均值）；但在干预后，实验组在后测时的焦虑水平低于控制组。这正是我们希望的结果。治疗帮助实验组成员降低了焦虑水平。（你还必须确定结果是否具有"统计显著性"，但我们要到第16 章才会讨论这一点。）

设置前测的优点和缺点

研究者通常喜欢在这种设计和其他设计中设置前测环节，有如下几个原因（Maxwell, Delaney, & Kelly, 2018; Selltiz, Jahoda, Deutsch, & Cook, 1959）。第一，增加前测可以让研究者检查随机化过程（即随机分配）的效果如何。尽管随机分配为研究参与者的初始可比性提供了最大限度的保证，但这毕竟不是绝对可靠的。如果研究中设置了前测，研究者就不必假设随机化是完全有效的了；研究者只需要检查各组在随机分配之后、实验条件引入之前，在因变量上表现是否相似。如果研究者对参与者与研究相关的其他变量进行了测量，那么还可以检查各组参与者在这些变量（如动机、智力、态度）上的初始可比性。

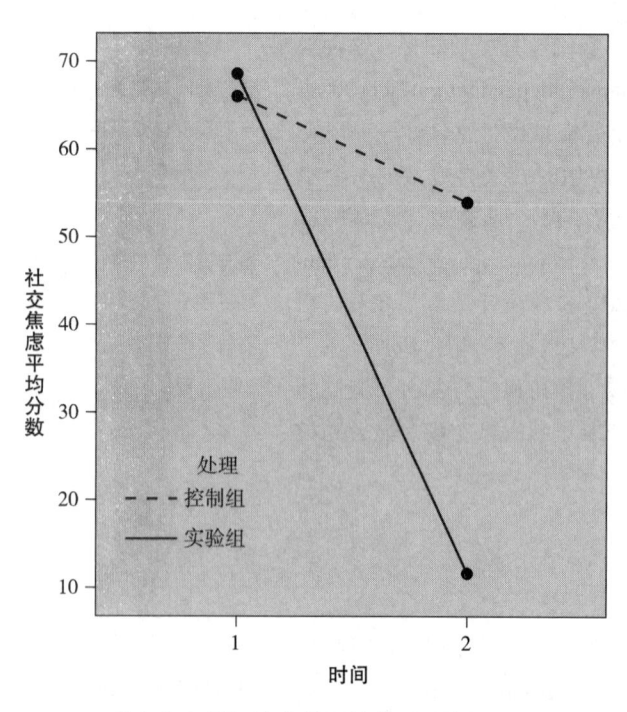

图 9.9 考察焦虑缓解治疗效果的前后测控制组设计研究的平均分数

天花板效应：参与者在因变量上的前测分数太高，以至于无法再进一步提高的情况。

地板效应：参与者在因变量上的前测分数太低，以至于无法再进一步降低的情况。

协方差分析：一种统计程序，在根据前测差异调整之后再对各组的平均值进行比较。

第二，如果加入了前测环节，研究者就能确定是否可能发生天花板效应或地板效应（在引入实验条件之前检查前测分数）。当参与者在因变量上的分数高到从前测到后测无法再提高时，就出现了**天花板效应**（ceiling effect）。而当参与者的分数低到从前测到后测无法再降低时，就出现了**地板效应**（floor effect）。例如，如果一个因变量的最大值为 100，而一些参与者在前测时的平均分数就达到了 98 或 99，那么他们几乎就没有再进步的余地。如果我们没有发现处理效果，那此时我们就应该检查前测分数以确定是否发生了天花板效应或地板效应。

第三，如果前测时，实验组和控制组在因变量上出现了轻微的差异，那么研究者可以使用一种叫作**协方差分析**（analysis of covariance）的统计技术（将在第16 章讲解），在统计上实现对这些前测差异的控制。这种统计技术不但能根据前测差异调整后测分数，还能对实验组和控制组调整后的后测分数差异进行更准确和更有效力的检验。这意味着如果实验确实有效，那么加入前测能让这种设计检测出效果的可能性稍稍高一些。

第四，或许设置前测环节最常见的原因是获得实证性证据，以表明从前测到后测反应是否发生了总体上的变化。获取此类表明变化的证据最直接的方式，就是确定实验组和控制组的前测与后测之间的分数变化是否在统计上存在显著性差异。

当在前后测控制组设计和其他设计中使用前测时，至少存在一个潜在的难题：参与者可能会因为接受了前测而发生某种形式的变化。但是，请注意，因为两个组都接受了前测，所以他们受到的影响也应该是相等的；所以，这种设计的内部效度不会因此而减弱。然而，当设计中纳入前测时，有时会出现外部效度减弱的情况。

正如你从第 6 章中了解到的那样，外部效度是指研究结果的推广程度。这里的问题是，当实验中的每个人都接受了前测，那么研究结果就可能对那些接受了前测的人最具推广性，而对那些没有接受前测的人就没有那么强的推广性。因为这个推广性问题不存在于后测控制组设计中，所以前后测控制组设计的外部效度有时会稍弱一些。许多研究者认为，在前后测控制组设计中加入前测的好处大于它所带来的问题。前后测控制组设计确实是一种非常强的研究设计。

思考题 9.6
- 用图表示前后测控制组设计，并解释这种设计的各个元素。
- 这种设计消除了哪些内部效度威胁？它如何控制这些威胁？
- 在前后测控制组设计中加入前测的优缺点是什么？

因素设计

9.6 区分因素设计中的主效应和交互作用

后测控制组设计、参与者内设计和前后测控制组设计都只包含一个研究者感兴趣的自变量，并且该变量也是研究者操纵的自变量。然而在心理学研究中，我们经常会对两个或多个共同起作用的自变量产生兴趣。当感兴趣的自变量多于一个时，因素设计便是我们首选的实验设计。在**因素设计**（factorial design）中，同时对两个或多个自变量进行研究，以确定它们对因变量的独立效应和交互作用。因素设计中的自变量既可以是参与者间变量（即参与者只接受自变量一个水平的处理），也可以是参与者内变量（即参与者接受自变量所有水平的处理），还可以是参与者内和参与者间变量的组合（产生一种混合设计）。

在这个部分，我们关注的是有两个参与者间自变量的因素设计。图 9.10 描绘了一个两变量因素设计的设计布局（即用一张图来表示逻辑结构），其中一个自变量有三个水平（变量 A），另一个自变量有两个水平（变量 B）。变量 A 的三个水平分别为 A_1、A_2 和 A_3，变量 B 的两个水平分别为 B_1 和 B_2。这两个自变量一共有六种处理组合——A_1B_1、A_1B_2、A_2B_1、A_2B_2、A_3B_1 和 A_3B_2。每种处理组合都

因素设计：同时研究两个或多个自变量，以确定它们对因变量的独立效应及共同效应。

图 9.10　两个自变量的因素设计

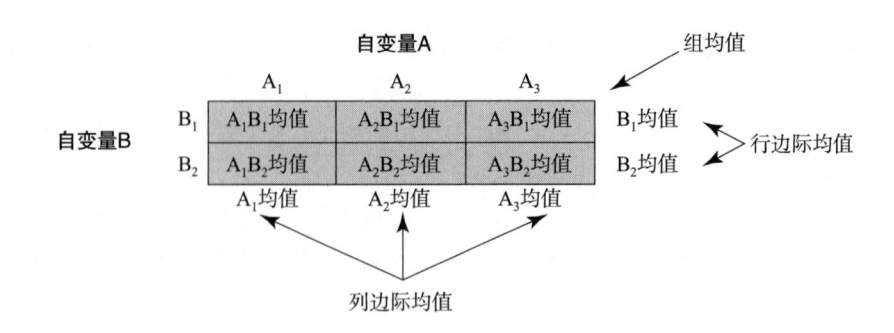

	A₁	A₂	A₃	
B₁	A₁B₁均值	A₂B₁均值	A₃B₁均值	B₁均值
B₂	A₁B₂均值	A₂B₂均值	A₃B₂均值	B₂均值

列边际均值：A₁均值、A₂均值、A₃均值
行边际均值：B₁均值、B₂均值
组均值：各单元格均值

单元格：两个或多个自变量的各个水平的组合。

对应着设计布局中的一个**单元格**（cell），代表一种实验条件。设计布局中的单元格数是通过将各个自变量水平的数量相乘而得到的，这个例子中有 6（3 × 2 = 6）个单元格。

参与者被随机分配到这 6 个单元格中，并在实验进行时接受相应的处理组合。随机分配到 A₁B₁ 条件的参与者会接受第一个自变量的 A₁ 水平和第二个自变量的 B₁ 水平。同样地，随机分配到其他单元格的参与者将接受两个自变量的特定处理组合。一旦实验完成，研究者就能获得图 9.10 所示的两种类型的平均值：组均值和边际均值。**组均值**（cell mean）是指一个单元格内的参与者的平均分数。**边际均值**（marginal mean）是指接受一个自变量的一种水平的所有参与者的平均分数（忽略或平均了另一个自变量的不同水平）。

组均值：在一个独立单元格内的参与者的平均分数。

边际均值：接受一个自变量的一种水平的所有参与者的平均分数。

主效应：某个自变量对因变量的单独影响。

因素分析使研究者能够调查两种效应：主效应和交互作用。**主效应**（main effect）是指各自变量单独对因变量产生的影响。在本章之前提到的设计中都只包含一个自变量（所以只有一种主效应），因此没有出现主效应这个术语。然而，因素设计中自变量数目多于一个，所以必须确定每个自变量的单独效应。为了区分不同自变量的影响，我们把每个自变量的影响称为一个单独的主效应。在包含两个自变量的设计中，需要调查两个主效应。

交互作用：当两个或多个自变量对因变量的作用比相应的主效应所揭示的更为复杂时，就存在交互作用。

因素设计还被研究者用来调查交互作用。当某个自变量对因变量的作用因另一个自变量的水平不同而变化时，就出现了**交互作用**（interaction effect）。例如，咖啡因摄入量对因变量考试焦虑的影响也许会因个人的睡眠时长而变化。当因素设计中包含两个自变量时，你在分析数据时就要分析两个主效应（一个主效应对应一个自变量，比如咖啡因摄入量和睡眠时长）和一个交互作用（代表两个自变量之间的"交互"）。

你也许会问，为什么不针对每个自变量开展单独的实验呢？答案是，单独的实验和因素设计都能够研究主效应，但只有因素设计能够研究交互作用。知道自变量之间是否存在交互作用非常重要。从某种意义上说，因素设计要大于其各部分之和。将两个自变量放入同一个设计中，你不仅能了解每个变量的主效应，同时还能确定是否存在交互作用。

让我们来看一个例子，好让这些概念变得更加形象具体。比如说我们对影响

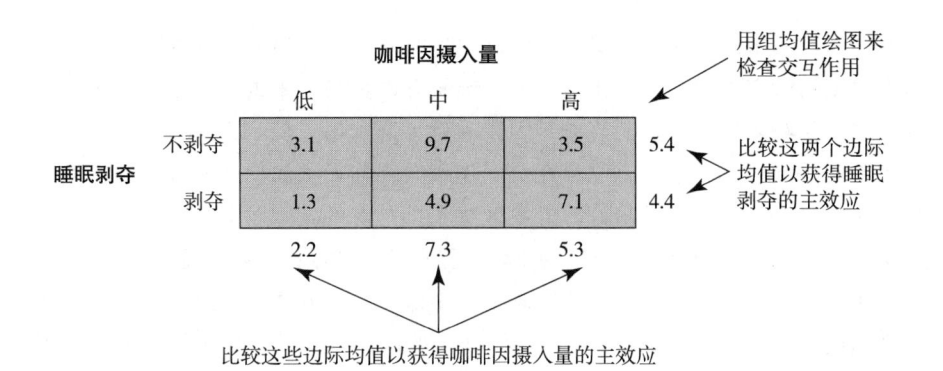

图 9.11　假设实验中的驾驶表现数据

	咖啡因摄入量			
睡眠剥夺	低	中	高	
不剥夺	3.1	9.7	3.5	5.4
剥夺	1.3	4.9	7.1	4.4
	2.2	7.3	5.3	

用组均值绘图来检查交互作用

比较这两个边际均值以获得睡眠剥夺的主效应

比较这些边际均值以获得咖啡因摄入量的主效应

驾驶表现的因素感兴趣。第一个自变量（变量A）是咖啡因摄入量，有低（A_1）、中（A_2）和高（A_3）三个水平。第二个自变量（变量B）是睡眠剥夺，有不剥夺（B_1）和剥夺（B_2）两个水平。将学生随机分配到这两个自变量的各种处理组合中（即各单元格中）。因变量是驾驶表现（操作化为训练课程中出现正确操纵动作的数量）。

图 9.11 提供了这个假设的实验的组均值和边际均值。为了确定是否存在主效应，你可以比较每个自变量的边际均值。咖啡因摄入量的边际均值分别是 2.2、7.3 和 5.3，这意味着（忽略睡眠剥夺变量）咖啡因摄入量为中等水平时，参与者的驾驶表现最好。睡眠剥夺的边际均值为 5.4 和 4.4，这意味着（忽略咖啡因摄入量）睡眠剥夺会使驾驶表现稍差一些。按照这两组边际均值来看，似乎咖啡因摄入量和睡眠剥夺各自存在着主效应。

为了确定交互作用是否存在，需要构建组均值的线形图，直观地检查结果。具体来说，要确定线形图中是否存在某种交互作用，请使用下面两条规则：

- **无交互作用规则**：如果线条是平行的，就说明没有交互作用；需要解释任何存在的主效应。
- **交互作用规则**：如果线条不平行，就说明存在交互作用；只需解释交互作用，不用解释主效应。

图 9.12 中的两条线是不平行的，所以适用交互作用规则。你应该解释交互作用（而不是主效应）。这种交互作用说明，咖啡因摄入量与驾驶表现之间的关系会随着睡眠剥夺水平的变化而变化。对于睡眠被

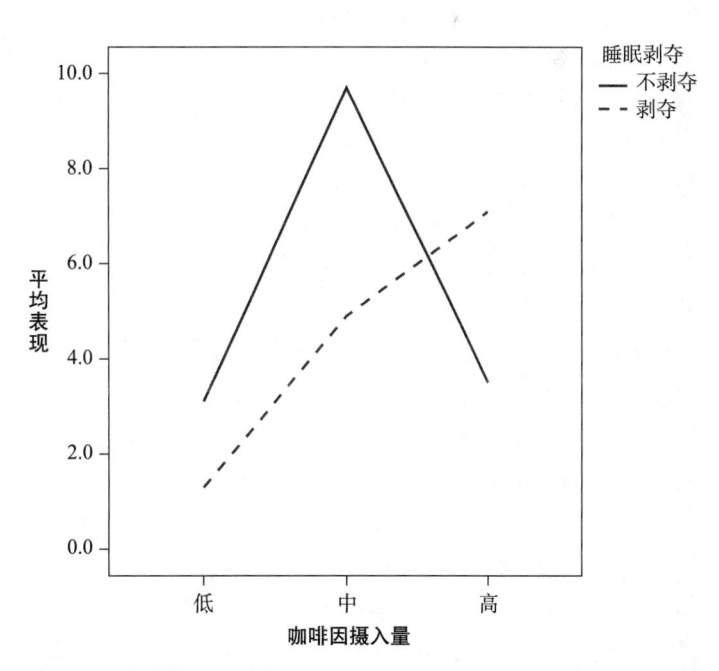

图 9.12　组均值的线形图

剥夺的参与者来说，咖啡因摄入量为高水平时驾驶表现最好，咖啡因摄入量为低水平时则驾驶表现最差。对于睡眠没有被剥夺的参与者来说，咖啡因摄入量为中等水平时驾驶表现最好，而当咖啡因摄入量为高水平或低水平时，他们的驾驶表现水平似乎同样低。注意，当存在交互作用时，你无法简单地回答哪种水平的咖啡因摄入量会让驾驶表现最好。答案取决于参与者的睡眠是否被剥夺。似乎咖啡因摄入量和睡眠剥夺都会影响驾驶表现，但是这里的因果影响却是一种交互作用。

现在，你知道了组均值、边际均值、主效应和交互作用。由于这些概念在心理学研究中非常重要，所以我们在专栏 9.1 的两因素实验中展示了其他几种可能的结果。

> **思考题 9.7**
> - 用图表示变量 A 有三个水平、变量 B 有三个水平的因素设计。
> - 什么是主效应？如何确定主效应是否存在？
> - 什么是交互作用？如何确定交互作用是否存在？

专栏 9.1

主效应和交互作用的例子

在心理学研究中，主效应和交互作用的概念非常重要。我们在此列出了如图 9.10 所示实验设计（即这个实验的自变量 A 有三个水平，自变量 B 有两个水平）可能产生的几种不同结果。一些结果表示有交互作用，其他则表示没有交互作用，所以你能看到这两种情况的区别。我们将从有一个主效应显著的情况开始讲述，直至以两个主效应和交互作用都显著的情况结束。（尽管显著性要通过统计检验来确定，但你可以假定这里展示的效应具有统计意义上的显著性。）字母 A 和 B 继续代表两个自变量。如果使用"真实"的变量会有助于你理解表格和图形，那么你可以使用我们先前用过的变量（即：A = 咖啡因摄入量，B = 睡眠剥夺，因变量是驾驶表现）。表 9.4 和图 9.13 描绘的是这个专栏中包括的各种情况。

表 9.4 给出了组均值和边际均值。每个单元格包含了这个单元格中所有参与者的平均分数。每种情况下都有六个组均值。各表格外面的平均值就是边际均值，用于确定是否存在主效应。为了确定是否存在交互作用，我们将表 9.4 中各表格的组均值画在了图 9.13 中。记住，如果组均值图中的线条是平行的，就没有交互作用；如果它们不平行，就存在交互作用。

图 9.13 的（a）、（b）和（d）表示两个主效应或其中一个主效应显著但交互作用不显著的情况。在上述每种情况下，都至少有一个主效应在各变化水平的平均分数上存在差异。我们可以从表 9.4 的边际均值和图 9.13 的图形中看到这点。同时要注意，从图 9.13 可以看到，代表 B_1 和 B_2 水平的线条在（a）、（b）和（d）中都是平行的。在这样的情况下，不可能存在交互作用，因为交互意味着某个变量如 B 的效应会依赖于另一个变量的水平，比如 A_1、A_2 或 A_3。在每种情况下，B 的效应在 A 的所有水平上都

专栏 9.1

主效应和交互作用的例子（续）

表 9.4　以表格形式呈现假设数据说明不同类型的主效应和交互作用

（注：组均值在单元格里面，边际均值在表格边上。）

	A_1	A_2	A_3	
B_1	10	20	30	20
B_2	10	20	30	20
	10	20	30	

（a）A 显著；B 和交互作用不显著

	A_1	A_2	A_3	
B_1	20	20	20	20
B_2	30	30	30	30
	25	25	25	

（b）B 显著；A 和交互作用不显著

	A_1	A_2	A_3	
B_1	30	40	50	40
B_2	50	40	30	40
	40	40	40	

（c）交互作用显著；A 和 B 不显著

	A_1	A_2	A_3	
B_1	10	20	30	20
B_2	40	50	60	50
	25	35	45	

（d）A 和 B 显著；交互作用不显著

	A_1	A_2	A_3	
B_1	20	30	40	30
B_2	30	30	30	30
	25	30	35	

（e）A 和交互作用显著；B 不显著

	A_1	A_2	A_3	
B_1	10	20	30	20
B_2	50	40	30	40
	30	30	30	

（f）B 和交互作用显著；A 不显著

	A_1	A_2	A_3	
B_1	30	50	70	50
B_2	20	30	40	30
	25	40	55	

（g）A、B 和交互作用都显著

是相同的。

（c）展示了一个交互作用的经典例子。没有一种主效应是显著的，因为三个列的平均值是相等的，两个行的平均值也是相等的，表 9.4（c）未揭示出任何变化。但是，如果只考虑 A 在 B_1 水平上的处理效应，我们就会注意到从 A_1 到 A_3，分数会系统性地增加。同样地，如果只考虑 B_2 水平，那么分数从 A_1 到 A_3 会有系统性的降低。换句话说，A 是有效的，但是在 B_1 和 B_2 水平上起作用的方向是相反的，或者说 A 的效应取决于我们考虑的是 B 的哪种水平。因此，这里存在着交互作用。我们发现，在描绘交互作用时，图形比表格更有帮助，你应该使用能更好地传达信息的方式。

（e）和（f）展示的是一个主效应和交互作用显著的例子，（g）展示的是两个主效应和交互作用都显著的情况。这些例子包含了两自变量因素设计中所有可能存在的关系。主效应或交互作用的确切性质可能会有变化，但是总逃不出这些情况中的一种，除非你的实验中没有任何显著的效应，既没有主效应，也没有交互作用。在结束这部分内容之前，关于如何解释显著的主效应和交互作用，我们需要补充一下。当仅有一种主效应或交互作用显著时，你

专栏 9.1

主效应和交互作用的例子（续）

(a) A的主效应显著
(b) B的主效应显著
(c) 交互作用显著
(d) A和B的主效应显著
(e) A的主效应和交互作用显著
(f) B的主效应和交互作用显著
(g) A和B的主效应及交互作用都显著

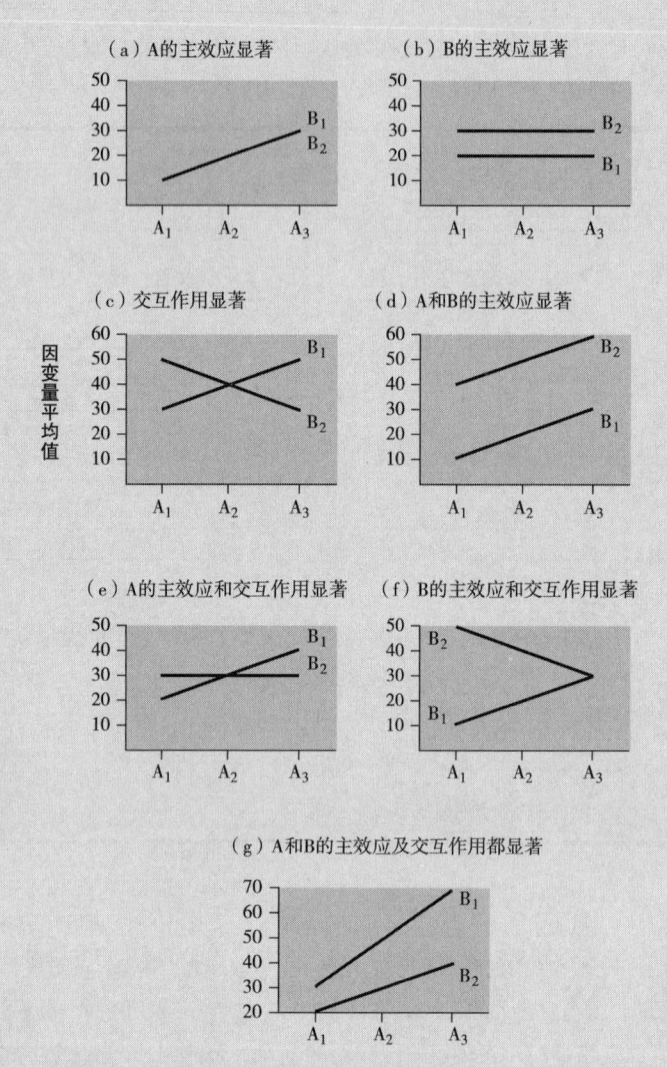

图 9.13 以图形呈现假设数据说明不同类型的主效应和交互作用

自然而然地必须解释这种效应。然而，当主效应和交互作用都显著，且主效应包含在交互作用中时，只需要解释交互作用，因为显著的交互作用限定了将从主效应单独得出的解释。

基于参与者内自变量的因素设计

正如上一节所述，因素设计可以包含参与者间自变量、参与者内自变量或两者的组合。在上一节中，设计含有两个参与者间自变量。在本节中，我们将说明含有两个参与者内自变量的情况。

第一个要点是，无论自变量的类型（参与者间、参与者内或两者组合）如何，你都需要检查主效应和交互作用，正如前面展示的那样。第二，无论自变量的类型如何，自变量水平的数量决定了设计布局中的单元格数量。例如，如果你的一个自变量有两个水平，另一个有三个水平，那么你就有一个 2 × 3 设计，它有 6 个单元格（即 2 × 3 = 6）。如果你有两个自变量，每个都有两个水平，那么你将有 4 个单元格（即 2 × 2 = 4）。（在一个 3 × 4 设计中你有多少个单元格？提示：只需将两个数字相乘即可。）

如图 9.14 所示，含有两个参与者内自变量的因素设计的独特之处在于，所有参与者都会（在不同时间）接受自变量的所有处理组合。参与者内自变量的一个优点是你需要的参与者数量较少，因为同一群人会出现在所有单元格中。在图 9.14 中，整个 2 × 2 设计只有 20 名研究参与者，但这 20 名参与者（P_1—P_{20}）都出现在了所有 4 个单元格中。

当自变量为参与者内自变量时，实验者通常会平衡参与者接受处理组合的序列，因为处理条件的呈现序列可能会影响结果。例如，在一个采用随机化平衡法的 2 × 3 设计中，参与者会以随机序列接受 6 种处理条件。使用随机数字生成器，你可能会发现第一位参与者的接受序列是 6—1—3—5—4—2，第二位参与者的接受序列是 2—1—3—4—6—5，第三位参与者的接受序列是 1—2—3—5—4—6，等等。（随机化平衡法和其他类型的平衡法在第 7 章中有更详细的解释。）

		参与者内自变量A	
		A_1	A_2
参与者内自变量B	B_1	P_1 P_2 ⋮ P_{19} P_{20}	P_1 P_2 ⋮ P_{19} P_{20}
	B_2	P_1 P_2 ⋮ P_{19} P_{20}	P_1 P_2 ⋮ P_{19} P_{20}

图 9.14 含有两个参与者内自变量的因素设计

作为 2 × 3 设计的一个例子，你可能想知道不同奖励金额（大与小）对完成不同难度（简单、适中、困难）任务的效果是否相同。奖励是一个参与者内自变量，因为所有参与者都会（在不同时间）接受两种水平的奖励。同样，任务难度也是一个参与者内自变量，因为所有参与者都会（在不同时间）执行简单、适中和困难的任务。因为其中一个自变量有两个水平，另一个自变量有三个水平，所以处理组合的数量是 6（即 2 × 3 = 6）。参与者接受这 6 种条件的序列会有所不同（即平衡）以消除顺序效应和延滞效应。

思考题 9.8

- 基于参与者内自变量的因素设计的特征是什么？

基于混合模型的因素设计

现在我们来看一个使用参与者内自变量与参与者间自变量组合的因素设计。这是一种混合设计，有时被称作**基于混合模型的因素设计**（factorial design based on a mixed model）。这种设计最简单的形式包含了一个参与者间自变量和一个参与者内自变量的组合。参与者间变量要求各个变化水平对应不同的参与者组；参与者内变量则要求所有的参与者必须参与所有变化水平。如图 9.15 所示，当这两种自变量被纳入同一个方案时，就形成了一个基于混合模型的因素设计。

> 基于混合模型的因素设计：使用参与者内自变量和参与者间自变量组合的因素设计。

在这种设计中，参与者被随机分配到参与者间自变量的不同变化水平中，但是所有的参与者都要参加参与者内自变量的各变化水平。如所有的因素设计一样，实验条件的数量等于自变量水平数量的乘积。例如，你想知道三种不同类型的动机指令对完成不同难度（简单、适中、困难）任务的效果是否相同。动机指令是参与者间自变量，因为你将参与者分配到了三种动机指令条件下，形成了三个自变量组。任务难度是参与者内自变量，每个组都要完成简单、适中和困难的任务。因为这两个自变量（动机指令类型和任务的困难程度）各有三个水平，所以处理组合的数量为 9（即 3×3＝9）。

无论自变量的类型如何（参与者间、参与者内或两者组合），如果你有两个自变量，你可以检验每个自变量产生的效应，以及两个自变量之间的交互作用。与含有两个参与者间自变量的设计相比，这种混合设计的一个好处就是需要较少的参与者，因为所有参与者都要接受其中一个自变量的所有变化水平。因此，需要的参与者数只是参与者间自变量水平数量的倍数。不过，所需参与者数量最少的因素设计是仅含有参与者内自变量的设计。

	参与者内自变量A		
	A_1	A_2	A_3
B_1	P_1 P_2 P_3 P_4 P_5	P_1 P_2 P_3 P_4 P_5	P_1 P_2 P_3 P_4 P_5
B_2	P_6 P_7 P_8 P_9 P_{10}	P_6 P_7 P_8 P_9 P_{10}	P_6 P_7 P_8 P_9 P_{10}

参与者间自变量B

图 9.15　有两个自变量、10 个参与者的基于混合模型的因素设计

> **思考题 9.9**
> - 基于混合模型的因素设计有哪些特征？

因素设计中自变量的性质

至此，我们展示的因素设计例子都包括两个自变量，并且这两个自变量都受研究者的操纵。然而很多时候，我们希望将一些无法操纵的变量，比如年龄、人格或性别，与被操纵的变量结合起来研究。根据定义，因素设计必须含有至少一个被操纵的自变量，但还可以包含一个或多个不被操纵的自变量。例如，你可能

想确定一项新的霸凌预防计划对儿童和青少年的效果是否相同。你的自变量是被操纵的干预处理（霸凌预防计划与控制）和不被操纵的变量年龄（儿童与青少年）。你会将每个年龄组的参与者随机分配到干预处理组和控制组中，这样会形成四个组。这是一个重要的设计，因为它解答了干预处理可能在不同年龄段有不同效果的问题。如果存在交互作用，则表明干预处理对这两个年龄组的效果并不相同。然而，在解释这个设计的发现时，对被操纵变量（干预处理与控制）和不被操纵的变量（儿童与青少年）所得出的因果关系结论的合理性会有所不同。具体而言，强有力的因果关系结论仅适用于被操纵的自变量。这是因为可能存在混淆额外变量，而它们可以解释不被操纵的自变量与因变量之间的关系。

因素设计的优点和缺点

到目前为止，我们对因素设计的讨论都仅限于包含两个自变量的设计。有时候，纳入三个或更多自变量对研究而言是很有益处的。因素设计使我们可以将重要的自变量都放入研究中。数学或统计学对能够加入研究中的自变量数目几乎没有限制。

但是，从实际的角度来看，当自变量的数目增加时，也会伴生出一些困难。首先，研究所需要的参与者数量会相应增加。在一项含有两个自变量且各有两个变化水平的实验中，会产生 2 × 2 个处理组合，4 个单元格。如果每个单元格需要 15 位参与者，那么此实验就总共需要 60 位参与者。在一个三变量的设计中，如果每个自变量有两个变化水平，那么就能产生 2 × 2 × 2 个处理组合，8 个单元格。为了使每个单元格能有 15 位参与者，总数就必须达到 120 位。而四个自变量意味着 16 个单元格，需要 240 位参与者。正如你看到的，随着自变量数目的增加，需要的参与者数量也在快速地增加。不过，这种困难似乎不是不可克服的，许多研究中都有大量的参与者。

包含两个以上自变量的因素设计所面临的第二个问题是同时操纵这些自变量组合的难度增大。在一项态度研究中，同时操纵传播者可信度、信息类型、传播者性别、观众的先前态度及其智力水平（共有 5 个自变量）比只操纵传播者可信度和观众的先前态度要困难得多。

当高阶的交互作用显著时，就产生了第三个问题。我们已经解释过两个自变量的因素设计中交互作用的概念，这也被称为**双向交互**（two-way interaction）。多于两个自变量的设计存在高阶的交互作用。在含有三个自变量的设计中，有可能会产生三向交互。当双向交互随着第三个自变量的水平变化而发生变化时，就存在**三向交互**（three-way interaction）（或"三方"交互）。在一个含有三个自变量的设计中，除了存在三向交互，还可能存在多至 3 个的双向交互（A × B、A × C、B × C）和 3 个主效应（总共 7 个效应）。在包含四个自变量的设计中，有可能存在四向交互（即三向交互随着第四个自变量的水平变化而发生变化）。除了四向

双向交互：一个自变量对因变量的影响在另一个变量的不同水平上有所不同。

三向交互：在第三个自变量的不同水平上有所不同的双向交互。

交互以外，还可能存在多至4个三向交互、6个双向交互以及4个主效应（总共15种效应）！三向交互就很难解释，而更高阶的交互（如四向交互）则更加难处理了。

尽管存在这些问题，因素设计仍然非常流行，因为只要使用得当，它们的优势就很明显。因素设计的下述三个优点摘自克林格和李（Kerlinger & Lee, 2000, pp. 371–372）。

因素设计的第一个优点是，它使实验者能在一项实验中同时操纵一个以上的自变量，所以能检验更精确的假设。比如，三个变量的组合能否产生某种效应？它的第二个积极特征是，研究者可以通过将一个潜在混淆变量作为自变量纳入设计中而对其加以控制。例如，如果你担心某种效应对男性和女性会有所不同，那么就可以将性别纳入你的设计中。因素设计的第三个优点是，它让研究者能够研究自变量对因变量所产生的交互作用。这个优点也许是最重要的，因为它使我们能假设并检验交互作用。检验主效应并不需要因素设计，但检验交互作用则需要。正是对交互作用的检验，才使得研究者能够调查行为的复杂性，并且认识到行为是在许多自变量的交互影响下产生的。

思考题 9.10
- 因素设计有哪些优缺点？

如何选择或构建合适的实验设计

9.7 描述在确定合适的实验设计时需要考虑的因素和问题

你需要确定哪种研究设计最适合某个特定的研究。在决定使用哪种设计时，有几个因素需要考虑，包括研究问题的性质、具体的研究问题、必须控制的额外变量以及每种设计的优点和缺点。实验研究适合于涉及因果关系的研究问题，我们能够使用的最佳实验设计是随机化设计或强设计。

一般来说，当你面对某个因果研究问题并打算使用实验设计时，你会发现本章所展示的某个具体设计将满足你的需求。但有些时候，你也许需要对我们提供的设计进行拓展，并构建一个更为复杂的实验设计。为了做到这一点，你需要使用本章提供的设计和设计元素。在阅读特定研究领域的期刊文章时，你或许会发现其中一些设计更加复杂。幸运的是，你还会发现，这些设计的构建用的是我们在本章中提供的那些元素。

如果你需要构建一个复杂的设计，你应该仔细地审查先前的研究文献中使用的设计，并找出使用这些复杂设计的原因。然后，认真思考你的研究问题，并确定回答该问题所需的设计元素。在构建一个实验研究设计时，你需要把握住以下几个问题：(1)是否应该使用控制组；(2)是否应该使用多个处理比较组（比较不止一种的积极处理）；(3)是否应该进行前测；(4)应该只进行一次前测还是多次前测（以获得稳定的基线）；(5)应该只进行一次后测还是多次后测（以得到稳定的处理效应或确认延迟的结果）；(6)应该使用参与者内自变量还是参与者间自变量，或者是两种都使用；(7)是否应该在设计中加入多个有理论意义的自变量（像在因素设计中那样）；(8)是否应该设置一个以上的因变量（看看处理如何影响几个不同的结果）。

如果你成为一名心理学家，那么假以时日，你将越来越擅长选择和构建研究设计。现在，先从本章呈现的主要设计类型和具体的设计开始，但随着时间的推移，你必须继续阅读和学习已发表的研究文献。请坚持学习更多的研究设计和统计学课程，不断地提高你的知识水平。作为一个起点，我们建议你在读完本书之后，接下来阅读这本由沙迪什等人合著的高阶书籍《广义因果推论的实验和准实验设计》(*Experimental and Quasi-Experimental Designs for Generalized Causal Inference*, Shadish et al., 2002)。

> **思考题 9.11**
> - 构建实验设计使用的设计元素有哪些？
> - 选择本章中呈现的某种实验设计，讨论它所使用的元素及其使用目的。

本章小结

一项研究的设计是实验的基本大纲，它明确了如何收集和分析数据以及如何控制额外变量。实验设计的目的是回答关于因果关系的问题。好的实验研究设计必须满足两个标准。第一，设计必须能够检验研究者所提出的因果关系假设。第二，必须控制额外变量，以便实验者能将观察到的效果归因于自变量（即能宣称 A 引起了 B）。如果有几种能够解答研究问题的设计可供选择，那么你应该选择或构建能在最大限度上控制额外变量的设计，因为在解释结果时额外变量可能会与自变量发生竞争；你的目标始终是消除竞争性假设。

可以将实验设计视作一个连续体，弱设计落在连续体的一端或附近，而强设计或随机化设计则落在连续体的另一端或附近。强实验设计能为因果关系提供最有力的证据。弱设计只能为因果关系提供薄弱的证据。这个连续体的中部则是一些被称为准实验设计的中等强度设计。准实验设计可为因果关系提供中等强度的证据，我们将在第 10 章对其进行讨论。目前这一章主要关注弱设计和强设计。

本章讨论的弱设计是单组后测设计（对单一参与者组施行实验处理条件之后，再对其进行后测），单组前后测设计（在单一参与者组接受了前测和实验处理条件之后，再对其进行后测）和不相等组后测设计（将接受了实验处理条件的参与者组的后测成绩与另一个没有接受实验处理条件的参与者组的后测成绩进行比较）。这些弱设计通常都不能提供理想的答案，因为它们无法控制很多会给结果造成影响的额外变量。

在列出强实验设计之前，请记住：在使用参与者间自变量时，不同组的参与者接受自变量的不同水平；在使用参与者内自变量时，所有的参与者将接受自变量的所有水平。本章讨论的强设计包括参与者间后测控制组设计（其基础版本是将参与者随机分配到两个组，对其中一个组施行实验处理条件后，再对两个组进行后测），参与者内后测设计（所有的参与者接受所有的处理，在向参与者施行每种实验条件后，对他们进行后测），被称为前后测控制组设计的混合设计（其基础版本是将参与者随机分配到两个组，在对两个组进行前测并对其中一组施行实验处理条件之后，再对两个组进行后测），以及因素设计（包含两个或多个自变量，以研究它们对因变量的单独影响和共同影响）。在因素设计中，自变量可以全部为参与者间变量、参与者内变量，或者是二者的组合。因素设计有时会包括前测，但始终包括后测。

强实验设计在解答因果关系问题方面尤其有说服力。因此，当你想知道自变量变化是否能引起因变量变化时，你应该选择或构建一个强实验研究设计。

重要术语和概念

研究设计	参与者间设计	协方差分析
弱实验设计	随机化设计	因素设计
单组后测设计	后测控制组设计	单元格
单组前后测设计	参与者内设计	组均值
竞争性假设	重复测量设计	边际均值
不相等组后测设计	参与者内后测设计	主效应
随机对照试验	参与者间自变量	交互作用
控制组	参与者内自变量	基于混合模型的因素设计
实验组	前后测控制组设计	双向交互
反事实	天花板效应	三向交互
强实验设计	地板效应	

章节测验

问题答案见附录。

1. 单组后测设计、单组前后测设计和不相等组后测设计的共同之处在于：
   a. 心理学家在研究中经常使用它们
   b. 它们都无法控制许多内部效度威胁
   c. 它们都是强设计
   d. 它们通常更多地用于动物（而不是人类）研究

2. 控制组的必要性在于：
   a. 为了控制某些竞争性假设
   b. 作为一个比较组
   c. a 和 b 都正确

3. 参与者间设计与参与者内设计的主要区别是：
   a. 所能检验的自变量数量
   b. 是否能检验交互作用
   c. 所能检验的主效应数量
   d. 不同的处理组合使用的是不同的参与者还是相同的参与者

4. 如果你研究了三种剂量（15mg、30mg 和 60mg）的欣百达治疗抑郁和进食障碍的效果，并且发现低剂量对进食障碍最有效，而高剂量对抑郁最有效，那么你确定了：
   a. 在药物剂量和障碍类型之间存在交互作用
   b. 药物剂量的主效应
   c. 治疗类型的主效应
   d. 药物剂量和治疗类型的主效应

5. 如果你开展了一项实验，研究设计要求你将 30 个参与者随机分配到其中一个自变量的两个水平（15 个参与者在一种条件，15 个参与者在另一种条件），而所有 30 个参与者都参与第二个自变量的所有三个水平，那么你使用的是哪种设计？
   a. 前后测设计
   b. 简单随机化设计
   c. 参与者内后测设计
   d. 基于混合模型的因素设计

提高练习

1. 阅读下列每一个实验简介，并完成以下任务：
   a. 确认用于检验研究假设的设计类型
   b. 说明为什么要使用这种设计
   c. 确认存在哪些内部效度威胁

   研究 A. 以大学生为参与者来检验这样一个假设：随着抑郁程度的增加，对碳水化合物的渴望也会增加。为了检验这个假设，实验者将参与者随机分配到三个组，然后使用心境诱导技术暂时地诱导出不同的心境状态。对其中一个组施行一种版本的心境诱导技术，以使他们产生抑郁心境；对第二组施行另一个版本，以使他们产生兴奋心境；对第三组施行第三个版本，以确保他们的心境不会发生变化。在每个组都接受了心境诱导程序之后，让参与者评估自己渴望碳水化合物的程度。

   研究 B. 希拉里想知道尼古丁贴片是否真的能帮助人们戒烟，所以她找了 100 个在过去十年间每天至少抽一包烟但现在想戒烟的人。她与他们每个人都签署了一份同意戒烟的协议。她让参与者自己决定是加入贴一个月贴片的组，或者不贴贴片的组。在这个月结束时，她监控了他们吸烟的情况，然后发现贴片组有 35% 的参与者戒了烟，而未贴片组有 20% 的参与者戒了烟。希拉里推断，尼古丁贴片在帮助人们戒烟或减少吸烟方面是有效果的。

   研究 C. 凯恩博士想确定性别与报告虚假记忆的

倾向之间是否存在联系。为了检验这个假设，他对一些男性和女性参与者进行了访谈，访谈内容包括一个在他们4—10岁间发生的引发强烈情绪的真实事件（严重事故）和一个虚假事件（迷路）。两个星期以后，对相同的参与者进行了同样的访谈，期间访谈者试图通过引导想象、情境恢复和轻微的社会压力等不同手段来引出参与者对两类事件的回忆。实验结果显示，100%的女性和男性都回想起了真实的事故。然而，有28%的女性和55%的男性回忆起了虚假事件。

2. 篮球运动员自然想提高罚球时的投篮准确率，所以他们雇用了一个运动心理学家。这位心理学家假设减少焦虑或使用心理意象能帮助他们。他将60位篮球运动员随机分配到6种处理条件中（每种条件10位参与者）。接着，每组篮球运动员将在6种条件中的某种条件下罚球20个，这6种条件由两个自变量组成。第一个自变量是焦虑，有高、中或低三个水平；第二个自变量是意象，有想象投篮命中或想象投篮未命中这两个水平。每组篮球运动员投篮命中的平均数如下所示：

		焦虑条件		
		高	中	低
意象条件	命中	15	14	6
	未命中	9	12	17

a. 是否似乎存在焦虑主效应？如果存在，它意味着什么？（提示：计算三种焦虑条件的边际均值。）

b. 是否似乎存在意象主效应？如果存在，它意味着什么？（提示：计算两种意象条件的边际均值。）

c. 是否似乎存在交互作用？如果存在，画出交互作用图并说明其含义。（提示：用组均值作图，看线条是否平行。）

3. 假设你想考察课堂技术对男生和女生上课出勤率的影响。学生们被随机分配到不使用课堂技术、中等程度使用课堂技术、广泛使用课堂技术的心理学教室。这项研究产生了下列数据：

		技术使用		
		不使用	中等程度	广泛
学生性别	男	30	55	75
	女	38	60	28

a. 是否似乎存在课堂技术主效应？如果存在，它意味着什么？（提示：计算三种技术使用条件的边际均值。）

b. 是否似乎存在性别主效应？如果存在，它意味着什么？（提示：计算两种学生性别条件的边际均值。）

c. 是否似乎存在交互作用？如果存在，画出交互作用图并说明其含义。（提示：用组均值作图，看线条是否平行。）

第 10 章

准实验设计

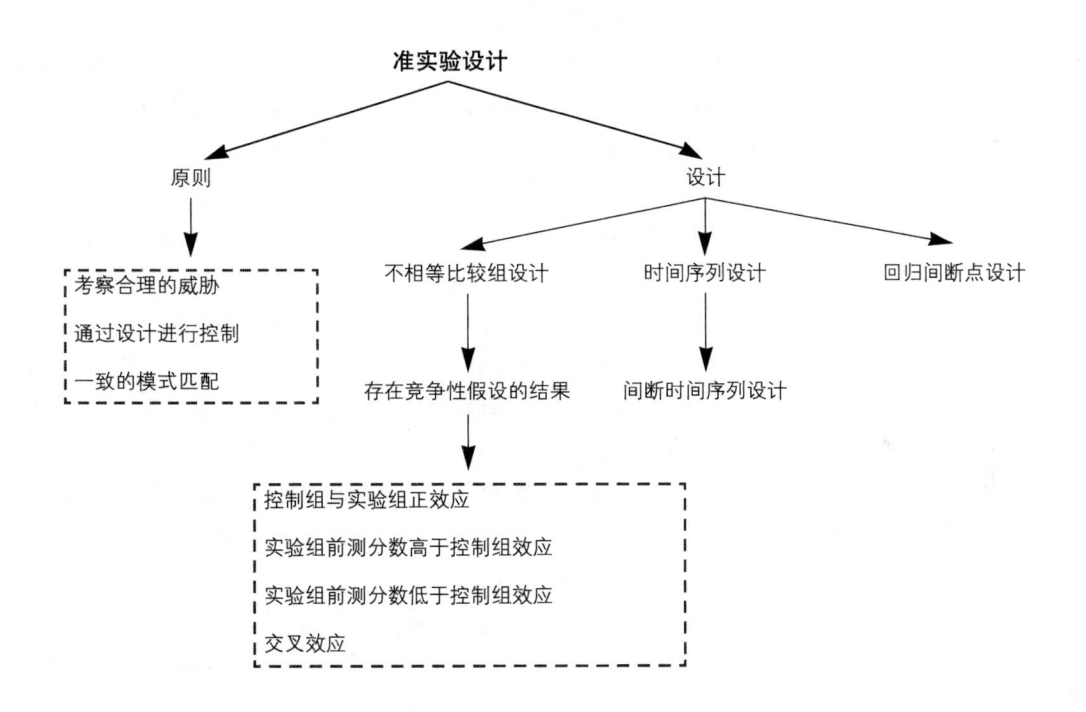

```
                    准实验设计
                   ╱         ╲
                  原则         设计
                   │       ╱   │   ╲
                   │  不相等    时间    回归间断点设计
                   │  比较组    序列
                   │  设计      设计
                   ↓    ↓        ↓
        ┌─────────────┐        间断时间
        │考察合理的威胁│        序列设计
        │通过设计进行控制│
        │一致的模式匹配│
        └─────────────┘
              存在竞争性假设的结果
                     ↓
        ┌─────────────────────────┐
        │控制组与实验组正效应      │
        │实验组前测分数高于控制组效应│
        │实验组前测分数低于控制组效应│
        │交叉效应                  │
        └─────────────────────────┘
```

学习目标

10.1 解释准实验设计的目的及其与弱实验设计和强实验设计的区别

10.2 描述不相等比较组设计，并解释如何解读不同的可能结果

10.3 描述间断时间序列设计相较于单组前后测设计的优势

10.4 描述回归间断点设计的结构和要求

准实验设计

10.1 解释准实验设计的目的及其与弱实验设计和强实验设计的区别

> **准实验设计**：一种运用了实验程序，但没有控制所有额外变量的研究设计。

准实验设计（quasi-experimental design）是一种实验设计，但并不满足控制额外变量影响所需的所有要求。准实验设计包含对自变量的操纵，但并不包含将参与者随机分配到各组。记住，随机分配是第 9 章讨论的强实验设计的关键元素。幸运的是，准实验设计对额外变量的控制要优于第 9 章讨论的弱设计。将三种设计（弱、准、强）视为落在图 10.1 所示的连续体上对我们很有帮助。这张图表明，准实验设计既不是最差的实验设计，也不是最好的实验设计。准实验设计处于两极之间。表 10.1 概括了不同的准实验设计。你可以将它与表 9.1 进行对比，后者概括了各种弱实验设计和强实验设计。

你也许会问，准实验设计没有排除所有竞争性假设（即自变量和因变量之间关系的替代性解释）的影响，那么是否还能从以准实验设计为基础的研究中得出因果关系推论。任何因果关系的成立都需要满足一些基本要求，从准实验中推断出因果关系需要满足同样的要求。你必须满足下述三个标准：（1）原因和结果必须是共变的（即自变量和因变量之间必须存在关系）；（2）原因必须发生在结果之前（即自变量的变化必须发生在因变量的变化之前）；（3）必须排除所有合理的替代性解释（即自变量和因变量之间的关系必须不能来源于某个混淆额外变量）。在准实验中，前两个要求（原因和结果共变以及原因先于结果发生）很容易满足。因为就像在随机化实验中一样，研究者会主动地操纵自变量，从而使原因发生在结果（在操纵之后的后测中进行测量）之前，然后只要分析数据就可以确定是否存在统计关系。但是由于准实验设计中没有随机分配，所以第三个要求——排除替代性解释——实现起来就要困难得多。因此在准实验中，对于观察到的自变量

图 10.1　实验研究设计连续体

弱实验设计 ——————— 准实验设计 ——————— 强实验设计

表 10.1　准实验设计小结

设计名称	突出特征
不相等比较组设计	包括前测和后测，没有将参与者随机分配到各组；之所以称为"不相等"，是因为你需要担心在研究开始前就存在组间差异
间断时间序列设计	单组设计，包括多次前测和后测以可靠地建立待比较的基线和处理结果
回归间断点设计	实验者根据某个分配变量的截断值将参与者分配到各组；通过分配变量分数与后测分数关系中的间断点来表明处理效应

和因变量之间的关系，经常存在着一个或多个竞争性假设或替代性解释。

使用准实验设计可以做出因果推论，但只有当收集的数据能够帮助研究者证实替代性解释不合理时，才能做出这些推论。而且，从准实验设计中得到的证据通常比从强实验设计中得到的证据更令人怀疑。沙迪什、库克和坎贝尔（Shadish, Cook, & Campbell, 2002）提出了三条原则，以强调竞争性解释问题，以及如何控制和排除竞争性解释，如表10.2所示。原则一要求对所有合理的内部效度威胁进行确认和研究。

原则二（即通过设计进行控制）涉及使用设计元素去控制合理的威胁。作为对上一章的一个回顾，这里提一下研究者通常能用到的六个主要**设计元素**（design component）：（1）控制或比较组（0组、1组，或1组以上）；（2）前测（0次、1次，或1次以上）；（3）后测（1次或1次以上）；（4）参与者内和/或参与者间自变量；（5）纳入一个或多个有理论价值的自变量；（6）测量一个或多个有理论价值的因变量。你可以将这里呈现的准实验设计视为对第9章中讨论的弱设计的改进。例如，你将看到本章讨论的间断时间序列设计（一种准实验设计）就像在单组前后测设计（第9章中的一种弱设计）里加上了多次额外的前测和后测。同样地，不相等比较组设计（一种准实验设计）就像在不相等组后测设计（第9章中的一种弱设计）中加上了前测。你也可以认为，准实验设计就是从强实验设计中移除了一个或多个元素（通常是随机分配这个元素）。

设计元素：用于构建研究设计的结构和程序。

第三个原则（即一致的模式匹配）建议使用模式匹配策略。这通常包括对复杂假设的精确陈述，即多个因变量将如何在干预之后发生变化。更强（即更复杂）的假设需要更强的理论支持，也更容易被证伪，这也是哲学家卡尔·波普尔所推荐的（他将这些称为"大胆"的假设）。例如，可以预测实验处理组在经过某种处理之后，其中一个因变量分数会增加很多，另一个因变量分数会降低很多，第三个因变量分数只会增加一点点。同时预测控制组的所有因变量分数都没有变化。这是一个相对复杂的模式匹配类假设。要想更多地了解模式匹配，我们推荐坎贝尔（Campbell, 1966）、沙迪什等人（Shadish et al., 2002）以及特罗奇姆和唐纳利

表 10.2　准实验中用于排除竞争性解释的原则

1. 确认并研究那些合理的内部效度威胁：这个原则涉及确认合理的竞争性解释，对它们进行调查和研究，以确定它们能够解释处理与结果之间共变关系的可能性。
2. 通过设计进行控制：这个原则涉及增加实验设计元素，比如额外的前测时间点或者额外的控制组，以消除竞争性解释或获得有关该竞争性解释合理性的证据。
3. 一致的模式匹配：当研究者可以做出有关因果假设的复杂预测，且很少有竞争性解释（如果有的话）可以做出相同的预测时，可以使用这个原则。如果数据支持这个复杂预测，那么大多数竞争性解释就被排除了。预测越复杂，竞争性解释能说明这个预测的可能性就越小，那么就越有可能是自变量在产生效应。

表 10.3　准实验设计的内部效度威胁小结

设计	历史	成熟	测量工具	测验	回归假象	流失	选择	附加/交互作用
不相等比较组设计*	+	+	+	+	+	+	−	−
间断时间序列设计	−	+	+	+	+	NA	NA	NA
回归间断点设计*	+	+	+	+	+	+	+	−

* 如果某个基本威胁因素在各组间的作用存在差异，它就被归入附加/交互作用，并构成威胁。

注：负号（−）表示内部效度的潜在威胁，正号（+）表示威胁因素已得到控制，NA 表示威胁因素不适用于该设计。

（Trochim & Donnelly, 2008）的著作。在本章接下来的部分，我们将重点关注原则一和原则二。

在表 10.3 中，你可以看到本章所论述的三种准实验研究设计合理的内部效度威胁。在我们讨论每种设计时，你可以根据需要参考此表，并用于复习。我们建议你将表 10.3 与表 9.2 和表 9.3 进行比较。这三张表作为一个整体展示了弱实验设计、准实验设计和强实验设计及其内部效度威胁。

> **思考题 10.1**
> - 准实验研究设计与强实验研究设计的区别在哪里？
> - 得出强有力的因果关系结论的要求是什么？
> - 在准实验设计中，怎样排除竞争性假设？

不相等比较组设计

10.2　描述不相等比较组设计，并解释如何解读不同的可能结果

不相等比较组设计：一种准实验设计，不相等的实验组和控制组均接受前测和后测。

不相等比较组设计（nonequivalent comparison group design）也许是最常见的准实验设计（Shadish et al., 2002）。这种设计同时包含了实验组和控制组，但是各组的参与者并不是随机分配的。由于缺少随机分配，控制组和实验组的参与者无法在所有额外变量上相等，而这会对因变量产生影响。这些未受控制的额外变量成了可以解释实验结果的竞争性假设，这使得此种设计弱于强实验设计。但是当研究者没有更好的设计可用时，他们得到的建议通常是使用某种形式的不相等比较组设计。

图 10.2 描绘了这种设计的基本方案，包括对一个实验组和一个控制组先进行前测再进行后测（对实验组施行处理条件之后）。接着比较两组在前测和后测中的变化，以确定是否存在显著性差异。这种设计与前后测控制组实验设计相似。

	前测	处理	后测
实验组	O₁	X₁	O₂
控制组	O₁	X₂	O₂

图 10.2 不相等比较组设计

注：虚线代表缺少随机分配。

但是，二者之间存在一个重要的差异，这种差异使得其中一个成为强实验设计而另一个成为准实验设计。在参与者间前后测控制组设计中，参与者被随机分配到实验组和控制组，而在不相等比较组设计中却并非如此。因此，不相等比较组设计就是从参与者间前后测控制组设计中拿掉随机分配元素。正是因为缺少随机分配，不相等控制（比较）组设计变成了准实验设计，这也使它容易受许多内部效度威胁的影响。

不相等比较组设计的前测非常重要，因为它能告诉我们各组最初在该变量上的比较情况。一般情况下我们可以假设，两个组的前测差异越大，则存在大的选择偏差的可能性就越大（Shadish et al., 2002）。如果不包含前测，那得到的就是第9章讨论过的弱设计——不相等组后测设计。从设计的角度看，一定要注意这里提出的不相等比较组设计（一种准实验设计）是对不相等组后测设计的改进，但是不如前后测控制组设计（一种随机化的强设计）那么好。要注意的是当设计元素（比如前测和随机分配）被添加到设计中或从中抽离出去时会发生什么。

前测让研究者可以检验和检查通常会对设计造成威胁的可能的组间差异。如表10.3所示，不相等比较组设计的威胁是选择和附加/交互作用。实际上有数种附加/交互作用，见表10.4。如果研究者能够随机分配参与者，所有这些内部效度威胁都可以被最小化，但这不可能在不相等比较组设计中实现。缺少随机分配造成的最明显后果是选择偏差，即各组有可能无法在所有的额外变量上都相等。因为参与者不是随机分配的，你就不能假设各组是相等的。事实上，你应该假设各组在除自变量之外的变量上也是不同或"不相等"的。记住，我们希望各组只在自变量的水平上存在差异。

由于缺少随机分配，以及由此产生的不相等组，参与者更有可能出现下列现象：(1) 某组的参与者更容易退出（称为选择—流失偏差）；(2) 不同组的参与者的成熟速度不同（称为选择—成熟偏差）；(3) 测量程序对不同组参与者的评估更可能不同（称为选择—测量工具偏差）；(4) 不同组以不同的幅度"向均值回归"（称为选择—回归假象偏差）；(5) 不同组参与者对发生在前测和后测之间的无关实验处理的事件反应不同（称为选择—历史偏差）。这里的关键点是，我们希望各组在后测中（在因变量上）的差异只源于自变量，而不希望（因变量上的）差异是由各组在额外变量上的不同所导致的，如流失、成熟、测量工具、向均值回归或对在实验过程中发生的无关处理的历史事件的反应等。

沙迪什等人（Shadish et al., 2002）指出，额外变量混淆研究结果的可能性取决于设计的特征和从研究中获得的结果的模式。这意味着，通过检查结果的模式，

表 10.4　不相等比较组设计中内部效度的选择和附加/交互作用威胁

1. 选择偏差——因为各组是不相等的，所以潜在的选择偏差总是存在。然而，前测使研究者可以探测各组在所测量的任何变量上可能存在的偏差的大小和方向。
2. 选择—流失偏差——如果各组之间存在差别流失现象，那么这种偏差就可能存在。前测让我们能够检查流失的性质，以探明退出或未完成实验的参与者与完成了实验的参与者之间是否存在差异。
3. 选择—成熟偏差——如果不同组的参与者的成熟速度不同，那么这种偏差就可能存在。
4. 选择—测量工具偏差——如果不相等组的参与者对测量工具变化的反应不同，那么这种偏差就可能存在。
5. 选择—测验偏差——如果不相等组的参与者对前测的反应不同，那么这种偏差就可能存在。
6. 选择—回归假象偏差——如果两组参与者向均值回归的程度不同，那么这种偏差就可能存在。
7. 选择—历史偏差——如果不相等组的参与者对某个历史事件的反应不同，那么这种偏差就可能存在。
8. 差别历史偏差——如果某组参与者经历了某个历史事件，而另一组没有经历，那么这种偏差就可能存在。

你往往可以确定在你的研究中哪些威胁更具有合理性。并非所有的威胁对所有结果都同等适用。你需要从逻辑上思考自己的研究发现，以及可以解释具体发现的威胁。因此，现在我们要检查几种可能的结果模式，看看各种威胁什么时候可被认为更合理或更不合理。

> **思考题 10.2**
> - 用图表示不相等比较组设计，并说明为什么它是一种准实验设计。
> - 在使用这种设计时，主要的潜在内部效度威胁是什么？

存在竞争性假设的结果

控制组与实验组正效应： 具体表现为实验组和控制组在前测时不同，两个组从前测到后测都出现了增长，但是实验组的增长幅度更大。

选择—成熟效应： 某组参与者的成熟速度不同于另一组参与者。

结果 1：控制组与实验组正效应　如图 10.3 所示，在**控制组与实验组正效应**（increasing-control-and-experimental-groups effect）模式中，控制组从前测到后测表现出了微小的正向变化，但是实验组增长的幅度更大。乍一看，这个模式似乎可以表明实验处理是有效的，因为实验组和控制组从前测到后测的增量存在差异。但是出现这种结果也有可能是因为选择—成熟和选择—历史等效应。

选择—成熟效应（selection-maturation effect）是指在选择的两组参与者中，其中一组的成长或发展速度要比另一组快。因为两个组都在进步，所以一个合理的原因似乎是成熟在起作用，而且由于两个组是不相等的，所以他们有不同的成熟速度也不是不可能的。例如，被安排进某个实验性学前项目的儿童可能都是那些对阅读表现出兴趣的孩子，因此，他们的父母会寻找各种教育机会以支持孩子表现出的技能。如果是这样的话，那么实验组在后测时出现更大的进步就可能是源于这样一种事实，即选择过程碰巧将那些阅读技能发展本来就比控制组儿童快的孩子们安排进了实验组。

第二个可解释图 10.3 所示结果模式的竞争性解释是**选择—历史效应**（selection-history effect）（Cook & Campbell，1979）或差别历史效应。对于第 6 章讨论过的那种普通意义上的历史效应，在不相等比较组设计中是通过加入控制组的方式来进行控制的。但这种设计仍然容易受选择—历史效应或差别历史效应的影响，前者是指各组对某个历史事件的反应不同，后者是指一组参与者经历了某个历史事件，而另一组没有经历该事件。也许在前测和后测之间，实验组碰到了某个有意义的事件，而控制组却没有。例如在实验性学前项目的例子中，也许由于幼儿园提供了可靠的儿童照护服务，所以父母可去寻找更好的工作并增加收入，从而使得他们的家庭具备更好的教育条件，如书籍和电脑。特定研究情境中的研究者需要仔细考虑并确定这一效应的合理性。

图 10.3 所示的结果模式还可能存在其他竞争性解释。例如，如果测量方法上的变化对两组参与者的影响不同，那么就可能出现**选择—测量工具效应**（selection-instrumentation effect）。然而，在检查了研究中使用的测量工具和程序之后，你或许能够轻松地排除这种可能性。如果两组参与者对参加过前测的反应不同，那么就可能存在**选择—测验效应**（selection-testing effect）。如果各组因为参与者的退出而变得不同，那么还可能存在**选择—流失效应**（selection-attrition effect）（也称差别流失）。仔细地检查退出参与者的特征和前测分数有助于确定这种效应是否存在。而**选择—回归假象效应**（selection-regression-artifact effect）则不太可能存在，因为实验组在前测中的起始分数高于控制组。人们本来预计分数低的组会显示更大幅度的正向均值回归。

结果 II：实验组前测分数高于控制组效应 如图 10.4 所示，在**实验组前测分数高于控制组效应**（experimental-group-higher-than-control-group-at-pretest effect）模式中，控制组从前测到后测无变化，而实验组在开始时分数就更高，且后测分数比前测又有显著提高。这种模式表明处理效应是正向的，因为一组发生变化而另一组完全没有变化。竞争性解释需要是一个既可以解释控制组没有变化又可以解释实验组有积极变化的合理的替代性解释。这里可能存在选择—成熟效应，但可能性不高，因为控制组完全没有表现出任何成熟。也不太可能存在选择—回归假象效应，这是因为实验组的分数在开始时高于控制组，本应该显示出较少的正向回归效应。最合理的威胁也许是选择—历史效应。也许某个意义重大的事件（除了施行处理条件之外）对实验组的影响不同于控制组。或者某个事件可能只在实

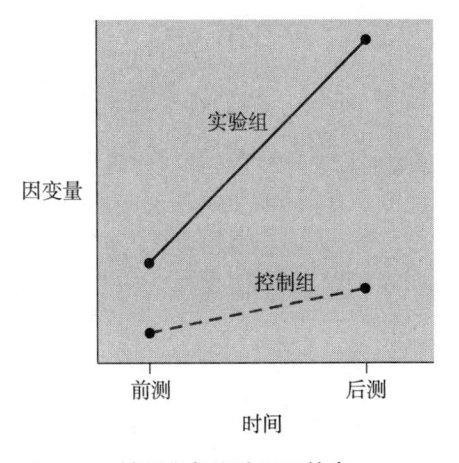

图 10.3 控制组与实验组正效应

选择—历史效应：发生在前测与后测之间的某个额外事件对某组参与者的影响不同于另一组参与者。

选择—测量工具效应：测量过程的变化对某组参与者分数的影响不同于另一组参与者。

选择—测验效应：先前的测验经验对各组的影响不同。

选择—流失效应：一组参与者中退出的成员与另一组退出的成员不相似。

选择—回归假象效应：某组参与者表现出的向均值回归的程度不同于另一组参与者。

实验组前测分数高于控制组效应：实验组的前测表现优于控制组，同时只有实验组的分数从前测到后测发生了变化。

验组发生了，使得他们更加努力，获得了更大的进步。我们应该仔细地检查特定研究情境中的潜在威胁。

结果 III：实验组前测分数低于控制组效应 如图 10.5 所示，在**实验组前测分数低于控制组效应**（experimental-group-lower-than-control-group-at-pretest effect）模式中，控制组从前测到后测无变化，而实验组的分数在开始时比控制组低很多，且后测分数比前测有显著提高。在我们把实验组的成绩进步解释为自变量带来的结果之前，我们必须考虑潜在的竞争性假设。图 10.5 所示的模式表明可能存在选择—回归假象效应，因为实验组的初始分数要低得多且显示出了进步。如果因变量前测分数特别低的儿童接受了处理，而分数处在平均水平的儿童接受的是控制条件，那么我们会预期，只有低分数儿童会向均值回归。这是你在检查补课项目的评估研究时应该警惕的威胁。因为这些项目的目标是那些最需要帮助的个体，所以选择目标时挑选的就是那些分数特别低的个体。

结果 IV：交叉效应 图 10.6 描绘的是**交叉效应**（crossover effect），这种实验结果表现为实验组在前测时的分数显著低于控制组，但是在后测时的分数却显著高于控制组。控制组从前测到后测没有变化，而实验组从前测到后测却有明显的进步。这个结果比其他模式容易解释得多，也表明了这个项目是很有效果的。你在看到这个结果时或许会分外高兴。它让很多可能的竞争性假设都变得不合理。首先，可以排除选择—回归假象效应，因为实验处理组几乎不可能仅靠回归就把前测时的低分数变成后测时显著高于控制组的分数。其次，选择—成熟效应也不可能，因为一般前测中分数较高的参与者会在成熟因素上增长更快。

图 10.6 所示的结果模式给出了自变量效应的最强证据。但是实际研究中得到的结果模式通常有多种替代性解释。不管出现哪种结果模式，研究者都必须接

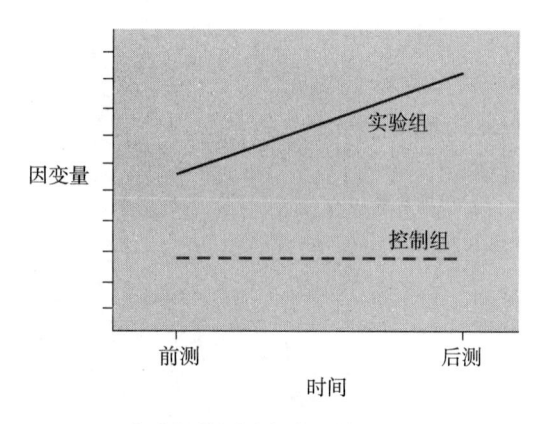

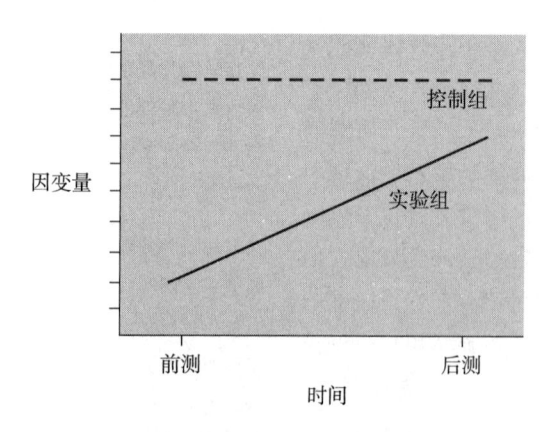

图 10.4　实验组前测分数高于控制组效应

实验组前测分数低于控制组效应：前测时，控制组的表现优于实验组，但从前测到后测，只有实验组的表现有所提高。

交叉效应：具体表现为控制组在前测时表现更好，而实验组在后测时表现更好。

图 10.5　实验组前测分数低于控制组效应

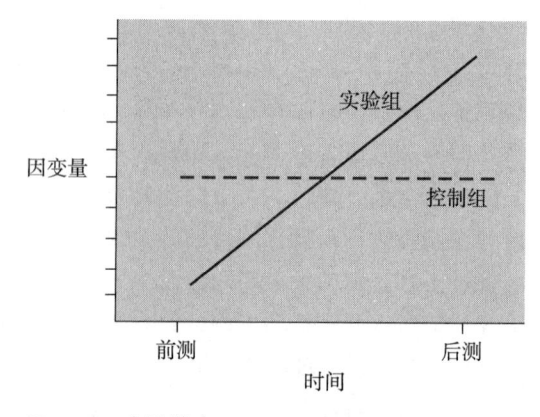

图 10.6　交叉效应

受。对于那些提示自变量与因变量之间关系可能来自某个混淆额外变量的竞争性假设，首先要想办法确认，然后再尽力排除。在最终的研究报告中，必须把整个过程的全部细节都报告给读者。

排除不相等比较组设计的威胁

研究者在尝试消除各种选择偏差的可能影响时，会通过匹配可能造成竞争性解释的变量或使用统计控制程序来努力确保各组的相似性。例如在一项启智计划中，你也许想匹配收入、智力水平、父母的参与度等变量。但这一串列表却引出了一个重要问题：通常你不可能对所有重要的变量进行确认并匹配。还应该对因变量进行匹配，我们会假设这样做可以使参与者在额外变量上相等。匹配让各组参与者在实验开始时在匹配变量上实现了相等。不幸的是，你永远无法实现完全匹配，而且匹配也不能完美地代替更强的控制技术，即强实验研究设计中的随机分配。虽然如此，当随机分配无法实现时，你就应该仔细地检查文献和实际情况，以确定最重要的匹配变量。

但是，在匹配时必须小心，因为选择—回归假象效应可能会造成下列两种情况。假设研究者想匹配存在学业失败风险的群体中的学生与无风险群体中的学生。假设有风险群体在前测中的平均成绩为 44 分，而无风险群体为 88 分。同时假设两个群体的分数都是围绕均值的正态分布（即绝大多数的分数值都在均值附近，极端分数非常少）。分布情况如图 10.7 所示。

在第一种情况里，实验者决定向有风险个体施行教育项目（即处理），并从无风险群体中选取与有风险群体有着相似前测分数的个体组成控制组，以此来实现前测分数的匹配。为了实现这一目的，研究者选取了高分数的有风险个体，并找到低分数的无风险个体与之匹配。这样做的结果就是实验组和控制组有着相似的前测分数，并且看起来相当匹配（在前测分数上相等）。但在这种情况下，从前测到后测，有风险个体会出现负向回归（接近有风险群体的平均数），无风险

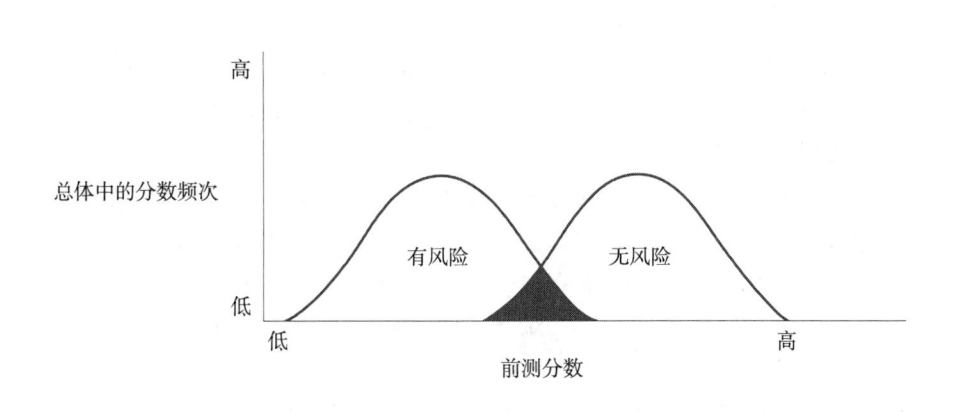

图 10.7　有风险群体与无风险群体的分布情况

注：阴影部分表示的是匹配中使用的高分有风险个体和低分无风险个体。

个体会出现正向回归（接近无风险群体的平均数），而这独立于任何处理效应。如果向有风险个体（而无风险个体作为控制组）施行实验条件，那么就很难发现正向的项目（处理）效应。因为这些有风险个体必须进步得足够多才能克服他们的负向回归（向他们的群体平均值回归）倾向。同时在这种情况下，他们还必须抵消无风险个体的正向回归（向他们的群体平均值回归）倾向。从先前存在差异的群体中选取处于相反极端的个体的做法，对发现项目的正向促进作用是不利的，*即使项目本身是有效的*。

第二种情况，如果在我们设定的情境中向低分数的无风险个体（而高分数的有风险个体作为控制组）施行教育项目，那么这个项目可能会看似有效，即使它*实际是一个无效的项目*。关键是，在对来自不同总体的个体进行匹配时，要注意选择—回归假象效应，因为你所匹配的个体也许在各自群体中属于相反的极端。这可能会使有效的处理看起来是无效的，或者使无效的处理看起来是有效的！

让各组相等还有另外一种策略，就是尽力确定各组在哪些变量上（除自变量之外）可能不同，并测量这些变量，然后在数据分析时使用统计控制技术根据这些变量的前测差异进行调整。尽管这个过程有一定的帮助，但统计控制无法让各组在所有已知和未知变量上完全实现相等。同时，统计控制技术尤其容易受到前测中测量误差的影响。为了帮助解决这个问题，我们建议使用信度调整的协方差分析（ANCOVA）统计程序（见 Trochim & Donnelly, 2008）。这种方法和其他一些统计方法都不在本书的讨论范围内，如倾向得分匹配和选择模型，但在许多高阶书籍和文章中都有讨论（如 Rindskopf, 1992; Shadish et al., 2002）。

从不相等比较组设计中进行因果推论

正如我们刚刚讨论的，不相等比较组设计容易受到许多内部效度威胁的影响。这些潜在内部效度威胁的存在表明，从这种准实验设计中得到的结果可能不同于从随机化实验设计中得到的结果。海因斯曼和沙迪什（Heinsman & Shadish, 1996）对此进行了元分析，比较了从随机化实验设计和非随机化不相等比较组设计中得到的效应量估计值，以确定从这两种设计中得出的结果的相似程度。这项分析表明，如果随机化实验设计和不相等比较组设计都经过了很好的设计和执行，那它们产生的效应量就会大体相同。换句话说，不相等比较组设计能够给出与随机化实验设计近似的结果。

这项元分析的结果是对不相等比较组设计的高度认可。但是只有当不相等比较组在设计和执行方面都与随机化实验设计一样好时，这种高度认可才成立。正如海因斯曼和沙迪什所指出的，在很多研究中，像随机化实验一样好地设计和执行不相等比较组设计，可能非常困难。因此，在许多研究中，不相等比较组设计会给出难以解释的结果。

在设计和进行准实验时，研究者必须关注两个设计元素，以增强内部效度。

第一个元素聚焦于将参与者分配到各组的方式。为了获取准确结果，实验者绝对不能让参与者自主选择进入哪个组或哪种条件。越多的参与者自主选择进入处理条件，选择效应成为结果的合理解释的可能性就越大。第二个元素聚焦于前测差异。前测中的巨大差异会导致后测时的巨大差异。这意味着研究者应该在与因变量相关的变量上对比较组进行匹配以尽力减少前测差异，或者在统计上根据前测差异调整后测分数（比如使用协方差分析），以控制前测差异。如果实验者关注了这两个设计特征，那么从不相等比较组设计中获得的结果就能与从随机化实验研究设计中得出的结果更加接近。

> **思考题 10.3**
> - 不相等比较组设计可能产生哪些结果？解释这些结果出现的原因。
> - 为什么交叉效应不容易被竞争性假设所解释？
> - 应该使用哪些设计元素来减少准实验设计中的偏差？

时间序列设计

10.3 描述间断时间序列设计相较于单组前后测设计的优势

在心理治疗和项目评估等研究领域，有时很难找到一组相等的参与者作为控制组。在这种情况下是否就只有单组前后测设计（第9章中讨论的）这个唯一的选择？是否就没有办法消除这种设计中存在的某些竞争性假设？幸运的是，还真有一种方法可以消除某些竞争性假设，但要做到这一点，必须想出不需要使用控制组的设计方法。

间断时间序列设计

如图 10.8 所描绘的那样，**间断时间序列设计**（interrupted time-series design）要求研究者在引入某种处理条件之前和之后对单组参与者均进行一系列测量。如图所示，所有的参与者都接受了多次前测，然后在接受实验处理条件的过程中或之后接受了多次后测。研究者将处理前和处理后的所有测量点的因变量数据做成图，并对处理前后的模式进行比较。处理条件的结果由记录下来的一系列不连续的测量值表示。例如，在比较处理后的反应与处理前的反应时，如果两者在水平和/或斜率上出现了变化，就代表出现了某种处理效应。

间断时间序列设计：通过比较一组参与者的多次前测和后测分数的模式来评估处理效应的一种准实验设计。

我们来看看刘易斯和伊夫斯（Lewis & Eves, 2012）实施的一项旨在鼓励大学生走楼梯而不是乘坐电梯的

多次前测	处理	多次后测
$O_1\ O_2\ O_3\ O_4\ O_5$	X_1	$O_6\ O_7\ O_8\ O_9\ O_{10}$

图 10.8　间断时间序列设计

干预措施。在几天的时间里，他们每天两次观察了某大学的四栋楼里学生乘坐电梯和走楼梯的基线情况。然后，他们在电梯和楼梯之间的显眼位置张贴了宣传走楼梯好处（例如消耗卡路里）的海报。之后在接下来的几天里，每天两次观察学生乘坐电梯和走楼梯的情况。在实施干预措施（海报）后，楼梯使用率的模式表明使用率有所提高。这个干预项目看起来是有效的。现在有必要问两个问题。第一，在引入处理条件之后，有没有发生具有统计显著性的变化？第二，这些观察到的变化能否归因于处理条件？

第一个问题的答案自然涉及统计显著性检验，这样的检验可以说明前测和后测模式中存在的差异是否大于随机产生的差异。但我们暂不讨论显著性检验，我们想说明一下为什么间断时间序列设计比单组前后测设计要好。间断时间序列设计在处理前和处理后均对因变量进行了多次测量，这有助于我们观察处理前后的因变量分数的模式。相比之下，单组前后测设计只有一次前测和一次后测，这使得它成为一种弱设计。当你使用间断时间序列设计时，在视觉上检查处理前后的模式对确定实验处理是否真正有效以及确定效果的模式非常有帮助。

在图 10.9 中，你可以看到多种可能的反应模式。间断时间序列设计可使用图 10.9 中各条线上的所有前测后测数据点，但单组前后测设计只用到处于竖线两侧的两个点。仔细查看图 10.9 中的各条线并试着判断，当使用所有点或只采用处理前后的两个点时，对于项目的有效性是否会得出不同的结论。在使用处理前后的所有点时，头三种模式（1、2 和 3）都显示无处理效应，它们仅代表先前的既定行为模式的延续。但是，如果使用的是单组前后测设计（即只检查与处理相邻的前后两个点），我们就会认为 1 和 3 中的处理是有效的（因为它显示了增长），而 2 中的处理则产生了负面效应（因为它显示了下降）。这三个结论都是错误的！使用间断时间序列法（即使用各条线上的所有点），线 4、5、6 都表明行为产生了可靠变化，尽管线 4 显示的仅仅是一个暂时的变化。这个结论与使用单组前后测法将得到的结论是相同的，但是在这些例子中，间断时间序列设计还额外提供了有关后测结果长期模式的信息（比如，它是上升然后停止？是持续上升？还是先上升后下降？）。这里要说明的第一个关键点是，当我们用一组参与者来评估处理效应时，需要不止两个数据点（一次前测和一次后测）。第二个关键点是，历史（见表 10.3）是间断时间序列设计的主要威胁。如果在施行处理时发生了除处理之外的其他事件，你将无法确定观察到的前测与后测模式之间的变化是由处理还是其他因素导致的。

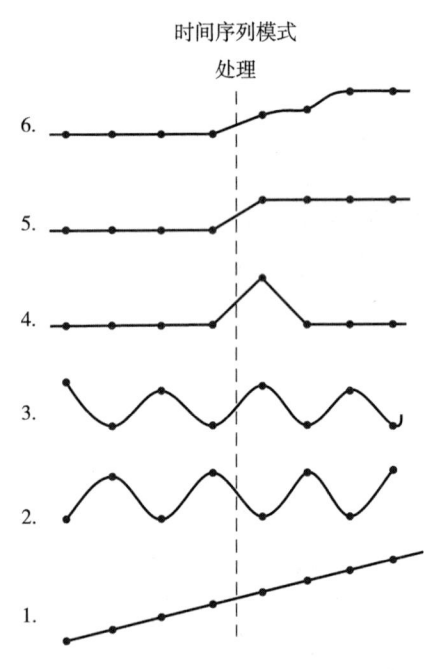

图 10.9 时间序列变量的可能行为模式

思考题 10.4

- 间断时间序列设计的优缺点各是什么？

回归间断点设计

10.4 描述回归间断点设计的结构和要求

回归间断点设计（regression discontinuity design）是一种用来确定满足某个预设标准的一组个体能否从接受处理中获益的设计。如图 10.10 所示，这种设计包括对所有参与者的**分配测量值**（assignment measure）进行测量，然后在此测量值的基础上选择截断值。让得分高于截断值的所有参与者都接受处理，而让得分低于截断值的所有参与者都不接受处理。也可以反之，让得分低于截断值的所有参与者接受处理，而让得分高于截断值的所有参与者不接受处理。在施行处理之后再进行后测，然后对两个组的测量结果进行比较以确定处理是否有效。

例如，研究者也许会对大学生进行一次英语缺陷测试，然后将缺陷水平高于中数的学生分配到英语补习项目中，而让缺陷水平低于中数的学生作为控制组（Leake & Lesik, 2007）。尽管这听起来不像是明智之举（即组建一些在实验开始时就不同的组），但它实际上却是有效的，因为研究者确切地知道分组所用的变量（Shadish et al., 2002）。研究者以选定的截断值为基础，完全掌控着参与者的分组，所以参与者不可能靠自主选择进入某个组。基本上，统计程序决定了实验组和控制组的因变量分数是否存在显著性差异（即图中截断值两侧的线之间是否具有显著性差异）。要想了解更多有关回归间断点设计数据分析的信息，请参阅沙迪什等人（Shadish et al., 2002）的著作。

用图来描述有无处理效应时的结果有助于清晰地看出这种设计的理念。图 10.11 展示了无处理效应时的预期结果，图 10.12 展示了有处理效应时的预期结果。这两张图都显示了控制组和实验组的前后测分数的关系。在分配变量上得分高于 40 的参与者接受了处理，而得分低于 40 的参与者则接受了控制条件。先看图 10.11：你可以看到回归线上没有间断点。分数从 30 左右的低分向 50 左右的高分持续增加，以 40 为截断值将参与者分为实验组和控制组。穿过这些分数点的直线就是"回归线"。这条连续的回归线说明实验无处理效应，因为得分高于截断值 40 的人在接受处理后，其分数也只是简单地延续了那些得分在 40 以下且没有接受处理的人的分数模式。现在来看图 10.12。这张图表示的是，那些得分

> **回归间断点设计**：一种根据参与者在分配变量上的分数将参与者分配到各组，并通过寻找各组回归线的间断点来评估处理效应的设计。
>
> **分配测量值**：用于将参与者分配到实验组和控制组的测量值。那些得分低于截断值的参与者会被分配到一组，而那些得分高于截断值的参与者会被分配到另一组。

实验组	O_p	C	X	O_2
控制组	O_p	C		O_2

图 10.10 回归间断点设计的结构

注：O_p 代表分配变量的测量值；C 代表测量值的截断值，用于将参与者分配到各条件中（得分高于截断值的参与者被分配到处理条件中，得分低于截断值的参与者被分配到控制条件中）；X 指处理条件；O_2 指对结果或因变量的后测。

图 10.11　没有处理效应的回归间断点设计

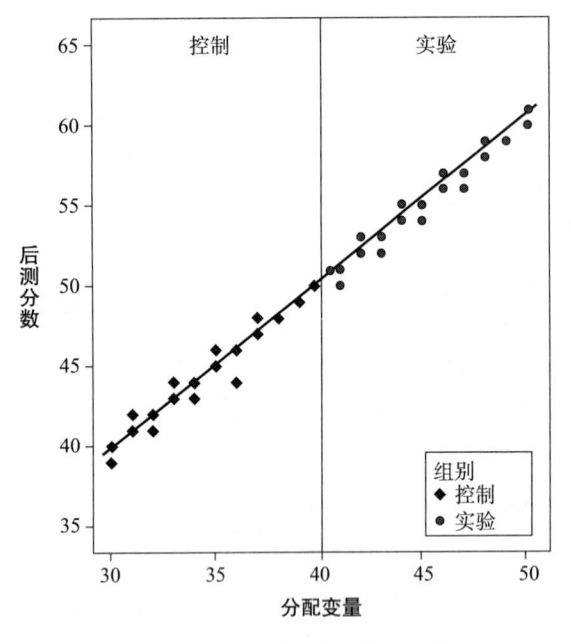

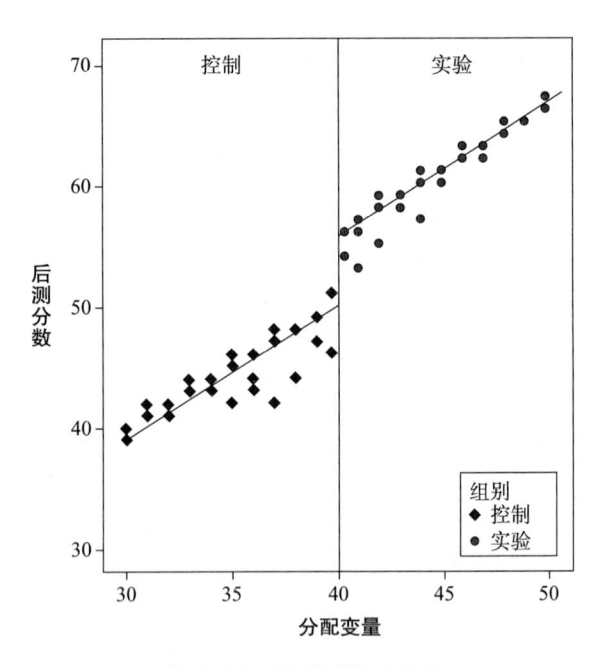

图 10.12　有处理效应的回归间断点设计

在 40 以上的人的回归线并不是那些得分在 40 以下的人的回归线的延续。换句话说，这条回归线上有间断点。这个间断点表明处理有效应，因为如果没有处理效应，回归线上就不该有间断点出现，就像图 10.11 中展示的那样。

当研究者想调查某个项目或处理的效果，但又不能将参与者随机分配到各比较组时，回归间断点设计是一种非常好的选择。但是，要想有效地评估某种处理条件的效应，就必须遵循表 10.5 中列出的那些标准。当满足这些标准时，回归间断点设计是能够检验处理条件效应的一种非常好的设计，并通常比其他准实验设计更强。

只有当表 10.3 中的某种效度威胁在回归线上造成了一个骤然的间断点，而这个点的位置恰好与截断值一致时，才表明此种效度威胁确实影响了回归间断点设计的内部效度。正如沙迪什等人（Shadish et al., 2002）指出的那样，这是不合情理的，虽然是可能的。能够产生这样一种效果的主要威胁是差别历史效应（这是表 10.3 中的一种"附加/交互"作用）。这种历史效应必须只对截断值一侧的参与者产生影响（这种可能性非常小）。

> **思考题 10.5**
> - 回归间断点设计有哪些特征？

表 10.5　回归间断点设计的要求

- 分配比较组时，必须且只能以截断值为基础。
- 分配变量至少得是顺序变量，最好是连续变量。它不能是命名变量，如性别、种族、宗教倾向或作为药物使用者或非使用者的状态。
- 理想情况下，截断值应该是位于整个分数分布中间的平均值。截断值越接近极端值，这种设计的统计效力就越低。
- 对比较组的分配必须处于实验者的控制之中，以避免出现选择偏差。这个要求排除了此设计在大多数回溯性研究中的使用。
- 必须知道分配变量与结果变量之间的关系（是线性的还是曲线的），以避免对处理效应的估计出现偏差。
- 所有参与者必须来自相同的总体。选择回归间断点设计意味着所有参与者都曾有接受处理条件的可能。这意味着这种设计不适用于某些情况，比如当实验组参与者选自某所学校而控制组参与者选自另一所学校的时候。

本章小结

　　本章呈现了几种准实验研究设计，它们（在控制额外变量方面）优于弱设计，但不如第 9 章讨论的强设计。由于在实地环境中难以进行随机分配，所以当研究者想要在实地研究中得出因果推论时，准实验设计通常是这种情况下可用的最佳设计。我们提到的准实验设计有不相等比较组设计、间断时间序列设计和回归间断点设计。表 10.3 总结了这三种设计的内部效度威胁。

　　不相等比较组设计是最常使用的设计。它与前后测控制组设计（一种强设计）相似，除了没有将参与者随机分配到实验组和控制组中，而这意味着我们没有把握保证两组参与者是相等的。在使用这种设计时，研究者应该尽量确定那些可能与因变量相关并且实验组和控制组存在差异的变量，然后通过匹配和 / 或统计控制技术尽量让各组在这些变量上实现相等。但这仍然不能保证参与者在那些没有被我们确认的额外变量上是相等的。我们在表 10.3 中列出了这种设计最常见的内部效度威胁。一般来说，当这种设计能在设计和执行方面达到与随机化实验相同的水平时，其结果的平均效应量与后者相当。

　　间断时间序列设计试图在不使用控制组的情况下消除竞争性假设。在间断时间序列设计中，在引入实验处理条件前后都有一系列因变量测量。由于实验处理条件的引入，记录的一系列反应中会出现间断，所以我们就可以通过检查这个间断的量级来确定处理效果。这种设计中最主要的误差来源是历史效应。

　　当研究者不能将处理给予所有参与者，但能根据他们在某个分配变量上的分数而对其进行分组时，就可以使用回归间断点设计了。通过检查回归线就能确定处理条件的效应。如果两组的回归线出现了间断点，就能推断出存在处理效应。

重要术语和概念

准实验设计 选择—测量工具效应 交叉效应
设计元素 选择—测验效应 间断时间序列设计
不相等比较组设计 选择—流失效应 回归间断点设计
控制组与实验组正效应 选择—回归假象效应 分配测量值
选择—成熟效应 实验组前测分数高于控制组效应
选择—历史效应 实验组前测分数低于控制组效应

章节测验

问题答案见附录。

1. 准实验设计和随机化实验设计之间最主要的区别在于：
   a. 能操纵自变量的数目
   b. 随机化设计更常用于实地研究
   c. 设计对潜在内部效度威胁的控制力
   d. 可预期的处理效应的大小

2. 在不相等比较组设计中，最主要的内部效度威胁是＿＿＿＿＿＿效应的某种形式。
   a. 历史
   b. 选择
   c. 测验
   d. 测量工具

3. 从不相等比较组设计得到的下列结果中，哪个最能使我们相信观察到的效应是由处理产生的？
   a. 正处理效应
   b. 实验组和控制组的分数都增长了，但实验组增长更多

   c. 交叉效应

4. 在间断时间序列设计中，许多内部效度威胁被排除了的原因是：
   a. 随机分配
   b. 匹配
   c. 多次前测和多次后测
   d. 平衡法

5. 一所学校的负责人想减少她所在学校的逃学现象。她将那些在过去一年中平均每周逃学两次及以上的学生安排到了一个项目中，这个项目旨在让上学变得更愉悦、更有收获。将平均每周逃学两次以下的学生作为控制组。为了检验这个项目的效果，她应该使用哪种设计？
   a. 随机化实验设计
   b. 回归间断点设计
   c. 不相等比较组设计
   d. 时间序列设计

提高练习

1. 阅读下列设计简介，并判断：
   a. 使用的准实验设计类型
   b. 在得出处理产生了观察到的效应这个推论时，可能存在的内部效度威胁

   A. 美国国立卫生研究院希望给有前途的年轻科学家提供一笔可观的经费，使他们能够将时间投入到研究工作中，从而促进他们的科研生涯。列出要求后，研究院收到了 100 位科学家的申请，这些科学家都是助理教授，且从事第一份工作的年限都还没有超过 5 年。研究院官员根据出版物的数量、获取最高学历的学校和推荐信等，从这 100 位申请者中挑选了 50 位最有前景的年轻科学家。5 年后，他们比较了 50 位获得经费的申请者与未获得经费的申请者的工作成绩。结果发现获得经费的申请者出版物数量更多，他们中有更多人被提升到了副教授，而且他们的薪酬也普遍高于那些没有获得经费的人。研究院根据这些证据推断这个项目应该继续，因为它是一个巨大的成功。

   B. 反对酒驾母亲协会多年来一直在游说政府对酒后驾车者采取更严厉的法律措施。假设在你所在的州，这个团体成功地说服立法者通过了一项针对酒驾者的更严厉的法律，该法律要求对酒驾司机至少判处 6 个月的强制性监禁，吊销驾照 5 年，以及至少 1 万美元的罚款。你想检验一下这项严厉的法律的效果，所以你记录了在这项法律通过前后各 5 年内每年因酒后驾车被捕和被定罪的人数。你发现在法律通过之后，被捕和被定罪的人数都减少了，所以你推断这项更严厉的法律是有效的。

   C. 学校经常会为那些在特定学科中落后的个体提供辅导课程。你想确定某个阅读项目是否对阅读困难的儿童有效，所以你测试了所有二年级儿童的阅读能力。在你的阅读能力测试中得分低于 30 的儿童被要求加入这个阅读项目。在这些儿童参与了阅读项目一段时间之后，你再次测试了所有二年级儿童的阅读能力。你发现参与项目的儿童所取得的进步超过了预期，因此推断这个项目是有效的。

2. 青少年中心想改善有暴力风险的青少年的家庭生活。正在施行的项目之一是功能性家庭疗法。为了评估这种疗法在减少青少年暴力方面的效果，研究者选择了两个青少年中心，并对其成员进行了前测。一个中心提供功能性家庭疗法，对象是进了青少年中心且正准备回家的青少年及其家庭；另一个中心继续提供常规的随访和对父母的简单咨询。在施行功能性家庭疗法处理之前和之后的一个月内，研究者记录了每一个被释放回家的孩子与其他青少年、其他家庭成员发生冲突以及违法的次数。下面列出了四种可能出现的结果。

   a. 画出每种结果的示意图。
   b. 说明处理条件看起来是否有效。
   c. 确认能够解释观察到的效应的竞争性假设。

   第一种结果： 实验组： 前测 = 27　后测 = 13
   　　　　　　 控制组： 前测 = 10　后测 = 10
   第二种结果： 实验组： 前测 = 16　后测 = 4
   　　　　　　 控制组： 前测 = 10　后测 = 27
   第三种结果： 实验组： 前测 = 14　后测 = 27
   　　　　　　 控制组： 前测 = 5　　后测 = 10
   第四种结果： 实验组： 前测 = 4　　后测 = 13
   　　　　　　 控制组： 前测 = 15　后测 = 15

第 11 章

单被试研究设计

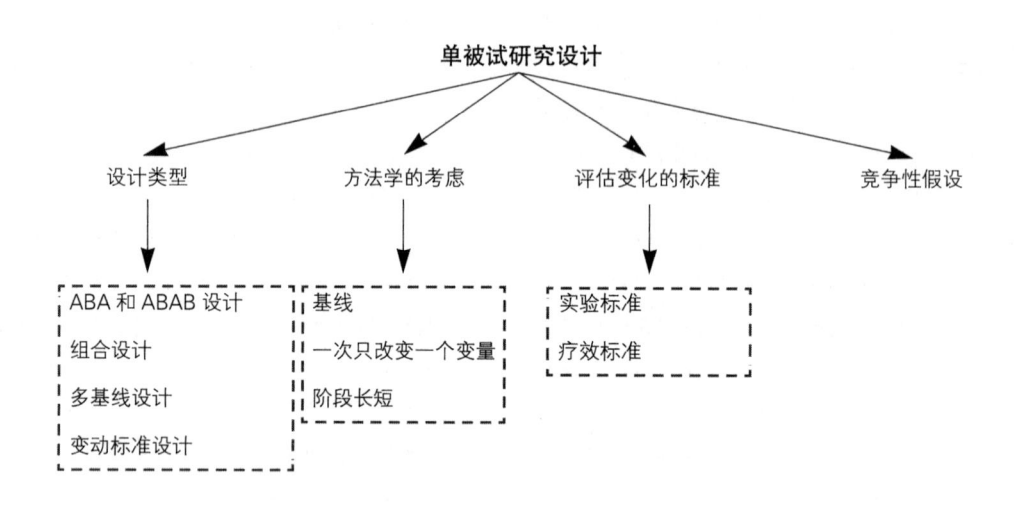

```
                    单被试研究设计
        ┌──────────┬──────────┬──────────┐
        ↓          ↓          ↓          ↓
     设计类型   方法学的考虑  评估变化的标准  竞争性假设
        ↓          ↓          ↓
   ┌─────────┐ ┌──────────┐ ┌────────┐
   │ABA 和 ABAB 设计│ │基线      │ │实验标准│
   │组合设计 │ │一次只改变一个变量│ │疗效标准│
   │多基线设计│ │阶段长短  │ │        │
   │变动标准设计│ │          │ │        │
   └─────────┘ └──────────┘ └────────┘
```

学习目标

11.1 描述单被试设计的历史

11.2 描述不同类型的单被试设计

11.3 描述在使用单被试设计时必须考虑的方法学问题

11.4 区分单被试设计中用于评估处理效应的实验标准和疗效标准

11.5 描述在单被试设计中可能存在的竞争性假设

到目前为止，本书所讨论的设计都涉及由不同个体组成的群组。但是，有时候我们无法找到一大群个体来参与某项实验。还有些时候，我们需要评估处理对单一个体的效果。这意味着我们既不能使用随机分配，也不能纳入一个控制组，而这二者是控制竞争性假设影响的主要技术。当我们开展的实验只有一名参与者时，如何才能控制额外变量的影响，进而排除竞争性假设？答案是使用单被试设计。这是专门为只有一名参与者的情况所构建的设计，而且是按照能够控制许多竞争性假设影响的方式来构建的。

单被试研究设计（single-case research design/single-subject design，也译为单案例研究设计）是指只使用一个参与者或一组个体来研究某种处理影响的设计。这些设计的独特之处在于能够用一个参与者或一组个体来进行实验研究，后者如一个团队、一组员工或一组青少年。虽然单被试设计也可用于一组参与者，但绝大多数时候，它们还是用于单一参与者。在讨论这些设计时，我们将关注它们在单一参与者实验中的运用。

单被试研究设计：使用单独的一名或一组参与者来调查某种处理条件影响的研究设计。

本章将讲解最常使用的几种单被试设计，并分别说明它们如何能够在控制竞争性假设影响的同时，对自变量的影响进行评估。表 11.1 总结了这些设计。本章结尾的部分将讨论方法学问题，这些都是在设计单被试研究时必须要考虑的问题。

单被试设计的历史

11.1 描述单被试设计的历史

第一次遇到这些设计时，大多数人很容易将它们等同于个案研究，这是不正确的：单被试设计用实验方法来研究处理效应，而个案研究则提供对某个个体或某个群体的深度描述。简单地回顾一下实验心理学的历史就能发现，心理学研究实际上是始于对某个单一有机体的深入研究。冯特（Wundt, 1902）使用的内省法

表 11.1　单被试设计小结

设计名称	突出特征
ABA 或 ABAB 设计	自变量的效应通过以下结果来表明：因变量随自变量的引入而出现研究者所预测的变化，并且自变量撤除后因变量返回到处理前（基线）水平。
组合设计	使用 ABAB 设计的逻辑来检验一个以上自变量的独立和组合效应。检验自变量组合对因变量的影响是否大于任一单独的自变量。
多基线设计	自变量相继应用于多个参与者、结果（行为）或情境；效应通过随自变量的引入而出现的因变量变化来表明。
变动标准设计	自变量的施行基于因变量的逐步变化。效应通过随自变量引入而出现的、与既定变化标准相一致的因变量的逐步变化来表明。

要求参与者受过高度训练。艾宾浩斯（Ebbinghaus, 1913/1885）的标志性记忆研究只用了他自己这个参与者。巴甫洛夫（Pavlov, 1928）的基本发现都是狗这个单一生物体的实验结果（参见专栏 11.1），不过其结果的可重复性在其他生物体上得到了验证。

如你所见，单被试研究在心理学的早期历史中是非常盛行的。但在 1935 年，费希尔爵士出版了一本有关实验设计的书，它改变了心理学研究的进程。这本书为开展和分析多参与者实验打下了基础。心理学家很快意识到由费希尔提出的这些设计和统计程序非常有用。随着费希尔（Fisher, 1935）工作成果的出版发行，心理学家从单被试研究转向了多参与者研究。

斯金纳（Skinner, 1953）与其学生和同事采取了与这种多参与者传统不同的方法。他们发明了一种叫作行为实验分析的一般性方法。这种方法致力于用单个参与者（或少数几个参与者）开展实验，其前提是：在严格控制的条件下，对单

专栏 11.1

巴甫洛夫和他的实验设备

在这张照片中，巴甫洛夫在他的实验室里，观察狗在接受了经典条件作用程序后的唾液流动情况。

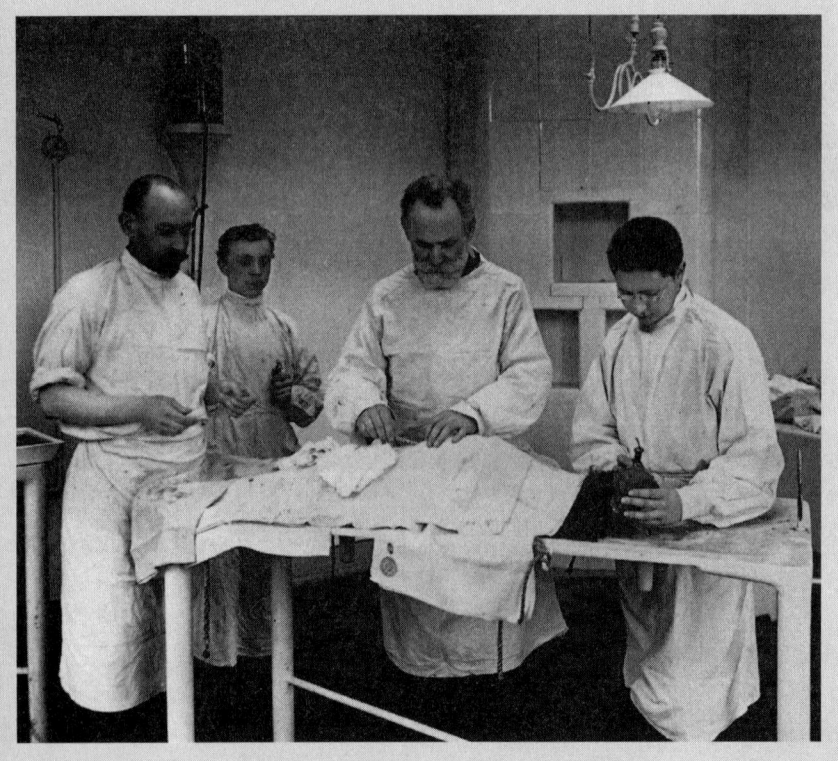

资料来源：Archives of the History of Psychology——The University of Akron.

个生物体进行的详细检查可以得出有关处理条件效应的有效结论。这种方法的使用促成了各种单被试实验设计的发展。今天，在依靠应用行为分析的研究和实践领域中，单被试设计的应用最为广泛。应用行为分析的基础是行为学习理论原理，尤其是操作性条件作用。今天，在发表单被试研究的期刊中，最有声望的两份分别是《行为的实验分析》（*Journal of Experimental Analysis of Behavior*）（始于1958年）和《应用行为分析》（*Journal of Applied Behavior Analysis*）（始于1968年）。这两份期刊都是由行为实验分析学会（Society for the Experimental Analysis of Behavior）开创的。在应用行为分析领域接受过训练并获得认证的专业人士被称为应用行为分析师。他们运用基于证据的学习原理帮助来访者增加适应性行为，减少适应不良行为。

> **思考题 11.1**
> - 什么是单被试设计？它的使用对象是谁？
> - 讨论单被试研究的历史。
> - 大多数单被试研究的基础是哪种理论？

单被试设计

11.2 描述不同类型的单被试设计

当我们计划进行一项只使用一名参与者的实验研究时，有必要采用某种形式的时间序列设计。回想一下间断时间序列设计，它要求在引入处理条件前后都对因变量进行重复测量。例如，假设我们想确定咖啡因是否是导致某卡车司机出现情绪困扰的原因。我们可以让他摄入咖啡因并测量他的情绪稳定性水平，但是接下来我们将无法确定咖啡因是否产生了作用，因为我们不知道他在没有摄入咖啡因时的情绪稳定性如何。缺少这样一种比较，就无法推断出处理条件的任何效应。

在单被试研究中，我们用作比较的基础是什么？由于研究中只有一名参与者，所以作为比较的反应就只能是参与者自己在接受处理前的反应。换言之，研究者必须记录参与者在自变量施行前、后（或施行期间）的反应。在咖啡因实验中，我们必须记录参与者在摄入咖啡因前、后（或摄入期间）的情绪稳定性水平。如果我们只进行一次前测和后测，就会出现与单组前后测设计类似的情况，而它有很多缺点。为了克服其中的某些问题（比如成熟和历史），我们必须进行多次前测和后测。例如，我们可以在卡车司机摄入咖啡因前的两周和摄入咖啡因期间的两周，每天测量他的情绪稳定性水平。现在我们使用的设计就与只有一名参与者的间断时间序列设计相似了，即在实验过程中对参与者在因变量上的反应，也就是对情绪稳定性进行相对连续的记录。使用这种程序，我们可以记录卡车司机在整个实验过程中的情绪稳定性水平。这种技术也是实验性的，因为我们可以按计划在实验中引入干预，如咖啡因这样的处理条件。因此，我们能够评估某个自变量的效应。

尽管在单被试研究中可以运用基本的间断时间序列设计，但我们必须记住这是一种准实验设计。通过对因变量进行反复的前测和后测，我们能够排除许多潜在的内部效度威胁，但是它无法排除可能的历史效应。时间序列设计对处理效应的探测能力取决于研究者的判定能力，即判定如果不施行处理条件会出现什么情况。我们把已接受处理的参与者在不接受处理时可能会出现的假设情况，称为反事实。换言之，是用前测反应来预测没有接受处理的情况下后测反应将会是怎样的。如果这个预测不准确，那么我们就没有充足的证据来评估处理干预的效应。

> **思考题 11.2**
> - 说明最基本的时间序列设计（间断时间序列设计）的局限性。

ABA 和 ABAB 设计

ABA 设计：将参与者对处理条件的反应与处理前后记录的基线反应进行比较的一种单被试设计。

基线：自然发生状态下参与者的目标行为。

反转：在处理被撤除之后，行为恢复至基线水平。

为了对基本的单被试时间序列设计进行改进，以得到更强的证据来支持处理条件的因果效应，人们发展出了 **ABA 设计**（ABA design）。图 11.1 所描绘的 ABA 设计是单被试研究设计中最基本的形式。正如其名称所暗示的，ABA 设计有三种不同的条件。条件 A 是指**基线**（baseline）条件，在此条件下研究者记录处在自由发生状态下的目标行为（即因变量）。换句话说，第一个基线是指某个指定行为在个体接受任何处理之前的状态。因此，基线测量让研究者在评估某种处理条件对目标行为的影响时，有了一个参照标准或反事实。B 条件是实验条件，在这种条件下，有意地向参与者施行处理，试图改变其目标行为。通常来说，处理条件持续的时间与初始基线的持续时间相同，或者直到被观察的行为出现了某些实质性的和稳定的变化。通常，需要在整个处理条件施行期间对因变量进行测量。

在引入处理条件并进行了因变量测量之后，A 条件被重新引入。也就是说，撤掉处理条件，并恢复基线期间的所有条件。重新建立第二个 A 条件是为了确定行为是否能恢复到前测水平。通常我们假设处理效应是可逆的，但情况并不总是这样。要想说明在实验 B 阶段观察到的改变是由实验处理条件而不是由其他额外变量引起的，行为**反转**（reversal）到前测水平是一个关键元素。如果研究计划只包含了两个阶段（A 和 B），就像在基本的时间序列设计中一样，那么就可能存在着竞争性假设，比如历史。但是，如果撤除处理条件，行为反转到最初的基线水平，那么竞争性假设的合理性就降低了，因为不太可能有某种历史效应恰好在引入处理条件时导致因变量分数发生变化，并在撤除处理条件时刚好消失。

A	B	A
基线测量	处理条件	基线测量

图 11.1　ABA 设计

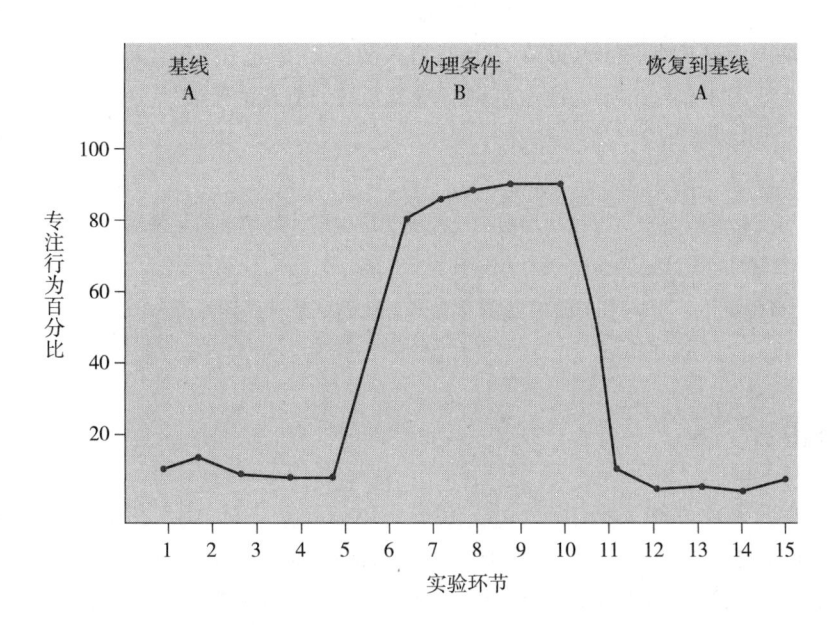

图 11.2 有效 ABA 设计的数据模式

让我们来看一项研究（Walker & Buckley, 1968）。研究者考察了使用正强化来增加 9 岁男孩菲利普的专注行为的效果。菲利普是一个聪明但成绩不佳的孩子，因为他的行为影响了课堂表现，所以被转介到研究者这里。研究者首先测量了菲利普投入学业任务的时间百分比，即基线测量。当专注时间的百分比稳定之后，引入处理条件，即如果菲利普在给定的时间段内专注学习就能赢取分数。这些分数随后可根据他的选择兑换成他喜欢的模型。当菲利普完成了连续三个持续十分钟的专注学习环节后，撤除强化。图 11.2 显示了人们预期会从一个有效的 ABA 设计获得的数据模式。在第一个基线条件（A）下，专注行为的比例非常低。当加入处理条件（B）时，专注行为的比例增加。当撤除处理条件，并恢复到基线条件（A）时，专注行为又下降到前测水平。

在这个例子中，ABA 设计似乎相当清晰地说明了实验处理条件的影响。但是，ABA 设计也存在几个问题（Barlow, Nock, & Hersen, 2008）。第一，这种设计以基线条件作为结尾。站在治疗师或其他希望行为出现变化的个体的角度，这是不可接受的，因为处理条件给参与者带来的好处被剥夺了。幸运的是，这种限制很容易解决，只需要在 ABA 设计中增加第四个阶段，即重新引入处理条件。如图 11.3 所示，现在我们有了 **ABAB 设计**（ABAB design）。例如，在上述研究中，在第二个基线条件之后，处理条件将恢复，因此菲利普就会在处理阶段（有更好的课堂表现）结束研究。因此，参与者离开实验时拥有处理条件带给他的全部好处。

ABA 设计的第二个潜在问题不那么容易处理。正如之前提到的那样，ABA 设计的优势之一是，它能展示在撤除实验处理条件后，结果变量回到了基线水平。不幸的是，不是所有因变量都能发生反转回基线的情况。反转失

ABAB 设计：对 ABA 设计的拓展，重新引入处理条件。

A	B	A	B
基线测量	处理条件	基线测量	处理条件

图 11.3 ABAB 设计

败也许是因为处理条件产生了一个相对持久的行为变化。你很快将了解到，多基线设计更适用于研究那些可能产生相对持久的行为变化的干预。

> **思考题 11.3**
> - 画出 ABA 单被试研究设计的示意图，并说明这种设计如何排除混淆额外变量。
> - 为什么 ABA 设计经常被扩展为 ABAB 设计？
> - 在什么情况下，ABA 和 ABAB 设计都无法有效确认某种处理效应？

组合设计

组合设计：用于确认多个自变量的组合效应的单被试设计。

对单被试设计的文献调查显示，研究者以各种方式对 ABA 和 ABAB 设计进行了拓展。其中一种有趣且有价值的拓展是使用**组合设计**（combination design）来确认两个或更多自变量的组合效应。例如，我们能够调查实物强化（给代币）和口头强化（实验者称赞"好"）的组合效应。为了将两个变量的组合效应从每个变量可单独产生的效应中分离出来，有必要单独分析这两个变量各自的影响和它们组合在一起的影响。使问题更为复杂的是，我们必须通过一次只改变一个变量来做到这一点。在单被试研究中，一次只改变一个变量是一个基本原则。因此，我们检验每个变量的独立影响和组合影响的序列，必须确保变量组合的影响能够与各变量的独立影响相比较。图 11.4 展示了这种设计。在序列 1（第一行）中，研究者首先从 ABAB 设计开始，目的是检验 B 的效应。接着，B 变成了"比较条件"，通过与 B 的比较检验 BC 的组合效应。这种逻辑在序列 2（第二行）中被重复，先是检验了 C 的效应，然后通过与 C 的比较检验 BC 的组合效应。其用意是探究"BC 组合"是否比"单个 B"或"单个 C"有更大的效应。

这里有一个例子。假设我们想知道代币、社会赞扬或代币和赞扬的组合这三种方式中的哪一种对增加课堂上的专注行为更有效。在序列 1 中，我们建立了基线（A），然后研究处理 B（代币）的独立效应，接着将处理 B（代币）和 C（社会赞扬）的组合效应与处理 B（代币）的独立影响进行比较。同样地，在序列 2 中，我们建立了基线，然后研究处理 C（社会赞扬）的独立效应，接着将处理 B（代币）和 C（社会赞扬）的组合效应与处理 C（社会赞扬）的独立影响进行比较。按照这种方式，就有可能确定 BC 的组合影响是否比 B 或 C 的独立影响大。不过，如

	基线	单独处理	基线	单独处理	组合处理	单独处理	组合处理
序列 1	A	B	A	B	BC	B	BC
序列 2	A	C	A	C	BC	C	BC

图 11.4　单被试组合设计

果组合效应比其中一种处理变量（C）大，却不大于另一种（B），那我们就会推断这种效应基本都可以归因于处理 B。也就是说，如果代币和社会赞扬的组合效应比单独使用社会赞扬的效应更大，却不比单独使用代币的效应大，那么代币看起来对因变量的变化起到了最大的作用。

考察多个自变量的组合效应可能很复杂。首先，通常需要至少两位研究参与者。用图 11.4 中的一种序列对其中一位进行测试，而用另一种序列对另一位进行测试。其次，只有在每个变量（如社会赞扬）都不能单独使因变量产生最大增量的情况下，才能证实自变量的组合效应。但是，了解自变量的组合作用是研究的一个重要目标，所以研究这些组合效应是非常值得的。

> **思考题 11.4**
> - 画出单被试组合研究设计的示意图。
> - 组合设计的目标是什么？

多基线设计

ABA 设计的一个主要局限是：在撤除处理条件而因变量行为不能反转到基线水平的情况下，该设计无法排除历史效应。如果你怀疑实验中可能存在这种情况，那么你就可以使用多基线设计，这是一种符合逻辑的选择，因为这种设计不必撤除处理条件。因此，它的效果并不取决于行为是否反转到基线水平。

在图 11.5 所描绘的**多基线设计**（multiple-baseline design）中，基线数据收集的是两个或更多个不同个体的同一行为，或同一个体的两种或更多种不同行为，或者是同一个体在两种或更多种情境中的同一行为。收集完基线数据之后，相继向各目标施行实验处理。我们说的相继施行，是指先向第一名参与者（或者第一种行为或情境）施行实验处理；然后，一段时间之后，向第二名参与者（或者第二种行为或情境）施行处理；接着，再经过一段时间之后，向第三名参与者（或者第三种行为或情境）施行处理。如果每个目标只在施行处理时发生变化，这

多基线设计：将处理条件相继施加给几个目标参与者、目标结果（行为）或目标情境的一种单被试研究设计。

行为、人或情境		T_1	T_2	T_3	T_4
	A	基线	处理		
	B	基线	基线	处理	
	C	基线	基线	基线	处理
	D	基线	基线	基线	基线

图 11.5　四个时间段的多基线设计

注：T = 时间段。

就为处理的效应提供了证据。此时更没有理由认为，竞争性假设恰巧在施行处理时影响了各个不同的目标。图11.6描绘了这种效应模式。

这里有一个实例，研究者使用多基线设计来检验一个旨在提高中学生骑自行车时头盔使用率的项目的有效性（Van Houten, Van Houten, & Malenfant, 2007）。研究者选定了三所学校，并收集了各校头盔使用率的基线数据。处理项目一次只引入一所学校。当处理项目被引入第一所学校时，该校的头盔使用率增加了（但其他两所学校的情况并未改变）。当第二所学校也引入了处理项目时，该校的头盔使用率也增加了（但第三所学校的使用率仍然很低）。最后，当第三所学校引入处理项目时，所有三所中学的头盔使用率都很高。这种指纹图谱（也称特征性图谱）或变化模式为倡导学生使用头盔项目的因果效力提供了证据。

尽管多基线设计避开了反转问题，但它仍存在着一个根本性难题。为了使这种设计能够有效地评估处理条件的效应，目标（参与者、结果或情境）之间必须互不相关。如果设计使用了几个目标参与者，那这些参与者之间就必须不能交流或互动（即发生在一个参与者身上的事情必须独立于发生在另一个参与者身上的事情）。或者，如果这种设计被用于几个目标结果变量，那么这些结果变量必须是独立的（即一个变量的变化必须不会自然地引起另一个变量的变化）。最后，如果这种设计使用

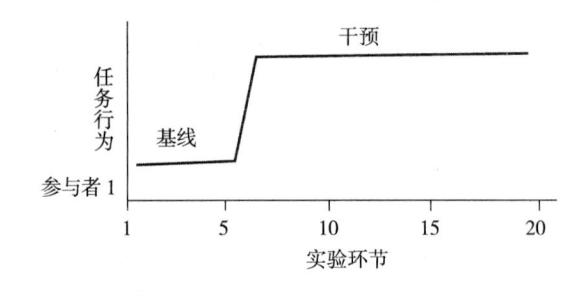

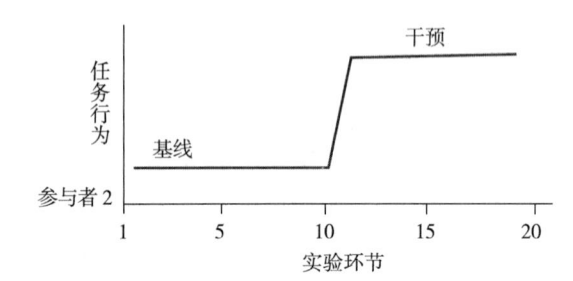

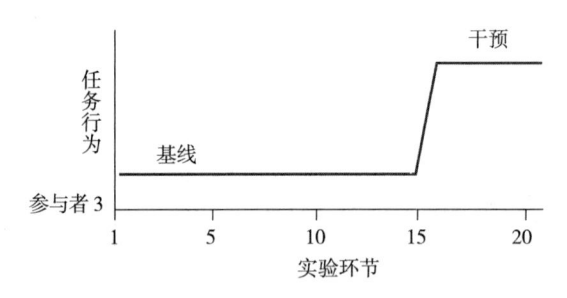

图 11.6　多基线研究的假想数据

相互依存：对设计假设的一种违背，此时改变一个目标（参与者、结果或情境）会使其余目标发生变化。

了几种目标情境，那么这些情境也必须是独立的。这里的关键点在于，目标之间绝对不能存在**相互依存**（interdependence），这样一来，一个目标的变化就不会自然地引起其他目标的变化。当多基线设计中使用了多个变量、一个参与者时，这个相互依存的问题更为常见。例如，改善个体迟到习惯的处理条件可能针对上学迟到、上班迟到和赴约迟到。然而，一旦将这种处理应用到上学迟到的问题上，或许你也能观察到这个人在上班迟到和赴约迟到这两个方面的改变。

目标之间相互依存的问题是真实存在的，需要在选择多基线设计之前就加以考虑，因为多基线设计的优势是能够显示因变量随着处理的引入所发生的变化。如果向某个目标施行实验处理会使得其他目标产生相应的变化，那么当向其他目标施行实验处理时，其作用就会变小，这是因为行为已经被改变。在这种情况下，就弄不清楚是什么导致了行为的改变。我们并非总能预测到哪些变量是相互依存的。有时存在着一些关于相互依存的现成数据，但是当这种数据不存在时，研究者就必须自行收集。

> **思考题 11.5**
> - 画出多基线研究设计的示意图。
> - 在这种设计中,如何排除混淆额外变量?
> - 在这种设计中,目标的相互依存指什么?

变动标准设计

图 11.7 所描绘的**变动标准设计**(changing-criterion design)要求对某个单一的目标行为(即对一个单独的因变量或结果变量)进行初始基线测量。测量之后,设定因变量表现的初始或起始标准水平,并执行处理条件。在第一个处理阶段,如果参与者能成功地在多个试次中达到标准水平,那么就要在下一阶段提高标准水平。当实验进入下一阶段时,会执行难度更大的新标准,同时继续施行处理条件。当行为达到了新标准水平并在多个试次中得以保持时,就要在接下来的阶段引入难度更大的标准。如此一来,在实验中相继的各阶段,参与者在因变量上的表现都需要逐步提高,"实验控制是通过目标行为变化的连续重复来体现的,而目标行为随标准的逐步变化而变化"(Kratochwill, 1978, p. 66)。

变动标准设计:一种通过在相继的各处理时段内改变成功标准来逐步塑造参与者行为的单被试设计。

海曼蒂等人(Himadi, Osteen, Kaiser, & Daniel, 1991)的一项研究很好地说明了变动标准设计。在这项研究中,他们试图减少一名患有慢性未分化型精神分裂症的 51 岁参与者的妄想言语行为。此患者妄想的内容充斥着浮夸和离奇的元素,他坚信自己是耶稣的儿子,他控制着美国政府,他拥有美国的造币厂和一座金矿,他的大脑在他还是个婴儿时就被手术切除了。为了矫正这些妄想言论,在 5 个基线环节中,研究者首先给出了 10 个能有效引发妄想答案的问题,以收集他给出妄想答案数的基线数据。收集完基线数据之后,实施处理。处理环节包括询问患者一个能有效引发妄想答案的问题,并指导患者回答这个问题,"以便其他人会同意你的答案"。如果患者给出了妄想答案,实验者就会提供一个恰当的回答,并要求患者在实验者的帮助下演练这个回答,直到他能够轻松自如地做到这一点。在患者给出恰当答案后,对其进行强化,包括让他喝杯咖啡。在第一阶段,向其中的两个问题施行处理,此时的标准是患者必须对这两个问题给出无妄想的回答。当患者在 5 个环节中的表现成功地达到理想标准后,就把标准提高,现在要求患者对 4 个能引发妄想答案的问题做出无妄想的反应。这个实验的结果,如图 11.8 所示,显示患者的表现随着标准水平的提高而改善。这一结果的总体模式正是理想中的特征性模式。当行为变化与标准的变化如此紧密相随时,就相当令人信服地说明处理事件产生了效应。

哈特曼和霍尔(Hartmann & Hall, 1976)指出,要想成功地使用变动标准设计,需要关注三个因

T_1	T_2	T_3	T_4
基线	处理及初始标准	处理及标准增量	处理及标准增量

图 11.7 变动标准设计

注:T_1—T_4 代表实验的四个不同阶段。

图 11.8 一份改变对个人背景问题妄想反应的行为训练计划的记录

注：图中的水平线代表标准水平。

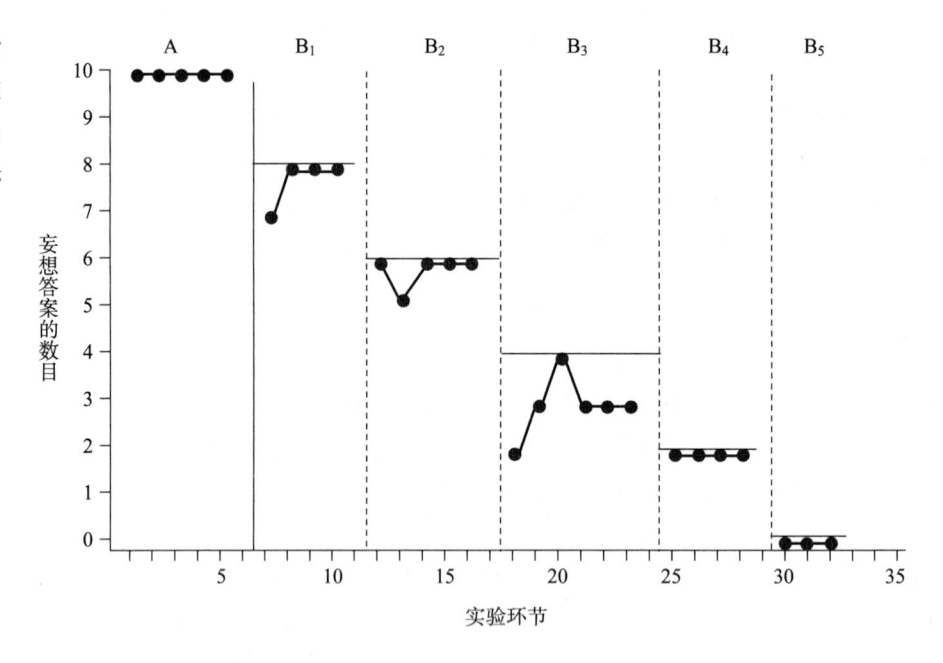

素：基线和处理阶段的长短、标准的变化幅度、处理阶段数或标准变化数。首先，关于基线和处理阶段的长短，哈特曼和霍尔声称，不同的处理阶段应该有不同的时长；或者，如果处理阶段是固定时长，那么基线阶段应该比处理阶段长。这很有必要，因为它可以确保参与者行为的逐步变化是由实验处理引起，而不是由某种与标准变化同时发生的历史或成熟变量引起的。关于每种处理的实际时长，经验法则指出，各处理阶段所持续的时间必须长到足以让行为改变至新的标准水平并稳定下来。如果行为不断地在新旧标准水平之间波动，就说明还没有实现稳定性。

第二个考虑是标准的变化幅度。毫无疑问，它必须足够大，这样才能产生可探测的变化。如果行为很难改变，那么标准的变化就应该小到使变化能够实现；但同时也要大到可被探测到。如果行为波动较大，那么标准的变化就必须相当大，以便让实验者能够探测到任何变化。

关于第三个因素处理阶段数或标准变化的次数，哈特曼和霍尔声称，也许标准变化两次就足够了。然而，这个问题直接取决于能够令人信服地说明行为变化是处理条件的结果所需的重复次数。基于这个原因，克劳特切威尔（Kratochwill, 1978）建议至少设置四次标准变化。当参与者的行为非常易变时，霍尔和福克斯（Hall & Fox, 1977）建议在其中一个处理阶段纳入反转程序。这个反转可以包括反转回基线或前一个标准水平。这样的反转将为处理条件的影响提供附加证据。

有些研究要求在一定时期内进行行为塑造，这时变动标准设计就有了用武之地。如果某些治疗或研究案例的目标是逐步增加准确性、频率、持续时间或幅度，那么变动标准设计也非常有用（Hartmann & Hall, 1976）。例如，学习阅读或写作的过程即是如此。

> **思考题 11.6**
> - 画出变动标准设计的示意图，并确定这种设计适用于哪种类型的情境。
> - 与（a）基线和处理阶段的长短、（b）标准的变化幅度和（c）处理阶段数目等因素有关的问题是什么？这些问题与变动标准设计有何关联？

使用单被试设计时的方法学考虑

11.3 描述在使用单被试设计时必须考虑的方法学问题

上述关于单被试研究设计的讨论并不代表全部内容，我们只是呈现了最基础和最常用的设计。无论使用哪种设计，在开展单被试研究时，都需要考虑几个常见的问题。

基　线

基线被定义为自由发生状态下的目标行为。基线数据在单被试研究中非常重要。一个主要问题是获得一个**稳定基线**（stable baseline），因为基线数据是评估处理引起的变化的标准。稳定基线的特征是数据没有呈现某种趋势（或倾斜），并且只有小幅变动（Kazdin, 2016）。基线数据不具有趋势（或倾斜）意味着它不会随时间而增加或降低。尽管这是理想的情况，但有时基线趋势是无法消除的。

如果在基线阶段出现的趋势与预期处理阶段会出现的趋势相反（例如目标行为在基线阶段在变差），那么实验就能表明处理足够强大，不但能产生效应，还能反转之前的趋势。但是，如果基线趋势与预期的处理趋势方向相同（例如目标行为在基线阶段在变好），就很难对处理条件的影响得出明确的结论。在这种情况下，最好在引入处理条件之前，先等基线稳定下来。如果不能做到这一点，那么我们可以采取交替处理设计（alternating-treatments design），让两种处理可以往相反方向改变趋势。

稳定基线的另一个特征是基线数据变动很小。在单被试设计的基线阶段或其他阶段，若出现过度变动，则会妨碍我们得出有关处理效应的有效结论。但是，过度变动的定义是相对的，因为只有当变动影响到我们得出有关处理效应的结论时，才能说它是过度的。而且得出有效结论取决于许多因素，比如基线阶段的初始行为水平和实施干预时的变化幅度。当基线数据中存在极端波动或非系统性变化时，我们应该检查这项研究的所有部分，并尽力确认和控制这些变动的来源。有时，这些波动能追溯到那些对实验效度有重要影响的来源，比如因变量评分的信度低。当无法确认或控制这些来源时，我们可以通过对连续多日或多个环节的

稳定基线： 以不存在趋势且只有小幅变动为特征的一组反应。

数据进行平均来人为地减少这种变动。平均确实能减少变动，还使处理条件效应能够被准确评估。但是，它确实扭曲了日常的表现模式。

在获取人类的基线频率时，还需要考虑一个问题：评估可能会使被研究的行为产生反应性效应（Webb, Campbell, Schwartz, & Sechrest, 1999）。获取基线数据这个事实本身也许就会对行为产生影响。例如，如果参与者意识到自己的吸烟次数正在被测量，他们就可能会改变自己的吸烟行为。

一次改变一个变量

单被试研究有一个基本原则，当实验从一个阶段进入另一个阶段时，只能改变一个变量（Barlow et al., 2008）。只有遵守了这个原则，才能将引发行为变化的变量分离出来。假设你想检验强化对增加儿童做出的适当社会回应次数的效应。在试图运用 ABA 设计时，你首先通过记录适当社会回应的次数来测量基线表现。然后，让参与者进入一个新学校，并且每当他做出适当社会回应后就称赞"好"。此时，你违反了单变量原则，因为你同时引入了新学校和强化程序。如果适当社会回应的次数增加，你无法知道这种变化是源于新学校，还是源于强化程序。事实上，起作用的可能不是其中任何一个单一变量，而是两个变量的组合影响。为了将两个变量的独立影响和组合影响作用分离出来，你需要一个组合设计。

阶段长短

尽管很少有关于阶段长短的建议可以参考，但绝大多数的实验者还是主张要将每个阶段进行到产生了某种表面上的稳定性为止。虽然这很理想，但在许多临床研究中是不可行的。另外，遵从这个建议会导致阶段不对等，而巴洛等人（Barlow et al., 2008）认为这是不可取的。按照这些研究者的观点，阶段不对等（尤其是当处理阶段的时长延长到显示出某种处理效应时）会增加历史或成熟造成混淆影响的可能性。例如，如果基线阶段记录了 7 天的反应，而处理阶段持续了 14 天，而行为变化若在处理阶段的第 7 天左右才发生，那我们就必须承认历史或成熟变量可能影响了数据。因为这种潜在的混淆影响，巴洛等人建议在研究的各个阶段使用等量的数据点。

还有两个问题与阶段长短直接相关：延滞效应和周期性变化（Barlow et al., 2008）。单被试 ABAB 设计中的延滞效应通常出现在研究的第二个基线阶段，此时行为不能反转到最初的基线水平。当存在或猜想可能存在这类效应时，一些单被试研究者们（如 Bijou et al., 1969）主张使用短处理条件阶段（B 阶段），或者使用多基线设计。

巴洛等人（Barlow et al., 2008）还认为，周期性变化在单被试应用研究中是一个重要的问题。当参与者受到周期性因素的影响时，如按月发放的薪酬或患有双相情感障碍的参与者生理和心理上的周期性变化,这一问题最为突出。如果数据可能受到周期性因素的影响,建议延长每个阶段的测量周期,使研究中的基线阶段和处理阶段都能包含周期性变化。如果做不到这一点,就必须在那些处于周期性变化不同阶段的参与者身上重复实验结果,或你必须纳入不受周期性变化影响的参与者。无论参与者处于周期性变化中的哪个阶段,如果在他们身上都能获得相同的结果,那么从数据中获取的结论也就依然有意义。

> **思考题 11.7**
> - 在设计单被试实验时必须考虑的方法学问题有哪些?

评估变化的标准

11.4 区分单被试设计中用于评估处理效应的实验标准和疗效标准

本章讨论的单被试设计试图通过使用应该能够产生假设的特征性反应模式的策略来排除额外变量的影响,这与多参与者实验研究设计中使用的控制技术大不相同。单被试设计使用与多参与者设计不同的标准来评估处理效应。最常用的标准有两种:实验标准和疗效标准(Kazdin, 1978)。

实验标准

在单被试研究中,**实验标准**(experimental criterion)要求反复证实当引入处理时会发生行为改变。这通常涉及对基线阶段和干预阶段的行为进行比较。如果干预阶段的因变量分数与基线阶段的因变量分数不重叠,或者两阶段的数据趋势不同,则实验标准得以满足。在做这种比较时,许多使用单被试设计的实验者都不使用统计分析,这是一个引发争议的问题,如专栏 11.2 所说明的那样。此外,许多研究者将能够不断地重复处理效应作为成功的实验标准。如果研究能够显示行为会一再地随着处理条件的变化而变化,则实验标准也就得到了满足,研究者可能会推断处理是导致行为变化的原因。

实验标准:在单被试研究中,能够反复证实当引入处理时会发生行为改变。

疗效标准

疗效标准(therapeutic criterion)关注某种治疗或心理干预对一位患者或一组患者的临床和社会意义。**临床显著性**(clinical significance)在临床心理学、社会工作和健康科学研究中是一个常见术语,它是指处理效应强到在接受处理或治疗的人的生活中具有实际重要性(Vogt & Johnson, 2016)。为了确定临床显著性,你

疗效标准:证明处理条件在临床或社会相关方面改善了日常功能。

临床显著性:处理效应足以影响现实生活功能。

> **专栏 11.2**
>
> **单被试设计的数据分析**
>
> 在单被试研究设计的开展被斯金纳本人、他的学生和同事主导的年代，人们对单被试数据的统计分析绕道而行。统计分析被认为是不必要的，因为这些研究是在实验室动物身上进行的，研究者可以确立对额外变量充分的实验控制，使其通过目测数据就能确定实验效应。
>
> 随着单被试设计变得越来越流行，一些人坚持认为需要对数据进行统计分析。然而，这种观点并没有被普遍认可。
>
> 反对使用统计分析的观点如下：
>
> 1. 数据的统计分析对处理效应的证明只能通过展示这种效应是否具有统计显著性来进行。它无法证明处理的临床疗效。例如，尽管对精神分裂症患者施行处理条件可以减少其非理性的思维模式，且这种减少具有统计显著性，但患者的情况可能并没有好转到可以在社区正常活动。
> 2. 统计检验常常会掩盖个体的表现，因为它们将参与者混为一谈，只关注平均数。因此，某种只能让少数个体受益的处理条件可能会因为达不到统计显著性而被认为是无效的，但事实上它对某些个体是有益的。
>
> 有两种基本论点支持使用统计分析：
>
> 1. 当无法在单被试研究中建立稳定基线时，单凭对所得数据进行目测不能提供准确的解释。当未对数据进行统计分析时，研究者为了得出处理条件是否产生了某种效应的结论，就必须使用数据的趋势和变异性。如果基线数据与处理数据有不同的趋势或不同的表现水平，尤其是在稳定基线存在的情况下，我们通常可以认为处理条件产生了效应。但是，如果数据有很大的变异性（变动），就很难在不用统计分析的情况下对数据进行解释。统计分析能够比个人目测更客观地分析极其多变的数据。
> 2. 目测数据可能导致对处理效应的不可靠解释。例如，戈特曼和格拉斯（Gottman & Glass, 1978）发现，让 13 名评判员对先前已发表的研究数据进行判断，他们对处理效应是否显著存在分歧。其中的 7 人认为处理效应存在，而 6 人认为处理效应不存在。
>
> 统计分析的支持者和反对者的观点有着各自的合理性。但是，明确地支持其中某种策略而排斥另一种策略的立场似乎弊大于利。当稳定基线和有限变动能实现时，统计分析可能对数据的解释帮助不大。但是，当这两个条件都不能满足时，除了目测分析之外，还应该使用统计分析。在使用单被试研究设计时，应当将目测和统计分析视为用来提出和验证假设的两种互补工具。

需要回答下面这个问题：对于参与者而言，处理或治疗是否消除了某种障碍，或者是否显著增强了其日常功能？这个标准比实验标准更难证明。例如，一个有自残行为的儿童在接受处理或治疗后，也许会减少 20% 的自残行为，但每个小时仍会出现 50 次此类行为。即使实验标准被满足了，但这个儿童的行为仍然离正常水平很远。

临床显著性的概念在某些方面与卡兹丁（Kazdin, 1978）的社会确认概念有重叠之处。**社会确认**（social validation）是应用行为分析文献中的一个常见术语，它指的是处理效应让患者在日常生活功能方面产生了某种重要变化（例如，治疗后，幽闭恐惧症患者可以乘坐电梯吗？），并且这种变化可被其他人感知到。社会确认通过社会比较法或主观评估法来实现。

社会比较法（social comparison method）是指将患者在接受处理前和处理后的行为与其正常发展的同龄人的行为进行比较。如果参与者的行为不再异于正常同龄人的行为，那么就满足了疗效标准。**主观评估法**（subjective evaluation method）是指评估他人对参与者行为的看法是否发生了质变。可以让那些平常与参与者有接触且能够对参与者的行为进行评估的个体使用某种评估工具，如评级量表或行为核查表，对参与者的功能进行全面评估。如果这个评估表明患者的功能更为有效，则可认为疗效标准已得到满足。这两种方法都有着自身的局限性，但都为实验处理条件的疗效提供了附加信息。

> **社会确认**：由他人判定处理条件显著改善了参与者的功能。
>
> **社会比较法**：将参与者与正常同龄人进行比较的一种社会确认法。
>
> **主观评估法**：询问其他人是否感知到参与者行为变化的一种社会确认法。

思考题 11.8
- 讨论单被试研究设计中用于评估处理效应的标准。

竞争性假设

11.5 描述在单被试设计中可能存在的竞争性假设

最后一个方法学上的考虑适用于所有心理学研究。对于实验发现，研究者必须持续不断地思考是否存在潜在的竞争性假设（即替代性解释，如实验者期望、序列效应、指导语等）。如果某种结果模式看上去支持你的解释，你仍然必须仔细考虑，是否有另一种（竞争性）解释比你的解释更合理，或者该解释是否能质疑你的解释。关于如何正确使用单被试设计，我们在前文讨论每种设计时分别列出了若干要求，同时也列出了开展这些单被试研究时几个一般性的方法学要求。如果某个设计没有满足其中任何一个基本要求，你都必须选择另一个替代性设计。有时，你需要构建比本章所讨论的复杂得多的设计，以满足特定的研究需求。而且，如果有任何额外的威胁潜入了你的实验，你都必须警觉地识别它们。好的研究要求实验者认真细致地执行设计，不断地观察和思考正在发生的事情和它们的意义。

思考题 11.9
- 从 ABA 和 ABAB 设计、组合设计、多基线设计以及变动标准设计中得到的发现，分别存在哪些可能的竞争性假设？

本章小结

在开展只使用一名参与者的实验研究时，你必须调整你的思路，因为此时你既不能通过使用随机化控制技术来控制额外变量，也不能通过纳入一个控制组进行处理。为了排除额外变量可能产生的混淆效应，研究者可以使用某种形式的时间序列设计。这意味着要对因变量进行多次前测和后测，以排除潜在的竞争性假设，如成熟和历史效应。ABA 设计是一种常用的单被试设计，它要求研究者在引入实验处理条件前后都要进行基线测量。实验处理效应通过引入处理条件时行为的变化和撤除实验处理条件后向前测水平的反转来证明。这种设计的成功取决于反转。

人们对基本的 ABA 设计进行了多种形式的拓展。组合设计试图评估两个或更多个变量的组合效应。这种设计可评估各变量的单独影响和组合影响。此外，必须将变量组合的影响与每个变量的单独影响进行比较。这通常意味在这种研究中，必须至少使用两名参与者。

单被试设计的第三种类型是多基线设计。这种设计通过向不同的目标参与者（或目标行为或目标情境）相继施行实验处理条件，避免了 ABA 设计中必须要反转的要求。如果在相继引入处理条件时行为出现了同步变化，那么就说明处理条件的影响存在。尽管多基线设计避开了反转性问题，但它要求研究的目标参与者、行为或情境必须是相互独立的。

变动标准设计对于那些要求在一段时间里塑造某种行为的研究来说非常有用。这种设计要求在基线阶段之后执行某种处理条件，并在后续一系列的干预阶段中继续执行。在每个干预阶段，参与者的表现都要达到更高的标准，以便进入下一个干预阶段。实验者制定的标准水平难度会逐步地增加。按照这种方式，可将行为逐步塑造至理想的标准水平。

除了要了解单被试设计的基本知识，你还应该了解恰当使用这些设计所需要的方法学方面的考虑。这包括以下内容：

1. 基线。应该获得一个稳定的基线，尽管自由发生的目标行为总是会有一些变动。
2. 一次改变一个变量。单被试研究的一个基本原则是，当实验从一个阶段进入另一个阶段时，只能改变一个变量。
3. 阶段长短。尽管存在一些争议，许多方法学家还是认为各阶段的时长应该相等。
4. 评估变化的标准。应该使用实验标准或疗效标准（或者两种一起）来评估单被试设计的结果，以确定实验处理条件是否产生了理想的效应。
5. 竞争性假设。应该考虑实验发现有无替代性解释，包括诸如指导语、实验者期望和序列效应等变量的效应。

重要术语和概念

单被试研究设计 多基线设计 临床显著性
ABA 设计 相互依存 社会确认
基线 变动标准设计 社会比较法
反转 稳定基线 主观评估法
ABAB 设计 实验标准
组合设计 疗效标准

章节测验

问题答案见附录。

1. 单被试研究设计使用的是某种形式的：
   a. 时间序列设计
   b. 随机对照试验设计
   c. 因素设计
   d. 个案研究
2. 撤除处理后，目标行为没有回到基线水平，因而不能使用 ABA 设计，使用哪个替代方案比较好？
   a. 组合设计
   b. 多基线设计
   c. ABAB 设计
   d. ABBA 设计
3. 如果你希望检验两种处理条件的组合效应，你应该使用哪一种单被试设计？
   a. ABA 设计
   b. 组合设计
   c. 多基线设计
   d. 变动标准设计
4. 如果你使用评估某种处理条件效应的实验标准，你应该：
   a. 确认参与者在接受处理后是否能在社会中正常地活动
   b. 确定在基线和处理阶段观察到的行为是否重叠（或彼此不同）
5. 在单被试设计中，排除竞争性假设要通过：
   a. 在基线阶段和随后的处理阶段进行反复测量
   b. 在 ABA 和 ABAB 设计中撤除处理
   c. 在多基线设计中，在不同的时间对不同的参与者施行处理条件
   d. 以上都正确

提高练习

1. 假设你使用 ABA 设计进行了一项研究。在这项研究中，每当一个 10 岁男孩吮吸他的拇指时，你就关掉电视，你检验了这种做法的效果。构建图表来描绘以下情况：
   a. 不准看电视对减少拇指吮吸行为的有效性
   b. 当电视被关掉时，拇指吮吸行为减少了。但是不能确定拇指吮吸的减少只是因为电视被关掉了

2. 假设你想检验某种矫正口吃的处理的效果。你找到了三名口吃的儿童，并使用多基线设计来证明这种处理有效。构建图表来描绘以下情况：
   a. 处理有效
   b. 处理无效

3. 假设你想评估旨在帮助人们克服幽闭恐惧症的某个项目的效果。该项目会先让他们给你 50 美元。如果他们能够每天在一个封闭的小房间里多待 10 分钟，你就返还给他们 10 美元，直到他们能够在那里待上整整 50 分钟。第一天，他们在那个房间待上 10 分钟，就能得到 10 美元，第二天，他们必须在房间里待上 20 分钟才能得到另外的 10 美元，以此类推，直到他们能够在房间里待上 50 分钟，得到最后的 10 美元。
   a. 构建图表来描绘这种策略的有效性
   b. 详细说明这个研究所使用的设计类型

4. 假设某位母亲来找你解决以下问题：她的孩子与别的孩子在一起时，总是要打别的孩子。她不知道怎么消除这个问题，希望得到你的帮助。你提议将强化和惩罚结合起来使用也许会有效。作为一个研究者，请设计一项研究来检验这个建议的效果。构建一项需要两个参与者的研究，以检验强化和惩罚在消除儿童对同伴的攻击行为时的组合效应。

第五编　非实验、定性和混合方法研究

第 12 章

非实验定量研究方法

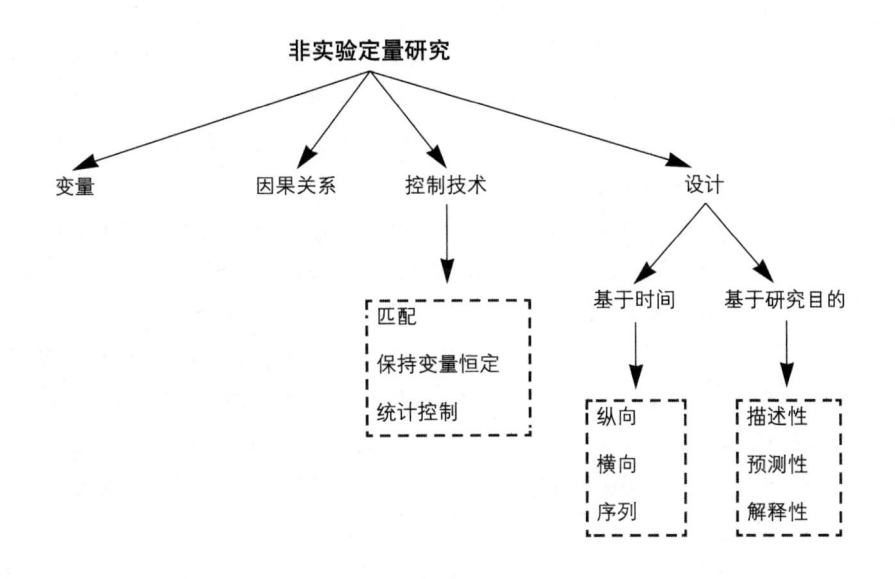

```
                    非实验定量研究
         ┌──────────┬────────┬──────────┐
        变量      因果关系   控制技术      设计
                              │         ┌────┴────┐
                              ▼      基于时间   基于研究目的
                          ┌─────────┐    ▼          ▼
                          │ 匹配     │ ┌──────┐  ┌──────┐
                          │ 保持变量恒定│ │ 纵向  │  │ 描述性 │
                          │ 统计控制   │ │ 横向  │  │ 预测性 │
                          └─────────┘ │ 序列  │  │ 解释性 │
                                      └──────┘  └──────┘
```

学习目标

12.1 阐述非实验定量研究中自变量和因变量的类型，以及非实验定量研究的简单范式

12.2 列出布拉德福德·希尔因果关系准则

12.3 阐述非实验定量研究中不同控制技术的使用方法

12.4 阐述基于时间维度的非实验定量研究设计的类型，包括它们的优势和缺陷

12.5 阐述基于研究目的的非实验定量研究设计的类型

非实验定量研究中的自变量和因变量

12.1 阐述非实验定量研究中自变量和因变量的类型，以及非实验定量研究的简单范式

非实验定量研究：研究者不对自变量进行操纵的一种定量研究。

非实验定量研究（nonexperimental quantitative research；NQR）与实验研究（弱、准和强/随机化）之间的主要区别在于，非实验定量研究不涉及对自变量的操纵。这是非实验定量研究的定义性特征，也是其被称为非实验的原因。心理学中经常需要用到非实验研究，因为存在很多我们无法操纵的自变量——出于伦理、现实等方面的原因，或者就如字面上表达的那样，无法操纵自变量。下面是一个你无法开展的实验的例子，因为出于伦理和现实原因你无法操纵自变量（吸烟）：将 500 名新生儿随机分配到实验组和控制组（每组 250 名），其中实验组的新生儿必须吸烟，控制组则不吸烟。

非实验定量研究（有时也称为相关研究）使用的是类别自变量和/或量型自变量。通常，因变量是定量测量的结果变量。在非实验定量研究中，自变量有时被称为预测变量，特别是当研究目的就是进行预测的时候。在非实验定量研究中，无法操纵的自变量或预测变量的一些例子包括性别、年龄、教养方式、族裔、发展阶段、智力和人格特质等。一些由于伦理原因而无法操纵的自变量的例子包括吸烟和药物使用等。如果你愿意，你可以试着再想出一些对研究来说很重要却不能或不应该操纵的自变量。

在前面的章节中，你已经了解到实验研究对额外变量的控制从弱到强不等。使用随机分配的强实验设计可提供特别强的（即最好的）因果关系证据，因为它们能够控制几乎所有的额外变量（包括已知和未知的）。相比之下，非实验定量研究无法控制所有的额外变量。不过，非实验定量研究的强度也因研究设计对额外变量的控制程度而异。

非实验定量研究的简单范式：只有两个变量且不控制任何额外变量的非实验定量研究范式。

我们先来看一下非实验定量研究设计的"简单范式"。这些研究设计非常弱，因为它们没有控制任何额外变量。**非实验定量研究的简单范式**（simple case of NQR）是：研究中只有一个自变量，也只有一个因变量，并且没有控制任何额外变量。在第一种简单范式（范式一）中，你有一个类别自变量/预测变量和一个量型因变量。在这种情况下，你比较的是不同参与者组在因变量上的得分，并且你不控制任何额外变量。例如，考虑以下非实验研究问题：成年人在同理心测验上的得分是否高于青少年？虽然年龄无法操纵，但我们往往想知道青少年和成年人在某些因变量上的得分情况，比如同理心。因此，我们会比较青少年和成年人的同理心分数，以查看年龄与同理心之间是否存在关系。再看看另一个非实验研究问题：内向者和外向者是否在社交媒体的使用上存在差异？同样，我们无法操纵个体的内向性，但我们想知道这种人格特征是否与学生如何使用社交媒体有关。因此，我们会比较内向和外向的大学生对社交媒体的使用情况。

在第二种简单范式（范式二）中，研究者考察一个量型自变量/预测变量和

一个量型因变量的关系，并且不控制任何额外变量。在这种情况下，你不是比较不同的参与者组，而是测量所有参与者在自变量和因变量上的分数。例如，如果你想知道自尊与同理心之间的关系，你可以测量所有参与者在这两个量型变量上的结果，然后考察这两个变量之间的关系。也许，自尊水平较高的人也报告了较高的同理心水平。

在这两种简单范式中，你只能获得关于两个变量之间关系的信息。即使存在因果关系，简单关系也不能表明因果关系的方向（是变量 A 的变化引起变量 B 的变化，还是变量 B 的变化导致变量 A 的变化？），而且简单关系通常是一种虚假关系。**虚假关系**（spurious relationship，也译作伪关系）是一种非因果关系，比如关系的存在是由某个"第三变量"（即混淆额外变量）导致的。你总是需要"控制"**第三变量**（third variable）。在第 2 章，你已经了解了火灾造成的损失大小与救火的消防车数量之间的虚假（非因果）关系——救火的消防车越多，火灾造成的损失就越大。但实际上，消防车数量的增加并不会导致火灾损失的增加！那个虚假关系的存在是由第三变量——火灾规模造成的。火灾规模是消防车数量增加和火灾损失增加的原因。记住：你不能仅仅因为存在关系或相关性就声称有因果关系。

这里的关键之处在于，非实验定量研究的简单范式存在严重缺陷，不能用于确定因果关系。观察到某种关系的存在，并不能为推断因果关系提供充分的信息。在前面的章节中我们解释过，当你想提出因果关系的主张（自变量的变化导致了因变量的变化）时，你的结果必须满足因果关系的三个标准：(1) 关系标准（即两个变量之间必须存在关系）；(2) 时间顺序标准（即原因变量的变化必须发生在因变量的变化之前）；(3) 没有合理的替代性解释标准（即研究者必须排除所有能合理说明观察到的关系的替代性解释）。你应当非常清楚的是，在非实验定量研究的简单范式中，研究只提供了关于变量之间关系的信息，研究者不能得出这些关系是因果关系的结论。在前面的章节中我们已经解释过，强实验设计使研究者能够满足因果关系所需的所有三个必要标准。

重要的是要理解：无论由于何种原因，当自变量不能被操纵时，研究者并不会放弃！相反，研究者会尽力获得有关这些类型的变量在世界中如何运作的知识。接下来，我们将提供一些用于获取因果关系证据的其他标准。

虚假关系：两个变量之间的非因果关系。

第三变量：混淆额外变量的同义词。

思考题 12.1

- 非实验定量研究的两种简单范式是什么？为什么当研究者对提出因果关系主张感兴趣时，这两种范式存在缺陷？
- 什么是虚假关系？请举出一到两个例子进行说明。

布拉德福德·希尔因果关系准则

12.2 列出布拉德福德·希尔因果关系准则

我们已经解释了提出因果关系主张所需要的三个标准（也就是关系标准、时间顺序标准、排除替代性解释标准）。我们指出，如果你想得出因果关系结论，你总是必须满足所有这三个标准。同样重要的是要理解，得出因果关系结论总是与证据的充分程度有关，而证据通常是在相对长的时间内累积的——证据会在几乎不支持因果关系到相当强烈地支持因果关系（强实验研究在提供这类证据上表现最好）之间变化。

流行病学（关于健康和疾病的研究）领域的研究者们提供了一份额外的因果关系标准列表（Doll, 1992; Hill, 1965; Susser, 1977），这些标准（与前面提到的三个因果关系标准有重合——译者注）在研究中仍然非常有用。流行病学家的工作与本章的内容特别相关，因为他们常常不得不在自变量难以（或不可能）操纵的情况下工作。当你查看下面的列表时，请注意：没有单一的标准足以让研究者提出因果关系主张；但成功地满足的标准越多，累积或组合的证据就越充分。这些标准通常称为**布拉德福德·希尔因果关系准则**（Bradford Hill criteria for causation），包括以下内容：

布拉德福德·希尔因果关系准则：一套包含九条标准的准则，用于累积因果关系证据。

1. 关联强度。自变量与因变量之间的关系/关联越强，这种关系由额外变量造成的可能性就越小。
2. 时间性。原因必须在时间上先于结果出现。
3. 一致性。在不同情境中、对不同人群、使用不同测量工具对关系进行多次观察都可以增加结论的可信度。
4. 理论上的合理性。在得出因果关系结论时，如果有理论和合理的依据，更容易让人接受观察到的关系为因果关系。
5. 连贯性。当因果解释与所研究变量的已有知识不冲突，并且没有合理的竞争性假设或竞争理论时，一段关系的因果解释最为清晰。也就是说，这种关联必须与其他科学知识相一致。
6. 原因特异性。在理想情况下，一种结果只有一个原因。
7. 剂量—反应关系。风险因子（即自变量）与人们在疾病变量（即因变量）上的状态之间应该存在直接关系。
8. 实验证据。任何基于实验的相关领域的研究都使因果关系推断更加可信。
9. 类比。有时，一个在某一领域中被普遍接受的现象可应用于另一个领域。

20世纪60年代，布拉德福德·希尔准则被成功地用来证明吸烟会导致癌症的主张是合理的。标准1：研究者观察到吸烟者的肺癌患病率更高。标准2：吸烟经常早于肺癌发病。标准3：不同的研究方法都得出了相同的结果（吸烟似乎会导致肺癌），而且这一发现适用于不同类型的人群（男性和女性；富人和穷人）。标准4：生物学理论表明/解释了吸烟如何导致肺癌。标准5：基于病史和当前关于吸烟和肺癌的知识，因果结论是有意义的。标准6：先前长期吸烟最能预测肺癌。标准7：研究数据显示先前吸烟量与肺癌发病率之间存在正向线性关系。标准8：耳朵被涂上焦油（由吸烟产生）的实验室大鼠，其耳组织可能会发生癌变。标准9：在实验室大鼠身上诱导出的"吸烟"行为（与其癌变结果）显示出因果关系（类比）。

这里的重点在于，如果你的目标是提出因果关系主张，那么你能够获得的表明因果关系的证据越多越好。与（使用随机分配的）强实验研究设计相比，在非实验定量研究中，几乎总是存在必须进一步研究的关于因果关系主张的替代性解释。由于非实验定量研究设计的普遍性缺陷，非实验研究者必须始终尽可能多地识别替代性解释，然后努力去排除它们。随着时间的推移，排除的替代性解释越多，支持因果关系主张的证据就越充分。接下来，我们将讨论在非实验定量研究中应用的一些控制技术。

> **思考题 12.2**
> - 布拉德福德·希尔因果关系准则包含哪些具体标准？
> - 你认为布拉德福德·希尔因果关系准则中的哪一条标准最重要？为什么？

非实验定量研究中的控制技术

12.3 阐述非实验定量研究中不同控制技术的使用方法

到目前为止，我们在本章中已经讨论了非实验定量研究的简单范式，在这种范式中你只能获得关于两个变量之间关系的信息。如果你希望获取任何关于因果关系的证据，你需要满足因果关系的三个标准（关系、时间顺序以及排除替代性解释），并且你应该尽可能多地满足布拉德福德·希尔因果关系准则。现在，我们重新审视第7章中讨论的一些控制技术。这些技术在非实验定量研究中非常重要，因为你需要努力控制可能为两个变量之间的关系提供替代性解释的额外变量或第三变量。此处的关键点是，你可以通过使用控制技术来改进非实验定量研究中有缺陷的简单范式。可惜的是，随机分配（最好的控制技术）只在实验研究中可用。因此，非实验定量研究中的主要控制技术是匹配、保持额外变量恒定和统计控制。

匹 配

第一种用于控制额外变量（并排除替代性解释）的技术称为匹配。为了进行

匹配变量：研究者确保其在自变量的各个水平之间不存在差异的变量，以排除该变量作为一种竞争性替代解释。

匹配，你需要识别出一个或更多你想要控制的额外变量。在识别出的额外变量中，每个被实际使用的都称为匹配变量。**匹配变量**（matching variable）被定义为研究者确保其不随自变量的水平变化的额外变量（例如，匹配性别、收入、智力）；也就是说，研究者构建自变量，使不同组或水平在匹配变量上没有差异。在第7章中，我们阐述了如何在一个匹配变量上匹配两个组。匹配的目标是确保你所关注的自变量不与匹配变量相关或"混淆"。在这种情况下，自变量与因变量之间的关系不再受第三变量（即你想要控制的额外变量）的影响。

也许你对研究离婚与当前生活满意度之间的关系感兴趣。显然，婚姻状况是一个研究者无法操纵的变量，但你仍然认为研究这个变量在世界中的运作很重要。在这个例子中，你的因变量是生活满意度，自变量是类别变量婚姻状况（离婚与未离婚）。你的研究假设是离婚会导致生活满意度降低。但你意识到年龄是一个不可忽视的额外变量，你需要控制它；因为你知道年龄也与当前生活满意度相关，你想要排除"婚姻状况与生活满意度之间的关系是由年龄造成的"这个替代性解释。因此，你决定匹配和控制年龄。为了使这个匹配过程具有操作性，你可以将量型匹配变量（即年龄）分为四个序列水平：18—24岁、25—39岁、40—59岁和60岁及以上。

接下来，为了使离婚和未离婚的人在年龄上匹配，你需要能够比较不存在年龄差异的离婚和未离婚的人。你将需要收集四个年龄组离婚个体的数据，以及四个年龄组未离婚个体的数据——这样离婚和未离婚的群体在年龄上将不会有差异。年龄这个变量将会得到"控制"。

为了完成这个过程，你可以构建以下匹配矩阵，然后你需要为每个单元格找到对应的参与者：

	18—24岁	25—39岁	40—59岁	60岁及以上
离婚	25人	25人	25人	25人
未离婚	25人	25人	25人	25人

在这个匹配年龄的研究示例中，如果根据你对数据的分析，婚姻状况（自变量）与生活满意度（因变量）之间存在关联，那么你就能够推断观察到的婚姻状况与生活满意度之间的关系不是由年龄造成的。换句话说，你已经排除了婚姻状况与生活满意度为何相关的一个替代性解释。

上面展示的匹配表格，与将额外变量纳入设计（参见第7章）这种控制技术所使用的表格类似，这种技术也可以用于非实验定量研究。两种技术之间的区别在于：使用匹配时，研究者对探究匹配变量（在本例中为年龄）与因变量之间的关系不感兴趣；但是在"将额外变量纳入设计"时，研究者不但关注因变量与自变量的关系，也关注因变量与"被纳入设计"的额外变量的关系。在当前的例子中，这意味着（a）如果你只关心对年龄的控制，那么你使用的是匹配技术，并只是分析婚姻状况与生活满意度的关系；但是（b）如果你还想研究年龄与因变量

（生活满意度）之间的关系（除了研究婚姻状况与生活满意度的关系之外），那么你使用的是将额外变量纳入设计，你会分析每个年龄水平的婚姻状况与生活满意度的关系。

你可以使用匹配来控制一个或更多额外变量。在非实验定量研究中，通常需要控制不止一个额外变量，因为往往存在多个合理的替代性解释，可说明观察到的未操纵的自变量与研究者感兴趣的因变量之间的关系。在我们的例子中，你可能还会决定控制童年时期的生活满意度。在这种情况下，你将构建一个新的匹配矩阵，其中包括（a）婚姻状况（两个水平）、（b）年龄（四个水平）和（c）童年时期的生活满意度（三个水平：低、中、高）。这将形成一个包含24个单元格的新匹配矩阵（2×4×3）。

尽管匹配技术可改善非实验定量研究的简单范式（即不控制任何额外变量），但它仍然存在一些局限性。以下是其中一些主要的局限性：

1. 在研究中，匹配只能控制特定的匹配变量。
2. 匹配过程可能会很麻烦，因为你必须为自己所构建矩阵的所有单元格找到足够的参与者。这可能不那么容易，除非你有一个非常庞大且不同质的潜在参与者池。
3. 匹配可能会产生不具代表性的样本，因为选取参与者是为了达成匹配，而不是因为他们代表了某个特定的总体。
4. 现实中往往存在多个替代性解释或需要控制的额外变量，因此你通常需要在多个变量上进行匹配。这可能会非常复杂，因为该过程会产生大量需要参与者的单元格或变量水平组合。
5. 你必须确定用于匹配的重要额外变量，而你很难知道所有重要的额外变量。
6. 你永远不会知道是否已经在所有相关的额外变量上做到了匹配（控制）。

保持额外变量恒定

如果使用**保持额外变量恒定**（holding the extraneous variable constant）的控制技术，就意味着你决定只收集那些在你想控制的变量上处于相同（恒定）水平的参与者的数据。例如，如果你想将这种策略用于控制大学生的专业，那么你将只在研究中纳入心理学专业的学生（或者只在研究中纳入另一个不同专业，比如商科专业的学生）。如果你的自变量和因变量之间仍然存在关系（例如，动机与心理学导论的考试成绩），那么你将能够声称观察到的关系不是由专业这个第三变量引起的，因为你已经将专业设为了常量（通过在研究中只纳入心理学专业的学生）。此时，你可能已经想到这种控制技术存在严重的外部（推广）效度问题。你是对的——如果你将其他专业的学生排除在研究之外，那么研究结果将只适用于心理学专业的学生。

保持额外变量恒定：只纳入在额外变量上处于某一类别或水平的参与者。

尽管保持额外变量恒定的控制技术存在外部（推广）效度问题，但有时使用这种技术也是合理的。例如，你可能想研究学业天赋（由标准智力测验的得分定义）。因此，你只需要在研究中纳入智商得分为130分及以上（即高智力水平）的个体。另一个例子是，你可能想对存在辍学风险的大学生进行研究；在这项研究中，你会排除那些没有辍学风险的潜在参与者。

统计控制

统计控制：在数据分析过程中控制额外变量，通常使用统计软件。

统计控制（statistical control）涉及利用统计软件（如R、SPSS）在数据分析过程中用数学方法控制额外变量。其逻辑是：先在控制/额外变量的每个水平上考察自变量与因变量之间的关系；然后计算自变量与因变量在所有这些水平上的关系的平均值。当研究者（或计算机）这样做时，关系就不能归因于额外变量，因为你只在额外变量恒定时考察了自变量与因变量之间的关系。你可以手动完成这个过程，但使用计算机程序来完成这个过程要容易和方便得多。

让我们结合一个例子来看看统计控制的逻辑。你可能知道，在美国，性别和收入之间存在关系。平均来看，男性比女性挣的钱更多。现在假设你正在与朋友讨论这种关系，朋友说这种关系是由受教育水平导致的，具体来说是因为男性接受的教育比女性更多。该如何使用上述逻辑在统计上对受教育水平进行控制？你可以这样做（假设你有一个大型数据库）：首先，根据参与者的受教育年限将数据从0到21排序（0 = 未接受教育，12 = 高中毕业，16 = 大学毕业，18 = 硕士毕业，21 = 博士毕业）；接着，考察每个受教育水平内性别与收入之间的关系，即在每个受教育水平上比较男性和女性的平均收入；第三步，计算不同水平上男女收入比较结果的平均值。此时的结果显示的是在控制了受教育水平的情况下，性别与收入之间的关系；这是因为男女收入的所有比较都是在受教育水平相同的情况下进行的。实际上，你会发现即使在控制了受教育水平后，男性的平均收入仍然比女性高。

偏相关系数：控制一个或更多变量之后，两个量型变量之间的相关性。

虽然到第15、16章我们才会讨论统计分析，但现在我们将提及和定义一些可对其他变量进行统计控制的统计程序。一种用于控制一个或更多额外变量的统计技术称为偏相关分析。**偏相关系数**（partial correlation coefficient）是一种在利用统计手段控制了一个或更多量型额外变量后，显示两个量型变量之间相关性的系数。它之所以被称为偏（partial）相关系数，是因为它将额外变量"排除"（partial out）在原本的关系之外。如常规的相关系数（称为皮尔逊相关系数）一样，偏相关系数在 −1.00 到 +1.00 之间变化，其中 0 = 无相关性。它与简单相关系数不同，因为它显示的是在控制了额外变量之后的相关性。有趣的是，使用统计软件获得偏相关系数和获得常规相关系数一样容易。我们可以手动计算相关系数，但使用计算机程序（如R或SPSS）进行这种计算要容易得多。

第二种统计控制称为协方差分析（简称ANCOVA）。这种统计技术可以显示在利用统计手段控制了一个或更多个量型额外/控制变量之后，一个类别自变量与一个量型因变量之间的关系。仍以考察在控制了受教育水平后性别与收入关系的研究为例，收入是因变量，性别是自变量，受教育水平则是控制变量。简而言之，你只需要弄清楚你想"控制"的变量，并收集有关控制变量的实证数据。然后，你可能会利用统计软件来得到结果。

> **思考题 12.3**
> - 如何在额外变量上进行匹配？
> - 如何使用"保持额外变量恒定"的控制技术？
> - 统计控制如何排除额外变量的影响？

基于时间维度的非实验定量研究设计

12.4 阐述基于时间维度的非实验定量研究设计的类型，包括它们的优势和缺陷

横向与纵向设计

在**横向设计**（cross-sectional design，也译作横断设计）中，数据是在单个相对较短的时间段内从研究参与者那里收集的。这"单个"时间段恰好足够从所有参与者那里收集数据。在**纵向设计**（longitudinal design）中，数据是在两个或更多时间点（与横向设计中的时间段同义——译者注）收集的。如果收集了一次纵向数据，然后继续追踪参与者以进行后续数据收集，这有时被称为前瞻性队列设计。如果在当前时间点收集了纵向结果数据，并且找到了早期的对应数据（例如，从过去的记录中），这有时被称为回顾性队列设计。在横向和纵向设计中，主要的自变量可能是一个被操纵的自变量，也可能不是。换言之，这些研究有时是实验研究，但更常见的是非实验研究。横向和纵向设计在发展心理学中经常使用，用于研究与年龄相关的变化。年龄是一个无法操纵的变量，所以如果它是主要的自变量，那么研究将是非实验研究。

在发展研究中，纵向设计涉及选择同一组参与者，并按照选定的时间间隔对其进行重复测量，以记录研究者感兴趣的变量随时间发生的变化。例如，盖瑟科尔和威利斯（Gathercole & Willis, 1992）测量了一组儿童在四个时间点（4岁、5岁、6岁和8岁）上的语音记忆和词汇知识，以确定随着儿童年龄的增长，语音记忆和词汇知识之间的关系是否发生了变化。另一方面，在发展研究中，横向设计涉及选取若干具有代表性的个体样本。这些个体样本在某个特征上有所不同，如年龄。研究者会在同一时间点测量这些不同的个体样本在一个或多个相同变量

横向设计：在单个时间段内收集数据。

纵向设计：在两个或更多时间点收集数据。

上的情况。例如，瓦格纳等人（Wagner, Torgesen, Laughon, Simmons, & Rashotte, 1993）在对年幼儿童语音加工能力的性质和发展的研究中采用了横向设计。他们随机选取了 95 名幼儿园儿童和 89 名来自三所小学的二年级学生，并让两组参与者都完成了一些语音任务，以确定这两个年龄组之间的语音加工能力是否不同。

虽然纵向和横向设计经常用于发展研究，但这两种类型的研究并不仅局限于这个特定领域。例如，莫斯科维茨和鲁贝尔（Moskowitz & Wrubel, 2005）采用了纵向设计来深入了解感染艾滋病病毒对个体而言意味着什么。为了达成此项研究的目标，他们找到了 57 名艾滋病病毒检测结果为阳性的男同性恋者，并在接下来的两年里，每两个月对他们进行一次访谈，以确定随着时间的推移这些个体如何评价他们的病情。安德森等人（Andersen, Franckowiak, Christmas, Walston, & Crespo, 2001）采用了横向方法，对美国不同族裔的老年人参加闲暇时间体育活动的比率与体重之间的关系进行了评估。为了实现研究目标，这些研究者对美国 60 岁及以上老年人的代表性样本（包含西班牙裔美国人、非裔美国人、高加索美国人）进行了横向调查，了解他们的体重和参加闲暇时间体育活动的情况。

人们对纵向和横向设计在发展研究中的相对优缺点进行了探讨。重要的一点是，这两种方法并不总是会产生相似的结果。例如，想象一下用横向和纵向研究来考察参与者年龄与其掌握的计算机知识量之间的关系。如果我们在 2020 年开展横向研究，涉及 20 岁、40 岁、60 岁和 80 岁的参与者，你认为我们在计算机知识量方面会发现什么情况？如图 12.1 所示，按照年龄从小到大的方向，参与者掌握的计算机知识量会下降。然而，纵向研究很可能会带给我们非常不同的结果。我们在 2020 年开始纵向研究，并招募 20 岁的参与者，然后在他们 40 岁、60 岁和 80 岁时再次测试，研究将于 2080 年结束。在我们的纵向数据中，年龄与计算机知识量的关系会是什么样？计算机知识量在各个年龄可能都会保持较高水平。纵向研究使用同一个队列的参与者。队列（cohort）是指共享相似环境 / 历史事件的群体。这组参与者（出生于 2000 年）在成长过程中会用计算机去做几乎每件事，并且随着年龄的增长很可能会继续使用。图 12.1 描述了这两种不同的结果模式。在横向研究中，每个年龄组也是一个不同的队列（参与者在不同的时间出生）；我们可以说年龄与队列发生了混淆。横向研究中年龄较大的群体并没有在成长过程中使用计算机。他们掌握较少的计算机知识可能是因为他们所处的队列，而不是因为他们的年龄。

序列设计（sequential design）（也称序贯设计）结合了纵向和横向设计的元素。例如，**队列—序列设计**（cohort-sequential design）可能从一个横向研究开始，然后再添加一个纵向元素，如图 12.2 所示。例如，乔

队列—序列设计：通过长期追踪调查两个或更多年龄组的参与者而将横向和纵向元素组合在一起的设计。

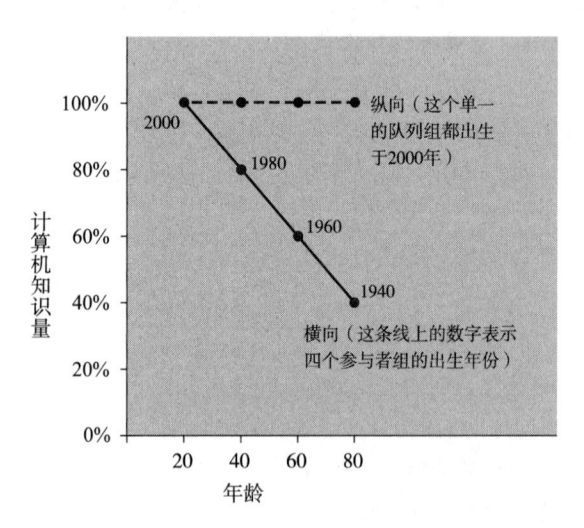

图 12.1 假想的考察年龄与计算机知识量之间关系的横向和纵向研究

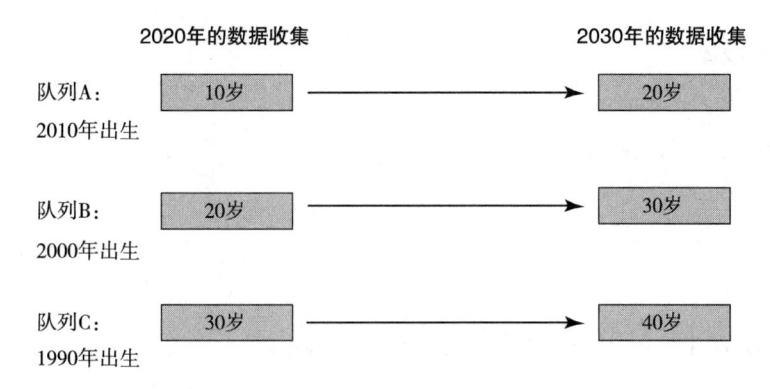

```
                    2020年的数据收集              2030年的数据收集
    队列A：         ┌────────┐                   ┌────────┐
    2010年出生      │  10岁  │ ────────────────▶ │  20岁  │
                    └────────┘                   └────────┘

    队列B：         ┌────────┐                   ┌────────┐
    2000年出生      │  20岁  │ ────────────────▶ │  30岁  │
                    └────────┘                   └────────┘

    队列C：         ┌────────┐                   ┌────────┐
    1990年出生      │  30岁  │ ────────────────▶ │  40岁  │
                    └────────┘                   └────────┘
```

图 12.2　一项为期 10 年调查 10—40 岁人群的序列设计

可以对不同队列在相同年龄时的情况进行比较（例如，可以对 2010 年出生的参与者与 2000 年出生的参与者在 20 岁时的情况进行比较，对 2000 年出生的参与者与 1990 年出生的参与者在 30 岁时的情况进行比较）。

伊纳德和罗伊（Chouinard & Roy, 2008）对青少年时期学生学习动机的变化感兴趣。他们招募了一组 7 年级学生和一组 9 年级学生，并追踪调查直到两组学生分别完成了 9 年级和 11 年级的学业。与完全纵向设计所需的时间相比，队列—序列设计使得研究者可以在更短的时间内收集到 7 年级到 11 年级的数据。序列设计通常比完全纵向设计需要更少的花费和时间，参与者流失的情况也更少。

对横向和纵向设计的评价

横向研究基于在单个时间点收集的数据考察变量间的关系，而纵向研究则在两个或更多时间点收集数据。横向设计的一些优势是：（a）开展研究所需的时间较短；（b）花费相对较少。其主要缺陷是它在提供因果关系的证据方面非常薄弱。横向研究能够很好地满足因果标准 1（关系），但难以满足标准 2（时间顺序）和标准 3（排除替代性解释）。另一个缺陷是，要断言人们随着年龄增长会发生什么变化非常困难，因为在横向样本中，年长者和年轻人生活的年代不同；也就是说，不同年龄组来自不同的队列。

纵向非实验定量研究设计的一些优势是：（a）可以测量变量随时间发生的变化；（b）可以看到因变量的变化是否发生在自变量的变化之后，因为数据是在不同时间收集的（因果关系的时间顺序标准）。如果你希望获得因果关系的证据，这一点非常重要。纵向研究的缺陷包括：（a）研究可能需要相当长的时间（一些纵向研究持续数十年）；（b）参与者流失（退出）可能会成为一个问题；（c）如果研究仅是随时间推移追踪调查一个队列，那么其结论也只能推广到该单个队列；（d）纵向研究花费较多；（e）与强实验研究设计相比，纵向设计在满足因果标准 3（排除替代性解释）上仍然较弱。

> **思考题 12.4**
> - 什么是横向和纵向设计？
> - 横向和纵向设计各自的优势和缺陷是什么？
> - 序列设计如何结合横向和纵向设计的特点？

基于研究目的的非实验定量研究设计

12.5 阐述基于研究目的的非实验定量研究设计的类型

在上一节中，我们已经了解到非实验定量研究可以根据所收集数据的类型（横向数据与纵向数据）分类。现在我们转向另一种有用的非实验定量研究设计分类方法——具体而言，根据研究目的分类。区分非实验定量研究的三个主要目的很有用，这些主要目的是描述、预测和解释（对应描述性、预测性和解释性非实验定量研究）。这些研究目的有时可能会有重叠，所以你需要回答的问题是你的非实验定量研究设计的主要目的是什么。

描述性非实验定量研究

描述性非实验定量研究：
专注于准确描绘或描述某种情境或现象的状态或特征的研究。

在**描述性非实验定量研究**（descriptive NQR）中，研究者利用实证数据来准确地描绘或描述某种情境或现象的状态或特征。描述性非实验定量研究的重点不是因果关系，而是描述情境中的变量，并且经常是描述这些变量之间的关系。在阅读研究论文时，往往可以通过检查研究者陈述的研究目的和/或研究问题来确定是否应该将其归类为"描述性研究"。只有在某些时候，作者才会明确标注他们的研究是描述性的。

描述性非实验定量研究的一般步骤是：（1）确定感兴趣的总体，并从目标总体中选取样本（最好采用随机抽样，但往往有必要采用立意抽样）；（2）收集数据，对其进行分析后描述目标变量的数据值（例如，平均数、百分比），并探索变量之间的关系；（3）根据样本数据推断或估计目标总体的特征。如果研究不是基于随机样本，那么研究者提供研究参与者的详细资料很重要，这样读者就可以了解研究结果可以推广到哪些类型的人。

一个描述性非实验定量研究的例子是《寄宿照护中心青少年的健康相关生活质量：描述及相关因素》（Nelson et al., 2014）。健康相关生活质量（health related quality of life; HRQoL）"是指个体的整体幸福感，包括身体、心理和社会功能"（p. 226）。研究者的兴趣是描述全日制寄宿照护中心青少年的生活质量。他们发现，25% 的寄宿青少年处于低 HRQoL 这一"风险"类别中。此外，女孩的 HRQoL

比男孩的低，年幼的比年长的低，服用精神药物的青少年 HRQoL 比未服用的低。族裔与 HRQoL 得分无关。在寄宿中心生活的时间越长，HRQoL 越高。这些数据是横向的，"单一时间点的数据收集提供了评估时青少年生活质量的'快照'"（p. 231）。这类研究可能会表明需要新的干预措施和有效性研究以及政策变更。

在另一个描述性非实验定量研究的例子中，研究者收集了美国军人及其文身的描述性数据（Lande, Bahroo, & Soumoff, 2013）。大多数人（57%）在军事部署前就已经有了文身。82% 的人表示至少有一个家庭成员也有文身。绝大多数参与者（约 80%）有多个文身。男性首次文身的平均年龄为 19.6 岁，女性为 23.2 岁。最流行的文身是人名。其他流行的文身包括真实的动物、民族/文化/部落符号、基督教符号以及骷髅头/死神/墓碑符号。大多数参与者几乎没有或完全没有后悔去文身，很少有人是在酒精或非法药物的影响下去文身的。

另一种重要的描述性非实验定量研究是我们在第 1 章简要讨论过的**元分析**（meta-analysis）研究。你已经知道，不应该赋予单个实证研究过高的权重。在提出强有力的主张之前，你需要证据表明研究结果已在不同的地点、时间、情境和不同类型的人群中得到了多次证实。元分析提供的就是这种信息，它还可以显示某种关系是否会在其他变量（例如，性别、社会阶层、智商、人格等调节变量）的不同水平上发生变化。例如，有研究者（Miao, Humphrey, & Qian, 2016）发现，在 119 篇已发表的实证研究中，平均来看，情绪智力与工作满意度呈正相关。他们还发现，这种关系随工作类型而变化，在需要频繁与公众面对面接触的工作环境中，二者的相关性最强。显然，来自 119 项研究的证据比来自单个研究的证据更有说服力！

元分析：描述多项研究中变量之间关系的定量技术。

测量学研究也是一种重要的描述性非实验定量研究。**测量学研究**（measurement research）专注于确定测量工具的心理测量学属性（即信度、效度、维度及其在不同类型的人群中的表现）。这是非常重要的研究类型，因为如果没有良好的测量，就不可能开展有意义的实证定量研究。研究者和心理学家必须了解他们的工具所测量的内容，以及这些工具/问卷/测验在不同类型的人群中是否可能有不同的表现。由于测量和评估的重要性，心理学领域有大量的测量学研究文献。在心理学领域，最顶级的测量学研究期刊也许是由美国心理学协会出版的《心理评估》（*Psychological Assessment*）（http://www.apa.org/pubs/journals/pas/index.aspx）。

测量学研究：专注于确定测量工具的心理测量学属性（信度、效度、维度及其在不同类型人群中的表现）的研究类型。

一个测量学研究的例子是《浮夸型自恋量表：浮夸型自恋的总体及因素水平测量》（Foster, McCain, Hibberts, Brunell, & Johnson, 2015）。浮夸型自恋（grandiose narcissism; GN）是"一种自恋类型，其特征是通常具有积极的内在功能（如高自尊）和消极（尤其是长期）的人际功能"（p. 12）。作者发现，浮夸型自恋有七个子维度或因素，包括"权威（更喜欢掌控）、自给自足（更喜欢独自做事而不是与他人一起）、优越感（相信自己优于他人）、虚荣（非常注重外表）、爱表现（以吸引他人注意力的方式行事）、特权感（相信自己应该得到特殊待遇）和剥削性（愿意利用他人）"（p. 13）。作者还发现，这些维度在由 1 017 名大学生组成的样本中具有很高的信度。如果能有更多的测量学研究来检验浮夸型自恋量表在其他人群中的信度和效度，难道不是很有趣吗？

预测性非实验定量研究

预测性非实验定量研究： 使用一个或更多预测变量对未来发生的结果进行预测。

在**预测性非实验定量研究**（predictive NQR）中，研究者使用一个或更多预测变量来预测未来发生的结果。预测性研究对于科学的进步很重要，在政策制定和现实生活中也很重要。我们可以据此提前识别哪些人有出现特定问题的风险，以便采取预防性措施。预测性非实验定量研究通常遵循以下四个步骤：（1）确定想要预测的因变量或"标准"变量；（2）确定应该会有助于做出预测的变量；（3）收集和分析实证数据；（4）检查实证结果以确定哪些变量对做出预测有用。

心理学家对许多种预测结果感兴趣。以下仅列举心理学家着力预测的许多结果中的一部分：精神病/精神分裂症、慢性抑郁、治疗成功与复发、最可能有效的抗抑郁药物类型、自杀、辍学、放弃治疗、读研期间的学业表现、职场霸凌和暴力、性骚扰、亲密伴侣暴力、药物和酒精滥用、强奸、青少年怀孕、进食障碍、孤独症、生活满意度、网络成瘾等等。你还可以设想在将来某一天你希望在自己的研究中预测的其他变量。

预测性非实验定量研究的一个例子是《物质使用者多地点研究中对首次自杀尝试的前瞻性预测》（Trout, Hernandez, Kleiman, & Liu, 2017）。该研究包含 3 518 名参与者，平均年龄为 31.68 岁，来自美国 78 个物质滥用治疗中心。研究者分别在参与者开始治疗时、结束治疗时以及完成物质滥用治疗一年后收集相关数据。结果显示，首次自杀尝试（在本研究进行期间）与"性别、基线健康相关的工作能力受损、精神类服务使用史、抑郁症状史、自杀意念史、童年身体虐待和童年性虐待"（p. 37）相关。最重要的自杀尝试预测因素是健康相关的工作能力受损、自杀意念史和童年身体虐待。这些信息应该对应用心理学家和其他服务提供者具有启发作用。

在另一项题为《父母拒绝、人格和抑郁在非临床年轻人样本中对自杀倾向的预测》（Sobrinho, Campos, & Holden, 2016）的预测性非实验定量研究中，研究者考察了自杀倾向的预测因素，样本为非高风险年轻人。这个样本包括 165 名在读大学生，其中 75% 为女性，平均年龄为 20.2 岁，只有 5% 的人目前有工作。因变量或标准变量自杀倾向基于自杀意念、表达自杀意图和先前自杀尝试等指标。结果表明，自我批评和先前抑郁是近期抑郁的预测因素，而自杀倾向的最强直接预测因素是近期抑郁和父母的拒绝。

正如你所看到的，预测性研究可能非常吸引人，并且对于心理学家和其他从业者来说非常有用，因为他们可以据此采取预防措施。有兴趣的读者可以阅读下面两篇文章：（1）《对高风险青少年暴力行为的预测》（Sussman, Skara, Weiner, & Dent, 2004）；（2）《结合临床变量以优化对抗抑郁药治疗结果的预测》（Iniesta et al., 2016）。我们建议你每次都通过文献检索来找到对自己而言重要的预测性研究，并记住预测是科学和实践的一个重要目标。

解释性非实验定量研究

在**解释性非实验定量研究**（explanatory NQR）中，研究的目的是解释某种现象的运作方式以及它为什么如此运作，并且研究者对获取一些因果关系证据感兴趣。实验研究是确定因果关系的最有力的解释性研究类型，但解释性非实验定量研究在心理学中也非常重要，因为在现实世界中，有许多原因变量因现实或伦理原因无法操纵，但我们仍然需要采用自己所能整合的最佳科学手段来了解它们。在解释性非实验定量研究中，研究者通常不直接探索在世界中运作的各种关系，而是依靠理论，提出并检验研究假设。解释性非实验定量研究可以依赖于横向数据或纵向数据，但纵向设计更为可取，因为它使研究者能够获得变量的时间顺序证据（因果标准2）。在所有情况下，解释性非实验定量研究都不包括对自变量的操纵。

解释性非实验定量研究：专注于探究某种现象的运作方式以及为什么如此运作，并试图获取一些因果关系证据的非实验研究。

在下面解释性非实验定量研究的第一个例子中，使用了一种叫作**路径分析**（path analysis）的统计技术。路径分析的逻辑是先建立一个描述一组变量如何关联的理论模型，再通过实证数据检验这个模型，看看它与数据的拟合程度如何。例如，特纳和约翰逊（Turner & Johnson, 2003）提出了一个关于儿童动机的理论模型，如图12.3所示。在此模型中，从左到右，你会看到父母特征（即父母的受教育程度、收入水平和自我效能感）被假设会影响教养理念和亲子关系。接下来，教养理念和亲子关系被假设会影响儿童的掌握动机（在图中标记为儿童的掌握）。最后，儿童的动机被假设会影响他们的学业表现。回顾表2.1，中介变量是在两个变量之间起作用的变量；根据这个定义，你可以看到图12.3中间的变量起着中介变量的作用，因为它们位于左侧的父母特征变量和右侧的儿童掌握和学业成就之间。在路径分析中，我们经常谈论直接效应和间接效应。上述的理论模型显示了几个假设的**直接效应**（direct effect），即一个变量发出一个箭头直接指向另一个变量。在 A→B 中，变量A对变量B有直接效应。这一理论模型还显示了几个**间接效应**（indirect effect），即一个变量通过一个中介变量影响另一个变量。在 A→B→C 中，变量A通过中介变量B对变量C有间接效应。

路径分析：一种研究类型，研究者先假设一个理论模型，然后用实证数据来检验这个模型。

直接效应：一个变量对另一个变量直接产生的影响，它在路径模型中以一个单向箭头表示。

间接效应：通过一个中介变量产生的影响。

特纳和约翰逊使用从169名非裔美国儿童以及他们的老师和父母那里收集的纵向数据来检验他们的理论模型。最终的路径分析模型如图12.4所示，它仅包含有统计显著性的路径，不受支持的路径被删除了。在这个"修正模型"中，你可以看到哪些假设的路径得到了实证数据的支持。最终模型表明，父母特征通过亲子关系这个中介变量影响儿童的掌握动机。换句话说，它表明父母特征会影响亲子关系的类型，而这些亲子关系又会影响儿童的掌握动机。结果还表明，掌握动机在亲子关系和儿童的学业成就之间起到了中介作用。换句话说，亲子关系会影

图 12.3　理论上的儿童掌握动机"路径模型"

每个单向箭头都表示一个假设的直接效应。一条因果线上的两个或更多箭头表示一个假设的间接效应，即一个变量被假设通过一个或多个中介变量的作用影响后来的变量。

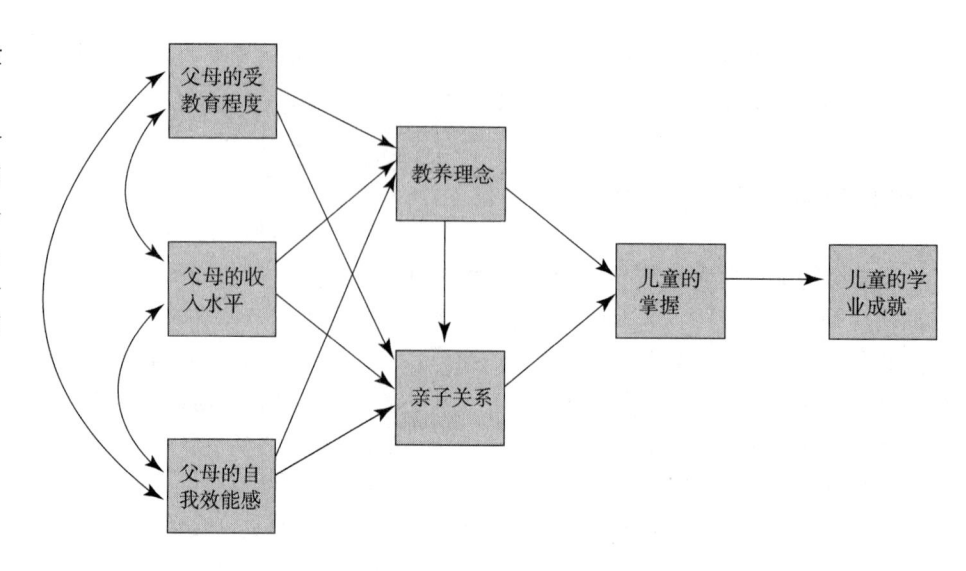

响儿童的掌握动机，而掌握动机又会影响儿童的学业成就。

路径分析模型的优势（如果执行得当）在于：研究者可精心构建一个理论模型，然后对模型进行实证检验。在科学研究中，检验我们的理论和假设非常重要。路径分析的主要缺陷是：模型通常是基于非实验数据而不是实验研究数据构建的。因此，你不应过分信任这些模型，尤其是来自单个研究的模型。

解释性非实验定量研究的第二个例子的标题是《同伴关系与青少年物质使用的双向效应：一项纵向研究》（McDonough, Jose, & Stuart, 2016）。研究者收集了初中和高中生在同伴联结、负面同伴影响（即受同伴的负面影响）和几种物质使用变量（饮酒、吸烟、大麻使用和其他非法药物使用）方面的数据。他们使用了**纵向交叉滞后设计**（longitudinal cross-lagged design），分别在间隔一年的三个时间点（时间 1、时间 2 和时间 3）收集了这些变量的相关数据。在这里我们只关注

纵向交叉滞后设计：一种在两个或更多时间点对两个变量进行测量以确定关系方向的研究设计。

图 12.4　修正后的儿童掌握动机"路径模型"

这是去掉了不显著路径后的理论路径模型（即数据支持的模型）。线上的数字被称为路径系数，它们显示了关系的强度和方向（即数字越接近 +1.00 或 -1.00，关系越强；如果是正数，那么一个变量增加，另一个变量也会增加；如果是负数，那么一个变量增加，另一个变量则会减少）。

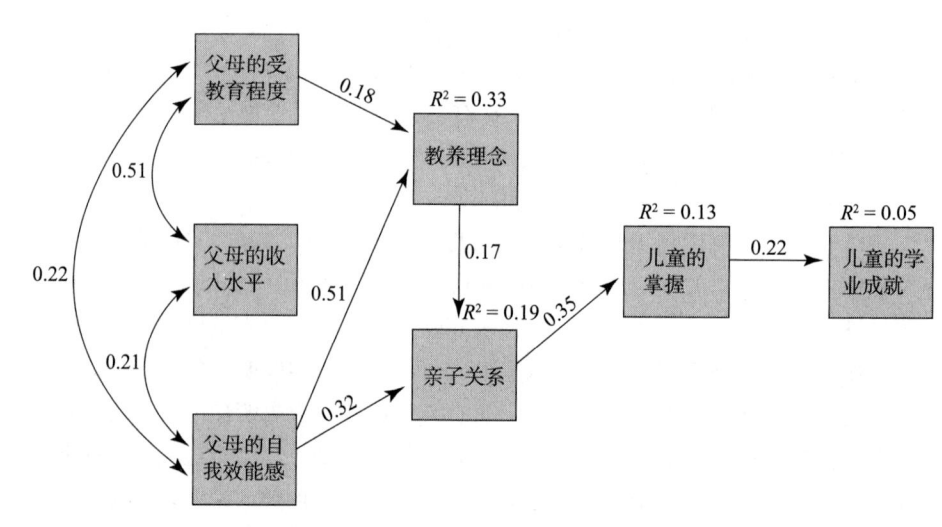

大麻使用变量。(你可以在原始论文中找到其他研究发现。)

其中的一个研究问题是：究竟是负面同伴影响影响了大麻的使用，还是两者之间关系的方向是从大麻使用到负面同伴影响？换句话说，(a) 受同伴（即煽动成员做违背成人意愿的事情的团体）负面影响导致更多的大麻使用？还是 (b) 更多的大麻使用导致更大的负面同伴影响？你认为是 (a) 还是 (b)？事实表明，这两个变量彼此之间有相互（双向）的影响，也就是说，关系是双向的。这也正是研究者所假设的。仔细想想，世界上许多变量都是这样运作的（即 A 影响 B，B 也影响 A）。

这项纵向交叉滞后设计以及因变量大麻使用的结果如图 12.5 所示。从时间 2 的大麻使用到时间 3 的负面同伴影响的箭头（数值为 0.14），可以看到大麻使用影响负面同伴影响的证据。（技术说明：这个 0.14 的箭头控制了时间 2 上的负面同伴影响，意味着参与者在时间 2 上的负面同伴影响在统计上是相等的；因此，时间 2 的负面同伴影响不能解释我们为什么会看到从时间 2 的大麻使用到时间 3 的负面同伴影响的正箭头。）

结果还表明，负面同伴影响对大麻使用有影响；事实上，这种关系似乎比反向效应更强。这一证据同样可以在图 12.5 中看到，即从时间 1 的负面同伴影响到时间 2 的大麻使用的箭头（0.46），以及从时间 2 的负面同伴影响到时间 3 的大麻使用的箭头（0.19）。请注意，我们还看到了中介变量存在的证据。例如，时间 1 的负面同伴影响导致时间 2 的大麻使用，进而导致了时间 3 更大的负面同伴影响（时间 2 的大麻使用是中介或干预变量）。

总之，这项纵向解释性研究支持了负面同伴影响和大麻使用之间存在双向关系的结论。这两个变量似乎形成了一个恶性循环，每一个变量都会使另一个在程度或数量上变得更大。从政策制定的角度来看，如果目标是防止或减少大麻使用，那么相关计划应该同时致力于使负面同伴影响和大麻使用最小化。

解释性非实验定量研究的第三个例子见《早年留级对完成学业的影响：一项前瞻性研究》（Hughes, West, Kim, & Bauer, 2017）。研究问题是：小学时留级是否会导致高中时更有可能辍学？显然，研究者不能随机地让学生留级或不留级——这个变量必须通过非实验的方式来研究。在这项纵向研究中，研究者追踪了 734

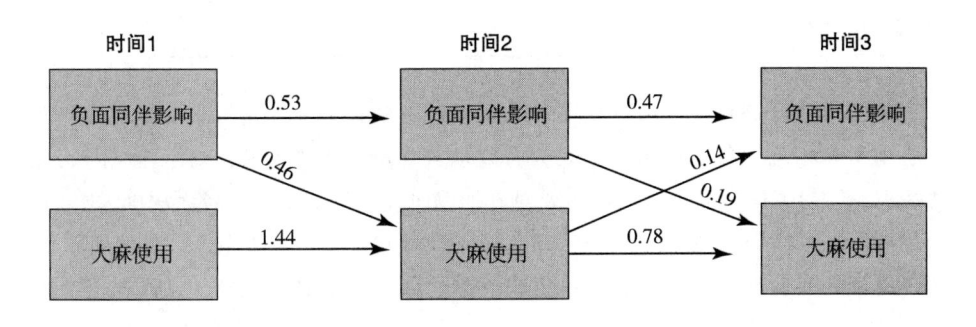

图 12.5 负面同伴影响与大麻使用的纵向交叉滞后设计

倾向得分匹配：一种用于非实验定量研究，能使自变量组在多个额外变量上相等的统计程序。

名学生从小学到高中毕业的情况。在研究结束时，研究者使用了一种叫作**倾向得分匹配**（propensity score matching）的统计技术，这使得他们能够构建两个用于比较的组：一组是在小学时留级的学生，另一组是没有留级但在 65 个额外变量上与前者相等的学生。

使这两个组在 65 个额外变量上相等生成了两个非常相似的比较组。考虑一下因果关系的第三个标准（排除所有合理的替代性解释），你会发现，这个研究设计使得研究者能够排除对观察到的留级与辍学之间关系加以说明的 65 个替代性解释。研究者控制了成就/认知变量（例如阅读成绩、数学成绩、智力测验成绩）、人口统计学变量（例如族裔、年龄、性别、社会经济地位、家庭中子女数量）、家校互动变量（例如父母在帮助孩子上的自我效能感、父母参与度）、动机和人格变量（例如学生的学业自我效能感、学生的责任心和宜人性）、师生关系变量（例如师生冲突、师生支持）、辅导服务变量（例如孩子是否参加了学前教育计划、学生是否接受成人辅导）、学校风险变量（例如学校免费或减价午餐的百分比、学区内学生的平均识字水平）、自我调节变量（例如学生的自我控制和抑制控制）以及社会/行为变量（例如学生问题、学生的攻击性、学生的亲社会行为、被同龄人喜爱的程度）。这是非常强大的，不是吗？请记住，在强实验研究中，我们使用随机分配来实现等组化；在非实验定量研究中，研究者有时使用倾向得分匹配技术在统计上实现等组化。他们本质上是在尝试模拟实验研究。

从统计上构建了留级和未留级学生组之后，研究者比较了这两组学生在高中的辍学率。他们发现，在控制了上述额外变量后，小学留级学生高中辍学与未辍学的比率为 2.32。与未留级学生相比，留级学生高中辍学的可能性约为其两倍。从政策制定的角度来看，这一发现表明许多小学应该重新认真地审视他们的留级政策。

> **思考题 12.5**
> - 什么是描述性非实验定量研究？
> - 什么是预测性非实验定量研究？
> - 什么是解释性非实验定量研究？

本章小结

非实验定量研究是一种自变量不受研究者操纵的定量研究。非实验定量研究在心理学和相关学科中很重要，因为有许多自变量由于现实和/或伦理原因而无法操纵，但为了科学的进步人们需要对其加以研究。例如，研究者无法操纵吸烟、药物使用、人格类型或心理障碍。非实验定量研究有两种简单范式，两者都没有对任何额外变量进行控制。在简单范式一中，自变量是类别变量，且存在一个单一的量型因变量。在简单范式二中，自变量和因变量都是量型变量。这两种范式只提供关于关系的信息（因果标准 1），不提供有关变量时间顺序的信息（因果标准 2），并且它们总是受到许多替代性解释的挑战（因果标准 3）。我们已经解释过，因果关系的主张总是需要满足三个因果标准：关系、时间顺序，以及排除替代性解释。另外一组标准（与上面的三个标准部分重叠）是布拉德福德·希尔因果关系准则，满足其中越多的准则越好。本章解释了非实验定量研究中的三种主要控制技术：匹配、保持额外变量恒定和统计控制。非实验定量研究设计包括横向设计（在单个时间点收集数据）和纵向设计（在两个或更多时间点收集数据）。序列设计结合了横向设计和纵向设计的元素。非实验定量研究的设计也会因研究目的（描述、预测和解释）而异。

重要术语和概念

非实验性定量研究	偏相关系数	解释性非实验定量研究
非实验定量研究的简单范式	横向设计	路径分析
虚假关系	纵向设计	直接效应
第三变量	队列—序列设计	间接效应
布拉德福德·希尔因果关系准则	描述性非实验定量研究	纵向交叉滞后设计
匹配变量	元分析	倾向得分匹配
保持额外变量恒定	测量学研究	
统计控制	预测性非实验定量研究	

章节测验

问题答案见附录。

1. 以下哪项是非实验定量研究的简单范式？
   a. 包含一个类别自变量和一个因变量，并且没有任何控制的设计
   b. 包含一个量型自变量和一个因变量，并且没有任何控制的设计
   c. 包含一个类别自变量，并且使用了匹配技术的设计
   d. a 和 b 都是非实验定量研究的简单范式

2. 以下哪项不是布拉德福德·希尔因果关系准则之一？

   a. 理论上的合理性
   b. 定性证据
   c. 剂量—反应关系
   d. 类比

3. 你对婚姻状况（离婚与未离婚）与生活满意度之间的关系感兴趣。你决定控制年龄变量，于是在设计研究时，你在四个年龄水平（18—24 岁、25—39 岁、40—59 岁、60 岁及以上）上各纳入 30 名离婚和 30 名未离婚的参与者。该研究将需要 240 名研究参与者。

这里使用了什么控制技术?
a. 统计控制
b. 保持额外变量恒定
c. 随机分配
d. 匹配

4. 标准相关系数（称为皮尔逊 r 系数）用于表示两个量型变量之间关系的程度。当你想要考察两个量型变量之间的关系并"控制"一个或多个额外变量时，会使用什么相关系数？

a. 控制相关系数
b. 高级相关系数
c. 偏相关系数
d. 多元相关系数

5. 以下哪项是描述性非实验定量研究的类型？
a. 路径分析
b. 倾向得分匹配
c. 测量学研究
d. 评估研究

提高练习

1. 你想开展一项预测高风险青少年的暴力行为的研究。请描述你将用于这项非实验定量研究的设计。

2. 你想进行一项研究，解释为什么一些年轻人会对阿片类药物上瘾。请描述你将用于这项非实验定量研究的设计。

3. 你想对自己刚刚构建的测量同理心的新工具进行一项测量学研究。请描述你将用于这项非实验定量研究的设计。（注意：你可能需要回顾第 5 章的内容，以获取一些有关该设计的想法。你也可以查看一些已发表的效度研究。）

第 13 章

调查研究

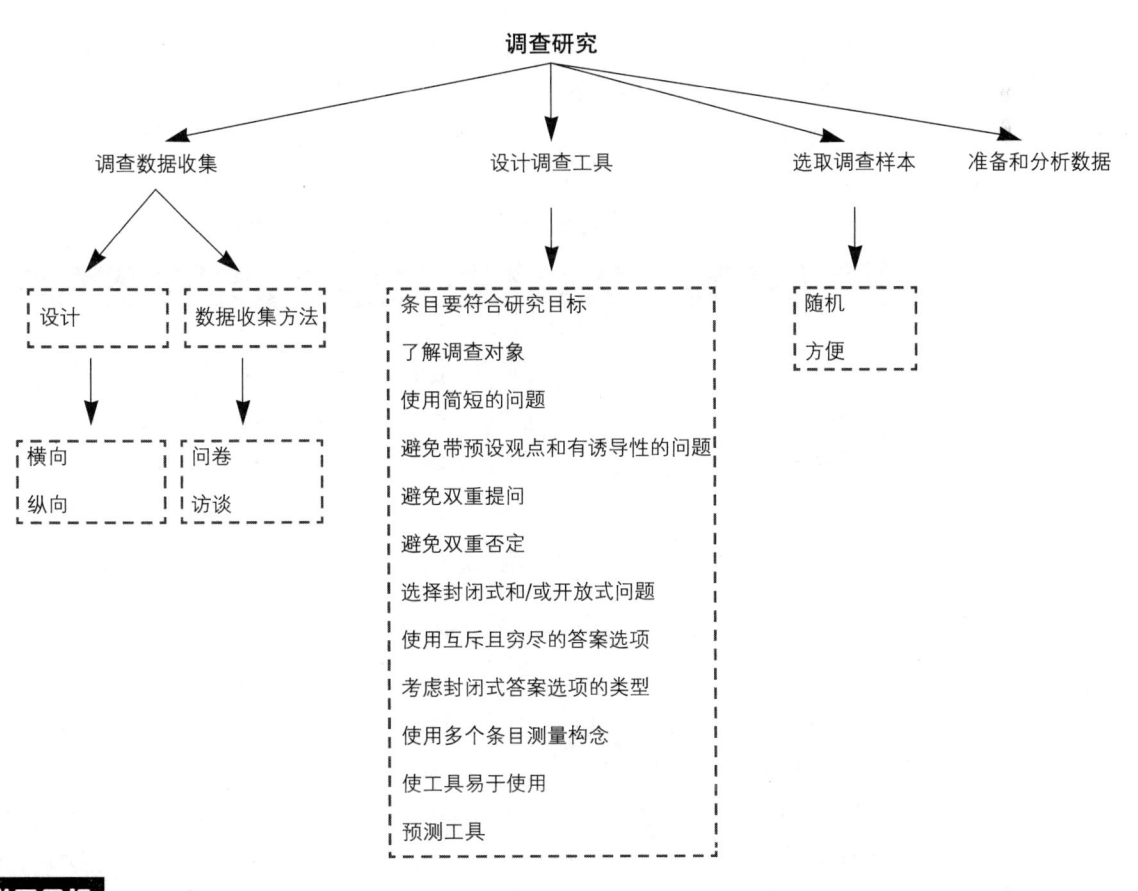

```
                        调查研究
        ┌──────────┬──────────┬──────────┐
    调查数据收集   设计调查工具  选取调查样本  准备和分析数据
     ┌────┴────┐
    设计    数据收集方法
     │          │
  ┌──┴──┐    ┌──┴──┐
  横向        问卷
  纵向        访谈
```

设计调查工具:
- 条目要符合研究目标
- 了解调查对象
- 使用简短的问题
- 避免带预设观点和有诱导性的问题
- 避免双重提问
- 避免双重否定
- 选择封闭式和/或开放式问题
- 使用互斥且穷尽的答案选项
- 考虑封闭式答案选项的类型
- 使用多个条目测量构念
- 使工具易于使用
- 预测工具

选取调查样本:
- 随机
- 方便

学习目标

13.1 阐述调查研究的目的
13.2 解释调查研究中的 6 个步骤
13.3 区分横向和纵向设计
13.4 描述不同调查数据收集方法的优点和缺点
13.5 描述设计和完善调查工具的 12 条原则
13.6 解释如何选取调查样本
13.7 描述如何准备用于分析的调查数据

调查研究：依靠问卷或访谈提纲的一种非实验研究方法。

调查研究（survey research）是一种应用广泛的非实验研究。研究者使用这种研究方法时，会要求人们填写关于态度、活动、观点和信念等方面的问卷，或接受相关的访谈。问卷或访谈提纲通常都是标准化的，以便向每位研究参与者呈现相同的刺激（即问题和指导语）。调查研究的样本通常是从研究者感兴趣的目标总体中抽取出来的。调查研究能够探究事件在特定时间的特定状态，也能追踪随着时间推移而发生的变化。

在美国，也许最广为人知的调查是盖洛普公司所做的那些调查。盖洛普民意测验经常调查选民对一些问题的看法，如总统或某项政策的受欢迎程度，或确定可能会在选举期间把票投给某个候选人的选民比例。最初开展调查是为了回答"有多少"及"程度多大"这类问题。但是在许多研究中，收集频次数据不过是研究的初级阶段。研究者常常希望能够回答"谁"和"为什么"的问题。谁会投票给共和党候选人，谁会投票给民主党候选人？为什么人们会买某个品牌型号的汽车或某种品牌的产品？此类信息帮助我们理解为什么某种现象会发生，并让我们能更准确地预测将会发生什么。

例如，表13.1展示了2016年皮尤研究中心关于美国成年人智能手机或非智

表13.1 皮尤研究中心关于美国成年人手机拥有情况的调查结果

	智能手机	非智能手机	没有手机
全体	77%	18%	5%
18—29岁	92%	8%	0%
30—49岁	88%	11%	1%
50—64岁	74%	23%	3%
65岁及以上	42%	38%	20%
高中学业以下	54%	39%	7%
高中毕业	69%	23%	8%
未完成大学学业	80%	16%	4%
大学毕业	89%	8%	3%
年收入少于30 000美元	64%	29%	7%
年收入30 000—49 999美元	74%	21%	5%
年收入50 000—74 999美元	83%	13%	4%
年收入75 000美元及以上	93%	6%	1%
男性	78%	18%	4%
女性	75%	19%	6%
白人	77%	17%	6%
黑人	72%	23%	5%
西班牙裔	75%	23%	2%

能手机拥有情况的调查结果。调查结果显示，77% 的人报告拥有智能手机。然而，拥有情况因受访者的背景特征而异。例如，年轻的参与者比年长的参与者更可能拥有智能手机，受教育程度较高的参与者比受教育程度较低的参与者更可能拥有智能手机，收入较高的参与者比收入较低的参与者更可能拥有智能手机。

调查研究有一个最基本的原则，即如果你想知道人们在想什么，就去问他们。正如你在本章中将了解的那样，研究者的工作是确保提问方式能促使参与者以合作的态度诚实地作答。可能的话，应该额外使用其他策略和数据收集方法（如观察法）来对参与者的回答加以核查。因为调查研究数据提供的是基于变量之间关系的结果，所以注意，在得出因果关系结论时要非常谨慎，除非这些关系经过了实验研究的证实。

实验研究在表明因果关系方面具有优越性，所以心理学界通常强调用实验研究来探究许多心理现象，但调查研究在心理学中也有着悠久且备受推崇的历史。例如，以前的许多著名心理学家，如库尔特·勒温（Kurt Lewin, 1890—1946）、伦西斯·李克特（Rensis Likert, 1903—1981）、弗劳德·亨利·奥尔波特（Floyd Henry Allport, 1890—1978）和穆扎费尔·谢里夫（Muzafer Sherif, 1906—1988）都经常使用调查研究。今天，调查研究是许多心理学分支的重要部分，包括社会心理学、人格心理学、临床心理学、工业组织心理学、发展心理学、社区心理学和跨文化心理学。有几家 APA 期刊定期发表基于调查数据的研究，包括《应用心理学期刊》（*Journal of Applied Psychology*）、《人格与社会心理学期刊》（*Journal of Personality and Social Psychology*）、《职业心理学：研究与实践》（*Professional Psychology: Research and Practice*）、《心理学与老化》（*Psychology and Aging*）、《健康心理学》（*Health Psychology*）、《成瘾行为心理学》（*Psychology of Addictive Behaviors*）和《宗教与灵性心理学》（*Psychology of Religion and Spirituality*）。

还可以将主要的研究方法混合在一起使用。例如，研究者也许会在一份调查工具中加入一项实验操纵，使这项研究兼有调查和实验的性质。但在本章我们关注标准的调查研究。

调查研究的目的

13.1 阐述调查研究的目的

调查研究是一种可用于多种问题的研究方法。它也会被误认为是一种很容易使用的方法。没有经验的研究者也许会认为，他们要做的只是设计一系列与感兴趣的主题相关的问题，然后让人们回答这些问题。但是，完成这些表面上看起来简单的步骤需要大量的思考和工作。没有这些思考和工作，所提的问题就会引发不可靠的回答。

表 13.2　调查研究中的问题类型

问题领域	过去（回顾型）	现在	将来
行为	当你还是小学生时，你与其他孩子打过架吗？	你上研究方法课时，常常迟到 5 分钟以上吗？	在下一届总统选举时，你打算投票吗？
体验	你十几岁时身为某个团伙的一员是什么感觉？	被问到你的青少年团伙成员身份是什么感觉？	如果有一天你成为父母，你认为你会最享受这一角色中的哪些体验？
态度、观点、信念、价值观	在你 10 岁时，你相信有圣诞老人吗？	你认为你是一个好人吗？	你认为当你年纪渐长时，你在政治上会变得更为保守还是更为自由？
知识	在你 10 岁时，你知道实验研究的定义吗？	实验研究的定义是什么？	你认为在这学期末，你能了解分层随机抽样的定义吗？
背景或人口统计学信息	你 10 年级时上的是哪个学校？	你现在年龄多大？	你打算攻读心理学硕士吗？

当你需要测量人们的态度、行为、观点和信念时，调查研究法是最佳选择。在表 13.2 中，我们呈现了一些可在调查研究中使用的问题类型。这张表格的目的是展示我们可通过调查研究收集的范围广泛的信息。调查研究对探索性、描述性、预测性研究均有帮助，在某些情况下，对解释性研究也有帮助。

当调查研究者们用设计合理的测量程序测量态度、观点和信念时，他们能够考察变量间的关系，做出预测，并确定各亚群体之间的差异。调查研究也可用于追踪信念如何随着时间的推移而变化。例如，社会心理学家追踪了自 20 世纪初以来人们对少数族裔的刻板印象的变化，揭示了信念的主要变化以及这些信念与其他变量的关系（比如，Gilbert, 1951; Karlins, Coffman, & Walters, 1969; Katz & Braly, 1933; Philogene, 2001）。调查研究收集的数据也常用于检验研究者基于以往文献、实验结果和其他因素所构建的理论模型（比如，Pettigrew et al., 2008）。心理学中的调查研究也可用于更纯粹的预测性（Donaldson, Handren, & Crano, 2016）和描述性目的（Dispenza, Varney, & Golubovic, 2017）。

高质量的调查研究以从总体中随机抽取的样本为基础。如果能做到这一点，那么调查研究就是一种能使研究者将从单一样本得出的关于态度、观点和信念的统计结果直接推广到某个总体的特别有用的研究方法。政治性民意测验需要做到这一点，心理学家在评估社会和心理学特征在某个总体中的普遍程度时也需要这样做。因此，随机抽样与调查研究得出的关于人们态度、观点和信念的结论的外部效度（即总体效度）直接相关。

思考题 13.1

- 什么是调查研究？在心理学研究中，何时可能需要调查研究？

调查研究的步骤

13.2 解释调查研究中的 6 个步骤

以下是调查研究的一般步骤：(1) 计划并设计调查研究（比如确定你想要调查的问题，确定是使用横向设计还是纵向设计，确认目标总体，并选择样本）；(2) 设计并完善调查工具（这一点会根据你使用的是问卷还是访谈提纲而稍有不同）；(3) 收集调查数据；(4) 输入并"清理"（即尽可能找出错误的地方，并修改过来）数据；(5) 分析调查数据；(6) 解读并报告结果。在表 13.3 中，我们列出了在设计调查研究时你必须考虑的一些关键问题。本章的剩余部分将讲述设计和开展调查研究所需的知识和原则。

表 13.3 设计调查研究时需要考虑的问题

- 此项课题的研究目的是什么？（你想要发现什么？）
- 目标总体是谁？
- 使用横向设计还是纵向设计？
- 你将使用哪种抽样方法？
- 样本应多大（即参与者的数量是多少）？
- 能找到用过的数据收集工具，还是必须设计一份新的工具？
- 是使用问卷还是访谈提纲？
- 你将使用哪种具体的数据收集方法（面对面、邮件、电话还是互联网）？
- 由谁来收集调查数据？怎么训练他们？
- 调查将在什么时间范围内进行？

> **思考题 13.2**
> - 调查研究的步骤有哪些？为什么它们很重要？

横向和纵向设计

13.3 区分横向和纵向设计

在第 12 章，我们讨论了横向和纵向研究设计。在调查研究中，这种区分尤其重要，因为所有的调查研究都是这两者中的一种。在这里我们简要地回顾一下这两种设计，以及它们在调查研究文献中的典型应用。

横向设计：在单个时间段内收集数据。

在**横向设计**（cross-sectional design）中，我们在一段相对短暂的时间（即足以从样本中的所有参与者处得到数据的最短时间）内，从研究参与者那里收集数据。这样的数据收集只进行一次。虽然只进行一次，但是在横向设计中，数据通常都是从多组或多类型的人群（比如不同年龄阶段的人，具有不同社会经济地位的人，具有不同能力和成就的人，等等）中得到的。例如，威斯曼（Whisman, 2007）在"婚姻痛苦与 DSM-IV[1] 所定义的精神障碍的全国性调查"中，抽取了说英语的美国成年人（18 周岁及以上）的代表性样本，收集并分析了相关数据。威斯曼发现，婚姻痛苦与焦虑障碍、心境障碍和物质使用障碍有关。并且，越是年长的组，婚姻痛苦与抑郁的关系越紧密。在另一项横向调查中，普劳斯（Plous, 1996）对 APA 成员进行了调查，以确定他们对使用动物做研究的态度。绝大部分参与者认可动物的使用，但是都希望能够让动物不受或尽可能少受痛苦，避免或尽可能少使用安乐死。

纵向设计：在两个或更多时间点收集数据。

在**纵向设计**（longitudinal design）中，研究者会在多个时间点收集数据。纵向研究常常会持续数年。尽管纵向研究包含的时间点或数据收集期最少只要两个，但根据研究问题的需要，应尽可能收集多个时间点的数据。纵向研究费用昂贵，因为数据收集常常需要持续多年。因此，在可用资源和资金有限且需要尽快获得结果的情况下，纵向研究并非总是可行的。文献中讨论了几种类型的纵向研究。

同组研究：在连续的时间点，从相同人群中收集数据的纵向研究。

在有关调查研究的文献中，追踪单组参与者或队列的纵向研究有时被称为**同组研究**（panel studies）（也称作前瞻性研究）。在这些同组研究中，研究者会随着时间的推移，在连续的时间点对同一群人进行数据收集。这相同的一群人（即"同组"）会不止一次地被调查。例如，莫斯科维茨和鲁贝尔（Moskowitz & Wrubel, 2005）使用纵向同组设计来更为深入地了解感染艾滋病病毒（HIV）对个体而言意味着什么。为了实现这项研究的目标，研究者找到了 57 名男同性恋者，他们的年龄在 24 到 48 岁之间，HIV 检测均为阳性。接着，在两年的时间里，研究者每两个月对这些人进行一次访谈，以确认他们随着时间的推移如何评价自己的病情。

趋势研究：在不同时间里从同一个总体中相继抽取出独立样本，并询问他们相同的问题。

调查研究文献区分出的最后一类设计叫作趋势研究。在**趋势研究**（trend study）（也称作连续的独立样本设计）中，研究者在不同时间里从总体中抽取出独立样本，并询问相同的问题。它不同于同组设计，因为在每一个相继的数据收集期中，被研究的人都是不同的。在不同时间使用独立样本进行全国性调查的一个例子就是美国综合社会调查（General Social Survey）（http://gss.norc.org/），它是由美国民意研究中心（设在芝加哥大学）进行的。每年，研究者都向新抽取的满 18 周岁的美国公民随机样本提出有关各种社会、心理和人口统计学变量的问题。其他在不同时间（每年）使用独立样本进行全国性调查的例子包括"美国药物使用与健康调查"以及"监测未来调查"（如 Schulenberg et al., 2017）。

---

1 《精神障碍诊断与统计手册》（第 4 版）。

> **思考题 13.3**
> - 横向和纵向设计的定义性特征是什么？
> - 区分同组研究和趋势研究。

选择调查数据收集方法

13.4 描述不同调查数据收集方法的优点和缺点

在设计一项调查研究时，你必须做出另一个重要决定：是让你的研究参与者完成一份问卷，还是让他们接受访谈。换句话说，你必须决定用哪种**调查工具**（survey instrument）来收集数据。**问卷**（questionnaire）是一种自陈式的数据收集工具，由研究参与者自行填写。传统的问卷是一种纸笔工具，但它们越来越多地出现于互联网。

在**访谈**（interview）中，由一名训练有素的访谈者向研究参与者（即受访者）提问并记录他们的回答。访谈中使用的调查工具看上去很像一份问卷，但它更专业的称谓叫**访谈提纲**（interview protocol）。问卷与访谈提纲之间的主要区别在于，问卷的编写必须能够让参与者可以在没有任何人帮助的情况下轻松地作答，而标准化访谈提纲的格式则类似于脚本，以便访谈者有条理地宣读这些问题并轻松地记录参与者的回答。访谈一般比问卷更可取，因为研究者对数据收集有更多的控制权，并且能够探查参与者的后续回答。

现在我们介绍几种收集调查数据的具体方法，包括面对面访谈、电话访谈、邮寄问卷、团体施测问卷以及网络调查。每一种都有其自身的优点和缺点，比如成本和回收率。**面对面访谈法**（face-to-face interview method），顾名思义，是一种面对面的访谈，通常是在受访者的住所通过个人访谈获得受访者的答案。这种技术的优势在于，访谈者可以澄清所提问题中的任何歧义，并且如果受访者提供的答案不够充分，还可以让他们进一步说明。这种方法通常有比较高的完成率，也能获得更完整的受访者信息。这种方法的主要缺点是，它的成本是最高的。此外，受访者可能对讨论私人问题感到不适。还有一种可能，访谈者可能会导致回答出现偏差。例如，访谈者也许会（有意或无意地）在有魅力或特别有趣的受访者身上花费更多的时间，进行更为有效的探查，从而导致结果出现偏差。访谈者训练可以帮助访谈者学习如何有效地进行访谈，以尽量减少此类问题。表 13.4 提供了一些进行访谈的实用技巧（其中多数也适用于电话访谈法）。

电话访谈法（telephone interview method），顾名思义就是通过电话访谈的方式进行调查。这种方法比面对面访谈所需的成本要低得多（Groves & Kahn, 1979），并且有数据（Rogers, 1976）表明，用它收集到的信息与从面对面访谈中获取的信

调查工具：诸如问卷或访谈提纲等用于调查研究的数据收集工具。

问卷：由研究参与者填写的自陈式数据收集工具。

访谈：访谈者从受访者处收集口头自我报告数据。

访谈提纲：访谈者使用的数据收集工具。

面对面访谈法：在面对面的环境中对参与者进行访谈的调查方法。

电话访谈法：在电话上进行访谈的调查方法。

表 13.4 进行有效的研究访谈

1. 确保访谈者接受过训练
2. 提前了解受访者的背景
3. 获得受访者的知情同意
4. 对文化差异保持敏感
5. 为访谈找到一处安静且舒适的环境
6. 说明访谈目的
7. 建立信任和融洽的关系
8. 讨论访谈的保密性
9. 按训练要求，准确地执行访谈提纲
10. 理解受访者的感受，但保持中立
11. 持续地监控你自己和受访者
12. 做一个好的聆听者（即应该是受访者在说话，而不是你）
13. 保证受访者准确理解你所提问题的含义
14. 给受访者充足的回应时间
15. 始终把握访谈的方向和重点（即紧贴主题）
16. 使用探查和激发的方法来获得后续的说明、细节和解释
17. 对受访者的宝贵时间表示出尊重
18. 如果可能的话，对受访者的回答录音
19. 在访谈中仅在必要时记笔记
20. 在访谈结束之后，立即编辑你的笔记并记录任何额外的观察结果
21. 完成访谈转录后，让受访者有机会修改自己所讲的内容

随机数字拨号：常用于电话访谈的随机抽样法。

计算机辅助电话访谈：访谈者从电脑屏幕上读取问题，同时记录受访者的回答，而相关数据会被存入电脑文件之中。

邮寄问卷法：通过普通邮件将问卷发给潜在参与者的调查方法。

息相当。**随机数字拨号**（random-digit dialing）在获取参与者样本方面很有用。在用这种抽样方法时，通常会用电脑随机拨出电话号码，这意味着未在电话簿上登记的号码和已登记的号码一样，都有同等机会被拨打到。如果被选择的人都同意参与这项研究，那么你将得到一个无偏差的代表性样本。如果你能使用**计算机辅助电话访谈**（computer-assisted telephone interview; CATI）系统，那么问题（包括关联性问题或跳转逻辑）会显示在计算机屏幕上，供你宣读并记录受访者的回答，而相关数据会被直接存入计算机文件用于分析。

邮寄问卷法（mail questionnaire method），顾名思义就是将问卷寄给被调查者并要求他们寄回已完成的问卷，通常用开展调查的组织提供的贴好邮票的回邮信封。这种技术的主要优势在于成本低廉。你只需要付出邮资，就可以将问卷寄往世界上任何地方。但是它有一个缺点，即大多数问卷都不会被寄回。尽管可以通过运用一些技术来增加返还率，如再次寄送装有问卷的信件去提醒被调查者等，但首次邮寄的返还率一般仅为 20%—30%（Nederhof, 1985）。

有时，研究者可以使用**团体施测问卷法**（group-administered questionnaire method）。在这种情况下，研究者将参与者召集到一起。研究者发放问卷，参与者在团体（小组）中同时完成问卷填写。这种方法有时被用于组织调查，因为此时参与者都聚集在同一个工作场所里。这种方法的优势在于能够快速而高效地收集问卷。然而很多时候，这并不是一种可行的方法，因为参与者分散在不同的地方。

网络调查（web-based survey）涉及通过互联网与潜在的参与者联系，并让他们通过电子邮件或网页上提供的链接在自己的电脑上完成调查问卷。在研究中，该链接首先将潜在参与者带到知情同意页面，该页面解释了调查的目的、参与者的权利以及与调查有关的任何风险（有关知情同意的更多信息，请参见第 4 章）。提供了知情同意的潜在参与者可以进行下一步，并被引导到问卷填写页面。这种调查的数量已显示出巨大的增长，并且还将持续增长。事实上，有时你可以通过参与网络调查获得一定的报酬。

开展网络调查有许多超越其他类型调查的优势。一个主要优势便是成本，这是因为网络调查不需要邮资和印刷费用，或访谈者介入产生的费用。安德森和卡努卡（Anderson & Kanuka, 2003）估算，网络调查成本大约是类似的邮寄调查成本的十分之一。网络调查还有几个优势，包括能即时接触到更广泛的各地受众，快捷，能将参与者的回答下载至电子表格或统计分析程序中，并且由于它能采用多种作答格式，网络调查的排版设计很灵活。与其他调查方法相比，虽然网络调查有许多优点，但它们也确实存在缺点。其中一个缺点便是在需要填写身份信息时难以保证私密性和匿名性。此外，可能无法确定某个参与者是否多次填写问卷。另外一个主要缺点是，网络调查通常被发送至互联网列表或讨论小组中，邀请它们的成员作答。这是一种**自愿抽样**（volunteer sampling），可能会生成与总体显著不同的样本，所以不如能生成代表性样本的随机抽样法。

> **团体施测问卷法**：参与者在团体环境中填写问卷的调查方法。

> **网络调查**：在互联网上联系参与者并让他们在线填写问卷的电子化调查。

> **自愿抽样**：参与者自主选择加入样本的非随机抽样法。

> **思考题 13.4**
> - 不同的调查数据收集方法各有什么特点？

设计和完善调查工具

13.5　描述设计和完善调查工具的 12 条原则

除了要决定数据的收集方式，还必须设计一定数量的能为研究问题提供答案的问题或调查条目。如果有已被验证过的调查工具可以使用，我们强烈建议你使用它，因为设计一份调查工具需要大量的工作。研究者可以根据下述两点来确定一份已有工具是否合适：（1）确定该工具在哪些样本中使用过，并检查用于不同

表 13.5　问卷设计的原则

1. 编写符合研究目标的条目
2. 编写适合并对调查对象有意义的条目
3. 编写简短的问题
4. 避免带预设观点和有诱导性的问题
5. 避免双重提问
6. 避免双重否定
7. 确定需要开放式问题还是封闭式问题
8. 为封闭式问题设计互斥且穷尽的选项
9. 考虑不同类型的封闭式答案选项
10. 使用多个条目测量复杂或抽象构念
11. 确保问卷从开头到结尾都易于使用
12. 对问卷进行试测，直到它变得完美

样本时的信度和效度数据；（2）根据本章的指导原则来评估这份工具。如果研究文献中有该工具成功运用于类似样本的记录，那么就使用它。如果该工具未曾用于与你的样本完全相似的人群，但符合本章中的指导原则，可以考虑使用它。如果它的设计不甚完善，那就不要使用它。下面我们要讲述的是，假设你的研究计划没有现成的工具可用，该如何设计一份调查工具。

数据收集的调查工具可以是一份问卷或一份访谈提纲。访谈提纲与问卷高度相似，从本质上来说它就是一份编排成脚本形式的问卷，以便访谈者宣读问题并记录回答。这一节所讨论的问卷设计原则，也适用于访谈提纲的设计。我们将通过表 13.5 中列出的 12 条原则来介绍问卷设计过程。你还可以查阅一些专门介绍调查工具设计的书，如布雷斯（Brace, 2018）、迪尔曼和史密斯（Dillman & Smith, 2014）、哈里斯（Harris, 2014）、鲁宾逊和伦纳德（Robinson & Leonard, 2019）及布拉德本、萨德曼和万辛克（Bradburn, Sudman, & Wansink, 2004）的著作。当你创建和分发问卷时，有一些重要的软件工具可能很有用，例如 Survey Monkey 和 Qualtrics（你还可使用腾讯问卷、问卷星等类似的中文在线工具——译者注）。

原则 1：编写符合研究目标的条目

你的研究方案会包含研究目的和研究问题或目标。在设计一份问卷时，你设计的条目应涵盖完成该目标所需的不同方面和内容。这就需要确定什么是关键的，什么是不需要的。你应该进行一次全面的文献回顾，以确保你已经确定了你需要在问卷中涵盖的所有方面。这也意味着你必须编写出能够起作用的条目，也就是说，你编写的条目和设计的问卷必须具有能提供可信且有效的数据的心理测量学属性。内容效度与结构效度问题尤为重要，也就是说，要确保设计出一组能代表你感兴趣的内容领域的条目，并确保你充分地测量了每一个构念。为了使工具具备这些理想属性，还必须遵从下面的每项原则。

原则2：编写适合并对调查对象有意义的条目

千万不要忘记：是你的研究参与者而不是你自己来完成问卷。如果你打算设计一些适合特定参与者的问卷条目，你需要设身处地地考虑，你的参与者将如何看待你编写的内容。不要使用生硬或做作的语言，要仔细考虑参与者的阅读水平、人口统计学特征及文化特征，然后编写出他们能够理解且对他们有意义的条目。确保使用你和你的研究参与者都清楚的自然、熟悉的语言。这将有助于你的参与者在填写问卷时感到放松，并减少其感受到的威胁。这样做还能增强他们完成问卷的动机。

原则3：编写简短的问题

调查问卷的条目应该简短、清楚和准确。这包括使用简单的语言和避免用专业术语。你的目的是让每个人都能容易地理解题目并以同样的方式解读问题或条目的含义。如果你需要询问一些复杂的内容，你必须找到一种简单且清楚的方式来提问。如果你编写的条目明确且易于回答，参与者就能够清楚地理解你问的是什么，因而他们的答案应该是有意义的。而且，参与者也更愿意继续回答问卷上的所有条目，而不会留下任何空白。

原则4：避免带预设观点和有诱导性的问题

带预设观点和有诱导性的问题会让参与者的反应产生偏差。当一个带预设观点的用语出现在题干中时，就会导致某种形式的偏差。**带预设观点的用语**（loaded term）是指会让部分参与者产生某种积极或消极情绪的词语，而这些情绪与题目内容的含义是无关的。例如，在美国的政治保守派圈子里，"自由主义"这个用语所承载的内涵远远超过了倡导革新的范畴。一个自由主义者有时会被描绘成道德水平很低且没有责任心的个体。因为这个词语带有预设含义，所以研究者需要使用自由主义的同义词，或者更好一点的做法是，明确它的具体含义（增加在教育方面的投入、反歧视措施等等）。例如，问"你对伊丽莎白·沃伦的看法如何？"就比问"你对奉行自由主义的伊丽莎白·沃伦的看法如何？"要好，因为"自由主义"一词带预设观点。增加一个词语可能会对参与者的回答产生巨大影响。要点在于：如果一个特定的词语可能引发情绪反应或刻板思维，那么就避免使用它。

有诱导性的问题（leading question）略有不同。这类问题或条目题干（也就是

> **带预设观点的用语**：使人产生情绪化反应的词汇。

> **有诱导性的问题**：暗示参与者应该如何回答的问题。

那些出现在问题或条目中，但不包含在选项中的词语）会暗示参与者他该如何回答。下面是一个来自伯内瓦奇（Bonevac, 1999）的例子：

你认为你应该保留更多自己辛苦挣来的钱，还是政府应该从你的钱中拿出更多来增加官僚主义的政府项目？
☐ 保留更多自己辛苦挣来的钱
☐ 交钱以增加官僚主义的政府项目
☐ 不知道／没意见

这个问题就带有诱导性，因为它向参与者暗示应该选择"保留更多自己辛苦挣来的钱"这一项。注意这个条目还含有一些带预设观点的词语，比如"官僚主义的"和"辛苦挣来的"。

原则 5：避免双重提问

双重提问：在一个问题中询问两件或多件事情。

双重提问（double-barreled question）是指在同一个条目中询问两件（或多件）事情，这是必须避免的。看这样一个问题："你同意总统应该将主要的注意力放在经济和外交事务上吗？"如果参与者表示同意，你该如何解释他的回答？你能否说清楚参与者是希望总统把主要的注意力放在经济上，还是放在外交事务上，或者二者兼顾？这个问题询问了两件独立的事情：经济和外交事务。这两件事情可能会引发不同的态度，将它们合并进一个问题会使我们无法确定评估的是哪项态度或观点。如果你的问题中出现了词语"和"或者"或"，你就要仔细核查，以确保没有编写一个双重提问的问题，而只是在询问某种非常具体的情况。

原则 6：避免双重否定

双重否定：包含两个否定成分的一种句子结构。

双重否定（double negative）是一种包含了两个否定成分的句子结构。在询问参与者是否同意某项表述时，很容易出现双重否定。以下就是一个例子：

你同意还是不同意下面这个观点？
不应该允许心理学教授在他们的办公室接待时间内开展研究。

为了表示不同意这个观点，你必须构建一个双重否定句。你只能这样回答，我"不认为不应该允许心理学教授在他们的办公室接待时间内开展研究"。在使用同意度量尺时，也许难以避免地要使用一些双重否定的表达。如果你偶尔确实需要使用一个双重否定句，那么就应该在表示否定的词语或短语下加下划线，以让参与者注意到它们（比如在上面给出的条目题干中，"不"字就应该加下划线），并将双重否定的使用控制在最低限度。

原则 7：确定需要开放式问题还是封闭式问题

开放式问题（open-ended question）要求参与者给出他们自己的答案。参与者用自己的自然语言回答开放式问题，而且不受限于某组预设的选项。他们可以按照自己的愿望提供答案。例如，如果你想要知道人们在感到沮丧时会做什么，你可以问这样一个开放式问题："当你感到沮丧时，你最常做什么？"当研究者需要知道人们正在想什么或者当一个变量的维度还没有被很好地定义时，开放式问题非常有价值。它们通常用于探索性研究或定性研究。但是，必须对开放式问题的答案进行编码和分类处理，这需要大量的时间。

封闭式问题（closed-ended question）要求参与者从一组由研究者预先确定的答案选项中进行选择。例如，如果你想知道人们在感到沮丧时会做什么，你可以用如下的封闭式问题来提问：

当你感到沮丧时，你最常做什么？
☐ 吃东西
☐ 睡觉
☐ 锻炼
☐ 与好朋友交谈
☐ 哭泣

一般来说，当变量的维度已知时，封闭式问题是比较合适的。此时，设计者可以设定答案选项供参与者从中选择。封闭式问题也能提供更加标准化的数据，因为呈现给所有参与者的答案选项都相同。

对于上例中的问题，我们也可以使用另一种**混合问题格式**（mixed-question format）：

当你感到沮丧时，你最常做什么？
☐ 吃东西
☐ 睡觉
☐ 锻炼
☐ 与好朋友交谈
☐ 哭泣
☐ 其他（请具体说明）：_____

> **开放式问题**：要求参与者用自己的话回答的问题。
>
> **封闭式问题**：参与者必须从一组预设的选项中选出答案的问题。
>
> **混合问题格式**：在同一个条目中既包括封闭式回答的特征，又包括开放式回答的特征。

原则 8：为封闭式问题设计互斥且穷尽的选项

在设计答案选项时，必须设计出没有重叠的选项内容。**互斥选项**（mutually exclusive categories）就不会重叠。下面是一组不互斥的有关年收入的答案选项：

> **互斥选项**：没有重叠的答案选项。

请在符合你目前年收入（以美元计算）的方框里打钩：
☐ 25 000 及以下
☐ 25 000—50 000
☐ 50 000—75 000
☐ 75 000—100 000
☐ 100 000—150 000
☐ 150 000—200 000
☐ 200 000 及以上

你看出问题了吗？如果你的年收入是 5 万美元，那么这里有两个选项可以选择，因为它们不是互斥的。下面是正确的、互斥的选项：

请在符合你目前年收入（以美元计算）的方框里打钩：
☐ 25 000 以下
☐ 25 000—49 999
☐ 50 000—74 999
☐ 75 000—99 999
☐ 100 000—149 999
☐ 150 000—199 999
☐ 200 000 及以上

穷尽选项：涵盖所有可能答案的答案选项。

同样重要的是，你所设计的选项还必须包含所有可能的答案。**穷尽选项**（exhaustive categories）包括了所有可能的答案。上面提供的那组年收入的选项就是穷尽的，因为它们包含了年收入的所有可能值。如果你去掉了这组选项中的任何一个，它们就不再是穷尽的了。例如，如果你遗漏了"200 000 及以上"这一项，那么每年赚取 300 000 美元的人就无法记录他的答案了。

关键在于，你的答案选项必须是既互斥又穷尽的，这很重要！

原则 9：考虑不同类型的封闭式答案选项

评定量尺　在向参与者提问或测量他们对表述的反应时，研究者通常更偏向于多个选项而不是二分选项。下面测量同意度的条目使用的是二分答案格式：

我对自己持积极的态度。
☐ 是
☐ 不是

评定量尺：一组有序的答案选项，用于测量态度的方向和强度，比如一个五分量尺。

为了增加变化幅度并获得一种强度指标，绝大多数研究者使用一种称为**评定量尺**（rating scale）的多选项格式。下面是一个例子：

我对自己持积极的态度。

1	2	3	4	5
非常不同意	不同意	中立	同意	非常同意

这个五分量尺要优于答案格式为二分的量尺，因为它发掘了态度的两个关键维度。它测量了态度的方向（对对象的积极或消极态度）和力度或强度。一些研究者更愿意去掉中间（中立）的选项，推动参与者"偏向"某个方向。研究表明，通过删除中间点而转化成一个四分量尺后，同意和不同意的答案分布并没有受到显著影响（Converse & Presser, 1986; Schuman & Presser, 1996）。

在为四分和五分量尺中的点设计描述词（称为**锚点**[anchor]）时，你必须保证各对描述词即答案选项之间的距离是相同的。比如，同意和非常同意之间的距离应该与不同意和非常不同意之间的距离相等。专栏 13.1 提供了关于锚点的几组例子，分别来自测量各种态度维度的几种常用评定量尺。

锚点：评定量尺各点的描述词。

在心理学研究中，超过 4 个或 5 个点的评定量尺也得到了广泛而有效的运用。各种评定量尺通常包含 4 个至 11 个点。这里有一个七分量尺的例子，其中只有中心和两头的点被描述词锚定：

你如何评价你的主管的整体工作表现？

1	2	3	4	5	6	7
非常差			一般			非常好

有些研究者会使用十分量尺，因为他们假定这是很多人的思考方式（即在 1 至 10 的等级内，你会怎样评定某事物？）。但是，我们建议增加 0，因为有些参与者会错误地假设 5 是 1 和 10 之间的中点。但 1 至 10 的量尺中点是 5.5，而 0 至 10 的量尺中点才是 5。我们还建议用一个描述词锚定中点，以减少量尺使用中的个体差异。例如，在上面列出的七分量尺中，我们就锚定了中点。如果你想知道等级评定选项应该包含多少个点，那我们建议包含 4 至 11 个点（McKelvie, 1978; Nunnally, 1978）。

二项迫选法　有时会使用的另外一种选项格式是**二项迫选法**（binary forced-choice approach）。在使用这种方法时，你不要求参与者使用评定量尺来评价每一个态度对象。相反，态度对象是成对给出的，参与者必须从中选出与他们的信念最吻合的一项。例如，按照福斯特和坎贝尔（Foster & Campbell, 2007）的说法，自恋人格量表（Raskin & Terry, 1988）是人格和社会心理学研究中测量"正常"自恋的常用工具。以下是该量表的指导语和其中的两个条目：

二项迫选法：参与者必须从一个条目提供的两个选项中进行选择。

专栏 13.1
常用评定量尺的答案选项示例

同意度量尺

1	2	3	4	5
非常不同意	不同意	中立	同意	非常同意

数量比较量尺

1	2	3	4	5
少得多	少一点	大致相同	多一点	多得多

认可度量尺

1	2	3	4	5
非常不认可	不认可	中立	认可	非常认可

效果量尺

1	2	3	4
完全无效	不是很有效	有点效果	非常有效

评价量尺

1	2	3	4	5
非常差	差	一般	好	非常好

表现量尺

1	2	3	4
优异	良好	一般	欠佳

满意度量尺

1	2	3	4	5
非常不满意	比较不满意	中立	比较满意	非常满意

相似度量尺

1	2	3	4
非常不像我	比较不像我	比较像我	非常像我

在以下各组描述中,选择你最同意的一项。将答案以 A 或 B 的形式写在空白处。每组只能有一个答案,请不要漏掉任何条目。

_____1. A 我在影响他人方面具有天赋。
　　　　B 我不善于影响他人。
_____2. A 在别人激我的时候,我几乎敢做任何事。
　　　　B 我是一个相当谨慎的人。

尽管一些研究表明迫选法能减少反应定势(这在后面会解释),但因为难以进行条目水平上的数据分析,所以心理测量学家普遍建议避免使用二项迫选法

（Anastasi & Urbina, 1997; Nunnally, 1978; Thorkildsen, 2005）。

排序　有时，调查研究者们会要求参与者对他们的答案进行排序。**排序**（ranking）表达的是态度对象的重要性或优先级。排序既可以用于开放式答案，也可用于封闭式答案。举个开放式的例子，也许你可以问："在你看来，你所在大学最好的三位心理学教授是谁？"接着你要求参与者对这三位最好的教授进行排序。排序有时也可用于封闭式答案。这里有个例子：

> 下列五位教授获得了本学年的杰出教师奖提名。请对这些教授进行排序，1代表你最喜爱，5代表你最不喜爱：
>
> 排名
> _____ James Van Haneghan 博士
> _____ Marty Carr 博士
> _____ Thomas Johnson 博士
> _____ Alex Baxter 博士
> _____ Lisa Morrison 博士

排序：要求参与者以升序或降序排列他们的答案。

一般来说，你不应该要求参与者一次对 3 到 5 个以上的态度对象进行排序，因为排序可能是一项困难的任务。另外，如果你的目标是将排名与其他变量相关联，那么可能难以对排序结果进行统计分析。最后，如果有一组参与者，那么即使不要求他们进行排序，也可获知排位。你让参与者在一个评定量尺（比如五分量尺）上对每个对象进行评分，然后比较各个对象在该组参与者中获得的平均分。接着你就能按照从低到高的顺序，利用平均值进行排序。

检查表　调查研究者们有时会提供一张选项列表（**检查表**［checklist］），并要求参与者选出与自己情况相符的答案。与其他答案格式不同的是，检查表是一种多选格式，要求参与者标记出所有适用于自己的选项。下面是一个检查表类型条目的例子：

检查表：参与者被要求选出所有符合情况的答案选项。

> 在过去一年中，你有没有修过下述学科领域的课程？选出所有适合的选项。
>
> ☐ 人类学
> ☐ 经济学
> ☐ 历史学
> ☐ 政治科学
> ☐ 心理学
> ☐ 社会学

原则 10：使用多个条目测量复杂或抽象构念

在上个小节中，我们介绍了如何为问卷中的条目设置答案选项。还有一个问题是，你需要多少条目才能充分地测量某个心理构念。测量的定义是"按照规则用数字来表示物体或事件"（Stevens, 1946）。但是，很少凭一个单独的条目就能充分地测量心理学家感兴趣的构念。单一条目可以充分地测量性别（自我报告）、体重（比如，用秤测量）以及族裔（自我报告）等构念。然而，研究者感兴趣的绝大多数构念都比性别和体重更为复杂，所以在测量它们时就要用多个条目。更复杂的构念包括自尊、智力、控制点、统计焦虑、教条主义和气质等。心理测量有一条准则，即要使用多个条目来测量构念。根据定义，多维度构念（即包含两个或多个成分或领域或维度的构念，如智力）需要用多个条目来测量。绝大多数单维度构念（即只有一个维度的构念，如整体自尊）也需要用多个条目来测量，因为人们普遍认为单条目测量非常不可靠（即不一致和不可信）。

语义差别量表：测量参与者赋予态度对象的含义的量表。

语义差别量表 语义差别量表（semantic differential）是一种多条目量表，用于测量参与者赋予态度对象或概念的含义，并生成语义剖析图（Osgood, Suci, & Tannenbaum, 1957）。参与者需要在一组两极式评定量尺上对态度对象进行评价，这些量尺的左右两端锚定着相反的形容词。最常用的量尺是仅有两端被锚定的七分量尺。例如，在一篇题为《职业和社会经验：影响人们对精神分裂症患者态度的因素》的文章中，研究者（Ishige & Hayashi, 2005）使用 20 对两极形容词测量了参与者的态度。以下是他们使用的一些形容词对：安全与危险，坏与好，凶狠与温和，肤浅与深刻，活跃与呆滞，孤独与愉快，简单与复杂，肮脏与干净，疏远与亲近。如你所见，这些相反的形容词对是由反义词组成的。如果你在为描述词找反义词时需要帮助，可以在互联网上很容易地找到在线词典。

在语义差别量表中，研究者习惯用若干对反义词说明人们看待态度对象的三个维度：活力、评价和效力。例如，你可能会将"青少年"评定为活力高（如富有攻击性）、评价低和效力高（如强有力），而将"书籍"评为活力低（如被动）、评价高（如果你喜欢书）和效力中等，政客则是活力中等、评价低、效力高（也就是强有力）。若你将"语义差别量表"作为搜索词进行文献检索，就能很轻松地找到许多语义差别量表。

李克特量表：将每位参与者在量表中各条目上的回答加在一起，以测量一个单独构念的多条目量表。

李克特量表 使用频率最高的多条目量表是**李克特量表**（Likert scaling）。[2] 它是以著名社会心理学家伦西斯·李克特（Rensis Likert, 1903—1981）的名字命名的。

---

2 有些研究者用"李克特量表"来指代任何使用五分反应量尺的单个问卷条目。我们建议在这种情况下使用五分量尺（或四分量尺等）而不是李克特量表，因为后者确切地说指多条目加总式量表。我们的建议与《APA 出版手册》（Publication Manual of the American Psychological Association, 2010）相一致。

他在准备自己的毕业论文时，首次使用了这种测量方法（Likert, 1932; Seashore & Katz, 1982）。在李克特量表中，每位参与者都会评定用于测量同一构念的多个条目，参与者通常会使用四分、五分、六分或七分量尺来评定所有条目。将同一位参与者在各条目上的分数加在一起便是他的总分。（有些研究者会把这个总分除以条目数。）由于这种类型的量表是把每位参与者在测量同一构念的条目上的分数加在一起，故它也称作**加总式评定量表**（summated rating scale）。

加总式评定量表：李克特量表的另一个名称。

你可以在表 13.6 中看到一个加总式评定量表。表中显示的是罗森伯格自尊量表（Rosenberg Self-Esteem Scale），它由十个条目组成。尽管它们都在测量自尊水平，但其中五个（3、5、8、9、10）是用反向措辞表述的。在把研究参与者的十个条目分数进行求和之前，必须先对这五个反向条目的分数进行逆向编码。如果研究者希望最后的分数范围落在 1 到 4 之间（而不是 10 到 40 之间），可以将参与者在这十条上的总分（经过恰当的逆向编码之后）除以 10。当研究者使用加总式评定量表测量构念时，他们应该报告 α 系数值（也称作"克隆巴赫系数"），这是根据研究所收集的数据求得的内部一致性信度指标（见第 5 章）。如果量表是可信的，α 系数的值应该达到 0.70 或以上。

表 13.6　罗森伯格自尊量表

给下列每一个条目圈出一个答案。	非常不同意	不同意	同意	非常同意
1. 我认为自己是个有价值的人，至少与别人不相上下。	1	2	3	4
2. 我觉得我有许多优点。	1	2	3	4
*3. 总的来说，我倾向于认为自己是一个失败者。	1	2	3	4
4. 我做事可以做得和大多数人一样好。	1	2	3	4
*5. 我觉得自己没有什么值得自豪的地方。	1	2	3	4
6. 我对自己持肯定的态度。	1	2	3	4
7. 整体而言，我对自己感到满意。	1	2	3	4
*8. 我希望能更尊重自己一些。	1	2	3	4
*9. 我有时的确觉得自己很没用。	1	2	3	4
*10. 我有时认为自己一无是处。	1	2	3	4

*用星号标注的条目用的是反向措辞。反向措辞的条目分数必须经过逆向编码，才能与其他条目分数相加。对于反向措辞条目，选择 1 就转换为 4，选择 2 就转换为 3，选择 3 就转换为 2，选择 4 就转换为 1。在转换之后，将每位参与者的 10 个答案相加，再用总分除以 10，就得到每位参与者最后的量表分数。

资料来源：Morris Rosenberg's "Self-Esteem Scale" from pp. 325–327 of *Society and Adolescent Self Image*, 1989.

原则 11：确保问卷从开头到结尾都易于使用

表 13.7 提供了问卷设计的一份检查表。请仔细阅读这份列表，并保证在设计自己的问卷时对着它进行核查。我们将详述下面几个问题。

问题的顺序　问题的顺序即排序是每次都必须考虑的事情。当问卷中既包含正向条目，又包含负向条目时，一般先询问正向问题会好一些。同理，更重要和更有趣的问题应该先出现，以引起参与者的注意。罗伯森和桑德斯特伦（Roberson & Sundstrom, 1990）发现，在一项职员态度调查中，将重要的问题放在前面，而将人口统计学问题（年龄、性别、收入等）放在最后时，调查问卷的回收率最高。将人口统计学问题放在最后也是专业调查研究公司的标准做法，我们强烈建议你也这么做。最后部分的导入语应类似于下列两者之一："最后这部分是一些仅用于分类的人口统计学问题"或"在完成这份问卷前，我们需要询问几个与您有关的问题"。

表 13.7　问卷设计检查表

1. 遵循表 13.5 中提供的 12 条原则。
2. 问卷一定要有标题。
3. 对条目或问题进行连续编号（从"1"开始）。
4. 写上页码。
5. 使用标准字体（比如英文常用新罗马体，中文常用宋体）和易读字号（比如 12 磅，即小四号）。
6. 在需要的地方提供清楚的说明。
7. 在问卷的新章节或长章节前加入导入语。
8. 确保问卷的外观专业、整洁。
9. 认真地安排每个问题或每组问题的位置，保证从头到尾流畅并具有逻辑性。
10. 把有趣的、温和的问题安排在问卷的开头。
11. 将人口统计学和其他敏感问题放在问卷的末尾。
12. 避免用多选题。
13. 封闭式题目的答案选项要垂直排列，不要水平排列。但水平呈现的评定量尺是本原则的例外。
14. 在已知合适答案时，使用封闭式的答案选项。
15. 加入一些开放式题目。
16. 在开放式题目后面，不要使用"填空"线，留出空白区域即可。
17. 不要把一道题目（或指导语或导入语）分开排在两页上。
18. 在多页问卷中，在页面下方标明"请继续翻到下一页"。
19. 每份问卷的结束语都应该是"感谢您完成这份问卷"。

关联性问题　最好限制纸笔问卷（即需要参与者填写的问卷）中关联性问题的数量，因为它们会增加错误率。**关联性问题**（contingency question）是指根据参与者的答案让他们回答不同后续问题的条目，它可以使研究者将参与者引向问卷内正确的位置（如果参与者之间要回答的下一道题目有所不同的话）。下面是一个关联性问题的例子：

题目 43. 您有孩子吗？
□ 有→如果有，请转到题目 45
□ 无→如果无，请转到题目 44

在访谈提纲和网络调查问卷中，使用关联性问题并不会引起什么纰漏。因为在访谈时，访谈者接受过执行访谈提纲的训练；而使用网络调查时，可以在网络调查工具中加入跳转功能，自动地让参与者跳转至正确的题目上。

问卷长度　在任何调查中都有许多重要的问题可问，但每种数据收集工具都有适合其所针对人群的最佳长度。超过一定长度，参与者的兴趣和合作意愿都会消失。因此，研究者必须保证问卷不会太长，即使可能不得不牺牲一些重要的问题。要准确地说明每一种调查问卷的最佳长度是不可能的，因为长度部分取决于研究话题和数据收集方法。一般的原则是，电话访谈不应超过 15 分钟。不过，面对面访谈可以花更多的时间，却不会让受访者感到不舒服。通过邮寄送达的问卷应该是各种形式中最短、最易完成的，否则潜在参与者可能就不会填写并寄回问卷了。

反应偏差　人们在对调查做出回应时，可能会出现几种类型的偏差。其中最常见的一种是**社会赞许性偏差**（social desirability bias）。当人们按照一种让自己形象最好，而不是表现自己真实感受和想法的方式来回应调查时，就会出现此类偏差。这与前面章节中讨论过的积极的自我表现这种参与者效应含义相同。研究者必须时时警惕这种影响个人反应的偏差，并在工具设计和结果解释时对其加以充分考虑。最大限度地减少这种偏差的策略之一是匿名收集数据，这样的话，即使作为研究者的你也不能将参与者的姓名与回答联系在一起。然后你可以告诉参与者他们的回答是匿名的。你不能要求或允许参与者提供任何个人身份信息（比如姓名、电话号码、学号）。在说明他们的回答将被匿名记录之后，再要求他们诚实而无所保留地回答问题。现在他们应该感到放松了，因为他们知道没有人能将他们的姓名与他们的回答联系在一起。另一种策略是使用二项迫选法。参与者必须在两个受赞许程度相当的选项中选择一个。这种方法并不经常使用，因为评定量尺比二项迫选反应得到的数据更受欢迎，也更容易分析。

还有一种偏差是特定的**反应定势**（response set），即以某种特定方式回答多个或所有问题的倾向。例如，一个人也许不愿意给出极端答案，并倾向于把答案都集中在中间选项的附近。将选择中间选项的倾向最小化的一种策略是，在评定量

关联性问题：根据参与者对本问题的回答，将他们引导至不同后续问题的条目。

社会赞许性偏差：当参与者试图以一种他们认为可以让自己形象好的方式回应时所产生的偏差。

反应定势：参与者以一种特定方式回答一组题目的倾向。

尺中设置偶数个数的答案选项，而不是奇数个数（含有中间项）的选项。其他一些人可能是"认同者"，倾向于对每种表述都表示同意。最大限度地减少这种情况的一种策略是将问题分成不同的类型。例如，在一组封闭式条目中插入一个开放式题目。在设计调查工具时，需要消除诸如此类的偏差，或者至少让它们减到最小。一些研究者通过反转条目来帮助参与者消除反应定势。这种方法可能会起作用，但它也被证实会降低条目的信度。因此，反转条目可能会付出代价。总而言之，在试测阶段，你需要仔细思考并利用实证数据认真检查，以确定哪几种偏差可能会影响数据收集，并采取相应的措施。

原则 12：对问卷进行试测，直到它变得完美

我们已经提到过试测的重要性。我们怎么强调对数据收集工具（比如，问卷、访谈提纲）进行"试验"或**试测**（pilot test）的重要性都不为过。试测的目的是发现问题并纠正它们。在你将工具运用于研究之前，必须进行试测。你可以先在你的同事和朋友中试测你的问卷。然后，你需要在与你的研究参与者非常相似的个体中进行试测。你应该要求试测参与者完成问卷（或访谈），并找出任何模棱两可或不清楚的条目，或他们在填写该调查工具的过程中可能遇到的任何其他问题。在试测过程中，一个特别有用的策略是使用**出声思维技术**（think-aloud technique），让参与者在进行问卷填写活动时，将自己的想法和看法用语言表达出来。你甚至可以决定对预测环节进行录音或录像，以便以后回顾。在参与者完成问卷之后，对他们进行访谈也很有帮助。你们可以讨论问卷的效果如何，他们认为问卷是测量什么的，有没有令他们困惑的地方，以及是否有什么内容让他们感到恼火。试测的最终目的是获得一份能在研究项目中完美运行的工具。

> **思考题 13.5**
> - 问卷设计的主要原则是什么？在这 12 条原则中，每一条的核心问题是什么？

试测：在将一份数据收集工具用于研究之前，为了使其能够正确运行而进行测试。

出声思维技术：一种要求参与者在进行某项活动时将他们的想法用语言表达出来的方法。

从总体中选取你的调查样本

13.6 解释如何选取调查样本

在设计完调查工具（即问卷或访谈提纲）之后，必须用它对一组个体施测，以获取能为研究问题提供答案的回答。研究者可以通过多种方式选择接受问卷调查的参与者。绝大多数研究课题都涉及从研究者感兴趣的总体中选取一个参与者样本。**总体**（population）是指被代表的所有事件、物体或者个体，而**样本**（sample）是指少于总体数量的、用于代表总体的个体集合。研究者在样本结果的基础上，

总体：研究者感兴趣，希望将结论推广至并从中抽取样本的整个群体。

样本：总体的一个子集；从总体中抽取出的一组个案或元素。

对总体情况进行推论。

选取参与者样本的方式取决于研究目的。如果研究问题侧重于探索变量之间的关系，并且不需要对总体做出直接、精确的推论，那么可以采用方便抽样法。**方便抽样**（convenience sampling）是一种非概率抽样法，参与者样本的选择基于方便性，样本中会纳入那些容易获得的个体。例如，相当多的心理学研究以选修心理学导论课程的学生作为参与者，因为对研究者来说，这些学生是易于获取的资源。使用方便抽样技术的明显优势在于，不需要花费大量的时间或金钱就可以找到参与者。然而，研究者通常希望他们的结果能够推广到"一般人"或者至少"大学生群体"。从这个样本做出这样的概括可能存在风险，因为组成样本的个体是在开展研究的学期内选修了心理学导论课程并自愿参与研究的学生。

方便抽样：将容易获得的人、志愿者，或容易招募的人选入样本。

网络调查回复样本也是一种方便样本，因为尽管上网的人数量很庞大，但仍有许多人没有网络可用或者选择不使用互联网。根据美国人口调查局的数据，2010 年，大约 76% 的美国人家中可访问互联网。而且，最终样本中的参与者也只包含了决定答复电子邮件邀请并参与调查研究的人。这意味着网络调查的任何回复样本都会有偏差。从互联网使用率非常高的总体中抽样可以减少偏差，如美国、加拿大、西欧的大学生和高校职员。但是，即使是这些总体，因为经验水平和使用网络浏览器等互联网工具的熟练程度不同，也可能产生有偏差的样本。当研究问题要求对总体进行精确描绘时，必须使用**随机抽样**（random sampling）法。正如在第 5 章中详细讨论的那样，随机抽样有几种类型，包括简单随机抽样、分层随机抽样和整群随机抽样。本章只回顾简单随机抽样。随机抽样的例子可见于绝大多数与总统竞选有关的民意测验。进行这些民意测验的目的是确定候选人的受欢迎程度，以及他们的各种问题（如吸毒史）对公众对候选人看法的影响。基于样本的结果必须要能推广到参与政治选举的总体上。

随机抽样：使用统计随机过程选取样本成员。

当参与者样本确实是从总体中随机抽取的时候，结果就能相当准确。例如，1976 年《纽约时报》与哥伦比亚广播公司的联合民意测验准确地预测到，51.1% 的选民将投票给吉米·卡特，48.9% 的选民将投票给杰拉尔德·福特（Converse & Traugott, 1986）。做这项预测所使用的样本是从约八千万选民中抽取的不到两千人。这种完全准确的预测并不常见，但它说明了如果样本中的个体是随机选取的，从只包含少量个体的小样本预测总体反应可以达到的准确性。在几乎所有这样的民意测验中，都存在**抽样误差**（sampling error），或者说随机误差。这类误差的产生是由于一个事实，即样本结果总会随机地与总体特征有一些微小的差异。但这种误差通常非常微小，而且随机抽样比其他抽样方法所产生的误差要小得多。

抽样误差：样本值与真实的总体参数值之间的差异。

这种从单个样本直接推广到总体的能力在许多调查研究中也很重要。这种推广能力是随机抽样调查研究的优势。实验研究很少采用随机抽样；但如果基于实验研究数据的因果概括，能够在不同的时间、不同地点和多个不同的样本中得到重复，这个问题也可以得到解决。在实验研究中最重要的是将参与者随机分配到自变量的各个水平，而不是随机抽样。

简单随机抽样：一种常用的、基本的等概率抽样法。

代表性样本：一个与总体相似的样本。

在使用**简单随机抽样**（simple random sampling）时，总体中各成员被选入研究的机会相等。[3] 这种方法的优点在于，参与者样本的反应能代表整个总体的反应，选出的样本叫作**代表性样本**（representative sample）。理解简单随机抽样法的一种方式是考虑"帽子模型"。其做法是将各人的名字写在一张小纸片上，然后将它们放入帽子中。总体中每个人的名字都要写在一张大小形状都相同的纸片上。接着晃动装有纸片的帽子，再抽出一张纸片，纸片上写有谁的名字，就把谁纳入样本中。如果样本容量是100，那么就再重复这个过程99次，直到找满100个人（为避免再次抽到相同的人，不要将已经抽过的纸片放回到帽子中）。如果你确实需要抽取一个随机样本，比帽子模型更好的方法是：对总体中的所有人进行编号（从1开始，以总体中的人数结束），然后使用随机数字生成器产生随机的号码（即个人），将其纳入样本中。如第5章提到的那样，你可以在下列网站找到有用的随机数字生成器：http://randomizer.org 和 http://www.random.org。要想了解更多有关随机抽样法的信息，请重新阅读第5章，或者查阅专门讲述抽样的书籍（如Fowler, 2013; Henry, 1990; Kalton, 1983）。

> **思考题 13.6**
> - 不同抽样方法各自的优点和缺点是什么？

准备和分析调查数据

13.7 描述如何准备用于分析的调查数据

设计完数据收集工具，选择好了样本，也收集完了调查数据之后，你就可以把你的数据输入一个统计软件程序，比如常用的SPSS。定量数据（即数值数据）相对容易输入到SPSS中，它的数据输入窗口看起来和操作起来都像是一个电子表格。输入完数据后，必须仔细地检查数据的质量，例如，如果你使用的是五分量尺，那么"6"或"7"这样的答案显然是无效的。你需要再次查看调查工具，确定你是否在数据输入时犯了错误，若是就要将其修改过来。如果不是输入错误，那么这种答案只能编码为"缺失"。如果调查包含一个关联性问题，只要求女性回答另一问题，那么，男性参与者对这个问题的任何回答都必须删除（即编码为缺失）。如果有任何开放式回复，你都需要检查这些书面回复以发现主题和类别，

---

[3] 任何具有这个特征的抽样法都被称作等概率抽样法。除了简单随机抽样以外，还有其他的等概率抽样法，比如等比例分层抽样、群大小相同的整群抽样（或者使用概率比例规模抽样）以及系统抽样（当使用了随机起点时）。其核心理念是，等概率抽样法能产生代表性样本，使研究者能将样本结果直接推广到总体。

如果可能，你应该为这些主题/类别设置编码。这些编码将代表一个命名变量，可以将其输入数据集中，并与其他变量一起分析。如果你已经仔细地核查并"清理了数据"，那你就为分析做好了准备。在第 15 章和 16 章，你将学习如何分析数据。

> **思考题 13.7**
> - 为什么在进行数据分析前核查数据很重要？

本章小结

调查研究是一种依靠问卷或访谈提纲进行数据收集的非实验研究方法。当研究者对测量个体的态度、报告的活动、观点和信念感兴趣时，就可以使用这种方法。一般来说，调查方法依赖于一个选定的参与者样本，这样研究者才可能将从样本得到的结果推广到目标总体上。调查可以在某个单一时间段（横向调查）或多个时间段（纵向调查）进行。"调查研究的步骤"一节介绍了调查研究的六个步骤，设计调查研究时需要考虑的关键问题见表 13.3。调查研究中使用的两种主要数据收集方法是使用调查工具（即问卷）或进行访谈（使用访谈提纲）。访谈通常是面对面或通过电话（或某种通信软件如 Skype）进行的。表 13.4 提供了开展有效访谈需要遵循的 21 条原则。如果你必须自己设计调查研究所需的问卷，那么你需要遵循表 13.5 中列出的 12 条问卷设计原则。在设计或评估一份问卷时，确保达到问卷设计检查表（表 13.7）中列出的所有要求非常重要。

重要术语和概念

调查研究	计算机辅助电话访谈	互斥选项
横向设计	邮寄问卷法	穷尽选项
纵向设计	团体施测问卷法	评定量尺
同组研究	网络调查	锚点
趋势研究	自愿抽样	二项迫选法
调查工具	带预设观点的用语	排序
问卷	有诱导性的问题	检查表
访谈	双重提问	语义差别量表
访谈提纲	双重否定	李克特量表
面对面访谈法	开放式问题	加总式评定量表
电话访谈法	封闭式问题	关联性问题
随机数字拨号	混合问题格式	社会赞许性偏差

反应定势	样本	简单随机抽样
试测	方便抽样	代表性样本
出声思维技术	随机抽样	
总体	抽样误差	

章节测验

问题答案见附录。

1. 一位研究者为某个五分量尺编写了如下题干："你不同意大学需要一支足球队吗？"这个题干存在什么问题？
   a. 它使用了不熟悉的语言
   b. 它属于双重提问
   c. 它属于双重否定
2. 下面哪一组封闭式答案选项由互斥的选项组成？
   a. 0—10、10—20、20—30、30—40
   b. 0—9、10—19、20—29、30—39
   c. 0—5、5—10、10—15、15—20
   d. 0、1—3、3—6、6—9、10 或者更多
3. 用于测量参与者对各种态度对象或概念所赋予的含义的技术称作：
   a. 语义差别法技术
   b. 非锚定的评定量尺
   c. 互斥选项列表
   d. 检查表
4. 按照本书的观点，一个评定量尺应该有多少个点？
   a. 5 个
   b. 4 个
   c. 10 个
   d. 4 至 11 个点
5. 允许参与者用自己的语言作答的问题是：
   a. 带预设观点的问题
   b. 有诱导性的问题
   c. 双重提问
   d. 开放式问题

提高练习

1. "你目前的年龄是多少？"这个问题的答案选项如下，它们存在什么问题？
   1—5
   5—10
   10—20
   20—30
   30—40
2. 一个评定量尺中应该包含多少个点？为什么？（你可以按照本书的讨论进行说明，也可以按照你在网络上找到的其他结果进行说明。）
3. 选定一个你想知道人们会如何看待的问题（比如人们对动物研究的态度和心理学学生对应用心理学各专业方向的理解），并设计一份包含 10 个条目的问卷。确保在问卷结尾加入一些人口统计学条目，以便你能够考察不同群体是否存在一些态度差异。然后根据表 13.7（问卷设计检查表）提供的 19 个检查要点对你的问卷进行评估。用 0%—100% 之间的数值等级对自己进行自评（100% 意味着你准确地遵循了所有 19 个要点）。

第 14 章

定性和混合方法研究

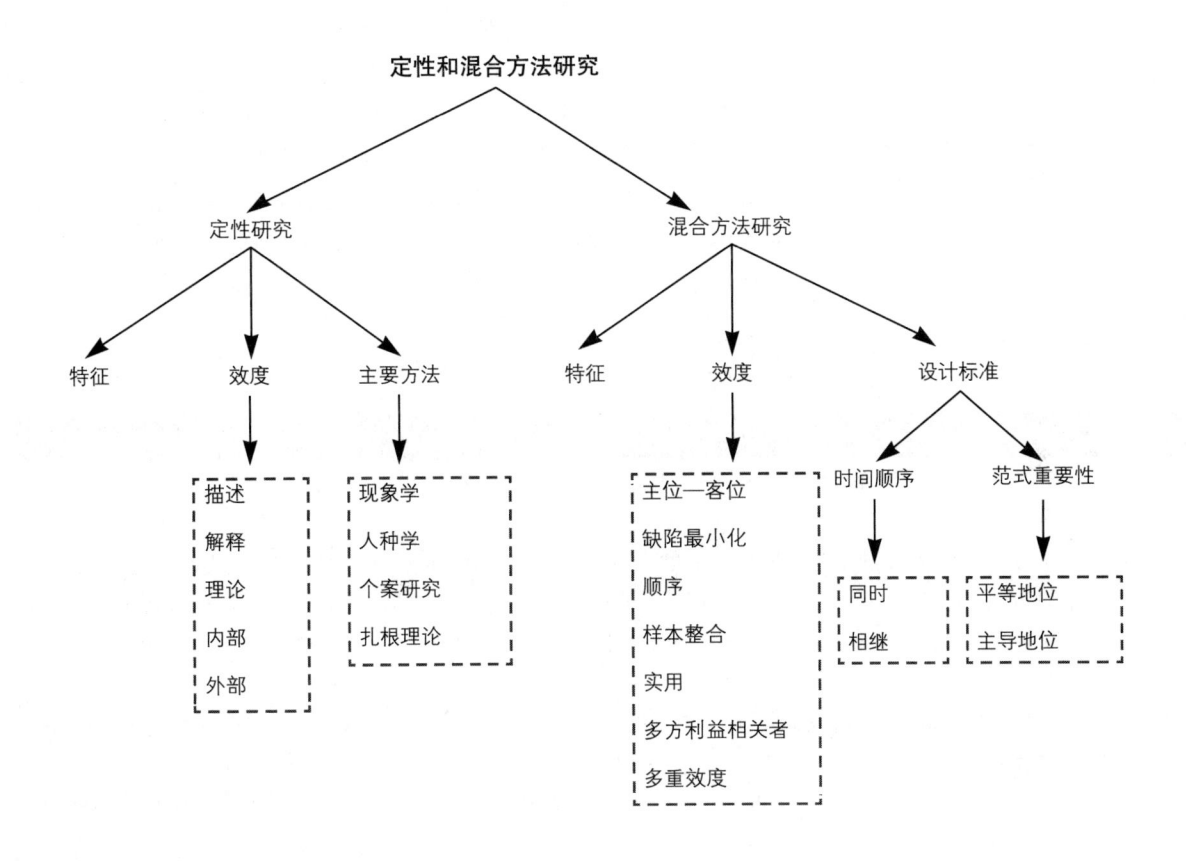

```
                        定性和混合方法研究
                       /                    \
                  定性研究                   混合方法研究
              /     |     \              /       |        \
           特征   效度   主要方法      特征     效度      设计标准
                   |      |                     |        /      \
                   ↓      ↓                     ↓    时间顺序  范式重要性
              ┌────────┐ ┌────────┐        ┌──────────┐     ↓          ↓
              │ 描述   │ │ 现象学 │        │ 主位—客位 │  ┌──────┐  ┌────────┐
              │ 解释   │ │ 人种学 │        │ 缺陷最小化│  │ 同时 │  │平等地位│
              │ 理论   │ │ 个案研究│       │ 顺序     │  │ 相继 │  │主导地位│
              │ 内部   │ │ 扎根理论│       │ 样本整合 │  └──────┘  └────────┘
              │ 外部   │ └────────┘        │ 实用     │
              └────────┘                   │多方利益相关者│
                                           │ 多重效度 │
                                           └──────────┘
```

学习目标

14.1　总结定性研究的主要特征

14.2　解释定性研究中使用的各种效度策略

14.3　对比四种主要的定性研究方法

14.4　总结混合方法研究的优势和缺点

14.5　阐述混合方法研究的主要效度类型

14.6　解释如何构建基础的混合方法研究设计

定性研究：基于非数值数据的研究。

在第 2 章，我们简单地介绍了定性研究。在最基本的层面上，**定性研究**（qualitative research）被定义为主要依靠定性数据（即非数值数据，比如语言、照片和图像）收集的实证研究取向。在本章中，我们将更详细地说明定性研究。这本教材的绝大多数内容都关注定量研究（比如实验和非实验定量研究），因为绝大多数心理学研究都是定量的。所以，你现在已经了解了大量有关定量研究的知识。但是，定性研究在心理学研究中有着悠久的传统和重要的地位（Camic, Rhodes, & Yardley, 2003; Smith, 2008; Willig & Stainton-Rogers, 2008）。研究的第三种类型，**混合方法研究**（mixed methods research），是一种将定量和定性研究的理念和方法结合在一起的研究取向（Hesse-Biber & Johnson, 2015; Johnson, Onwuegbuzie, & Turner, 2007）。我们将在更详细地解释完定性研究之后讨论这种类型的研究。

混合方法研究：在单个研究或一组相关研究中将定量和定性数据或方法结合在一起的研究类型。

表 14.1 展示了定量、定性与混合方法研究之间的关键区别。第二列呈现的是一些与定量研究有关的知识，你可能对这一部分已经有所了解。比如，定量研究关注检验假设以及获得可以广泛推广的结果。学术期刊所登载的定量研究文章通常包含许多数字和统计检验结果。请注意表格中提到的定性研究与定量研究之间的差异。定性研究更多地关注个人和单个的、局部性的群体，以进行深度的个案研究，对获得可以广泛推广的结果则无甚兴趣。表中还展示了一些其他差异。最后，你会注意到在表 14.1 中，混合方法研究是基于定量和定性研究特征的组合或混合。

在本章接下来的部分，我们将讲解定性研究和混合方法研究。

表 14.1　定量、定性和混合方法研究取向的特征 *

	定量研究	混合方法研究	定性研究
学术重点	证实和证伪。着重于假设和理论的检验	同等重要。兼顾假设/理论的提出和检验	探索。着重于假设和理论的提出
世界观	心理过程和行为是有规律的，也是可预测的	思想和行为包含可预见的和特异的/环境性的元素	心理过程和行为具有情境性、动态性、社会性、环境性、个体性
对现实的主要观点	客观的（物质的、物理的、因果的）	客观的、主观的、主体间的组合	主观的
研究目标	解释（因果关系）、控制、预测、描述总体特征	定量和定性目标的组合	探索，特别是描述、深度理解和现实的社会"构建"
研究目的	发现思想和行为的普遍和复杂的规律	特殊性与普遍性的结合	描述和了解在特定环境里的特定群体和个人
数据	定量地测量变量（数值）	所有数据类型均适用；在同一项研究中，定量和定性数据都用	语言、文本、图像、文档
结果	可推广的发现	试图将普遍性和特殊性结合在一起，产生"实践性理论"	针对特殊对象的发现和主张
最终报告	统计结果（对相关性、平均数差异的显著性检验）及结果讨论	统计和定性数据报告的混合体	带有丰富的情境描述和许多直接引语的叙述

* 虽然本章只讲解定性研究和混合方法研究，但为了便于比较，我们仍然加入了定量研究的特征。

定性研究的主要特征

14.1 总结定性研究的主要特征

迈克尔·巴顿（Patton, 2015）很好地总结了定性研究的特征。表 14.2 展示了他列举的定性研究的 12 个主要特征。并非所有定性研究都具有全部 12 个特征，但是通过学习这个列表，你可以更好地了解那些与定性研究常常联系在一起的特征。在表格中，12 个关键的术语用楷体字标注，以示强调。

表 14.2　定性研究的 12 个主要特征

设计策略
1. 自然探究——研究自然展开的现实世界情境；不操纵、不控制；对发生的一切持开放态度（不预先对结果设定限制）。
2. 随机应变的设计灵活性——随着了解的深入和/或情境的变化，及时调整探究方法；研究者要避免拘泥于排斥响应性的刻板设计，当出现新的探究方法时，应该追寻新方法。
3. 有目的的抽样——要选择那些"信息丰富"和具有启发性的个案（比如，人、组织、社区、文化、事件、重要偶发事件），因为它们能够有效地呈现研究者感兴趣的现象；因此，抽样的目的是洞察现象，而非从样本到总体的实证推广。

数据收集和实地研究策略
4. 定性数据——能够产生详细、深入描述的观察；深入的探究；可收集关于人们的个人视角和体验的直接引语的访谈；个案研究；仔细的文档审查。
5. 个人经验和参与——研究者直接接触和接近研究对象、情境和现象；研究者的个人经验和洞察力是探究的重要组成部分，对理解现象起着关键作用。
6. 共情中立和警觉——在访谈中保持共情立场，即通过表现出开放性、敏感性、尊重、觉察和积极回应，寻求感同身受的理解，但不做判断（中立）；在观察中，这意味着高度注意现场（警觉）。
7. 动态系统——注意过程；不管关注的是人、组织、社区，还是整个文化，都应假设变化是在不断发生的；因此，要对系统和情境的动态保持警觉和注意。

分析策略
8. 独特个案取向——假设每个个案都是特别的和独特的；分析的第一级水平就是忠于、尊重和捕捉所研究的单个个案的细节；跨个案分析由此而来且取决于单个个案研究的质量。
9. 归纳分析和创造性综合——深入研究数据的细节和特性，以发现重要的模式、主题和相互关系；从探索开始，接着进行确认，以分析的原则而非规则为引导，最后完成创造性综合。
10. 整体观——将被研究的整个现象视为一个复杂系统，而不仅仅是各部分之和；关注复杂的相互关系和系统动态，这些如果被分解为几个离散变量和线性因果关系，就失去了意义。
11. 情境敏感性——将研究结果置于一个社会、历史和时间的情境中；对跨时间和空间推广的可能性和意义持谨慎甚至怀疑的态度；相反，强调慎重的比较性个案分析和外推模式，以便将研究结论直接转移（迁移）到新情境中，或在新情境中对其加以调整。
12. 声音、视角和反思——定性分析者拥有自己的声音和视角，也会对其进行反思；可信的声音会传达出真实性和可靠性；完全的客观是不可能的，而纯粹的主观会削弱可信度，研究者要注重平衡两个方面，既要理解和真实地描述世界中的所有复杂细节，同时又要有意识地进行自我分析和反思，并具有政治意识。

资料来源：From Patton, M.Q. (2013, January 14). "Strategic themes of qualitative inquiry." *Qualitative Evaluation Methods workshop*. Washington, DC: The Evaluators' Institute.

> **思考题 14.1**
> - 定性研究与定量研究在哪些方面存在差异？你觉得哪些差异最有趣？

定性研究的研究效度

14.2 解释定性研究中使用的各种效度策略

在第 6 章我们曾指出，研究效度是指从一项研究的结果得出或可以得出的推论的正确性或真实性。定性研究发现的效度有时会受到质疑。例如，人们批评定性研究缺乏严谨性，所产生的结果受开展研究的特定研究者的影响。在这一节中，我们将说明如何能开展强定性研究。

研究者偏差：只注意那些支持某人先前预期的数据。

反思：批判性地思考自己的解释和偏差。

反面个案抽样：寻找那些挑战预期或当前研究发现的个案。

一个需要注意的威胁是**研究者偏差**（researcher bias），这种偏差可能会表现为只寻找能证实某人已有想法的证据。尽管事实上确实有些定性研究缺乏效度和严谨性，但这并不一定是必然。减少研究者偏差有两种策略，分别是**反思**（reflexivity）（即不断努力地找出你的潜在偏差，并留意如何尽量减小其影响）和**反面个案抽样**（negative-case sampling）（即尽力找到并考察那些能证明你先前预期不成立的个案）。表 14.3 中包含了 15 条用于定性研究的重要效度策略，它们能帮助研究者将价值令人怀疑的研究改进为可满足研究目的的高质量研究。现在，我们基于麦克斯韦的工作（Maxwell, 1992, 2005, 2013）简单讲解一下其中的某些效度策略，以及与定性研究特别相关的效度类型。

描述效度

描述效度：研究者所报告的描述的事实准确性。

研究者三角测定：使用多位研究者来收集和解释数据。

定性研究的目的之一是提供对特定现象、情境或群体的准确描述。因此，描述效度很重要。**描述效度**（descriptive validity）反映了研究者所报告情况的准确和真实程度。**研究者三角测定**（investigator triangulation）（也就是使用多位研究者来收集和解释数据）是一种在提高描述效度上非常有用的效度策略。使用多位研究者可以减少只从单一研究者的视角进行描述的可能性。当多位研究者都认可定性研究报告提供的描述性细节时，这种描述也就更能让读者信服。

解释或主位效度

解释（或主位）效度：准确地描绘参与者的主观看法和含义。

定性研究的第二种效度关注的是定性研究的主要目的，即报告参与者对其"世界"中的某种现象的主观看法和感受。**解释（或主位）效度**（interpretive [or emic] validity）反映的是研究者描绘参与者赋予研究对象的含义的准确程度。我们之所

表 14.3　定性研究中应使用的效度策略

策略	描述
数据三角测定	使用多个数据源来帮助理解某种现象。
拓展实地研究	不管是为了探索，还是为了让研究有效，研究者都应该进行较长时间的实地数据收集。
外部审核	邀请外面的专家来评估研究的质量。
调查者三角测定	使用多位调查者（也就是研究者）来收集、分析和解释数据。
低推理描述语	使用措辞非常接近参与者说法和研究者现场笔记的描述。逐字逐句（即直接引用）就是一种常用的低推理描述方式。
方法三角测定	使用多种研究方法来研究某种现象。
反面个案抽样	尽力寻找能够反驳研究者的预期和结论的普遍性的个案。
参与者反馈或"成员核查"	与实际的参与者和其所在群体的其他成员讨论研究的结论和对结论的解释，听取反馈，以获得验证和洞见。
模式匹配	预测一组能够形成一种特定模式的结果，然后确定真实结果与预测模式或"指纹"相符的程度。
同行评议	与其他人讨论研究者的解释和结论。这包括与一位公正的同行（比如，与一位不直接参与的研究者）讨论。这位同行应该具有怀疑精神，并充当故意唱反调的人，不断向研究者发起挑战，要求为任何解释或结论提供确凿的证据。与熟悉这项研究的同行讨论也有助于提供有用的挑战和见解。
反思	研究者对自己可能产生的偏差和倾向具有自我认知并进行批判性自我反思，这些偏差和倾向也许会影响到研究过程和结论。
侦探研究者	因为定性研究者会寻找因果关系证据，所以借此来比喻。为了理解数据，研究者会仔细地考虑可能的原因和结果，系统地排除竞争性解释或假设，直到最后的结果无可置疑。侦探可以使用这里列出的任何一种策略。
排除替代性解释	确保你已经仔细地检查过支持竞争性解释的证据，并且你的解释是最好的。
理论三角测定	使用多种理论和多个视角来帮助你解释和说明数据。
三角测定	通过使用多种程序或来源来交叉检验信息和结论。当不同的程序或来源产生一致结论时，你也就有了确凿的结论。

以也称其为主位效度，是因为主位的含义是"局内人视角"。此时你的目标是洞悉参与者的想法，并准确地记录他们的观点和含义（而非研究者的观点和含义）。提高解释效度的一个有用策略是获得**参与者反馈**（participant feedback），这个过程也称作**成员核查**（member checking）。这种策略是指与研究参与者一起讨论研究发现，以确定参与者们是否认同你对他们所持观点的解释，接下来在这种反馈的基础上进行修正，以便你能描绘他们的含义及思维方式。另一种有用的效度策略是在你的报告中使用**低推理描述语**（low-inference descriptor），这意味着你在描述参与者想法时，应使措辞尽量接近研究参与者的原话和你的现场记录。这意味着研究者需要在报告中包含不少引语，以证实研究提出的要点。

参与者反馈：进行成员核查以确定参与者是否认可研究者的陈述、解释和结论。

成员核查：参与者反馈的同义词。

低推理描述语：非常接近于参与者言语的描述语，或者逐字逐句的直接引语。

理论效度

理论效度：理论或解释与数据一致的程度。

拓展实地研究：在现场花费足够多的时间，以全面地了解所研究的对象。

理论三角测定：使用多种理论或视角来帮助解释数据。

模式匹配：构想并检验一个复杂的假设。

同行评议：和同行及同事一起讨论你的解释。

麦克斯韦称第三种效度为**理论效度**（theoretical validity）。它反映的是研究者所提供的理论解释与数据相一致的程度。表 14.3 中的四种效度策略对提高理论效度尤其有用。第一种策略是**拓展实地研究**（extended fieldwork），这意味着研究者应该在一段较长的时间内在实地收集数据。第二种策略是**理论三角测定**（theory triangulation），涉及考虑多个理论和多个视角，以帮助你解释和理解定性数据。这样做应当能得到一个更完整的解释。第三种策略是**模式匹配**（pattern matching），这是一种构想并检验假设的策略，研究者会做出一种独特且复杂的预测（而不是一种非常简单的预测），然后确定它是否能得到研究结果的支持。也就是说，研究者预测的结果的"指纹"模式是否确实出现了？如果是这样，那么理论就有很强的预测能力。第四种策略是**同行评议**（peer review），这个策略与理论效度紧密相关。这要求你与你的同行或同事等能提供不同视角的人一起讨论你的解释、结论和说明。如果你参与该定性研究的程度较深，那么使用未深度参与此项研究的持有客观立场的外来者，会有利于为该项研究提供一个崭新的视角。

内部（因果关系）效度

定性研究中的内部效度定义与定量研究中的内部效度定义相同，都是指研究者得出观察到的关系是因果关系这一结论的合理程度。不过，因果关系在定性研究中有着非常不同的含义。多数情况下，心理科学的目标都是理解变量之间如何产生因果联系以及世界是如何运作的。但定性研究不太关注一般的人类世界，而是专注于研究世界上非常小的、特定的情境。因此，定性研究不描述人类世界运作的一般规律，而是将目标定位在描述一个特定的群体如何在一个特定的地方运作，有时定性研究者也关注是什么导致了特定事件在特定环境中发生。我们将这种特殊的因果观称为**具体（或局部）因果关系**（idiographic causation）。它相当于做一个非常具体和局部化的因果关系声明。例如，你可能会说你的车今天早晨不能启动是因为电池没电了或燃料耗尽了。换句话说，局部因果关系是一种常识性的因果观，被用于非常特殊的情境中。局部因果关系与**定律因果关系**（nomological causation）相反，后者是心理学定量研究的主要关注点，指的是用变量间的关系表示的因果关系（即"变量 A 的变化是否会导致变量 B 的变化？"）。再次强调，定性研究通常对变量之间的关系不感兴趣，而是对深入研究局部现象感兴趣。关于局部因果关系和定律因果关系的更多信息，以及如何能够在单一的混合方法研究中研究这两种因果关系，可以参阅约翰逊、拉索和舒南博穆（Johnson, Russo, & Schoonenboom, 2017）的论文。

具体（或局部）因果关系：特定的人在局部环境中的一个行为产生了某种可观察的结果。

定律因果关系：科学中关于因果关系的标准概念，指变量之间的因果联系。

侦探研究者：比喻努力寻找某个单一事件的具体原因的研究者。

在表 14.3 中，与定性研究中的因果关系问题有着紧密联系的至少有四种效度策略。第一种策略是**侦探研究者**（researcher-as-detective），是指仔细地思考因果关系并检查每一条可能的"线索",然后得到结论。第二种策略是,你应当为自己的因果关系主张**排除替代性解释**(rule out alternative explanations)。第三种策略是**方法三角测定**(methods triangulation),是指在调查某个问题时要使用多种数据收集方法,以确定通过不同方法是否能够得到相同的结论,这里的方法有访谈法、问卷法和观察法等。第四种策略是**数据三角测定**(data triangulation),是指使用多种数据来源,如对不同类型的人进行访谈或在不同环境中进行观察。原则是,如果你想要准确地知道某个特定结果是由哪个事件或哪些事件引起的,那么就不能仅依赖于某个单独数据来源。

排除替代性解释:确保在考察了所有合理的替代性解释后,你的主张依然成立。

方法三角测定:使用多种数据收集方法或研究方法。

数据三角测定:使用多种数据来源。

外部(推广)效度

定性研究中的外部效度与定量研究中的外部效度定义相同,都是指你能在多大程度上将自己的结果推广到其他人群、环境和时间。这是定性研究中最少使用的一类效度,因为定性研究者通常并不关注结果的推广。记住,定性研究的核心目的是探索和描述特定个体或群体在特定环境中的某种特定现象。

当定性研究者们考虑外部效度时,他们通常关注的是一种称作**自然类推**(naturalistic generalization)的推广,其基础在于研究报告所涉及的群体和情境与要推及的群体和情境之间的相似性。此类推广与定性研究的视角相符,因为进行推广的并不是研究者。相反,是由文章或报告的读者来决定何时推广以及如何推广。在进行自然类推时,你可以观察你的客户或研究对象,根据他们与定性研究报告中参与者的相似程度,把结论适当地推广到他们身上。

自然类推:研究报告的读者根据相似性进行的推广。

为了让读者能够进行自然类推,定性研究报告必须包含关于参与者和情境的充足且多方面的细节。如果你考虑从定性研究出发进行传统意义上的推广,那么一个策略是只推广那些经由许多不同研究证实过的发现(即采用重复的逻辑)。如果某个研究结果在不同的时间、不同类型的人群和不同的环境中得到了证实,那么你就可以进行更为广泛的推广。

定性研究中另一种可能的推广称作**理论推广**(theoretical generalization),是指对研究中生成的理论(比如扎根理论研究结果)的推广。即使特定的细节不能推广,观察到的主要观点、关系和理论过程或许可以推广。使用定性研究来产生和形成理论是定性研究的一个非常好的应用。不过,只有经过新的研究参与者检验过的理论才能进行合理推广。请参见沈等人(Shim et al., 2017)的研究,该研究提供了一个在单一的多阶段混合方法研究中进行理论生成和理论检验的例子。

理论推广:把理论解释推广到产生该解释的特定研究之外。

> **思考题 14.2**
> ● 在定性研究中"效度"是如何建立的?哪些类型的策略有助于建立定性研究中的效度?

四种主要的定性研究方法

14.3 对比四种主要的定性研究方法

我们将定性研究作为一种广泛的研究形式进行了探讨。实际上，在这种广泛的定性研究取向中，至少有四种主要的定性研究方法，它们分别是现象学研究、人种学研究、扎根理论研究和个案研究。表 14.4 对这些方法进行了总结。每一种专门方法都有自己独特的起源和概念词汇系统。研究者有时会使用其中的一种方法，有时也会将这些方法结合起来使用，以满足其特殊的研究环境和需求。

现象学

现象学研究要解答的关键问题是：个体或群体对这种现象的亲身体验的意义、结构和本质是什么？

现象学：研究者试图理解和描述一个或多个参与者对某种现象的体验的定性研究方法。

生活世界：一个人的体验构成的主观内在世界。

现象学（phenomenology）是定性研究的第一种主要方法，它描述的是某个人或某个群体对某种现象（如爱人死亡、接受咨询、疾病、赢得橄榄球锦标赛冠军或经历内疚、愤怒或嫉妒等特定情绪）的有意识的体验。研究者试图进入每位参与者的**生活世界**（lifeworld），也就是由参与者的主观体验构成的内部世界。你的生活世界是你获得"亲身体验"的地方，是你的直接意识存在的地方，是你感受、感觉和进行"内心对话"的地方。这一区域也被称为你的现象空间。

这种研究方法在心理学中有着悠久的历史，但它的确立通常归功于哲学家埃德蒙德·胡塞尔（Edmund Husserl, 1859—1938）。胡塞尔创造了 Lebenswelt 一词，在德语中是"生活世界"的意思。胡塞尔认为，如果将表征中的所有其他因素（偏见、习得性感受）移除或"存而不论"，那么所有人都将以相同的方式体验相同的现象。许多后来的现象学家争论说，个人或群体会以不同的方式体验相同的现象（如爱人死亡）。无论你对这个问题的看法如何，现象学研究总是涉及"进入人们的内心"，看看他们是如何体验各种事件的。

现象学被广泛地应用于心理学和相关领域，因为从人们的视角出发记录他们对所处情境的主观体验很重要。在一项对儿科癌症患儿的研究中，福奇特曼

表 14.4 定性研究方法小结

方法	学科起源	关键术语
现象学	哲学、心理学	生活世界、亲身体验、重要陈述
人种学	人类学	文化、规范、共享信念、共享价值观
个案研究	心理学、医学	对有边界的系统的研究；包括内在、工具性以及集体性/比较设计
扎根理论	社会学	理论敏感性和理论饱和；分析会使用开放式、主轴和选择性编码

（Fochtman, 2008）指出，"只有当临床医生真正地理解了这种疾病对于儿童的意义时，才能设计出可以减少儿童和青少年癌症患者的痛苦，且同时能提高其生活质量的护理干预方案"（p. 185）。心理学和相关学科研究过的现象学体验包括：强迫症（Garcia et al., 2009; Wahl, Salkovskis, & Cotter, 2008）、脑刺激手术（Eatough & Swaw, 2017）、成瘾（Gray, 2004）、种族歧视（Beharry & Crozier, 2008）、性虐待（Alaggia & Millington, 2008）、发作性睡病中的精神病性症状（Fortuyn et al., 2009）、生活满意度（Thomas & Chambers, 1989）以及衰老的意义（Adams-Price, Henley, & Hale, 1998）。

现象学数据收集和数据分析　　现象学家如何收集和分析数据，并对一个人或一个群体对某种现象的体验进行描述？现象学研究方法涉及让每位参与者都关注他的现象空间，并描述相关体验（当前的或记忆中的）。参与者在描述相关体验时必须集中精神。现象学家使用的主要定性数据收集方法是深度访谈，另外他们也常用开放式问卷（此时要求参与者写出他们的体验）。

在下述现象学研究的例子中，我们将简单地说明数据分析和报告撰写的过程。由黎曼（Riemen, 1983）组织开展的这项研究从患者的视角调查了护士与他们之间的关怀互动和冷漠互动现象。为了研究该现象，黎曼进行了一次访谈，访谈对象是年满 18 岁未住院的个体，他们都曾与护士有过接触。访谈者要求每位参与者回想他们与一位或多位体贴或冷漠的护士接触的经历，并描述他们在与护士互动时的感受。黎曼从这些访谈中找到与所研究的现象高度相关的**重要陈述**（significant statements）（即一些单词或一个短语，一个句子或一些句子）。在试图确定某条陈述是否重要时，你应该问自己如下一些问题：(a) 这是描述体验的陈述吗？(b) 该陈述看起来对参与者表达其体验是否有意义？研究者通常一字不变（逐字逐句）地或用尽可能接近参与者原话的措辞记录这些陈述。黎曼（pp. 56–57）确认了一些表示关怀的陈述，如"专心地倾听""有同理心的"和"和我交谈的内容不仅仅限于疾病"；也确认了一些让人感觉冷漠的陈述（pp. 57–60），如"我感觉自己的手正在挨打""根本不想说话"以及"她看着设备而不是我"。

从转录后的数据中提取出重要的词组和陈述之后，黎曼设计了一个陈述含义列表。通过对这些参与者陈述的阅读、再阅读和反复思考，黎曼确定了它们的含义。黎曼的目标是感同身受地理解研究参与者陈述的含义。例如，黎曼对关于体贴的护士的重要陈述的含义做了如下阐述（pp. 60–63）："护士自愿并主动回到患者身边充分表明了关怀的态度。""护士的照顾让他感到舒适、放松、安全，被照料得很好，就像被家人照顾一样。"对冷漠陈述的含义所做的阐述则包括："护士的态度表明，护士没有把患者当成一个人来关心，患者认为这点说明护士只把护理当作'一份工作'"，或"护士完全无视患者的需求，只是将护理视为一份工作，患者觉得这个护士冷漠"（见 Riemen, 1983）。接下来，黎曼将这些经重新阐述的"含义"陈述组织成集群或主题。黎曼为关怀这一主题建立了几个集群，有"护士的

重要陈述：研究者认为能生动地表达参与者体验的字词、短语或长度相当于句子的陈述。

本质：体验的现象学结构。

存在""患者的独特性"和"相应结果"等（pp. 60–63）。最后，通过将陈述、陈述的含义和由它们组成的集群整合起来，产生了一份关于现象**本质**（essence）或现象学结构的总结性描述。

撰写现象学报告 定性现象学研究的最终报告以叙述的形式写成。报告应该包括关于研究参与者和数据收集方法的详尽描述，还应包括数据分析策略。如果进行了任何效度核查，那么也应对其进行说明。例如，有一种非常有用的效度策略称作成员核查，研究者需要向参与者确认，重要陈述、含义和现象学总结是否准确地表达了他们的观点。验证之后，就要对重要陈述和含义的细节进行描述（包括必要时可以使用表格）。研究结果应包括对体验的本质特征或普遍特征的详细描述。有时，研究者也会发现各类参与者之间的差异，若如此应将它们报告出来。

黎曼（Riemen, 1983）在描述参与者与体贴护士互动的体验时报告了下面的本质或现象学结构：

> 在一次充满关怀的互动中，患者对护士的存在的认识不仅在于护士本人是否出现，还在于护士对患者是否全身心投入。这种投入也许是为了回应患者的要求，但更多时候是一种自愿的付出而不是患者的主动要求。患者对护士身心投入的感知主要是从态度及行为上体验，护士是否把患者视为有价值的人，坐下来聆听并回应患者特有的需求。患者说出和没说出的各种需求如能被护士听见和察觉到，并有所回应，那患者就能瞬间并直接地体验到身心的放松、舒适和安全。（p. 65）

下面描述了参与者在与冷漠的护士互动时，其体验的本质或结构：

> 护士的出现被患者视为一种最低限度的存在，她们只不过是人在那里。患者觉得护士之所以在那儿，只是因为这是她们的工作。她们不会帮助患者，也不会回应他的需求。护士做的任何回应都是规定所要求的最低限度。患者认为，在自己请求帮助时不予以回应的护士是冷漠的。因此，护士与患者间未发生的互动被归为冷漠的互动。护士总是很匆忙，没有时间关心患者，因此也不会坐下来真正倾听患者的个人需求。由于患者被责骂，被当成儿童、动物或非生命体对待，所以患者作为独特个体的价值进一步被降低。因为被贬低以及缺乏关心，患者的需求也得不到满足，从而产生了负面感受，也就是说，他会觉得沮丧、害怕、抑郁、愤怒、担忧和烦恼。（p. 66）

尽管黎曼在30多年前就完成了她的论文（并且现在已经退休），但我们怀疑，被一位体贴或冷漠的护士照护的现象学体验的总体本质几乎没有发生任何变化。你认为这在今天有什么不同吗？

人种学

人种学研究要解答的关键问题是：这个人类群体或文化场景的文化特征是什么？

定性研究的第二种主要方法是人种学。**人种学**（ethnography，也译作民族学、民族志）是指对某个群体的文化或某起文化事件的发现和描述。人种学起源于19世纪晚期的人类学学科，人种学家所依赖的核心概念是文化。**文化**（culture）是由群体成员共享的信念、价值观、做法、语言、规范、仪式和物质事物组成的系统，这些要素帮助他们理解所处的世界。**共享信念**（shared beliefs）是同一文化中的成员认为正确或错误的文化陈述或习俗。**共享价值观**（shared values）是指从文化角度上界定了哪些事物是好或坏、哪些事物受赞许或不受欢迎。**规范**（norms）是具体规定适宜群体行为的成文和不成文规则。嵌入文化概念的是**整体论**（holism）理念，即整体大于各部分之和。文化有时会被分为非物质文化（比如，共享的语言、信念、规范、价值观和做法）和物质文化（比如，由一种文化所创造的物质事物，如衣物、旗帜、建筑物和艺术品）。

人种学家的工作是进入一个群体或场景中，并记录其文化特征。我们通常认为文化应该与庞大的人类群体相联系，比如日本人、墨西哥人或美国人。实际上，文化的概念也可用于规模小得多的群体。我们可以研究宏观（也就是大的）或微观（也就是小的）文化。贝尔格（Berg, 1998）指出，我们有时会区分宏观人种学和微观人种学。在宏观层面，我们可以研究日本青少年或俄亥俄州阿米什派教徒的文化特征。在微观层面，我们可以研究某个街头帮派、某个摩托车骑行小组或某种治疗环境，甚至可以是由某个研究方法课程班上的20名学生和1名教师所形成的文化。这两者的区别在于研究的范围。显然，研究日本青少年的文化特征比研究某种特定治疗环境的范围要大得多。然而，不管研究范围大小，主要目的都是描述目标环境下的人类文化。与现象学相似（事实上，与几乎所有的定性研究都相似），人种学关注的是从局内人的视角（被称为**主位视角**[emic perspective]）描述文化。同时，研究也关注"客观局外人"的视角（被称为**客位视角**[etic perspective]）。总之，研究者在进行有效的人种学研究时，必须要兼顾主位和客位视角。

人种学有助于心理学家更好地理解研究所涉及的多种文化群体和文化环境，也有助于他们研究干预措施如何与文化变量产生交互作用。以下是一些用于心理学相关领域的人类学研究的例子：调整面向患有严重精神疾病成人的艾滋病预防干预措施以适合特定的文化（Wainberg et al., 2007）、对已出院的严重精神疾病患者的人种学研究（Newton et al., 2000）、针对一项职业培训计划的人种学研究（Hull & Zacher, 2007）、正在医院接受透析的抑郁儿童（Walters, 2008）、低收入母亲在儿童安全监护上的做法（Olsen, Bottorff, Raina, & Frankish, 2008）、网络空间人际关系的人种学研究（Carter, 2005）、长跑运动员的身体意象（Shipway & Holloway,

---

人种学：专注于发现和描述人类群体文化的定性研究方法。

文化：群体成员用以解释和理解所处世界的共享信念、价值观、做法、语言、规范、仪式和物质事物。

共享信念：共享一种文化的人们认为正确或错误的陈述或习俗。

共享价值观：从文化角度上界定的关于事物好与坏、受赞许或不受欢迎的标准。

规范：对一个群体中的人们应该如何思考和行动做出具体规定的成文和不成文规则。

整体论：一种认为整体（如一种文化）大于各个组成部分之和的理念。

主位视角：局内人视角。

客位视角：研究者的外部或"客观局外人"视角。

2016)、生命终结的人种学研究（Collier, Phillips, & Iedema, 2015）、在线聊天室的人种学研究（Shoham, 2004）以及非洲大猿的人种学研究（King, 2004）。

人种学数据收集方法 现在让我们来看看人种学家是如何研究文化环境的。人种学家们广泛使用的一种数据收集方法是对所研究群体的成员进行深度访谈（也称作"人种学访谈"）。例如，史密斯、塞尔斯和克莱文杰（Smith, Sells, & Clevenger, 1994）开展了一项关于家庭治疗环境中反思式小组会议的人种学研究。为获得该治疗环境中的微观文化信息，史密斯等人对十一对夫妇和他们的治疗师进行了深度访谈。在四个月的时间里，参与者至少接受了两次访谈，而每次访谈最多持续了两小时。

在人种学研究中，参与性观察也非常重要。**参与性观察**（participant observation）是研究者积极参与到他所研究的群体中的一种数据收集方法。埃伦（Ellen, 1984）将人种学研究过程描述为主观浸泡或沉浸在所研究的文化中。这种沉浸主要是通过参与性观察和与文化中的成员进行面对面互动实现的。例如，斯考滕和麦克亚历山大（Schouten & McAlexander, 1995）对哈雷戴维森摩托车骑手的消费亚文化进行人种学研究时，不但要去参加哈雷车车主群的聚会，最后还购买了哈雷戴维森摩托车和恰当的衣着装备，如黑色的皮靴，并使用摩托车作为他们每天的代步工具。马夸特（Marquart, 1983）在研究得克萨斯州感化局（TDC）的社会控制系统时，特意受训成为一名监狱看守，并在这个警戒等级最高的单位工作了18个月。这段时间里，他在巡查监区、浴室、餐厅、搜寻武器和制止打架时，与其他看守员和囚犯进行了互动，对他们进行了访谈，并对其行为进行了观察。通过进入、参与、离开和反思，人种学家就能够了解并记录局内人的视角（也就是主位视角）和客观局外人的视角（也就是客位视角）。

参与性观察：研究者成为所研究群体中积极一员的数据收集方法。

进入、群体接纳和实地研究 在使用参与性观察法时，首先必须要完成的任务就是进入到你希望研究的群体之中。在某些情况下，这非常容易做到。例如，如果你想开展一项关于兄弟或姐妹联谊会招募活动周的人种学研究，你可以作为一名真实的参与者或者假借希望加入联谊会的名义，实际参与招募周的活动。在活动周期间，你不但能够参与其中，还能观察和记录该过程中其他学生的行为和活动。

在其他一些情况下，进入一个群体或文化并不容易实现。在绝大多数时候，进入当地的一个青少年街头帮派都是相当困难的过程。同样地，进入精英群体通常也是非常困难的，比如超级富豪群体，因为这些人设置了准入门槛以保证他们的隐私，并主动回避审查。例如，马夸特就必须获得得克萨斯州感化局及他所应聘部门的负责人的批准，才能开展他的研究。

在进入某群体之前，你必须决定是以保密还是以公开的身份进入。在某些情况下，即使研究的主题是公开的，进入也可能是保密的。但是，因为保密进入缺少知情同意，所以通常不被IRB所提倡。因此，绝大多数的参与性观察都是公开的，如前述的马夸特的研究，还有斯考滕和麦克亚历山大对哈雷戴维森摩托车骑手的研究。但是，即使研究者公开地进入，也可能要通过**看门人**（gatekeepers）的同意，后者是指保护该群体成员的正式或非正式人员。例如，马夸特必须获得所受聘监狱的监狱长的许可和批准。即使看门人批准了，要得到真实有效的信息，一般还必须先得到群体成员的接纳。

通过参与性观察进行数据收集的一个问题是，你的存在可能造成**反应性效应**（reactive effect），即你的存在改变了群体成员的行为。马夸特必须先获得每名囚犯的信任，他们才会展现自己的控制技巧。在监狱环境中，怀疑和偏执心理四处蔓延。一位陌生的研究者走进监狱并期望囚犯或看守透露他们的非正式控制系统，这基本上是不可能的。当斯考滕和麦克亚历山大（Schouten & McAlexander, 1995）第一次进入哈雷戴维森摩托车车主群体时，他们的感受是，"一些人礼貌地对待我们，另一些人冷淡地对待我们，还有一些人对我们热情有加，但是没有人真把我们当成团体成员对待"（p. 46）。直到他们停下来，为摩托车出现机械故障的某位成员提供了帮助之后，才建立起最初的纽带，然后他们才得以熟悉该群体的社交方式，并最终被视作群体中的一员。

在经典的人种学研究中，数据收集过程称为**实地研究**（fieldwork）（也称为现场研究）。一方面，研究者在与文化中的其他成员互动时，不能有**种族中心**（ethnocentric）倾向（也就是你不能按照自己的文化标准去评判别人）；另一方面，研究者必须避免**入乡随俗**（going native）。所谓入乡随俗，是指你对被研究群体彻底地认同，以至无法秉持客观局外人的视角。你必须要妥善地协调自己局内人和局外人这两种角色。在进行实地研究时，研究者主要通过观察群体成员的行为和倾听他们所讲的内容来收集有关群体成员行为模式和社会关系的信息。研究者也通过面对面的交谈与群体成员进行互动，有时还会进行访谈。

你在实地研究期间的所见所闻和所想都要记录在**现场记录**（fieldnotes）中，还需要对环境和场景进行详细的描述。你也可以给周围的环境拍照，记下群体成员的穿着。在哈雷戴维森研究中，斯考滕和麦克亚历山大拍下了成员穿着和外貌的照片（见图14.1）。当研究者有时间进行反思或当研究者要离开群体时，必须完成、核查和编辑现场记录，记录中必须写明他提出的解释以及在下一个实地研究阶段应收集的数据类型。通过交替扮演局内人和局外人角色，人种学家就能得到一个"客观"的人种学结论，它也反映了文化的内在世界。

数据分析和报告撰写 收集了数据后，要对其中的主题、模

看门人：控制研究者进入群体的群体内成员。

反应性效应：参与者因研究者的存在而出现的非典型行为。

实地研究：人种学研究中数据收集的一个泛称。

种族中心：以你自己的文化标准去评判其他文化中的人们。

入乡随俗：过度认同所研究的群体，以至于完全丧失客观性。

现场记录：由研究者在实地观察期间（或观察刚完成后）所做的笔记。

图 14.1 哈雷戴维森摩托车骑手的穿着和外貌示例

资料来源：(Photograph courtesy of Harley-Davidson Photograph & Imaging. Copyright H-D.) Kevin Bartram/Alamy Stock Photo.

式和含义进行分析。你必须对收集到的大量信息有一定的理解。在整个过程中，应该核查数据的效度。一旦确定了主题、含义和模式并证明这是有效的，人种学家就要通过书面叙述对被研究的文化进行描绘和解释。这份叙述性报告可能包含以下内容：群体特征、群体成员之间如何互动、群体成员有什么共同点、群体有什么样的规范和仪式、群体的身份认同是什么。斯考滕和麦克亚历山大（Schouten & McAlexander, 1995）在哈雷戴维森摩托车骑手人种学研究的叙述性报告中，首先讨论了哈雷戴维森摩托车骑手群体的结构，接下来叙述了摩托车骑手群体的核心价值观，比如个人自由感和哈雷戴维森文化中的男性气概。叙述性报告还应讨论个体如何转变为群体成员，以及一旦成为群体中一员，他或她如何表达承诺，如何向他人传递身为群体成员所认同的物质和非物质文化。最终的人种学文献（即报告）应该对被研究的群体文化提供丰富而全面的描述。

个案研究

个案研究要解答的关键问题是：这个单独的个案或这组比较个案的特征是什么？

定性研究的第三种主要方法是个案研究。**个案研究**（case study）被定义为对一个或多个个案的深入而详细的描述和分析。**个案**（case）是一个有边界的系统，比如一个人、一个群体、一个组织、一项活动、一个过程或一个事件。在这个定义中，"系统"指的是一个整体的实体，它包括组成该个案的各元素间的一系列相互关系。"有边界的"是指绝大多数个案都有一个边界线，以确定这些个案是什么，不是什么。个案研究还经常强调个案存在的环境。

个案研究：研究者对一个或多个个案提供详细描述和解释的定性研究方法。

个案：有边界的系统。

个案研究在心理学中有着悠久的历史。临床个案研究在临床和咨询心理学领域尤为常见。为了让你对个案研究探讨过的主题有一个感性认识，我们来举一些例子：为一名儿童期遭受过严重虐待的来访者提供的来访者中心疗法（Murphy, 2009）、一座市中心康复建筑中有严重精神疾病的居民的经历（Whitley, Harris, & Drake, 2008）、心境恶劣（即慢性轻度抑郁）的患者的求助障碍（Svanborg, Rosso, Lützen, Bäärnhielm, & Wistedt, 2008）、对一名精神分裂症患者的长期综合心理治疗（Lysaker, Davis, Jones, & Beattie, 2007）、创伤后应激障碍的治疗（Pukay-Martin, Torbit, Landy, Macdonald, & Monson, 2017）、美国和马拉维足球队的比较个案研究（Guest, 2007）、大学兄弟会中的道德发展（Mathiasen, 2005）以及对社交恐惧症患者自我药疗假设的检验（Shepherd & Edelmann, 2007）。

个案研究中的数据收集 在个案研究中，研究者会使用多种数据来源和收集方法。例如，个案研究中的数据可以来自深度访谈、文档、问卷、测验结果和档案记录。在个案研究中，还可以收集情境和生活史数据，以丰富个案的背景，并帮助研究者理解可能影响个案的因果轨迹。在个案研究中有时还会用到定量数据，但要记住，如果同时使用了定量和定性数据，那么这项研究就应该被称为混合方法个案研究，而不是定性个案研究了。

个案研究设计 个案研究有以下几种类型：内在个案研究、工具性个案研究和集体性个案研究（Stake, 1995）。**内在个案研究**（intrinsic case study）是对特定的个人、组织或事件的深度描述，是为了了解该特定个案。研究者的兴趣不在于归纳概括出一般结论。内在个案研究通常考察某个极不寻常或特殊的个案。

工具性个案研究（instrumental case study）是为了洞察某个问题，或是为了形成、完善或修改某个理论解释而开展的个案研究。开展这种研究是为了理解一些比特定个案更具一般性的内容。获得对现象或事件的理解，比具体的个案本身更为重要。例如，在科伦拜校园惨案发生后，媒体和精神卫生保健专业人士立即着手研究作案者的生活史，试图了解他们为什么会成为凶手。他们检查了这两名作案者平常的行为方式，结果显示，他们（凶手）沉迷于暴力视频游戏《毁灭战士》。这是一款互动游戏，里面的玩家要尽可能多地杀死对手。两名作案者曾在前一年的一月因强行闯入一辆商用货车偷窃电子产品而被捕。两人都迷恋纳粹文化，常用德语斥骂自己的同班同学。两人都曾被一些学生团体嘲讽为另类。他们在课堂写作作业中表现出一种更为暴力的口吻。检查这些数据不是要对科伦拜高中的屠杀事件进行描述，而是要了解为什么会发生屠杀，并帮助研究者找出适用于其他时间和地点的解释。

集体性个案研究（collective case study）（也称作**比较个案研究**［comparative case study］）涉及对两个或多个个案的广泛研究。例如，研究者也许会对三个被安置在普通教育班级的智力障碍患者开展一项个案研究，或者考察几位宇航员的太空经历和对身处太空的描述，或者比较某种罕见临床综合征的几个病例。当研究多个个案时，主要目的是比较性地理解现象或事件，而且很多时候研究目的是工具性的而不是内在的。例如，希波克拉底（Hippocrates, 1931）、波西多尼乌斯（引自 Roccatagliata, 1986, p. 143）和其他研究者提供了对多个患有季节性情感障碍的个体的个案研究描述。这些集体性个案研究提供关于一个折磨了许多人的较为普遍的现象的信息，并且证实了一个假设：当一个人患有这种障碍时，他或她通常会在冬季的几个月里感到抑郁。因此，集体性个案研究能够提供一些可以推广到其他个案上的信息。但是，这种推广是有局限的，因为被调查的几个个案有可能代表的是一个有偏样本。从根本上说，只有当被研究的现象在表现上差异很小或没有差异时，才有可能对某个或某几个个案的结果进行推广，而这种可能性很小。

个案研究的数据分析和报告撰写 个案研究的数据分析有一个核心理念，即必须把每个个案当成独立实体进行深入分析。这要求将个案作为一个系统来分析，这个系统既包含各个组成部分，同时又是一个在环境中运行的统一整体。分析者还必须将个案与研究问题联系在一起。（这一点对于所有的研究来说都适用。）在

内在个案研究：研究者仅为了了解某单独个案而进行的个案研究。

工具性个案研究：研究者为了理解一些比特定个案更普遍的事情而进行的个案研究。

集体性个案研究：为了比较而对多个个案进行研究。

比较个案研究：集体性个案研究的另一个名称。

跨个案分析：对个案进行比较和对比的个案研究分析。

集体性个案研究即比较个案研究中，分析者还会更进一步，对收集到的数据进行**跨个案分析**（cross-case analysis）。这意味着研究者要对多个个案进行比较和对比，从中寻找相似点（或多个个案中相同的模式）和差异。

个案研究报告应该反映每个个案的局内人（即主位）视角以及客观的局外人（即客位）视角。最终的报告应该提供对每个个案的深度理解，以及对每个个案及其所处环境的丰富（也就是生动而详细）和全面（也就是描述整体及其组成部分）的描述。如果除了理解该特定个案外，研究的目的还包括向文献中补充更多的信息，就需要把该个案与整个文献库中关于相同研究主题或现象的研究结合起来。最后，非常重要的一点是，报告要讨论研究者所使用的旨在提高个案研究的有效性和可信度的效度策略（见表 14.3）。

扎根理论

扎根理论研究要解答的关键问题是：对收集到的关于这种现象的数据的分析，会产生什么样的理论或解释？

扎根理论：产生和形成扎根于具体数据的理论的一种研究方法。

理论：对某些事物运作方式及其原因的解释。

定性研究的第四种主要方法被称作扎根理论。**扎根理论**（grounded theory）是指能产生和形成"扎根"于实证数据的理论的一般研究方法（Bryant & Charmaz, 2007; Strauss & Corbin, 1998）。**理论**（theory）就是对某些事物"如何"及"为什么"运作的一种解释。扎根理论的关注点是：归纳概括出一种理论，用以描述并解释某种现象或过程。扎根理论最早是由两位社会学家巴尼·格雷泽和安塞尔姆·施特劳斯提出的（Glaser & Strauss, 1967），但今天它被广泛用于大多数社会、行为和临床学科。

在第 1 章，我们将归纳定义为一种从具体和特殊开始到更为抽象和普遍的探究。我们还讨论了发现的逻辑与辩护的逻辑之间的区别：前者强调始于特定实证数据的归纳过程；而后者强调更具演绎性质的过程，从一个一般的理论或假设开始，演绎推理出应当出现的结果，然后用新收集的数据检验假设，以确定数据是否支持假设。对此过程比较简单的理解方法是：发现的逻辑关注理论的生成，而辩护的逻辑关注理论的检验。扎根理论是一种定性研究方法，专门用于从实证数据中发现或生成理论或解释。

根据两位创始人（即格雷泽和施特劳斯）的说法，一种好的扎根理论有四个关键特征。第一，新建构的扎根理论应该与数据吻合。这里的问题是：理论与来自现实世界的数据一致吗？第二，理论必须提供对现象的理解。这里的问题是：这个理论的解释方式对研究者和实践者来说是否清晰易懂？第三，理论应具有一定的普遍性。这里的问题是：理论是否足够抽象，足以超越原始研究的具体情境？第四，理论应有助于对现象进行一定的控制。这里的问题是：此理论可否应用于产生现实世界的结果？

以下是扎根理论研究的一些例子。第一个例子是，范菲列特（Van Vliet,

2008）使用扎根理论记录了曾有严重羞耻感的成年人如何恢复活力并重塑积极的自我。这个过程包括了诸如联结、重新聚焦、接受、理解和抵抗等因素。对他们的扎根理论模型的描述如图 14.2 所示。第二个例子是，博伊德和戈姆利（Boyd & Gumley, 2007）使用扎根理论来理解被害妄想症患者的体验，以及这些信念如何影响他们的行为。核心体验类别是恐惧和脆弱，包括困惑、不确定性以及自我受到攻击。这些过程导致个体忙于使用安全系统，而妄想行为正是其中的一种关键防御系统。第三个例子是，施罗、瓦德金斯和奥拉夫森（Schraw, Wadkins, & Olafson, 2007）记录了大学生学业拖延的过程。拖延有积极（认知效率和高峰体验）和消极（害怕失败和延迟）两个维度。拖延在不同情境中（如，指示不明、有最后期限、缺乏动机）运作时，会导致学生使用相应的认知及情感应对机制，这些机制影响学生的生活和学习质量。

扎根理论研究中的数据收集 扎根理论研究允许使用任何数据收集方法，但最常见的方法是访谈，其次是观察。数据收集和分析贯穿着整个扎根理论研究过程。这个过程是连续的，因为研究者必须进入"理论生成器"和"理论家"的模式，这需要创造技能和描述技能以及实证数据的使用。用扎根理论的术语来说，在收

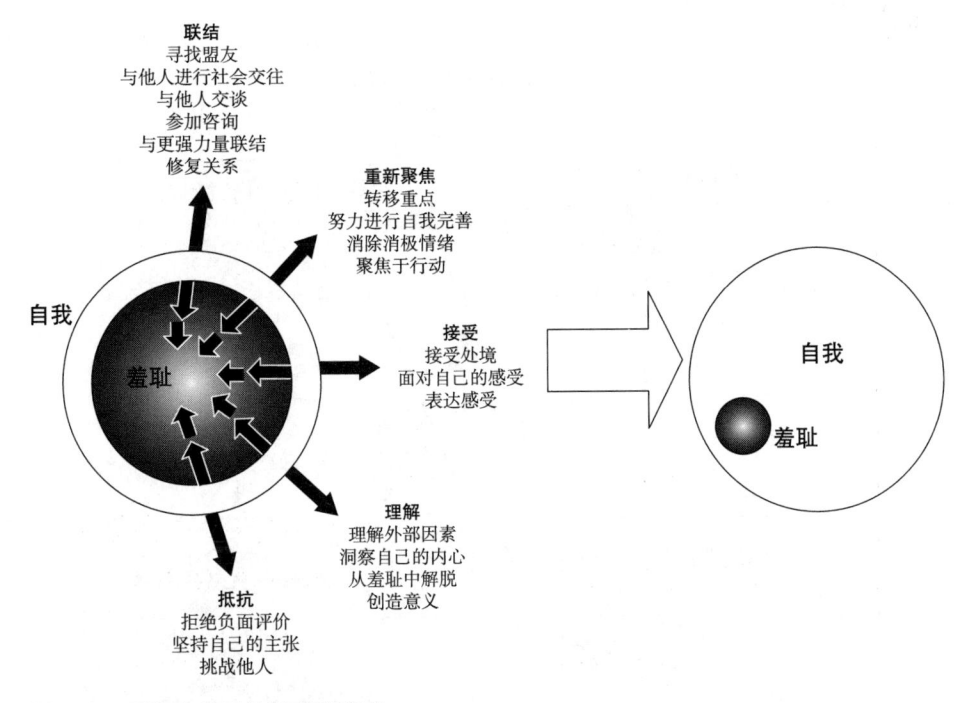

图 14.2 重塑自我的扎根理论模型

从自我往外的箭头代表五种主要子过程对自我的扩张和强化力量。向内的箭头代表它们对来自核心自我的羞耻的收缩和外化作用。

资料来源：Van Vliet, K. J. (2008). Shame and resilience in adulthood: A grounded theory study. *Journal of counseling psychology*, 55(2), 233–245.

理论敏感性：研究者能有效地理解需要收集哪些类型的数据，及已收集数据的哪些方面对形成理论有重要作用。

开放式编码：扎根理论研究中数据分析的第一阶段；这是最具有探索性的阶段。

主轴编码：扎根理论研究中数据分析的第二阶段；关注点是让概念变得更抽象，并将其按顺序整合入理论中。

选择性编码：扎根理论研究中数据分析的第三阶段，也是最后的阶段，理论会在此阶段形成。

理论饱和：当数据中不再产生与扎根理论相关的新信息，且扎根理论已被充分地验证之后，即出现了理论饱和。

集和分析数据的过程中，研究者需要有**理论敏感性**（theoretical sensitivity）。这意味着在形成扎根理论时，研究者必须要敏感地意识到哪些数据重要，并利用这一意识，明确构建理论还需要哪些类型的数据，以及何时收集数据。

扎根理论数据分析和报告撰写　扎根理论依赖于一个三阶段的数据分析过程。在第一阶段，即**开放式编码**（open coding）阶段，阅读转录的数据（转录的现场记录、访谈、开放式问卷），用一个或几个能更简洁地代表和描述材料的词语标注出重要的观点和概念。在第二阶段，即**主轴编码**（axial coding）阶段，确定哪些概念对你正在构建的理论最重要，并开始尝试按照一种现象产生另一种现象的顺序把这些概念排列起来。在第三阶段，即**选择性编码**（selective coding）阶段，研究者对现象的解释进行最后的润色。你的关注点是你的解释中的主要观点（称作"故事情节"），然后对"扎根理论"进行最后的修饰。在图14.2中，我们用示意图对一种扎根理论进行了描述。在图14.3中，我们描绘了另外一种。用扎根理论的术语来说，当**理论饱和**（theoretical saturation）出现时，扎根理论的过程（包括收集和分析数据、描绘理论的可视化模型）也就"完成"了。当没有新概念从

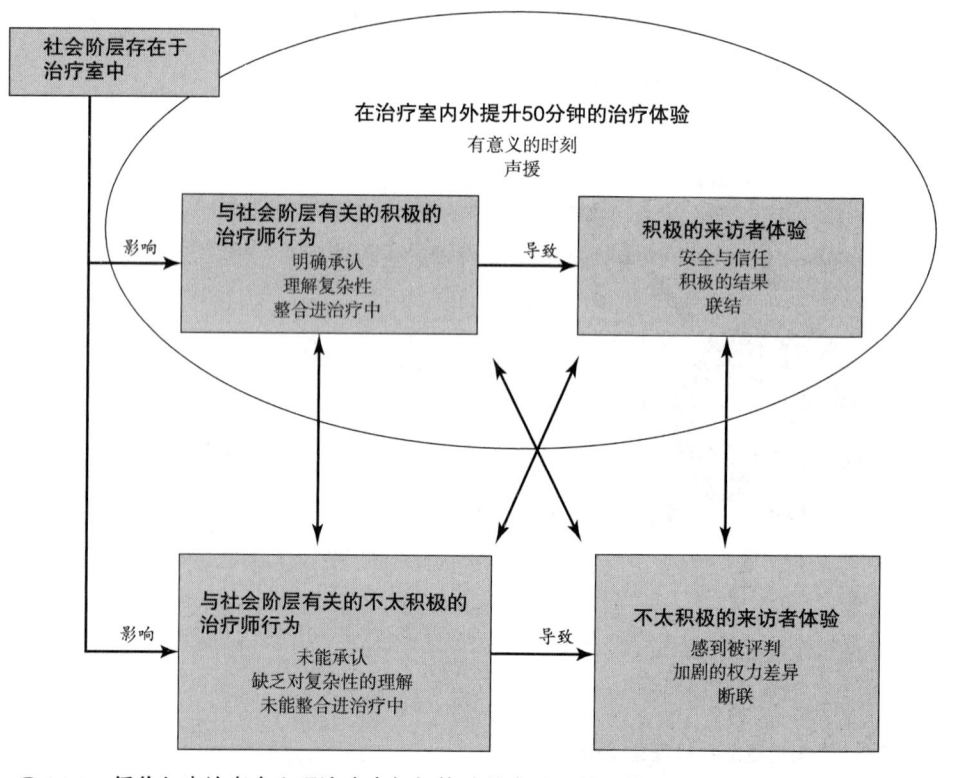

图14.3　低收入来访者在心理治疗中如何体验社会阶层的扎根理论模型

资料来源：Thompson, M. N., Cole, O. D., & Nitzarim, R. S. (2012). Recognizing social class in the psychotherapy relationship: A grounded theory exploration of low-income clients. *Journal of Counseling Psychology*, 59(2), 208–221. Doi:10.1037/a0027534.

额外的数据中出现，理论为数据赋予了意义，并且得到了充分的验证时，理论饱和就出现了。

最终的报告应如任何一种研究报告一样，包括对研究主题和程序的详细描述。应呈现和定义从数据中发现的概念，并提供示例以澄清每个概念，这通常要求引用参与者话语，以作为证据并使报告清晰。最重要的是，报告必须要对扎根理论进行清晰的描述，对从数据中形成的扎根理论模型进行可视化的描绘（如图 14.2 中所示的模型）是其中的一个重要部分。

在图 14.3 中，我们提供了对汤普森、科尔和尼察里姆（Thompson, Cole, & Nitzarim, 2012）提出的扎根理论的描绘。汤普森等人关注的是低收入来访者在心理治疗环境中对社会阶层问题的体验。如图所示，当治疗师承认以微薄收入维持日常生活的复杂性时，来访者的治疗体验更加积极；而当治疗师未能承认社会阶层问题和／或以突显治疗师与来访者之间社会阶层差异的方式行事时，来访者的治疗体验则不太积极。当来访者感到治疗师在声援他们，甚至在治疗环节之外为他们提供支持（例如，通电话）时，治疗关系得到了改善。这类模型的建立是科学的一个重要组成部分，无论是通过扎根理论还是其他方法。扎根理论为进行这种初始的理论构建过程提供了一种方式。但是，请记住，必须使用新数据对扎根理论模型进行检验（并根据需要进行修订），以改进模型，并证实模型是正确的，可以应用于原始研究参与者之外的个体。

> **思考题 14.3**
> - 定性研究的四种主要方法分别有什么特点？每种定性方法可分别用来探究什么主题？为什么？

混合方法研究

14.4 总结混合方法研究的优势和缺点

如之前定义的那样，混合方法研究是将定量和定性数据或技术综合或混合在同一项研究中（或紧密联系的一组研究中）的研究取向。混合方法研究是第三种主要的研究取向，也是最新的研究取向（在定量研究和定性研究之后），因此不如其他两种成熟。这里讨论的混合方法研究近年才得到了系统和正式的发展（Johnson et al., 2007; Tashakkori & Teddlie, 2003）。尽管它的大部分潜力仍有待在实践中发挥，但混合方法研究常常是一种有吸引力的研究取向，因为它可以用来加强定量和定性研究。人们认为混合方法有其自身的优势和缺点，表 14.5 列出了其中的一部分。

混合方法研究的支持者通常坚持兼容性论点并遵循实用主义哲学。在这里兼

兼容性论点：定量、定性研究方法及理念可以结合在一起的观点。

实用主义：一种哲学流派，将有效性作为评判研究和实践初步正确和有用的标准。

容性论点（compatibility thesis）是指定量和定性方法是互补的，可在同一项研究中有效地结合使用。也就是说，定量和定性研究方法能够一起用于某个研究，以解答某个研究问题或者相关的系列研究问题。**实用主义**（pragmatism）哲学认为，如果混合方法能在实践中使用并产生理想结果，它就得到了实证检验。按照这种哲学观点，在实践中对定量和定性方法进行组合或混合是否合理就属于"实证性问题"（想要了解更多有关行为/社会研究中的实用主义的信息，请参见 Johnson, de Waal, Stefurak, & Hildebrand, 2017; Johnson, Onwuegbuzie, de Waal, Stefurak, & Hildebrand, 2017）。

表 14.5 混合方法研究的优势和缺点

优势
• 能够提供多种证据来源
• 能够减少某项发现的替代性解释
• 有助于在单项研究中提供多种效度
• 可以阐明现象的不同方面
• 能够提供更完整、更深入、更复杂和更全面的解释
• 既能提供一个主位视角（即局内人视角），也能提供一个客位视角（即客观局外人视角）
• 能够发现中介机制和调节因素，以供后期检验
• 有助于将理论与实践联系起来（即一般到具体）
• 能够通过系统地纳入另一种方法来弥补单一方法的弱点
• 能比单方法研究提供更强的推论
• 能阐明在单纯的定量研究中可能忽略的主观含义
• 能用于核查一项研究的执行情况（包括它对于参与者的意义）
• 可用来核查测量工具的运作和含义
• 能在同一项研究中提供丰富、详细的主观数据和客观的定量数据
• 能够为理论/假设检验研究增加一个探索性维度，或为探索研究增加理论/假设检验维度

缺点
• 要求一名研究者同时具备定量和定性研究技能，或者需要使用一个混合方法研究小组
• 会更耗时间，成本也更高
• 因为它是一种新的研究取向，所以许多设计、执行和分析程序仍有待完善

> **思考题 14.4**
> • 阐述混合方法研究的优势。

混合方法研究的研究效度

14.5 阐述混合方法研究的主要效度类型

我们已经讨论了定量研究（如第 6 章）和定性研究（本章）中的研究效度问题。同样，研究效度对混合方法研究也至关重要！我们现在来考察和更新最初由奥韦格布兹和约翰逊（Onwuegbuzie & Johnson, 2006）提出的几种效度类型。这两位方法学家解释说，为了使混合方法研究合理、站得住脚，效度或合理性很重要。在混合方法文献中，研究者往往将效度和合理性这两个术语互换使用。当你阅读混合方法研究中的七种效度或合理性时，请记住，这种研究要求你将定量和定性研究结合起来，关键问题是弄清楚如何将它们结合起来以最好地回答你的研究问题。第一种混合方法研究效度/合理性是**主位—客位效度**（emic–etic validity）（也称为内部—外部效度）。这是指研究者准确理解和呈现参与者的主观局内人或"本土"观点，同时呈现对研究对象的客观局外人观点的程度。主位—客位效度意味着你已经成功地理解并能够记录局内人（主位）视角和客观局外人（客位）视角。

主位—客位效度：研究者同时呈现了局内人和客观局外人的视角。

第二种混合方法效度称作**缺陷最小化效度**（weakness minimization validity）。这是指你（研究者）在多大程度上结合了定量和定性方法以使其缺陷不重叠。策略是通过使用另一种没有相同缺陷的方法来弥补一种方法的缺陷。例如，如果你正在就某一构念（如宽恕）设计一个新的测量工具，你会对其与已知和宽恕相关的效标进行相关分析，但你还应该对参与者进行访谈，了解他们如何解释测量工具中条目的含义。在这种情况下，你结合使用了相关分析和访谈技术。另一个例子是，实验研究在提供因果关系证据方面特别强，但实验后的访谈可能对确定实验对参与者的意义非常有帮助，并可作为对实验操纵的一种检查。此外，广泛的个案研究是确定可能难以在结构化实验环境中创建的过程的绝佳方法。在所有这些情况下，你都是在试图通过结合不同方法来设计一个消除缺陷的研究。

缺陷最小化效度：研究者通过使用一种附加的方法来弥补一种方法的缺陷。

在下一节中，我们将讨论混合方法研究的设计。有时定量和定性部分同时进行，但有时这些部分相继进行。当定量和定性研究部分相继进行时，你需要考虑第三种混合方法效度，即**顺序效度**（sequential validity），以确保（a）你的结果不是由定量和定性部分的顺序导致的，以及（b）相继设计的后期阶段恰当地建立在前期阶段的基础之上。例如，或许你首先通过对个体进行深度访谈来收集关于一个敏感话题的定性数据，然后让其完成测量某种心理构念的标准化测验。顺序效度问题包括：（a）如果你先施测标准化测验，再开展深度访谈，会得到不同的结果吗？（b）在混合方法设计的执行中，后期阶段是否恰当地建立在前期阶段的基础之上？你可以通过对不同参与者以不同顺序进行研究来实证检验顺序效应，但这并不总是可行的。你可以查看研究者是否使用了来自前期阶段的想法和发现来开展后期阶段的研究，以此检查"建立在前期阶段的基础之上"这一理念。

顺序效度：确保在相继设计中定量和定性部分的顺序不会使结果产生偏差，并确保后期阶段恰当地建立在设计的前期阶段的基础之上。

第四种混合方法效度称作**样本整合效度**（sample integration validity）。当你从

样本整合效度：研究者不应将定量样本和定性样本视为相等，而是应从每个样本中得出恰当的结论。

定量和定性数据的组合中得出恰当的结论时，就存在样本整合效度。或许你对由 1 000 名参与者组成的随机样本开展了一项结构化调查研究，并对其中的 15 名参与者进行了访谈。深度访谈能提供有用的信息，但你肯定不能像对调查样本那样将结论向整个总体推广。关键是要始终记住，你可以从定量和定性数据中分别得出什么结论，以及将它们组合后又可以得出什么结论。

第五种混合方法效度称作实用效度。**实用效度**（pragmatic validity）是指研究目的得到满足、研究问题得到充分回答以及提供了可操作结果的程度。研究者是否成功地履行了他们的承诺？研究是否通过了"那又怎样？"的检验？

实用效度：达成研究目的、充分回答研究问题以及提供可操作结果的程度。

第六种混合方法效度称作多方利益相关者效度。**多方利益相关者效度**（multiple-stakeholder validity）是指混合方法研究在多大程度上考虑了研究中不同利益相关群体（如研究者、资助者、参与者、从业者）的利益、价值观和观点。重要的是，所有重要的声音都应被听到并加以考虑，包括那些权力最小的群体。

多方利益相关者效度：研究在多大程度上考虑了研究中不同利益相关群体的利益、价值观和观点。

第七种也是最后一种效度称作**多重效度合理性**（multiple validities legitimation）。这是指你在研究中满足相关的定量和定性研究效度以及相关的混合方法效度的程度。重要的是要理解，这并不意味着要满足每一种可能的定量、定性和混合方法研究效度。相反，多重效度合理性的应用要求你根据每项研究的特定需求确定相关的效度子集，然后使用这些效度标准来评估研究。多重效度合理性因研究而异，但对每项研究都非常重要！这里的关键思想是，在强混合方法研究中，定量和定性部分及其混合都很重要。例如，一个实施不佳的实验加上实施不佳的深度访谈并不等于一个好的混合方法研究！请确保你尽最大努力正确地开展每个部分并恰当地整合它们。

多重效度合理性：确保你的混合方法研究满足恰当的定量、定性和混合方法研究的效度。

> **思考题 14.5**
> - 解释混合方法研究中的效度类型。

混合方法设计

14.6 解释如何构建基础的混合方法研究设计

混合方法研究设计可以以许多不同的设计因素为基础。不过在构建混合方法设计时，可以从我们在这里所呈现的一种相对简单的设计类型起步。我们的设计体系仅根据两个维度来对混合方法设计进行分类。第一个维度是**时间顺序**（time order），它有两个水平：同时（定量和定性部分几乎在同一时间进行）和相继（定量和定性部分相继进行）。第二个维度是**范式重要性**（paradigm emphasis），它也有两个水平：平等地位（定量和定性方法有同样的重要性）和主导地位（主要强调一种方法）。范式重要性问题如今正在变得不那么重要，因为混合方法研究者

时间顺序：混合方法设计矩阵使用的两个维度之一；它的水平是同时和相继。

范式重要性：混合方法设计矩阵使用的两个维度之一；它的水平是平等地位和主导地位。

建议你在大多数研究中努力将定量和定性方法置于平等地位。

时间顺序和范式重要性这两个维度产生了一个如图 14.4 所示的 2×2 设计矩阵。这个设计矩阵包含了 9 种具体的混合方法设计。

为了理解这些设计，你必须先理解相关的符号。以下就是对这些符号的说明：

- QUAN 和 quan 都代表定量研究。
- QUAL 和 qual 都代表定性研究。
- 大写字母表示较高的优先级、权重或重要性。
- 小写字母表示较低的优先级、权重或重要性。
- 加号（+）表示定量和定性部分（比如，数据收集）同时进行。
- 箭头（→）表示定量和定性部分（比如，数据收集）相继进行。

现在我们将使用这些符号。这里有一个设计：qual → QUAN。根据这些符号，你可以看出这是一种定量驱动的并相继进行的混合方法设计。整个研究将主要以定量研究为重点，补充性的定性部分出现在定量部分或阶段之前。研究者也许会使用这种设计来探索雇员从某个组织离职的相关因素。以探索阶段从离职雇员身上总结出的因素和相关的人员流动研究文献为基础，研究者可以设计一份结构化问卷来预测组织中的人员流动情况。接着，在第二个阶段，研究者可以从雇员中选取一个随机样本（如果组织不是很大，可以包括所有雇员），并要求参与者样本完成问卷。接下来，组织行为学研究者可以通过核查问卷是否准确地预测了之后六个月内的人员流动情况，来检验这份工具的预测效度。在这个例子中，定量部分是主要的，而定性部分是支持性的。此外，因为它是一个相继设计，所以定性部分先发生。

在图 14.4 中还有 8 种设计，这有些超出了记忆的范围。但是，要使用这张图只需要回答两个问题：（1）为了最好地实现研究目标，应该侧重于使用某种范式，还是应该给予两个范式相同的权重？（2）应该同时（即大约在同一时间）进行

	时间顺序	
	同时	相继
范式重要性 平等地位	QUAL + QUAN	QUAL → QUAN QUAN → QUAL
范式重要性 主导地位	QUAL + quan	QUAL → quan qual → QUAN
	QUAN + qual	QUAN → qual quan → QUAL

图 14.4　混合方法设计矩阵

研究的各阶段还是相继地进行？回答了这两个问题之后，再去看图 14.4 中合适的单元格，并确定哪种设计最符合你的研究需求（或构建一个更复杂的设计）。

在决定如何规划研究中的定量和定性部分，并将它们混合在一起时，你需要思考三个关键问题。第一，你必须确定哪种类型的定量和定性数据能最好地解决你的研究问题。

第二，你需要规划并使用定量和定性方法、数据以及效度策略的恰当混合或组合。你需要考虑每种混合方法研究效度。例如，你通常会希望你的研究同时提供主观局内人视角和客观局外人视角（即主位—客位效度），因为这是混合方法研究的主要优势之一。你选择的定量和定性方法的组合应当使二者之间的缺陷没有重叠，以实现缺陷最小化效度。如果你使用的是相继混合方法设计，那么你应确保后期阶段恰当地建立在前期阶段的基础之上，以实现顺序效度。这种效度还要求你考虑阶段的顺序是否可能存在问题；为了检验这一点，你可以对部分研究参与者实施不同的顺序。如果你对不同样本使用定量和定性方法，并且/或者样本容量不同，那么你在得出总的结论时必须谨慎，这将确保你的研究具有样本整合效度。原则是从定量数据和定性数据中得出合理的结论，但不要将它们视为等同。根据实用效度，充分实现研究目的并在回答研究问题方面取得一定的进展始终非常重要。根据多方利益相关者效度，你的研究要满足多个利益相关群体的需求和标准，这一点很重要。

第三也是最重要的，始终要记住，不能以混合方法研究为借口依赖弱定量或弱定性研究方法。要开展高质量的混合方法研究，必须收集高质量的定量和定性数据，并满足各自的相关效度。你还需要将研究发现相互关联并"整合"。这些做法将有助于确保你满足多重效度合理性（即你已识别并满足了特定研究中相关的定量、定性和混合方法效度）。

重要的是要理解，你不必局限于这里提供的混合方法设计。这些设计只是为你提供一个起点。你可以而且应该使用我们提供的设计符号来构建更复杂的设计。例如，（qual + QUAN）→ QUAN 设计结合了同时和相继设计的特点。在这个定量驱动的设计中，第一阶段收集定量和定性数据；第二阶段在第一阶段的基础上收集定量数据以进一步研究。你可以通过增加第三阶段使设计更加复杂，例如在最后进行小组讨论，这个设计可以表示为（qual + QUAN）→ QUAN → qual。一旦你掌握了这个符号系统，你就可以自由地设计并描绘许多混合方法设计，包括你可能想要在自己的研究中使用的设计！

你可以自由地将其他特征混合搭配到一个混合方法研究设计中，以最好地满足你的需求。无论何时，你的目标总是解答你的研究问题，并设计一项能帮助你很好地做到这一点的研究。我们在这里只能讨论一小部分有关混合方法的内容。我们推荐你阅读《牛津混合和多方法研究手册》（*Oxford Handbook of Mixed and Multiple Methods Research*, Hesse-Biber & Johnson, 2015）和《世哲社会与行为研究混合方法手册》（*Sage Handbook of Mixed Methods in Social and Behavioral*

Research, Tashakkori & Teddlie, 2010）。这两本书都是获取关于混合方法设计、抽样策略、效度策略等方面更多信息的优秀参考资料。另一个优秀的参考资料是《混合方法研究期刊》（*Journal of Mixed Methods Research*）。有关构建混合方法设计的更多信息（包括额外的混合维度），请参阅舒南博穆和约翰逊（Schoonenboom & Johnson, 2017）的论文。

总之，如果你选择或构建了一个解答你的研究问题的混合方法设计，并且各部分执行得当，那么你的第一次混合方法研究就取得了成功。然而，在开展研究时，务必使用定量、定性和混合方法的效度策略（即多重效度合理性），并且还必须在某一时刻将定量和定性的研究结果整合起来，这样你的研究才能叫作混合方法研究。

> **思考题 14.6**
> - 基础的混合方法研究设计有哪些？

本章小结

本书的大部分内容关注的是定量研究。但是，本章解释了定性研究和混合方法研究。表 14.1 总结了这三种主要研究取向之间的差异。然而，最简单的差异是，定量研究依赖于定量数据，定性研究依赖于定性数据，而混合方法研究依赖于定量和定性两种数据。表 14.2 总结了巴顿提出的定性研究的 12 个主要特征。定性研究中的主要效度类型是描述效度（研究者所做说明的事实准确性）、解释效度（研究者表达参与者主观观点和含义的准确程度）和理论效度（提出的理论或解释与数据的吻合程度）。内部效度在定性研究和定量研究中含义不同。定性研究只对局部因果关系或称具体因果关系感兴趣。定量研究关注普遍的、定律性的因果关系或称定律因果关系。科学的传统目的和主要目的是理解定律因果关系。至于外部效度，定性研究通常对推广不感兴趣。当定性研究者谈到推广时，他们推荐自然类推——当研究报告的读者按照研究中的人群与其他人群的相似性对结果进行推广时，自然类推就发生了。表 14.3 展示了应该用于定性研究的效度策略，它们可帮助研究者保证各种类型的效度，并产生一项强定性研究，而不是一项弱的或是有缺陷的定性研究。

我们接下来讨论了四种主要的定性研究方法。首先，现象学是研究者试图理解和描述一位或多位研究参与者对某种现象（如爱人死亡）的主观体验的定性研究方法。最常用的数据收集方法是深度访谈。第二，人种学是一种重在探索和描述人类群体文化的定性研究方法，它的侧重点也可以是描述文化场景。重要的是，人种学家要理解和描绘主位（也就是局内人）视角和客位（也就是客观局外人）视角。人种学访谈和参与性观察是人种学研究中的常用数据收集方法。第三，使用个案研究这种定性研究方法时，研究者对一个或多个个案进行详细描述和说明。三种个案研究设计分别是：内在个案研究（只关注具体个案）、工具性个案研究（关注理解个案之外的更多内容）以及集体性个案或称比较个案研究（关注比较不同个案）。第四，扎根理论是生成和发展扎根于特定数据的某种理论的一种研究方法。当我们对某个主题或过程知之甚少时，或者当研究者想要查看某个已被研究过的理论是否会从新的数据中出现时，这种方法能够帮助我们发现和探索。

本章也讲述了混合方法研究。混合方法研究是在同一项研究中将定量和定性数据或方法结合使用的研究类型。混合方法研究的主要优势是，它能在一项研究中，将定量和定性研究的优势结合起来，并（通过组合）使这二者的缺陷最小化。混合方法研究的主要缺点是：执行更难（你对定量和定性研究都必须精通），且成本更高。表 14.5 总结了混合方法研究的其他优势和缺点。我们专门介绍了适用于混合方法研究的七种效度，包括：主位—客位效度（记录局内人和客观局外人的视角）、缺陷最小化效度（通过使用一种附加的方法来弥补一种方法的缺陷）、顺序效度（确保定量和定性部分的顺序不会使结果产生偏差）、样本整合效度（不将定量和定性样本视为相等，而是从每个样本中得出恰当的结论）、实用效度（明显满足研究目的）、多方利益相关者效度（考虑所有利益相关群体的需求），以及多重效度合理性（确保定量部分满足恰当的定量效度类型，定性部分满足恰当的定性效度类型，当然，还要确保满足所有恰当的混合方法效度类型）。最后，我们介绍了一个 2×2 的混合方法研究设计矩阵，该矩阵由时间顺序（同时与相继）和范式重要性（平等地位与主导地位）两个维度交叉而成。我们还讨论了如何使用设计符号来轻松地构建更复杂的混合方法设计。有关混合方法设计的更多信息，请参阅舒南博穆和约翰逊（Schoonenboom & Johnson, 2017）的论文。

重要术语和概念

定性研究	低推理描述语	方法三角测定
混合方法研究	理论效度	数据三角测定
研究者偏差	拓展实地研究	自然类推
反思	理论三角测定	理论推广
反面个案抽样	模式匹配	现象学
描述效度	同行评议	生活世界
研究者三角测定	具体（或局部）因果关系	重要陈述
解释（或主位）效度	定律因果关系	本质
参与者反馈	侦探研究者	人种学
成员核查	排除替代性解释	文化

共享信念	个案研究	理论饱和
共享价值观	个案	兼容性论点
规范	内在个案研究	实用主义
整体论	工具性个案研究	主位—客位效度
主位视角	集体性个案研究	缺陷最小化效度
客位视角	比较个案研究	顺序效度
参与性观察	跨个案分析	样本整合效度
看门人	扎根理论	实用效度
反应性效应	理论	多方利益相关者效度
实地研究	理论敏感性	多重效度合理性
种族中心	开放式编码	范式重要性
入乡随俗	主轴编码	时间顺序
现场记录	选择性编码	

章节测验

问题答案见附录。

1. 下面哪一项是定性研究的特征？
   a. 对构念的操作性测量
   b. 情境敏感性
   c. 将结论推广到总体的重要性
   d. 先验的假设
2. 下面哪一项是定性研究的特征？
   a. 与参与者间的人际距离
   b. 对变量的控制
   c. 统计分析
   d. 亲身接触及洞察
3. 现象学研究主要使用的数据收集方法是：
   a. 深度访谈
   b. 参与性观察
   c. 对标准化测验的分析
   d. 多种方法
4. 人种学的学科起源是：
   a. 心理学
   b. 教育学
   c. 人类学
   d. 哲学
5. 扎根理论研究的目的是：
   a. 描述文化特征
   b. 通过归纳生成理论
   c. 描述一个或多个个体对某种现象的体验
   d. 深入描述一个或多个个案
6. 关于这个设计：QUAL → QUAN，正确的说法是：
   a. 这是一项地位平等且同时进行的混合方法研究设计
   b. 这是一项地位平等且相继进行的混合方法研究设计
   c. 这是一项有主导地位且同时进行的混合方法研究设计
   d. 这是一项有主导地位且相继进行的混合方法研究设计

提高练习

1. 一位研究者想了解照护痴呆症父母的成年人的体验。你将如何研究这种现象？（提示：运用定性和/或混合方法研究中的观点和概念。）
2. 找到一篇已发表的定性或混合方法研究的期刊文章，然后回答以下问题：
   a. 研究内容是什么？
   b. 研究者使用了什么定性研究方法？举出一些细节来说明。
   c. 总结研究结果。
   d. 你对这篇研究论文的个人评价是什么？
   e. 这篇论文的主要优点有哪些？
   f. 这篇论文的主要缺点有哪些？
   g. 开展一项什么样的后续研究比较好？（提示：一项排除了你所确认的缺陷的研究或许是一项好的后续研究。）

第六编　分析和解释数据

第 15 章

描述统计

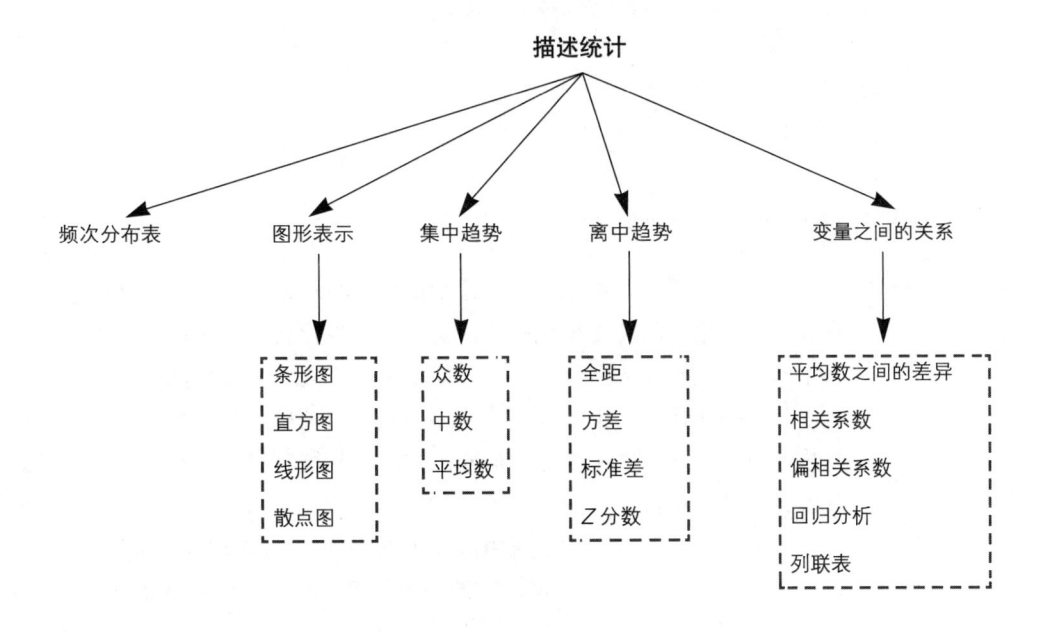

```
                          描述统计
         ┌──────┬──────┬─────┬──────┐
      频次分布表 图形表示 集中趋势 离中趋势 变量之间的关系
              ↓      ↓      ↓       ↓
           ┌─────┐ ┌────┐ ┌─────┐ ┌──────────┐
           │条形图│ │众数│ │全距 │ │平均数之间的差异│
           │直方图│ │中数│ │方差 │ │相关系数      │
           │线形图│ │平均数│ │标准差│ │偏相关系数    │
           │散点图│ └────┘ │Z分数│ │回归分析      │
           └─────┘        └─────┘ │列联表        │
                                  └──────────┘
```

学习目标

15.1　阐述描述统计的目标

15.2　解释频次分布表的概念

15.3　区分不同类型的统计图，以及应在什么情况下使用它们

15.4　计算某个数据集的平均数、中数和众数

15.5　计算某个数据集的方差和标准差

15.6　总结用于确定变量之间关系的技术

描述统计：专注于描述、总结或解释数据集的一类统计分析。

推论统计：基于样本数据，对总体进行推论的一类统计分析。

统计学领域可分为两大类，分别是描述统计和推论统计。**描述统计**（descriptive statistics）的目标是，描述或总结研究数据。这使你能够理解你的数据集，也让其他人更容易理解数据的关键特征。**推论统计**（inferential statistics）的目标是，透过这些直接的数据，以样本数据为基础推断出总体的特征。正如你在图 15.1 中所看到的，推论统计可以分为估计和假设检验，估计又可以分为点估计和区间估计。

在这一章中，我们将阐述描述性统计分析；在第 16 章中，我们要讲解推论性统计分析。我们假设读者都没有这方面的基础知识，所以两章都是按人人都能读懂的标准来写的。我们的讨论只需要很少的数学背景知识，所以不要担心！我们的重点在于向你展示选择何种统计步骤来理解数据，以及如何解释和报告结果。不过，在正式学习之前，请先阅读专栏 15.1，看看为什么必须总是要明智地进行统计分析。你不可以利用统计学撒谎！

描述统计

15.1 阐述描述统计的目标

数据集：一组数据，行是"个案"，列是"变量"。

描述统计始于一组数据（称作**数据集**[data set]）。研究者使用描述统计来了解和总结数据集的关键量化特征。例如，也许你会计算实验组和控制组在一项实验中的平均分数。或者，如果你开展了一项调查，也许你就想知道每个问题的答案的频次分布情况。也许你还想使用图表形象地展示某些结果。在下一章，也就是推论统计部分，你将学习如何确定实验组和控制组之间的平均数差异以及其他观察到的结果是否存在统计显著性。在这一章中我们关注的是，利用你现有的任何数据集，说明如何对这些数据的关键特征进行总结。描述统计中的关键问题是：我应该如何展示数据的重要特征？其中一种方式是提供一份记录所有原始数据的打印资料，但是这种方式的效率太低了。我们可以用更好的展示方式！

我们在表 15.1 中提供了一个数据集，本章会在多处用到它。我们把这个数据集称作"大学毕业生数据集"。我们假设这些数据来自你最近开展的一项调查研究，这项研究的参与者是 25 名应届大学毕业生。在收集数据的问卷中，你询问了参与者有关起薪、本科 GPA（平均学分绩点）、大学专业（你只调查了三种专业）、性别、入学时的 SAT 分数以及大学期间的缺勤天数等问题。这项调查研究的目标是确定哪些变量可以预测心理

图 15.1 统计学领域的主要划分

专栏 15.1

辛普森悖论

在本专栏中，我们将说明如果没有正确操作，统计分析是怎么骗人的。我们的例子基于一个真实案例，它与传言的性别歧视有关，发生在几十年前的加利福尼亚大学伯克利分校。这个案例的详情发表在《科学》杂志上（Bickel，1975）。下面的数据显示的是，在一所假想的大学里，某心理系研究生院录取男性和女性的情况。花点时间看看右表（综合或整体结果）中的数据。可以看到在申请该系研究生的男性中，有55%的申请者最终被录取，而女性中只有44%的申请者最终被录取。让我们假设他们的资质完全一样。如果这是事实，你可能就会推断这里出现了性别歧视，因为男性的录取率远高于女性。

综合或整体结果		
	申请人数	录取人数	录取比例（%）
男性	180	99	55
女性	100	44	44

现在，假设心理系有两个不同的研究生项目，共有280名申请者；每位学生要么申请临床心理学的博士项目，要么申请实验心理学的博士项目。研究者决定将两项目的数据分开，就得到了如下所示的两张表。你在这两张项目表里看到了什么？现在我们看到，在这两个学位项目中，女性（而不是男性）的录取率都更高！如果真的存在歧视，那也是女性申请者更受欢迎。到底发生了什么？

按项目划分的结果（分解结果）					
	临床心理学项目			实验心理学项目		
	申请人数	录取人数	录取比例（%）	申请人数	录取人数	录取比例（%）
男性	60	9	15	120	90	75
女性	60	12	20	40	32	80

综合/整体数据表明了一种结论，但是当对数据进行更加细致的分析（将之"分解"到临床心理学项目和实验心理学项目表中）时，却得出了一个完全不同的结论。为什么以同样的数据为基础的两种展示方式能得出截然相反的结论呢？答案是，出现了一种称为辛普森悖论的统计学现象。它出现的原因在于，女性倾向于申请更难被录取的项目，但是男性倾向于申请容易进的项目。整体数据显示的是一个结论，而分解的数据产生的是另一个相反却更准确的结论。这个故事要告诉你的是，在检查和解释描述性数据时，要保持谨慎，要始终以多种方式批判性地进行数据分析，直到你能够得到最有把握的结论。

学、哲学和商科专业学生的起薪。

现在，请花一点时间认真看看表15.1中的数据集。请注意它包含了四个量型变量（起薪、GPA、SAT分数、在校期间的缺勤天数）以及两个类别变量（大学专业和性别）。这个数据集是按照标准格式设置的——各行表示个案，各列表示变量。得到数据后，可以将这些数据输入到Excel等电子表格里（可用于SPSS

表 15.1　以 25 名应届大学毕业生为参与者的非实验研究中的假想数据集

个体	起薪	GPA	专业	性别	SAT	缺勤天数
1	24 000	2.5	1	0	1 110	36
2	25 000	2.5	1	0	1 100	26
3	27 500	3.0	1	0	1 300	31
4	28 500	2.4	2	1	1 100	18
5	30 500	3.0	2	0	1 150	26
6	30 500	2.9	2	1	1 130	18
7	31 000	3.1	1	0	1 180	16
8	31 000	3.3	1	0	1 160	11
9	31 500	2.9	2	0	1 170	25
10	32 000	3.6	1	0	1 250	12
11	32 000	2.6	1	1	1 230	26
12	32 500	3.1	2	0	1 130	21
13	32 500	3.2	2	1	1 200	17
14	32 500	3.0	3	1	1 150	14
15	33 000	3.7	1	0	1 260	29
16	33 500	3.1	2	1	1 170	21
17	33 500	2.7	2	1	1 140	22
18	34 500	3.0	3	0	1 240	14
19	35 500	3.1	3	0	1 330	16
20	36 500	3.5	2	1	1 220	0
21	37 500	3.4	3	1	1 150	4
22	38 500	3.2	2	0	1 270	10
23	38 500	3.0	3	1	1 300	0
24	40 500	3.3	3	1	1 280	5
25	41 500	3.5	3	1	1 330	2

注：类别变量"专业"中，1 = 心理学，2 = 哲学，3 = 商科。类别变量"性别"中，0 = 女，1 = 男。

之类的统计程序），或者直接将数据输入到 SPSS 中的"电子表格"。在这一章和下一章中的绝大多数分析中，我们都会用到 SPSS 这种常用的统计程序。大多数大学的计算机房都提供了 SPSS 或其他统计程序。

思考题 15.1
- 描述统计的目标是什么？

频次分布表

15.2 解释频次分布表的概念

频次分布表是用来展示某个变量的数据值的一种基本方式。**频次分布表**（frequency distribution）是对数据值的一种系统性排列，即对每个数值进行排序并提供它们的频次。通常，频次分布表还包含各频次对应的百分比。第 1 列显示变量的每个数值，第 2 列显示各数值的出现频次，第 3 列显示相应的百分比。

请看表 15.2。表中所示为大学毕业生数据集中起薪这个变量的频次分布。第 1 列中，最低起薪是 24 000 美元，最高起薪是 41 500 美元。第 2 列展示了频次。在应届大学毕业生样本中，最普遍的起薪是 32 500 美元，因为 25 名大学生中，有 3 名都是这个起薪。第 3 列显示了百分比的分布。在 25 个人中，有 4% 的人的起薪为 24 000 美元，8% 的人的起薪为 32 000 美元。

频次分布表：显示每一种数值的频次的数据排列方法。

表 15.2　起薪的频次分布表

（1）起薪	（2）频次	（3）百分比
24 000	1	4.0
25 000	1	4.0
27 500	1	4.0
28 500	1	4.0
30 500	2	8.0
31 000	2	8.0
31 500	1	4.0
32 000	2	8.0
32 500	3	12.0
33 000	1	4.0
33 500	2	8.0
34 500	1	4.0
35 500	1	4.0
36 500	1	4.0
37 500	1	4.0
38 500	2	8.0
40 500	1	4.0
41 500	1	4.0
	$N = 25$	100.0

注：第 2 列显示了"频次分布"，第 3 列显示了"百分比分布"。

> **思考题 15.2**
> - 在什么情况下你会想使用频次分布表？

数据的图形表示

15.3 区分不同类型的统计图，以及应在什么情况下使用它们

统计图是数据的图形表示。统计图可用于一个变量，也可用于多个变量。一些研究者喜欢用统计图来帮他们展示数据的本质。例如，项目评估者通常会在他们的报告中加入统计图，因为他们的客户通常希望看到数据的图形表示。

条形图

条形图：用垂直的条形表示类别变量的数据值的统计图。

直方图：描述一个量型变量的频次及分布的统计图。

条形图（bar graph）是一种简单的统计图，它用垂直的条形来表示数据。条形图适用于类别变量。在图 15.2 中，你可以看到大学专业的条形图，大学专业是从大学毕业生数据集中提取的类别变量。请注意，横轴显示了变量的三个类别，纵轴显示的是各类别的频次。这些条形就是数据集中三个专业各自的频次。在这些应届大学毕业生中，有 8 人是心理学专业的，10 人是哲学专业的，还有 7 人是商科专业的。如果你愿意，你能够轻松地将这些数值转换为百分比，即有 32% 的学生是心理学专业的（8 除以 25），40% 的学生是哲学专业的（10 除以 25），28% 的是商科专业的（7 除以 25）。

直方图

条形图用于类别变量，直方图则用于量型变量。**直方图**（histogram）是一种以条形表示频次分布的图示。它的优势在于相对于频次分布表，能更清晰地显示数值频次分布的形状。从图 15.3 中，你会看到起薪（来自大学毕业生数据集）的直方图。请注意，与条形图不同，直方图中的条形间没有间隙。

线形图

绘制线形图是描绘量型变量分布的一种

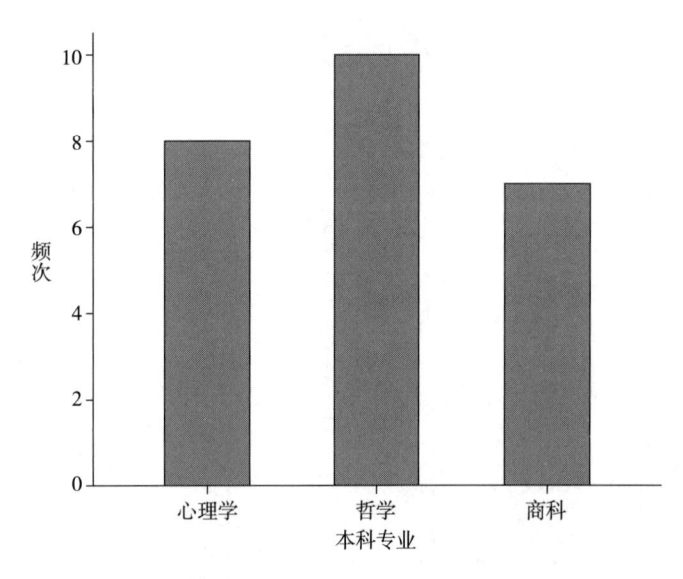

图 15.2 本科专业的条形图

图 15.3　起薪的直方图

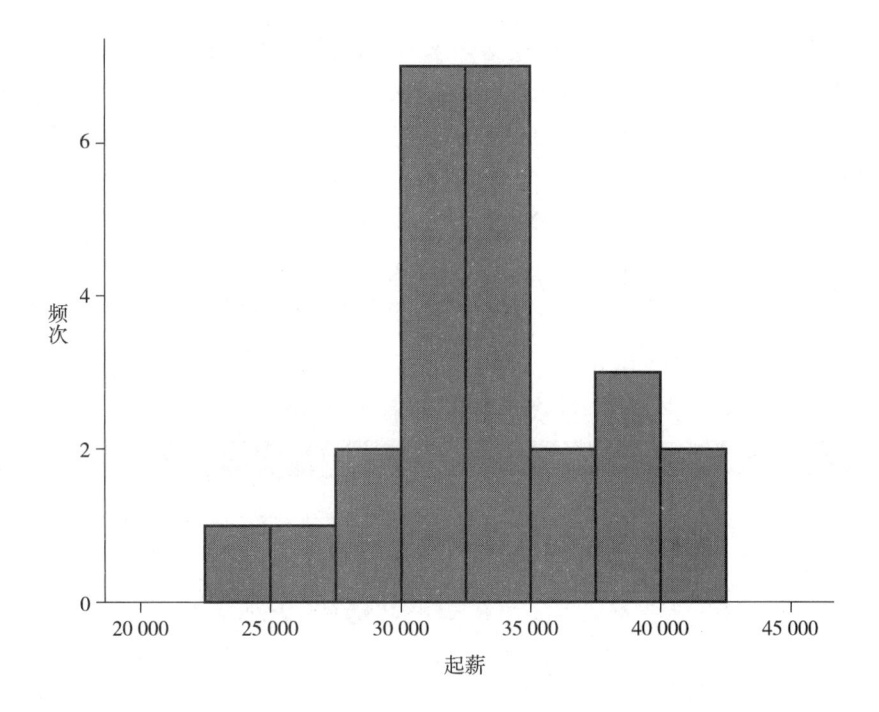

有效方法。**线形图**（line graph）是用一段或多段线条来表示的图示。在图 15.4 中，你可以看到起薪的线形图。线形图也可用于直观地展示和有助于解释交互作用。

假设你开展了一项实验，用以检验某个新设计的社会技能训练计划是否有效。你使用了前后测控制组设计（即你将参与者随机分配到实验组和控制组中，在

线形图：使用一段或多段连接各个数据点的线条的统计图。

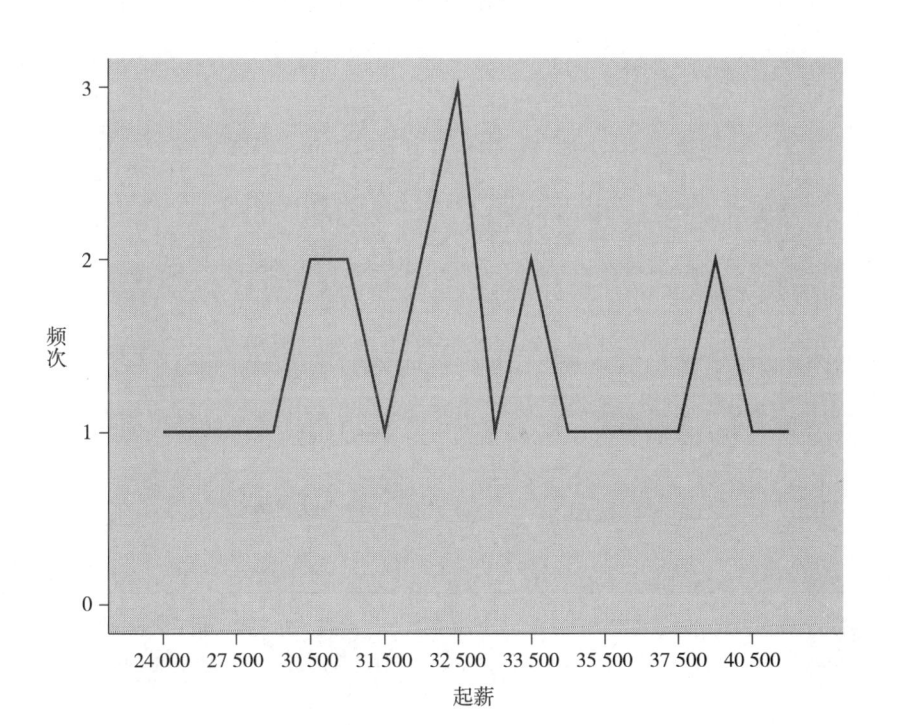

图 15.4　起薪的线形图

实验组接受社会技能训练之前和之后，分别对两组的表现进行了测量）。因变量是参与者表现出适宜的社会互动行为的次数，分别在前测和后测阶段进行了测量。自变量是社会技能训练（训练与未接受训练）。从实验中得到的数据列在了表 15.3 中。

图 15.5 呈现了这个假想实验的部分结果。我们使用了线形图来说明研究中发生了什么。从这个线形图中你可以看到，两组在开始时展示出适宜技能的次数都较低。也就是说，在实验开始时，每位参与者的因变量分数都比较低。研究结束时，

表 15.3 实验研究"检验社会技能训练效果"的假想数据集

个体	前测分数	处理条件	后测分数
1	3	1	4
2	4	1	4
3	2	1	3
4	1	1	2
5	1	1	2
6	0	1	0
7	2	1	2
8	4	1	4
9	4	1	4
10	3	1	4
11	2	1	3
12	5	1	5
13	3	1	3
14	3	1	3
15	2	2	4
16	3	2	5
17	1	2	2
18	2	2	4
19	1	2	2
20	2	2	4
21	2	2	3
22	3	2	5
23	5	2	6
24	2	2	4
25	4	2	2
26	4	2	5
27	2	2	4
28	5	2	6

注：前测 = 在实验开始时表现出适宜社会互动行为的数量，后测 = 在实验干预后表现出适宜社会互动行为的数量；处理条件 = 1 表示控制组（没有接受社会技能训练），2 表示实验组（接受了社会技能训练）。

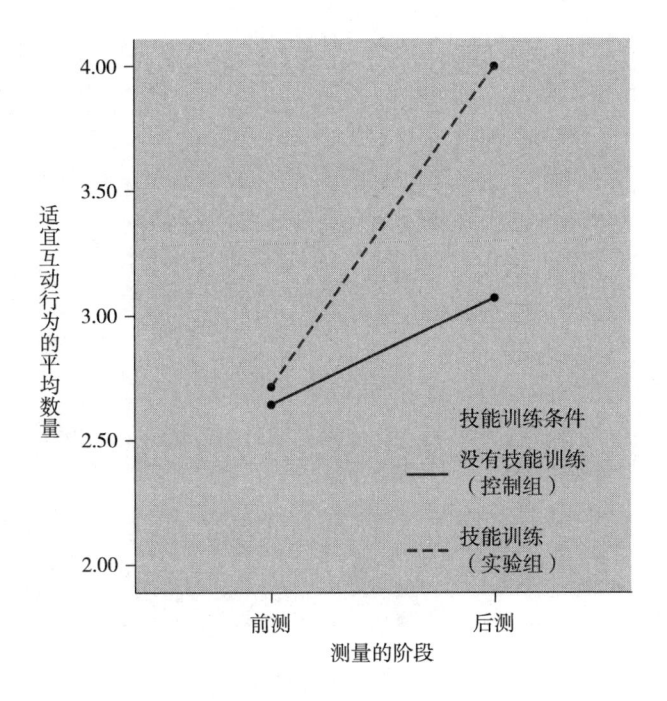

图 15.5 使用前后测控制组设计来研究社会技能训练效果的结果线形图

也就是实验组接受了社会技能训练后，我们看到了一个截然不同的结果：实验组参与者的分数高于控制组参与者的分数。这个图示说明，实验组表现出适宜社会技能的次数出现了增长，而控制组则没有出现增长或增长很少。总之，这个线形图应该是你希望看到的，因为它说明你的处理似乎是有效的。实际上，还应该再加一个步骤。你还必须确定结果是否具有统计显著性。我们将在下一章向你说明该如何获得这一信息。

散点图

散点图（scatterplot）是用于描绘两个量型变量之间关系的统计图。按照惯例，我们总是把因变量放在纵轴上，而把自变量或预测变量放在横轴上。图中的点代表了数据集里的各个个案（也就是参与者）。

在图 15.6 中，你能看到 GPA 和起薪这两个量型变量的散点图。按照研究中约定俗成的惯例，我们把自变量（预测变量）放在了横轴，把因变量放在了纵轴。你在这个散点图中可以看到，GPA 和起薪之间呈现出正相关，因为 GPA 增加时，起薪随之增加。当变量间存在一种正相关关系时，数据值的分布趋向是从图的左下部开始并在右上部结束。

图 15.7 中的散点图显示了大学期间的缺勤天数与毕业后的起薪之间的关系。在这张散点图中，你能看到缺勤天数与起薪之间呈负相关，因为随着缺勤天数的增加，起薪在降低。当变量间存在着负相关关系时，数据值的分布趋向是从图的左上部开始并在右下部结束。

散点图：对两个量型变量之间关系的一种图形描绘。

图 15.6 大学 GPA 与起薪的散点图（正相关）

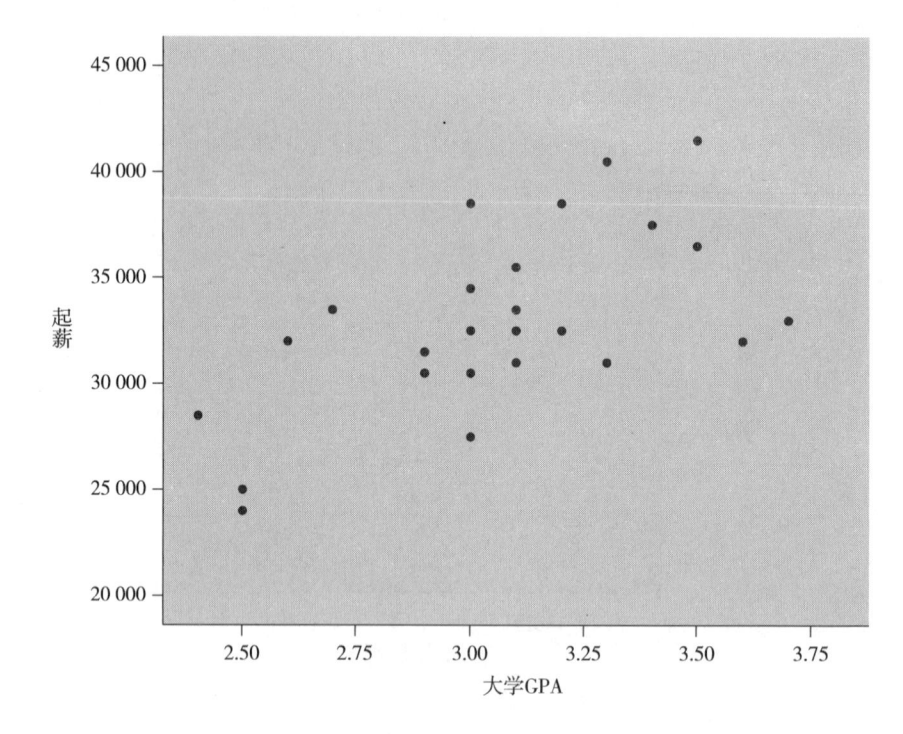

图 15.7 缺勤天数与起薪的散点图（负相关）

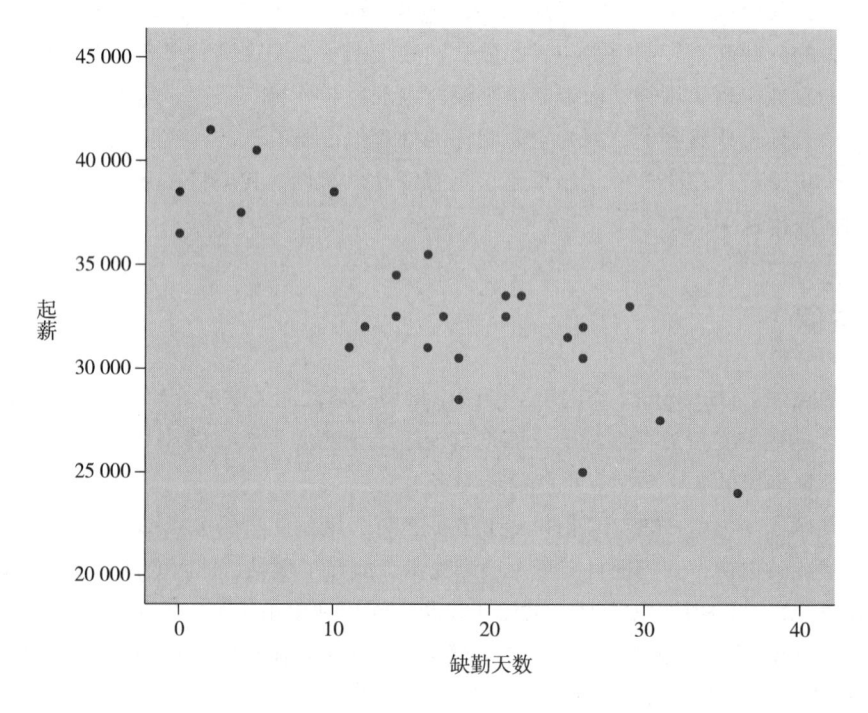

> **思考题 15.3**
> - 有哪些统计图（到目前为止讨论过的）可用于描述变量？在什么情况下使用它们？

集中趋势量度

15.4 计算某个数据集的平均数、中数和众数

描述和理解数据最重要的一个方法就是获取集中趋势量度。**集中趋势量度**（measure of central tendency，也译作集中量数）是指某个单一数值，它被认为是某个量型变量最典型的值。比如，你的大学 GPA 就是最能代表你成绩好坏的典型值，它基于你所有科目的成绩计算而来。最常见的三种集中趋势量度是众数、中数和平均数。

集中趋势量度：代表一个量型变量的典型值的数值。

众 数

众数是最基础、最粗浅的集中趋势量度。**众数**（mode）是指某个变量中出现频率最高的数字。例如，看下面这组数字：

0、2、3、4、5、5、5、7、8、8、9、10

这组数字的众数是 5，因为 5 是出现次数最多的数字，它总共出现了 3 次。如果出现次数最多的数字有两个，那么你就需要将两个都报告出来，并指出这个变量的数据是双峰的。

作为练习，请确定下面这组数字的众数：

1、2、2、5、5、7、10、10、10

如果你的答案是 10，那么你就答对了。请注意，在这个例子中，众数并不是显示数据集中趋势的好指标。如果数据是正态分布的，那么大多数人都会落在数值分布的中间部分，此时众数所起的作用就要比在这个例子中所起的作用好得多。在实践中，心理学研究者很少使用众数。

众数：出现次数最多的数字。

中 数

中数（median，也译作中位数）是指一组按照升序或降序排列的数字的中点。如果数字的个数是奇数，那么中数就是正中间的数字。例如，在下面这组数字中：

1、2、3、4、5

中数就是 3。如果数字的个数是偶数，中数就是两个中心数字的平均值。（记住，在你确定中心数字之前，必须对数字进行排序）。例如，在下面这组数字中：

1、2、3、4

中数：一组已排序数字的中点。

中数就是 2.5，因为两个中心数字的平均值就是 2.5（即 2 和 3 的平均值是 2.5）。中数有一个有趣的属性：它不受一组数字中的最大值和最小值影响。比如，1、2、3、4、5 的中数与 1、2、3、4、500 的中数是相同的。在这两种情况下，中数都是 3！

平均数

平均数：算术平均值。

平均数（mean，也译作均值）是研究者用来指代算术平均值的术语。你已经知道平均数（也就是平均值）是怎么算的了。1、2、3 的平均值是 2，对吗？在你计算平均数时，实际上你是这样做的：(1 + 2 + 3)/3。心理学家有时会用 $\bar{X}$（读作 X 拔）表示平均数，下面是计算平均数的公式：

$$平均数 = \frac{\sum X}{n}$$

这个公式很简单，只要你注意，"X" 代表你正在使用的变量，"n" 代表你拥有的数字的数量，而 "$\sum$" 是一个求和符号（它的意思是将跟随其后的所有数字加在一起）。在这个简单的例子中，变量有三个值：1、2、3，这个公式应用如下：

$$平均数 = \frac{\sum X}{n} = \frac{1 + 2 + 3}{3} = \frac{6}{3} = 2$$

心理学家经常要计算各组的平均数，用来进行比较，比如实验组和控制组的平均表现水平。再看一下图 15.5。图中有四个点，每点都是一个组平均数。这四点分别是控制组和实验组在前、后测中的平均数。我们已将它们绘成图，以帮助你解释实验的结果。这些结果表明处理是起作用的：在前测时，实验组和控制组的平均数都较低；但在干预之后，控制组的平均数几乎没有变化，而实验组的平均数却比控制组的平均数高出很多。

> **思考题 15.4**
>
> - 区分平均数、中数和众数。

离中趋势量度

15.5 计算某个数据集的方差和标准差

离中趋势量度：表示一个量型变量的数据离散情况或变异大小的数值。

在上一节中，我们了解了集中趋势量度，它们透露的是关于变量典型情况的信息。但是，了解数据值的离散情况（即它们之间的差异大小）同样很重要。也就是说，你想知道数据有多大的变异（差异）。**离中趋势量度**（measure of variability，也译作差异量数）是一个数值指标，它提供了有关变量数据离散情况或变异大小的信息。

如果一个变量的所有数据值都是相同的，那么就没有变异。例如，在下面这些数字中就没有变异：

$$4、4、4、4、4、4、4、4、4、4$$

而在下面这些数字中存在变异：

$$1、2、3、3、4、4、4、6、8、10$$

数字越不同，变异就越大。

现在，让我们来测试一下你对变异的理解。下面哪组数据具有更大的变异？

第一组数据：44、45、45、45、46、46、47、47、48、49
第二组数据：34、37、45、51、58、60、77、88、90、98

如你所见，第二组数据的变异比第一组大。有时，当一组数据几乎没有变异时，我们就说这些分数是同质的。当数据的变异很大时，我们就说这些分数是异质的。

现在，我们向你介绍心理学家分析数据时可能用到的三种离中趋势量度。它们分别是：全距、方差和标准差。

全 距

全距是最简单也是最粗浅的离中趋势量度。**全距**（range）就是一组数字中的最高值（即最大值）减去最低值（即最小值）的结果。公式如下：

全距：最高值减去最低值的结果。

$$全距 = H - L$$

在这个公式中，H 指的是最高值，L 指的是最低值。

例如，在前面呈现的第一组数据中，全距等于 5（49 – 44）。现在，请算一下第二组数据的全距。如果你算出的全距是 64，那么你算对了。最高值是 98，最低值是 34，所以这两个数值之间的差是 64。全距是表示变异性的一个粗浅指标，因为它只考虑了两个数字（最高值和最低值）。现在我们介绍心理学研究者们更常用的其他离中趋势量度。

方差和标准差

最常用的两种离中趋势量度是方差和标准差。因为它们考虑的是某个变量的所有数据值，所以也就优于全距。它们都能提供关于数据值在变量平均值周围的离散或变异程度的信息。

方差：各数据值与平均数之差的平方和的平均值，单位是原数据单位的平方。

标准差：方差的平方根。

方差（variance）是指各数据值与平均数之差的平方和的平均值，单位是原数据单位的平方。方差之所以受欢迎，是因为它具有良好的数学属性。为了让方差变成更有意义的单位，你可以求出**标准差**（standard deviation）。要想得到标准差，可以将方差开平方（也就是说，你需要将方差值输入计算器，然后按下平方根键）。标准差(也就是方差的平方根)是数据值与平均数之间的平均距离的近似指标。(如果平均数是 5，标准差是 2，那么数据值就大多处于 5 以上或以下大约 2 个单位的位置。)方差和标准差越大，说明数据越离散；它们越小，说明数据越集中。

在表 15.4 中，我们向你展示了如何计算方差和标准差。我们想要得到 2、4、6、8、10 这组数字的方差和标准差。如表 15.4 所示，这五个数字的方差是 8，标

表 15.4　计算方差和标准差

	(1)	(2)	(3)	(4)
	(X)	$(\bar{X})$	$(X-\bar{X})$	$(X-\bar{X})^2$
	2	6	−4	16
	4	6	−2	4
	6	6	0	0
	8	6	2	4
	10	6	4	16
	30			40
	↑			↑
和	$\sum X$			$\sum (X-\bar{X})^2$

步骤：

（1）在 X 列中输入你的数据值。

（2）计算第 1 列中各数值的平均数，将这个值放在第 2 列中。在这个例子中，平均数是 6。

$$\bar{X} = \frac{30}{5} = 6$$

（3）用第 1 列的值减去第 2 列的值，将得数放在第 3 列中。

（4）求第 3 列中的值的平方（也就是每个数乘以自身），然后将得数放在第 4 列中。

（注：你可以忽略第 3 列中的负号，因为两个负数相乘会得到一个正数。）

（5）将正确的数值代入下面这个计算方差的公式中：

$$方差 = \frac{\sum(X-\bar{X})^2}{n}$$

其中，

$\sum(X-\bar{X})^2$ 是第 4 列中的数字的和，n 是数字的个数。

在这个例子中，方差 $= \frac{\sum(X-\bar{X})^2}{n} = \frac{40}{5} = 8$

（6）标准差是方差的平方根（$SD = \sqrt{方差}$）。在这个例子中，方差是 8（见第 5 步)，标准差是 2.83（即 8 的平方根 = 2.83）。

准差是 2.83。换句话说，采用平方单位时，这些数字与平均数的平均差距是 8；而采用常规单位（原数据单位）时，这些数字与平均数的平均差距大致就是 2.83。如果这些数字更离散，它们的方差和标准差就会更大；如果这些数字更集中，它们的方差和标准差就会更小。

标准差与正态曲线

如果数据完全是正态分布的，那么它们的标准差就具有额外的含义。仔细看图 15.8 中的标准正态分布，你会看到正态曲线或**正态分布**（normal distribution）呈钟形：中间部分最高，然后分别向左右两边逐渐降低。如果数据完全是正态分布的，那么就能运用 **68%、95% 和 99.7% 规则**（68, 95, 99.7 percent rule）。这个规则说的是，有 68% 的个案会落在平均数上下 1 个标准差之内，有 95% 的个案会落在上下 2 个标准差之内，99.7% 的个案会落在上下 3 个标准差之内。事实上，这个规则说的是一种近似情况，因为更精确的百分比是 68.26%、95.44% 和 99.74%。但这个规则更容易记住，而且它与实际数值也非常接近。

在实践中应记住，样本数据不可能与此处描述的正态分布完全匹配，即它们是不可能完全符合正态分布的，因为我们所描述的这种情况也可称作理论正态分布。理论正态分布是研究者在报告其数据的正态分布程度时所用的参照标准。正态分布在更高等的统计课程中还有许多应用。

正态分布：遵循 68%、95% 和 99.7% 规则的一种理论分布。

68%、95% 和 99.7% 规则：说明在正态分布中分别落在平均数上下 1 个、2 个和 3 个标准差之内的个案百分比的规则。

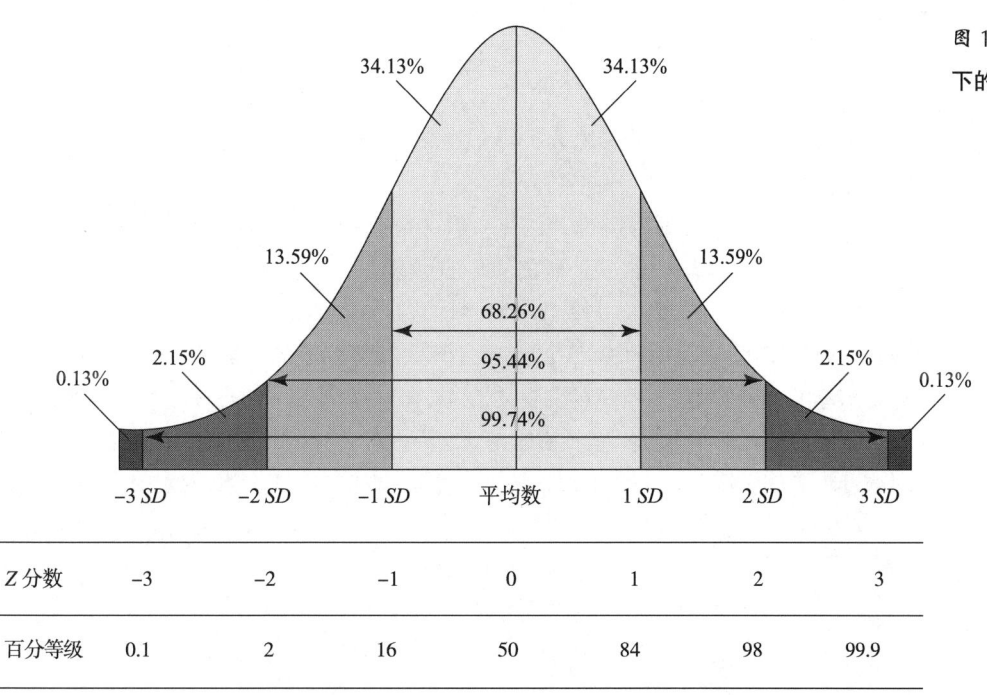

图 15.8　正态分布曲线下的区域

Z 分数	−3	−2	−1	0	1	2	3
百分等级	0.1	2	16	50	84	98	99.9

Z 分数 :一种被转换为以标准差为单位的分数。

Z 分数 这一节最后再介绍一个概念。研究者有时会将他们获得的数据转换为一种称作 **Z 分数**（z scores）的标准分数。这些分数是由最初的"原始分数"转换成的，是新的"标准化"变量值，该组数值的平均数为 0，标准差为 1。这种做法较方便，因为可以按照与平均数的距离来解释数据。如果某个数据值是 +1.00，就表示这个数值在高于平均数 1 个标准差的位置；+2.00 表示这个数值在高于平均数 2 个标准差的位置；−1.50 表示这个数值在低于平均数 1.5 个标准差的位置，以此类推。前面图 15.8 表示的是将"标准单位"或"Z 分数"应用在正态曲线上。

用以下公式，可以很容易地将你的数据标准化：

$$Z 分数 = \frac{原始分数 - 平均数}{标准差} = \frac{X - \overline{X}}{SD}$$

应用这个公式转换 Z 分数时，需要有要转换的原始分数，还要算出原始分数的平均数和标准差。以表 15.4 中使用的分数集为例：2、4、6、8、10。这五个数字的平均数是 6，标准差（我们在表格中已算出）是 2.83。因此，我们可以将这五个数字中的任何一个或所有数字都转换为 Z 分数。下面将最后一个数字 10 转换为 Z 分数：

$$Z 分数 = \frac{原始分数 - 平均数}{标准差} = \frac{10 - 6}{2.83} = \frac{4}{2.83} = 1.413$$

因此，数字 10 对应的 Z 分数是 1.413，表示 10 这个数值在高于变量平均数 1.413 个标准差的位置。下面将第一个数字 2 转换为 Z 分数：

$$Z 分数 = \frac{原始分数 - 平均数}{标准差} = \frac{2 - 6}{2.83} = \frac{-4}{2.83} = -1.413$$

因此，数字 2 在低于平均数 1.413 个标准差的位置，负号表示这个数值低于平均数。

我们在定义 Z 分数时讲过，任何一组 Z 分数的平均数都是 0，标准差都是 1，你可以对此进行检验。以下是数据集中五个数字的 Z 分数：−1.413、−0.707、0、+0.707、+1.413。可以看出这些数字的平均数是 0。接着再检验一下这些数字的标准差是否等于 1，运用表 15.4 中的程序计算这组 Z 分数的标准差。经检验后发现，它们的标准差确实是 1。这里的关键点在于，你可以把任何一组数字转换为 Z 分数，Z 分数的平均数总会是 0，标准差总会是 1。获得 Z 分数，有助于心理学家比较不同变量和不同数据集的分数，以及确定某个数值高于或低于平均数的位置有多远。

思考题 15.5

- 什么是离中趋势？度量它们的指标有哪些？这些指标各自的优势和缺点是什么？

考察变量之间的关系

15.6 总结用于确定变量之间关系的技术

心理学家很少对某个单独的变量感兴趣，他们通常关注的是自变量与因变量之间是否存在联系。他们使用自变量（或预测变量）来"解释"因变量（或结果变量）的"变异"。科学的首要目标或许是确定哪些自变量预测或引起了因变量变化。这样，从业者就能运用这些知识来改变世界，比如使用新的心理治疗技术来减轻精神疾病，或预测哪些人群将来有出现异常的"风险"，从而可以进行早期干预。

在最后一节里，我们要描述用于考察两个或多个变量之间关系的几种方法。大多数心理学研究的因变量都是量型变量（比如，反应时间、成绩水平和压力水平）。因此，这里提到的大多数关系指数都用于量型因变量。我们将说明一种例外情况，在这种情况下会有一个类别因变量和一个类别自变量（或预测变量）。

组平均数之间的非标准化差异和标准化差异

如果你有一个量型因变量和一个类别自变量，要想证明它们之间有联系，可以通过计算类别自变量各组的因变量平均数，并对这些平均数进行比较，然后就可以获得初步证据了。考察两个平均数相减后的差值大小是确定两个平均数之间差异幅度的最直接、也是最简单的方式。这被称作**平均数之间的非标准化差异**（unstandardized difference between means），因为你使用的是数据的自然单位。然后，你需要判断平均数之间的差异是大还是小。

例如，在我们的大学毕业生数据集中，男性大学生起薪的平均数（即平均值）是 34 791.67 美元，女性大学生的平均起薪是 31 269.23 美元。因此，这两个平均数的非标准化差异便是 3 522.44 美元，即用 34 791.67 美元减去 31 269.23 美元。这在我们看来是相当大的差异。另一种表述方式是，我们的数据显示"性别与起薪之间存在着相当大的关系，男性的起薪高于女性"。我们将在下一章讲述如何确定平均数之间的差异是否具有"统计显著性"。这里先讲述如何获取数据的描述性信息。

为了更好地确定组平均数之间的差异情况，常将平均数之间的差异转换为标准化的度量。**科恩 d 值**（Cohen's d）作为标准化量数，经常用于度量组平均数的差异。科恩 d 值是研究者使用的多种效应量指标之一，**效应量指标**（effect size indicator）是变量间关系强度或幅度的标准化度量。后面还会介绍其他的效应量指标；这里重点关注如何获得科恩 d 值，其公式如下：

$$d = \frac{平均数差异}{标准差} = \frac{M_1 - M_2}{SD}$$

平均数之间的非标准化差异：以变量的自然单位表示的两个平均数之间的差异。

科恩 d 值：以标准差为单位表示的两个平均数之间的差异。

效应量指标：表示平均数之间差异的强度或幅度的指数。

其中，

M_1 是第一组的平均数

M_2 是第二组的平均数

SD 是两组中任意一组的标准差（在实验中，通常是控制组的标准差，也有一些研究者更倾向于使用两组的合并标准差）

科恩将效应量 $d = 0.20$ 定义为"小"，效应量 $d = 0.50$ 定义为"中"，效应量 $d = 0.80$ 定义为"大"，这是解释 d 值含义的简易方法。刚开始时，可先按科恩的 0.20、0.50、0.80 标准解释科恩 d 值大小，随着经验的积累，你将学会如何根据其他信息调整解释，比如已发表的相同主题的研究所提供的差异大小。

现在，我们来计算科恩 d 值，以比较大学毕业生数据集中男性和女性的平均收入。[1] 性别是一个类别自变量或预测变量，起薪是一个量型因变量。男性的平均起薪是 34 791.67 美元，女性的平均起薪是 31 269.23 美元。这两个平均数之间的非标准化差异是 3 522.44 美元。使用统计程序（如 SPSS），我们能得到女性起薪的标准差是 4 008.40 美元。现在我们得到了科恩 d 值计算公式所需的三部分信息。我们有了两组的平均数，有了被选为比较组（即女性）的标准差。将这三部分信息代入公式中：

$$d = \frac{M_1 - M_2}{SD} = \frac{34\,791.67 - 31\,269.23}{4\,008.40} = \frac{3\,522.44}{4\,008.40} = 0.88$$

科恩 d 值是 0.88，表明男性的平均起薪比女性高 0.88 个标准差。使用科恩的标准进行解释时，可以认为这两个平均数之间存在"大"的差异。然而，科恩并不希望研究者盲目地套用他的标准。在一些研究中，较小的科恩 d 值也被认为是一个大的或重要的效应。在这个例子中，我们认为，0.88 代表男性和女性起薪之间存在着大的标准化差异。要想再做一例练习，可以翻到专栏 15.2，看看我们如何利用科恩 d 值来解释图 15.5 中标注的平均数和理解社会技能训练的效果。

相关系数

相关系数：表示两个量型变量之间线性关系的强度和方向的指数。

当因变量和自变量都是量型变量的时候，你需要获得一个相关系数或者回归系数。在这一小节中，我们将说明相关系数的概念。从定义上来看，**相关系数**（correlation coefficient）是表示两个变量之间线性关系的强度和方向的一种数值指数，它在 –1.00 到 +1.00 之间变动。系数中数字的绝对大小表示的是相关的强度，符号（正号或负号）表示的是二者关系的方向。两个终端值，–1.00 和 +1.00，表示"完全"相关，它们是可能出现的最强相关；0 表示完全不相关。因此，当相关系数从 0 向任何一端移动时，都说明相关在增强，换言之，相关系数越接近 0，

---

[1] 你可以很容易在网上找到科恩 d 值计算器。

> **专栏 15.2**
>
> ### 在前后测控制组实验研究设计中使用科恩 *d* 值
>
> 在本章前文中，我们描述了一个研究者将参与者随机分配到实验组和控制组的实验。自变量的水平就是实验条件和控制条件，实施处理的目的是提高参与者的社会技能。社会技能这个因变量被操作化为在 1 个小时的观察环节中，参与者表现出适宜互动行为的次数。在前测和后测（即在实验组被施加处理之后）中，都对实验组和控制组进行了因变量的测量。
>
> 图 15.5 以线形图的方式描绘了实验组和控制组的前测平均成绩和后测平均成绩。这张线形图似乎显示处理是有效的，因为在干预之后，实验组的社会技能提高幅度大于控制组。也就是说，在前测时，两组的平均数是相似的，这说明随机分配的效果很好；但是在处理之后，两组的平均数变得不一样了。从表面上看，实验组在经过社会技能训练之后表现好多了，而控制组则仅有很小的变化。
>
> 现在，我们来演示一下如何计算两个前测平均数和两个后测平均数的科恩 *d* 值。首先，使用统计软件 SPSS 来进行计算，得到的结果是：实验组在前测时的社会技能平均成绩（M_1）是 2.71，控制组在前测时的社会技能平均成绩（M_2）是 2.64，控制组的标准差（*SD*）是 1.39。利用这些信息，你可以得到如下的科恩 *d* 值：
>
> $$d = \frac{M_1 - M_2}{SD} = \frac{2.71 - 2.64}{1.39} = \frac{0.07}{1.39} = 0.05$$
>
> 第二步，使用 SPSS 处理后测数据，我们得到实验组在后测时的社会技能平均成绩（M_1）是 4.00，控制组在后测时的社会技能平均成绩（M_2）是 3.07，控制组的标准差（*SD*）是 1.27。利用这些信息，你可以得到如下的科恩 *d* 值：
>
> $$d = \frac{M_1 - M_2}{SD} = \frac{4.00 - 3.07}{1.27} = \frac{0.93}{1.27} = 0.73$$
>
> 这些数据显示，两个前测平均数之间的差异非常小。科恩 *d* 值所度量的标准化平均数差异只有 0.05，表示实验组的平均数仅比控制组平均数大 0.05 个标准差。科恩将 0.2 定义为小的差异，而 0.05 比 0.2 还小得多，这支持了我们之前的观察结果，即两个组在前测时的平均数几乎没有差异。相反地，后测的科恩 *d* 值是 0.73，表明实验组的平均数比控制组平均数要大 0.73 个标准差单位。按照科恩的标准，0.73 是一个相对较大的差异（实验组平均数高于控制组平均数 0.73 个标准差）。
>
> 上述结果似乎能说明社会技能训练是有效果的，但我们还不能充分相信这个实验结果。最大的问题是，我们观察到的两个平均数之间的差异，可能仅是由于数据的随机或概率性波动产生的。在下一章的推论统计中，我们将检查这种差异是否具有统计显著性。如果它确实具有统计显著性，那么我们就能推断两个后测平均数（根据前测时的微小差异做调整）之间的差异是真实的（也就是说，不仅仅是随机波动，而是由于处理而产生的真正差异）。在这里，我们只能认为，根据对数据的描述性分析，实验处理在提高参与者的社会技能方面看起来是成功的。

相关关系就越弱，如图 15.9 所示。

下面我们快速测试一下你的理解程度。"+0.20 和 +0.70 哪一个相关更强？"后者更强，因为 +0.70 距离 0 更远。"−0.20 和 −0.70 哪一个相关更强？"还是后者更强，因为 −0.70 距离 0 更远。接着是一个带有陷阱的问题："+0.50 和 −0.70

图 15.9 相关系数的强度和方向

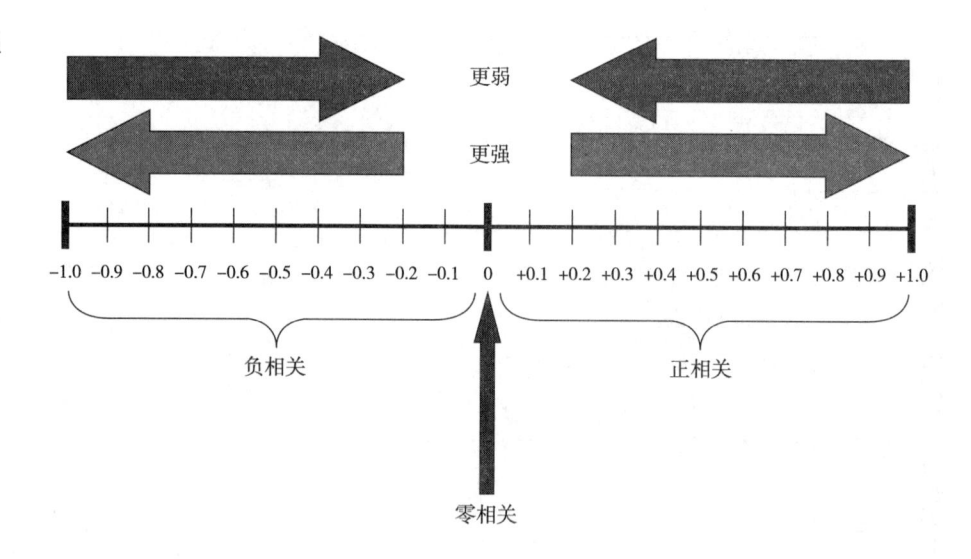

更弱 ← → 更强

−1.0 −0.9 −0.8 −0.7 −0.6 −0.5 −0.4 −0.3 −0.2 −0.1 0 +0.1 +0.2 +0.3 +0.4 +0.5 +0.6 +0.7 +0.8 +0.9 +1.0

负相关　　　正相关

零相关

哪一个相关更强？"答案还是后者更强，因为 −0.70 距离 0 更远。在判断两个相关系数的相对强度时，要忽略它们的符号，然后确定哪个数字离 0 更远，也就是要比较数字的绝对值（即如果数字前的符号是负号，就变为正号），看绝对值哪个更大。

你一定想知道，带负号的相关系数与带正号的相关系数之间有什么不同。这个问题关系到变量关系的方向。当符号是负号时，表示**负相关**（negative correlation）（这意味着两个变量的值往往向相反方向移动）；相反地，符号是正号表示**正相关**（positive correlation）（这意味着两个变量的值往往向相同方向移动）。图 15.10 展示了一些强度和方向不同的相关关系。

这里有一个负相关的例子：学生在考试之前的晚上参加聚会的时间越长，他们的测验分数就可能越低。这种相关就是负性的，因为随着参加聚会的时间增加，测验分数就趋于降低（即它们朝着相反方向移动）。与此对应的正相关例子是，学生为准备某项测验所花费的学习时间越多，他们的测验分数往往就会越高。这种相关就是正性的，因为随着学习时间增加，测验分数也趋于增加（它们朝着相同方向移动）。

总之，存在负相关关系的两个变量会朝着相反方向移动，存在正相关关系的两个变量会朝着相同方向移动。这里有个测试题："教育与收入之间是正相关还是负相关？"这是正相关，因为这两个变量趋于向同一方向移动：当受教育的年限增加时，收入往往也会增加。另一个测试题："同理心水平与攻击性是正相关还是负相关？"这是负相关，因为同理心水平更高的人通常攻击性较弱。

绘制散点图可以让你通过目测就能确定两个变量关系的方向。仔细观察图 15.6，可以看到大学 GPA 和起薪的散点图。这张散点图显示，随着大学 GPA 的增加，起薪往往也随之增加。在这个例子中，二者的相关系数是 +0.61，这是一种中等强度的正相关关系。现在再看看图 15.7，你可以看到大学期间缺勤天数与

负相关：两个变量的值往往向相反方向移动的相关关系。

正相关：两个变量的值往往向相同方向移动的相关关系。

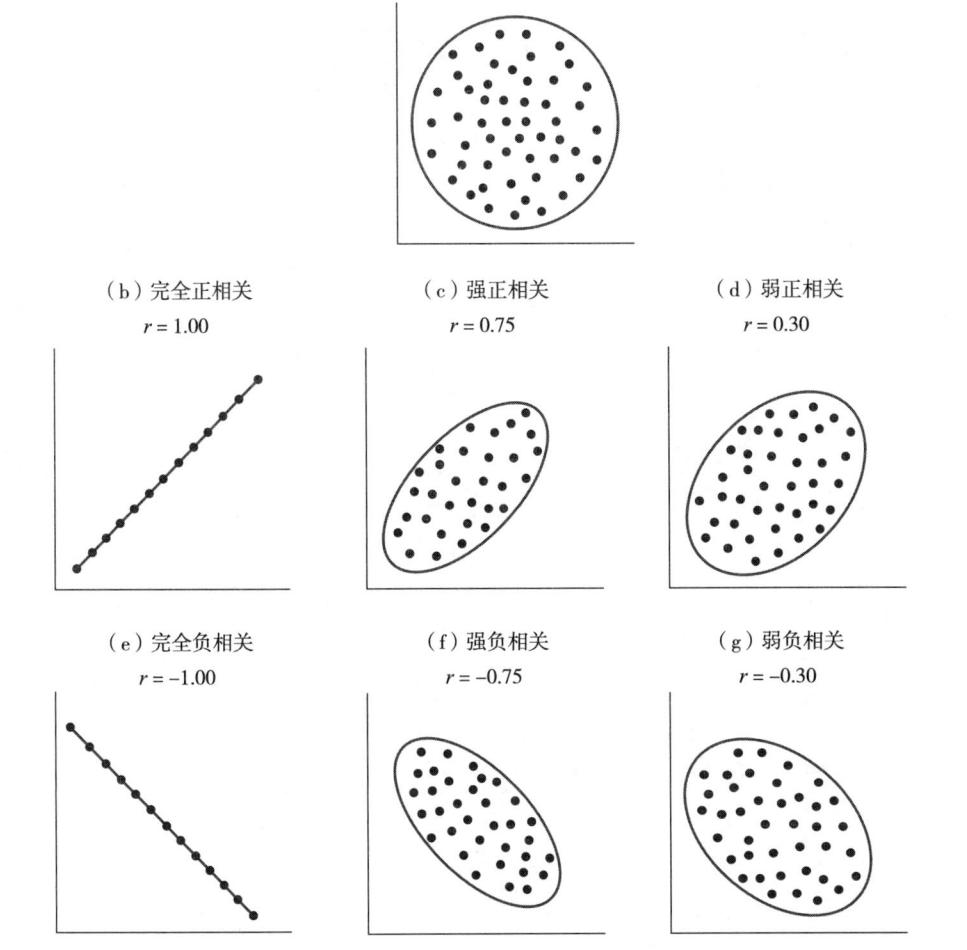

图 15.10　不同强度和方向的相关关系

（a）无相关
$r = 0$

（b）完全正相关
$r = 1.00$

（c）强正相关
$r = 0.75$

（d）弱正相关
$r = 0.30$

（e）完全负相关
$r = -1.00$

（f）强负相关
$r = -0.75$

（g）弱负相关
$r = -0.30$

起薪的散点图：大学期间缺勤天数越多，起薪往往就越低。在这个例子中，相关系数是 -0.81，代表一种强负相关。

还有一种方法可以用来理解相关关系的概念，我们可以利用一个定义公式来计算一个小数据集的相关系数。想要知道具体怎么做，请阅读专栏 15.3。

在专栏 15.3 中，我们解释了皮尔逊相关系数，但还有一点你需要牢记：只有数据呈线性相关时，皮尔逊相关系数才适用。图 15.10 中描绘的所有关系都是线性关系。而图 15.11 中展示的则是**曲线关系**（curvilinear relationship）（即曲线型的关系）。如果在某个曲线关系中计算皮尔逊相关系数，通常会显示这些变量之间不存在关系，而实际上它们是相关的。如果这样，你就会对变量之间的关系得出错误的结论。如果两个变量存在曲线关系，那么就需要使用**曲线回归**（curvilinear regression）技术（见 Keith, 2019, pp. 168–175）。这种技术能将数据与最合适的统计模型拟合，并能显示出关系的强度。

曲线关系：两个量型变量之间的非线性（曲线型的）关系。

曲线回归：能对曲线关系进行精确建模的回归分析。

图 15.11　曲线关系

专栏 15.3
如何计算皮尔逊相关系数

前面已经讲述了如何获取 Z 分数，并指出 Z 分数能显示一个数值与变量平均数的距离。例如，Z 分数为 +2.00 说明，这个分数比平均数大了两个标准差；而 Z 分数为 −2.00 说明，这个分数比平均数小两个标准差。使用以下公式计算相关系数之前，需要将自变量（X）和因变量（Y）的数据值转换为 Z 分数。这样公式就一目了然了，因为只需要将这些分数相乘，再将积相加，然后除以个案的总数。用和除以 n，你就可以以得到 Z 分数积的平均值。

公式如下：

$$r = \frac{Z\text{分数交叉乘积的和}}{\text{个案总数}} = \frac{\sum Z_X Z_Y}{n}$$

其中，

$\sum$ 表示求它右侧项目的和
Z_X 是自变量 X 数据值的 Z 分数
Z_Y 是因变量 Y 数据值的 Z 分数
n 是个案的总数

在正相关的情况下，有些个案的 X 和 Y 值都低，而有些个案的 X 和 Y 值都高（参见图 a），这种模式使公式的分子部分为正值，表示正向的关系。在负相关的情况下，有些个案具有低 X 值和高 Y 值，而有些个案具有高 X 值和低 Y 值（参见图 b），这种模式使公式的分子部分为负值，表示负向的关系。这两种情况如图所示：

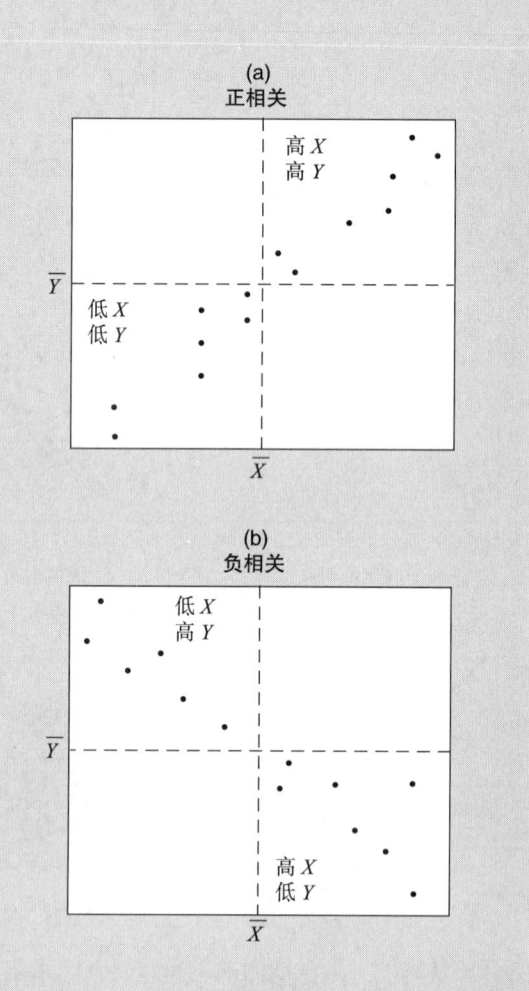

(a) 正相关

(b) 负相关

尽管研究者已经不再手动计算相关系数（因为他们会使用诸如 SPSS 之类的计算机程序），但手动计算一次相关系数有助于你更好地理解这个数值是

偏相关系数 在某些心理学领域中，偏相关技术常被用来解答一些难以开展实验的研究问题。这些领域包括人格心理学、社会心理学和发展心理学等。在使用偏相关分析时，需要有一个完善且有力的理论，因为研究者必须知道需要控制哪些变量。例如，在应用社会心理学中，研究者也许想研究人们在观看暴力行为（通过电视、电影或其他媒体）和玩暴力游戏等活动上花费的时间与其做出攻击行为

专栏 15.3
如何计算皮尔逊相关系数（续）

如何产生的。右表显示了如何通过上述公式计算 X 和 Y 这两个变量间的相关系数。这里的 X 变量与之前计算 Z 分数时使用的 X 变量相同，我们使用了一个与之有强相关的 Y 变量。这里使用如下数据。用于学习的时间（小时）（即 X 变量）为：2、4、6、8、10。测验分数的数据为（即 Y 变量）：50、73、86、86、98。

步骤 1：将 X 和 Y 变量的分数转换为 Z 分数。在介绍 Z 分数时，我们已计算出 X 变量的 Z 分数分别是：–1.413、–0.707、0、0.707、1.413。用同样的方法，得到 Y 变量的 Z 分数是：–1.750、–0.343、0.453、0.453、1.187。

步骤 2：计算这些 Z 分数的交叉乘积之和（即 $\sum Z_X Z_Y$）。列成三列的方法能很好地完成这个步骤。

步骤 3：用第三列的和（即 $\sum Z_X Z_Y$）除以个案的总数（即 n）。

变量 X 的 Z 分数	变量 Y 的 Z 分数	Z 分数的交叉乘积
Z_X	Z_Y	$Z_X Z_Y$
–1.413 ← × → –1.750 = →		2.473
–0.707	–0.343	0.243
0	0.453	0
0.707	0.453	0.320
1.413	1.187	1.677

$\sum Z_X Z_Y = 4.713$

↑ 这是公式中所需要的和

$$r = \frac{\sum Z_X Z_Y}{n} = \frac{4.713}{5} = 0.943$$

学习小时数（X）与测验分数（Y）之间的相关系数是 0.943，因此，这两个变量有着非常强的相关关系。当学习时间增加时，测验分数也随之提高。

的数量之间的关系。在这种情况下，研究者要控制诸如人格类型、学校年级以及是否暴露在家庭或邻里的暴力环境中等变量，以确保观看暴力与表现出暴力之间的关系并不是这些因素造成的。这种类型的非实验研究是以班杜拉及其同事的经典实验研究为基础的。他们的实验显示，在目睹成年人榜样做出攻击行为之后，儿童出现了攻击行为（Bandura, Ross, & Ross, 1963）。

偏相关系数（partial correlation coefficient）的值表示在控制了一个或更多其他变量的影响后，所要研究的两个变量间关系的强度和方向。与皮尔逊相关系数类似，偏相关系数的范围在 –1.00 到 +1.00 之间，0 代表没有关系，符号表示关系的方向（参见图 15.9）。二者之间的关键区别在于：偏相关系数显示的是控制了其他变量之后两个变量之间的线性关系。由于研究者都会使用统计程序计算偏相关系数，因此，本小节就不提供相关计算公式了。但是，如果你想知道如何计算偏相关系数（或下一小节要讨论的回归系数），我们向你推荐两本很棒的书：Cohen,

偏相关系数：在控制了一个或更多变量之后，两个量型变量之间的相关系数。

Cohen, West, & Aiken, 2003 和 Keith, 2019。

在偏相关技术中得到的相关系数之所以被称作"偏"相关系数，是因为此技术用统计手段控制了其他变量，在统计上消除或"排除"了它们的影响。尽管这种统计控制技术有用，但效果并不完美。本书中你需要记住的最重要的一点就是：在心理学研究中，消除混淆变量影响的最佳方法（到目前为止）是将参与者随机分配到各个组中，并进行实验研究。

回归分析

回归分析：使用一个或更多量型自变量去解释或预测一个单独的量型因变量的值。

简单回归：包含一个因变量和一个自变量的回归分析。

多元回归：包含一个因变量和两个或多个自变量的回归分析。

回归方程：定义一条回归线的方程。

回归线：根据回归方程绘出的"最佳拟合"线。

当所有的变量都是量型变量时，通常适合使用一种称为回归分析的技术。[2] **回归分析**（regression analysis）是一套统计程序，它能在一个或多个自变量或预测变量的数值基础上，解释或预测一个量型因变量的值。两种主要的回归分析是：**简单回归**（simple regression），即只有一个自变量或预测变量；**多元回归**（multiple regression），即存在两个或多个自变量或预测变量。

回归分析的基本思想是获得**回归方程**（regression equation），由这个方程定义出与数据中观察结果的模式达到最佳拟合的**回归线**（regression line）。尽管回归分析也能用于曲线数据，但是在本书中，我们只讨论线性关系。图 15.12 中显示的是在大学 GPA 和起薪的散点图中插入的回归线。

也许你还记得，在高中代数课程中提到过，一条直线的两个重要特征就是斜率和 Y 轴截距。斜率表示直线的陡峭程度，而 Y 轴截距表示直线会与 Y 轴（即纵轴）在哪个位置交叉。斜率和 Y 轴截距也是回归线的回归方程的两个组成部分，如下所示：

$$\hat{Y} = b_0 + b_1 X_1$$

其中，

$\hat{Y}$（读作 Y 帽）是因变量的预测值

b_0 是 Y 轴截距

b_1 是斜率（被称为回归系数）

X_1 是唯一自变量

我们在这里讲解图 15.12 中所示回归线的回归方程。因变量（Y）是起薪，自变量或预测变量（X_1）是 GPA。只有极少数的研究者会手动计算回归方程，一般研究者会使用 SPSS 或 SAS 之类的统计程序（我们也是这样做的）。这个回归方

---

[2] 尽管回归分析也能用于类别自变量，但我们（以及许多其他研究者）倾向于将回归视为当自变量均为量型变量时的一般线性模型（GLM）的特例。方差分析是当自变量均为类别变量时的一般线性模型的特例，协方差分析是当自变量既有类别变量又有量型变量时的一般线性模型的特例。在上述所有情况（回归、方差分析、协方差分析）中，因变量都是量型变量。

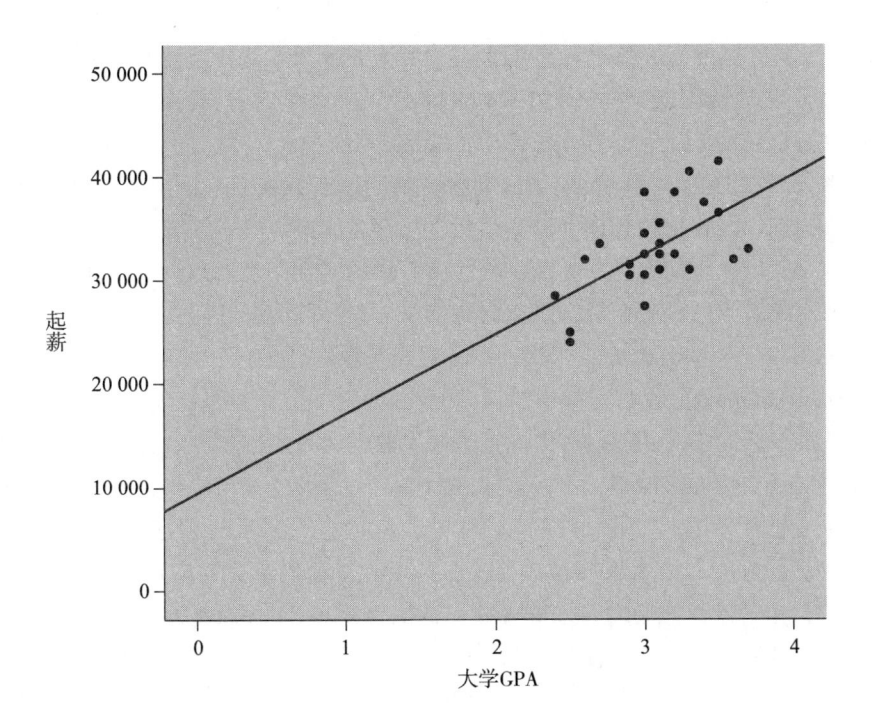

图 15.12 显示 GPA 和起薪之间关系的回归线

程如下：

$$\hat{Y} = 9\,405.55 + 7\,687.48\,(X)$$

Y 轴截距（Y-intercept）是指回归线与 Y 轴交叉的那个点。在我们的回归方程中，Y 轴截距是 9 405.55 美元。因此，图 15.12 中的回归线正好与 Y 轴上的 9 405.55 美元相交，表示当某个人的 GPA 为 0（即平均等级为 F）时的起薪预测值。

回归系数（regression coefficient）是指在自变量（X）产生一个单位的变化时，对因变量（Y）发生变化的预测。在我们所举的例子中，回归系数即斜率是 7 687.48 美元。这个回归系数表示，GPA 每增加一个单位时，起薪预计会增加 7 687.48 美元（或者 GPA 每降低一个单位，起薪就减少 7 687.48 美元）。比如，可预测某个 GPA 为 3（即 B）的学生的起薪比 GPA 为 2（即 C）的学生的起薪多 7 687.48 美元。我们用的是传统的等级标准（A = 4、B = 3、C = 2、D = 1、F = 0）。

回归方程可用于预测特定自变量值所对应的因变量值。例如，让我们来预测一下 GPA 为 3（即平均等级为 B）的大学生的起薪：

$\hat{Y} = 9\,405.55 + 7\,687.48 \times 3$ 　　　我们代入了 GPA = 3
$\hat{Y} = 9\,405.55 + 23\,062.44$ 　　　　　我们用 7 687.48 乘以 3
$\hat{Y} = 32\,467.99$ 　　　　　　　　　　我们将 9 405.55 与 23 062.44 相加

该生的起薪预测值是 32 467.99 美元。作为练习，你可以使用这个方程来计算某个平均等级为 C（即 GPA 值为 2）的学生的起薪预测值。只需要将 2 代入方

Y 轴截距：回归线与 Y 轴（纵轴）交叉的点。

回归系数：斜率，即 X 变化一个单位时 Y 产生的变化。

程进行运算。请注意，等级为 C 的人和等级为 B 的人在起薪上的差异正好等于回归系数（即 32 467.99 – 24 780.51 = 7 687.48）。这证实了我们的说法，即回归系数显示的是自变量每变化一个单位所对应的因变量变化。

多元回归与简单回归类似，只是它使用的是两个或多个自变量或预测变量。一个多元回归方程中包含多个回归系数，每个自变量都对应一个回归系数。简单回归与多元回归之间存在一个重要且非常有用的区别：多元回归系数显示的是方程中的其他自变量被控制后，所要研究的自变量和因变量之间的关系。这与前面讲述的偏相关的情况相似，因此，多元回归系数自然被称作**偏回归系数**（partial regression coefficient）。

偏回归系数：多元回归方程中的回归系数。

在简单回归中，我们通过回归系数来考察的关系类似于皮尔逊相关，并没有对任何混淆变量进行控制；而在多元回归中，考察的关系与偏相关相似，有一个或多个变量被"排除"或"控制"。因此，多元回归提供了一种可以控制一个或多个变量的方法。相关系数和常规（非标准化）回归系数的实际数值之间的区别在于，相关系数使用的是标准单位，范围在 –1.00 到 +1.00 之间，而常规回归系数使用的是自然单位。比如，在控制了 SAT 分数之后，表示起薪和 GPA 之间关系的偏相关系数是 0.413（代表中等强度的正相关），而偏回归系数是 4 788.90 美元（也就是说在控制了 SAT 分数之后，GPA 每变化一个单位，就可预期产生 4 788.90 美元的收入变化）。

以假想的大学毕业生数据集为例，把起薪设为因变量，GPA 和高中时的 SAT 为预测变量，用 SPSS 生成以下多元回归方程：

$$\hat{Y} = -12\,435.59 + 4\,788.90\,(X_1) + 25.56\,(X_2)$$

其中，

X_1 是 GPA

X_2 是高中时的 SAT 分数

以上回归方程中，第一个偏回归系数是 4 788.90 美元，表示在控制 SAT 分数的情况下，GPA 每增加一个单位，起薪就会增加 4 788.90 美元。第二个偏回归系数是 25.56 美元，表示在控制 GPA 分数的情况下，SAT 每增加一个单位，起薪就会增加 25.56 美元。根据这个方程来看，SAT 和 GPA 取得好成绩都很重要！[3]

使用多元回归方程预测起薪，需代入 GPA 和 SAT 的值，才能解出 $\hat{Y}$。以一个 SAT 分数为 1 100 且等级为 B 的学生为例，预测她的起薪：

---

[3] 如果你想确定多元回归中的哪个变量与起薪联系最强（在控制方程中其他变量的情况下），可以找到 SPSS 输出结果中每个自变量 / 预测变量的"部分相关"值，各自进行平方后，看看哪个值最大，哪个值第二大，如此继续下去，直至最小值。这个指数被称作半偏相关系数的平方。它表示每个自变量独立解释的因变量方差的大小。从统计上来讲，能解释的方差越大说明变量越重要，能解释的方差越小说明变量越不重要。

$\hat{Y}$ = –12 435.59 + 4 788.90 × 3 + 25.56 × 1 100

代入 GPA = 3 和 SAT = 1 100

$\hat{Y}$ = –12 435.59 + 14 366.70 + 25.56 × 1 100

用 4 788.90 乘以 3

$\hat{Y}$ = –12 435.59 + 14 366.70 + 28 116.00

用 25.56 乘以 1 100

$\hat{Y}$ = 30 047.11

将三个数字加起来

该生的预测起薪是 30 047.11 美元。你可以在方程中代入任何有效的 GPA 和 SAT 值，算出相应的预测起薪。

列联表

当因变量和自变量都是类别变量时，一种基本分析技术是建立列联表（也称为交叉表）。**列联表**（contingency table）是由两个或多个类别变量交叉形成的表格，它在各个单元格里展示信息。我们在这里所讨论的二维列联表只包含两个变量，行代表其中一个变量的类别，列代表另一个变量的类别。根据需要，可将各种类型的信息填入列联表的各个单元格中，比如单元格频次、单元格百分比、行百分比和列百分比。在表 15.5（a）中可看到包含单元格频次的列联表；在表 15.5（b）中可看到包含列百分比的列联表。注意例子中所用的数据（就像我们的其他例子一样）都是假想的，构建该数据集是为了让例子更有启发性和更易懂。

列联表：用于考察类别变量之间关系的表格。

在表 15.5（a）显示的列联表中，你能看到列变量是性别（即男性和女性）。行变量是人格类型。具有 A 型人格的人更可能急躁、好胜心强、易怒、成就高、同时处理多个任务和有紧迫感。具有 B 型人格的人更可能善于合作、好胜心弱、较放松、更有耐心、更容易满足和好相处。研究问题是"性别与人格类型之间是否存在相关"。表 15.5（a）的单元格包含的是单元格频次。通过观察表 15.5（a），你认为性别和人格类型之间存在某种关系吗？也就是说，性别能预测人格类型吗？在不看表 15.5（b）的情况下，你是否认为女性比男性更可能具有 A 型人格？

尽管报告单元格频次很重要，但仅仅通过单元格频次非常难以确定两个变量有何种联系。在表 15.5（b）中，我们计算了男性和女性的列百分比。要得到列百分比，可以用单元格频次除以整列的频次（接着移动小数点，得到百分数）。例如，在第 1 列的第一个单元格中有 2 972 名女性，而女性总数为 4 893 名，那这个单元格的列百分比就是 2 972 除以 4 893，即 0.607，或写成 60.7%（百分数形式）。另一个单元格中的女性数量为 1 921，因此其百分比是 39.3%。注意这两个列百分比加在一起是 100%。在表格中，我们还计算了男性的列百分比。

表 15.5　人格类型与性别的列联表

（a）显示单元格频次的列联表（假想数据）

		性别 女性	性别 男性
人格类型	A 型	2 972	2 460
	B 型	1 921	971
		4 893	3 431

（b）显示列百分比的列联表（以 a 部分的数据为基础）

		性别 女性	性别 男性
人格类型	A 型	60.7%	71.7%
	B 型	39.3%	28.3%
		100%	100%

比率：具有特定特征的人在群体（组）中所占的百分比。

现在观察表 15.5（b），确定性别与人格类型是否相关。通过将原始数字转换为列百分比，我们得到了组**比率**（rates）。正确解读这张表格的方法是比较每一行中各列的信息。按照这种方法，你可以看到 60.7% 的女性是 A 型人格，而 71.7% 的男性是 A 型人格。也就是，男性具有 A 型人格的比率高于女性。现在再看看 B 型人格，女性具有 B 型人格的比率是 39.3%，男性则是 28.3%，女性具有 B 型人格的比率高于男性。这是我们假想的数据中这两个变量之间的关系。

一般情况下，我们建议用预测变量作为列变量，而用因变量作为行变量，然后计算列百分比并比较各行中的单元格比率。表 15.5（b）就使用了这种方法。为了正确地解读一张列联表，需记住以下两个简单原则：

- 如果按列计算百分比，就比较各行中的单元格比率；
- 如果按行计算百分比，就比较各列中的单元格比率。

这两条原则应该比较实用，因为比率经常会出现在新闻报道中，也经常应用于某些类型的研究（比如，流行病学研究）中，现在你应该知道如何获得比率以及进行比较的方法了。对于更高级的研究，可以通过增加其他（第三个）自变量或预测变量来拓宽列联表的使用范围。为此，需要在该新增变量的每个类别内建立双向表格。这部分内容留给更高级的数据分析课程来讲解。

思考题 15.6
- 描述变量之间关系的技术有哪些？每种技术各在什么情况下使用？

本章小结

描述统计的目的是描述和总结数据集的特征。本章的许多程序都是以表 15.1 中提供的数据集为例进行演示的。这个数据集包括四个量型变量（起薪、GPA、SAT 分数和大学期间的缺勤天数）和两个类别变量（大学专业和性别）。通常一次只总结一个变量，但多变量的描述分析也很重要。本章所讨论的描述程序包括频次分布表、统计图（条形图、直方图、线形图和散点图）、集中趋势量度（平均数、中数、众数）、离中趋势量度（全距、方差、标准差），以及两个或多个变量之间关系的分析（两个平均数之间的非标准化差异、效应量指标、相关系数、偏相关系数、简单回归和多元回归、列联表）。当自变量是类别变量而因变量是量型变量时，可对组平均数进行比较以确定这些变量间的关系；当自变量和因变量都是类别变量时，可使用列联表来考察它们之间的关系；当自变量和因变量都是量型变量时，可将数据标注在散点图中，并计算相关系数或对其进行回归分析。

重要术语和概念

描述统计	全距	曲线回归
推论统计	方差	偏相关系数
数据集	标准差	回归分析
频次分布表	正态分布	简单回归
条形图	68%、95% 和 99.7% 规则	多元回归
直方图	Z 分数	回归方程
线形图	平均数之间的非标准化差异	回归线
散点图	科恩 d 值	Y 轴截距
集中趋势量度	效应量指标	回归系数
众数	相关系数	偏回归系数
中数	负相关	列联表
平均数	正相关	比率
离中趋势量度	曲线关系	

章节测验

问题答案见附录。

1. 下面这组分数的中数是多少：18、11、12、10、9？
    a. 10
    b. 11
    c. 18
    d. 12

2. 标准差是：
    a. 一种采用平方单位的离中趋势量度
    b. 一种集中趋势量度
    c. 方差的平方根
    d. 上述答案都对

3. 在正态分布中，99.7%的分数都落在哪个 Z 分数区间？
    a. −1 — +1
    b. −2 — +2
    c. −3 — +3
    d. 0 — +3

4. 在正态曲线中，平均数、中数和众数是：
    a. 相同的
    b. 不同的
    c. 平均数大于众数
    d. 平均数小于众数

5. 使用简单回归时，回归系数能告诉你：
    a. 变量的平均数
    b. 回归线与 X 轴交叉的点
    c. 自变量每变化一个单位所对应的因变量变化
    d. 因变量每变化一个单位所对应的自变量变化

6. 列联表是：
    a. 单一变量的频次分布表
    b. 一张由两个或多个类别变量交叉而成，在单元格里呈现信息的表格
    c. 一张包含了相关系数的表格
    d. 表示两个变量的正态曲线

提高练习

1. 以下数据集的标准差是多少？这是你所需要的信息：

$$方差 = \frac{\sum (X - \bar{X})^2}{n}$$

   注：标准差是方差的平方根。

   X：1、3、1、2、2、3
    a. 1.67
    b. 0.67
    c. 0.82
    d. 0.89

2. 假设我们正在根据受教育年限和训练前的能力倾向测验分数来预测某项训练的后测分数。相关的回归方程如下：

$$\hat{Y} = 25 + 0.5X_1 + 10X_2$$

   其中，
   X_1 = 受教育年限
   X_2 = 能力倾向测验分数
   如果某人的受教育年限为 10 年，能力倾向测验分数为 5，请预测其训练后分数是多少？
    a. 25
    b. 50

c. 35
d. 80

3. 我们曾说过，将一组数字转换为 Z 分数后，这组新数字的平均数为 0，标准差为 1。请将下面这组分数转换为 Z 分数：1、2、21、22、48、59、91、100，然后检验上述说法。

第 16 章

推 论 统 计

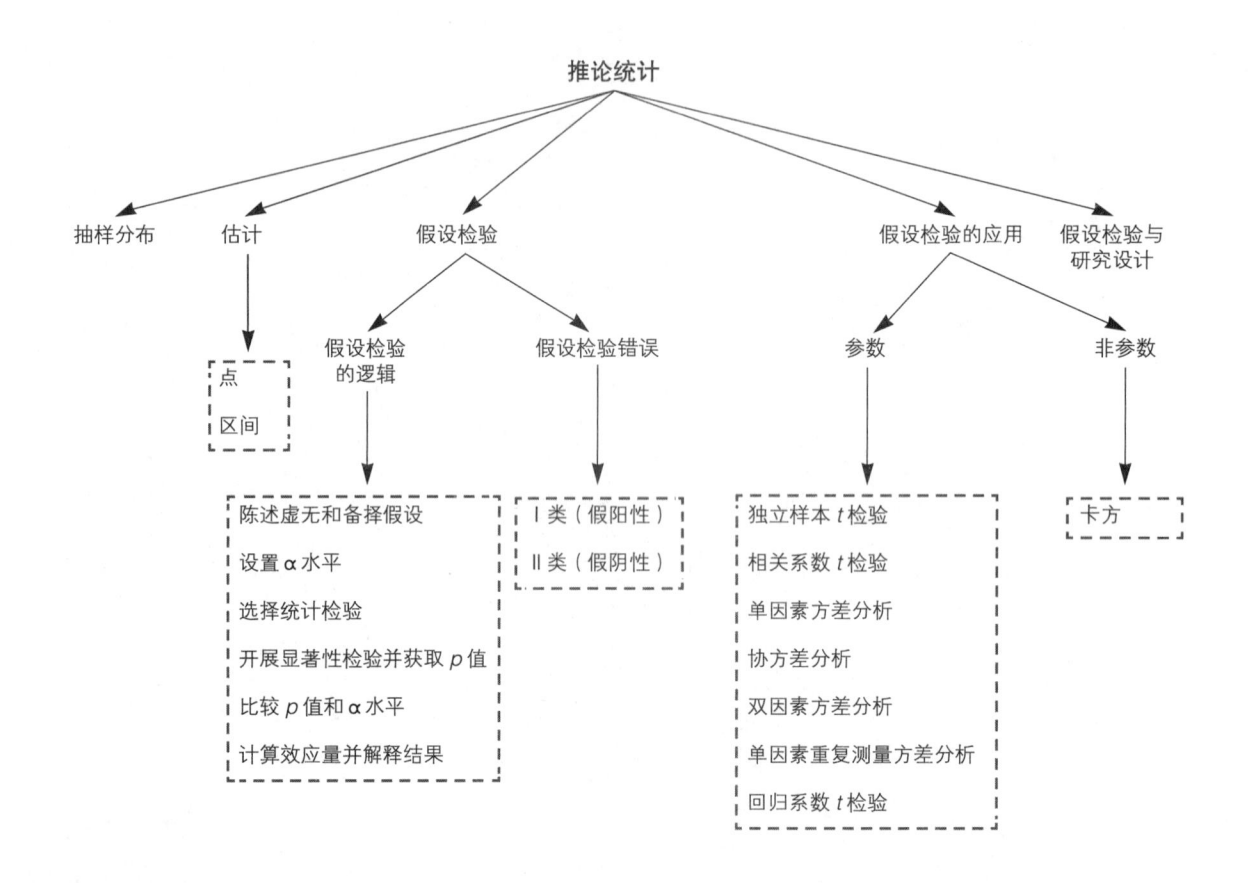

```
                            推论统计
        ┌─────────┬──────────┼──────────┬──────────────┐
     抽样分布    估计     假设检验   假设检验的应用   假设检验与
                  │      ┌────┴────┐    ┌────┴────┐    研究设计
                  │   假设检验   假设检验错误  参数    非参数
                  │   的逻辑
                  ▼      ▼          ▼       ▼         ▼
              ┌──────┐ ┌──────────┐ ┌──────────┐ ┌──────────┐ ┌──────┐
              │ 点    │ │陈述虚无和│ │Ⅰ类(假阳性)│ │独立样本t检验│ │ 卡方  │
              │ 区间  │ │备择假设  │ │Ⅱ类(假阴性)│ │相关系数t检验│ └──────┘
              └──────┘ │设置α水平 │ └──────────┘ │单因素方差分析│
                       │选择统计检验│              │协方差分析   │
                       │开展显著性检验并获取p值│    │双因素方差分析│
                       │比较p值和α水平│           │单因素重复测量方差分析│
                       │计算效应量并解释结果│      │回归系数t检验│
                       └──────────┘              └──────────┘
```

学习目标

16.1 总结抽样分布的目的

16.2 区分两种类型的统计估计

16.3 描述假设检验的目的和程序

16.4 使用不同的统计分析技术进行假设检验

16.5 描述非参数统计检验的目的

16.6 指出适用于每种研究设计的统计分析

上一章，我们讲解了描述统计，它被用于描述和总结一组数据的数值特征。在推论统计（本章的主题）中，研究者试图在样本数据的基础上对总体特征进行推断。正如图 15.1 所示，推论统计的两个主要分支是估计和假设检验。估计的目标是估算出总体参数的值，假设检验的目标是检验有关总体参数的假设。

在推论统计中，研究者用**样本**（sample）数据来推论**总体**（population）。如果你的平均数或相关系数等数值指标是用样本数据计算出来的，那么这些指标就称作**统计量**（statistic）。如果你的数值指标（比如平均数或相关系数）是用整个总体的数据计算出来的，那么它们就称作总体**参数**（parameter）。推论统计的目标是了解总体参数。研究者通常无法收集感兴趣的总体中所有个体的数据，所以他们必须使用样本数据来了解总体。推论统计是以随机抽样作为假定前提的，因为随机抽样所产生的样本遵循概率法则，使得研究者可以凭样本对总体参数做出可靠的推论。研究者使用不同的符号来表示统计量和参数。例如，如果你计算了某个样本的平均年收入，该平均数就记为 $\bar{X}$（读作"X 拔"）[1]；但是如果你计算的是整个总体的平均数，那么它就记为希腊字母 μ（读作"缪"）。研究者使用这样的符号来区分有关样本和总体的信息。有趣的是，我们习惯用罗马字母表示样本统计量，用希腊字母表示总体参数。这也许就是为什么有些学生会说"统计学就像希腊文一样难懂"！表 16.1 列举了推论统计中的几个常用符号。

样本：总体的一个子集；从一个总体中抽取出的一组个案或元素。

总体：研究者感兴趣，希望将结论推广至并从中抽取样本的整个群体。

统计量：基于样本数据的数值指标。

参数：总体的数值特征。

抽样分布

16.1 总结抽样分布的目的

推论统计依靠"抽样分布"对基于样本数据的总体参数作概率陈述。你

表 16.1 样本统计量及其所对应总体参数的常用符号

数值指标	样本统计量	总体参数
平均数	$\bar{X}$（读作"X 拔"）	μ（读作"缪"）
标准差	SD（或 s）	σ（读作"西格玛"）
方差	SD^2（或 s^2）	σ^2（读作"西格玛平方"）
相关系数	r	ρ（读作"柔"）
比例	p	π（读作"派"）
回归系数	b	β（读作"贝塔"）*

* β 另有两个常见用法，不要将它们与总体回归系数相混淆：一个表示样本数据的标准化回归系数，另一个是 $1-\beta$，表示的是显著性检验的统计效力。在 $1-\beta$ 中，β 指的是犯 II 类错误的概率。

---

[1] 在 APA 写作格式中，样本平均数的符号是"M"。

抽样分布：一个统计量的值的理论概率分布，是按照一定的样本容量从一个总体中抽取出所有的可能样本而产生的抽样分布。

平均数抽样分布：按照一定的样本容量从一个总体中抽取的所有可能样本的平均数的理论概率分布。

不必自己来构建抽样分布，但理解这个概念会有帮助。**抽样分布**（sampling distribution）是从总体中抽取的所有可能特定容量样本的样本统计量数值的理论概率分布。

为了更加形象具体地解释这个概念，我们来讲讲**平均数抽样分布**（sampling distribution of the mean）是如何构建的：从总体中抽取一个特定容量的随机样本，计算并记录这个样本的平均数。接着，抽取另一个（相同容量的）随机样本，计算并记录第二个样本的平均数。重复这个过程无穷多次或直到特定容量（比如，包含 30 个人）的所有可能样本的平均数都被记录下来，然后把所有样本的平均数展示出来。用线形图表示所有的样本平均数，这样就可以描述平均数抽样分布了。图 16.1 是一张平均数抽样分布的图。在我们假想的平均数抽样分布中，所有样本平均收入的平均值是 76 000 美元，标准误（即它的标准差）是 10 000 美元。

图 16.1 是由无穷个随机样本的平均收入（即 $\bar{X}$）组成的。请注意图中抽样分布的两个关键特征。在我们的平均数抽样分布中，所有样本平均数的平均值等于总体平均数（即 μ）的真值。这发生在当我们用随机抽样这种"无偏差"抽样程序抽取样本参与者的时候。在这个例子中，所有样本平均数的平均值是 76 000 美元，这也是整个总体平均收入的真值。

请注意，某个特定样本的平均收入的样本值（即 $\bar{X}$）极少会正好等于总体平均数（即 μ）。样本的平均数围绕总体平均数真值上下波动。而且，你可以看到这些样本平均数呈正态分布，这表示绝大多数的样本平均数与总体平均数非常接近，与总体平均数的值相差很多的样本平均数仅占极少数。因为平均数抽样分布是一个正态分布，所以样本平均数也满足 "68%、95% 和 99.7% 规则"（在上一章定义过）。也就是说，在平均数抽样分布中，有 68% 的样本平均数与总体平均数真值的距离在 1 个标准差之内，95% 落在总体平均数真值上下 2 个标准差的范围之内，99.7% 落在上下 3 个标准差的范围之内。但是，我们并不使用上句中的术

图 16.1 假想的收入变量的平均数抽样分布

注：SE 代表标准误。

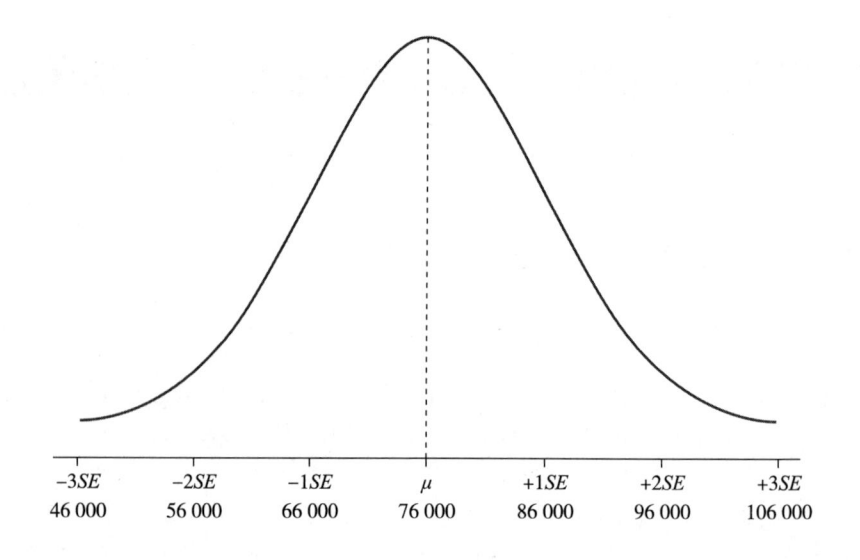

−3SE	−2SE	−1SE	μ	+1SE	+2SE	+3SE
46 000	56 000	66 000	76 000	86 000	96 000	106 000

语"标准差",而是用术语**标准误**（standard error）来指代抽样分布的标准差。标准误是一种特殊类型的标准差；它是抽样分布的标准差。现在让我们再来看一看图 16.1。因为总体平均数是 76 000 美元,标准误是 10 000 美元,那么你可以看到 68% 的样本平均数落在 66 000 美元至 86 000 美元之间（即 76 000 美元减去或加上 1 个标准误,也就是 10 000 美元）,95% 落在 56 000 美元至 96 000 美元之间（即 76 000 美元减去或加上 2 个标准误,也就是 20 000 美元）,99.7% 落在 46 000 美元至 106 000 美元之间（即 76 000 美元减去或加上 3 个标准误,也就是 30 000 美元）。

标准误：抽样分布的标准差。

虽然我们在例子中构建的是样本平均数的抽样分布,但实际上可以构建任何样本统计量的抽样分布。例如,你可以有相关系数的抽样分布和回归系数的抽样分布。在稍后讨论的假设检验中,研究者依赖的是"检验统计量"的抽样分布。**检验统计量**（test statistic）指的也是样本统计量（如平均数之间的差异、相关系数、回归系数）,但已被转换为遵循已知抽样分布的统计量,以便研究者获取概率值和进行假设检验。一些常用于检验统计量的抽样分布包括 Z 分布、t 分布、F 分布和卡方（即 χ^2）分布。

检验统计量：一种遵循已知抽样分布并被用于显著性检验的统计量。

幸运的是,你永远不必自己去构建抽样分布！在实践中,你只需要选取一个样本,然后用于分析数据的计算机程序就会为你估计适当的抽样分布。这里的重点在于,诸如平均数、百分比、相关系数和检验统计量等样本统计量的值会以一种已知的、概率性的方式分布在总体参数真值周围。这也使得实证性研究的结论总是概率性的（也就是陈述什么可能是真的）,而不是确定的或绝对的。

> **思考题 16.1**
> - 什么是抽样分布？

估 计

16.2 区分两种类型的统计估计

估计是推论统计的两种主要类型之一。在做出**估计**（estimation）时,你的目标是回答以下问题："基于随机样本,总体参数的估计值是什么？"

估计：推论统计的一个分支,侧重于获得总体参数的估计值。

根据样本数据可以得到两种形式的"估计值"。你可以使用样本中的各种统计量（如平均数）的值去估计总体的值。例如,要估计某个总体的平均收入,就要计算样本中参与者的平均收入（比如,也许是 50 000 美元）,并将它作为你对总体平均数（即总体中所有人的平均收入）的最佳猜测。这被称作点估计,因为你是用样本中的一个数字来估计总体中你感兴趣的那个数字（点）。在**点估计**（point estimation）中,研究者用某个样本统计量的值估计总体参数值。

点估计：用某个样本统计量的值作为某个总体参数值的估计值。

区间估计：围绕一个点估计值设置的一个数字范围。

置信区间：从样本数据中推论出来的一个区间估计，有一定概率包含总体参数真值。

前面我们已经讨论过抽样分布，不同样本的样本统计量（比如平均数）有波动，且样本统计量的值很少正好等于总体参数的值。由于样本统计量的本质具有这种概率性，研究者通常更偏好使用区间估计。在做出**区间估计**（interval estimation）时，研究者会在点估计值周围设置一个置信区间。例如，如果样本中参与者的平均收入是 49 000 美元，研究者可以用统计程序（如 R、SPSS 或者 SAS）获得一个围绕 49 000 美元这个样本平均数的区间估计（也被称为置信区间）。也许"95% 的置信区间"是"44 000—54 000 美元"。

置信区间（confidence interval）是指从样本中推论出来的一个数字范围，它有一定的概率或机会包含总体的真值。当研究者使用 95% 的置信区间时，说明他有 95% 的把握确信这个区间包含了总体参数，因为这个置信区间有 95% 的机会捕捉到或包含了总体参数的真值，图 16.2 展示了它的原理。请注意，图中的 20 个置信区间里有 19 个（即 95%）都包含了总体平均数的真值，但是剩下 1 个（即 5%）未包含这一总体参数的真值。通过这幅图，我们知道研究者是对构建置信区间的长期过程有信心，而不是对单一区间有信心。

我们刚才谈到，95% 的置信区间有 95% 的机会包含总体真值。如果研究者使用 99% 的置信区间，那么这个区间将有 99% 的机会包含总体真值；使用 68% 的置信区间就会有 68% 的机会包含总体真值。你可能会问，为什么不干脆用 99% 的置信区间呢？使用这个置信区间，研究者不是更有信心吗？答案是，信心的增加（比如，从 95% 的置信区间变为 99% 的置信区间）会带来相应的代价。对同一组数据，99% 的置信区间一定比 95% 的置信区间更宽（也就是精确度更低）。这也是 95% 的置信区间在研究中更受欢迎的原因，它进行了合理的折中。

我们这里以上一章的大学毕业生数据集（参见表 15.1）作为具体的例子，计算变量"起薪"的置信区间。起薪的样本平均数是 32 960.00 美元，利用这些数据计算出以下几种置信区间：

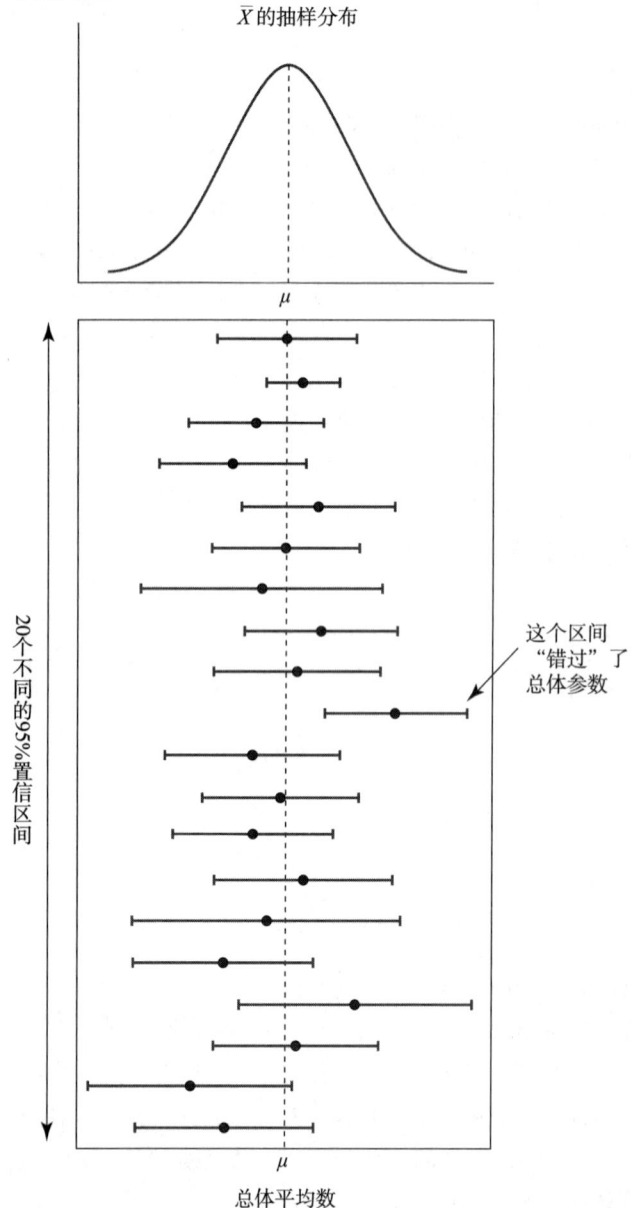

图 16.2　平均数抽样分布以及 20 个样本的 95% 置信区间的图示

- 99% 的置信区间：30 533.85—35 386.15 美元（宽度是 4 852.30 美元）
- 95% 的置信区间：31 169.71—34 750.29 美元（宽度是 3 580.58 美元）
- 90% 的置信区间：31 475.93—34 444.07 美元（宽度是 2 968.14 美元）
- 68% 的置信区间：32 079.13—33 840.87 美元（宽度是 1 761.74 美元）

如上所示，当我们降低置信水平，置信区间就会变窄。这里有一个权衡：如果你想使用一个更为精确的置信区间（即一个窄的区间），对这个区间能包含总体参数的置信水平就一定会降低。在这个例子中，我们不知道总体平均数是多少，因为我们只有一个样本可供使用。你可以使用上述区间做出置信水平不同的陈述。例如，我们有 95% 的信心认为 31 169.71—34 750.29 美元的区间会包含总体平均数真值。但是请记住，我们只对长期的过程有信心，也就是说 95% 的置信区间会在 95% 的时间里包含总体参数真值。

你还需要知道另外一个会影响置信区间宽度的因素，即样本容量。样本容量越大，置信区间就越精确（也就是越窄）。所以，如果你需要一个精确的（即窄的）置信区间，那就请确保你的研究招募了大量参与者。

> **思考题 16.2**
> - 什么是统计估计？
> - 估计的两种类型是什么？
> - 95% 的置信区间和 99% 的置信区间的区别是什么？

假设检验

16.3　描述假设检验的目的和程序

假设检验（hypothesis testing）是推论统计的分支，它关注的是样本数据能在多大程度上支持虚无假设，以及什么情况下可以拒绝虚无假设。在做估计时，研究者对总体参数没有明确的假设，而假设检验则不同，研究者会提出虚无假设和备择假设，然后使用数据来确定应取何种假设。**虚无假设**（null hypothesis）是一种有关总体参数的陈述，它通常陈述的是总体中的自变量和因变量没有什么关系。[2] **备择假设**（alternative hypothesis）在逻辑上是与虚无假设相反的（即陈述的是总体中自变量与因变量存在关系）。

假设检验：通过观察事实并将之与假设或预测的关系比较来加以检验的过程；是一种推论统计，侧重于确定何时能够或不能拒绝虚无假设来支持备择假设。

虚无假设：通常假定总体中不存在平均数差异或任何关系的假设。

备择假设：与虚无假设在逻辑上相反的假设。

2　我们只关注"零"虚无假设，也就是假定平均数之间没有差异或变量之间不存在任何关系的假设。零虚无假设是目前最常被检验的虚无假设，但是并不一定需要检验"零差异"的虚无假设。要获得与此话题有关的更多信息，请阅读科恩或汤姆森的相关著作（Cohen, 1994; Thompson, 2006）。

可以认为虚无假设是研究者希望"推翻"的假设，因为当你拒绝了这种假设，你就可以推论某种关系或模式在这个世界上是存在的。科学的主要目标是确定自然界中的关系和模式（尤其是因果关系）。假设检验有时被称作"虚无假设的显著性检验"（null hypothesis significance testing; NHST），因为直接接受检验的是虚无假设而不是备择假设。尽管在假设检验中我们直接检验的是虚无假设，但是由于备择假设在逻辑上与虚无假设正好是相反的，所以对虚无假设的检验结果在逻辑上决定了对备择假设应做的决策。如果虚无假设被拒绝了，那么你就可以宣称数据支持了备择假设，并且可以宣称发现了世界上存在的某种模式。

为了更加具体地解释虚无假设和备择假设的概念，表16.2列举了一些有关研究问题、虚无假设和备择假设的例子，请仔细阅读并加以思考。这张表格还展示了如何通过使用希腊字母表示总体参数来书写统计假设。虚无假设和备择假设都是以总体参数来书写的，因为在推论统计中，研究者关注的是总体（而不是样本）。在本章后面的内容中，我们会检验表16.2中所示的虚无假设。

根据假设检验的逻辑，先假设效应不存在，或自变量和因变量之间没有真实关系，然后确定数据能否合理地拒绝虚无假设。评估虚无假设的证据是数据。尽

表 16.2　推论统计中的虚无假设和备择假设的例子

研究问题	虚无假设（H_0）的语言描述	H_0 假设的符号描述	备择假设（H_1）的语言描述	H_1 假设的符号描述
调查研究实例				
男性（M）的起薪高，还是女性（F）的起薪高？	男性和女性的总体平均数没有不同。	$H_0: \mu_M = \mu_F$	男性和女性的总体平均数不同。	$H_1: \mu_M \neq \mu_F$
GPA（X）与起薪（Y）相关吗？	在总体中，GPA和起薪之间的相关系数等于零。	$H_0: \rho_{XY} = 0$	在总体中，GPA和起薪之间的相关系数不等于零。	$H_1: \rho_{XY} \neq 0$
心理学专业、哲学专业和商科专业的起薪会不同吗？	心理学、哲学和商科专业的学生的平均起薪是相同的。	$H_0: \mu_{Psy} = \mu_{Phil} = \mu_{Bus}$	至少有两个总体平均数是不同的。	$H_1:$ 并不全部相等
实验研究实例				
与不接受处理的控制组参与者相比，实验训练计划参与者在参加完社会技能训练后会有更好的技能表现吗？	在控制了前测差异之后，接受处理和未接受处理的这两个假想总体在技能表现方面并无差异。	$H_0: \mu_{Training} = \mu_{No\ Training}$	两个总体平均数是不同的。	$H_1: \mu_{Training} \neq \mu_{No\ Training}$
参与健康项目会让参与者的体重降低吗？	接受处理的假想总体在前测与后测中体重并无差异。	$H_0: \mu_{Pretest} = \mu_{Posttest}$	前测和后测时的总体平均数是不同的。	$H_1: \mu_{Pretest} \neq \mu_{Posttest}$

管研究者陈述的是能通过假设检验进行验证的虚无假设，但研究者最终希望的是拒绝虚无假设，接受备择假设。这个过程似乎有点背道而驰的意味（即检验希望能拒绝的假设），不过这正是假设检验的工作原理，因为我们只能直接检验虚无假设。对备择假设所做的陈述是以逻辑为基础的——如果虚无假设很可能不是真的，那么就能从逻辑上推断出备择假设很可能是真的。

以下例子使用了表 15.1 所提供数据中的性别和起薪这两个变量，假设这是从总体中随机选取样本的数据。在这个例子中，我们关注的是应届男性毕业生和应届女性毕业生这两个总体中，哪个性别的起薪更高。以下就是相应的虚无假设和备择假设：

虚无假设：$H_0 : \mu_M = \mu_F$
备择假设：$H_1 : \mu_M \neq \mu_F$

当你有一个随机样本，并且希望进行假设检验时，你总是能够知道样本平均数是否有差异（只需要计算这些平均数，看看它们是否有差异），但是关键问题在于，样本平均数之间的差异是否大到足够拒绝虚无假设（即总体平均数相等），并推断观察到的差异并不只是随机产生的。假设检验的目的是，以样本数据为基础得出有关总体参数的结论。上面那个虚无假设指出男性总体和女性总体的平均起薪相同，备择假设则指出男性和女性的起薪总体平均数是不相同的（即它们存在差异）。

下面是根据表 15.1 所提供的数据集计算出来的样本平均数：

- 男性的平均起薪（$\overline{X}_M$）是 34 791.67 美元。
- 女性的平均起薪（$\overline{X}_F$）是 31 269.23 美元。

在样本数据中，男性的薪酬高于女性。但是在我们讨论抽样分布时，你已经了解到，由于随机变异，样本统计量的值（比如平均数和相关系数）是随样本不同而变化的。在假设检验中，我们就是要努力确定，是否应该将样本平均数之间的差异视作随机变异（即"偶然性"）；或者差异是否大到足以推断这种差异不太可能是由随机变异产生的。如果你推断这种差异不是随机差异，那么你也就能推断数据来自的总体之间存在真正或真实的差异。

你要学会如何确定是否拒绝虚无假设并接受备择假设。在陈述了虚无假设和备择假设之后，必须要设定 α 水平。研究者常将 **α 水平**（alpha level）（也称作**显著性水平**［level of significance］）设置为很小的值（通常为 0.05）。在 α 水平的这个点上，研究者能得出拒绝虚无假设的结论，因为如果虚无假设成立，那么所观察到的样本统计量的值出现的概率就会非常小。研究者在分析数据之前要设定 α 水平。习惯上将 α 水平设为 0.05，在这种情况下，错误地拒绝虚无假设的可能性不会超过 5%。也就是说，当总体中实际上不存在某种关系时，你只有 5% 的概率会推断存在某种关系。我们将这种错误标记为"Ⅰ类"错误。

α 水平：一个能让研究者拒绝虚无假设并接受备择假设的临界点。

显著性水平：α 水平的另一个名称。

独立样本 t 检验：使用 t 概率分布来检验两个平均数之间差异的显著性检验。

拒绝域：虚无假设抽样分布中的区域，观察到的统计值落在这个区域会被认为是一个小概率事件。

概率值：如果虚无假设为真，观察到的统计值（或更偏向尾端的值）出现的可能性。

p 值：显著性检验中概率值的简称。

统计显著性：即"如果虚无假设为真，观察到的某个结果就几乎不可能出现"这一结论。

接着，需要将数据输入 R、SPSS 或 SAS 等统计程序，并运行合适的统计检验。（你一定会很高兴可以不用自己手动进行数学计算！）在对两组人的平均数进行比较时，我们最常用的统计检验是**独立样本 t 检验**（independent samples t test）。它之所以叫 t 检验是因为它是以 t 分布作为抽样分布的。t 分布作为 t 检验的抽样分布，是以虚无假设为真作为假设前提的。正如图 16.3 所示，t 分布看起来很像正态曲线，只是比正态曲线更平、离散度更高一些。与正态曲线一样，t 分布的平均数为零，是对称的，曲线中间更高，曲线的左右两个尾端都代表小概率事件。在这张图中，我们设定 α 水平为 0.05，并标注了抽样分布中的小概率区域（称作**拒绝域**[critical region]）。如果平均数之间的真实差异等于零，那么抽样分布中拒绝域所占的 5% 的面积就代表小概率。如果虚无假设为真，那么样本统计量的值只有 5% 会落在抽样分布的两个尾端（参见图 16.3），而另外 95% 的值会落在这个抽样分布的非拒绝域中。这一点很重要，因为如果样本统计量的值落在了拒绝域，你就会声称它是一个小概率事件，因此你能够拒绝虚无假设。一般来讲，t 统计值大于 +2.00 或者小于 -2.00 是小概率事件。统计程序可以确定你的 t 检验统计值。

相比 t 检验统计值，研究者使用另一种更方便的指标，称为**概率值**（probability value）（或称 **p 值**[p value]）。p 值是一个 0—1 之间的值，它代表了抽样分布中检验统计值处及其外端区域所占的面积比例。如果虚无假设为真，p 值越接近 0，则说明当前检验结果出现的可能性越小。因此，一个非常小的 p 值可以作为拒绝虚无假设的证据。p 值非常小意味着，如果虚无假设为真，你的样本统计量的值就是一个小概率事件。拒绝虚无假设的那个临界点由你在研究中选择的 α 水平决定。

以上信息可归纳为假设检验决策的关键规则：如果 p 值小于（或等于）α 水平，就拒绝虚无假设并初步接受备择假设。你必须牢记该规则。如果 α 水平定为 0.05，这条规则就有更具体的表述方式：如果 p 值小于（或等于）0.05，就拒绝虚无假设并初步接受备择假设。当研究者拒绝了虚无假设时，他们有把握宣称他们的研究发现具有**统计显著性**（statistically significant），这意味着发现的结果（比如，两个平均数之间的观察到的差异）很有可能是一种真实存在的关系（即不是偶然出现的）。在推论统计中，我们做出的结论是概率性的。我们从不做出绝对的结论。

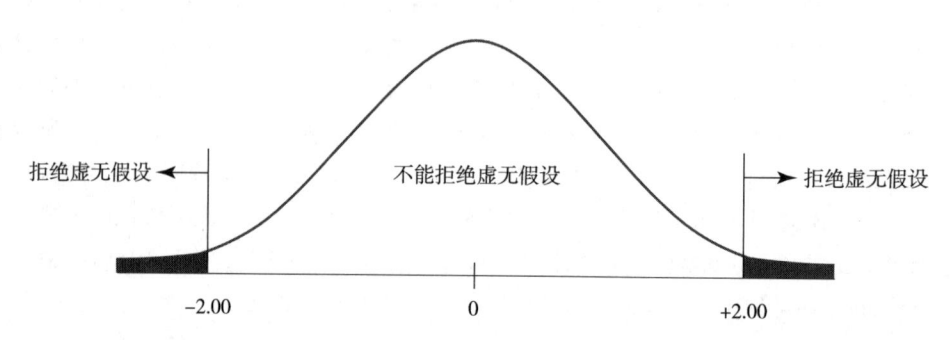

图 16.3 两个平均数差异的检验统计值的 t 分布
拒绝域用黑色标注，位于 t 分布的尾端。t 分布是一组随样本容量变化的曲线。这里展示的是其典型形状、拒绝域和非拒绝域。

现在，我们利用独立样本 t 检验来检验有关大学应届男女毕业生起薪的虚无假设。按照惯例，我们将 α 水平设为 0.05。我们将数据输入统计程序 SPSS，运行独立样本 t 检验，然后发现我们的检验统计量在 t 分布中的值是 2.18。更重要的是，p 值等于 0.04。这个 p 值（0.04）小于 α 水平（0.05），所以我们拒绝虚无假设并初步接受备择假设。样本平均数（34 791.67 美元和 31 269.23 美元）之间的差异具有统计显著性，我们推断样本平均数之间所观察到的差异并不只是偶然产生的。我们推断这两个总体平均数是不同的。

在拒绝虚无假设并接受备择假设时，你只能推断总体平均数是不相同的。注意，虚无假设假定的是总体平均数相同，所以虚无假设被拒绝时，你就可以推断总体平均数不相同，并且这个结果具有统计显著性。人们经常还需要确定研究发现是否具有实际显著性。**实际显著性**（practical significance）（也称作**临床显著性**[clinical significance]）是研究者得出的一种主观但经过深思熟虑的结论，用来判断平均数差异或观察到的关系是否"大到足以影响"实际决策（比如，是否继续系列研究、制定政策、给出临床建议等）。

研究者常常使用**效应量指标**（effect size indicator）来协助做出实际显著性的判断。效应量指标是对某种关系的幅度或强度的度量，用于衡量平均数之间存在多大的效应或差异。效应量指标有许多种，比如科恩 d 值、η^2、ω^2 以及由一个或多个自变量所解释的方差大小。在本章，我们会接触到其中的几种。比如，两个起薪平均数分别是 34 791.67 美元和 31 269.23 美元，它们的科恩 d 值是 0.88，按照上一章提及的科恩标准，这属于大效应。男性的平均数比女性平均数多 0.88 个标准差。（以下是一个易于使用的科恩 d 值计算器：https://www.socscistatistics.com/effectsize/default3.aspx。）η^2（eta quared）表示有多少因变量方差完全是由自变量或预测变量来解释的。[3] 在这个例子中，η^2 是 0.17，因此有 17% 的起薪方差是由性别这一预测变量来解释的。

上面刚完成的有关性别和收入的例子是一个调查研究的例子。在实验研究中，假设检验的使用更为普遍。现在，使用上一章表 15.3 所示数据集中的部分数据来演示一下假设检验的逻辑。在这个例子中，研究者开展了一项实验来检验某个新的社会技能训练计划的效果，以确定这项计划是否能改善实验组参与者的社会技能。自变量是训练（社会技能训练条件和无训练控制条件）。因变量是实验者观察期间参与者表现出适宜的社会互动行为的次数。我们暂且假设研究者使用的是后测控制组设计。也就是说，研究者将参与者随机分配到实验（训练）组和控制（无训练）组中，对实验组参与者给予训练，然后测量两组的因变量（出现适宜的社会互动行为的次数）成绩。此数据显示在表 15.3 的"处理条件"和"后测分数"两列里。在这个例子中先忽略"前测分数"这列数据，我们在稍后的例子

实际显著性：当一个具有统计显著性的结果看起来足够重要时所做的声明。

临床显著性：治疗效果强到足以影响日常机能；实际显著性的一种类型。

效应量指标：表示平均数之间的差异或关系幅度或强度的一种指标。

η^2：表示因变量中有多少方差完全是由单个自变量解释的。

---

[3] 我们建议在有两个或更多自变量时使用 η^2，而不是 SPSS 中标记的"偏 η^2"，因为 η^2 提供了研究者所需的信息并符合我们的定义。更多信息请参见莱文和赫利特的论文（Levine & Hullett, 2002）。

中会用到它们。

在后测中（也就是在对实验组施加处理而没有对控制组施加处理后），实验组参与者出现适宜的社会互动行为的平均次数是 4.00，而控制组参与者的相应平均次数是 3.07。从表面上看，处理是成功的，因为与控制组参与者相比，接受了社会技能训练的参与者表现出了更多适宜的互动行为。但是，实验研究要回答的问题是，两组之间的差异是否比基于偶然性而预期的差异大。我们想知道平均数（4.00 和 3.07）之间的差异是否具有统计显著性。

按照惯例，将 α 水平设置为 0.05，将数据输入统计程序 SPSS，运行独立样本 t 检验，然后发现我们的检验统计量在 t 分布中的值是 1.87。更重要的是，p 值等于 0.073，p 值（0.073）大于 α 水平（0.05），所以不能拒绝虚无假设。实验组和控制组的平均数差异不具有统计显著性，因此我们不需要计算效应量指标。我们推断，在我们的实验研究数据中，观察到的两组平均数差异很有可能只是一种偶然（即随机）变异。尽管我们没有拒绝虚无假设，但我们不能推断这两个总体平均数如虚无假设中所说的那样是相同的。这是因为如果一项结果不具有统计显著性，并不能说明数据是支持虚无假设的。你只能说"不能拒绝虚无假设"，并继续进行新的实验。

定向备择假设

非定向备择假设：包含"不等号"（≠）的备择假设。

定向备择假设：包含"小于号"（<）或"大于号"（>）的备择假设。

在统计检验中，研究者有时会以定向形式而不是非定向形式陈述一项备择假设。这就是说，研究者要检验的是一个总体平均数大于（或小于）另一个总体平均数的假设。**非定向备择假设**（nondirectional alternative hypothesis）是指包含"不等号"（≠）的备择假设，而**定向备择假设**（directional alternative hypothesis）是指包含"大于号"（>）或"小于号"（<）的备择假设。

例如，在前面的例子中，研究者在检验程序中使用了下面这种传统的假设：

虚无假设：$H_0 : \mu_{\text{Training}} = \mu_{\text{No Training}}$
备择假设：$H_1 : \mu_{\text{Training}} \neq \mu_{\text{No Training}}$

研究者检验了假定两个总体平均数相等的虚无假设，并使用了假定两个总体平均数不相等的非定向备择假设。

在前面的例子中，研究者还可以使用以下这组假设：

虚无假设：$H_0 : \mu_{\text{Training}} \leq \mu_{\text{No Training}}$
备择假设：$H_1 : \mu_{\text{Training}} > \mu_{\text{No Training}}$

你可以看到，备择假设陈述的是接受技能训练的总体平均数大于控制组的总体平均数。换句话说，这是一项定向假设。虚无假设也随之发生了变化，以使得这两个假设涵盖所有可能的结果。虚无假设中仍然有一个等于号（即符号"≤"

代表着小于或等于)。

研究者还可以陈述以下这组假设:

虚无假设:$H_0: \mu_{\text{Training}} \geq \mu_{\text{No Training}}$
备择假设:$H_1: \mu_{\text{Training}} < \mu_{\text{No Training}}$

这也是一个定向备择假设。但是,这个备择假设陈述的是,接受技能训练的总体平均数要小于控制组的总体平均数。

定向备择假设的使用是存在争议的。尽管使用定向备择假设能让假设检验的**统计效力**(statistical power)略微增加(也就是研究者在虚无假设为假时拒绝它的可能性会略微增加),但这种检验灵敏度的增加会产生一个严重的弊端。如果研究者使用了定向备择假设,并且发现存在大的反向差异,那他也无法推断总体中存在着这种关系。这是定向假设检验的原则——如果差异与你所假设的方向相反,即使你发现了一个大的差异,你也只能推断这种差异是不具有统计显著性的。这个推论似乎违背了科学研究的一条主要原则,即开展科学研究是为了能够发现自然世界是如何运转的。显著性检验中的定向备择假设往往会抑制科学研究的发现功能。

> **统计效力**:虚无假设为假而正确拒绝它的概率。

由于使用定向备择假设存在这个主要弊端,所以绝大多数的研究者都在统计检验中使用非定向备择假设,就如我们前面进行的 t 检验一样。即使研究者的"研究假设"或基于理论做出的实际预测是定向的(预期一组的数值更大),他也会使用非定向备择假设。事实上,如果研究者在统计假设检验程序中使用了定向备择假设,他就需要说明这一点;如果研究者没有说明所使用的备择假设类型,读者就会默认研究者使用的是非定向备择假设。

假设检验的逻辑综述

假设检验是一项系统性的活动。每次进行假设检验时,你都要按照表 16.3 中总结的步骤执行。在假设检验中,或许最重要的是两条决策规则:

- 规则 1:如果 p 值(由计算机输出,基于实证研究的结果)小于或等于 α 水平(研究者通常选择 0.05 的水平),那么就拒绝虚无假设并初步接受备择假设。你可推断研究结果具有统计显著性(即观察到的关系或平均数之间的差异不太可能是由于随机波动产生的)。
- 规则 2:如果 p 值大于 α 水平,那么研究者就不能拒绝虚无假设。研究者只能声明"不能拒绝"虚无假设,并推断研究结果不具有统计显著性。

由于这两条规则是假设检验的核心,如果记住了这两条规则,本章中的其他内容就好懂多了。现在看一下表 16.3 中所总结的假设检验的六个步骤,这些步骤组成了**假设检验的逻辑**(logic of hypothesis testing)(也称作显著性检验的逻辑)。

> **假设检验的逻辑**:显著性检验过程中的六个步骤。

表 16.3　假设检验的步骤与决策规则

步骤 1：陈述虚无假设和备择假设。
步骤 2：设置 α 水平（即显著性水平）。（心理学家通常将 α 水平设为 0.05。）
步骤 3：选择所使用的统计检验（比如，t 检验、方差分析或回归分析）。
步骤 4：进行统计检验并获得 p 值。
步骤 5：比较 p 值与 α 水平（即显著性水平），并应用决策规则 1 或决策规则 2。
决策规则 1：
如果：　　　　　　p 值 ≤ α 水平*
那么：　　　　　　拒绝虚无假设并初步接受备择假设。
结论：　　　　　　研究结果具有统计显著性。
决策规则 2：
如果：　　　　　　p 值 > α 水平
那么：　　　　　　不能拒绝虚无假设。
结论：　　　　　　研究结果不具有统计显著性。
步骤 6：计算效应量，解释研究结果，判断结果的实际显著性。

* 当 p = α 水平时，该怎么办？这个问题存在一些争议。我们建议按照已故雅各布·科恩的惯例，将 0.00 至 0.050 的 p 值视作小到可以拒绝虚无假设，而 0.051 至 1.00 不够小，不能拒绝虚无假设。例如，按照科恩的规则，0.0504 四舍五入约等于 0.050，具有统计显著性，而 0.0505 约等于 0.051，不具有统计显著性。

假设检验错误

因为推论统计中使用的是样本，而不是完整的总体，所以假设检验有时会提供错误的答案。假设检验在指导研究者进行决策时依靠的是抽样分布，最终的决定反映了概率法则。通常由此做出的决策是正确的，但有时也会产生错误。表 16.4 展示了假设检验的四种可能结果。

从表 16.4 的顶部可以看到自然界可能存在的两种情况：虚无假设为真或者为假。表格的两行显示了研究者可以做出的两种可能决定：能拒绝虚无假设或不能拒绝虚无假设。这两个维度交叉产生了假设检验的可能结果。我们最关心的是可能出现的两类错误，分别被称作 I 类错误和 II 类错误。

I 类错误：拒绝了实际为真的虚无假设。

当虚无假设为真但被拒绝时，产生的是 **I 类错误**（type I error）（也称弃真错误）。如果虚无假设为真（即自变量和因变量之间没有关系），你就不想拒绝它——如果你拒绝了，你就犯了 I 类错误。I 类错误还被称作"假阳性"，因为研究者错误地推断世界上（也就是在总体中）存在着某种关系。研究者错误地声称统计上显著。这里我们打一个比方。在医学界，虚无假设陈述的是"病人很健康"，备择假设说的是病人并不健康（也就是生病了）。当一个没有生病的人被医生诊断

表 16.4　统计假设检验的四种可能结果

		虚无假设的实际状态	
		虚无假设为真	虚无假设为假
研究者的决策	拒绝虚无假设	Ⅰ类错误（假阳性）	正确决定
	没有拒绝虚无假设	正确决定	Ⅱ类错误（假阴性）

为患有某种疾病时，就出现了假阳性错误。此时，医生将一个健康的人误诊为病人（尽管医生认为自己做出了正确的判断）。

当虚无假设为假，但研究者却没能拒绝时，产生的是**Ⅱ类错误**（type Ⅱ error）（也称取伪错误）。如果虚无假设为假，你应该拒绝它。这种类型的错误还被称作"假阴性"，因为研究者错误地推断总体中不存在某种关系，而实际上这种关系是存在的。研究者错误地声称统计上不显著。他们本应声称结果具有统计显著性，但却推断结果无统计显著性。继续用医学的例子进行类比。当患有某种疾病的患者被医生诊断为没有生病时，就出现了假阴性错误。此时，医生误认为患者是健康的（尽管医生认为自己做出了正确的判断）。

Ⅱ类错误：没有拒绝实际为假的虚无假设。

研究者希望避免Ⅰ类错误和Ⅱ类错误。不过长期以来，我们更加关心如何避免Ⅰ类错误。使用更严格的α水平，就能少犯Ⅰ类错误。如果你使用 0.05 的α水平，就有 5% 的机会犯假阳性（Ⅰ类）错误。如果你使用更严格的 0.01 的α水平，最多有 1% 的机会犯Ⅰ类错误。

也许有人会想："为了少犯一些Ⅰ类错误，为何不使用更严格的α水平呢？"问题是，在使用更严格的α水平的同时，犯Ⅱ类错误的可能性就增加了，这不是你想要的结果。由于这种权衡，通常建议使用 0.05 的α水平，而不是 0.01 和 0.001 的α水平，除非特定研究中你有非常充分的理由需要尽量减小Ⅰ类错误的风险。好消息是，有一种方法可以减少Ⅱ类错误的可能性，而且不会增加Ⅰ类错误的可能性，那就是增加研究参与者的数量。研究中的参与者越多，犯Ⅱ类错误的可能性就会越小。

在第 5 章和第 8 章中，我们说明了如何为你的研究确定所需的样本容量。

> **思考题 16.3**
> - 什么是统计"假设检验"？什么时候会用到它？它的逻辑是什么？

假设检验的应用

16.4 使用不同的统计分析技术进行假设检验

本章的这一节将介绍一些非常有实践意义的内容。我们将展示如何使用几种不同的统计分析技术，你可以使用它们对本书讨论的绝大多数实验和调查研究设计中的数据进行分析。我们已经讨论了用独立样本 t 检验来比较两个组的平均数。本节涉及的所有例子各不相同，但它们都有一个重要的共同点：在所有案例中我们都会使用表 16.3 所展示的假设检验逻辑。在每个案例中，我们都会表述虚无假设和备择假设，将 α 水平设为 0.05，获取 p 值，并确定所发现的关系是否具有统计显著性。同时，我们还会在每个例子中提供一个效应量指标，以确定关系的强度。

总之，我们会按照表 16.3 总结的假设检验的六个步骤逐步执行。现在以及在学习下文时，你都应该依次回顾这些步骤，并让自己确信我们是在再三地重复相同的过程。当你在研究报告中描述显著性检验结果时，你必须告诉读者各项检验所使用的 α 水平。如果你在所有检验中使用同一种标准水平（这是惯例），那你只需要在数据分析部分的开头做出如下声明：所有统计检验均使用 0.05 的 α 水平。这也是我们对以下所有显著性检验的声明。

在下面的例子中，请注意，统计检验的类型会因类别变量和量型变量以及参与者内变量和参与者间变量的不同而变化。回忆一下，第 2 章提到（见表 2.1），量型变量在数量上有所不同，而类别变量在类型或种类上有所不同。例如，年龄（以年为单位）是量型变量，而政党身份（民主党、共和党、无党派）是类别变量。

相关系数 t 检验

相关系数表明了两个量型变量关系的强度和方向。在上一章，我们用应届大学毕业生数据集（表 15.1）考察了 GPA 和起薪之间的相关关系，我们发现它们的相关系数是 0.61，表示样本数据存在中等强度的正相关。散点图也显示了中等强度的正相关（图 15.6）。我们知道样本数据中存在这种关系，不过关键在于，这种观察到的关系是否大到足以拒绝虚无假设，并推断这并不只是随机产生的。假设检验的目标是基于样本数据得到有关总体参数（即作为样本数据来源的总体中的相关）的结论。现在我们就来确定当 GPA 与起薪之间的相关系数是 0.61 时，这个相关应该视为总体中真实存在的关系，还是应视为一种随机变异。

相关系数 t 检验（t test for correlation coefficients）是一种统计检验，用于确定观察到的某个相关系数是否具有统计显著性。它之所以被称为相关系数"t 检验"，是因为这种检验所使用的统计量遵循 t 分布。因此，SPSS 会使用合适的 t 分布作为抽样分布，并检验虚无假设"作为数据来源的总体中不存在相关关系"。

以下是在检验相关系数的统计显著性时用到的虚无假设和备择假设：

> **相关系数 t 检验**：用于确定某个相关系数是否具有统计显著性的统计检验。

虚无假设：$H_0: \rho_{\text{GPA-SS}} = 0$

备择假设：$H_1: \rho_{\text{GPA-SS}} \neq 0$

回忆一下，ρ 是希腊字母，读作"柔"，它指代的是总体相关系数。虚无假设假定，总体中的 GPA 和起薪之间没有相关，而备择假设假定二者之间有相关。在所有的显著性检验中我们都将 α 水平设为 0.05——达到这个点时，如果虚无假设为真，我们就会认为样本统计量的值是不常见的。

将数据输入统计程序，运行相关系数 t 检验。t 统计值为 3.69，而且更重要的是，p 值为 0.001。由于 p 值小于 α 水平，根据表 16.3 中的规则 1，可以拒绝虚无假设并初步接受备择假设。GPA 和起薪之间的相关具有统计显著性。我们相信，在作为样本数据来源的总体中，变量之间存在一种真实的关系。

按照 APA 格式，我们可以按照如下方式记录这项结果：

GPA 和起薪之间的中等强度相关具有统计显著性，$r(23) = 0.61$，$p = 0.001$。

括号中的数字是显著性检验中的**自由度**（degrees of freedom；df）。自由度是 SPSS 程序输出的。对相关系数来说，自由度是参与者的总数减去 2（即 $n - 2$）。我们有 25 个个案，所以自由度是 23（即 $25 - 2 = 23$）。第一个等号之后的数字是相关系数，第二个等号之后的数字是 p 值。

自由度："自由变化"的值的数目，计算推论统计中使用的统计量时会用到它。

因为相关是正向的，所以我们推断，当 GPA 上升时，应届大学毕业生的起薪通常也随之上升。有趣的是，可以将相关系数视作效应量指标，因为它是对关系的一种标准化度量，而且 0.61 的相关代表着中等强度的关系。通过计算相关系数的平方值，你可以得到另一个效应量指标，该指标表示有多少因变量方差是由自变量或预测变量来解释的。在这个例子中，0.61 的平方（即 0.61×0.61）等于 0.37。将 0.37 转化为百分数，你可以推断起薪中有 37% 的方差是由 GPA 来解释的。这代表着一种强相关，我们可以推断这种关系除了具有统计显著性，还具有实际显著性。

然而，我们还未能确定有无其他变量可以解释起薪，我们希望控制那些变量，这样我们才能推断出 GPA 很重要。使用例子中的数据集，我们可以通过计算偏相关系数来控制数据集中的其他量型变量，得到 GPA 和起薪之间的相关。

单因素方差分析

单因素方差分析（one-way analysis of variance）（缩写为单因素 ANOVA）在显著性检验中，用于比较两个或多个组的平均数。具体地说，单因素方差分析用于含有一个量型因变量和一个类别自变量或预测变量的情况。（双因素方差分析用于有两个类别自变量的情况，三因素方差分析用于有三个类别自变量的情况，

单因素方差分析：当你有一个量型因变量和一个类别自变量时所使用的统计检验。

ANOVA：方差分析的缩写。

以此类推。）方差分析中使用的检验统计量遵循的是 F 分布，而不是我们在之前的检验中所使用的 t 分布。F 分布通常是一种偏向右侧的概率分布（也称正偏态或右偏态分布——译者注）。

我们再次使用表 15.1 中的应届大学毕业生数据集中的数据。起薪作为因变量，大学专业作为类别自变量或预测变量。大学专业的三种水平是：1 = 心理学，2 = 哲学，3 = 商科。研究的问题是，心理学、哲学和商科三个专业的学生的起薪是否存在具有统计显著性的差异。

以下是考虑使用的统计假设：

虚无假设：H_0：$\mu_{Psy} = \mu_{Phil} = \mu_{Bus}$

备择假设：H_1：并不全部相等

虚无假设假定心理学、哲学和商科三个专业的应届大学毕业生总体平均起薪是相同的。备择假设说的是，这三个总体平均数并不完全相同，至少有两个平均数是不同的。备择假设并未说明是哪两个平均数不同。

我们使用 SPSS 程序得到 F 值等于 11.05。当平均数之间没有差异时，F 值通常是 1.00 左右，所以你能看到这个 F 值看上去似乎很大。因为 F 分布是偏向右侧的，这个 11.05 的值落在了 F 分布的右尾端。当计算出的检验统计量的值落在抽样分布的极右端时，p 值会很小。我们的 p 值等于 0.00048，确实很小。因为 p 值（0.00048）小于 α 水平（0.05），所以我们拒绝虚无假设并初步接受备择假设（也就是说，我们运用了表 16.3 中的规则 1），并推断出大学专业和起薪之间的关系具有统计显著性。效应量指标 η^2 是 0.50，这意味着 50% 的起薪方差可以由大学专业来解释。因为这个效应量指标较大，所以可以推断这种关系的强度大。

如果对三个或三个以上平均数进行方差分析，结果拒绝了虚无假设，那么你就知道至少有两个平均数是不同的。但是，你并不知道究竟哪些平均数之间存在显著性差异。我们的结论是，至少有两个大学专业的起薪平均数是存在显著性差异的，而到底哪些平均数之间的差异是显著的需要通过后续检验来确定。我们将在下一小节说明如何进行这种后续检验。

按照 APA 格式，你可以按照如下方式记录这些结果：

用单因素方差分析来确定大学专业与起薪之间的关系是否存在统计显著性。结果显著，$F(2, 22) = 11.05$，$p < 0.001$，估计 $\eta^2 = 0.50$。以估计 η^2 评估，关系的强度很大，大学专业能够解释起薪方差的 50%。[4]

需要记录的所有信息都能在 SPSS 输出的结果中找到。括号中的第一个数字（即 2）是组间自由度，是用组数减去 1。我们的自变量（大学专业）有 3 个组，所以自由度等于 3 减去 1，也就是 2。括号中的第二个数字是误差自由度，即研

---

[4] η^2 前面的"估计"一词表示我们正在使用的是 η^2 的样本值或估计值。

究中的参与者人数减去组数。我们有 25 个参与者和 3 个组，所以自由度等于 25 减去 3，也就是 22。注意我们报告的是 $p < 0.001$，而不是确切的 p 值。按照 APA 指南，研究者应该在文章中报告精确到两位或三位小数的 p 值，但 p 值小于 0.001 的情况除外，在这种情况下，你只需报告 $p < 0.001$。如果你的结果不具有统计显著性，那么你应该报告自己曾预测具有统计显著性的检验的 p 值。此外，你不应该为了让你的报告更好看而不报告自己不喜欢的结果。

方差分析的事后检验

单因素方差分析能告诉研究者，类别自变量或预测变量与量型因变量之间的关系是否存在统计显著性。如果你的类别变量只有两个水平，那么具有统计显著性的结果就是可以解释的，你只需要看哪个平均数更大，就可以推断这个平均数显著地大于另一个平均数。如果你有三个或三个以上平均数，那么当单因素方差分析中出现了具有统计显著性的结果时，就必须要继续进行**事后检验**（post hoc tests），以确定哪些平均数之间的差异是显著的。大学专业与起薪是显著相关的，然而大学专业有三个水平，所以我们需要进行事后检验以确定到底哪些平均数之间存在显著性差异。

事后检验：方差分析的后续检验，当类别自变量有三种或三种以上水平时使用，用于确定哪些平均数之间的差异具有统计显著性。

你可能会认为只要对每对平均数分别进行独立样本 t 检验，就可以确定哪些平均数之间的差异具有统计显著性。不幸的是，不能这样进行多次 t 检验，因为这会增加犯 I 类错误（假阳性错误）的概率。SPSS 中有许多事后检验可以控制这个问题，并为研究者提供调整后（即校正后）的 p 值。广受欢迎的事后检验包括图基（Tukey）检验、西达克（Sidak）检验和邦费罗尼（Bonferroni）检验，研究者可以从 SPSS 的菜单中挑选自己想用的检验。上面提到的所有检验都不错，但它们提供的 p 值会稍有不同。现在我们将使用邦费罗尼事后检验程序。[5]

以下是前面单因素方差分析中的三种大学专业的样本平均收入：

- 心理学专业应届大学毕业生的平均起薪是 29 437.50 美元。
- 哲学专业应届大学毕业生的平均起薪是 32 800.00 美元。
- 商科专业应届大学毕业生的平均起薪是 37 214.29 美元。

我们已经从单因素方差分析中得知，这些平均数中至少有两个之间的差异具有统计显著性。事后检验要解决的问题是：到底是哪些平均数之间的差异具有统计显著性（即哪些平均数之间的差异不只是随机产生的）？

首先，我们检查心理学和哲学专业之间的平均数差异是否具有显著性。邦费

---

[5] 当你恰好有三个平均数时，费舍（Fisher）提出的最小显著性差异（least significant difference; LSD）检验最具统计效力，因而被推荐使用。在这里我们之所以使用邦费罗尼检验，是因为它是一种更通用的检验。当你有四个或四个以上平均数时，另一个非常好的检验是西达克校正法。

罗尼法校正的 p 值（从 SPSS 输出结果中获得）是 0.112，我们选择的 α 水平是 0.05，p 值（0.112）大于 α 水平（0.05），因此适用规则 2。我们无法拒绝虚无假设（总体平均数是相同的），所以我们推断观察到的两个平均数之间的差异不具有统计显著性。我们无法指出心理学或哲学专业中哪个总体平均数会更大。当我们不能拒绝虚无假设时，我们也不能推断总体平均数是正好相同的。

接着，我们来检查心理学和商科专业之间的平均数差异是否具有显著性。邦费罗尼法校正的 p 值（从 SPSS 输出结果中获得）是 0.0003，我们选择的 α 水平是 0.05，p 值（0.0003）小于 α 水平（0.05），因此适用规则 1。我们拒绝虚无假设（总体平均数是相同的），并推断两个平均数之间的差异具有统计显著性。我们有把握推断，商科专业学生总体的平均起薪高于心理学专业学生。科恩 d 值为 2.32，这是一个非常大的数值。商科专业比心理学专业的平均数高 2.32 个标准差。如果得到这样的结果，就能够推断结果不但具有统计显著性，而且还具有实际显著性。

第三，检查哲学和商科专业之间的平均数差异是否具有显著性。邦费罗尼法校正的 p 值是 0.031，我们选择的 α 水平是 0.05，p 值（0.031）小于 α 水平（0.05），因此适用规则 1。我们拒绝虚无假设，并推断两个平均数之间的差异具有统计显著性。我们有把握推断，商科专业学生总体的平均起薪高于哲学专业学生。两个平均数之间的差异为 4 414.29 美元，科恩 d 值为 1.42，这是一个非常大的数值。商科专业的平均数比哲学专业的平均数高出 1.42 个标准差。如果得到这样的结果，就可以推断结果不但具有统计显著性，还具有实际显著性。

按照 APA 格式，你可以按照如下方式记录结果：

> 研究者进行了后续检验，确定了哪些平均数之间具有显著性差异。使用邦费罗尼法校正后的 p 值来避免增加 I 类错误。心理学毕业生的起薪（$M = 29\ 437.50$，$SD = 3\ 458.30$）与商科毕业生的起薪（$M = 37\ 214.29$，$SD = 3\ 251.37$）之间的差异具有统计显著性（$p < 0.001$，科恩 d 值 = 2.32）。哲学毕业生的起薪（$M = 32\ 800.00$，$SD = 2\ 945.81$）与商科毕业生的起薪（$M = 37\ 214.29$，$SD = 3\ 251.37$）之间的差异也具有统计显著性（$p = 0.031$，科恩 d 值 = 1.42）。心理学毕业生和哲学毕业生的起薪之间的差异不具有显著性（$p > 0.05$）。

协方差分析

协方差分析：一种统计检验，适用于有一个量型因变量且同时有类别自变量和量型自变量（量型自变量被称作"协变量"）的情况。

ANCOVA：协方差分析的缩写。

协方差分析（analysis of covariance; ANCOVA）适用于有一个量型因变量且同时有类别自变量和量型自变量的情况。在本小节所讨论的例子中，我们有一个类别自变量和一个被称为"协变量"的量型自变量。协方差分析可视为方差分析的扩展，因为与方差分析类似，协方差分析中也有一个或多个类别自变量，但与方差分析不同的是，协方差分析中还会加入一个或多个协变量。

如果你能在方差分析模型中加入一个与因变量强相关的协变量，那么就可以增加类别自变量效应的检验灵敏度（即统计效力）。这意味着，在检验类别自变量的效应时，犯 II 类错误的可能性会更低。

协方差分析是一种统计检验，适用于包含前测且有多于一个组的实验设计，比如前后测控制组设计和不相等比较组设计，也可以用于加入前测的因素设计。协方差分析中使用的检验统计量遵循 F 概率分布，与方差分析中的情况相同。

现在，我们将通过重新分析社会技能训练实验的数据来演示协方差分析。在之前的分析中，没有发现实验组和控制组之间存在显著性差异。在那个例子中，我们没有纳入前测数据，仅用独立样本 t 检验对技能训练组和控制组的后测平均数是否具有显著性差异进行了检验，我们发现 p 值为 0.073，这个值大于 0.05 的 α 水平，所以无法拒绝虚无假设。（我们也可以用方差分析来比较两组的后测平均数，因为方差分析可用于比较两个或两个以上平均数；在本例中，它得出了一个与独立样本 t 检验相等的不具有显著性的 p 值，即 0.073）。在没有纳入前测的分析中，我们只能推断处理是没有效果的。

现在我们加入前测数据，并对这一假想的前后测控制组设计中的所有数据进行适当的分析。表 15.3 提供了 28 个参与者的数据。在忽略前测数据时的虚无假设为：技能训练组和控制组的总体后测平均数是相同的。而在协方差分析中，虚无假设的表述略有不同：在根据前测差异进行调整后，两组的总体后测平均数是相同的。以下就是将在协方差分析中检验的假设：

虚无假设：$H_0 : \mu_{\text{ADJ-Training}} = \mu_{\text{ADJ-No Training}}$

备择假设：$H_1 : \mu_{\text{ADJ-Training}} \neq \mu_{\text{ADJ-No Training}}$

这两个假设只有一个新特征：插入的"ADJ"表示我们现在检验的是根据前测差异进行调整之后的平均数，而不是未经调整的平均数。

使用 SPSS 计算机程序获取结果。[6] 在协方差分析中，用于表示两组平均数差异的检验统计量遵循 F 分布。我们得到的 F 值是 8.38，更重要的是 p 值为 0.008。根据此 p 值，我们应使用规则 1。因为 p 值（0.008）小于 α 水平（0.05），所以我们拒绝虚无假设，初步接受备择假设，并推断社会技能训练组和控制组的平均数差异具有统计显著性。当我们运行协方差分析时，我们也计算了 η^2，它等于 0.10，将该比例（0.10）转化为百分比（10%），我们推断社会技能表现中有 10% 的方差是由实验处理解释的，这个数字是比较小的。我们由此得出结论，社会技能训练在一定程度上提高了参与者在社会技能测试中的成绩，这种效果可能具有实际显著性。

按照 APA 格式，你可以用如下方式记录结果：

---

6 我们首先检查了类别自变量和协变量之间的交互作用，确保我们没有违背斜率同质性假设。因为这个 p 值大于 0.05，我们没有违背假设，因此我们忽略了交互作用项，应用了标准的协方差分析。

在根据实验组和控制组的前测差异进行调整之后，研究者应用单因素协方差分析确定了两组的后测平均数差异是否具有统计显著性。调整后，技能训练组平均数（$M = 3.97$，$SE = 0.21$）和控制组平均数（$M = 3.10$，$SE = 0.21$）之间的差异具有统计显著性，$F(1, 25) = 8.38$，$p = 0.008$，估计 $\eta^2 = 0.10$。以估计 η^2 来评估，这种关系具有中等强度，社会技能表现中有 10% 的方差可由处理变量解释。

在这个例子和之前的一个例子中，我们都分析了来自社会技能实验的数据。当分析没有纳入前测时，得到的 p 值为 0.073，不能拒绝虚无假设。而在纳入前测后，协方差分析得到的 p 值为 0.008，因此可以拒绝虚无假设。这说明了前面提到的一个观点：在检验平均数差异时，协方差分析通常会更加灵敏（即具有更高的统计效力）。在这个例子中，我们推断平均数具有显著性差异（基于协方差分析的结果），而在之前的检验中，导致我们未能拒绝虚无假设的原因是出现了 Ⅱ 类错误。这也是我们之所以建议在实验设计中加入前测的一个原因。我们在第 9 章中列举了在设计中加入前测的几个理由。

双因素方差分析

双因素方差分析：一种统计检验，适用于有一个量型因变量和两个类别自变量的情况。

双因素方差分析（two-way analysis of variance）（也称作双因素 ANOVA）适用于包含一个量型因变量和两个类别自变量的情况。我们将用表 16.5 中的假想数据集来讲解双因素方差分析。这些数据来自另一个检验技能训练项目效果的实验，这些新数据包含了性别变量，因而这次有了两个类别自变量：处理条件（技能训练和控制）和性别（男性和女性）。我们在第 9 章解释过，因素实验设计中至少包含两个自变量（至少有一个会被操纵），并且参与者会被随机分配到各个组（至少是一个自变量的各水平上）。在我们的实验中，训练变量是操纵变量，而性别变量显然是不受实验者操纵的！由于操纵的是训练自变量，同时将参与者随机分配到组成该变量的各组中，因此相比不受操纵的性别变量，我们能在处理变量上得出更强的因果关系结论。

我们在第 9 章提到，在包含两个自变量的因素设计实验中，你需要检验每个自变量的主效应以及变量之间的交互作用。主效应是指某个自变量独立产生的效应，而交互作用出现在其中一个自变量的效应随另一个自变量的不同水平而变化时。

为了节省篇幅（也为了减少你的阅读量），我们将用语句表述虚无假设，而不再将它们列出来。针对处理条件的虚无假设是，接受技能训练和未接受训练的参与者所对应的总体平均数是相同的。针对性别的虚无假设是，男性和女性的总体平均数是相同的。最后，针对交互作用的虚无假设是，在总体中处理条件和性别之间不存在交互作用。

表 16.5 性别与社会技能训练变量后测因素设计的假想数据集

参与者	后测分数	处理条件	性别
1	2	1	1
2	4	1	1
3	3	1	1
4	2	1	1
5	2	1	1
6	0	1	1
7	2	1	1
8	4	1	2
9	4	1	2
10	4	1	2
11	3	1	2
12	5	1	2
13	2	1	2
14	2	1	2
15	8	2	1
16	6	2	1
17	6	2	1
18	6	2	1
19	4	2	1
20	5	2	1
21	3	2	1
22	4	2	2
23	6	2	2
24	3	2	2
25	4	2	2
26	3	2	2
27	3	2	2
28	5	2	2

注：因变量是后测中测量到的适宜社会互动行为的数量；被操纵的自变量是社会技能训练（1 = 控制，2 = 处理）；未操纵的自变量是性别（1 = 男性，2 = 女性）。

下面是实证结果：

- 处理条件主效应：$F = 15.51$；$p = 0.001$
- 性别主效应：$F = 0.02$；$p = 0.885$
- 交互作用：$F = 7.68$；$p = 0.011$

采用 0.05 的 α 水平时，处理条件主效应具有统计显著性，性别主效应没有统计显著性，处理条件与性别的交互作用具有统计显著性。

当交互作用具有统计显著性时，规则是重点解释交互作用而不是主效应。为了便于解释这个具有统计显著性的交互作用，我们在图 16.4 中画出了组均值图。图 16.4 中所示的交互作用表明，技能训练项目对男性的作用大于对女性的作用。后续的显著性检验进一步证实了这种观察结果。

以下是按 APA 格式呈现的结果：

用 2 × 2 方差分析对技能训练效应和性别效应进行了评估。分析发现：技能训练主效应具有统计显著性，$F(1, 24) = 15.51$，$p = 0.001$，估计 $\eta^2 = 0.329$；技能训练和性别之间的交互作用具有统计显著性，$F(1, 24) = 7.68$，$p = 0.011$，估计 $\eta^2 = 0.163$；性别主效应不显著，$p > 0.05$。对交互作用图的考察表明，训练项目对男性的作用大于对女性的作用。控制组男性的平均成绩为 2.14，社会技能训练条件下男性的平均成绩为 5.43，二者之间的非标准

图 16.4 技能训练因素实验的交互作用图

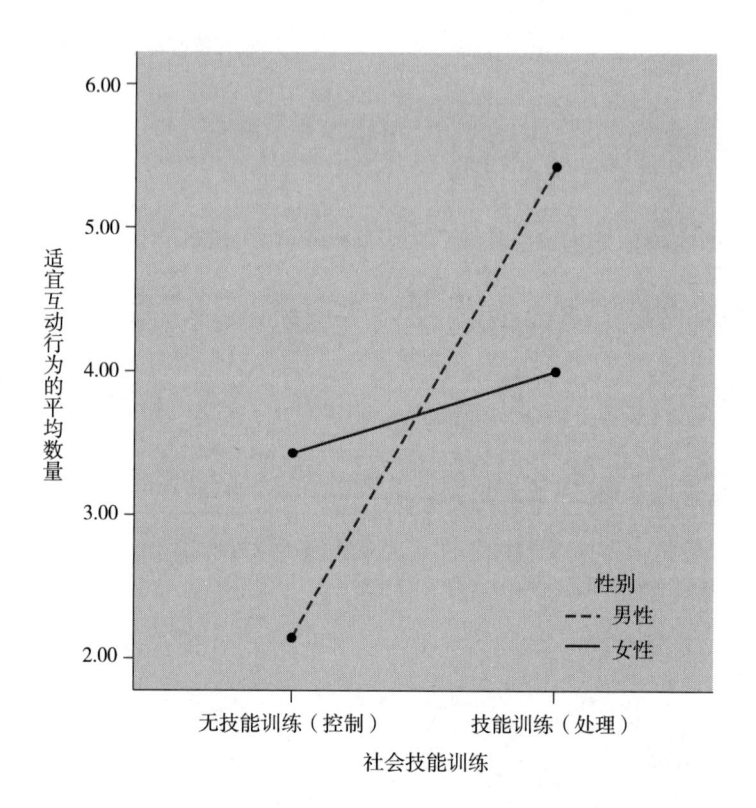

化差异为 3.29，科恩 *d* 值为 2.30。这种差异很大，并具有统计显著性（$p < 0.001$）。控制组女性的平均成绩为 3.43，社会技能训练条件下女性的平均成绩为 4.00，二者之间的非标准化差异为 0.57，科恩 *d* 值为 0.50，这个差异不具有统计显著性（$p > 0.05$）。我们推断，社会技能训练处理对男性有效而对女性无效。

在观察图 16.4 的交互作用时，你可能还会发现其他一些需要进行统计显著性检验的特征。这很好，但在比较每组平均数时，你都需要得到 *p* 值并确定这种差异是否具有统计显著性。如果差异不具有统计显著性，那你发现的很可能只是偶然变异，而声称观察到差异都是没有根据的。

单因素重复测量方差分析

单因素重复测量方差分析（one-way repeated measures analysis of variance）（也称单因素重复测量 ANOVA）适用于包含一个量型因变量和一个参与者内自变量的情况。参与者内自变量是指同一组参与者接受不止一次的测量。这种分析程序适用于第 9 章中讨论过的重复测量设计和单组前后测设计（以及这些设计的几种变式）。

我们将用来自某项单组前后测设计的一组数据来讲解这种分析，所使用的设计包含两次后测而不是常用的一次后测。我们将这两次后测分别称为即时后测和延时后测。在我们的假想实验中，处理条件是一项健康项目，其设计意图在于通过实施为期一个月的结构化饮食项目，让参与者的体重降低。在为期一个月的项目中，参与者与研究者见面四次。所有参与者的体重（因变量）会在项目开始时（前测）、项目结束时（即时后测）和项目结束一个月后（延时后测）分别进行测量。这个假想实验的数据列于表 16.6 中。

单因素重复测量方差分析：一种统计检验，适用于有一个量型因变量和一个重复测量自变量的情况。

表 16.6　包含即时后测和延时后测的单组前后测设计假想数据

参与者	前测	即时后测	延时后测
1	222	223	222
2	156	154	153
3	142	139	138
4	225	221	220
5	159	153	155
6	275	270	269
7	301	297	294
8	268	261	258
9	212	210	209
10	189	186	185

注：参与者内自变量是时间（前测、即时后测、延时后测），因变量是体重。

以下是相应的虚无假设和备择假设：

虚无假设：$H_0 : \mu_{\text{Pretest（前测）}} = \mu_{\text{Immediate Posttest（即时后测）}} = \mu_{\text{Delayed Posttest（延时后测）}}$

备择假设：H_1：并不全部相等

虚无假设假定这组参与者的总体平均数在不同时间都是相等的（即三个时间点的体重都是相同的，表明项目无作用）。备择假设假定至少有两个平均数之间具有显著性差异。

我们使用 SPSS 得到了统计结果。F 值为 24.38，但更重要的是 p 值小于 0.001。因为 p 值小于 α 水平（0.05），所以可以拒绝虚无假设，并推断出至少有两个平均数具有显著性差异。然而，我们并不知道图 16.5 中绘出的三个平均数中，哪两个平均数之间有显著性差异，因此需要进行事后检验。

以下是这项研究中样本的三个体重平均数：

- 前测时的平均体重为 214.90 磅（1 磅 ≈ 0.45 千克）。
- 即时后测时的平均体重为 211.40 磅。
- 延时后测时的平均体重为 210.30 磅。

这三个平均数看起来似乎表明这个项目是成功的，因为平均来看，它减轻了参与者的体重。即时后测表明项目是成功的（它小于前测），延时后测表明项目的效果在一个月以后仍然在持续。我们再来看一下对这种观察结果的事后检验。首先，参与者在前测和即时后测中的平均体重差异为 214.90 − 211.40 = 3.50 磅。针

图 16.5　包含即时后测和延时后测的单组前后测设计的平均数

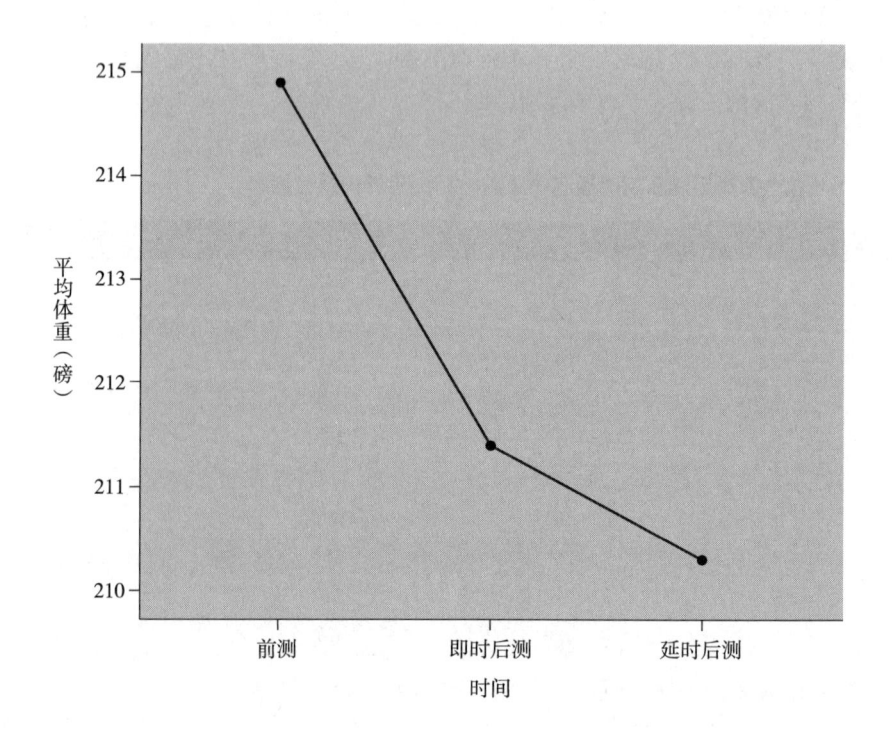

对这个差异的显著性检验显示，经邦费罗尼法校正后的 p 值为 0.003。因为 0.003 小于 α 水平（0.05），所以我们得出结论，参与者在前测和即时后测时的体重差异具有统计显著性。第二，参与者在前测和延时后测中的体重差异为 4.60 磅，该差异在经邦费罗尼法校正后的 p 值为 0.001。因为 0.001 小于 α 水平（0.05），所以我们断定参与者在前测和延时后测时的体重差异具有统计显著性。第三，参与者在即时后测和延时后测中的体重差异为 1.10 磅，该差异经邦费罗尼法校正后得到 p 值为 0.095。因为 0.095 大于 α 水平（0.05），所以参与者在即时后测和延时后测时的体重差异不具有统计显著性。

以下是按 APA 格式呈现的结果：

> 研究者进行了单因素重复测量方差分析，以体重为因变量，时间（前测、即时后测、延时后测）为参与者内自变量。时间的主效应具有统计显著性，$F(2, 18) = 24.38$，$p < 0.001$。为了解释这项主效应，我们进行了三次事后检验，得到了经由邦费罗尼法校正后的 p 值。首先，前测（$M = 214.90$，$SD = 54.35$）和即时后测（$M = 211.40$，$SD = 53.79$）的体重差异具有统计显著性，$p = 0.003$，表明从前测到即时后测有显著的变化。第二，前测（$M = 214.90$，$SD = 54.35$）和延时后测（$M = 210.30$，$SD = 52.88$）的体重差异同样具有统计显著性，$p = 0.001$，表明从前测到延时后测有显著的变化。第三，即时后测（$M = 211.40$，$SD = 53.79$）和延时后测（$M = 210.30$，$SD = 52.88$）的体重差异不具有统计显著性，$p > 0.05$。结果总体表明，即时后测时的体重相比前测时出现了具有统计显著性的下降，这一效果持续至延时后测阶段。

回归系数 t 检验

在上一章，我们介绍了回归分析。在简单回归中，研究者分析一个量型因变量和一个量型自变量或预测变量之间的关系。[7] 在多元回归中，研究者分析一个量型因变量和两个或多个量型自变量或预测变量之间的关系。**回归系数 t 检验**（t test for regression coefficients）使用 t 分布来检验回归分析中所得回归系数的显著性。回归系数表示的是自变量与因变量之间的关系（在控制了回归方程中其他自变量的影响之后）。

> **回归系数 t 检验**：用于确定一个回归系数是否具有统计显著性的统计检验。

现在，我们将再次使用上一章中的多元回归方程，并检验两个回归系数的统计显著性。回归方程如下：

$$\hat{Y} = -12\,435.59 + 4\,788.90\,(X_1) + 25.56\,(X_2)$$

---

[7] 尽管回归分析可用于类别自变量，但我们（以及其他研究者）更倾向于将它用于量型自变量，将方差分析用于类别自变量，而将 ANCOVA 用于既有类别又有量型自变量的情况。所有这些分析技术都是一般线性模型（GLM）的"特例"。

其中，

$\hat{Y}$ 是起薪的预测值

X_1 是大学 GPA

X_2 是高中时的 SAT 分数

−12 435.59 是 Y 轴截距

4 788.90 是 X_1 的回归系数值；它表示的是 GPA 与起薪之间的关系（在控制了 SAT 分数的影响之后）

25.56 是 X_2 的回归系数值；它表示的是高中 SAT 与起薪之间的关系（在控制了 GPA 的影响之后）

我们的目标是看看这两个回归系数是否具有统计显著性。研究者必须先检验从数据中得到的回归系数的统计显著性，然后才能对其加以解释。这是因为从样本数据中发现的回归系数也许只是出于偶然因素（即抽样误差）。如果一个回归系数具有统计显著性，研究者就能推断总体中很有可能存在某种真实的关系，并接下来解释在样本数据中观察到的回归系数。

我们的第一个研究问题与第一个回归系数（4 788.90）有关：

>研究问题 1：GPA 和起薪之间的关系（在控制了 SAT 的影响之后）具有统计显著性吗？

以下是这个研究问题的统计假设：

虚无假设：$H_0 : \beta_{YX1.X2} = 0$
备择假设：$H_1 : \beta_{YX1.X2} \neq 0$

虚无假设说的是，总体的回归系数等于零（即总体中不存在任何关系）。备择假设说的是，总体回归系数不等于零（即总体中存在某种关系）。

使用 SPSS 发现 t 值为 2.13，p 值为 0.045。p 值（0.045）小于 α 水平（0.05），因此，我们拒绝虚无假设，初步接受备择假设，并推断这个回归系数所表示的关系具有统计显著性。适合回归系数的效应量指标叫作**半偏相关系数平方**（semi-partial correlation squared）（标记为 sr^2）；它等于 0.1024，表示起薪中 10.24% 的方差是由 GPA 独立解释的，由此推断出 GPA 和起薪之间的关系具有统计显著性和实际显著性。

半偏相关系数平方：由一个单独的量型自变量独立解释的因变量方差的量。

我们的第二个研究问题与第二个回归系数（25.56）有关：

>研究问题 2：SAT 和起薪之间的关系（在控制了 GPA 的影响之后）具有统计显著性吗？

以下是这个研究问题的统计假设：

虚无假设：$H_0：\beta_{YX2.X1} = 0$

备择假设：$H_1：\beta_{YX2.X1} \neq 0$

使用 SPSS 发现 t 值为 2.40，p 值为 0.025。p 值（0.025）小于 α 水平（0.05），因此，拒绝虚无假设，初步接受备择假设，并推断第二个回归系数所表示的关系具有统计显著性。效应量指标半偏相关系数平方等于 0.1303，表示起薪中 13.03% 的方差是由 SAT 分数独立解释的。我们推断 SAT 和起薪之间的关系具有统计显著性和实际显著性。

下面是按 APA 格式简要报告的回归分析结果：

> 研究者进行了多元回归分析以确定高中 SAT 分数和大学 GPA 能在多大程度上预测应届大学毕业生的起薪。包含两个预测变量的整体模型具有统计显著性，$F(2, 22) = 11.09$，$p < 0.001$。整体模型的多元相关系数平方（R^2）是 0.50，表明起薪中有 50% 的方差是由这两个预测变量来解释的。GPA（$\beta = 0.380$，$p = 0.045$）和 SAT（$\beta = 0.428$，$p = 0.025$）能显著地预测起薪。大学 GPA 独立解释了起薪中 10.24% 的方差（$sr^2 = 0.1024$），SAT 独立解释了起薪中 13.03% 的方差（$sr^2 = 0.1303$）。我们推断这两个预测变量都重要，但是 SAT 是比 GPA 更强的预测变量。

在报告中，我们没有使用常规的（即非标准化的）回归系数（即 GPA 为 4 788.90，SAT 为 25.56，标记为"b"），而是按照惯例使用了通常以希腊字母 β 表示的标准化回归系数。这些值都可以在 SPSS 输出的结果中找到。当一个回归方程有多个预测变量时，结果通常以表格的形式呈现。

> **思考题 16.4**
> - 描述上文所讨论的统计分析。它们各自的使用情境是什么？

非参数统计

16.5 描述非参数统计检验的目的

本章至此介绍的统计检验都是参数统计的例子。**参数统计**（parametric statistics）程序要求研究样本来自具有特定特征的总体，如正态性、方差齐性以及观察值之间的独立性。从技术上讲，这三个常见假设是：在自变量的每个水平上，因变量的值都是正态分布的（正态性假设）；在自变量的每个类别或水平上，因变量的方差是相同的（方差齐性假设）；个案的选取或分配彼此之间是独立的（独

参数统计：需要对总体做出许多假设的统计分析程序。

立性假设）。独立性可以通过随机选取或随机分配来实现。

到目前为止，在心理学及相关学科中，大多数（但不是全部！）统计分析都是基于参数统计的。因为参数统计在数据轻微违背正态性和方差齐性假设的情况下依然相对稳健（如 Darlington & Hayes, 2017; Howell, 2017; Keith, 2019），所以许多研究者不太担心对这些假设的轻微违背，他们继续使用参数统计。研究者之所以更常使用参数统计，是因为参数统计考虑了数据中更多的数值信息，通常更容易解释，而且通常比非参数统计更具统计效力（即更容易获得具有统计显著性的结果）。

非参数统计：对总体做出较少假设（有时甚至没有）的统计分析程序，它可以对命名或顺序数据进行分析。

如果你的数据表明你已经严重违背了参数统计的关键假设，或者你的因变量是类别/命名或顺序变量，你可能需要使用非参数统计。**非参数统计**（nonparametric statistics）是对总体做出较少假设（有时甚至没有）的统计程序，它可以对命名或顺序数据进行分析。注意，在本章之前的所有分析中，因变量都是量型变量（即等距或比率水平的测量）。这一要求在许多非参数统计中被放宽了。现在请查看表 16.7，其中提供了常见非参数统计程序的简要解释。在下一小节中，我们将详细解释使用两个类别变量的非参数卡方独立性检验，数据来自上一章的表 15.1。[8]

> **思考题 16.5**
> - 什么是非参数统计检验？
> - 在什么情况下使用它们？

卡方独立性检验

卡方独立性检验：用于确定在列联表中观察到的某种关系是否具有统计显著性的统计检验。

卡方独立性检验（chi-square test for independence）是一种非参数检验，用于确定从列联表中观察到的某种关系是否具有统计显著性。在上一章中，我们提到列联表适用于研究两个或两个以上类别变量之间的关系。我们也演示了"如何解读一张列联表"。关键是，如果你希望在表中看到某种关系，你就需要将其中的信息正确地转换为百分比。我们为你提供下面两条原则：

- 如果是按列计算百分比的，则比较各行的单元格；
- 如果是按行计算百分比的，则比较各列的单元格。

现在，我们用前一章中大学毕业生数据集（表 15.1）中的类别变量——性别和大学专业——来构建一张列联表。我们的研究问题是，性别是否与大学所学专业相关。通过 SPSS 统计程序构建的 3 × 2 列联表见表 16.8。现在，先花点时间

---

[8] 还有许多其他的非参数统计程序，包括可替代本章所讨论的其他参数程序的非参数程序。此外，诸如重采样法等新方法也越来越受欢迎（尤其是拔靴法[bootstrapping]）。豪厄尔（Howell, 2016）预测，使用随机化程序来获取相关的抽样分布可能会带来某种范式转变。

表 16.7　常见非参数统计程序以及可替代它们的参数统计程序

非参数程序	描述	替代性参数程序
卡方独立性检验	用于确定两个或两个以上命名变量彼此之间是否独立（无关系）或相关（有关系）。例如，我们能否拒绝性别和人格类型之间没有关系的虚无假设（独立性假设）？	无
卡方拟合度检验	用于检验研究者在命名变量的各类别中所假设的比例/百分比。例如，你可能会检验这个假设：50%的大学生自认为是民主党，30%自认为是共和党，20%自认为是无党派。	无
麦克尼马尔（McNemar）检验	用于确定在两个条件或时间点上，一组人在命名因变量上的百分比是否相同。例如，一组人中吸烟者在时间点1和时间点2所占的百分比是否相同（即参加戒烟计划前后）？	无
科克伦（Cochran）Q检验	用于确定在三个或三个以上条件或时间点上，一组人在命名因变量上的百分比是否相同。例如，一组人中吸烟者在三个时间点上所占的百分比是否相同？（注：麦克尼马尔检验也可用于条件或时间点之间成对比较的事后检验。）	无
斯皮尔曼（Spearman）等级相关（也称斯皮尔曼 ρ 系数）	用于确定两个顺序变量或转换为等级的量型变量之间是否存在关系。例如，GPA和起薪之间是否存在关系（将这两个量型变量转换为等级[即顺序]变量）？	皮尔逊相关
曼–惠特尼（Mann-Whitney）U检验	用于确定两组不同的参与者在顺序因变量或转换为等级的量型因变量上是否存在差异。例如，训练组的参与者是否比非训练组的参与者具有更高的中数表现？	独立样本 t 检验
威尔克松（Wilcoxon）符号等级检验	用于确定两个相关组的参与者在顺序因变量或转换为等级的量型因变量上是否存在差异。例如，一组参与者在后测中的表现是否优于前测中的表现？	配对样本 t 检验和单样本 t 检验
克鲁斯卡尔–沃利斯（Kruskal–Wallis）检验	用于确定构成类别自变量的三个或三个以上组在顺序因变量或转换为等级的量型因变量上是否存在差异。例如，心理学、哲学和商科专业的学生起薪是否存在差异？	单因素方差分析
弗里德曼（Friedman）检验	用于确定在参与者内自变量的三个或三个以上条件或时间点上，参与者在顺序因变量上是否存在差异。例如，新的抗焦虑疗法是否能减轻焦虑？研究者决定在治疗前、治疗后立即和一周后测量焦虑水平（即比较干预组在前测、后测和延迟后测中的平均数）。	单因素重复测量方差分析

仔细查看一下表16.8的内容，并使用合适的原则确定表中是否存在某种关系。表中的百分比是按列计算的（因为我们将因变量作为行变量，自变量作为列变量），所以需要比较同一行的各个单元格。的确，这里似乎存在着某种关系。先看第一行，你会发现有53.8%的女性选择了心理学专业，而男性只有8.3%。女性选择心理学专业的可能性是男性的6倍多（53.8/8.3 = 6.5）（即女性选择心理学专业的概率远高于男性）。再来看第二行，有30.8%的女性选择了哲学专业，却有50%的男性选择了哲学专业。男性选择哲学专业的可能性是女性的1.5倍多（50.0/30.8 = 1.6）。再看第三行，你会发现男性选择商科专业的可能性是女性的2.5倍多（41.7/15.4 = 2.7）。显然，在样本数据中，性别变量与大学专业似乎存在着某种关联。但是你要合理地解释这些结果，就必须解决以下关键问题："这种观察到的关系具有统计显著性吗？"

表 16.8　性别与大学专业的列联表

			性别 女性	性别 男性	合计
大学专业	心理学	计数	7	1	8
		性别内百分比	53.8%	8.3%	32.0%
	哲学	计数	4	6	10
		性别内百分比	30.8%	50.0%	40.0%
	商科	计数	2	5	7
		性别内百分比	15.4%	41.7%	28.0%
合计		计数	13	12	25
		性别内百分比	100.0%	100.0%	100.0%

虚无假设假定，在样本数据所来自的总体中，性别和大学专业之间不存在任何关系。备择假设假定二者之间存在关系。用于列联表的概率分布是卡方（χ^2）分布。根据列联表计算出来的检验统计值是 6.16，p 值为 0.046。p 值（0.046）小于 α 水平（0.05），因此我们推断这种关系具有统计显著性。我们使用称作克瑞玛 V 值（Cramer's V）的效应量指标来确定关系的强度。这种效应量指标的大小可以像相关系数一样来解释。这里的克瑞玛 V 值为 0.50，表明性别和大学专业之间的关系具有中等强度。我们推断性别和大学专业之间的关系具有统计显著性和实际显著性。

以下是按照 APA 格式简要报告的卡方分析结果：

> 研究者进行了双因素卡方独立性检验以确定性别和大学所学专业是否存在关联，结果发现这两个变量之间具有显著相关，皮尔逊 χ^2（2, N = 25）= 6.16，p = 0.046，克瑞玛 V 值 = 0.50。根据克瑞玛 V 值，我们推断这种关系具有中等强度。

其他显著性检验

你已经学了很多！我们还可以讨论其他显著性检验，不过它们的逻辑与你现在所了解的假设检验的逻辑是相同的。表 16.3 对此逻辑进行了总结。每当你想确定某种关系或平均数之间的差异是否具有统计显著性时，都可以使用这个逻辑。关键的步骤是获取 p 值并确定它是小于（或等于）还是大于 α 水平。如果是前一种情况，研究结果就具有统计显著性，研究者可以推断自己很有可能观察到了某种真实存在的关系。如果是后一种情况，研究结果便不具有统计显著性，研究者可以推断自己很有可能只是观察到了某种偶然变异。记住，你需要获取效应量指标，以帮助确定显著性结果的效应或关系的强度。

> **思考题 16.6**
> - 目前已讨论过的推论统计检验有哪些?
> - 这些统计检验之间的区别是什么（在变量类型方面）?

假设检验与研究设计

16.6 指出适用于每种研究设计的统计分析

我们已经使用假想的调查研究和实验研究数据演示了虚无假设的显著性检验。在下面的列表中，"IV"代表自变量或预测变量，"DV"代表因变量。我们已经演示了以下统计检验：

- 独立样本 t 检验（适用于有一个只有两个水平的类别 IV 和一个量型 DV 的情况）；
- 相关系数 t 检验（适用于有一个量型 IV 和一个量型 DV 的情况）；
- 单因素方差分析（适用于一个类别 IV 和一个量型 DV 的情况）；
- 方差分析事后检验（适用于有三个或三个以上水平的一个或多个类别 IV 以及一个量型 DV 的情况）；
- 协方差分析（适用于既有量型 IV 也有类别 IV 以及一个量型 DV 的情况）；
- 双因素方差分析（适用于有两个类别 IV 和一个量型 DV 的情况）；
- 单因素重复测量方差分析（它与常规方差分析类似，除了 IV 是一个参与者内变量而不是参与者间变量）；
- 回归系数 t 检验（适用于有一个或更多量型 IV 和一个量型 DV 的情况）；
- 卡方独立性检验（当所有的变量均为类别变量时适用）。

我们在所有检验中都使用相同的假设检验逻辑，这在表 16.3 中已有总结。当你在课堂布置的研究文章中读到具有统计显著性的发现时，你就知道它们使用的逻辑了。

在之前章节中，我们讲解了几种实验研究设计，我们希望你知道每种设计应使用何种统计检验。本章已经展示了适用于以下实验研究设计的显著性检验：

- 后测控制组设计
- 前后测控制组设计
- 因素设计
- 单组前后测设计

在表 16.9、16.10 和 16.11 中，我们列出了三大类实验研究设计以及各自适用的统计程序。这有助于你把设计和分析的概念联系在一起。

表 16.9　适用于弱实验研究设计的统计分析

设计	分析程序
单组后测设计	描述统计和相关统计
单组前后测设计	配对样本 t 检验或单因素重复测量方差分析
不相等组后测设计（两个组）	独立样本 t 检验或单因素方差分析
不相等组后测设计（多于两个组）	单因素方差分析（按需进行事后检验）

表 16.10　适用于强实验研究设计的统计分析

设计	分析程序
（a）参与者间设计	
后测控制组设计（两个组）	独立样本 t 检验或单因素方差分析
后测控制组设计（多于两个组）	单因素方差分析（按需进行事后检验）
前后测控制组设计（两个组）	单因素协方差分析或混合模型方差分析
前后测控制组设计（多于两个组）	单因素协方差分析(按需进行事后检验)或混合模型方差分析(按需进行事后检验)
参与者间因素设计（两个自变量，无前测）	双因素方差分析（按需进行事后检验）
参与者间因素设计（两个自变量，有前测）	双因素协方差分析（按需进行事后检验）
（b）参与者内设计	
参与者内后测设计（两种条件）	配对样本 t 检验或单因素重复测量方差分析
参与者内后测设计（多于两种条件）	单因素重复测量方差分析（按需进行事后检验）
参与者内因素设计（两个参与者内自变量）	双因素重复测量方差分析（按需进行事后检验）
（c）基于混合模型的因素设计	
基于混合模型的因素设计	双因素混合模型方差分析（按需进行事后检验）

表 16.11　适用于准实验研究设计的统计分析

设计	分析程序
不相等比较组设计（两个组）	单因素协方差分析，或校正信度协方差分析，或混合模型方差分析
不相等比较组设计（多于两个组）	单因素协方差分析（按需进行事后检验），或校正信度协方差分析（按需进行事后检验），或混合模型方差分析（按需进行事后检验）
间断时间序列设计	重复测量方差分析或自回归积分滑动平均（ARIMA）模型，适用于 50 个点或更多点的长时间序列。（对于短序列，请参见 Bernal, Cummins, & Gasparrini, 2017; Bloom, 2003; Crosbie, 1993。）当每个时间点有多个数据时，可以简单地使用重复测量方差分析来比较不同时间点的组平均值。
回归间断点设计	对调整后分数的协方差分析（Shadish, Cook, & Campbell, 2002）

> **思考题 16.7**
> - 将统计分析程序与恰当的研究设计相匹配。

本章小结

本章介绍了推论统计，它是一个基于样本数据推断总体参数的统计学分支。推论统计的理论建立在抽样分布概念的基础之上。抽样分布是一个理论概率分布，如果你从一个总体中抽取一定容量的所有可能的样本，并计算出每个样本的样本统计量（例如，平均数、标准差或相关系数）的数值，就可以得到该样本统计量所有数值的理论概率分布。这样会得到大量的值，但是这些值会围绕总体参数真值而变化，并且遵循一种已知的分布形式（比如正态曲线）。在实践中，你无须亲自操作这个过程，只要选择一个研究样本，就可以使用统计程序估算出分析所需要的抽样分布的值。

推论统计领域有两个主要分支，分别是估计（即使用样本数据值估计总体数据值）和假设检验（即确定在虚无假设为真的情况下你所观察到的结果出现的可能性有多大，比如，如果两组的总体平均数之间不存在差异，则你观察到的两组平均数之间的差异出现的可能性有多大）。本章深入讲解了假设检验的逻辑（总结为六个关键步骤，如表 16.3 中所示）。假设检验中最重要的思想可能是：当 p 值（基于样本数据）小于或等于 α 水平时，可以拒绝虚无假设（即总体中不存在任何关系的假设）。心理学家通常将 α 水平（也称为显著性水平）设置为 0.05，因此，如果 p 值小于（或等于）0.05，研究者就可以拒绝虚无假设（即没有关系）并接受备择假设（即总体中存在某种关系）。如果 p 值大于 0.05，研究者就"不能拒绝"虚无假设。

本章演示了如何在以下各种统计检验中使用假设检验的逻辑：

1. 独立样本 t 检验——适用于有一个量型因变量和一个只有两个水平的类别自变量的情况。
2. 相关系数 t 检验——适用于自变量和因变量都是量型变量的情况。
3. 单因素方差分析——适用于有一个量型因变量和一个类别自变量（有两个或多个水平）的情况。
4. 单因素方差分析的事后检验——适用于类别自变量有三个或三个以上水平，并且需要知道哪一对组平均数具有显著性差异的情况。
5. 协方差分析——适用于有一个量型因变量且自变量既有类别变量也有量型变量的情况。在常规的协方差分析中，有一个量型因变量、一个类别自变量和一个量型自变量（被称作协变量）。
6. 双因素方差分析——适用于有一个量型因变量和两个类别自变量的情况。

7. 单因素重复测量方差分析——适用于有一个量型因变量且唯一自变量是重复测量变量（也称为参与者内或被试内变量）的情况。
8. 回归系数 t 检验——适用于有一个量型因变量和一个或多个量型自变量的情况。
9. 卡方独立性检验——适用于所有变量均为类别变量的情况。

对这些参数（1—8）和非参数（9）统计分析的理解可以归纳为：所有的检验都遵循假设检验的六个步骤。因此，请确保自己理解并记住了这六个步骤（即表 16.3 中的内容）和步骤中出现的概念（即虚无假设、备择假设、α 水平和 p 值）。表 16.9 至表 16.11 列出了适用于先前章节中讨论过的研究设计的统计检验。

重要术语和概念

样本	显著性水平	相关系数 t 检验
总体	独立样本 t 检验	自由度
统计量	拒绝域	单因素方差分析
参数	概率值	ANOVA
抽样分布	p 值	事后检验
平均数抽样分布	统计显著性	协方差分析
标准误	实际显著性	ANCOVA
检验统计量	临床显著性	双因素方差分析
估计	效应量指标	单因素重复测量方差分析
点估计	η^2	回归系数 t 检验
区间估计	非定向备择假设	半偏相关系数平方
置信区间	定向备择假设	参数统计
假设检验	统计效力	非参数统计
虚无假设	假设检验的逻辑	卡方独立性检验
备择假设	Ⅰ 类错误	
α 水平	Ⅱ 类错误	

章节测验

问题答案见附录。

1. 如果你的研究中有两个类别变量，你应该使用哪种统计检验来确定这两个变量是否相关？

    a. 独立样本 t 检验
    b. 双因素方差分析

c. 简单回归

d. 卡方检验

2. 如果一项研究将人们随机分配到两个组，并用一种方法来测量他们的注意力，哪种统计检验可以确定这两组在注意力方面是否存在差异？

a. 双因素方差分析

b. 单因素方差分析

c. 独立样本 t 检验

d. 简单回归

e. b 和 c 都正确

3. 在标准双因素方差分析中，最少要进行多少次显著性检验？

a. 3

b. 2

c. 1

d. 4

4. 在假设检验中，"如果虚无假设为真，你所观察到的统计值（或更偏向尾端的值）出现的概率"称为_____，而"研究者用于决定何时拒绝虚无假设的临界点"称为_____。

a. α 水平、p 值

b. p 值、α 水平

c. 概率值、显著性水平

d. b 和 c 都正确，因为它们使用的术语含义相同

5. 如果你已经进行了统计分析，而且你的结果说明你能够拒绝虚无假设，但事实上这并不正确，那么你：

a. 犯了 I 类错误

b. 犯了计算错误

c. 犯了 II 类错误

d. 使用了错误的统计检验

e. 陈述了错误的假设

6. 心理学家最常使用的显著性水平是多少？

a. 0.5

b. 0.1

c. 0.01

d. 0.05

提高练习

1. 下面的数据来自一项假想的实验。实验中的自变量 A 是关于统计学的先前知识（A_1 = 有先前知识，A_2 = 没有先前知识），自变量 B 是性别（B_1 = 女性，B_2 = 男性）。20 名男性被随机分配到自变量 A 的两个条件中，20 名女性亦被随机分配到自变量 A 的两个条件中。下表显示的是组均值，每个单元格中的参与者数量都是 10 名。请用以下数据中的组均值作图。（组均值分别是 8、6、2、4。）假设平均数中的任何差异（无论是主效应还是交互作用）都具有统计显著性。

	B_1	B_2	
A_1	8	6	7
A_2	2	4	3
	5	5	

a. 结果中出现了主效应吗？如果有，出现了什么主效应？

b. 自变量 A 和 B 之间存在双向交互作用吗？如果有，这种交互作用意味着什么？（请解释这种交互作用。）

2. 在下面各种情况中，应该使用哪种统计分析程序？假设你的自变量是参与者间自变量。

a. 有一个量型因变量和一个类别自变量

b. 有一个量型因变量和两个类别自变量

c. 有一个量型因变量和三个类别自变量

d. 有一个量型因变量和一个类别自变量以及一个量型自变量即协变量

e. 有一个量型因变量和一个量型自变量

第七编 撰写研究报告

第 17 章

采用 APA 格式准备研究报告

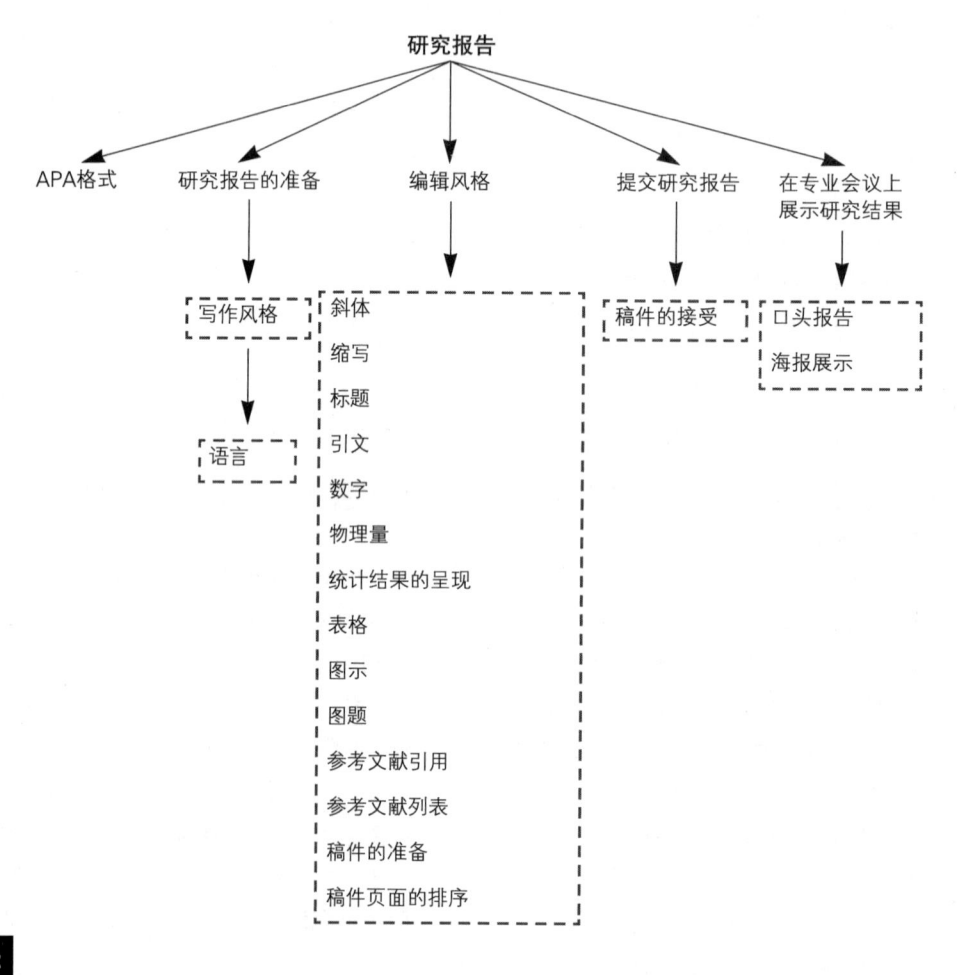

```
                              研究报告
        ┌─────────┬──────────┼──────────┬─────────────┐
     APA格式  研究报告的准备  编辑风格  提交研究报告  在专业会议上
                  │            │            │       展示研究结果
                  ↓            ↓            ↓            ↓
               ┌─────┐       斜体       ┌────────┐  ┌────────┐
               │写作风格│      缩写       │稿件的接受│  │口头报告│
               └─────┘       标题       └────────┘  │海报展示│
                  ↓          引文                    └────────┘
               ┌─────┐       数字
               │语言 │       物理量
               └─────┘    统计结果的呈现
                           表格
                           图示
                           图题
                         参考文献引用
                         参考文献列表
                          稿件的准备
                        稿件页面的排序
```

学习目标

17.1 描述 APA 研究报告的结构和格式

17.2 总结在准备 APA 研究报告时需要满足的格式要求

17.3 描述提交研究报告的过程

17.4 总结与在专业会议上进行口头报告和海报展示有关的建议

我们已经在本书的各章中呈现了研究过程涉及的所有步骤，并详细讨论了每个步骤的细节。这种深入全面的展示是为了让你能够正确地开展科学研究。然而，作为科学工作者，你不但有责任设计和执行好一项研究，还有责任与科学界的其他人交流研究结果。你的研究也许解答了一个意义非凡的研究问题，但除非研究结果能被公之于众，否则其价值总是有限的。交流结果的主要途径就是通过专业期刊。在心理学领域，美国心理科学协会（Association for Psychological Science；APS）发行的期刊有 6 种，美国心理学协会（American Psychological Association；APA）的期刊项目则包括 90 种期刊和 1 本杂志。表 17.1 重点列出了其中的多种期刊，从中可以看出这些期刊覆盖了许多不同的领域。研究者在任何感兴趣的领域都可以找到相应期刊，并在上面发表该领域的研究。还有其他一些期刊也可以发表心理学研究的结果。为了便于清楚地交流研究结果，APA 出版了一本手册（American Psychological Association, 2010），规定了作者在准备研究报告时应该遵循的标准格式。因为许多期刊都要求他们的作者按照 APA 手册中规定的格式来准备稿件，所以我们在这里呈现的也是这种研究报告的写作格式。

表 17.1　美国心理学协会和美国心理科学协会的期刊

期刊名称	覆盖领域
美国心理学协会期刊	
《美国心理学家》	包含档案文献和关注心理学当前问题的文章、与心理科学和实践相关的话题以及心理学对公共政策的贡献
《行为神经科学》	包含与行为神经科学相关的解剖学、化学、内分泌学、遗传学、药理学、生理学的原创研究
《发展心理学》	发表与人类毕生发展相关的文章
《情绪》	发表与情绪过程的所有方面有关的文章
《实验与临床心理药理学》	发表整合药理学与行为的研究
《健康心理学》	致力于深入了解行为原理与身体健康或疾病之间的关系
《心理学史》	对心理学系统和理论的历史描述和分析
《变态心理学期刊》	发表与变态（异常）行为的决定因素、理论和相关变量有关的文章
《应用心理学期刊》	发表除临床心理学和应用实验心理学或人因心理学以外的其他任何心理学应用领域的文章
《比较心理学期刊》	包含与不同物种的进化、发育、生态、控制和功能重要性相关的行为研究
《咨询与临床心理学期刊》	包含与诊断和治疗所有人群异常行为的技术发展、有效性和使用相关的研究
《咨询心理学期刊》	包含与咨询的评估、应用和理论问题相关的文章

表 17.1 美国心理学协会和美国心理科学协会的期刊（续）

期刊名称	覆盖领域
美国心理学协会期刊	
《教育心理学期刊》	发表与诸如学习和认知等教育主题相关的研究和理论性文章
《实验心理学期刊：动物学习与认知》	发表有关动物行为的实验和理论性研究
《实验心理学期刊：应用》	关注将实践导向性问题与心理学理论联系起来的研究
《实验心理学期刊：基础》	发表所有实验心理学家感兴趣的综合类文章
《实验心理学期刊：人类知觉与行为》	关注知觉、计划、身体动作的控制以及相关认知过程
《实验心理学期刊：学习、记忆与认知》	包含对所有认知过程的原创研究
《家庭心理学期刊》	关注家庭系统和过程的研究以及诸如婚姻和家庭虐待等问题
《人格与社会心理学期刊》	包含人格和社会心理学所有领域的文章
《神经心理学》	发表对脑与人类认知、情绪和行为功能之间关系的研究
《专业心理学：研究与实践》	关注心理学的实践
《心理评估》	发表有关评估技术的文章
《心理学公报》	发表对科学心理学中的实质性问题进行评估和综述的文章
《心理学方法》	致力于发展和传播用于收集、分析、理解和解释心理学数据的方法
《心理学评论》	发表对心理学有理论贡献的文章
《心理学与老化》	发表与成人发展和老化的生理和行为方面有关的文章
《成瘾行为心理学》	发表有关酗酒、药物使用和滥用、进食障碍、烟草和尼古丁成瘾及其他强迫行为的文章
《心理学、公共政策及法律》	关注心理科学与公共政策和法律问题之间的联系
《康复心理学》	发表关注康复的心理和行为方面的文章
美国心理科学协会期刊	
《心理科学》	美国心理科学协会的旗舰研究期刊——发表心理学各个领域的相关文章
《心理科学当前动态》	包含心理学所有领域及其应用的综述
《公共利益中的心理科学》	发表对一些心理科学可能影响和改善社会福祉的议题的权威评估
《心理科学展望》	发表理论陈述、文献综述、观点或意见、研究报告和学术论文
《临床心理科学》	发表有关心理健康以及精神疾病的评估、治疗和干预的研究
《心理科学方法和实践进展》	发表有关心理学多个领域的方法和实践进展的研究

在准备研究报告之前，你必须问问自己，这项研究是否重要到值得发表。其他人会对它感兴趣吗？更重要的是，它会影响他们的工作吗？一条普遍的原则是，你永远不要开展一项连你自己都认为不值得发表的研究。如果你认为这项研究有意义，你就必须确定它的设计是否完善。例如，你必须问自己是否已经加入了消除竞争性假设影响所需的各种控制措施。如果你能在研究设计质量和结果显著性方面让自己满意，那么你就应该继续准备研究报告。

APA 格式

17.1 描述 APA 研究报告的结构和格式

研究报告的结构非常简单，通常与开展研究的步骤对应。为了说明研究报告的功能和格式，后面几页复制了一篇简短的稿件，它采用了文章投稿时所要求的格式。这份研究报告的各节还附有对本节应包含内容的说明，其中包括一些可能未在研究报告中体现的建议，因为任何一项研究都无法包含《APA 出版手册》(*Publication Manual of the American Psychological Association*, American Psychological Association, 2010) 中列出的所有元素。

在通读研究报告的各节内容和撰写自己的报告时，你都应该记住研究报告的目的。主要目标是尽可能精确地报告你做了什么，包括陈述研究问题、探究问题的方法、研究结果，以及任何你可能得出的结论。有没有什么标准可以用来确定你是否已经清晰而明确地报告了研究？也许最重要的标准是可重复性。如果其他研究者能够通过阅读你的研究报告精确地重复你的研究，那就表明你的报告很可能写得清楚完整。

下面这份研究报告样例就是按照《APA 出版手册》中的指南来准备的。这类研究报告可以提交给 APA 期刊。

Running head: RELATION OF PARENTING TO ACADEMIC ENTITLEMENT 1

The Relation of Perceived Parental Warmth and
Psychological Control to Academic Entitlement

Tully Garner

and

Lisa A. Turner

University of South Alabama

Author Note

Tully Garner, Department of Psychology, University of South Alabama; Lisa A. Turner, Department of Psychology, University of South Alabama.

Tully Garner is currently a docto[...]
South Alabama.

This research was supported, in [...]

Correspondence concerning this [...]
Psychology, University of South Alab[...]

RELATION OF PARENTING TO ACADEMIC ENTITLEMENT 2

Abstract

Academic entitlement refers to beliefs and attitudes indicating that one deserves special treatment in the academic environment. These beliefs undermine the student-teacher relationship and contribute to poor academic performance. The current study was designed to examine the relationship between perceived parenting and academic entitlement among emerging adults. College students completed questionnaires reporting perceptions of parental warmth and psychological control (Skinner, Johnson, & Snyder, 2005) and current attitudes of academic entitlement (Chowning & Campbell, 2009). In a multiple regression, gender, parental warmth and psychological control were entered as predictors of academic entitlement. The model was statistically significant $F(3, 273) = 12.79$, $p < .001$ and accounted for 18.8% of the variance. Gender ($\beta = -.13$, $p = .014$), parental warmth ($\beta = -.25$, $p = .004$), and parental psychological control ($\beta = .29$, $p = .002$) were statistically significant predictors of academic entitlement, indicating that males and students who reported lower rates of parental warmth and higher rates of parental psychological control reported higher rates of academic entitlement. These findings indicate the importance of family relationships in predicting important outcomes among emerging adults.

RELATION OF PARENTING TO ACADEMIC ENTITLEMENT   3

The Relation of Perceived Parental Warmth and

Psychological Control to Academic Entitlement

  Academic entitlement is a behavioral trait in which individuals believe they deserve acceptable grades and test scores for little or no effort (Chowning & Campbell, 2009). Academic entitlement beliefs affect many aspects of the student-teacher relationship in negative ways for both parties (Chowning & Campbell, 2009). Greenburger, Lessard, Chen, and Farruggia (2008) examined entitled attitudes and behaviors in college students and found that entitled attitudes were related to cheating, expecting easy grades, and immediate responses from teachers. They concluded that academic entitlement is a predictor of these negative academic behaviors.

  Academic entitlement can be divided into two main components: entitled expectations and externalized responsibility (Chowning & Campbell, 2009). Externalized responsibility consists of attributing outcomes to factors outside of one's control and expecting other forces to assume control. Externalized expectations are defined as beliefs that affect how students perceive course requirements in relation to themselves (Taylor, Bailey, & Barber, 2015). That is, they often perceive course requirements as unfair and do not see themselves as responsible for meeting these unfair course requirements. Entitled expectations, the second component of academic entitlement, refers to the successful grades and test scores that one believes he/she deserves. Individuals with higher reports of entitled expectations believe that they deserve higher grades because they attend class or pay for an education.

  Academic entitlement has been studied in relation to the personality factors of the dark triad (Turnipseed & Cohen, 2015). Turnipseed and Cohen reported that externalized responsibility correlated with psychopathy and narcissism and that entitled expectations correlated with Machiavellianism and narcissism. Psychopathic personality traits of irresponsibility...
externalized responsibility and c...
traits of superiority, dominance,...

  Numerous studies involvi... found that entitled attitudes we... from college teachers.

RELATION OF PARENTING TO ACADEMIC ENTITLEMENT   4

  In addition, Hazel, Crandal, and Caputo (2014) reported that students who scored high on academic entitlement were much more likely to rate teachers as misbehaving or devious. Given the importance of academic entitlement beliefs, it seems pertinent to identify factors that may lead students to develop feelings of academic entitlement. Although there are likely several important predictors of academic entitlement, the current investigation examines perceptions of parenting as it relates to academic entitlement.

Parenting

  Baumrind (1966) suggested that parenting can be understood by examining the two dimensions of responsiveness/warmth and control/demandingness. Parental warmth refers to affection and support that parents show children. Parental demandingness and control is defined as the restrictions that are imposed by the parent and the ways those restrictions are enforced. Based on Baumrind's work, four styles of parenting are often discussed: authoritative, indulgent, authoritarian, and neglectful. Authoritative parents are appropriately demanding and responsive. Indulgent parents are warm and responsive but do not make demands on children. Authoritarian parents...[section continues.]

RELATION OF PARENTING TO ACADEMIC ENTITLEMENT 5

The current study is designed to measure the relation between academic entitlement and perceptions of parental warmth and parental psychological control. Based on the research reviewed, it is hypothesized that parental warmth will negatively predict academic entitlement, and parental psychological control will positively predict academic entitlement.

Method

Participants

The participants were volunteers from an online participant pool at a regional university in the Southeastern United States. The participant pool included primarily psychology department students who participated in research as an option for course credit. Two hundred seventy-eight undergraduates participated. In the current study, 70.9% of participants were female, and the average age was 18 years ($SD = 1.13$). For race/ethnicity of the participants, 56.8% reported Caucasian, 29.9% reported African American, 4.7% Asian American, and 8.6% of participants reported other. When asked about their year in college, 63.7% of participants reported to be freshmen, 25.2% sophomore, 7.9% junior, and 3.2% seniors in college. Last, 64% of participants lived

---

RELATION OF PARENTING TO ACADEMIC ENTITLEMENT 6

with both parents while growing up, 23.4% lived with only their mother, 6.1% lived with their mother and stepfather, and the remaining 6.5% reported other family arrangements.

Materials

The study included two questionnaires: the Academic Entitlement Questionnaire (AEQ; Chowning & Campbell, 2009) and the Parents as Social Context Scale (PSC; Skinner, Johnson, & Snyder, 2005). The Academic Entitlement Questionnaire includes two subscales: externalized responsibility and entitled expectations. Externalized responsibility consists of 10 items and is defined as attributing responsibility for academic success to others, such as teachers and peers. An example item is "It is unnecessary for me to participate in class when the professor is paid for teaching, not for asking questions." Chowning and Campbell report the internal consistency of the externalized responsibility scale to be .81. In the current sample it was .85. The entitled expectations scale includes five items which address unusually high expectations of support, tools, and high grades provided from the professor in a class. An example item from the entitled expectations subscale is "My professors are obligated to help me prepare for exams." Chowning and Campbell report the internal consistency of the entitled expectations scale to be

RELATION OF PARENTING TO ACADEMIC ENTITLEMENT 7

.62. In the current sample it was .65. These constructs are correlated with each other and were combined into one scale. The internal consistency for the total scale was .83. Each item was answered on a 6-point scale (1 = *strongly disagree* and 6 = *strongly agree*) where strongly agree reflects higher academic entitlement.

The Parents as Social Context Scale (Skinner et al., 2005) was used to measure parental warmth and parental psychological control. The scale includes other constructs, but the current study is focused on perceived parental warmth and psychological control. An example of parental warmth is "My parents think I'm special," and an example of psychological control is "My parents boss me." The warmth and psychological control scales each include four items. Skinner et al. (2005) report the internal consistency for warmth to be α = .88 and the internal consistency for control to be α = .84. In the current study, the internal consistency for parental warmth was α = .93 and for parental psychological control was .85. Each question was answered on a 4-point scale (1 = *strongly disagree* and 4 = *strongly agree*) where high scores reflect greater warmth and greater psychological control.

Procedure

As an option for course credit, students in Psychology courses participated in research. Research opportunities were managed through SONA systems where all Introductory Psychology students had an account. Students volunteered for studies on SONA. Study postings did not describe the nature of the study. Students participating in the current study followed a link

> 程序（procedure）：在程序部分，应准确告知读者研究是如何开展的，从参与者与实验者开始接触时起，到他们的接触结束时止。因此，这一部分会按步骤描述参与者和实验者在研究中做了什么。这一部分应该包括呈现给参与者的任何指导语或刺激条件和要求他们做出的反应，以及研究中用到的控制技术（比如随机化或平衡法）。也就是说，要准确说明研究者和参与者做了什么，以及研究者是如何做的。在阅读完程序部分后，读者应能理解研究者所使用的研究设计，以及这些设计是如何用于解答研究问题的。

RELATION OF ACADEMIC ENTITLEMENT TO PARENTING 8

Results

To determine if males and females differed in academic entitlement, an ANOVA was conducted with gender as the independent variable and academic entitlement as the dependent variable. The gender effect was statistically significant $F(1, 275) = 8.46, p = .004$, est $\eta^2 = .003$. The mean for male participants ($M = 2.59$, $SD = .78$) was higher than female participants ($M = 2.28, SD = .81$).

To determine if males and females differed in perceived parenting, a MANOVA was conducted with gender as the independent variable and parental warmth and parental psychological control as the dependent variables. The Wilks's Lambda was statistically significant, $F(2, 276) = 4.78, p = .032$

> 结果（results）：结果部分的目的是总结收集到的数据和对这些数据的分析。所有 APA 的期刊都要求研究者至少报告假设检验的结果、效应量和置信区间。报告推论检验（比如，t 检验、F 检验和卡方检验）时，要包含检验统计量的值、自由度、概率值、效应量以及效应的方向。应报告确切的概率值（p 值）。要有充分的描述统计量（如，平均数、标准差），以确保读者理解报告中提到的效应。在说明一种具有统计显著性效应的方向（基于各种原因，无显著性的效应不要求详细说明）时，你需要决定哪种呈现方式能最清晰和最简练地达到你的目的。如果由三个组组成的主效应是显著的，也许最好的方式是将每组的平均分数放在报告正文中。如果某种复杂的交互作用具有显著性，最好是用图示或表格的形式来总结数据，然后将图或表放在研究报告结尾处的单独页面中（这主要是为了便于后期的编辑加工，《APA 出版手册》第 7 版指出，还可将图表嵌在正文内，具体取决于所投期刊的要求——译者注）。如果你确实使用了图示或表格（这是你必须决定的一件事），一定要在正文中告诉读者，它描述的是什么数据，然后对呈现的数据进行充分的解释，以保证读者能够正确地解读它们。在报告平均数时，一定要加入相应的离中趋势量度，比如标准差或均方误差。在撰写结果部分时，有几项内容是不应该写在其中的。除非开展的是单被试研究，否则不用包括个体的数据。也不用包括统计公式，除非你所使用的统计检验是新的、独特的，或者在某个方面是非标准或不常见的。

RELATION OF ACADEMIC ENTITLEMENT TO PARENTING   9

.009, est η^2 = .034. The univariate gender effect for parental warmth was statistically significant, $F(1, 276) = 9.15, p = .003$, est $\eta^2 = .032$. The mean for male participants was 3.42 ($SD = .40$) and the mean for female participants was 3.66 ($SD = .38$). The gender effect on psychological control was not statistically significant.

To determine the relations among the variables, Pearson correlations were computed for academic entitlement, parental warmth, and psychological control. As predicted, parental warmth was negatively related to academic entitlement, $r(276) = -.27, p = .003$, and psychological control was positively correlated with academic entitlement, $r(276) = .30, p = .002$. The correlations can be found in Table 1.

We hypothesized that parental warmth would negatively predict academic entitlement and parental psychological control would positively predict academic entitlement. To investigate this hypothesis, a multiple regression was conducted. Gender, p

> 讨论（discussion）：在研究报告中，讨论部分的目的是解释和评估研究得到的结果，并重点强调结果和研究假设之间的关系。讨论以陈述研究假设是否得到支持开始，然后再对结果进行解释，告诉读者你认为这些结果意味着什么。为此，应该尽可能地把研究发现与前人研究的结果整合起来。解释中应包括对可能存在的偏差、内部效度威胁、其他局限和缺点的考虑。一般来讲，讨论应回答以下问题：（1）这项研究有什么贡献？（2）研究是如何帮助解答研究问题的？（3）从这项研究中，能得到什么结论和理论启示？

RELATION OF ACADEMIC ENTITLEMENT TO PARENTING   10

Discussion

The current study was designed to investigate the relationship of perceptions of parenting to academic entitlement among emerging adults. The findings indicated that students reporting greater parental warmth also reported lower academic entitlement. In contrast, students reporting greater parental psychological control reported greater academic entitlement. These findings are worthy of attention because of the potential negative impact of academic entitlement in the lives of college students. Students who report high academic entitlement also report less academic satisfaction, greater academic anxiety, and more negative relations with faculty members (Chowning & Campbell, 2009). Feelings of academic entitlement have the potential to undermine growth and development. Therefore, it is important to consider the possible developmental paths that may result in feelings of academic entitlement.

In this investigation, parental warmth appears to be a protective factor. Prior research has documented that parental warmth is related to children's internal locus of control and to higher self-esteem (Lowe & Dotterer, 2013). Perhaps a warm parental relationship communicates to the child that he/she is competent and is valued. Warm relationships also include involvement and support. This involvement may support a sense of efficacy and protect the child from the type of external attributions that are associated with academic entitlement. In contrast, parental psychological control often communicates that the child is not prepared to function independently. This lack of independence may contribute to the tendency to believe that others are responsible for one's success which is a component of academic entitlement.

Limitations for this study were particularly potent. The internal consistency for the entitled expectations measure was low. The scale may need to be refined and may currently be a limitation to the study of academic entitlement. The current study is also limited by the use of a convenience sample of psychology college students only from the earlier stages of college and only taking an introduction to psychology course. This study was a one-time correlational study, so no conclusion of a causal relationship can be made from these data. Clearly, an experimental design would be unethical because you cannot randomly assign parents to using different levels of warmth and psychological control. However, longitudinal data would be useful because it would provide an examination of the temporal order of the variables, that is, parenting and academic entitlement could be measured throughout development.

> 讨论部分还应报告研究的缺点。在讨论缺点时，只需讨论那些可能对所得结果有显著影响的缺点。你应该接受负性的结果（即不显著的结果），并提供相应的事后解释。尽量不要试图将负性结果归因于方法学上的缺陷（除非有充足和正当的理由证明为什么这种缺陷会造成负性结果，这种情况偶尔会发生）。

RELATION OF PARENTING TO ACADEMIC ENTITLEMENT   11

  Additionally, there are likely many other family and social factors that contribute to academic entitlement that were not measured in this study. Even through the limitations of the current study, we have evidence that perceived parenting and academic entitlement are related. Notably these entitlement ideas are likely rooted in a long history of parent child relati

---

RELATION OF ACADEMIC ENTITLEMENT TO PARENTING   12

参考文献（references）：如你所想，参考文献部分的目的是为正文中引用过的所有文献提供准确而完整的清单。正文中引用过的所有参考文献都必须列出，按字母顺序排列，并采用悬挂缩进格式，也就是要求每条文献的第一行左对齐，后面的行要缩进。

References

Baumrind, D. (1966). Effects of authoritative parental control on child behavior. *Child Development, 37*, 887–907. doi:10.1037/h0030372

Carolan, B. V., & Wasserman, S. J. (2015). Does parenting style matter? Concerted cultivation, educational expectations, and the transmission of educational advantage. *Sociological Perspectives, 58*, 168–186. doi:10.1177/0731121414562967

Chowning, K., & Campbell, N. J. (2009). Development and validation of a measure of academic entitlement: Individual differences in students' externalized responsibility and entitled expectations. *Journal of Educational Psychology, 101*, 982–997. doi:10.1037/a0016351

Greenberger, E., Lessard, J., Chen, C., & Farruggia, S. P. (2008). Self-entitled college students: Contributions of personality, parenting, and motivational factors. *Journal of Youth and Adolescence, 37*, 1193–1204. doi:10.1007/a10964-008-9284-9

Hazel, M., Crandall, H. M., & Caputo, J. S. (2014). The influence of instructor social presence and student academic entitlement on teacher misbehaviors in online courses. *Southern Communication Journal, 79*, 311–326. doi:10.1080/1041794X.2014.914563

Lowe, K., & Dotterer, A. M. (2013). Parental monitoring, parental warmth, and minority youths' academic outcomes: Exploring the integrative model of parenting. *Journal of Youth and Adolescence, 42*(9), 1413–1425. http://doi.org/10.1007/s10964-013-9934-4

MacDonald, A. P. (1971). Internal-external locus of control: Parental antecedents. *Journal of Counseling and Clinical Psychology, 37*, 141–147. doi:10.1037/h0031281

Robinson, O. C., Lopez, F. G., & Ramos, K. (2013). Parental antipathy and neglect: Relations with big five personality traits, cross-context trait variability, and authenticity. *Personality and Individual Differences, 56*, 180–185. doi:10.1016/j.paid.2013.09.004

Skinner, E., Johnson, S., & Snyder, T. (2005). Six dimensions of parenting: A motivational model. *Parenting: Science and Practice, 5*, 175–235. doi:10.1207/s15327922par0502_3

Swartz, S. H., Cieciuch, J., Vecchione, M., Davidov, E., Fisher, R., Beierlein, C.,... & Konty, M. (2012). Refining the theory of basic individual values. *Journal of Personality and Social Psychology, 103*, 663–688. doi:10.1037/a0029393

Taylor, J. M., Bailey, S. F., & Barber, L. K. (2015). Academic entitlement and counterproductive research behavior. *Personality and Individual Differences, 85*, 13–18. doi:10.1016/j.paid.2015.04.024

Turner, L.A. & McCormick, W.H. (2018). Academic entitlement: Relations to perceptions of parental warmth and psychological control. *Educational Psychology, 38*, 248–260. doi:10.1080/01443410.2017.1328487

Turnipseed. D. L., & Cohen, S. R. (2015). Academic entitlement and socially aversive personalities: Does the dark triad predict academic entitlement? *Personality and Individual Differences, 82*, 72–75. doi:10.1016/j.paid.2015.03.003

Weiner, B. (1985). An attributional theory of achievement motivation and emotion. *Psychological Review, 92*, 548–573. doi:10.1037/0033-295X.92.4.548

脚注（footnotes）：脚注的编号是连续的，使用阿拉伯数字上标。按照脚注在报告正文中出现的顺序排列。绝大多数脚注都是内容脚注，所包含的材料是对正文中的信息加以补充。脚注也可用于对版权许可表示感谢。脚注出现在其讨论内容所在页面的底部。你也可以将脚注放在参考文献之后的单独一页上。当脚注放在单独一页时，需要将"脚注"一词用大写和小写字母写在该页顶部的居中位置。每一条脚注的第一行要缩进五个空格即半英寸（1.27厘米），而脚注的上标数字应该出现在脚注句首的前面。脚注出现的顺序应该与它们在正文中被提到的顺序相同。

RELATION OF ACADEMIC ENTITLEMENT TO PARENTING   13

Footnote

[1]The analyses were also conducted without gender in the model and the findings remained unchanged.

RELATION OF ACADEMIC ENTITLEMENT TO PARENTING　　　　　　　　　　14

Table 1

Relations among Academic Entitlement and Parental Warmth and Control

Measure	1	2	3	M	SD
1. Academic Entitlement		−.27	.30	2.49	.81
2. Parental Warmth			−.41	3.55	.40
3. Parental Psychological Control				2.43	.60

RELATION OF ACADEMIC ENTITLEMENT TO PARENTING　　　　　　　　　　15

Figure 1. Parental warmth, psychological control, and gender as predictors of academic entitlement

---

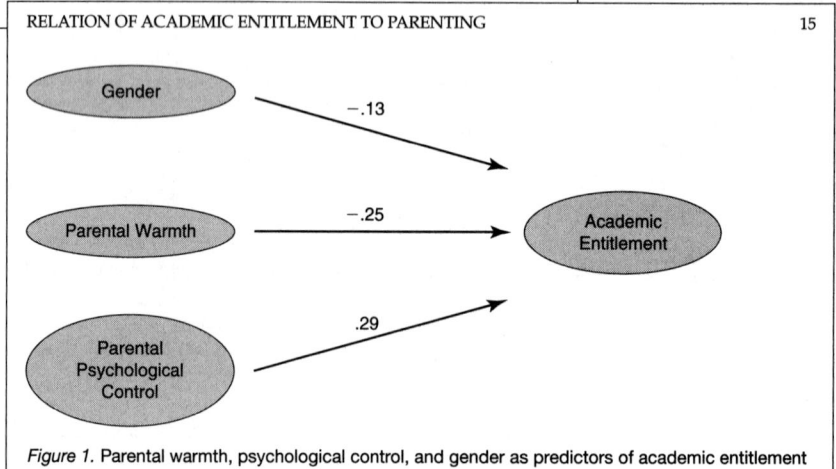

思考题 17.1

● 描述一篇 APA 文章的不同组成部分。

研究报告的准备

17.2　总结在准备 APA 研究报告时需要满足的格式要求

在前一节中，我们举例说明了研究报告的写作方式，只有这样做才能将它提交给心理学期刊以期发表。虽然旁注中讨论了报告的基本组成部分，但仍然有许多格式规则是必须要考虑的。

《APA 出版手册》中提出了向 APA 期刊和其他许多非 APA 期刊投稿时作者们必须遵守的格式要求。这些明确的格式要求经过了多次改变，反映了心理学用语的逐步成熟。因此可以说，它们是随着心理学的发展在演化。最早的一组要求是一份只有 7 页的作者指南，发表在《心理学公报》(*Psychological Bulletin*) 1929 年 2 月刊上。它在 1944 年被一份 32 页的文档取代。到了 1952 年，该文档扩充到了 60 页，并被命名为《APA 出版手册》。1957 年、1967 年、1974 年、1983 年、1994 年和 2001 年又相继制定了更新的版本。目前的 2010 年版（即第 6 版）提供了关于如何准备研究报告文稿的最新信息。（2019 年 10 月该手册出版了第 7 版。对于第 6 版和第 7 版之间有较大变动的地方，我们以译者注的形式予以说明。另外，《APA 出版手册》规定的是心理学英文学术写作规则，在撰写中文研究报告时，还需参考所投中文期刊的具体规定。——译者注）

2001 年版《APA 出版手册》发布之后，出版界发生了许多变化，因而 2010 年版的《APA 出版手册》不但反映了出版的新标准，还反映了信息传播方面的新做法，从博客、个人在网上发表的信息到发表于在线数据库中的文章。2010 年版《APA 出版手册》出现的另一项变化是强调了准备研究报告时应该遵循的普遍原则，这是因为《APA 出版手册》在心理学以外的领域中也得到了广泛应用。

在下面的小节中，我们将总结在准备研究报告时最常用到的格式要求。受篇幅所限，我们不会呈现所有的格式要求，那些未在本书中讲解的要求应通过查阅《APA 出版手册》来了解。这里所呈现的内容应该足以帮助你准备课程中所要求的研究报告了。

写作风格

如果你已经明确所开展的研究足够重要，就可以开始准备一份研究报告了，你必须以一种能够与读者清楚交流的方式来准备研究报告。写出好文章是一种技能，也是一门艺术，需要你认真地思考呈现的方式和使用的语言。它通常是一个不断发展的过程，需要作者付出持续的努力。

不过，我们为不擅长写作的学生推荐一本好书，由斯特伦克和怀特撰写的《风格的要素》(*The Elements of Style*, Strunk & White, 2019)，这是一本短小精练的经典书籍。为了帮助你清晰地推理和写作，我们推荐你阅读盖奇的《推理的形态》(*The Shape of Reason*, Gage, 2005)。如果在准备研究报告方面需要更多帮助，可以阅读拉尔夫·罗斯诺和米米·罗斯诺的《撰写心理学论文》(*Writing Papers in Psychology*, Rosnow & Rosnow, 2011)，这是一个不错的选择。最近，APA 提供了关于定量研究（https://www.apastyle.org/jars/quantitative）、定性研究（https://www.apastyle.org/jars/qualitative）和混合方法研究（https://www.apastyle.org/jars/mixed-methods）的 APA 写作风格的说明。现在，我们将提供一些普遍原则，《APA 出版手册》（2010 年版）对此进行了详细的说明。

为了清晰地表达研究报告的精髓，你必须有序地呈现自己的观点。从开头到结尾，报告中涉及的词语、概念及主题发展都必须具有连续性。要实现这种连续性，你可以通过标点符号的使用来显示观点之间的关系，也可以通过使用过渡词，如那么（then）、接下来（next）、因此（therefore）和但是（however）等。然而，有些过渡词（比如，虽然［while］和既然［since］）会让人产生困惑，应该谨慎使用。"既然"经常会被错误地用于应该出现"因为（because）"的地方。科学写作要求准确，应该有限制地且正确地使用这些过渡词。

研究报告要求流畅而精练地表达。要保证流畅性，应避免模棱两可，也不要插入意想不到的或不断改变的主题、时态、人称，所有这些都会使读者迷惑。时态一致可以使表达更流畅。要做到表达精练则应该用词简练，这意味着避免冗余、赘言、俗语、闪烁其词、过度使用被动语态、曲折的表达、蹩脚的议论。

在写作方面，我们希望能提出一些对你有帮助的建议。一些人存在难以提笔的问题。他们坐在电脑前，或者拿着一支笔和一沓纸，却写不出一个字。在这种情况下，你可以使用下面两种方法中的一种。拉尔夫·罗斯诺和米米·罗斯诺（Rosnow & Rosnow, 2011）建议，可以从自己感觉最容易写的部分入手。例如，也许你认为最容易写的是方法部分，因为你已经知道所有相关的细节，例如，研究参与者的特征以及在测试中所遵循的程序。一旦你开始写了，也许你就会发现其余部分也不是那么难写，如引言。另一种技巧是，即使你根本不喜欢自己写的东西，也可以逼迫自己开始写某个部分。这种技巧的好处是让一些内容切实地落在了纸面上，你可以加以思考和修改。它也逼迫你从起点向前走，这可能会让你的思路变得流畅起来。要使用这种技巧，你必须接受这样一个事实：你的第一份草稿也就那样。你应该不太可能认为第一份草稿就会是定稿。相反，你应该先写出第一份草稿，然后修改它。这个过程应该不断持续，直到你对最后的作品感到满意为止。

在完成了最后的作品之后，你应该把它放在一边搁置几天，然后再来读它。几天后再次阅读时，你应该会发现另外一些要修改的地方，因为时间的流逝能让你更客观地看待这篇论文，并确定需要完善的部分。

学术剽窃：使用他人的工作成果并称其为自己的成果。

在准备研究报告时，一定要避免剽窃。**学术剽窃**（plagiarism）意味着你使用了他人的观点或成果，并把它们当作是自己的。如果你使用了别人的原话，对于4个或更多单词的表述，你需要使用引号，并注明作者姓氏、出版年份以及页码；如果不这样做，你的行为就构成了学术剽窃，这相当于偷窃别人的工作成果。对于40个或更多单词的引文，使用引用段（详细解释见下面的"引文"相关内容）。在研究报告的某几个部分，尤其是在引言中，你必须引用其他人的工作成果，当你这样做时，请确保注明他人的贡献。关于引用时注明作者的更多指导原则请参见第4章。

语　言

用于表达研究结果的语言应避免带有贬低性的态度和偏见性的假设。《APA出版手册》提供了三条指南：具体性、对标签的敏感性以及感谢参与。为了实现无偏见交流这个目标，要遵守以上三点。

具体性 在提到某个人或某些人时，你应该选用准确、清楚、无偏见的词汇。在犹豫不决时，宁可写得过于具体也不要流于简略。比如，如果你要描述年龄组，较好的方式是提供一个具体的年龄范围（比如，8 岁至 12 岁），而不是一个大类别（比如，12 岁以下）。高危人群这个范围太宽了，更可取的做法是写明风险及其涉及的人群（比如，有学业失败风险的儿童）。类似地，当男性和女性作为社会或文化群体出现时，使用性别（gender）一词要比性别（sex）更好，因为后者指的是生物学上的分类。考虑一下将性别认同视为非二元的选择，以及如何解决个体的性别认同可能不完全符合男女分类的问题。

标签 在任何研究中，参与者的喜好都必须得到尊重，应该按照他们喜欢的称谓来称呼他们。这意味着要尽可能地避免给他们贴标签，避免将参与者像物品那样分类（比如，年长者［elderly］）或是把参与者与他们的状态等同起来（抑郁者［depressives］或中风患者［stroke victims］）。避免出现此类标签的一种方法是使用形容词形式，比如男同性恋者（gay men）或中风者（stroke patients）。另一个选择是以个体为核心词，再加上描述性短语（比如，被诊断为抑郁症的个体［individuals with a diagnosis of major depression］）。同样地，在表示一个组比另一个组更好，或者把一个组作为判断另一个组的标准时，也要保持敏感。例如，将抑郁的个体和正常人做对比是不恰当的，这样有将抑郁人群污名化为非正常人之嫌。更恰当的方式是对比抑郁和非抑郁个体。

参与 在撰写有关参与者的内容时，应该持有一种感谢他们参与的态度，并遵循你所在领域的传统。尽管我们认可并使用过一些具体的描述性词汇如儿童或妇女来提供关于研究参与者的具体信息，但大多数的研究还是使用参与者或被试这一总称。在讨论参与者的活动时，要使用主动语态来感谢他们所做的一切。例如，陈述"参与者完成了 MMPI"而不是"对参与者施测了 MMPI"。通过使用主动语态，作者表达了对人们自愿并积极参与研究的感谢。（《APA 出版手册》第 7 版将本条指南移到了具体问题中。——译者注）

具体问题 所有研究报告的写作都要避免传达出贬低的态度和带有偏见性的假设。牢牢记住这一点，并特别留意下述问题。

性别 在描述参与者时，应该避免性别身份或性别角色不明确的形式。这意味着应该避免用他（he）来指代两种性别，避免用暗含"男性"之意的"man"或"mankind"统指人。可改用"people""individuals"或"persons"等词，这些词不会导致含义缺失或表述不清晰。

性取向 使用"性取向"一词而不是"性偏好"来指代性吸引或浪漫吸引。"同性恋者"（homosexual）一词带有负面刻板印象，应该用"男同性恋者"（gay men）、"女同性恋者"（lesbians）、"男双性恋者"（bisexual men）和"女双性恋者"（bisexual women）等词来反映性取向。应避免异性恋偏见。研究和语言都应该反映出性取向的全部范围。

种族和族裔身份 在提到种族和族裔时，必须记住有些名称可能已经过时，还可能是负性的。因此，对参与者偏好的名称保持敏感是很重要的，如黑人和非裔美国人都是可以接受的词语，但是研究参与者也许偏好这两个词中的某一个。一般来讲，你应该使用更具体而不是更简略的词语来表示参与者的种族和族裔身份。在描述参与者的族裔名称时，准确性或说具体性显得尤为重要，因为可接受的名称也许会取决于这个人来自哪里（比如，西班牙裔、拉美裔）。如果使用了专有名词来表示某个种族或族裔（比如，白人或黑人），首字母一定要大写。

残疾 在描述身体残疾的个体时，重要的是将他们中的每个人作为一个整体来看待，这意味你应该避免用表示其身体条件的语言来指代他们。确保你没有将注意力都放在这些人的残疾部分，而是使用"以人为本"的语言。例如，不要使用诸如抑郁者、中风患者或脑损伤者（brain damaged）等描述词来指称研究参与者，把他们称为"有抑郁症状的个体（individuals with depression）"或"有大脑损伤的人（persons with brain damage）"更恰当一些。总之，不能将研究参与者仅仅看作是有缺陷的人。

年龄 关于年龄，要遵守的一般规则是具体描述参与者的年龄，并避免用开放式的定义，如超过65岁。年龄小于12岁的个体可以被称作男孩和女孩，年龄在13至17岁之间的个体可以被称作年轻男性和年轻女性，或青少年男性和青少年女性。年龄在18岁及以上的人应该被称作男性和女性。在英语中，older adult（老年人）是一个可接受的词语，而elderly和senior则不被接受。

本节所讨论的问题重点在于如何确保研究报告中不出现带有偏见的表达。《APA 出版手册》也指出，应避免历史和解释上的不准确性。要防止为了避免语言偏见而歪曲过去的观点。这意味着应该保留过去稿件中的原始语句，并对先前的用法加以评论。

编辑风格

编辑风格指的是出版者为了确保能清晰一致地呈现出版材料而使用的规则或指南。这些规则明确了如何构建研究报告中所包括的许多要素，如表格、图示以及标点和缩写的规范使用等。在这里我们将列举并讨论其中的一些规则。如果你对此处未提及的规则有任何疑问，请查阅《APA 出版手册》，它列出了许多其他的规则和指南。

斜体　一般的规则是，不要频繁使用斜体。如果你想确定什么情况下适合使用斜体，可以查阅《APA 出版手册》。

缩写　谨慎使用缩写。一般来讲，只使用约定俗成且读者应当熟悉的缩写（比如 IQ）。如果可以节省大量篇幅并避免烦琐重复，也可使用缩写。在任何情况下，拉丁文缩写都只能用在带有括号的内容里，比如：cf.（比较）、e.g.（例如）、etc.（等等）、i.e.（即）、viz.（也就是）和 vs.（与……相对，违反）。这条规则的例外是拉丁文缩写 et al.，它可以被用于稿件正文中。时间单位"秒"的缩写是"s"而不是"sec"。天、周、月、年等时间单位不使用缩写。还有许多其他缩写可在研究报告中使用。要了解这些，可以查阅《APA 出版手册》。

标题　标题的作用是列出稿件的大纲，并表明各话题的重要性。在稿件中，可使用五个不同的标题等级，从上而下排列如下：（一级）加粗，居中主标题，大写和小写字母；（二级）加粗，左侧对齐标题，大写和小写字母；（三级）加粗，缩进，小写段落标题，以句点结尾；（四级）加粗，缩进，斜体，小写段落标题，以句点结尾；（五级）缩进，斜体，小写段落标题，以句点结尾（《APA 出版手册》第 7 版对三、四、五级标题格式的要求与第 6 版有所不同，具体请参阅第 7 版。——译者注）。或许直接展示比文字表述更容易理解：

标题等级	标题格式
一	加粗，居中主标题，大写和小写字母*
二	加粗，左侧对齐标题，大写和小写字母
三	加粗，缩进，小写段落标题**，以句点结尾。
四	*加粗，缩进，斜体，小写段落标题，以句点结尾。*
五	*缩进，斜体，小写段落标题，以句点结尾。*

* 标题使用大写和小写字母是指标题中的每个主要单词的首字母都大写。——译者注
** 小写标题是指标题中第一个单词的首字母大写，其余单词全部小写。——译者注

如果需要两个标题等级，请使用一、二级标题；如果需要三个标题等级，请使用一、二和三级标题；如果需要四个标题等级，请使用一、二、三和四级标题；如果需要五个标题等级，请使用一、二、三、四和五级标题。对于段落缩进的标题（即三、四和五级），段落内正文的开头与标题在同一行。不要使用数字或字母来标记标题。最后，请记住，并不是每一份稿件中都会用到所有的标题等级；标题等级的数量取决于材料的内容及其复杂性和重要程度。

引文　少于 40 个单词的引文应该插入正文中，并放在双引号里。等于或多于 40 个单词的引文应该另起一段，整段缩排，不需要引号。任何情况下都要注明引文的作者姓氏、出版年份和页码。

数字　在正文中表达数字的一般规则是，使用单词来表示位于句首或小于 10 的数字，使用数字符号来表示所有其他数字。关于这条规则有一些例外，如日期、时间和年龄应该用数字符号表示。可通过查阅《APA 出版手册》来了解其他的例外情况。在表达数字时，要遵守的第二条规则是，使用阿拉伯数字而不是罗马数字。

物理量　所有物理量的表述都要使用公制单位。如果某个测量结果是用非公制单位表示的，那么就一定要在其后附上圆括号，标注出它的公制换算值。

统计结果的呈现　在正文中呈现统计检验结果时，要为读者提供足够的信息供其核查这些结果。尽管判断信息是否充分要视所选择的统计检验和分析程序而定，但是在报告推论统计时，这一般意味着要在报告中包含检验的大小或数值、自由度、α 水平、概率值、效应的方向以及相应的效应量或置信区间。例如，t 检验和 F 检验应该按照下述方式进行报告：

$t(36) = 4.52, p = .041, d = .54, 95\% \text{ CI } [0.29, 0.95]$

$F(3, 52) = 17.35, p = .023, \text{est } \omega^2 = .06$

诸如 t 检验和 F 检验这类常见的统计检验不需要提到引用源，正文中也不需要包含其计算公式。只有当使用的统计检验是新的、罕见的，或者对于稿件来说必不可少时，才需要包含引用来源和公式，例如当文章涉及某种特定的统计检验时。

在报告统计检验结果之后，必须报告平均数、标准差等描述性统计数据，以阐明统计显著效应的含义，并指示该效应的方向。

表格　表格的刊印成本较高，所以只有在它们能比一大段文字讨论更简练清楚地传达和总结数据的时候才使用。表格应该被看作是对正文的信息补充。尽管每张表格本身都应该是清晰易懂的，但它也应该是正文的组成部分。作为补充，在正文中只需讨论表格的重点内容。如果你决定使用表格，就按照它们在正文中出现的顺序用阿拉伯数字编号。

在准备表格时，你可以参考前面样稿的形式。每张表格都应该有一个简短的表题，清晰地描述它所包含的数据。表题和"表"这个词以及表的编号要位于表格的顶部，与表格左侧边缘对齐。表格中，各行和各列数据都应该有一个标题，尽可能简短地说明该行或该列中包含的数据。

《APA 出版手册》中提供了在构建表格时与标题使用相关的其他细节。在决定表格内容是以单倍行距还是双倍行距呈现时，你应该考虑表格的可读性。在表示表格中的数值时，要让每个数值都具有所需的小数位数，以表示测量的精确性，同时要用一字连接符表示缺失数据。

表格可用于呈现许多不同类型的数据。《APA 出版手册》讨论了大量不同类型的表格，并给出了其中许多表格的实例。如果在构建自己的表格时需要帮助，你可以查阅《APA 出版手册》。

在撰写稿件时，你应该在正文的某处提及表格。要说明表格中呈现了什么数据，并对数据进行简短的讨论。在提到某个表格时，要写明它的名称，比如表 3 中的数据这样的表达方式。不要使用如下的表达方式：上面的表格或第 12 页的表格。

在你做完一张表格之后，使用下面的检查表进行核查，确保你遵循了《APA 出版手册》中列出的具体规定。

- 这张表格是必要的吗？
- 这张表格要包含在稿件的印刷版中，还是也可以放在某个在线附件中？很多时候更恰当的做法是，将数据放在附件中并告知读者在哪里可以获取。
- 那些呈现了同类数据的表格是以一致的方式呈现的吗？
- 表题简短并且具备解释功能吗？
- 每列都有对应的列标题吗？
- 对表格中的所有缩写、任何特殊斜体内容、破折号、加粗内容和特殊符号以表注的形式进行解释了吗？
- 表注按以下顺序排列：(1) 一般注释；(2) 特殊注释；(3) 概率注释。你的表注顺序恰当吗？
- 所有的垂直标尺（线）都隐藏了吗？
- 所有主要的点估计都报告了置信区间吗？所有表格都使用了相同的置信水平吗？
- 是否正确地说明了所有统计显著性检验的 α 水平和概率值？
- 转载的表格是否已注明版权所属，是否已获得版权所有人的许可？
- 在正文中你是否提到了这张表格？

（《APA 出版手册》第 7 版还列出了一些其他的注意事项，比如，所有表格是否都按正文中首次出现的顺序用阿拉伯数字连续编号。——译者注）

图示　图示指的是除表格之外的任何插图，可能是图表、曲线图、照片、图画或任何其他形式的描绘。尽管表格更适用于呈现定量信息，但图示能让人对结果的模式有一个整体印象，不过它需要读者自己进行数值估计。但是，有时图示能比表格更有效地表达某种概念，比如描述交互作用的时候。如果你正在考虑使用一张图示，那么请注意如下问题：

- 这张图示能够明显地增强读者对稿件内容的理解吗？
- 图示能最有效地呈现信息吗？
- 哪种类型的图示能最有效地传达信息？

如果你认为图示不能明显地增强读者对稿件内容的理解，但可以丰富对它的理解，那么你可以将图示放在在线补充材料档案库中。通常来讲，只有在必须说明某些复杂的理论阐述、某项实验中的参与者流动情况，或者表示复杂的实证结果时，才会在稿件中加入图示。

在设计图示时，应该力求简单、清楚、连续和有信息价值。这意味着任何图示都应该对正文有补充作用，并且只呈现易于阅读和理解的基本事实，图示中的所有元素都要有清楚的标注和解释。在构建一张图示时，如果使用误差线和置信区间，记住一定要对二者做明确区分。

图例和图题　任何一张图示中都要包括图例和图题。图例用于说明图中的符号，所以是图示的一个组成部分。所有图例都应该放在图示中。（《APA 出版手册》第 7 版指出，当图示中含有需要解释的符号、线条或阴影时，才需要在图示中使用图例。——译者注）

图题既是对图示的说明，也是图示的标题。它应该是直接位于图示下方的一个简短的描述性词组。这个描述性词组应该是解释这张图示的。在这些描述之后，应该是一些有助于澄清图示的含义所需的补充信息，比如对符号、误差线或概率值的说明。（《APA 出版手册》第 6 版中的 caption［图题］兼具标题和图注两种功能，第 7 版将二者区分为 title［图题］和 note［图注］，title 位于图的上方，note 位于图的下方。——译者注）

图示的准备　一般原则是，所有的图示都应该在计算机上用专业作图软件生成。尽管不同出版商的要求可能略有不同，但都要确保所用分辨率可以生成高品质的图像。通常来讲，字号应该不小于 8 磅，不大于 14 磅。在准备用电生理学、放射学和其他生物学数据作图时，会因为这些数据的复杂性和缺乏统一的呈现规范而受到挑战，但主要准则仍是确保能够清晰而完整地呈现图示。在完成之后，你可以使用下面的检查表进行核对，以帮助你确保图示能够实现有效交流，并且遵守了 APA 文体及格式的规范。

- 这张图示有必要吗？
- 它是以一种清晰、简单、没有多余细节的方式呈现的吗？
- 标题描述内容了吗？
- 图示的所有元素都清楚标注了吗？
- 所有图示都在稿件中提及了吗？
- 图示采用的分辨率是否足以进行准确的复制？

（与表格一样，《APA 出版手册》第 7 版还列出了一些其他的注意事项，详见第 7 版。——译者注）

参考文献引用　在研究报告正文中，尤其是在引言部分，应引用对你产生影响的研究者和能表明你的研究必要性的研究，从而把你的研究置于先前研究的背景之下。在引用时，你需要写明所使用观点的出处和原创者信息。此时，你必须避免剽窃，即声称他人观点是自己的。这意味着对任何影响你思想的他人观点的转述、直接引用或描述都需要注明出处。在直接引用其他来源时，必须要提供所引来源的作者姓氏、出版年份、页码或段落编号（针对无页码材料）。少于 40 个单词的直接引用应该放在双引号里，插入稿件正文中。如下所示：

> 琼斯（Jones, 2010, p. 275）指出，"处理缺失数据的方法是……"，这与其他人的建议是一致的。

40 个或更多单词的引文应该用一个引用段，即在正文中另起一行并多缩进半英寸（1.27 厘米）来显示。作者姓氏出现在引导句中。对于这种缩进的引用段落，不需要引号，如下所示。诺罗（Neuro, 2019）认为：

> 富含碳水化合物的饮食对中枢 5-羟色胺的合成有影响。富含碳水化合物的饮食会提高色氨酸相对其他大型中性氨基酸的比例，从而使更多的色氨酸通过血脑屏障，并用于合成中枢 5-羟色胺。（p. 547）

如果你直接引用的材料未标记页码，则需要提供作者姓氏、出版年份以及它所出现的段落编号（比如，para. 4）。在线材料可能会出现这种情况。

如果你正在转述某些材料或使用他人的观点，那么你必须提供作者姓氏和资源的出版年份。另外，《APA 出版手册》鼓励你提供页码或段落编号，以帮助读者找到相关材料。但这只是一个建议，并不是硬性的文体规定。

在稿件正文中引用参考文献时，APA 格式使用的是著者—出版年制的引用方法，需要将作者的姓氏和出版年份插入到合适的位置，如下所示：

> 多伊（Doe, 2018）调查了……
>
> 或
>
> 研究者已经证实（Doe, 2018）……
>
> 或
>
> 一种正向的关系已经被证实（Doe, 2018）。

有了这些信息，读者就可以在参考文献列表中找到与这项资源有关的完整信息。涉及同一个作者的多条引用按照年代顺序排列：

> 多伊（Doe, 2014, 2015, 2016, 2017）

涉及不同作者的多条引用按照字母顺序排列，如下所示：

> 几项研究（Doe, 2015; Kelly, 2017; Mills, 2013）已经揭示……

如果某条引用包含的作者多于两位，但少于六位，那么在第一次引用参考文献时应列出所有作者。在后续的引用中，则只包含第一位作者的姓，其后加"等"（et al.）这个词以及文章发表的年份。如果某条引用有六位及六位以上的作者，那么每次引用中都只用到第一位作者的姓，其后加"等"（人）。（《APA 出版手册》第 7 版要求对于有三位及三位以上作者的文献，每次引用时都只写第一位作者的姓，其后加"等"。《心理学报》《心理科学》等心理学中文学术期刊也跟进了这一做法。——译者注）

如果你遇到了从其他类型的资源中引用参考文献的情况，如没有作者署名的文献，几个作者的姓相同，或者是通过个人交流得到的信息，则应该查询《APA 出版手册》。

参考文献列表 　研究报告正文中的所有引用都必须准确而完整地出现在参考文献列表中，以便读者可以查找这些成果。这意味着每个条目都应该包括作者的姓名、出版年份、题目、出版数据以及其他识别这项参考文献所需的信息。所有的参考文献都要按照字母顺序排列，两倍行距，悬挂缩进，并在单独一页的顶部居中放置以大写和小写字母书写的参考文献一词。

期刊、书中章节和书籍作为参考文献时，一般格式如下所示：

Canned, I. B., & Rad, U. B. (2002). Moderating violence in a peaceful society. *Journal of Violence and Peace Making, 32*, 231–234. doi:10.1543/0093

Good, I. M. (2003). Moral development in violent children. In A. Writer & N. Author (Eds.), *The anatomy of violent children* (pp. 134–187). Washington, DC: Killer Books.

Wind, C. (2001). *Why children hurt*. New York, NY: Academic Publishers.

目前，电子出版已成为常态。虽然它提升了出版过程的效率，促进了研究成果的共享，但是它在建立引用此类材料的具体方法方面造成了一些困惑或困难。另外，我们有时很难确定某篇文章的在线版本是最终版还是修改中的在线版，这加剧了电子出版所带来的困难。作为一条普遍的原则，《APA 出版手册》的建议是：在引用在线材料时，可将其视为一项固定媒体资源，用同样的方式引用，接着尽可能地添加更多的电子检索信息，以保证其他人也能找到被引用的资源。

与互联网信息有关的一个事实是，它们很可能会被移动、删除或调整，从而导致地址损坏或失效。为了解决这个问题，学术资料的出版商们已经开始使用数字对象识别符（digital object identifiers; DOI）系统。DOI 系统提供了一种持久的方式来标识和管理数字网络中的信息。这个系统通过在诸如 CrossRef 这样的代理商上注册来运行，并提供了两项核心功能。第一个功能是为每份已出版的稿件分配一个特有识别符和一个对应的路线选择系统，无论对应的稿件存储在哪里，系统都能帮助读者找到它的内容。第二个功能是提供链接机制，允许读者通过点击链接访问每份被引用的稿件。

为了使用这个系统，出版商为每篇已发表的文章分配了一个 DOI。一旦配置了 DOI，你就能用它来链接到文章的内容。一篇论文的 DOI 通常位于电子期刊文章的首页以及 APA 期刊第一页的版权声明之后。《APA 出版手册》建议，当你引用参考文献时，要按照如下方式将 DOI 包含在内：

> Hammerstein, J. R. (2010). The effectiveness of fatigue in predicting depression relapse. *Journal of Significant Depression Research, 104,* 225–267. doi:10.1087/15836542880

如果你引用的文献没有 DOI，你自然无法将它包含在参考文献内。如果你在引用一篇没有 DOI 的在线文章，那么就按照如下方式提供参考资源的主页网址：

> Hammerstein, J. R. (2005). The effectiveness of fatigue in predicting depression relapse. *Journal of Significant Depression Research, 8,* 22–50. Retrieved from *http://jaba.lib.edu.au/articles.html*

参考文献列表还可以包括许多其他条目，比如书籍的章节、手册、专题著作、杂志文章和多种来自互联网的信息。如果你引用了此处未提及的资源，或者你遇到的资源形式与此处提到的有异，不确定在列表中该使用何种格式，那么你应该查阅《APA 出版手册》。

准备用于提交的稿件　你应该使用统一的字体和字号提供一份可读的稿件，并使出版商能够估算它的长度。《APA 出版手册》建议使用 12 磅的新罗马体（Times New Roman）。在准备文本时，所有的材料内容都要采用两倍行距，包括题目、各级标题、脚注、作者注、参考文献和图题。除了表格或图示中内容外，任何地方都不要使用单倍行距或 1.5 倍行距。每页的顶部、底部和两侧的边缘空白都至少保留 1 英寸（2.54 厘米）；仅让页面左侧边缘对齐，右侧边缘不对齐。

稿件页面的排序　稿件的页面应该按照如下方式排序：

1. 题目页。这是包含题目、作者姓名、机构名称、页首短题和作者注的单独一页（编号为第 1 页）。
2. 摘要。这是单独的一页，编号为第 2 页。
3. 稿件正文。正文从第 3 页开始，一直持续到讨论部分结束，各部分之间不分页，对这些页面连续编号。
4. 参考文献。参考文献开始于单独的一页。
5. 脚注。脚注也开始于新的一页，除非它们已经出现在被提及的正文页底部。
6. 表格。在单独的一页上开始。
7. 图示。在单独的一页上开始。

思考题 17.2

- 总结 APA 格式要求。
- 为什么遵守这些指导原则很重要？

提交拟发表的研究报告

17.3 描述提交研究报告的过程

如果你已经开展了一个独立的研究项目，并且完成了研究报告（你为这门课程而准备的实验报告除外）的准备工作，那么现在你必须决定是否将它提交给某份期刊以期发表。我们在本章前面提到过，如果你认为某项研究不具有发表的潜在价值，就不应该开始这项研究。但是，即使在开始时你相信自己所开展的研究是具有发表价值的，你也可能在研究结束并完成研究报告后改变主意。因此，到了这个阶段，你必须做出最后的决定：是否要将稿件提交给某份期刊。这个最终决定的依据是你对研究意义和研究质量的判断。通常，在提交之前让同事阅读并给出评价是很有价值的。同事会提供一个新的视角，并且能够更严格、更客观地评估文章的价值和潜在问题。

如果你和同事都认为应该提交这份稿件，那你就必须选择将文章提交给哪份期刊。不同期刊在提交稿件的接受率和发表文章的类型上都有所不同。从表17.1中，你能看到每份期刊所专注的学科领域都有所不同。你必须选择一份刊登与你的研究相似文章的期刊。在做这个选择时，你还必须确定自己的稿件对相关领域的贡献是否足以使其发表在最有声望的期刊上。在心理学领域，人们普遍认为APA和APS的期刊是最有声望的期刊，也是标准最严苛的期刊。这些期刊一般只接受投稿稿件的15%。

一旦你选好了合适的期刊，请查阅其投稿指南。期刊通常都有一个网站，上面会说明它们刊登的研究类型和提交稿件的程序。在提交稿件时，你通常会被要求确认所报告的研究未在其他地方发表过，并且遵守了伦理准则。期刊编辑在收到稿件后，会给这份稿件一个编号，并给作者发一份回执。

到了这个时候，稿件的处理就不在你的控制之中了，而是由期刊编辑来把握。期刊编辑通常会将稿件发送给几个熟知相关研究主题的人，然后他们会评审你的稿件，并给出是否接受稿件的意见。他们的意见会反馈给期刊编辑，编辑据此做出最后的决定。这个决定可以是拒绝、接受，或按照建议修改后接受。最后一种是最典型的接受形式。整个评审过程通常会持续几个月的时间。

如果你的稿件被直接接受了，你应该好好庆祝一下，因为这是一种非常罕见的情况。如果你得到的回复是暂时接受，也就是要按照建议修改后再接受，那你就需要评估这些建议，并尽量遵从这些建议。在修改完成之后，你必须再次提交稿件，期刊编辑将重新评价这份修改稿。编辑也许会选择在这个时候正式接受这份稿件，也可能会把它寄出去再次接受评审，或者要求作者做出其他的修改。如果你被拒绝，请仔细评估审稿人的意见，思考他们拒绝这份稿件的理由。如果你同意审稿人的意见，你也许会重新评估这份稿件，并确认它确实没有发表的价值。或者，也许你并不认可审稿人的意见，而是相信自己的稿件值得发表。在这种情况下，你应该找到另一份关注你的研究主题和领域的期刊，然后重复之前的过程。如你所知，努力让文章得到发表是一个耗时的过程，涉及大量的工作，需要同行的认可和建议。许多研究从未发表。尽管上面列出的程序有其自身的缺陷，但它可能是确保只有高质量研究得以发表的最佳方式。

稿件的接受

在文章被接受之后，期刊编辑会发给通讯作者两份表格：一份版权转让表，用于将发表文章的版权转让给期刊；一份作者认证表，证明作者对发表文章的内容负责，并同意文章作者的署名顺序。

已被接受的稿件还要经过期刊编辑和文字编辑的再次编辑，以更正任何错误，确保它符合 APA 的格式要求，或者使表达更加明确。稿件经编辑加工之后，会被发回给作者进行审阅。作者必须审查文章中的任何改动，以确保稿件的含义或内容未被更改。通常会要求作者在 48 小时内审阅完毕并发回稿件。

在你发回编辑过的稿件版本之后，你会收到待审阅的文章校样。你需要阅读这些校样并确认它们与编辑过的稿件版本是一致的。到了这个阶段，你就不能对稿件的内容进行任何修改了。修改仅限于排版错误和更新完善参考文献、引文标注或地址。原始的校样和稿件应在 48 小时内发回制作编辑。一旦你将校样发回，你就完成了自己在发表过程中的职责。接下来你只需等待，直到看到稿件发表，这通常要花费四至六个月的时间。

> **思考题 17.3**
> - 稿件发表有哪些步骤？

在专业会议上展示研究结果

17.4 总结与在专业会议上进行口头报告和海报展示有关的建议

研究的最终目标是通过在学术期刊上发表研究的书面报告来交流研究结果。然而，很多时候，一项研究的结果是在某个年度会议上展示的。这些会议包括 APA 和 APS 组织的全国性会议、各心理学协会（比如东南心理学协会）召开的地区性会议以及各种各样的国际性会议。同时，许多学院和大学都会举办面向本科生的会议。贯穿这些会议的共同主线是：所有会议的主要活动都是展示心理学家所开展的各项研究。通常，这些会议都会发出征求研究报告的启事。希望展示其发现的研究者需要向会议网站提交一份自己的书面研究报告或者一份报告摘要。会议选定的审稿人在评审完稿件后会给出接受或拒绝这份稿件的建议。如果稿件被接受了，它就会被列在会议计划中，而提交稿件的研究者就有责任参加这次会议，并在会议上展示研究结果。这种展示可以采取口头报告的形式，也可以是海报展示。

口头报告

如果你被安排在某个专业会议上对你的研究进行口头报告，请确保自己阅读并遵守你所收到的指导意见，因为有许多限制规定了你在口头报告期间能够做什么。通常情况下，那些研究领域相似的研究者所做的口头报告会被集中安排在同一个环节中，这个环节一般会持续 1 个小时左右。每个人通常有 15 分钟的口头报告时间，并回答别人提出的问题。因为必须留出提问时间，所以你须确保自己的报告不超过 12 分钟，而且由于你只有 12 分钟呈现你的研究结果，所以准备口头报告与准备拟发表的书面报告不同。以下是如何准备这种口头报告的一些建议：

- 重点讲一到两个点。通过将每个环节与主题联系起来，不断提醒听众中心主题是什么。换句话说，告诉听众你打算说什么，然后说出来。
- 关注下述要点：
  1. 陈述你研究了什么
  2. 陈述你为什么要研究它
  3. 陈述你是如何对它展开研究的——对你的研究设计进行概括性描述
  4. 陈述你发现了什么
  5. 陈述研究结果的意义
- 不要念你的演讲稿，因为这样会让人觉得乏味。相反，要像与听众聊天一样与他们交谈。这意味着你必须充分了解自己的课题并提前演练。准备一些笔记以帮助你用聊天的语气发言，这比念提前写好的文档效果更好。
- 如果你的报告中包含视听材料，确保离得较远的人也能看到并理解这些内容，并且确保它们在各种电脑上都能播放。
- 在他人面前练习，确保你能在规定的时间内完成，而且衔接流畅。
- 充分的准备可以使你的报告向听众呈现最多的信息量，并能让你最大程度地感到自信，对于第一次报告而言尤其如此。

海报展示

如果你被安排在某个专业会议上对研究进行海报展示，你应该仔细阅读你所收到的注意事项，因为不同协会有不同的具体要求，比如海报的尺寸和建议的字号大小。海报展示是在讨论相应主题的会议环节，许多研究者用海报的形式同时展示各自的研究。这意味着你需要准备一份关于研究的视觉展示材料，并将它制成海报，供大家查看和阅读。在你贴好海报后，你需要在海报展示期间待在自己的海报旁边，这通常会持续一个小时。记住重要的一点：带一些研究报告书面副本，发给对你的研究感兴趣的人。这样做的好处在于，你可以与经过并阅读了你的海报同时对你的研究产生兴趣的人进行讨论，而他们也可以带走一份你的研究报告副本。通过这种方式，你更有可能找到兴趣相似的人。经过这些交谈，你也许能够形成一些新的研究设想，甚至会遇到一些可以与你在后续研究项目中合作的人。

以下是在准备你的海报时可以参考的一些小建议：

- 海报的布局很重要，应该自然地从引言过渡到结果及结论。图 17.1 呈现了一种可行的布局。
- 在准备海报时，使用便于阅读的字体，比如新罗马体。不要试图让页面变得花哨，因为这样通常会降低可读性。
- 使用的字号要足够大，大到能从距离 3 米左右的地方看清。24 磅或以上的字号应该足够了。

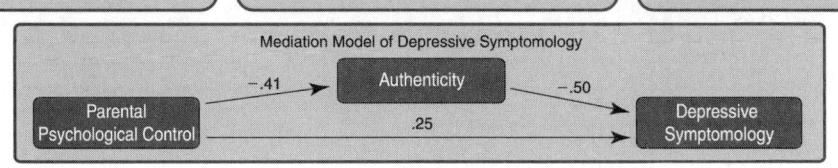

图 17.1　海报展示的模板

- 使用尽可能少的词句来阐述你的观点。
- 使用图示和表格来直观地呈现数据。

在将你的海报贴到展板上之后，放松下来，与想要讨论你的研究的人愉快交谈。记住，是你进行了这项研究，所以你对它了解最多，并且是这项研究的专家。

思考题 17.4
- 有效的口头报告和海报展示的要素有哪些？

本章小结

在一项研究结束之后，作者有责任与科学界的其他人交流研究的结果。交流的主要途径是通过专业期刊。为了促进研究结果的清晰交流，APA 出版了一本手册，给出了作者在准备报告时需要参照的标准格式。这本手册详细说明了研究报告的各个具体部分，并对各部分应当包含的材料类型给出了指导和建议。研究报告的主要部分是：题目；摘要；引言；方法部分，包含对参与者、所用全部材料或仪器、收集数据所使用的程序的描述；结果部分；讨论部分；参考文献。

在准备研究报告时，有许多文体要求需要遵守。写作风格应能清楚地表达研究报告的精华，通常来说，这意味着表达必须流畅而简练。使用的语言不应带有任何偏见，这意味着选择的词汇必须含义具体且通常不带标签。提及参与者时一定要表达对其参与的感谢。在描述一个人的性别身份、性取向、种族或族裔身份、残疾状况或年龄时，要避免不经意中传达出贬低的态度和带有偏见性的假设。

《APA 出版手册》规定了一种编辑风格，它是一组规则或指南，确保出版材料能得到清楚一致的呈现。这些规则包括：何时使用斜体和缩写；如何使用各级标题；如何呈现数字、物理量以及统计结果；何时使用引文、表格和图示；如何构建表格和图示；如何呈现参考文献列表。总之，手册中的规则和指南详细规定了研究报告的整个构建过程。

除了在专业期刊上发表研究成果，研究者还经常在专业会议上报告他们的研究结果。这些报告要么是口头报告，要么是海报展示。口头报告通常较短，应当只集中在几个要点上，以免听众被设计或统计分析的细节绕晕。海报的内容应该让人能从稍远处轻易地阅读，而海报的布局应该自然地展示从引言到结论的各部分。

重要术语和概念

页首短题	引言	讨论
页码	方法	参考文献
题目	参与者或被试	脚注
作者姓名和所属机构	设备、材料、度量和工具	学术剽窃
作者注	程序	
摘要	结果	

章节测验

问题答案见附录。

1. 参与者部分应该包含在哪个更大的部分中？
   a. 引言
   b. 方法
   c. 结果
   d. 讨论
2. 如果你想在某份心理学期刊上发表文章，写作时应使用以下哪种格式？
   a. MLA 格式
   b. APA 格式
   c. 芝加哥格式
   d. 以上皆可
3. 摘要的目的是：
   a. 仅总结引言部分
   b. 解释设计
   c. 简要总结论文，包括主要发现
   d. 仅总结程序部分
4. 提交论文以期发表时，应同时向两个期刊提交以增加发表机会。这样做对吗？
   a. 对
   b. 错
5. 在提交给期刊的稿件中，页首短题是：
   a. 第一作者的名字
   b. 提交日期
   c. 论文所有作者的名字
   d. 简短的标题

提高练习

1. 选择一篇实证论文，然后据此制作一份海报展示。确保你的展示易于阅读和理解。
2. 采访你们系经常发表论文的老师。他（她）觉得最具挑战性的是哪些环节？最有趣的是哪些环节？他（她）为什么要发表论文？

附 录

章节测验答案

第 1 章
1. a　2. d　3. b　4. b　5. d

第 2 章
1. a　2. c　3. a　4. d　5. a　6. b

第 3 章
1. a　2. d　3. d　4. e　5. a

第 4 章
1. b　2. a　3. b　4. c　5. b

第 5 章
1. a　2. a　3. d　4. d　5. b

第 6 章
1. e　2. a　3. b　4. c　5. b

第 7 章
1. a　2. c　3. a　4. c　5. b

第 8 章
1. b　2. a　3. c　4. b　5. e

第 9 章
1. b　2. c　3. d　4. a　5. d

第 10 章
1. c　2. b　3. c　4. c　5. b

第 11 章
1. a　2. b　3. b　4. b　5. d

第 12 章
1. d　2. b　3. d　4. c　5. c

第 13 章
1. c　2. b　3. a　4. d　5. d

第 14 章
1. b　2. d　3. a　4. c　5. b　6. b

第 15 章
1. b　2. c　3. c　4. a　5. c　6. b

第 16 章
1. d　2. e　3. a　4. d　5. a　6. d

第 17 章
1. b　2. b　3. c　4. b　5. d

参考文献

Adair, J. G., & Spinner, B. (1981). Subjects' access to cognitive processes: Demand characteristics and verbal report. *Journal for the Theory of Social Behavior, 11,* 31–52.

Adams-Price, C., Henley, T., & Hale, M. (1998). Phenomenology and the meaning of aging for young and old adults. *International Journal of Aging & Human Development, 47,* 263–277.

Adams, D., & Pimple, K.D., (2005). Research misconduct and crime lessons from criminal sciences on preventing misconduct and promoting integrity. *Accountability in Research, 12,* 225–240. doi:10.1080/08989620500217495

Alaggia, R., & Millington, G. (2008). Male child sexual abuse: A phenomenology of betrayal. *Clinical Social Work Journal, 36,* 265–275.

American Association for the Advancement of Science. (1990). *Science for all Americans: Project 2061.* New York: Oxford University Press.

American Psychological Association. (1953). *Ethical standards of psychologists.* Washington, DC: Author.

American Psychological Association. (2002). *Ethical principles of psychologists and code of conduct.* Washington, DC: Author.

American Psychological Association. (2010). *Publication manual of the American Psychological Association* (6th ed.). Washington, DC: Author.

Anastasi, A., & Urbina, S. (1997). *Psychological testing.* Upper Saddle River, NJ: Prentice Hall.

Anderson, R. E., Franckowiak, S., Christmas, C., Walston, J., & Crespo, C. (2001). Obesity and reports of no leisure time activity among older Americans: Results from the third national health and nutrition examination survey. *Educational Gerontology, 27,* 297–306.

Anderson, T., & Kanuka, H. (2003). *E-research: Methods, strategies, and issues.* Boston: Houghton Mifflin.

Aronson, E., & Carlsmith, J. M. (1968). Experimentation in social psychology. In G. Lindzey & E. Aronson (Eds.), *The handbook of social psychology* (2nd ed., Vol. 2, pp. 1–79). Reading, MA: Addison-Wesley.

Averbeck, B. B., Bobin, T., Evans, S., & Shergill. S. S. (2012). Emotion recognition and oxytocin in patients with schizophrenia. *Psychological Medicine, 42,* 259–266. doi:10.1017/S0033291711001413

Baldwin, E. (1993). The case for animal research in psychology. *Journal of Social Issues, 49,* 121–131.

Bandura, A. (2012). On the functional properties of perceived self-efficacy revisited. *Journal of Management, 38,* 9–44. doi:10.1177/0149206311410606

Bandura, A., Ross, D., & Ross, S. A. (1963). Imitation of film-mediated aggressive models. *Journal of Abnormal and Social Psychology, 66*(1), 3–11.

Barlow, D. H., Nock, M. K., & Hersen, M. (2008). *Single case experimental designs: Strategies for studying behavior change* (3rd ed.). Boston: Allyn and Bacon.

Beck, A. T., Steer, R. A., & Brown, G. K. (1996). *Manual for the Beck Depression Inventory-II.* San Antonio, TX: Psychological Corporation.

Becker, M. W., Alzahabi, R., & Hopwood, C. J. (2013). Media multitasking is associated with symptoms of depression and social anxiety. *Cyberpsychology, Behavior, and Social Networking, 16,* 132–135. doi:10.1089/cyber.2012.0291

Beharry, P., & Crozier, S. (2008). Using phenomenology to understand experiences of racism for second-generation South Asian women. *Canadian Journal of Counselling, 42,* 262–277.

Berg, B. L. (1998). *Qualitative research methods for the social sciences.* Boston: Allyn and Bacon.

Berscheid, E., Baron, R. S., Dermer, M., & Libman, M. (1973). Anticipating informed consent: An empirical approach. *American Psychologist, 28,* 913–925.

Bickel, P. J. (1975). Sex bias in graduate admissions: Data from Berkeley. *Science, 187,* 398–404.

Bijou, S. W., Peterson, R. F., Harris, F. R., Allen, K. E., & Johnston, M. S. (1969). Methodology for experimental studies of young children in natural settings. *Psychological Record, 19,* 177–210.

Blascovich, J., Spencer, S. J., Quinn, D., & Steele, C. (2001). African Americans and high blood pressure: The role of stereotype threat. *Psychological Science, 12,* 225–229.

Bloom, H. S. (2003). Using "short" interrupted time-series analysis to measure the impacts of whole-school reforms. *Evaluation Review, 27,* 3–49.

Bonevac, D. (1999). *Simple logic.* Fort Worth, TX: Harcourt Brace.

Boyd, T., & Gumley, A. (2007). An experiential perspective on persecutory paranoia: A grounded theory construction. *Psychology and Psychotherapy: Theory, Research and Practice, 80,* 1–22.

Brace, I. (2018). *Questionnaire design: How to plan, structure, and write survey material for effective market research.* London, England: Kogan Page.

Bracht, G. H., & Glass, G. V. (1968). The external validity of experiments. *American Educational Research Journal, 5,* 437–474.

Bradburn, N., Sudman, S., & Wansink, B. (2004). *Asking questions: The definitive guide to questionnaire design—for market research, political polls, and social and health questionnaires.* San Francisco, CA: Jossey-Bass.

Bryant, A., & Charmaz, K. (Eds.). (2007). *The Sage handbook of grounded theory.* Los Angeles, CA: Sage.

Camic, P. M., Rhodes, J. E., & Yardley, L. (2003). *Qualitative research in psychology: Expanding perspectives in methodology and design.* Washington, DC: American Psychological Association.

Campbell, D. T. (1966). Pattern matching as an essential in distal knowing. In K. R. Hammond (Ed.), *The psychology of Egon Brunswik* (pp. 81–106). Austin, TX: Holt, Rinehart, and Winston.

Campbell, D. T., & Kenny, D. A. (1999). *A primer on regression artifacts*. New York, NY: Guilford.

Campbell, D. T., & Stanley, J. C. (1963). *Experimental and quasi-experimental designs for research*. Chicago, IL: Rand McNally.

Caporaso, T. A., & Ross Jr., L. L. (1973). *Quasi-experimental approaches: Testing theory and evaluating policy*. Evanston, IL: Northwestern University Press.

Carlopia, J., Adair, J. G., Lindsay, R. C. L., & Spinner, B. (1983). Avoiding artifact in the search for bias: The importance of assessing subjects' perceptions of the experiment. *Journal of Personality and Social Psychology, 44*, 693–701.

Carlston, D. E., & Cohen, J. L. (1980). A closer examination of subject roles. *Journal of Personality and Social Psychology, 38*, 857–870.

Centers for Disease Control and Prevention. (2001). *Helicobacter pylori and peptic ulcer disease*.

Chouinard, R., & Roy, N. (2008). Changes in high-school students' competence beliefs, utility value and achievement goals in mathematics. *British Journal of Educational Psychology, 78*, 31–50.

Christensen, L. (1981). Positive self-presentation: A parsimonious explanation of subject motives. *Psychological Record, 31*, 553–571.

Christensen, L. (1988). Deception in psychological research: When is its use justified? *Personality and Social Psychology Bulletin, 14*, 664–675.

Cochran, W. G., & Cox, G. M. (1957). *Experimental designs*. New York, NY: Wiley.

Code of Federal Regulations, Protection of Human Subjects, 45 CFR 46. Retrieved February 9, 2019. from https://www.ecfr.gov/cgi-bin/retrieveECFR?gp=&SID=83cd09e1c0f5c6937cd9d7513160fc3f&pitd=20180719&n=pt45.1.46&r=PART&ty=HTML

Cohen, J. (1992). A power primer. *Psychological Bulletin, 112*, 155–159.

Cohen, J. (1994). The earth is round (p < .05). *American Psychologist, 49*, 997–1003.

Cohen, J., Cohen, P., West, S. G., & Aiken, L. S. (2003). *Applied multiple regression/correlation analysis for the behavioral sciences*. Mahwah, NJ: Lawrence Erlbaum.

Collier, A., Phillips, J. L., & Iedema, R. (2015). The meaning of home at the end of life: A video-reflexive ethnography study. *Palliative Medicine, 29*, 695–702. doi:10.1177/0269216315575677

Conrad, H. S., & Jones, H. E. (1940). A second study of familial resemblances in intelligence. *39th yearbook of the National Society for the Study of Education* (pp. 97–141). Chicago, IL: University of Chicago Press.

Converse, J. M., & Presser, S. (1986). *Survey questions: Handcrafting the standardized questionnaire*. Newbury Park, CA: Sage.

Converse, P., & Traugott, M. (1986). Assessing the accuracy of polls and surveys. *Science, 234*, 1094–1098.

Cook, T. D., & Campbell, D. T. (1979). *Quasi-experimentation: Design and analysis for field settings*. Chicago: Rand McNally.

Copi, I. M., Cohen, C., & McMahan, K. (2017). *Introduction to logic* (14th ed.). Upper Saddle River, NJ: Pearson.

Creswell, J. W., & Poth, C. N. (2017). *Qualitative inquiry and research design: Choosing among five approaches*. Los Angeles, CA: Sage.

Cronbach, L. J. (1990). *Essentials of psychological testing*. New York, NY: Harper & Row.

Crosbie, J. (1993). Interrupted time-series analysis with brief single-subject data. *Journal of Consulting and Clinical Psychology, 61*, 966–974.

Darlington, R. B., & Hayes, A. F. (2017). *Regression analysis and linear models: Concepts, applications, and implementation*. New York, NY: Guilford Press.

Denzin, N. K., & Lincoln, Y. S. (2017). *The Sage handbook of qualitative research* (5th ed.). Los Angeles, CA: Sage Publications.

Diener, E., & Crandall, R. (1978). *Ethics in social and behavioral research*. Chicago, IL: University of Chicago Press.

Dillman, D. A. (2007). *Mail and Internet surveys: The tailored design method*. Hoboken, NJ: Wiley.

Dispenza, F., Varney, M., & Golubovic, N. (2017). Counseling and psychological practices with sexual and gender minority persons living with chronic illnesses/disabilities (CID). *Psychology of Sexual Orientation and Gender Diversity, 4*, 137–142. doi:10.1037/sgd0000212

Doll, R. (1992). Sir Austin Bradford Hill and the progress of medical science. *British Medical Journal, 305*, 1521–1526.

Donaldson, C. D., Handren, L. M., & Crano, W. D. (2016). The enduring impact of parents' monitoring, warmth, expectancies, and alcohol use on their children's future binge drinking ad arrests: A longitudinal analysis. *Prevention Science, 17*, 606–614. doi:10.1007/s11121-016-0656-1

Dorfman, D. D. (1978). The Cyril Burt question: New findings. *Science, 201*, 1177–1186.

Doumas, Esp, S., & Hausheer, R. (2015). Parental consent procedures: Impact on response rates and nonresponse bias. *Journal of Substance Abuse and Alcoholism, 3*, 1031.

Drabble, S. J., & O'Cathain, A. (2015). Moving from randomized controlled trials to mixed methods intervention evaluations. In S. Hesse-Biber & R. B. Johnson (Eds.), *The Oxford handbook of multimethod and mixed methods research inquiry* (pp. 406–425). New York, NY: Oxford University Press.

DuBois, J. M., Anderson, E. E., Chibnall, J., Carroll, K., Gibb, T., Ogbuka, C., & Rubbelke, T. (2013). Understanding research misconduct: A comparative analysis of 120 cases of professional misconduct. *Accountability in Research, 20*, 320–328. doi:10.1080/09090621.822248

Eatough, V., & Shaw, K. (2017). "I'm worried about getting water in the holes in my head": A phenomenological psychology case study of the experience of undergoing deep brain stimulation surgery for Parkinson's disease. *British Journal of Health Psychology, 22*, 94–109. doi:10.1111/bjhp.12219

Ebbinghaus, H. (1913). *Memory, a contribution to experimental psychology*. (H. A. Ruger & C. E. Bussenius, Trans.). New York, NY: Teachers College, Columbia University. (Original work published 1885.)

Ellen, R. F. (1984). *Ethnographic research*. New York, NY: Academic Press.

Ellickson, P. L. (1989). *Limiting nonresponse in longitudinal research: Three strategies for school-based studies* (Rand Note N-2912-CHF). Santa Monica, CA: Rand Corporation.

Ellickson, P. L., & Hawes, J. A. (1989). An assessment of active versus passive methods for obtaining parental consent. *Evaluation Review, 13,* 45–55.

Erdfelder, E., Faul, F., & Buchner, A. (1996). GPOWER: A general power analysis program. *Behavior Research Methods, Instruments, & Computers, 28,* 1–11.

Ericsson, K. A., & Simon, H. A. (1980). Verbal reports as data. *Psychological Review, 87,* 215–251.

Fanelli, D. (2009). How many scientists fabricated and falsify research? A systematic review and meta-analysis of survey data. *PLoS ONE, 4*(5), e5738. doi:10.1371/journal.pone.0005738

Festinger, L. (1957). *A theory of cognitive dissonance.* Evanston, IL: Row, Peterson.

Festinger, L., & Carlsmith, J. M. (1959). Cognitive consequences of forced compliance. *Journal of Abnormal and Social Psychology, 58,* 203–211.

Fields, D. L. (2002). *Taking the measure of work: A guide to validated scales for organizational research and diagnosis.* Thousand Oaks, CA: Sage.

Fisher, C. B., & Fyrberg, D. (1994). Participant partners: College students weigh the costs and benefits of deception research. *American Psychologist, 49,* 417–427.

Fisher, R. A. (1935). The design of experiments (1st ed.). London, England: Oliver and Boyd.

Fochtman, D. (2008). Phenomenology in pediatric cancer nursing research. *Journal of Pediatric Oncology Nursing, 25,* 185–192.

Folkman, S. (2000). Privacy and confidentiality. In B. D. Sales & S. Folkman (Eds.), *Ethics in research with human participants* (pp. 49–57). Washington, DC: American Psychological Association.

Fortuyn, H., Lappenschaar, G., Nienhuis, F., Furer, J., Hodiamont, P., Rijnders, C., et al. (2009). Psychotic symptoms in narcolepsy: Phenomenology and a comparison with schizophrenia. *General Hospital Psychiatry, 31*(2), 146–154.

Foster, J. D., & Campbell, W. K. (2007). Are there such things as "Narcissists" in social psychology? A taxometric analysis of the Narcissistic Personality Inventory. *Personality and Individual Differences, 43*(6), 1321–1332.

Foster, J. D., McCain, J. L., Hibberts, M. F., Brunell, A. B., & Johnson, R. B. (2105). The Grandiose Narcissism Scale: A global and facet-level measure of grandiose narcissism. *Personality and Individual Differences, 73,* 12–16.

Fowler, F. J. (2013). *Survey research methods* (5th ed.). Thousand Oaks, CA: Sage.

Galynker, I., Yaseen, Z. S., Cohen, A., Benhamou, O., Hawes, M., & Briggs, J. (2017). Prediction of suicidal behavior in high risk psychiatric patients using an assessment of acute suicidal state: The suicide crisis inventory. *Depression & Anxiety, 34,* 147–158.

Garcia, A., Freeman, J., Himle, M., Berman, N., Ogata, A., Ng, J., et al. (2009). Phenomenology of early childhood onset obsessive compulsive disorder. *Journal of Psychopathology and Behavioral Assessment,* (2), 104–111.

Gardner, G. T. (1978). Effects of federal human subjects regulations on data obtained in environmental stressor research. *Journal of Personality and Social Psychology, 36,* 628–634.

Gathercole, S. E., & Willis, C. S. (1992). Phonological memory and vocabulary development during the early school years: A longitudinal study. *Developmental Psychology, 28,* 887–898.

Gilbert, G. M. (1951). Stereotype persistence and change among college students. *Journal of Abnormal and Social Psychology, 46,* 245–254.

Glaser, B. G., & Strauss, A. L. (1967). *The discovery of grounded theory: Strategies for qualitative research.* New York, NY: Aldine De Gruyter.

Gold, R. (1958). Roles in sociological field observations. *Social Forces, 36,* 217–223.

Goldman, B. A., & Mitchell, D. F. (2008). *Directory of unpublished experimental measures* (Vol. 9). Washington, DC: American Psychological Association.

Goncalves, H.M., Rey-Marti, A., Roig-Tierno, N., & Miles, M.P. (2016). The role of qualitative research in current digital social media: Issues and aspects—An introduction. *Psychology & Marketing, 33,* 1023–1028. doi:10.1002/mar.20935

Gottman, J. M., & Glass, G. V. (1978). Analysis of interrupted time-series experiments. In T. R. Kratochwill (Ed.), *Single subject research: Strategies for evaluating change* (pp. 197–235). New York: Academic Press.

Gray, M. (2004). Philosophical inquiry in nursing: An argument for radical empiricism as a philosophical framework for the phenomenology of addiction. *Qualitative Health Research, 14,* 1151–1164.

Groves, R. M., & Kahn, R. L. (1979). *Surveys by telephone: A national comparison with personal interviews.* New York, NY: Academic Press.

Guest, A. M. (2007). Cultural meanings and motivations for sport: A comparative case study of soccer teams in the United States and Malawi. *Online Journal of Sport Psychology, 9*(1), 1–19.

Hall, R. V., & Fox, R. W. (1977). Changing-criterion designs: An alternative applied behavior analysis procedure. In C. C. Etzel, G. M. LeBlanc, & D. M. Baer (Eds.), *New developments in behavioral research: Theory, method, and application* (in honor of Sidney W. Bijou). Hillsdale, NJ: Lawrence Erlbaum Associates.

Hare-Mustin, R. T., & Marecek, J. (Eds.). (1990). *Making a difference: Psychology and the construction of gender.* New Haven: Yale University Press.

Harris, D. F. (2014). *The complete guide to writing questionnaires: How to get better information for better decisions.* Durham, NC: I&M Press.

Harter, S. (2012). *Self-perception profile for adolescents: Manual and questionnaires.* Denver, CO: University of Denver.

Hartmann, D. P., & Hall, R. V. (1976). A discussion of the changing criterion design. *Journal of Applied Behavior Analysis, 9,* 527–532.

Heinsman, D. T., & Shadish, W. R. (1996). Assignment methods in experimentation: When do nonrandomized experiments approximate answers from randomized experiments. *Psychological Methods, 1,* 154–169.

Henry, G. T. (1990). *Practical sampling.* Thousand Oaks, CA: Sage.

Hesse-Biber, S. N., & Johnson, R. B. (2015). *Oxford handbook of multiple and mixed methods research*. New York, NY: Oxford University Press.

Hicks, L. (2005). Research in public schools. In E. A. Bankert & R. J. Amdur (Eds.), *Institutional review board: Management and function* (2nd ed., pp. 341–345). Sudbury, MA: Jones & Bartlett.

Hilgartner, S. (1990). Research fraud, misconduct, and the IRB. *IRB: A Review of Human Subjects Research, 12*, 1–4.

Hill, B. A. (1965). The environment and disease: Association or causation? *Proceedings of the Royal Society of Medicine, 58*, 295–300.

Himadi, B., Osteen, F., Kaiser, A. J., & Daniel, K. (1991). Assessment of delusional beliefs during the modification of delusional verbalizations. *Behavioral Residential Treatment, 6*, 355–366.

Hinojosa, A.S., Gardner, W. L., Walker, H. J., Cogliser, C., & Gullifor, D. (2017). A review of cognitive dissonance theory in management research: Opportunities for further development. *Journal of Management, 43*, 170–199.

Hippocrates. (1931). Aphorisms. In *Hippocrates* (W. H. S. Jones, Trans.). (pp. 128–129). Cambridge, MA: Harvard University Press.

Hogan, J. D. (1994). G. Stanley Hall and company: Observations on the first 100 APA Presidents. *Annals of the New York Academy of Sciences, 727*, 133–138.

Holden, C. (1987). NIMH finds a case of "serious misconduct." *Science, 235*, 1566–1567.

Holmes, D. S. (1973). Effectiveness of debriefing after a stress-producing deception. *Journal of Research in Personality, 7*, 127–138.

Holmes, D. S. (1976a). Debriefing after psychological experiments: I. Effectiveness of postdeception dehoaxing. *American Psychologist, 31*, 858–867.

Holmes, D. S. (1976b). Debriefing after psychological experiments: II. Effectiveness of postexperimental desensitizing. *American Psychologist, 31*, 868–875.

Holmes, D. S., & Bennett, D. H. (1974). Experiments to answer questions raised by the use of deception in psychological research: I. Role playing as an alternative to deception; II. Effectiveness of debriefing after a deception; III. Effect of informed consent on deception. *Journal of Personality and Social Psychology, 29*, 358–367.

Homan, K., McHugh, E., Wells, D., Watson, C., & King, C. (2012). The effect of viewing ultra-fit images on college women's body dissatisfaction. *Body Image, 9*, 50–56. doi:10.1016/j.bodyim.2011.07.006

Howell, D. C. (2016). *Fundamental statistics for the behavioral sciences* (9th ed.). Boston, MA: Cengage Learning.

Howell, D. C. (2017). *Fundamental statistics for the behavioral sciences*. Boston, MA: Cengage Learning.

Hughes, J. N., West, S. G., Kim, H., & Bauer, S. S. (2017). Effect of early grade retention on school completion: A prospective study. *Journal of Educational Psychology, 110*, 974–991. doi:10.1037/edu0000243

Hull, G. A., & Zacher, J. (2007). Enacting identities: An ethnography of a job training program. *Identity: An International Journal of Theory and Research, 7*, 71–102.

Iniesta, R., Malki, K., Maier, W., Rietschel, M., Mors, O., Hauser, J., Henigsberg, N., Dernovsek, M. Z., Souery, D., Stahl, D., Dobson, R., Aitchison, K. J., Farmer, A., Lewis, C. M., McGuffin, P., & Uher, R. (2016). Combining clinical variables to optimize prediction of antidepressant treatment outcomes. *Journal of Psychiatric Research, 78*, 94–102.

Institute of Laboratory Animal Research, Division on Earth and Life Sciences, National Research Council. (2011). *Guide for the care and use of laboratory animals* (8th ed.). Washington, DC: National Academies Press.

Ishige, N., & Hayashi, N. (2005). Occupation and social experience: Factors influencing attitude towards people with schizophrenia. *Psychiatry and Clinical Neurosciences, 59*, 89–95.

Jeong, E. J., Biocca, F. A., & Bohil, C. J. (2012). Sensory realism and mediated aggression in video games. *Computers in Human Behavior, 28*, 1840–1848. doi:10.1016/j.chb.2012.05.002

Johnson, J. E., & Zlotnick, C. (2008). A pilot study of group interpersonal psychotherapy for depression in substance-abusing female prisoners. *Journal of Substance Abuse Treatment, 34*, 371–377. doi:10.1016/j.sat.2007.05.010

Johnson, R. B., de Waal, C., Stefurak, T., & Hildebrand, D. (2017b). Understanding the philosophical positions of classical and neopragmatists for mixed methods research. *Kölner Zeitschrift für Soziologie und Sozialpsychologie (Cologne Journal for Sociology and Social Psychology), 69*(2), 63–86. doi:10.1007/s11577-017-0452-3

Johnson, R. B., Onwuegbuzie, A. J., & Turner, L. A. (2007). Toward a definition of mixed methods research. *Journal of Mixed Methods Research, 1*, 112–133.

Johnson, R. B., Onwuegbuzie, A. J., de Waal, C., Stefurak, T., & Hildebrand, D. (2017a). Unpacking pragmatism for mixed methods research: The philosophies of Peirce, James, Dewey, and Rorty. *The BERA/SAGE handbook of educational research* (pp. 259–279). London, England: Sage.

Johnson, R. B., Russo, F., & Schoonenboom, J. (2017). Causation in mixed methods research: The meeting of philosophy, science, and practice. *Journal of Mixed Methods Research, 11*, 156–173. doi:10.1177/1558689817719610

Johnson, R. B., & Schoonenboom, J. (2016). Adding qualitative and mixed methods research to health intervention studies: Interacting with differences. *Qualitative Health Research, 26*, 587–602. doi:10.1177/1049732315617479

Jones, J. H. (1981). *Bad blood: The Tuskegee syphilis experiment*. New York, NY: Free Press.

Kalton, G. (1983). *Introduction to survey sampling*. Thousand Oaks, CA: Sage.

Karlins, M., Coffman, T. L., & Walters, G. (1969). On the fading of social stereotypes: Studies in three generations of college students. *Journal of Personality and Social Psychology, 13*, 1–16.

Karraker, K. H., Vogel, D. A., & Lake, M. A. (1995). Parents' gender-stereotyped perceptions of newborns: The eye of the beholder revisited. *Sex Roles, 33*, 687–701.

Katz, D., & Braly, K. (1933). Racial stereotypes of one hundred college students. *Journal of Abnormal Psychology, 28*, 280–290.

Kazdin, A. E. (1978). Methodological and interpretive problems of single-case experimental designs. *Journal of Consulting and Clinical Psychology, 46*, 629–642.

Kazdin, A. E. (2016). *Methodological issues and strategies in clinical research* (4th ed.). Washington, DC: American Psychological Association.

Kazdin, A. E. (2017). *Research design in clinical psychology*. New York, NY: Harper & Row.

Keith, T. Z. (2019). *Multiple regression and beyond: An introduction to multiple regression and structural equation modeling*. New York, NY: Routledge.

Kelman, H. C. (1967). Human use of human subjects. *Psychological Bulletin, 67*, 1–11.

Keppel, G., & Zedeck, S. (1989). *Data analysis for research designs: Analysis of variance and multiple regression/correlation approaches*. New York, NY: W. H. Freeman.

Kerlinger, F. N. (1973). *Foundations of behavioral research*. New York, NY: Holt, Rinehart and Winston.

Kerlinger, F. N. (1986). *Foundations of behavioral research*. Fort Worth, TX: Harcourt Brace Jovanovich.

Kerlinger, F., & Lee, H. (2000). *Foundations of behavioral research* (4th ed.). Fort Worth, TX: Harcourt College Pub.

Kihlstrom, J. F. (1995). On the validity of psychology experiments. *APS Observer, 9*, 10–11.

King, B. J. (2004). Towards an ethnography of African great apes. *Social Anthropology, 12*, 195–207.

Kish, L. (1995). *Survey sampling*. Hoboken, NJ: Wiley.

Kratochwill, T. R. (1978). Foundations of time-series research. In T. R. Kratochwill (Ed.), *Single subject research: Strategies for evaluating change* (pp. 1–100). New York, NY: Academic Press.

Lande, R. G., Bahroo, B. A., & Soumoff, A. (2013). United States military members and their tattoos: A descriptive study. *Military Medicine, 178*(8), 921–925.

Langhinrichsen-Rohling, J., & Turner, L. A. (2012). The efficacy of an intimate partner violence prevention program with high-risk adolescent girls: A preliminary test. *Prevention Science, 13*, 384–394. doi:10.1007/s11121-011-0240-7

Latané, B. (1981). The psychology of social impact. *American Psychologist, 36*, 343–356.

Lau, K. S., Marsee, M. A., Lapre, G. E., & Halmos, M. B. (2016). Does parental relational aggression interact with parental psychological control in the prediction of youth relational aggression? *Deviant Behavior, 37*, 904–916.

Leak, G. K. (1981). Student perception of coercion and value from participation in psychological research. *Teaching of Psychology, 8*, 147–149.

Leake, M., & Lesik, S. A. (2007). Do remedial English programs impact first-year success in college? An illustration of the regression-discontinuity design. *International Journal of Research and Method in Education, 30*, 89–99.

Levine, J. M. (2000). Groups: Group processes. In A. Kazdin (Ed.), *Encyclopedia of psychology* (Vol. 4, pp. 26–31). Washington, DC & New York, NY: American Psychological Association and Oxford University Press.

Levine, T. R., & Hullett, C. R. (2002). Eta squared, partial eta squared and the misreporting of effect size in communication research. *Human Communication Research, 28*, 612–625.

Lewin, K. (1951). *Field theory in social science: Selected theoretical papers*. New York, NY: Harper & Row.

Lewis, A., & Eves, F. (2012). Prompt before the choice is made: Effects of a stair-climbing intervention in university buildings. *British Journal of Health Psychology, 17*, 631–643.

Lexchin, J., Bero, L. A., Djulbegovic, & Clark, O. (2003). Pharmaceutical industry sponsorship and research outcome and quality: Systematic review. *BMJ, 326*, 1167–1170. doi:10.1136/bmj.326.7400.1167

Likert, R. (1932). A technique for the measurement of attitudes. *Archives of Psychology, 22*, 1–55.

Litt, D. M., & Lewis, M. A. (2016). Examining a social reaction model in the prediction of adolescent alcohol use. *Addictive Behaviors, 60*, 160–164.

Llieva, J., Baron, S., & Healey, N. M. (2002). Online surveys in marketing research: Pros and cons. *International Journal of Marketing Research, 44*, 361–375.

Loftus, E. F. (2017). Eavesdropping on memory. *Annual Review of Psychology, 68*, 1–18. doi:10.1146/annurev-psych-010416-044138

Logue, A. W., & Anderson, Y. D. (2001). Higher-education administrators: When the future does not make a difference. *Psychological Science, 12*, 276–281.

Lysaker, P. H., Davis, L. W., Jones, A. M., & Beattie, N. L. (2007). Relationship and technique in the long-term integrative psychotherapy of schizophrenia: A single case study. *Counselling & Psychotherapy Research, 7*, 79–85.

Maddox, T. (2002). *Tests: A comprehensive reference for assessment in psychology, education, and business*. Austin, TX, Pro-Ed.

Mahoney, C. R., Taylor, H. A., Kanarek, R. B., & Samuel. P. (2005). Effect of breakfast composition on cognitive processes in elementary school children. *Physiology and Behavior, 85*, 635–645.

Marquart, J. W. (1983). *Cooptation of the kept: Maintaining control in a southern penitentiary* (Unpublished doctoral dissertation). College Station, TX: Texas A&M University.

Marshall, B. (2008). *Helicobacter pioneers: Firsthand accounts from the scientists who discovered helicobacters 1892–1982*. Hoboken, NJ: Wiley-Blackwell.

Martinson, B. C., Anderson, M. S., & de Vries, R. (2005). Scientists behaving badly. *Nature, 420*, 739–740.

Mathiasen, R. E. (2005). Moral development in fraternity members: A case study. *College Student Journal, 39*, 242–252.

Maxwell, J. A. (1992). Understanding and validity in qualitative research. *Harvard Educational Review, 62*, 279–299.

Maxwell, J. A. (2005). *Qualitative research design: An interactive approach*. Thousand Oaks, CA: Sage.

Maxwell, J. A. (2013). *Qualitative research design*. Thousand Oaks, CA: Sage Publications.

Maxwell, S. E., Delaney, H. D., & Kelley, K. (2018). *Designing experiments and analyzing data: A model comparison perspective*. New York, NY: Routledge.

McDonough, M. H., Jose, P. E., & Stuart, J. (2016). Bi-directional effects of peer relationships and adolescent substance use: A longitudinal study. *Journal of Youth Adolescence, 45*, 1652–1663.

McKelvie, S. (1978). Graphic rating scales: How many categories? *British Journal of Psychology, 69*, 185–202.

Mercer, S. H., Nellis, L. M., Martinez, R. S., & Kirk, M. (2011). Supporting the students most in need: Academic self-efficacy and perceived teacher support in relation to within-year academic growth. *Journal of School Psychology, 49*, 323–338. doi:10.1016/j.jsp.2011.03.006

Messick, S. (1989). Validity. In R. L. Linn (Ed.), *Educational measurement* (3rd ed., pp. 13–103). New York, NY: Macmillan Publishing.

Messick, S. (1995). Validity of psychological assessment: Validation of inferences from persons' responses and performances as scientific inquiry into score meaning. *American Psychologist, 50,* 741–749.

Miao, C., Humphrey, R. H., & Qian, S. (2016). A meta-analysis of emotional intelligence and work attitudes. *Journal of Occupational and Organizational Psychology, 90,* 177–202.

Miles, M. B., & Huberman, A. M. (1994). *Qualitative data analysis: An expanded sourcebook.* Thousand Oaks, CA: Sage.

Milgram, S. (1964a). Group pressure and action against a person. *Journal of Personality and Social Psychology, 69,* 137–143.

Milgram, S. (1964b). Issues in the study of obedience: A reply to Baumrind. *American Psychologist, 19,* 848–852.

Miller, D. C., & Salkind, N. J. (2002). *Handbook of research design and social measurement* (6th ed.). Thousand Oaks, CA: Sage.

Moskowitz, J. T., & Wrubel, J. (2005). Coping with HIV as a chronic illness: A longitudinal analysis of illness appraisals. *Psychology & Health, 20,* 509–531.

Murphy, D. (2009). Client-centered therapy for severe childhood abuse: A case study. *Counseling & Psychotherapy Research, 9,* 3–10.

Nederhof, A. J. (1985). A comparison of European and North American response patterns in mail surveys. *Journal of the Market Research Society, 27,* 55–63.

Neergaard, L. (1999, May 16). Sex and medicine: Prescribing drugs based on gender. *Mobile Register,* pp. 6A–7A.

Nelson, R. D., Kidwell, K. M., Hoffman, S., Trout, A. L., Epstein, M. H., & Thompson, R. W. (2014). Health-related quality of life among adolescents in residential care: Description and correlates. *American Journal of Orthopsychiatry, 84*(3), 226–253.

Newton, L, Rosen, A., Tennant, C., Hobbs, C., Lapsley, H. M., & Tribe, K. (2000). Deinstitutionalisation for long-term mental illness: An ethnographic study. *Australian and New Zealand Journal of Psychiatry, 34,* 484–490.

Nosek, B. A., Banaji, M. R., & Greenwald, A. G. (2002). E-research: Ethics, security, design, and control in psychological research on the Internet. *Journal of Social Issues, 58,* 161–176.

Nunnally, J. (1978). *Psychometric theory.* New York: McGraw-Hill.

Office for Protection from Research Risks [OPRR]. (2001, December 13). Protection of human subjects, Title 45, Code of Federal Regulations 45 (Part 46). Washington, DC: U.S. Government Printing Office.

Office for Protection from Research Risks, Protection of Human Subjects, National Commission for the Protection of Human Subjects of Biomedical and Behavioral Research. (1979). *The Belmont Report: Ethical principles and guidelines for the protection of human subjects of research* (pp. 887–809). Washington, DC: U.S. Government Printing Office.

Olsen, L., Bottorff, J. L., Raina, P., & Frankish, C. J. (2008). An ethnography of low-income mothers' safeguarding efforts. *Journal of Safety Research, 39,* 609–616.

Onwuegbuzie, A. J., & Johnson, R. B. (2006). The validity issue in mixed methods research. *Research in the Schools, 13,* 48–63.

Open Science Collaboration. (2015). Estimating the reproducibility of psychological science. *Science, 349,* 943–951.

Orne, M. T. (1962). On the social psychology of the psychological experiment: With particular reference to demand characteristics and their implications. *American Psychologist, 17,* 776–783.

Orne, M. T. (1973). Communication by the total experimental situations: Why is it important, how is it evaluated, and its significance for the ecological validity of findings. In P. Pliner, L. Kramer, & A. Alloway (Eds.), *Communication and affect* (pp. 157–191). New York, NY: Academic Press.

Osgood, C. E., Suci, G. J., & Tannenbaum, P. J. (1957). *The measurement of meaning.* Urbana, IL: University of Illinois Press.

OSTP. (2005). *Federal Policy on Research Misconduct.* Retrieved September 2005 from http://www.ostp.gov/html/001207_3.html

Pappworth, M. H. (1967). *Human guinea pigs: Experimentation on man.* Boston, MA: Beacon Press.

Pashler, H., & Wagenmakers, E-J (2012). Editors' introduction to the special section on replicability in psychological science: A crisis of confidence. *Perspectives of Psychological Science, 7,* 528–530. DOI: 10.1177/1745691612465253

Pasternak, D., & Cary, P. (1995, September 18). Tales from the crypt: Medical horror stories from a trove of secret cold-war documents. *U.S. News & World Report,* pp. 70, 77.

Patton, M. Q. (2015). *Qualitative research & evaluation methods: Integrating theory and practice.* Los Angeles, CA: Sage.

Pavlov, I. P. (1928). *Lecture on conditioned reflexes* (W. H. Gantt, Trans.). New York, NY: International.

Pedhazur, E. J. (1997). *Multiple regression in behavioral research: Explanation and prediction.* Fort Worth, TX: Harcourt Brace.

Peters, T. J., & Eachus, J. I. (2008). Achieving equal probability of selection under various random sampling strategies. *Paediatric and Perinatal Epidemiology, 9,* 219–224.

Pfungst, O. (1965). *Clever Hans (the horse of Mr. Von Osten): A contribution to experimental, animal, and human psychology.* (C. L. Rahn, Trans.). New York, NY: Holt, Rinehart and Winston. (Original work published 1911.)

Philogene, G. (2001). Stereotype fissure: Katz and Braly revisited. *Social Science Information, 40,* 411–432.

Plous, S. (1996). Attitudes toward the use of animals in psychological research and education: Results from a national survey of psychologists. *American Psychologist, 51,* 1167–1180.

Popper, K. R. (1968). *The logic of scientific discovery.* London, England: Hutchinson and Co.

Popper, K. R. (1974). Replies to my critics. In P. A. Schilpp (Ed.), *The philosophy of Karl Popper* (pp. 963–1197). LaSalle, IL: Open Court.

Pukay-Martin, N. D., Torbit, L., Landy, M. S. H., Macdonald, A., & Monson, C. M. (2017). Present- and trauma-focused cognitive-behavioral conjoint therapy for posttraumatic stress disorder: A case study. *Couple and Family Psychology: Research and Practice, 6,* 61–78. doi:10.1037/cfp0000071

Raskin, R.; Terry, H. (1988). A principal-components analysis of the Narcissistic Personality Inventory and further evidence of its construct validity. *Journal of Personality and Social Psychology, 54*(5), 890–902.

Reips, U. (2000). The Web experiment method: Advantages, disadvantages, and solutions. In M. H. Birnbaum (Ed.), *Psychology experiments on the Internet* (pp. 89–117). New York, NY: Academic Press.

Riemen, D. J. (1983). *The essential structure of a caring interaction: A phenomenological study.* Retrieved from ProQuest Dissertations and Theses database. (UMI No. 8401214)

Rindskopf, D. (1992). The importance of theory in selection modeling: Incorrect assumptions mean biased results. In H. Chen & P. H. Rossi (Eds.), *Using theory to improve program and policy evaluations* (pp. 179–191). New York, NY: Greenwood Press.

Ring, K., Wallston, K., & Corey, M. (1970). Mode of debriefing as a factor affecting reaction to a Milgram type obedience experiment: An ethical inquiry. *Representative Research in Social Psychology, 1,* 67–88.

Robbins, S. B., Lauver, K., Le, H., Davis, D., Langley, R., & Carlstrom, A. (2004). Do psychosocial and study skill factors predict college outcomes? A meta-analysis. *Psychological Bulletin, 130,* 261–288. doi:10.1037/0033-2909.130.2.261

Roberson, M. T., & Sundstrom, E. (1990). Questionnaire design, return rates, and response favorableness in an employee attitude questionnaire. *Journal of Applied Psychology, 75,* 354–357.

Robinson, S. B., & Leonard, K. F. (2019). *Designing quality survey questions.* Los Angeles, CA: Sage.

Roccatagliata, G. (1986). *A history of ancient psychiatry.* Westport, CT: Greenwood Press.

Rogers, T. F. (1976). Interviews by telephone and in person: Quality of responses and field performance. *Public Opinion Quarterly, 40,* 51–65.

Rosenberg, M. (1989). *Society and the adolescent self-image* (rev. ed.). Middletown, CT: Wesleyan University.

Rosenberg, M. J. (1969). The conditions and consequences of evaluation apprehension. In R. Rosenthal & R. L. Rosnow (Eds.), *Artifact in behavioral research* (pp. 119–141). New York, NY: Academic Press.

Rosenthal, R. (1966). *Experimenter effects in behavioral research.* New York, NY: Appleton-Century-Crofts.

Rosnow, R. L. (1997). Hedgehogs, foxes and the evolving social contract in science: Ethical challenges and methodological opportunities. *Psychological Methods, 2,* 345–356.

Rosnow, R. L. (2002). The nature and role of demand characteristics in scientific inquiry. *Prevention & Treatment, 5,* Article ID 37.

Rosnow, R. L., & Rosnow, M. (2012). *Writing papers in psychology* (9th ed.). New York, NY: Wiley.

Rosnow, R. L., & Rosenthal, R. (1998). *Beginning behavioral research.* Upper Saddle River, NJ: Prentice-Hall.

Roth, A., & Fonagy, P. (2005). *What works for whom? A critical review of psychotherapy research.* New York, NY: Guilford.

Rubin, J. Z., Provenzano, F. J., & Luria, Z. (1974). The eye of the beholder: Parents' views on sex of newborns. *American Journal of Orthopsychiatry, 44,* 512–519.

Sales, B. D., & Folkman, S. (2000). *Ethics in research with human participants.* Washington, DC: American Psychological Association.

Schoonenboom, J., & Johnson, R. B. (2017). How to construct a mixed methods research design. *Kölner Zeitschrift für Soziologie und Sozialpsychologie (Cologne Journal for Sociology and Social Psychology), 69*(2), 107–131.

Schouten, J. W., & McAlexander, J. H. (1995). Subcultures of consumption: An ethnography of the new bikers. *Journal of Consumer Research, 22,* 43–61.

Schraw, G., Wadkins, T., & Olafson, L. (2007). Doing the things we do: A grounded theory of academic procrastination. *Journal of Educational Psychology, 99*(1), 12–25.

Schulenberg, J. E., Johnston, L. D., O'Malley, P. M., Bachman, J. G., Miech, R. A., & Patrick, M. E. (2017). *Monitoring the Future national survey results on drug use, 1975–2016: Volume II, college students and adults ages 19–55.* Ann Arbor: Institute for Social Research, University of Michigan.

Schuman, H., & Presser, H. (1996). *Questions and answers in attitude surveys: Experiments on question form, wording, and content.* Thousand Oaks, CA: Sage.

Seashore, S. E., & Katz, D. (1982). Obituary: Rensis Likert (1903–1981). *American Psychologist, 37,* 851–853.

Selltiz, C., Jahoda, M., Deutsch, M., & Cook, S. W. (1959). *Research methods in social relations.* New York, NY: Holt.

Severson, H. H., & Ary, D. V. (1983). Sampling bias due to consent procedures with adolescents. *Addictive Behaviors, 8,* 433–437.

Shadish, W. R., & Reis, J. (1984). A review of studies of the effectiveness of programs to improve pregnancy outcome. *Evaluation Review, 8,* 747–776.

Shadish, W. R., Cook, T. D., & Campbell, D. T. (2002). *Experimental and quasi-experimental designs for generalized causal inference.* Boston, MA: Houghton Mifflin.

Sharpe, D., Adair, J. G., & Roese, N. J. (1992). Twenty years of deception research: A decline in subjects' trust? *Personality and Social Psychology Bulletin, 18,* 585–590.

Shelton, R., Griffith, D. M., & Kegler, M. C. (2017). The promise of qualitative research to inform theory to address health equity. *Health Education and Behavior, 44,* 815–819. doi:10.1177/1090198117728548

Shepherd, R. M., & Edelmann, R. J. (2007). Social phobia and the self medication hypothesis: A case study approach. *Counselling Psychology Quarterly, 20,* 295–307.

Shim, M., Johnson, R. B., Gasson, S., Goodill, S., Jermyn, R., & Bract, J. (2017). A model of dance/movement therapy for resilience-building in people living with chronic pain. *European Journal of Integrative Medicine, 9,* 27–40.

Shipway, R., & Holloway, I. (2016). Health and the running body: Notes from an ethnography. *International Review for the Sociology of Sport, 51,* 78–96. doi:10.1177/1012690213509807

Shoham, A. (2004). Flow experiences and image making: An online chat-room ethnography. *Psychology & Marketing, 21,* 855–882.

Sidowski, J. B., & Lockard, R. B. (1966). Some preliminary considerations in research. In J. B. Sidowski (Ed.), *Experimental methods and instrumentation in psychology* (pp. 385–420). New York, NY: McGraw-Hill.

Sieber, J. E. (1983). Deception in social research: III. The nature and limits of debriefing. *IRB: A Review of Human Subjects Research, 5*(3), 1–4.

Sieber, J. E., Iannuzzo, R., & Rodriguez, B. (1995). Deception methods in psychology: Have they changed in 23 years? *Ethics and Behavior, 5,* 67–85.

Skinner, B. F. (1953). *Science and human behavior.* New York, NY: Macmillan.

Smith, J. A. (Ed.). (2008). *Qualitative psychology: A practical guide to research methods.* Los Angeles, CA: Sage.

Smith, S. S., & Richardson, D. (1983). Amelioration of deception and harm in psychological research: The important role of debriefing. *Journal of Personality and Social Psychology, 44,* 1075–1082.

Smith, T. E., Sells, S. P., & Clevenger, T. (1994). Ethnographic content analysis of couple and therapist perceptions in a reflecting team setting. *Journal of Marital and Family Therapy, 20,* 267–286.

Society for Research in Child Development. (2003). *Ethical standards for research with children.*

Soliday, E., & Stanton, A. L. (1995). Deceived versus nondeceived participants' perceptions of scientific and applied psychology. *Ethics & Behavior, 5,* 87–104.

Stake, R. E. (1995). *The art of case study research.* Thousand Oaks, CA: Sage.

Stevens, S. S. (1946). On the theory of scales of measurement. *Science, 103,* 677–680.

Strauss, A., & Corbin, J. (1998). *Basics of qualitative research: Techniques and procedures for developing grounded theory.* Thousand Oaks, CA: Sage.

Susser, M. (1977). Judgement and causal inference: Criteria in epidemiologic studies. *American Journal of Epidemiology, 105,* 1–15.

Sussman, S., Skari, S., Weiner, M. D., & Dent, C. W. (2004). Prediction of violence perpetration among high-risk youth. *American Journal of Health Behavior, 28*(2), 134–144.

Svanborg, C., Rosso, M. S., Lützen, K., Bäärnhielm, S., & Wistedt, A. A. (2008). Barriers in the help-seeking process: A multiple-case study of early-onset dysthymia in Sweden. *Nordic Journal of Psychiatry, 62*(8), 346–353.

Tan, J. S., Hessel, E. T., Loeb, E. L., Shad, M. M., Allen, & Chango, J. J. M. (2016). Long-term predictions from early adolescent attachment state of mind to romantic relationship behaviors. *Journal of Research on Adolescence, 26*(4), 1022–1035.

Tashakkori, A., & Teddlie, C. (Eds.). (2003). *Handbook of mixed methods in social and behavioral research.* Thousand Oaks, CA: Sage.

Tashakkoori, A., & Teddlie, C. (2010). *Sage handbook of mixed methods in social and behavioral research* (2nd ed.). Thousand Oaks, CA: Sage Publications.

Teddlie, C., & Tashakkori, A. (2009). *Foundations of mixed methods research: Integrating quantitative and qualitative techniques in the social and behavioral sciences.* Thousand Oaks, CA: Sage.

Tesch, F. E. (1977). Debriefing research participants: Though this be method there is madness to it. *Journal of Personality and Social Psychology, 35,* 217–224.

Thomas, L., & Chambers, K. (1989). Phenomenology of life satisfaction among elderly men: Quantitative and qualitative views. *Psychology and Aging, 4*(3), 284–289.

Thompson, B. (2006). *Foundations of behavioral statistics: An insight based approach.* New York, NY: Guilford.

Thompson, M. N., Cole, O. D., & Nitzarim, R. S. (2012). Recognizing social class in the psychotherapy relationship: A grounded theory exploration of low-income clients. *Journal of Counseling Psychology, 59*(2), 208–221. Doi:10.1037/a0027534

Thorkildsen, R. A. (2005). *Fundamentals of measurement in applied research.* Boston, MA: Pearson.

Tillsfors, M., Andersson, G., Ekselius, L., Furmark, T., Lewenhaupt, S., Karlsson, A., & Carlbring, P. (2011). A randomized trial of Internet-delivered treatment for social anxiety disorder in high school students. *Cognitive Behaviour Therapy, 40*(2), 147–157. doi:10.1080/16506073.2011.555486

Trochim, W. M. K. (2001). *The research methods knowledge base.* Cincinnati, OH: Atomic Dog.

Trochim, W. M. K., & Donnelly, J. P. (2008). *The research methods knowledge base.* Mason, OH: Cengage Learning.

Trout, Z. M., Hernandez, E. M., Kleiman, E. M., & Liu, R. T. (2017). Prospective prediction of first lifetime suicide attempts in a multi-site study of substance users. *Journal of Psychiatric Research, 84,* 35–40.

Turner, L. A., & Johnson, R. B. (2003). A model of mastery motivation for at-risk preschoolers. *Journal of Educational Psychology, 95,* 495–505.

Van Houten, R., Van Houten, J., & Malenfant, J. E. L. (2007). Impact of a comprehensive safety program on bicycle helmet use among middle-school children. *Journal of Applied Behavior Analysis, 40,* 239–247.

Van Vliet, K. J. (2008). Shame and resilience in adulthood: A grounded theory study. *Journal of Counseling Psychology, 55,* 233–245.

Vogt, W. P., & Johnson, R. B. (2016). *The SAGE dictionary of statistics & methodology: A nontechnical guide for the social sciences* (5th ed.). Los Angeles, CA: Sage.

Wagner, R. K., Torgesen, J. K., Laughon, P., Simmons, K., & Rashotte, C. A. (1993). Development of young readers' phonological processing abilities. *Journal of Educational Psychology, 85,* 83–103.

Wahl, K., Salkovskis, P., & Cotter, I. (2008). "I wash until it feels right" the phenomenology of stopping criteria in obsessive-compulsive washing. *Journal of Anxiety Disorders, 22,* 143–161.

Wainberg, M. L., González, M. A., McKinnon, K., Elkington, K. S., Pinto, D., Mann, C. G., et al. (2007). Targeted ethnography as a critical step to inform cultural adaptations of HIV prevention interventions for adults with severe mental illness. *Social Science & Medicine, 65,* 296–308.

Walker, H. M., & Buckley, N. K. (1968). The use of positive reinforcement in conditioning attending behavior. *Journal of Applied Behavior Analysis, 1,* 245–250.

Walters, A. L. (2008). An ethnography of a children's renal unit: Experiences of children and young people with long-term renal illness. *Journal of Clinical Nursing, 17,* 3103–3114.

Webb, E. J., Campbell, D. T., Schwartz, R. D., & Sechrest, L. (1999). *Unobtrusive measures*. Los Angeles, CA: Sage.

Whisman, M. A. (2007). Marital distress and DSM-IV psychiatric disorders in a population-based national survey. *Journal of Abnormal Psychology, 116*, 638–643.

Whitley, R., Harris, M., & Drake, R. E. (2008). Safety and security in small-scale recovery housing for people with severe mental illness: An inner-city case study. *Psychiatric Services, 59*, 165–169.

Willig, C., & Stainton-Rogers, W. (Eds.). (2008). *The Sage handbook of qualitative research in psychology*. Los Angeles, CA: Sage.

Wilson, T. D. (1994). The proper protocol: Validity and completeness of verbal reports. *American Psychological Society, 5*, 249–252.

Wilson, V. L. (1981). Time and the external validity of experiments. *Evaluation and Program Planning, 4*, 229–238.

Wundt, W. (1902). *Outlines of psychology* (Trans., 2nd ed.). Oxford, England: Engelmann.

Yeo, R. (2003). *Defining science: William Whewell, natural knowledge and public debate in early Victorian Britain*. Cambridge, England: Cambridge University Press.

Zimney, G. H. (1961). *Method in experimental psychology*. New York, NY: Ronald Press.

图书在版编目（CIP）数据

研究方法、设计与分析：第 13 版 /（美）拉里·克里斯滕森，（美）伯克·约翰逊，（美）莉萨·特纳著；赵迎春译 . -- 北京：商务印书馆，2024. -- ISBN 978-7-100-24741-2

Ⅰ . B841.4-3

中国国家版本馆 CIP 数据核字第 2024UA3943 号

权利保留，侵权必究。

研究方法、设计与分析（第 13 版）

〔美〕拉里·克里斯滕森　伯克·约翰逊　莉萨·特纳　著
赵迎春　译

商 务 印 书 馆 出 版
（北京王府井大街 36 号　邮政编码 100710）
商 务 印 书 馆 发 行
人卫印务（北京）有限公司印刷
ISBN 978-7-100-24741-2

2025 年 1 月第 1 版　　　　开本 850×1092　1/16
2025 年 1 月第 1 次印刷　　印张 28
定价：128.00 元

用心字里行间　雕刻名著经典

新曲线 New Curves | 用心雕刻每一本……

http://site.douban.com/110283/
http://weibo.com/nccpub